건축시공기술사

용어 VOCA 291제

머리말 | PREFACE

막막한 건축시공기술사 용어시험
어떻게 시작을 해야 할까?
어떤 용어부터 우선적으로 공부하지?
시험 답안지는 어떻게 작성하지?

건축시공기술사 시험을 준비하는 수험생이라면 다양한 질문들이 머릿속에 가득 차 있을 겁니다.

건축시공기술사 용어 VOCA 291제는 처음 건축시공기술사를 준비하는 수험생들을 위해 준비했습니다. 기존의 용어책들은 방대한 분량과 복잡한 내용으로 인해 부담스럽게 느껴진다는 피드백을 받았습니다. 두꺼운 책의 양을 줄이고 필요한 내용만을 담아서 용어 입문서로 좋은 책을 편찬했습니다.

수험생 여러분의 의견을 반영하여 자주 빈출되는 용어와 앞으로의 출제 트렌드를 중심으로 용어문제를 뽑아 구성하였습니다. 건축시공기술사 시험에서 필수적으로 알아야 할 기본적인 기초 용어 내용부터 실제 시험에서 요구되는 답안 작성 방법까지 체계적으로 안내하고자 합니다.

시험 답안지를 작성하는 데 있어 유의해야 할 점과 효과적인 답안 작성 전략도 담았습니다. 수험생들이 자신감을 가지고 시험에 임할 수 있도록 시험 시 꿀팁과 구체적인 예시를 통해 자세한 방향성을 제시해드립니다.

"이것만 봐도 합격할 수 있다."는 희망을 드리고 싶습니다.
이 책이 여러분의 건축시공기술사 시험 준비에 큰 도움이 되기를 바라며 함께 이 여정을 시작해 보겠습니다.
여러분의 합격을 기원합니다!

저자 일동

출제기준 | INFORMATION

| 직무분야 | 건설 | 중직무분야 | 건축 | 자격종목 | 건축시공기술사 | 적용기간 | 2023.1.1~2026.12.31 |

• 직무내용 : 건축시공분야에 관한 고도의 전문지식과 실무경험에 입각한 계획, 연구, 설계, 분석, 시험, 운영, 시공, 평가 또는 이에 관한 지도, 건설사업관리 등의 기술업무를 수행하는 직무이다.

| 검정방법 | 단답형/주관식 논문형 | 시험시간 | 400분(1교시당 100분) |

필기과목명	주요항목	세부항목
건축시공, 공정관리 및 적산에 관한 사항	1. 건설공사관리 (건설시공관리/건설지원)	1. 건축공사(공종별) 계획수립
		2. 건설공정관리 • Tact화 공정관리, EVMS, 공기단축기법(MCX, Cost Slope), 자원 관리 등 • 공정표의 종류와 특징/사용법 : PDM, LOB, 공정관리 프로그램 • 공정계획 등
		3. 건설품질관리 : 현장품질관리, T.Q.M, 품질관리의 7가지 도구, 품질시험, 품질 비용 등
		4. 건설환경관리 • 친환경 건축물, 에너지 절감방안 및 대책 등 • 실내 공기질 개선 방안, V.O.C, Bake Out 등
		5. 건설원가관리 • 건설 VE, L.C.C, MBO(Management By Objective) 기법 등 • 원가 계획, 적산, 견적, 실행예산 등 • 원가통제, 원가회계 등
		6. 건설안전관리 : 안전사고의 예방대책, 유해위험방지 계획 및 안전관리계획, 안전 관리비 등
		7. 건설공무 : 현장 개설, 실행예산, 설계도서 검토, 인허가 업무, 발주처 업무, 민원 관리, 건설행정 일반 등
		8. 유지관리 : 유지관리 기본계획, 시설물 점검, 보수보강, 시설물 정보관리, 내구연한 평가 등
		9. CM의 업무 : CM 제도의 단계별 업무내용, 필요성, 현황, 발전방안 등
		10. 기타 건설공사관리 등에 관한 사항

필기과목명	주요항목	세부항목
	2. 가설공사(비계시공 등)	1. 비계시공 • 비계의 역할 및 종류 • 비계설치 기준 및 방법 등
		2. 가설공사계획 및 시공 : 가설공사의 일반사항, 가설 공사항목, 안전, 양중계획, 건축물 보양, 가설기자재, 가설장비 등
	3. 토공사/기초공사	1. 토공사/흙막이공사 ① 지반조사의 종류와 방법 : 토질시험, 표준관입시험, 토질 주상도, 재하시험의 종류/특징 등 ② 지반개량공법의 종류와 방법 : 압밀공법, 치환공법, 탈수공법, 동치환공법, 진공다짐공법, Sand Pile 공법, 약액주입공법, 동다짐공법 등 ③ 토공사의 종류 및 공법 : Open cut, Island cut, Earth anchor, H-pile, Sheet pile 등 ④ 흙막이 안정성 확보대책 • 차수 및 배수공법, 침하 및 붕괴방지대책 등 • 근접시공 시 주의사항, 지하 수위에 따른 검토사항 등 ⑤ 토공사의 신공법, 계측관리 등
		2. 지정 및 기초공사 ① 지정(직접지정, 말뚝지정) ② 기초공사의 종류 및 공법 : Mat 기초, 독립기초, 복합기초, Pile 기초 등 ③ 기성 Con'c Pile 공법 • 박기공법의 종류(타격, 진동, 압입, Pre-boring 공법 등) • 이음공법의 종류(용접, 장부식, 충전식, 볼트식 이음 등) • 지지력 판정법, 시공 시 유의사항(두부파손 등) ④ 현장타설 Con'c Pile 공법 • 공법의 종류 : 굴착공법(Earth Drill, RCD, Benoto), Prepacked Con'c Pile 공법(CIP, PIP, MIP), 관입공법 등 ⑤ 무소음/무진동공법, 부동침하, 부력방지대책 등 ⑥ 시험 및 검사, 기초공사의 신공법 등

필기과목명	주요항목	세부항목
	4. 철근콘크리트(철근공사/콘크리트공사/거푸집공사)/PC 공사	1. 철근콘크리트공사(철근콘크리트의 일반적인 성질, 구조 및 특징) ① 철근공사 • 철근의 가공, 이음, 정착, 조립, 피복두께 등 • 철근선조립공법, 용접철망 등 • 철근공사의 문제점 및 개선방안 등 ② 콘크리트공사 • 콘크리트 재료(시멘트, 골재, 혼화재료 등의 종류 및 특성 등) • 콘크리트 배합설계(설계기준 강도, 물시멘트비, 슬럼프값, 굵은골재최대치수, 잔골재율 등) • 콘크리트 시공(콘크리트 타설방법 및 공법별 특성, 콘크리트 이어치기 종류 및 원칙, 기능, 콘크리트 압송공법, 콘크리트 다짐, 양생 등) • 콘크리트의 품질관리시험(압축강도, 공기량시험, 비파괴시험 등) • 콘크리트 구조물의 균열(열화 포함) 원인과 대책, 보수보강공법 등 • 콘크리트 종류별 특징(한중, 서중, Mass, 경량, 고강도, 섬유보강, 진공배수, 노출, 수중, 유동화, 수밀, 스마트, 팽창콘크리트, 특수/고성능 콘크리트 등) • 부위별 시공/시험 및 검사 등 • 콘크리트 균열/보수, 보강 등 ③ 거푸집공사 • 거푸집의 종류 및 특성[일반 Form, 대형 Form (Gang form, Climbing form, Table form, Sliding form, Waffle Form, ACS form, Half slab 등)] • 대형 System 거푸집공법의 종류 및 특징 • 거푸집 및 동바리 존치기간/해체, 콘크리트 head와 측압 등 • 동바리(받침기둥) 바꾸어 세우기
		2. PC 공사 ① PC 공법의 종류 및 특성 • Half PC 공법, ALL PC 공법 등 • Double Tee Slab, Multi Tee Slab PC 공법 등 ② PC 공사의 현장시공과 유의사항 등

필기과목명	주요항목	세부항목
	5. 철골공사(강구조물시공)/ 철골철근콘크리트공사	1. 철골공사(강구조물 시공) ① 철골공사 공장제작/현장 시공 Flow : 철골공작도, 철골세우기 공사, 주각부 시공법 등 ② 철골 부재 접합공법의 종류 : bolt, rivet, 고장력 bolt, 용접 등 ③ 철골 용접부 검사방법, 결함과 방지대책 등 ④ 철골공사의 도장(표면처리, 내화도장, 내화 피복 등) ⑤ 합성철골보의 종류 ⑥ 철골부속공사(Deck plate, CFT 공법, 철골계단 등)
		2. 철골철근콘크리트공사 : 기둥의 부등축소(Column shortening), 콘크리트 채움 강관(C.F.T) 등
		3. 경량철골공사
	6. 마감공사(방수/조적/미장/도장/타일/목/석/단열/지붕/커튼월/창호공사 등)	1. 방수공사 및 방습공사(시멘트 액체, 도막, 복합, 시트, 침투성, 옥상녹화, 방습, 실링공사 등의 공법의 특성, 부위별 방수, 요구 성능 등)
		2. 조적공사(벽돌, 블록, ALC 블록, 유리블록 등의 백화현상, 균열의 원인 등)
		3. 미장공사(시멘트모르타르, 바닥강화재, 셀프 레벨링, 제치장, 백화현상 등의 공법별 특성, 하자유형 등)
		4. 도장공사(수성·유성 페인트, 은분페인트, 에나멜도장, 본타일, 방균 페인트공사 등의 도료의 종류별 특성, 하자유형 등)
		5. 타일공사(외벽/내벽타일, 시공법의 종류별 특성, 하자 요인 등)
		6. 목공사(방부처리, 목조뼈대, 지붕틀, 창문틀, 계단 및 난간, 목조천장, 주방가구공사 등)
		7. 석공사(화강석, 대리석, 인조석공사 등의 가공·결함의 원인 및 대책, 시공법의 특성 등)
		8. 단열 및 방·내화공사(단열, 결로, 내화충진, 내화 피복공사 등의 종류, 특징 등)
		9. 커튼월공사(커튼월의 종류, 공법의 종류 및 특성, Fastener의 종류, 누수 및 결로, 층간변위, 시험, 실링 등)

필기과목명	주요항목	세부항목
		10. 창호공사(철재 Door, 목재 Door, 강화유리 Door, 셔터, 알루미늄창호, PVC 창호, 하드웨어 등의 특징, 하자요인 등)
		11. 유리공사(복층유리, 강화/배강도유리, 열선반사/흡수 유리, Low-E, 접합유리/망입 유리, 방화유리 등의 유리요구성능, SSG 공법, DPG 공법 등의 유리선정기준 및 열파손방지, 하자요인 등)
		12. 지붕공사(금속재 잇기, 기와, 아스팔트싱글 공사 등의 특징 등)
		13. 수장 및 기타공사(온돌, 바닥, 벽, 천장, Dry wall, 이중바닥재, 도배, 실내소음, 스페이스 프레임, X-차폐공사, 금속공사, 화장실, 주차장 등의 종류별 특성 및 요구 성능, 공법 종류 등)
	7. 입찰, 계약제도	1. 공사발주방식 및 계약제도의 종류 및 특성 • Turn Key, BTL, BTO, 성능 발주, 민자사업, PF 사업 등 • 물가 변동, 실적공사비, 입찰제도, 새로운 법규에 의한 입찰/계약제도 등
	8. 기타 일반사항	1. 공사관리체계의 정보화 : EC화, IBS, CIC, 건설 CALS, PMIS, 웹기반공사관리시스템, BIM 등
		2. 건설산업의 환경변화에 따른 대응방안(로봇(Robot)시공, 복합화공법, 신기술 적용 및 대책, 관련 법규사항, 시사성 issue 등)
		3. 리모델링공사(내구연한분석, 보수·보강공법, 시공상 문제점 및 대책 등)
		4. 초고층공사(양중계획, 코아선행공법, 수직도관리, Out rigger system, 구조형태, 굴뚝효과방지, 대피공간 등의 시공상 문제점 및 대책 등)
		5. 해체 및 재활용공사(해체, 해체폐기물의 처리 및 재활용 등의 공법 종류 등)
	9. 건축시공 법규 및 신기술 적용	1. 건축시공 관련 법규 및 표준 적용
		2. 건축시공 신기술 적용
품위 및 자질	10. 기술사로서 품위 및 자질	1. 기술사가 갖추어야 할 주된 자질, 사명감, 인성
		2. 기술사 자기개발 과제

차례 | CONTENTS

- 001 공동도급 ·· 2
- 002 SOC(사회간접자본) ·· 4
- 003 BTO-rs ·· 6
- 004 물량내역 수정입찰 제도 ·· 8
- 005 순수내역입찰제도 ·· 10
- 006 종합심사낙찰제도 ·· 12
- 007 Partnering 계약방식(IPD) ·· 14
- 008 건설공사비지수 ·· 16
- 009 계약금액조정 ·· 18
- 010 물가변동 ·· 20
- 011 낙하물방지망 설치방법 ·· 22
- 012 시스템비계 ·· 24
- 013 GPR 탐사 ·· 26
- 014 토질주상도 ·· 28
- 015 암질지수 ·· 30
- 016 표준관입시험(SPT) ·· 32
- 017 N치 ·· 34
- 018 Piezocone 관입시험 ·· 36
- 019 흙의 예민비 ·· 38
- 020 흙의 연경도 ·· 40
- 021 부력과 양압력 ·· 42
- 022 액상화 ·· 44
- 023 Thixotropy ·· 46
- 024 흙의 전단강도 ·· 48
- 025 지내력시험(평판재하시험, PBT) ·· 50
- 026 JSP 공법 ·· 52
- 027 CGS 공법 ·· 54
- 028 다짐과 압밀 ·· 56
- 029 흙의 압밀침하 현상 ·· 58
- 030 Sand Bulking(샌드벌킹) ·· 60
- 031 Swelling(팽윤현상), Slacking(비화현상) ·· 62
- 032 Sand Drain 공법 ·· 64
- 033 PVC Drain 공법 ·· 66

034 Sand Mat(부사) ·· 68
035 Earth Anchor 공법 ·· 70
036 Soil Nailing 공법 ··· 72
037 Rock Anchor 공법 ··· 74
038 Removal Anchor(제거용 앵커) ······························· 76
039 IPS ·· 78
040 PPS 흙막이 지보공법 버팀방식 ······························ 80
041 슬러리월공법의 카운트월 ·· 82
042 안정액 ·· 84
043 일수현상 ·· 86
044 SCW 공법 ·· 88
045 Top Down 공법(역타공법) ····································· 90
046 배수판공법 ··· 92
047 Dewatering 공법 ··· 94
048 주동토압, 수동토압, 정지토압 ································· 96
049 Heaving 현상 ·· 98
050 Boiling 현상 ·· 100
051 Piping ··· 102
052 피압수(피압지하수) ··· 104
053 소단 ·· 106
054 계측관리(정보화시공) ·· 108
055 GPS 공법 ·· 110
056 지하안전평가 ··· 112
057 선단확대말뚝 ··· 114
058 Pile의 부마찰력 ··· 116
059 DRA 공법 ··· 118
060 기성 Con'c Pile의 이음공법 ······························· 120
061 파일 동재하시험 ·· 122
062 말뚝박기시험(시험말뚝박기, 시항타) ···················· 124
063 Rebound Check ··· 126
064 파일의 시간경과 효과 ·· 128
065 RCD 공법(역순환공법) ·· 130
066 PRD 공법 ··· 132
067 CIP ··· 134
068 파일의 Toe Grouting ··· 136
069 Micro Pile ·· 138
070 헬리컬 파일 ··· 140

071	Koden Test(코덴테스트)	142
072	현장콘크리트말뚝 공내재하시험	144
073	양방향 말뚝재하시험	146
074	현장타설 콘크리트 말뚝의 건전도 시험	148
075	Underpinning 공법	150
076	Floating Foundation	152
077	Top-base 공법(콘크리트 팽이말뚝 기초공법)	154
078	기초공사에서의 PF 공법	156
079	철근의 벤딩마진	158
080	철근의 이음공법	160
081	철근의 압접(Gas 압접)	162
082	철근의 피복두께	164
083	철근의 부착강도에 영향을 주는 요인	166
084	철근의 부동태막	168
085	철근의 Pre-fab공법	170
086	철근부식 허용치	172
087	Auto Climbing System Form	174
088	RCS Form	176
089	Deck plate	178
090	거푸집 공사에서 드롭헤드 시스템	180
091	콘크리트 측압	182
092	거푸집 존치기간	184
093	Camber	186
094	System Shoring(시스템 동바리)	188
095	Jack Support	190
096	Con'c에 사용되는 혼화재료	192
097	콘크리트 배합의 공기량 규정목적	194
098	내한 촉진제	196
099	콘크리트의 유동화제	198
100	물결합재비(W/B)	200
101	잔골재율	202
102	콘크리트의 시험 비비기(시방배합과 현장배합)	204
103	시공연도에 영향을 주는 요인(콘크리트의 시공연도)	206
104	콘크리트 프레이싱 붐	208
105	VH 분리 타설(수직·수평 분리 타설) 공법	210
106	콘크리트 줄눈의 종류	212
107	시공이음	214

108	콜드 조인트	216
109	신축이음	218
110	수축줄눈(조절줄눈)	220
111	Delay Joint	222
112	시멘트 종류별 표준 습윤 양생기간	224
113	콘크리트의 적산온도	226
114	골재의 함수량	228
115	굳지 않은 콘크리트의 단위수량 측정시험	230
116	구조체 관리용 공시체	232
117	콘크리트 구조물의 비파괴시험	234
118	슈미트 해머(타격법, 반발경도법)	236
119	응결 및 경화	238
120	알칼리 골재반응(AAR)	240
121	Pop Out 현상	242
122	콘크리트의 표면층 박리	244
123	소성수축균열	246
124	콘크리트 자기수축	248
125	건조수축	250
126	탄산화 수축	252
127	침하균열	254
128	무근콘크리트 슬래브 컬링	256
129	콘크리트 표면에 발생하는 결함	258
130	콘크리트 블리스터	260
131	탄소섬유 Sheet 보강법	262
132	크리프 현상	264
133	블리딩 현상	266
134	Water Gain 현상	268
135	Laitance(Scaling)	270
136	Channeling 현상과 Sand Streak 현상	272
137	품질기준강도	274
138	레미콘의 호칭강도와 설계기준 강도의 차이점	276
139	PSC	278
140	서중 콘크리트와 한중 콘크리트	280
141	Mass Con'c	282
142	온도균열지수	284
143	매스콘크리트의 수화열 저감방안	286
144	진공 콘크리트	288

번호	항목	페이지
145	콘크리트 폭열현상	290
146	고유동 콘크리트의 자기충전	292
147	팽창 콘크리트	294
148	Polymer 콘크리트	296
149	환경친화형 콘크리트 저탄소 콘크리트	298
150	균열 자기치유 콘크리트	300
151	DEF	302
152	UHPC	304
153	평형철근비(균형철근비)	306
154	배력철근과 온도철근	308
155	트랜스퍼 거더	310
156	무량판 Slab	312
157	지진 제어장치(내진, 제진, 면진)	314
158	합성 Slab 공법	316
159	덧침 콘크리트	318
160	Shear Connector(전단연결철물)	320
161	철골공사의 Stud 품질검사	322
162	Hollow Core Slab(중공 슬래브)	324
163	이방향 중공 슬래브 공법	326
164	PC판 부위별 접합부 방수처리	328
165	커튼월 패스너	330
166	Curtain Wall의 비처리방식	332
167	층간변위	334
168	Wind Tunnel Test(풍동시험)	336
169	Mock-up test(실물대시험, 외벽성능시험)	338
170	커튼월의 필드테스트	340
171	철골공작도의 검토 시 확인사항(유의사항)	342
172	기초 Anchor Bolt 매입공법	344
173	기초 상부 고름질(주각 Mortar 시공)	346
174	철골조립 작업 시 계측방법	348
175	건축구조물 기둥수직도의 시공오차 허용범위	350
176	PEB	352
177	윈드컬럼	354
178	Taper Steel Frame	356
179	고장력 Bolt	358
180	TS bolt(TC bolt)	360
181	고력볼트 현장반입검사	362

182	고장력 볼트의 조임방법과 검사법	364
183	철골공사에서의 용접절차서	366
184	철골 예열온도	368
185	모살용접	370
186	용접결함의 종류	372
187	Lamellar tearing	374
188	비파괴검사(NDT)	376
189	방사선 투과법(RT)	378
190	Scallop	380
191	Metal touch	382
192	End tab	384
193	철골 내화피복의 검사	386
194	HI-Beam	388
195	Stiffener(스티프너)	390
196	좌굴 현상	392
197	Mill Sheet	394
198	TMCP 강재	396
199	탄소당량	398
200	Space Frame	400
201	Fast Track Method(고속궤도방식)	402
202	초고층공사의 Phased Occupancy	404
203	Column Shortening	406
204	Out Rigger System	408
205	벨트 트러스	410
206	콘크리트 채움 강관(CFT)	412
207	고층건물의 Core 선행시공	414
208	코어 후행공법	416
209	매립철물	418
210	연돌효과	420
211	건축물 백화의 발생원인과 방지책	422
212	방습층	424
213	Bond Beam의 기능과 그 설치위치	426
214	ALC	428
215	콘크리트(시멘트) 벽돌 압축강도시험	430
216	Non-Grouting Double Fastener 방식(석공사의 건식공법)	432
217	석재의 Open Joint 줄눈공법	434
218	Open Time(붙임시간)	436

219	타일접착 검사법	438
220	타일 분할도(타일 나누기, 줄눈 나누기)	440
221	단열 모르타르	442
222	셀프 레벨링재 공법	444
223	수지 미장	446
224	Corner Bead	448
225	내화 도료(내화 페인트)	450
226	폴리머 시멘트 모르타르 방수	452
227	도막 방수공법	454
228	침입도	456
229	실링 방수	458
230	Bond Breaker	460
231	복합방수공법	462
232	콘크리트 지붕층 슬래브 방수의 바탕처리 방법	464
233	방수층 누수시험	466
234	지수판	468
235	목재의 함수율	470
236	섬유포화점	472
237	목재 방부법	474
238	접합유리	476
239	로이유리(Low-E 유리)	478
240	복층유리의 단열간봉	480
241	유리의 열깨짐현상	482
242	방화재료	484
243	공동주택 결로 방지성능 기준	486
244	열교 · 냉교	488
245	열관류율 및 열전도율	490
246	층간 소음방지	492
247	해체공사 시 고려해야 할 안전대책	494
248	건축물관리법상 해체계획서	496
249	석면지도/석면조사 대상 및 해체, 제거 작업 시 준수사항	498
250	석면건축물의 위해성 평가	500
251	건설산업의 제로에미션	502
252	새집증후군 해소를 위한 베이크 아웃, 플러시 아웃	504
253	장애물 없는 생활환경 인증제도	506
254	건축공사 설계의 안전성 검토 수립대상	508
255	Tower crane의 Telescoping과 Climbing	510

번호	제목	페이지
256	부위별(부분별) 적산내역서(합성단가)	512
257	표준시장단가제도	514
258	녹색건축물 인증대상과 평가항목	516
259	장수명 주택 인증기준	518
260	건축물 에너지효율등급 인증제도	520
261	Passive House	522
262	제로에너지빌딩	524
263	건설산업의 ESG 경영	526
264	BIPV	528
265	대형챔버법(건강친화형주택 건설기준)	530
266	CM 제도	532
267	프리콘 서비스	534
268	건설위험관리에서 위험약화전략	536
269	SCM	538
270	건설 클레임	540
271	품질관리의 7가지 Tool(도구, 기법)	542
272	VE	544
273	건축의 Life Cycle Cost(생애 주기 비용)	546
274	안전관리의 MSDS	548
275	재건축과 재개발	550
276	위험성 평가	552
277	중대재해처벌법	554
278	건설산업지식정보망(KISCON)의 건설공사대장	556
279	MC(모듈 정합)	558
280	린 건설	560
281	BIM	562
282	OSC	564
283	무선인식기술(RFID)	566
284	PDM 기법	568
285	LOB(LSM) 기법	570
286	Tact 공정관리	572
287	Milestone(중간관리일)	574
288	Cost Slope(비용구배)	576
289	진도관리(Follow-up, Up-dating)	578
290	EVMS	580
291	CPI와 SPI	582

문제 001 공동도급(Joint Venture Contract)

〔78후(5), 94후(5), 95중(10)〕

1 정의
공동도급이란 1개의 회사가 단독으로 도급을 맡기에는 공사 규모가 큰 경우, 2개 이상의 건설회사가 임시로 결합·조직·공동출자하여 연대책임하에 공사를 수급하여 공사완성 후 해산하는 방식이다.

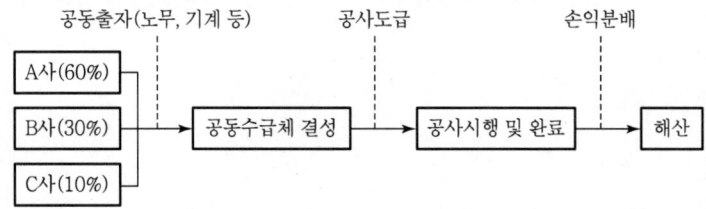

2 공동도급의 특수성

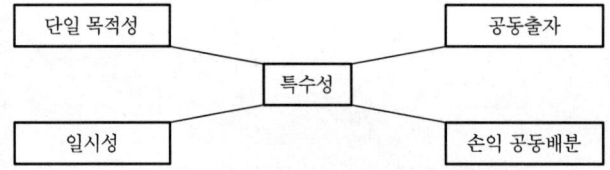

3 특징

장점		단점	
• 융자력 증대	• 기술의 확충	• 경비 증대	• 업무 흐름의 혼란
• 위험 분산	• 시공의 확실성	• 조직 상호간의 불일치	
• 신용의 증대		• 하자부분의 책임한계 불분명	

4 정착방안
① 공동도급제도의 활성화　② 사무업무의 표준화
③ 공동지분율의 조정　④ 기술개발 및 기술교류 촉진 활성화
⑤ 공동개발 투자확대

5 운영방식

운영방식	특성
공동이행방식	공동도급에 참여하는 시공자들이 일정 비율로 노무·기계·자금 등을 제공하여 새로운 건설조직을 구성하여 공동으로 시공하는 방식
분담이행방식	시공자들이 목적물을 분할(공구별 등) 시공하여 완성해 가는 시공방식으로 연속 반복되는 단일공사에 주로 적용
주계약자형 공동도급	자신의 분담공사 이외에 도급된 전체 공사에 대해 관리·조정하며 다른 계약자의 계약이행(공사 진행)에 대해서도 연대책임을 지는 방식

문제 12> 공동도급 (Joint Venture)

I. 공동도급이란

2개 이상의 건설회사가 임시로 결합, 조직, 공동출자하여 공사완성 해산하는 방식

II. 공동도급의 개념도

```
┌──────────┐
│ A사 (50%)│──┐   ─ ─ 공동출자(노무,기계등)   손익분배
└──────────┘  │                                  │
┌──────────┐  │   ┌─────────┐   ┌─────────┐      ▼   ┌────┐
│ B사 (30%)│──┼──▶│공동수급체│─▶│공사수행完│─────▶│해산│
└──────────┘  │   └─────────┘   └─────────┘          └────┘
┌──────────┐  │                     ▲
│ C사 (20%)│──┘                     │
└──────────┘              공사도급 (단일목적성, 임시성,
                                    공동출자, 손익공동배분)
```

III. 특징

	장 점	단 점
융	① 융자력 증대	① 경비 증대
기	② 기술의 확충	② 조직 상호간 불일치
위	③ 위험 분산	③ 업무 흐름의 혼란
시	④ 시공의 확실성	④ 하자부분 책임한계 불분명
신	⑤ 신용의 증대	⑤ Paper Joint

IV. 공동도급과 컨소시움의 비교 (출자 및 수행 방식)

공동도급	컨소시움
투자비율 ⟹ 공동출자	독립된 회사의 연합체
공동이행 JV	공동비용 외 각 참여사 비용운영
손익 공동 배분, 공동이행방식	각 사 능력에 따른 완성이
분담이행방식, 주계약자형 공동도급	Claim, P/Q 제출 등 각사명의

문제 002 SOC(사회간접자본)

1 정의
SOC(Social Overhead Capital, 사회간접자본)이란 사회간접시설인 도로·철도·항만·공항 등을 건설할 때 소요되는 자본을 말한다.

2 SOC 분류별 특징

1) BOO(Build-Operate-Own)
   ① 민간 부문이 주도하여 project를 설계·시공한 후 그 시설의 운영과 함께 소유권도 민간에 이전하는 방식이다.
   ② 설계·시공 → 운영 → 소유권 획득

2) BOT(Build-Operate-Transfer)
   ① 민간 부문이 주도하여 project를 설계·시공한 후 일정기간 동안 시설물을 운영하여 투자금액을 회수한 다음 그 시설물과 운영권을 무상으로 정부나 사회단체에 이전해 주는 방식이다.
   ② 설계·시공 → 운영 → 소유권 이전

3) BTO(Build-Transfer-Operate)
   ① 민간 부문이 주도하여 project를 설계·시공한 후 시설물의 소유권을 공공 부문에 먼저 이전하고 약정기간 동안 그 시설물을 운영하여 투자금액을 회수해가는 방식이다.
   ② 설계·시공 → 소유권 이전 → 운영

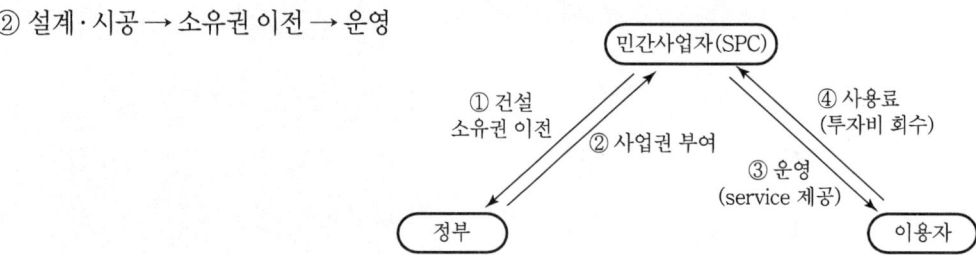

4) BTL(Build-Transfer-Lease)
   ① 민간 부문이 공공시설을 건설(build)한 후 정부에 소유권을 이전(transfer, 기부체납)함과 동시에 정부에 시설을 임대(lease)한 임대료를 징수하여 시설투자비를 회수해가는 방식이다.
   ② 설계·시공 → 소유권 이전 → 임대료 징수

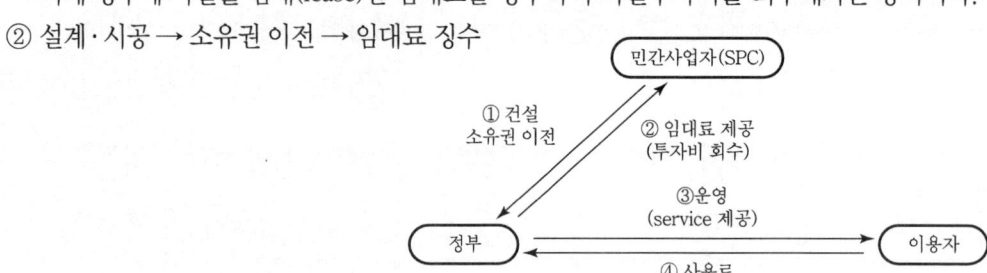

1. SOC 사회 간접 자본

I. 정의
사회간접자본기반 사회 간접 자본이란 정부와 민간의 협력으로 다리, 터널, 도로 등의 시설물을 형성하는 것으로 BOO, BTO, BTO-rs, BTO-a, BTL가 있다.

II. SOC의 매커니즘

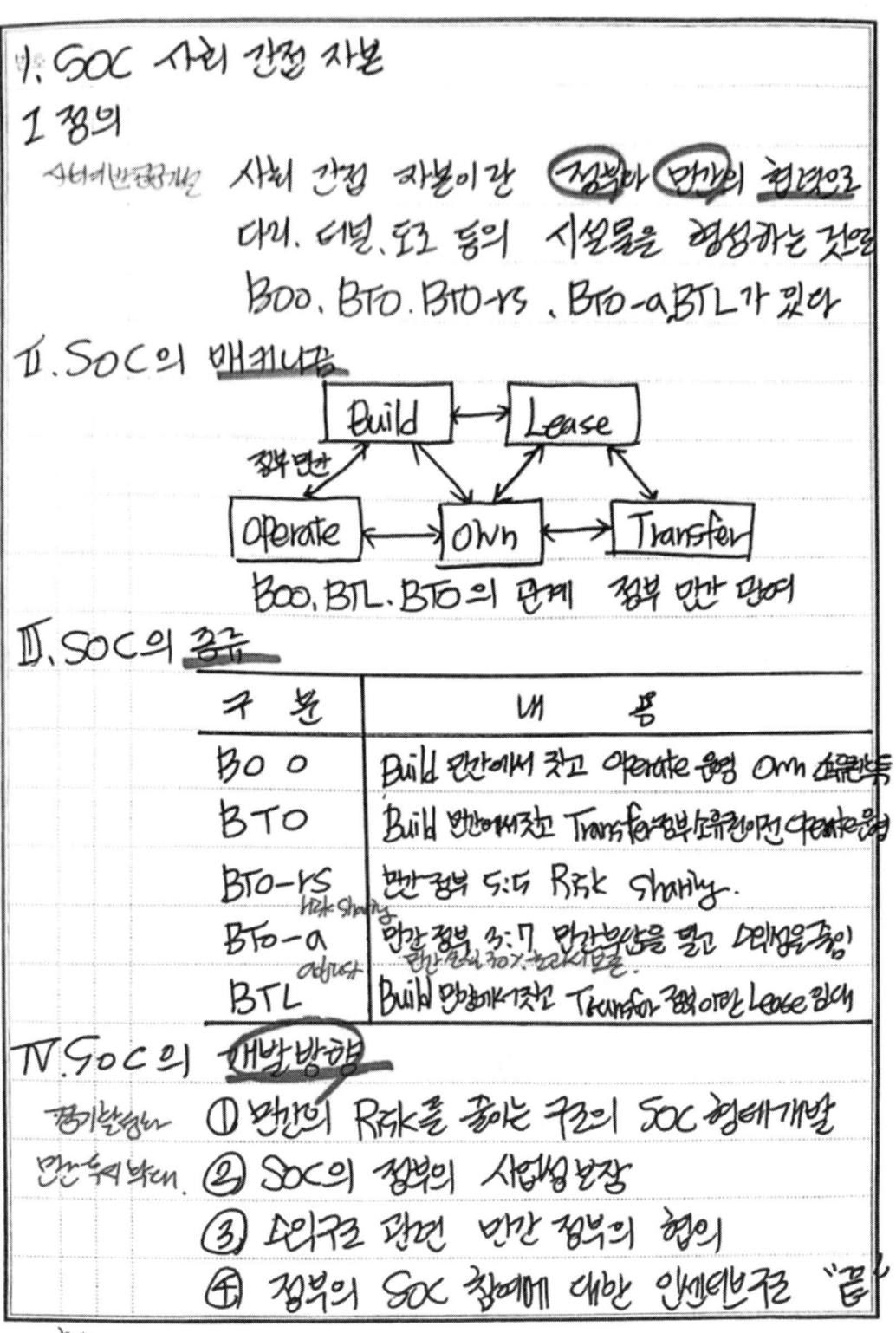

정부 민간

BOO, BTL, BTO의 문제 정부 민간 많아

III. SOC의 종류

구 분	내 용
BOO	Build 민간에서 짓고 Operate 운영 Own 소유권등
BTO	Build 민간에서 짓고 Transfer정부소유권이전 Operate운영
BTO-rs	민간정부 5:5 Risk sharing
BTO-a (adjust)	민간정부 3:7 민간부담을 덜고 (30%로 줄임)
BTL	Build 민간에서 짓고 Transfer 정부이관 Lease 임대

IV. SOC의 개발방향
 공기단축시 ① 민간의 Risk를 줄이는 구조의 SOC 형태개발
 민간수익보다 ② SOC의 정부의 사업성보장
  ③ 수익구조 관련 민간 정부의 협의
  ④ 정부의 SOC 참여에 대한 인센티브 "끝"

[관리
[비교

문제 003 BTO-rs(Build Transfer Operate-risk sharing)

〔17중(10)〕

1 정의
BTO-rs란 Build Transfer Operate-risk sharing의 약자로 위험분담형 BTO방식이다. 정부와 민간기업이 사업시설투자비와 운영비용을 분담하고, 초과수익이나 손해가 발생하면 공유하는 형태이다.

2 특징
① BTO-rs는 민간의 사업위험 경감 가능
② BTO-rs는 BTO-a보다는 민간의 리스크가 높음
③ BTO-rs는 중수익의 사업에 적합

3 기대효과
① 민간의 리스크 감소로 인한 신규사업 발굴 활발과 장기투자 촉진 기대
② 현 BTO 사업에 적용시 건설보조금 인하 가능 및 투자가 어려운 사업 추진 가능
③ 사업 리스크 저하로 건설공사의 활성화 가능
④ 금융기관의 장기투자 촉진
⑤ 기존 BTO 대비 재정절감, 사용료 인하 가능

4 BTO, BTO-a와 BTO-rs방식의 비교

구분	BTO	BTO-a	BTO-rs
민간 리스크	높음	낮음	중간
손실률	100%	민간이 먼저 80% 부담, 30% 초과 시 정부 부담	정부 민간 각각 50%
이익률	100%	정부와 민간이 7:3으로 공유	정부 민간 각각 50%
적용가능사업	도로, 항만 등	환경사업 등	철도, 경전철 등

문제4) BTO-rs (risk shared)와 BTO-a (adjusted)

I. BTO의 정의

① BTO는 Build-Transfer-Operate 로서
사회간접자본을 활용한 국도개발 방식이다.

② 사용자에게 Risk가 커서 이에 대한 보완책 구성중.

II. BTO 작동 원리

①시공·소유권이전
②운영권 부여
③service 제공
④이윤 (투자금회수)

민간(건설사) ↔ 정부, 이용자

문제점	민간건설사의 Risk 부담 가중
대안	① BTO-rs ② BTO-a

III. BTO-rs (risk shared)

구분	수익	손해(Risk) 부담
민간(건설사)	50%	50%씩 부담
정부	50%	50%씩 부담

→ 수익과 Risk를 정부와 민간이 공유

IV. BTO-a (adjusted)

구분	수익	손해(Risk) 부담
민간(건설사)	30%	최대 30%까지만
정부	70%	70% 이하 부담

V. 추진 방향

각 사업별 특성에 맞는 비중 → 민간 참여 활성화 "끝"

문제 004 물량내역 수정입찰 제도

〔11중(10)〕

1 개요
① 발주기관이 교부한 물량내역서를 참고해 설계도, 시방서 등을 입찰자가 직접 검토하고 산출내역서를 작성하여 제출하는 입찰방식이다.
② 300억 원 이상 공사에 의무 적용하도록 되어있다.

2 특징
① 물량내역서의 항목에 대한 누락, 오류 등으로 인한 계약내용 변경 시에도 계약금액을 변경 금지
② 입찰자는 물량검토에 대한 적산비용 발생
③ 물량내역 검토 기간이 추가되어 입찰기간 증가
④ 물량수정에 따른 낙찰률 저하 우려
⑤ 물량내역 검토에 대한 기술능력 요구
⑥ 물량의 미수정 부분에 대한 설계변경 시 논란 우려
⑦ 입찰자들마다 상이한 내역체계 구성 등으로 평가 난해
⑧ 물량산출의 적정성 심사 기준이 모호

3 물량내역 수정입찰 방식으로 공고된 공사

1) 건축공사
① 김포한강 상록아파트 건설공사
② 울산지방법원청사 신축공사
③ 가락시장시설현대화사업 1단계 신축 건축공사 등

2) 토목공사
① 북항대교~동명오거리 간 고가 및 지하차도 건설공사 2공구
② 화성동탄 택지개발사업 터널공사 등

4 물량내역수정입찰제도와 타 입찰제도의 비교

구분	물량내역수정입찰제도	순수내역입찰제도	내역입찰제도
발주자	설계도, 시방서, 물량내역서 제시	설계도, 시방서 제시	설계도, 시방서, 물량내역서 제시
입찰자	제시된 공종에 대한 물량내역서를 수정	물량과 내역서를 작성	물량내역서에 물량 단가를 기입

문제 7) 물량내역 수정입찰제도

I. 정의

① 발주자가 제시한 물량내역서 및 설계도서룰, 시방서을 입찰자가 검토·수정하여 제출하는 입찰 방식
② 300억 이상 공사에 의무 적용.

II. 물량내역 수정입찰제도 적용대상

물량내역 수정입찰 ─ 300억원 이상 대형공사
　　　　　　　　　├ 신항만, 신공항 건설공사
　　　　　　　　　└ 역사 및 철도공사

III. 물량내역 수정입찰제도의 특징

장 점	단 점
· 설계변경 검토	· 견적 비용 발생.
· 예산 정확도 향상	· 물량 산출 기술 요구.
· 견적 능력 향상	· 대형업체만 유리.
· 양질의 공사 가능	· 심사 기준이 모호.

IV. 입찰제도의 비교

구분	물량내역수정입찰제도	순수내역입찰제도	내역입찰제도
발주자	설계도·시방서 물량내역서 제시	설계도, 시방서 제시	설계도·시방서 물량내역서 제시
입찰자	물량내역서를 수정	물량·내역서 작성	물량내역서에 단가 기입.

끝.

문제 005 순수내역입찰제도

[08중(10), 10후(10), 16후(10)]

1 정의
① 순수내역입찰제도는 입찰자가 물량내역을 산출하여 단가를 적용한 다음 입찰금액을 산정하는 방식이다.
② 기존 내역입찰제도의 문제점을 개선하여 기술능력이 있는 낙찰자를 선정하기 위하여 단계적 도입이 검토되고 있다.

2 순서 flow chart

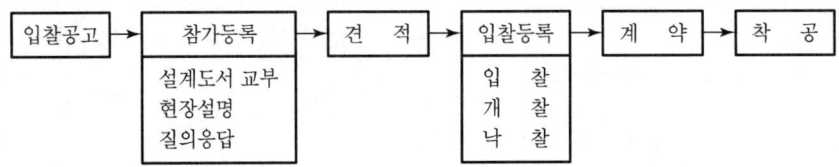

3 기대효과

1) 기존제도의 문제점 보완
① 최저가 낙찰제도로 인한 과도한 저가입찰을 근절
② 적격심사제 실시로 인한 입찰자 난립현상을 개선
③ 적격심사 시 운찰제로 인한 부작용 제거

2) 실제공사비 절감
① 설계변경 요소 사전 배제
② 선정업체의 책임시공 기대

3) 실적공사비 기초자료의 축적
① 양질의 실적공사비 자료 확보
② 형식적인 입찰서류 작업을 간소화

4) 낙찰자의 기술능력을 최대한 반영
① 설계도서 검토 능력
② 물량산출능력
③ 신기술, 신공법 활용능력 등

4 도입 및 적용방안
① 설계도서상의 책임한계 명확화
② 입찰자의 리스크 고려
③ 예정가격(예가)의 역할 재고
④ 단계적 확대 적용

번호 2. 순수내역 입찰제도

I. 정의

- 발주자가 제시한 설계도면을 검토해 입찰자가 직접 공사물량 산출 및 단가 적용한 내역서를 제출하는 입찰제도로 업체간 견적능력에 기반한 기술경쟁 제고를 위해 도입되었다.

II. 순수내역 입찰제도의 기대효과

```
[설계변경 감소]         [견적능력 향상]
            \   도입    /
             \  배경   /
            /         \
[예산절감율 향상]       [공사 이해도 증가]
```

III. 순수내역 입찰제도의 한계 및 발전방향

한 계	발 전 방 향
산출물량에 대한 RISK	설계도서상 책임한계 명확화
입찰자의 부담 증가	입찰자 RISK 경감
공사기업 참여곤란	표가기준 개선
내역작성 능력 요구	시범사업으로 단계적 적용

IV. 내역입찰제도의 비교

구분	순수내역 입찰제	물량내역수정 입찰제	내역 입찰제
발주자 제시	설계도, 시방서	설계도, 시방서, 물량내역서	설계도, 시방서, 물량내역서
입찰자 제출	물량내역서 작성	제시공종의 물량내역서 수정	내역서에 단가기입 〈끝〉

문제 006 종합심사낙찰제도

[13후(10)]

1 정의
① 종합심사낙찰제도는 공사수행능력, 입찰가격, 사회적 책임점수가 가장 높은 자를 낙찰자로 선정하는 낙찰제도이다.
② 심사기준 : 추정가격 300억 이상, 고난이도 검사, 문화재 수리공사

2 선정기준

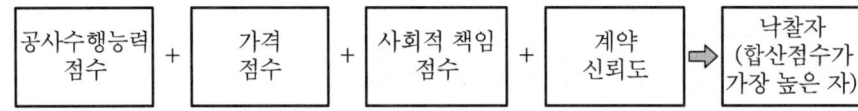

3 심사항목 및 배점기준(고난이도 공사기준)

심사 분야		심사 항목	가중치
공사수행능력 (40~50점)	전문성	시공실적(시공인력)	20~30%
		매출액 비중	0~20%
		배치 기술자	20~30%
	역량	공공공사 시공평가 점수	30~50%
		규모별 시공역량	0~20%
		공동수급체 구성	1~5%
		소계	100%
입찰금액 (50~60점)		금액	100%
	가격 산출의 적정성	하도급계획	감점
		물량	
		시공계획	
사회적 책임 (가점 1점)		건설인력 고용	20~40%
		건설안전	20~40%
		공정거래	20~40%
		지역경제 기여도	30~40%
		소계	100%
계약신뢰도 (감점)		배치기술자 투입계획 위반	감점
		하도급관리계획 위반	감점
		하도급금액 변경 초과비율 위반	감점
		시공계획 위반	감점

일반일 때 입찰금액의 물량 및 시공계획이 단가로 바뀜

문제 3) 종합심사낙찰제도

I. 정의

① 공사수행능력, 입찰가격, 사회적 책임 등의 점수를 종합적으로 평가하여 고득점 업체를 낙찰하는 제도.

② 가격위주의 입찰제도 개선, 양질공사 수행 목적.

II. 종합심사제도 적용대상공사

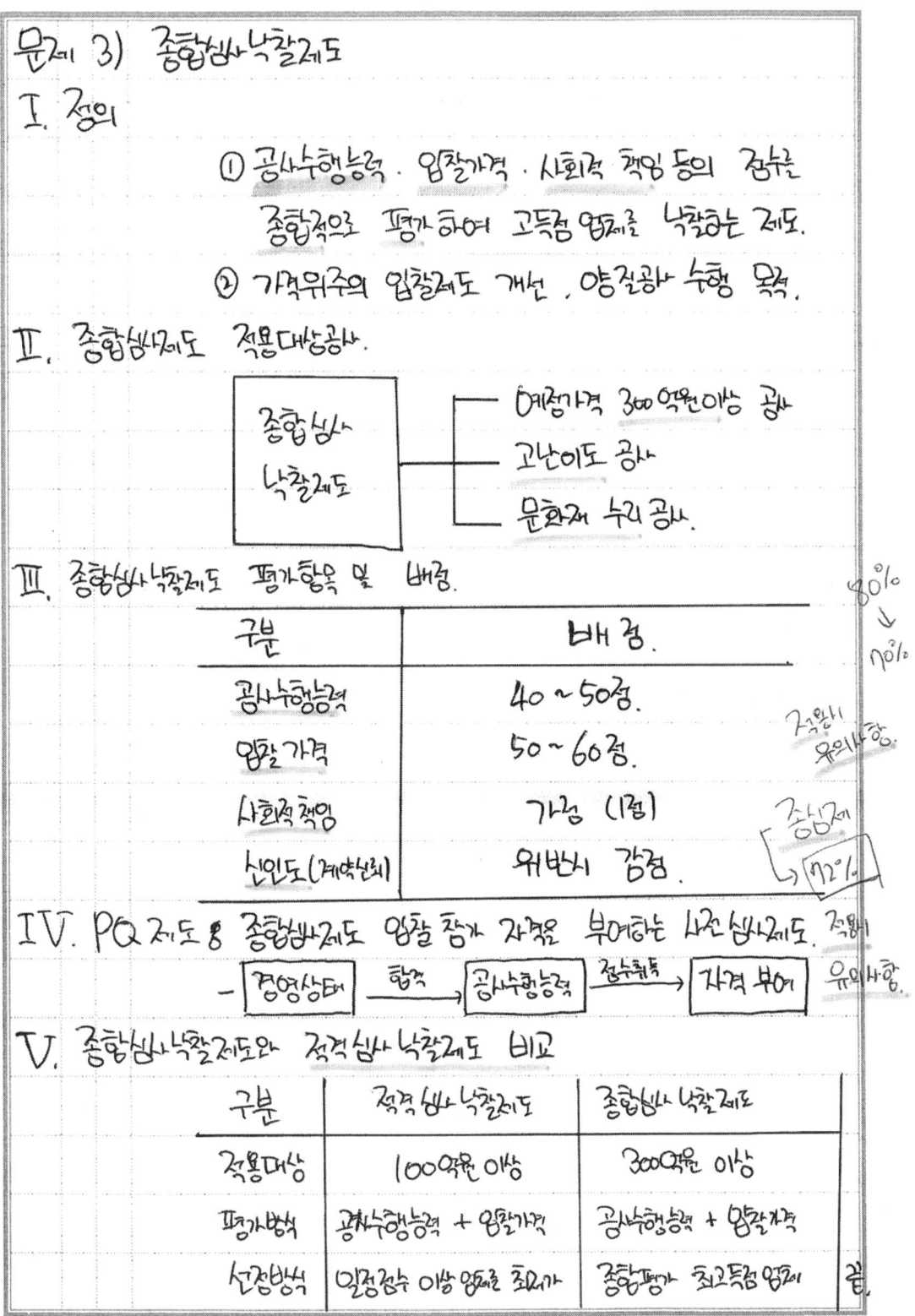

- 예정가격 300억원이상 공사
- 고난이도 공사
- 문화재 수리 공사

III. 종합심사낙찰제도 평가항목 및 배점

구분	배점
공사수행능력	40~50점
입찰가격	50~60점
사회적 책임	가감 (1점)
신인도(계약신뢰)	위반시 감점

80% ↓ 70% 주황시 유의사항

종심제 → 72%

IV. PQ제도 & 종합심사제도 입찰 참가 자격을 부여하는 사전 심사제도. 적용 유의사항.

경영상태 → 합격 → 공사수행능력 → 점수취득 → 자격 부여

V. 종합심사낙찰제도와 적격심사낙찰제도 비교

구분	적격심사낙찰제도	종합심사낙찰제도
적용대상	100억원 이상	300억원 이상
평가방식	공사수행능력 + 입찰가격	공사수행능력 + 입찰가격
선정방식	일정점수 이상 업체중 최저가	종합평가 최고득점 업체

끝

문제 007 Partnering 계약방식(IPD ; Integrated Project Delivery)

〔98후(20), 02전(10), 11전(10), 14중(10)〕

1 정의
① Partnering 계약방식은 발주자가 직접 설계와 시공에 참여하여, 발주자·설계자·시공자 및 프로젝트 관련자들이 하나의 team을 조직하여 공사를 완성하는 방식이다.
② Partnering 방식은 국내에서는 시행되고 있으나, 이를 미국에서는 IPD(Integrated Project Delivery)로 명명되어 시행되고 있는 발주방식이다.

2 개념도

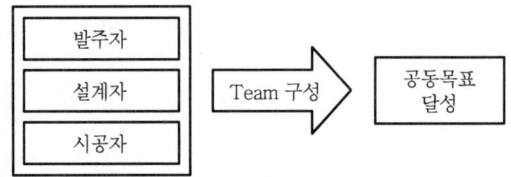

3 Partnering 방식의 분류

분류	특징
장기 partnering 협정	① 서로 신뢰관계를 바탕으로 장기간에 걸쳐 상호협력관계를 유지한다. ② 주로 장기의 project 진행에 적용한다. ③ 하나의 project가 끝난 후 다음 project로 이어질 수 있다.
단기 partnering 협정	① 단일 project를 수행하기 위해 일시적으로 형성된다. ② 1개의 project를 공동목표로 달성한다.

4 기대효과

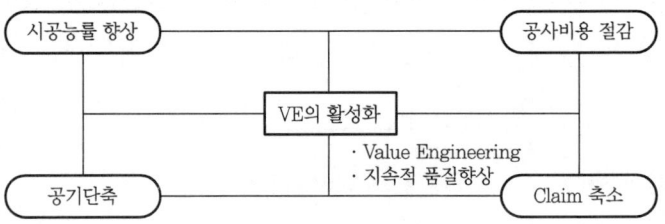

5 Partnering 시행방법
① 사업 초기에 계획을 수립한다.
② 발주시 계약서에 성문화하여 참여를 독려한다.
③ 상호협력을 위한 이해 관계의 내용을 개방한다.
④ 상호이익을 가져올 수 있도록 전략을 세운다.
⑤ 상호협의하여 partnering 시행을 서약한다.

문제 11) Partnering 계약방식 (IPD : Integrated Project Delivery)

I. 정의

발주자가 직접 설계와 시공에 참여하여, 발주자·설계자·시공자 및 Project 관련자들이 하나의 Team을 조직하여 공사를 완성하는 방법이다.

II. 개념도

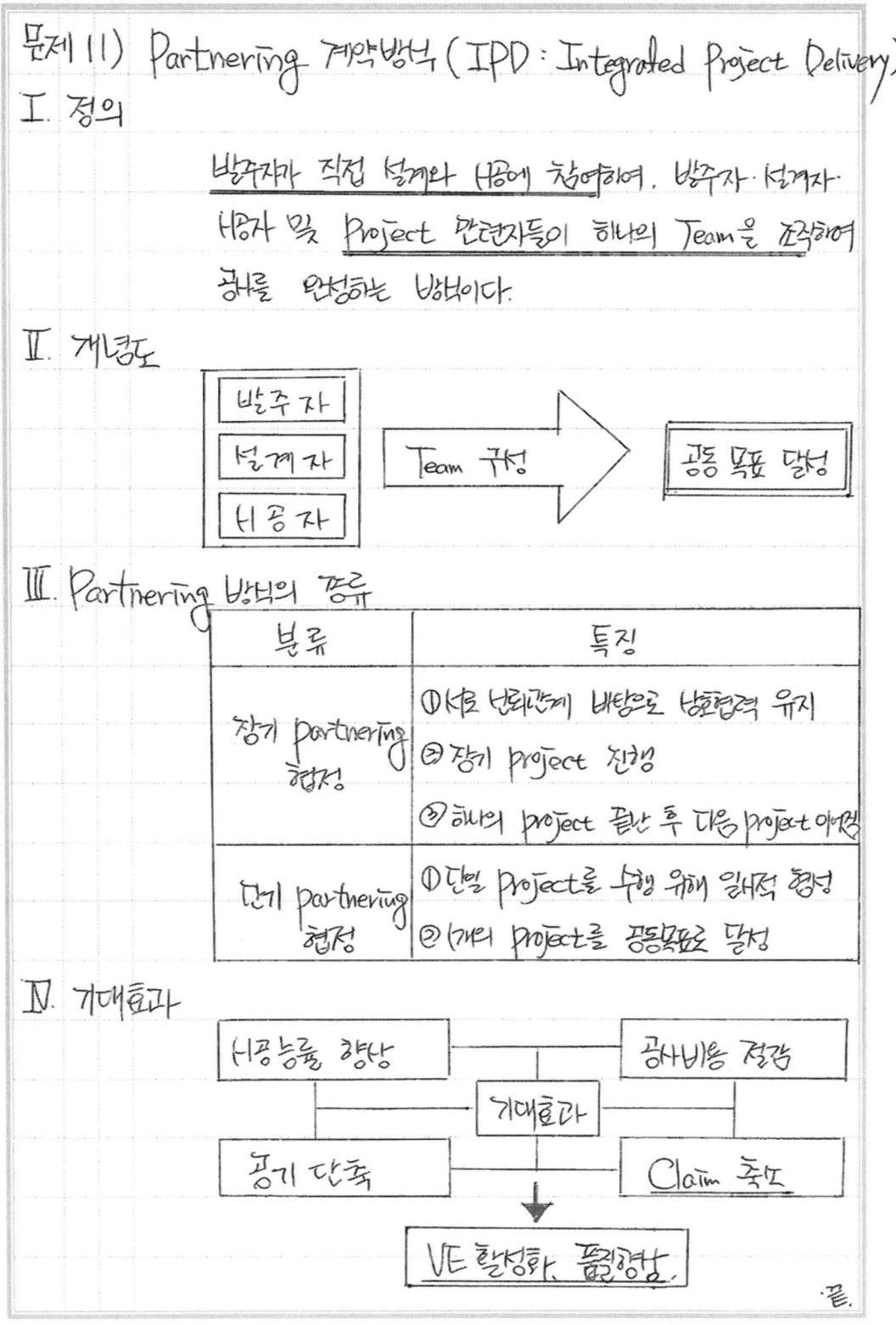

III. Partnering 방식의 종류

분류	특징
장기 Partnering 협정	① 상호 신뢰관계 바탕으로 상호협력 유지 ② 장기 project 진행 ③ 하나의 project 끝난 후 다음 project 이행
단기 Partnering 협정	① 단일 project를 수행 위해 일시적 협정 ② 1개의 project를 공동목표로 달성

IV. 기대효과

- 시공능률 향상
- 공사비용 절감
- 공기 단축
- Claim 축소
- → 기대효과 → VE 활성화, 품질향상

"끝"

문제 008 건설공사비지수(Construction Cost Index)

〔04후(10), 19후(10), 24중(10)〕

1 정의
건설공사비지수는 건설공사에 투입되는 재료·노무·장비 등의 직접공사비의 시간에 따른 가격변동을 측정하는 지수이다.

2 건설공사비지수 발표

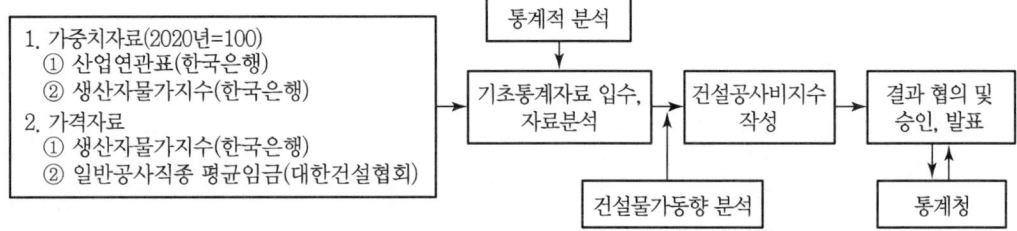

3 산정방법
① 산업연관표란 국민경제 내에서 발생하는 재화와 서비스의 생산 및 처분에 관한 모든 거래내역을 일정 형식의 통계표로 작성한 것이다.
② 생산자물가지수는 기준연도인 2020년을 100으로 하여 산정된다.
③ 생산자물가지수에는 노무비가격자료가 부재하므로, 노무비 부문은 대한건축사협회의 일반공사직종 평균임금을 활용한다.
④ 건설공사비지수($E_{\cos t}$) $= \sum \left(w_{io} \sum p_{ppi} \dfrac{w_{ppi}}{w_s} \right)$

여기서, w_{io} : 지수에 편제되는 산업연관표 품목별 가중치
p_{ppi} : 산업연관표의 품목에 해당하는 품목(들)의 생산자물가지수
w_{ppi} : 산업연관표의 품목에 해당하는 품목(들)의 생산자물가지수들의 개별 가중치
w_s : w_{ppi}의 합

4 활용분야

구분	활용분야
공사비 산정	공공건설공사에서의 공사비 산정
계약금액 조정	물가변동에 의한 계약금액 조정용
공사비 예측	기존 지수동향의 분석으로 미래 어느 시점의 건설공사비지수 예측
자재원가 비교	시간변화에 따른 자재의 원가 파악
건설시장동향 파악	발주자측 입장에서 총공사금액의 파악

문제 20) 건설공사비 지수 (Construction Index)

I. 정의

건설공사에 투입되는 직접공사비를 대상으로 특정 시점의 물가를 100으로 하여 가격변동을 측정하는 지수.

II. 건설공사비 지수 활용목적

| 공사비 실적자료 시간차 보정 | 물가 변동에 의한 계약조정 | 건설 시장 동향의 분석 |

III. 건설공사비 지수 산정방법

- 자료수집
  - 한국은행 : 산업연관표·생산자물가지수
  - 대한건설협회 : 시중노임 (공사부분)
- 자료분석·가공 — 건설부분 25개 지수 산정 (품목. 가중치 고려)
- 건설공사비 지수작성 — 매월 마지막날 공사비원가관리센터 공포.

IV. 건설공사비 지수의 특징

① 건설에 특화된 물가지수 산정
② 물가변동에 의한 계약금액 조정시 활용.
③ 5년마다 기준년도를 개편 (현 2015년 기준)

V. 표준시장단가의 물가보정방식 변경 (23.04.20 개정)

구분	변경전	변경후
노무비	건설근로자 시중노임단가	건설근로자 시중노임단가
재료비·경비	생산자 물가지수	건설 공사비 지수

건진법 운영규정 개정 : 건설물가변동 현실화.   끝.

문제 009 계약금액조정

1 정의
① 설계변경, 물가변동 등의 사유로 계약당사자간 합의에 의해 계약금액을 조정하는 기법이다.
② 공사·제조·용역 등 공공건설공사의 계약일 이후 물가변동·설계변경 기타 계약내용의 변경으로 인하여 계약금액을 조정할 수 있다.

2 계약금액조정의 요인

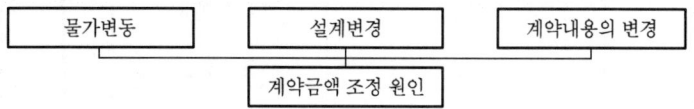

3 물가변동(Escalation)

1) **정의**
   입찰일 후 90일이 경과한 후 각종 품목 및 비목의 가격 상승으로 품목조정률의 3% 이상이 증감되거나 지수조정률이 3% 이상 증감된 때 계약금액조정

2) **조정방법**
   ① 동일한 계약에 대하여는 품목조정률과 지수조정률을 동시에 적용하지 못함
   ② 조정기준일(조정사유 발생일)로부터 90일 이내는 재조정이 불가능함
   ③ 예정가격이 100억 원 이상의 공사는 특별사유가 없는 한 지수조정률로 금액조정
   ④ 원칙적으로 계약금액조정 신청서 접수후 30일 이내에 조정

4 설계변경

1) **정의**
   설계변경으로 인하여 공사량의 증감이 발생한 때에는 계약금액을 조정할 수 있음

2) **조정방법**
   ① 낙찰가가 86% 미만의 공사에서는 증액 조정 시 조정금액이 계약금액의 10% 이상인 경우 소속중앙관서장의 승인을 얻어야 함
   ② 계약이행자가 신기술·신공법의 적용으로 공비절감·공기단축 등을 한 경우는 감액하지 않음
   ③ 신기술·신공법의 등위와 한계에 이의가 있을 때는 중앙건설기술심의위원회의 심의를 받아야 함
   ④ 원칙적으로 설계변경으로 인한 계약금액조정 신청서 접수일부터 30일 이내에 조정

5 기타 계약내용의 변경
① 물가변동·설계변경 이외의 계약내용의 변경으로 인하여 계약금액을 조정할 수 있음
② 증감분에 대한 일반관리비율 및 이윤율은 산출내역상의 것으로 함
③ 일반관리비 및 이윤율은 재무부장관이 정하는 율을 넘어서는 안 됨

문제 13) 물가변동으로 인한 계약금액 조정요건 및 예외규정

① 정의
  ① 물가변동이란 물가상승에 의한 시공자의 부담을 최소화하고 양질의 공사를 수행하기 위해 실시.
  ② 등락요건, 기간요건, 청구요건을 충족하여 한다.

② 물가변동의 개념도. (조정요건)

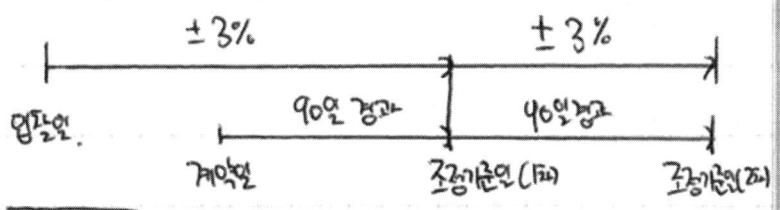

  기간요건 : 계약체결일, 조정기준일로부터 90일 경과
  등락요건 : 입찰일, 조정기준일로부터 ±3% 증감. (지수·품목)
  청구요건 : 계약 상대자의 청구에 의하여 조정.

③ 물가변동의 예외규정
  ① 조정기준일 이전에 이행완료 부분은 산정제외.
  ② 선금을 받은 경우 공제 실시
  ③ 단품 Sliding 제도 적용 : 특정 자재 ±15% 증감
  ④ 계약시 물가변동 제외 특약이 있는 경우.

④ 물가변동의 등락요건 비교

구분	품목 조정률	지수 조정률
방식	품목·비목이 3% 증감	비목군이 3% 증감
적용	예정가격 100억원 미만	예정가격 100억원 이상.
특징	정확급 물가변동 반영	계산이 쉬움.

끝

문제 010 물가변동(Escalation)

〔19전(10), 20후(10), 24후(10)〕

1 정의
① 입찰일후 계약금액을 구성하는 각종 품목 또는 비목의 가격이 상승 또는 하락된 경우, 그에 따라 계약금액을 조정하여 계약 당사자 일방의 불공평한 부담을 경감시켜줌으로써, 원활한 계약이행을 도모하고자 하는 계약금액 조정제도이다.
② 물가변동으로 인한 계약금액의 조정은 계약조건에 의해 처리하며, 품목조정률과 지수조정률 중 계약서에 명시된 한 가지 방법을 택일하여 적용한다.

2 계약금액조정 요건

계약금액조정 요건 ─┬─ 절대 요건 ─┬─ 기간 요건
　　　　　　　　　　│　　　　　　　└─ 등락 요건
　　　　　　　　　　└─ 선택 요건 ─── 청구 요건

1) 기간 요건
① 계약일 후 90일 이상 경과하여야 한다.
② 입찰일을 기준으로 한다.
③ 2차 이후의 물가변동은 전 조정기준일로부터 90일 이상을 경과하여야 한다.

2) 등락 요건
품목조정률 또는 지수조정률이 3% 이상 증감 시 적용한다.

3) 청구 요건
절대 요건이 충족되면 계약 상대자의 청구에 의해 조정하도록 한다.

3 품목조정률 및 지수조정률의 비교

구분	품목조정률에 의한 방법	지수조정률에 의한 방법
개요	계약금액의 산출내역을 구성하는 품목 또는 비목의 가격변동으로 당초 계약금액에 비하여 3% 이상 증감 시 동 계약금액 조정	계약금액의 산출내역을 구성하는 비목군의 지수변동으로 당초 계약금액에 비하여 3% 이상 증감 시 조정
조정률 산출방법	계약금액을 구성하는 모든 품목 또는 비목의 등락을 개별적으로 계산하여 등락률을 산정	• 계약금액을 구성하는 비목을 유형별로 정리한 "비목군"에 계약금액에 대한 가중치 부여 (계수) • 비목군별로 생산자 물가 기본분류지수 등을 대비하여 산출
용도	계약금액의 구성비목이 적고 조정횟수가 많지 않을 경우에 적합(단기, 소규모, 단순공종공사 등)	계약금액의 구성비목이 많고 조정횟수가 많을 경우에 적합(장기, 대규모, 복합 공종공사)

문제 22) 물가변동 (Escalation)

I. 정의

① 입찰일을 기준으로 90일 경과 후 품목조정률 또는 지수조정률이 3% 증감될 때 계약금액을 조정.

② 기간요건·등락요건·청구요건에 의하여 조정.

II. 개념도

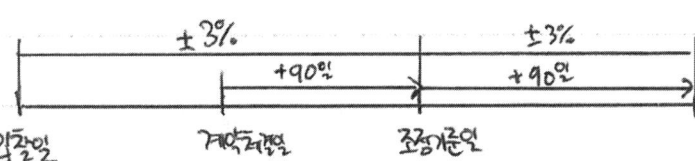

① 기간요건 : 계약체결일·조정기준일로부터 90일 경과.

② 등락요건 : 입찰일·조정기준일로부터 지수·품목조정률 3% 증감.

③ 청구요건 : 계약 상대자의 청구에 의하여 조정.

III. 물가변동의 목적

① 원활한 계약이행 도모.

② 계약금액 조정을 통한 불공평한 부담경감.

③ 계약 당사자간 상생·협력 의지.

IV. 등락요건 (지수조정률·품목조정률)의 비교

구분	품목조정률	지수조정률
방식	품목·비목이 3% 증감시	계약금액을 구성하는 비목군이 3% 증감
장점	물가변동의 실제적 반영	조정률 산출이 용이
단점	계산 복잡·많은 시간투자	지수(평균치) 물가변동이 실제적 반영어려움
용도	단기·소규모·단순공종	장기·대규모·복합공종

문제 011 낙하물방지망 설치방법

[00중(10), 13후(10), 20중(10)]

1 정의
① 낙하물방지망은 고층건축공사 현장에서 고소작업 시 재료나 공구 등의 낙하로 인한 피해를 방지하기 위하여 벽체나 비계외부에 설치하는 망을 말한다.
② 낙하물방지망은 지상낙하물에 의해 근로자, 통행인 및 차량 등에 위험을 끼칠 우려가 있는 장소에 설치한다.

2 낙하물방지망 설치방법

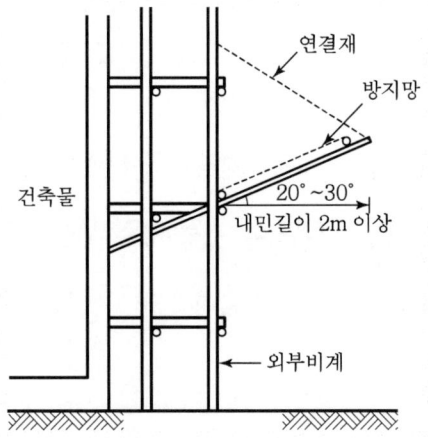

① 망의 첫단 설치 높이는 지상에서 8m 이내
② 설치 간격은 높이 10m 이내 또는 3개 층마다 설치
③ 수평면과 이루는 각도는 20°~30° 정도
④ 내민 길이는 비계외측으로부터 2m 이상
⑤ 방지망의 가장자리는 테두리 rope를 그물코마다 엮어 강관비계에 연결
⑥ 연결재는 강도 10MPa 이상의 철물 또는 rope 사용
⑦ 방지망의 겹친 폭은 150mm 이상
⑧ 방지망과 망 사이에 틈이 없도록 할 것

3 설치 후 유의사항
① 3개월 이내마다 정기점검 실시
② 망의 손상된 부위는 즉시 교체 또는 수리할 것
③ 망주위에서의 용접작업 금지
④ 망에 적재된 낙하물은 즉시 제거

문제 6> 낙하물 방지망

I. 낙하물 방지망의 정의

고소작업시 재료나 공구 낙하로 인한 피해방지, 벽체나 비계 외부에 설치하는 망

II. 낙하물 방지망 설치도해 및 설치목적

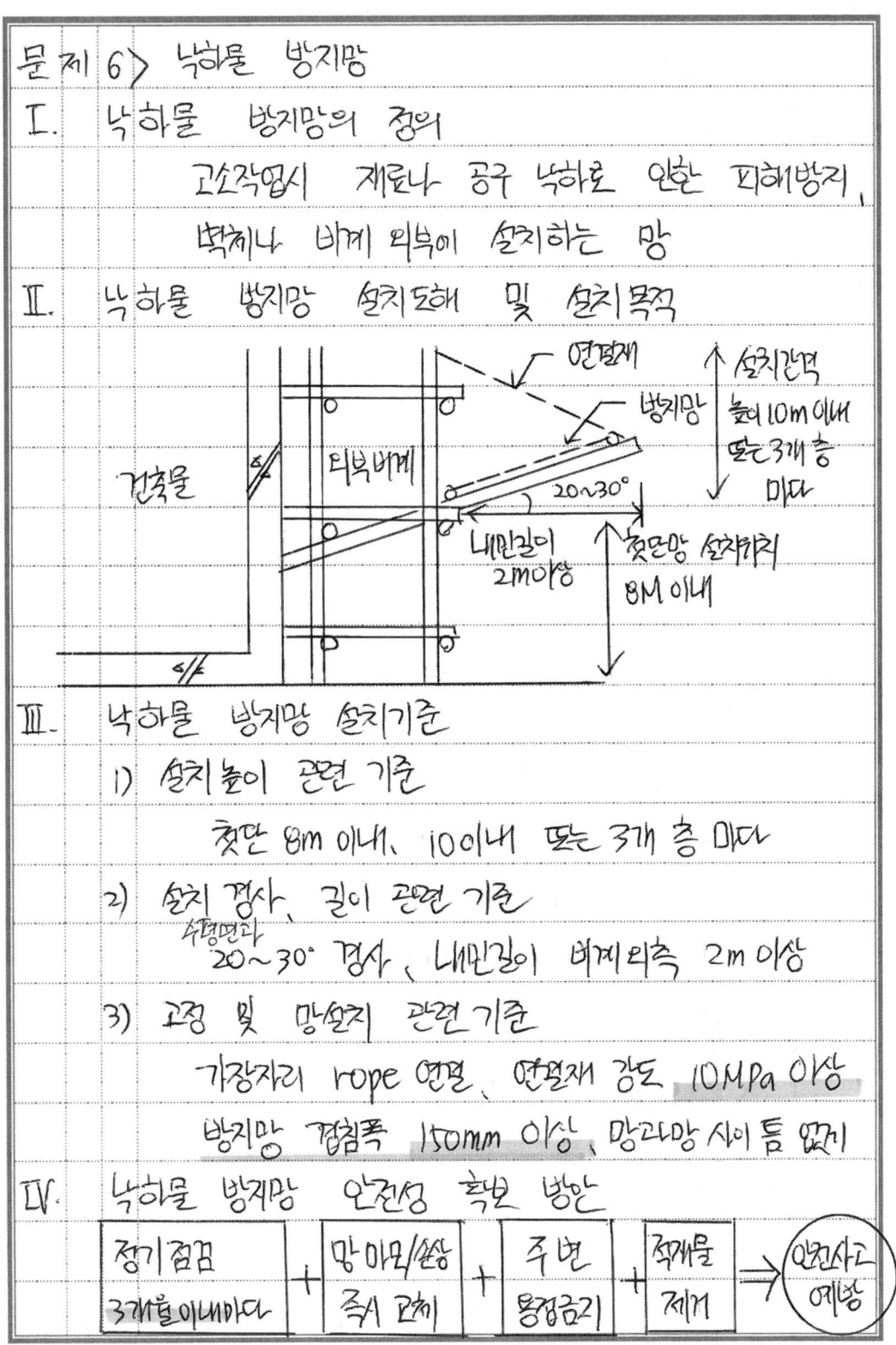

III. 낙하물 방지망 설치기준

1) 설치높이 관련 기준

첫단 8m 이내, 10이내 또는 3개 층 마다

2) 설치 경사, 길이 관련 기준

수평면과 20~30° 경사, 내민길이 비계 외측 2m 이상

3) 고정 및 망설치 관련 기준

가장자리 rope 연결, 연결재 강도 10MPa 이상

방지망 겹침폭 150mm 이상, 망과 망 사이 틈 없이

IV. 낙하물 방지망 안전성 확보 방안

| 장기점검 3개월 이내마다 | + | 망 이묘/손상 즉시 교체 | + | 주변 통행금지 | + | 적재물 제거 | → | 안전사고 예방 |

문제 012 시스템비계

〔21전(10), 23중(10), 24후(10)〕

1 정의
시스템비계란 조립 설치가 용이하며 구조적 안전성 확보가 용이한 공법이다. 또한 작업발판 및 안전난간이 동시에 설치되므로 안전성이 확보되어 사고 위험성이 낮다.

2 시스템비계 설치도
시스템비계는 jack base 설치 후 수직/수평재 설치, 작업발판 설치, 안전난간설치, 승강통로 설치 등 순서로 시공한다.

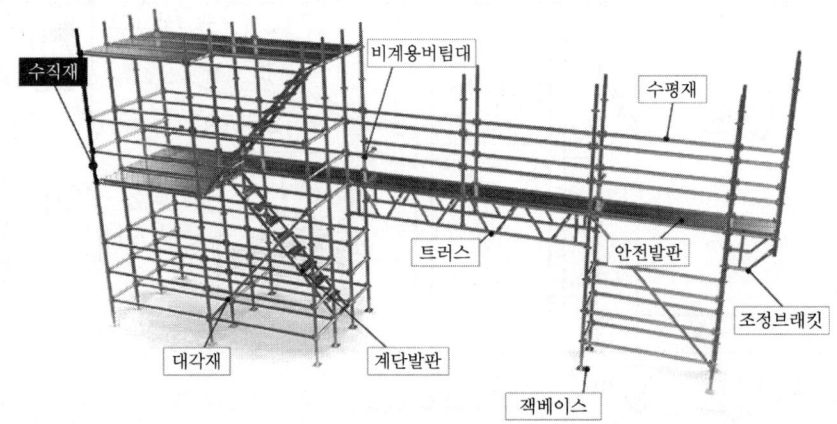

3 시스템비계 설치 시 유의사항
① 수직재와 수평재는 직각으로 견고하게 설치
② 연결부의 겹침 길이는 전체 길이의 3분의 1 이상 겹침
③ 벽 이음재의 설치 간격은 구조계산서에 따를 것
④ 비계기둥의 밑에는 밑받침철물을 사용
⑤ 경사진 바닥에 설치 시 피벗형 받침철물 설치(수평유지 중요)

4 강관비계 및 시스템비계의 비교

구분	강관비계	시스템비계
장점	① 풍부한 자재로 비용 저렴 ② 전용성 우수 ③ 소규모공사에 적합	① 구조적 안전성 확보 탁월 ② 작업발판 및 안전난간의 동시 설치 가능 ③ 안전성 확보로 사고 위험성 낮음
단점	① 공사진행 시보다 설치, 해체 위험 ② 수직, 수평 하중 불안전, 변형이 심함 ③ 연결부의 결속상태가 불량해질 경우 붕괴될 수 있음	① 부재별 운반비 과다 ② 조립 및 해체시간 소요 과다 ③ 건축물의 외형이 라운드이거나, 단차부위인 경우 설치 어려움

문5) 시스템 비계

1. 정의
① 잭베이스, 수직재, 수평재, 가새재를 현장에서 설치하는 조립형 비계
② 설치가 간단하고 안전하며 신속하다.

2. 시공도 및 구성

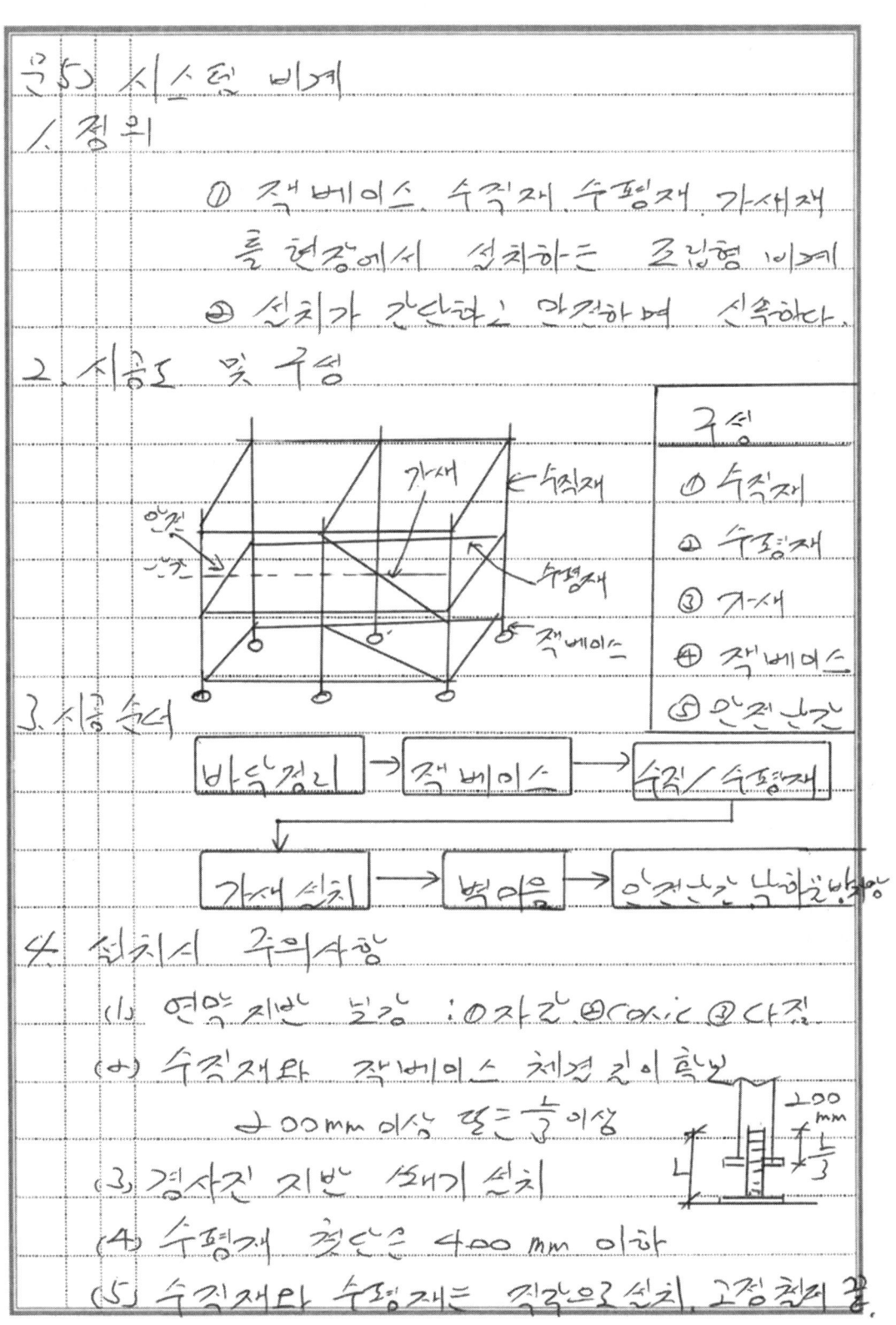

구성
① 수직재
② 수평재
③ 가새
④ 잭베이스
⑤ 안전난간

3. 시공순서

바닥정리 → 잭베이스 → 수직/수평재 → 가새설치 → 벽이음 → 안전난간 낙하물방망

4. 설치시 주의사항
(1) 연약지반 보강 : ① 자갈 ② con'c ③ 다짐
(2) 수직재와 잭베이스 체결길이 확보
    400mm 이상 또는 ⅓ 이상
(3) 경사진 지반 쐐기 설치
(4) 수평재 첫단은 400mm 이하
(5) 수직재와 수평재는 직각으로 설치, 고정철물 끝.

문제 013 GPR(Ground Penetrating Radar) 탐사

1 정의

① GPR 탐사는 지표면에 송·수신기를 설치하여 지하의 불균질대(파쇄대)에서 반사되어온 전자기파 혹은 레이더파를 이용하여 지하 구조물을 영상화하는 방법이다.
② 지하 물리탐사방법 중 한 가지로서 지질 및 구조물에 대한 고해상도 이미지를 제공하여, 이를 이용하여 다양한 산업분야에 필요한 정보를 확인할 수 있으며 최근 기술적인 이용범위가 확대되고 있다.

2 탐사 방법

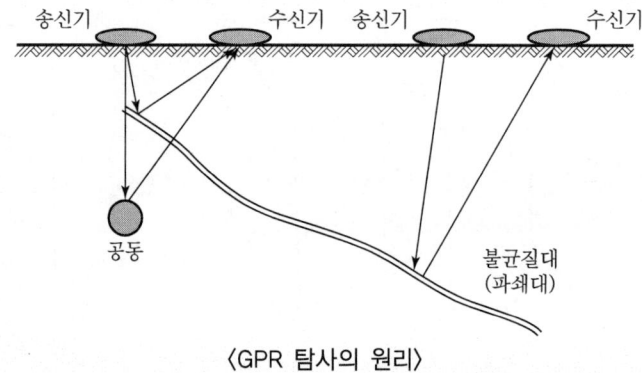

〈GPR 탐사의 원리〉

3 특징

① 일반 물리탐사에 비해 장비가 간단하고 작업이 용이하다.
② 고주파를 사용하므로 해상도가 월등하다.
③ 조사 자료가 영상처리되므로 객관적이고 신뢰성이 높다.
④ 주변 구조물에 손상을 주지 않고 실시하는 비파괴 지반탐사이다.

4 적용 범위

① 지하 공동구 조사, 오염대 조사
② 지반조사, 지하 구조물 조사, 도로포장 두께 및 결함 조사
③ 터널라이닝 두께 및 결함 조사
④ 고고학 발굴을 위한 조사

문제 1) GPR (Ground Penetrating Radar) 탐사

I. 정의

① 지표면에 송·수신기를 설치하여 지하의 불균질대에서 반사되어온 전자기파 혹은 레이더파를 이용하여 지하 구조물을 영상화하는 방법이다.

② 현재 국내한계 깊이는 5m이며, 싱크홀 탐사로 각광받고 있다.

II. 탐사방법

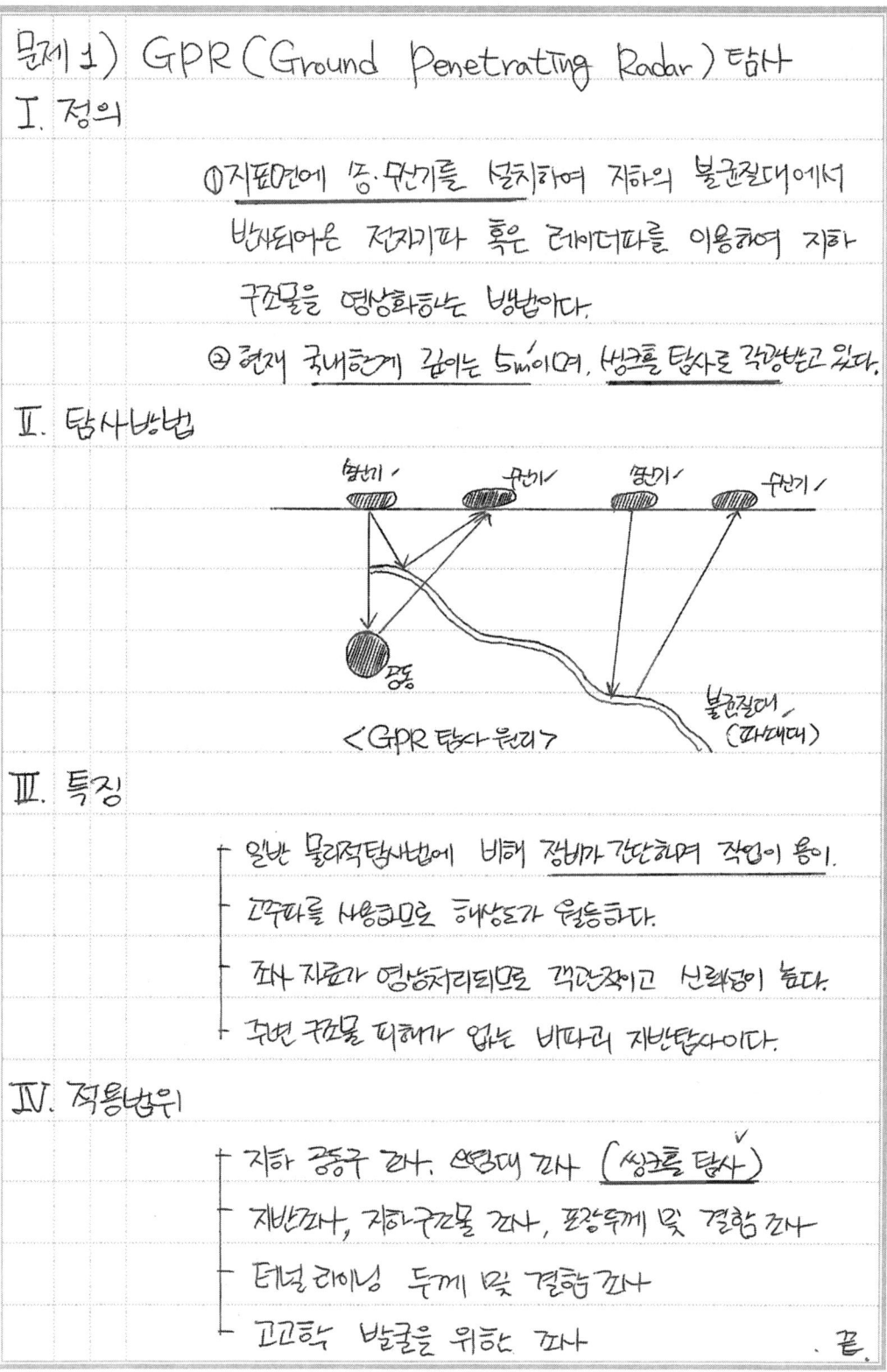

<GPR 탐사 원리>

III. 특징

- 일반 물리적탐사법에 비해 장비가 간단하며 작업이 용이.
- 고주파를 사용하므로 해상도가 월등하다.
- 조사 자료가 영상처리되므로 객관적이고 신뢰성이 높다.
- 주변 구조물 피해가 없는 비파괴 지반탐사이다.

IV. 적용범위

- 지하 공동구 조사, 연약대 조사 (싱크홀 탐사)
- 지반조사, 지하구조물 조사, 포장두께 및 결함 조사
- 터널 라이닝 두께 및 결함 조사
- 고고학 발굴을 위한 조사

끝.

문제 014 토질주상도(柱狀圖)

〔99중(20), 06전(10), 07중(10)〕

1 정의
① 지질단면을 도화(圖化)할 때에 사용하는 도법으로, 지층의 층서(層序)·포함된 제 물질의 상태·층두께 등을 축적으로 표시한 것을 토질주상도라 한다.
② 현장에서 boring test나 표준관입시험을 통하여 지반의 경연상태와 공내수위 등을 조사하여, 지하 부위의 단면상태를 예측할 수 있는 예측도로 시추주상도라고도 한다.

2 필요성

3 토질주상도 기입 내용
① 지반조사 지역
② 조사일자 및 작성자
③ Boring 방법
④ 공내수위
⑤ 심도에 따른 토질 및 색조
⑥ 지층두께 및 구성상태
⑦ 표준관입시험에 의한 N치
⑧ Sampling 방법

4 토질주상도 실례

심도(m)	주상도	토질	N치 0 10 20 30 40	공내수위
-1.5		표토		
-4.0		사질 점토		용수기 ▽
-7.0		가는 자갈 (굵은모래)		
-9.4		실트질 점토		갈수기 ▽
-11		점토질 모래		

문제 2) 토질주상도

I. 정의
지층의 층서·제물질 상태·층 두께 등을 축척으로 표시한 것. 보링을 통하여 지반의 경연 상태. 공내수위. 단면상태를 예측하는 예측도.

II. 토질주상도

심도	주상도	토질	N치 10 20 30 40 50	공내수위
-2.0		표토		윗물 ▽
-4.0		사질토		
-6.0		모래		갈수 ▽
-8.0		점토		

Boring → 표준관입시험 → 토질주상도 작성

III. 토질주상도 기입내용
① 지반조사 지역　② 작성자·조사일자
③ Boring 방법　④ 표준관입시험 결과 N치
⑤ 공내수위　⑥ 지층두께 및 구성상태

IV. 토질주상도 활용방안
- 흙막이 공법 선정
- 토공량 산출·공내수위
- 기초의 형식
- pile 길이 산정
→ 활용방안

V. 작성시 유의사항
① 흙의 종류에 따른 기호설정. 주상도 구분 명확히
② 담당자의 주관이 반영되지 않도록 주의
③ 점성토 N≥10, 사질토 N≥50으로 봄.　끝.

문제 015 암질지수(Rock Quality Designation)

[20전(10)]

1 정의
① 자연상태의 암반을 보링으로 코어를 채취하여 암반의 균열, 절리상태를 계산식으로 산정하여 독자적인 암반 분류 기준으로 이용되는 지표를 말한다.
② 절리의 다소를 나타내는 지표로서 RQD가 크면 암반의 상태가 양호하게 안정된 상태이고, 적으면 균열, 절리가 심한 불량의 암반이 된다.

2 RQD의 판정방법
① 원지반의 암반에 천공장비를 이용하여 core를 채취한다.
② 10cm 이상의 core 길이를 합산하여 전체 천공 길이로 나눈 값에 100을 곱하여 구한다.

$$RQD(\%) = \frac{10cm \text{ 이상 core 길이의 합}}{\text{시추공의 길이}} \times 100$$

3 RQD의 특징 및 용도

특징	용도
• 직접 육안판정 가능	• 절취사면 구배 결정
• 세계적으로 널리 보편화되어 신뢰성이 있음	• 암반의 분류
• 측정방법이 쉬움	• 터널 굴진 시 동바리 형식 결정
• 터널공사에서 필수적으로 적용되는 수치	• 터널공사에서 rock bolt, shotcrete 방법 결정

4 암질지수(RQD)에 따른 암질상태 판정기준

RQD	암질상태
0~25	매우 불량
25~50	불량
50~75	보통
75~90	양호
90 이상	우수

암질지수 (Rock Quality Designation)

1. 정의
- 구경 175mm 이상의 보링홀에서 시추하여 획수된 Rock Core의 길이를 관찰하여 절리 상태의 다소로 암반의 질을 정량적으로 표시하는 지표임.

2. RQD의 판정방법

$$R.Q.D. = \frac{100mm \text{ 이상 회수된 Core 길이의 합}}{\text{총 시추공의 길이 (보링공 길이)}} \times 100$$

※ RQD가 크면 암반상태 양호, 적으면 균열, 불량

3. RQD에 따른 암질상태

RQD(%)	25↓	25~50	50~75	75~90	90~100
상태	매우나쁨	나쁨	보통	좋음	매우좋음
	Very poor	Poor	Fair	Good	Excellent

4. RQD 지표의 특징
① 육안 판정 가능함
② 측정 방법 용이함
③ 보편화되고 신뢰성 높은 지표

5. RQD의 활용방안
① 암반의 분류   ② 절취사면 구배 결정
③ 터널 굴진시 동바리 형식(터널라이닝형식)의 결정
④ Rock bolt, Shotcrete 방법 결정

〈끝〉

문제 016 표준관입시험(SPT ; Standard Penetration Test)

〔78후(5), 84(5), 91후(8), 18후(10)〕

1 정의

① 표준관입시험용 sampler(split spoon sampler)를 쇠막대(rod)에 끼우고 750mm의 높이에서 63.5kg의 떨공이를 자유낙하시켜, 300mm 관입시키는 데 요하는 타격횟수 N치를 구하는 시험을 말한다.
② 주로 모래지반에 사용한다.

2 시험장치

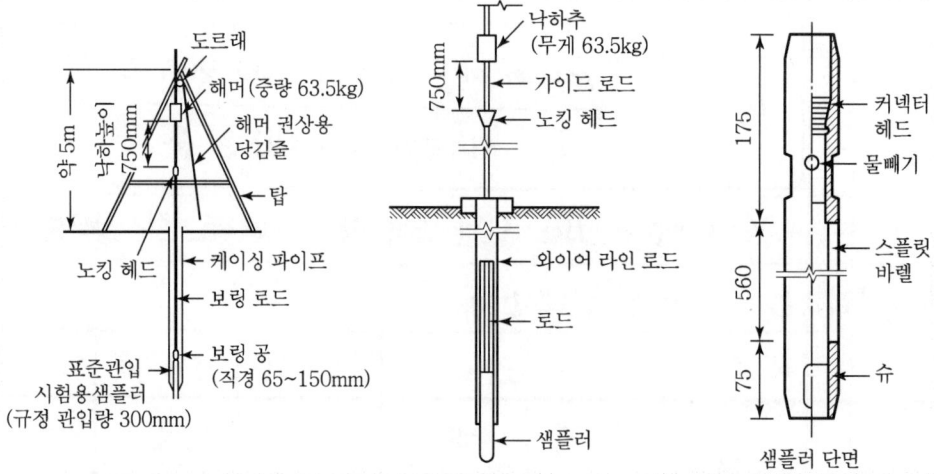

3 시험순서 Flow Chart

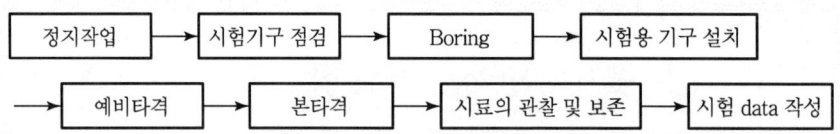

4 용도

① 지내력 추정
② 토질주상도 기초자료
③ 지지층 위치 확인
④ 연약층 파악
⑤ 배수조건 검토

5. 사항
- I. 정의
- II. 시험도/순서 → 측정방법
- III. 시험시 유의사항 → 품질향상
- IV. 과리/비교 → 추후검토

문제 3. 표준관입시험 (SPT)

답

I. 정 의

① SPT란 Sampler를 Rod에 끼우고 76.2cm의 높이에서 63.5kg의 Hammer를 자유낙하시켜 30cm 관입하는데 필요한 타격횟수 N값을 구하는 시험으로
② 주로 사질지반에서 사용한다.

II. 측정방법

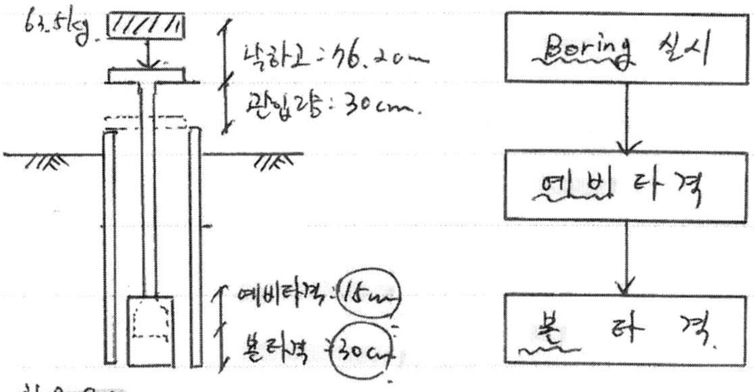

63.5kg
낙하고 : 76.2cm
관입량 : 30cm
예비타격 : 15cm
본타격 : 30cm

Boring 실시 → 예비타격 → 본타격

III. SPT의 활용용도

① 지내력 추정 ④ 연약층 파악
② 토질주상도의 기초자료 ⑤ 배수조건 검토
③ 지지층의 위치확인

IV. 토질별 N치의 추정항목

사 질 토	점 성 토
상대밀도 (다짐상태)	전단강도, 점착력
탄성계수, 지지력 계수	일축 압축강도
액상화 가능성	허용 지지력

<끝>

문제 017 N치

〔79(5), 03중(10), 09중(10), 20후(10)〕

1 정의

① N치란 표준관입시험 시 중량 63.5kg의 떨공이를 750mm의 높이에서 자유낙하시켜 시험용 sampler를 300mm 관입시키는 데 필요한 타격횟수를 말하며 주로 사질지반에서 이용된다.
② N치를 통하여 흙의 지내력을 추정하며, N치가 클수록 밀실한 토질이다.

2 N치와 흙의 상대밀도

모래지반의 N치	점토지반의 N치	상대 밀도
0~4	0~2	대단히 연약
4~10	2~4	연약
10~30	4~8	중간(보통)
30~50	8~15	단단한 모래, 점토
50 이상	15~30	아주 단단한 모래, 점토
-	30 이상	경질(硬質)

3 N치로 추정할 수 있는 항목

1) 모래지반
   ① 상대밀도(다짐상태의 정도)
   ② 침하에 대한 허용지지력
   ③ 지지력계수
   ④ 탄성계수
   ⑤ 전단저항각
   ⑥ 액상화 가능성

2) 점토지반
   ① Consistency(경연의 정도)
   ② 일축(一軸)압축강도
   ③ 점착력
   ④ 파괴에 대한 극한 허용지지력

소 시항
   Ⅰ. 정의
   Ⅱ. 시행도/시행순서 → 토질주상도에서 N값의 해석
   Ⅲ. 시험시 유의사항 → N치 추정항목
   Ⅳ. 관리방안 (대토) → 지내력 시험 종류

문제 4. N치

답

Ⅰ. 정 의

① N치란 표준관입시험시 63.5kg 의 해머를 76.2cm 높이에서 자유낙하시켜 30cm 관입하는데 필요한 타격횟수이다.

② N치를 통해 흙의 지내력을 구하고, 지반구조물의 설계·해석하는데 사용되며 토질주상도에 N치값을 표시한다.

Ⅱ. 토질 주상도의 N값의 해석

토질	주상도	N치 10 60
매립토	∘∘∘	
실트	∙∙∙	
풍화암	+//+	
연암	+/+/+	

→ N치 값 60이 지지력이 확보되는 경질지반을 의미

Ⅲ. 토질별 N치의 추정항목 (표준관입시험과 중복)

사 질 토	점 성 토
상대밀도 (다짐상태)	전단강도, 점착력
탄성계수, 지지력 계수	일축 압축강도
액상화 가능성	허용 지지력

Ⅳ. 지내력 시험의 종류

- 평판 재하 시험: 원위치 시험
- 말뚝 재하 시험: 동재하 시험 / 정재하 시험
- 말뚝 박기 시험

<끝>

문제 018 Piezocone 관입시험

〔11전(10)〕

1 정의

① 연결 rod에 전기식 cone을 장착하여, 일정한 속도로 지중에 관입하면서 cone의 저항치와 마찰 sleeve의 마찰력으로 지반의 지지력·지반의 경연상태·간극수압 등을 측정할 수 있는 시험이다.
② 표준관입시험에 비해 지반의 조사범위가 넓고, 조사의 신뢰도가 높다.
③ Piezocone 관입시험 = piezo meter + cone 관입시험
　　(간극수압+지반의 지지력)　　(간극수압)　　(지반의 지지력)

2 특징

① 연속적인 토층 파악
② 지반의 지지력 파악
③ 지반의 경연상태 파악
④ 간극수압 측정
⑤ 지반개량 전후의 지반강도 변화 측정
⑥ 과압밀비 측정
⑦ 점토층의 깊이·두께 측정

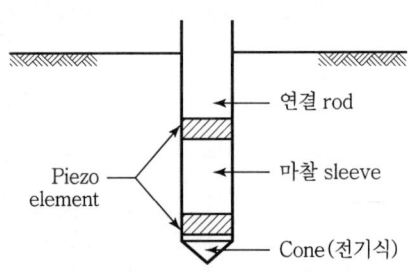

3 시험 결과치의 이용

① 비배수(非排水) 강도 결정
② 투수계수 결정
③ 선행 압밀하중 결정
④ 압밀계수 추정

4 피조콘(Piezocone) 관입시험과 표준관입시험의 특징 비교

구분	피조콘관입시험	표준관입시험
자료의 연속성	○	×
자료의 신뢰도	○	△
간극수압 측정	○	×
Sand seam 유무 판정	○	×
시료의 채취	×	△
응력 경로, OCR 판정	○	×
조사비	○	○

문제 14. Piezocone 관입시험

I. 정의
① 전기식 Cone 지중에 관입, Cone의 저항 및 Sleeve 마찰력으로 지반 지지력, 간극수압 등 측정
② Piezocone 관입시험 = Piezometer + Cone 관입시험

II. Piezocone 관입시험 Mechanism

장비준비 → 지중관입 → 측정

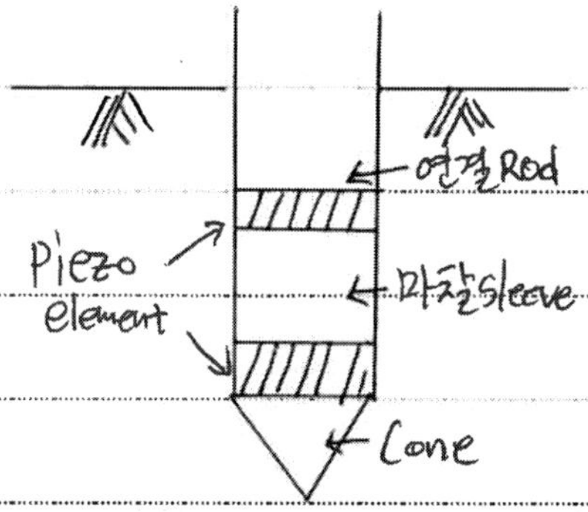

(그림: 연결 Rod, Piezo element, 마찰 Sleeve, Cone)

III. Piezo Cone 관입시험 활용
① 비배수 강도 결정에 활용
② 투수계수 및 압밀계수 측정
③ 선행압밀하중의 결정

IV. Piezocone 관입시험과 표준관입시험 비교

구 분	Piezocone	SPT
자료의 연속성	양호	보통
자료의 신뢰성	우수	보통
시료 채취	하지 않음	채취
비 용	고가	고가

〈끝〉

문제 019 흙의 예민비(Sensitivity Ratio)

〔95후(10), 02중(10)〕

1 정의

점토에 있어서 자연시료는 어느 정도의 강도가 있으나, 이것의 함수율을 변화시키지 않고 이기면 약해지는 성질이 있으며, 흙의 교란에 의해서 약해지는 정도를 표시한 것을 예민비라 한다.

$$예민비 = \frac{자연시료의\ 강도(불교란\ 시료의\ 강도)}{이긴\ 시료의\ 강도(교란\ 시료의\ 강도)}$$

2 토질에 따른 예민비(S_t)

1) 점토지반
   ① $S_t > 1$
   ② $S_t < 2$는 비예민성, $S_t = 2 \sim 4$는 보통, $S_t = 4 \sim 8$은 예민, $S_t > 8$은 초예민

2) 모래지반
   $S_t < 1$

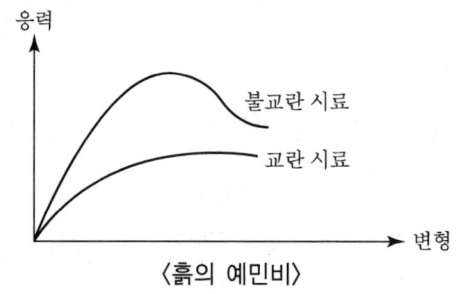

〈흙의 예민비〉

3 예민비의 성질

① 점토지반에서는 점토를 이기면 자연상태의 강도보다 작아진다.
② 점토지반에서는 진동다짐을 해서는 안 되며 전압식 다짐을 해야 한다.
③ 모래지반에서는 모래를 이기면 자연상태의 강도보다 커진다.
④ 모래지반에서는 진동식 다짐을 해야 한다.

4 주의사항

① 예민비가 큰 지반은 전단강도가 불리하다.
② 예민비는 특히 점토지반에서 고려되어야 하며 다짐 시 충분한 검토가 이루어져야 한다.
③ 점토지반은 자연상태를 유지하여 지반의 강도를 저하시켜서는 안 된다.
④ 점토지반은 다짐 시 진동을 일으키는 장비는 피한다.
⑤ 사질지반에서는 다짐공법 선정 시 가능한 진동을 일으키는 장비를 선정한다.

용어 4. 흙의 예민비 (Sensitivity Ratio)

1 정의

점토에 있어서 자연시료는 어느정도의 강도를 가지고 있는데 함수율을 변화시키지 않고 이기면 약해지는 성질이 있는데 이김에 의해서 약해지는 정도를 말한다.

$$S_t (예민비) = \frac{q_u (자연시료강도 = 불교란시료강도)}{q_{ur} (이긴시료강도 = 교란시료강도)}$$

2 예민비 / Thixotropy 메카니즘

면모구조 →(교반)→ 이산구조 →(시간경과)→ 면모구조
　　　　　　예민비　　　　　　　Thixotropy

3 토질에 따른 예민비 (S_t)

$S_t < 2$	비예민성
2~4	보통
4~8	예민
$S_t > 8$	초예민

(그래프: 응력 - 변형, 불교란시료, 교란시료, q_u, q_{ur})

4 예민비 주의사항

① 예민비가 큰 지반은 전단강도가 불리하다.
② 예민비는 점토지반에서 고려되어야하고 다짐필수사항.
③ 점토지반은 자연상태의 흙을 이기면 강도가 작아진다.
④ 점토지반은 다짐시 진동을 피하고 전압다짐으로 한다.
⑤ 사질지반에서 진동을 일으키는 장비를 사용한다. 끝.

문제 020 흙의 연경도(Consistency)

〔04중(10), 18중(10)〕

1 정의
① 점성토는 일반적으로 물을 포함하고 있으며, 함수량의 변화에 따라 흙의 강도와 체적이 변한다.
② 건조한 흙에 물을 가하면 흙의 상태가 변하고 수축한계·소성한계·액성한계는 각 변화추이의 한계를 일정한 시험방법으로 정한 것으로, 이들의 변화하는 한계를 consistency 한계 또는 atterberg 한계라 한다.

2 Consistency 한계(Atterberg 한계)

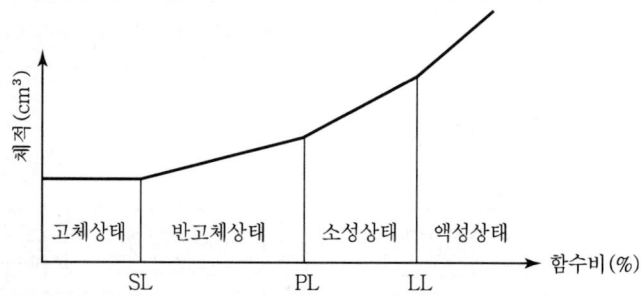

3 흙의 연경도(Consistency)

1) **수축한계(Shrinkage Limit ; SL)**
   함수량을 감소해도 흙의 부피가 감소하지 않고 함수량이 어느 양 이상으로 늘어나면 흙의 부피가 증대하게 되는 한계의 함수비

2) **소성한계(Plastic Limit ; PL)**
   파괴 없이 변형시킬 수 있는 최소의 함수비로 압축, 투수, 강도 등 흙의 역학적 성질을 추정할 때 사용

3) **액성한계(Liquid Limit ; LL)**
   외력에 전단저항력이 zero가 되는 최소의 함수비

4) **소성지수(Plasticity Index ; PI)**
   ① PI = LL − PL
   ② 소성상태에 있을 수 있는 물의 범위로 소성상태가 클수록 물을 많이 함유

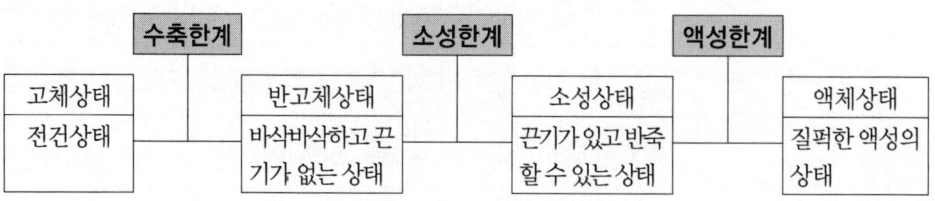

문제 13) 흙의 연경도 (Consistency)

I. 정의

① 점성토에서 함수량에 따라 변하는 흙의 체적과 강도가 변하추이 한계.

② 수축한계·소성한계·액성한계로 구분된다. (함수비에 따라)

II. Consistency 한계 (atterberg 한계)

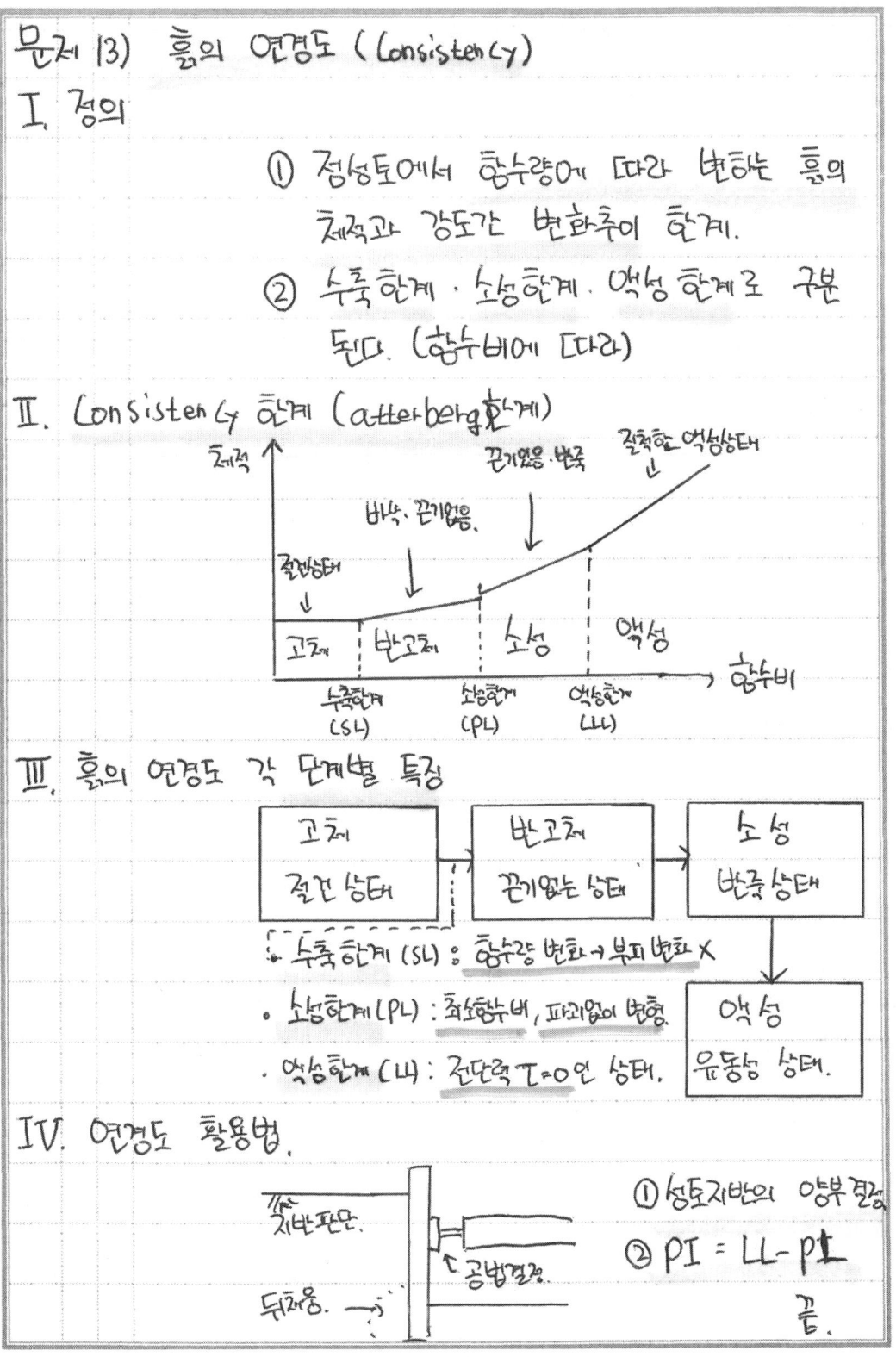

III. 흙의 연경도 각 단계별 특징

- 수축한계 (SL) : 함수량 변화 → 부피 변화 X
- 소성한계 (PL) : 최소함수비, 파괴없이 변형.
- 액성한계 (LL) : 전단력 $\tau = 0$ 인 상태.

IV. 연경도 활용법.

① 점토지반의 양부 결정
② $PI = LL - PL$

끝.

문제 021 부력(浮力)과 양압력(揚壓力)

〔12중(10), 17후(10), 22전(10)〕

1 부력

액체 속에 잠겨있는 물체의 표면에 상향으로 작용하고 있는 물의 전체 압력을 부력이라 말한다.

$$부력(B) = \gamma_w \times V \text{(ton)}$$

여기서, γ_w : 물의 단위 중량
V : 물체가 액체 속에 잠겨 있는 부분의 체적

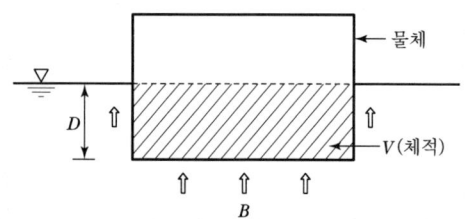

2 양압력

1) 정수위 상태

양압력 : $D \times \gamma_w \text{(ton/m}^2\text{)}$

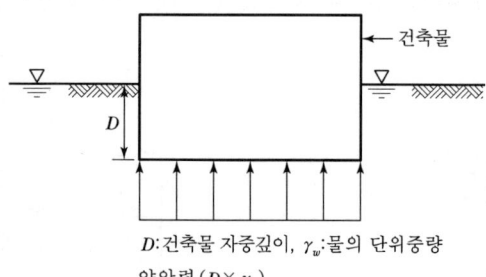

2) 침투 발생 시

$(D+h) \times \gamma_w \text{(ton/m}^2\text{)}$

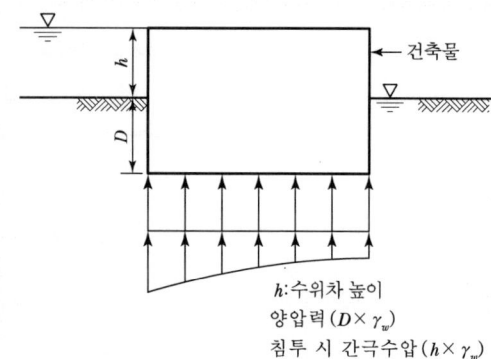

3 구조물에 미치는 영향

① 부력으로 구조물이 부상하면 구조물 변형 및 파손 크게 발생
② 양압력이 발생하면 구조물 침하 및 구조물 균열 발생
③ 건축물의 하중중심과 부력중심이 어긋날 경우 건물이 기울어지는 현상인 우력발생 우려

4 대책

① 배수 공법으로 지하수위 저하
② Slurry wall, sheet pile, soil cement wall 공법 등으로 지하수 차단
③ 구조물 하중을 증가시키는 방법
④ 구조물 저면에 부상 방지용 anchor 시공

문제 14) 부력과 양압력

I. 정의

① 부력: 액체에 잠긴 물체의 표면에 상향으로 작용하는 압력 (ton)

② 양압력: 지하수위 이하에 놓인 구조물에 단위면적 당 작용하는 압력 (ton/㎡)

II. 부력·양압력 Mechanism

구분	부력 (ton)	양압력 (ton/㎡)
개념도	(V) 지하수위 체적	흙두께 밀착수위, h=수위차
산정식	$B = rw \times V$	$U = (D+h) \cdot rw$
	rw = 물단위중량, D = 지층깊이, h = 수위차	

III. 부력과 양압력 영향

① 부력 발생으로 건축물 부상.

② 양압력으로 부등침하·균열 ⇒ 건축물 변형, 파손, 붕괴

③ 부력 발생으로 건축물 기울어짐.

IV. 대책 (조미인 자지지강)

① 지하수위 저하 (배수공법 실시)

② 부상 방지용 Rock Anchor 시공.

③ 건축물 자중 증대, 지중 Bracket 적용.

④ 차수성 높은 흙막이 적용 → 지하수 차단. 끝.

문제 022 | 액상화(Liquefaction)

〔87(5), 94후(5), 03후(10), 10전(10), 16후(10), 23중(10)〕

1 정의
① 액상화란 모래지반에서 순간충격·지진·진동 등에 의해 간극수압의 상승으로, 유효응력이 감소되어 전단저항을 상실하고 지반이 액체와 같이 되는 현상을 말한다.
② 액상화 발생시 건물의 부상(浮上) 및 부동침하가 발생한다.

2 액상화의 발생원인
① 포화된 느슨한 모래가 진동과 같은 동하중을 받으면 모래의 부피가 감소되어 간극수압이 발생하여 유효응력이 감소되어 발생
② Coulomb의 법칙에서 유효응력($\bar{\sigma}$)을 상실할 때 액상화 발생

$$S = C + \bar{\sigma} \tan\phi$$

여기서, S : 전단강도
 C : 점착력
 $\bar{\sigma}$: 파괴면에 수직적인 힘(유효응력)
 $\tan\phi$: 마찰계수
 ϕ : 내부마찰각

[모래지반(점착력 zero) : $S = \bar{\sigma} \tan\phi$]

3 액상화의 영향
① 건물의 부동침하
② 가벼운 구조물 부상(맨홀, 정화조)
③ 지반의 이동

4 방지대책
① **탈수공법** : Sand drain공법, paper drain공법, pack drain공법
② **배수공법** : Well point공법, deep well공법
③ **입도개량** : 치환공법, 약액주입공법
④ **전단변형 억제** : Sheet pile공법, 지중연속벽
⑤ **밀도증대** : Vibro floatation공법, sand compaction pile공법, 동압밀공법
⑥ **기타**
 • 구조물 자체 강성확보
 • 액상화 가능지역 구조물 축조금지

문제 16) 액상화 (Liquefaction)

I. 정의

사질지반에서 충격·진동·지진 등의 외력에 의하여 순간 간극수압 상승, 유효응력의 감소, 전단 저항이 상실되어 지반이 액체화 되는 현상.

II. 액상화 Mechanism

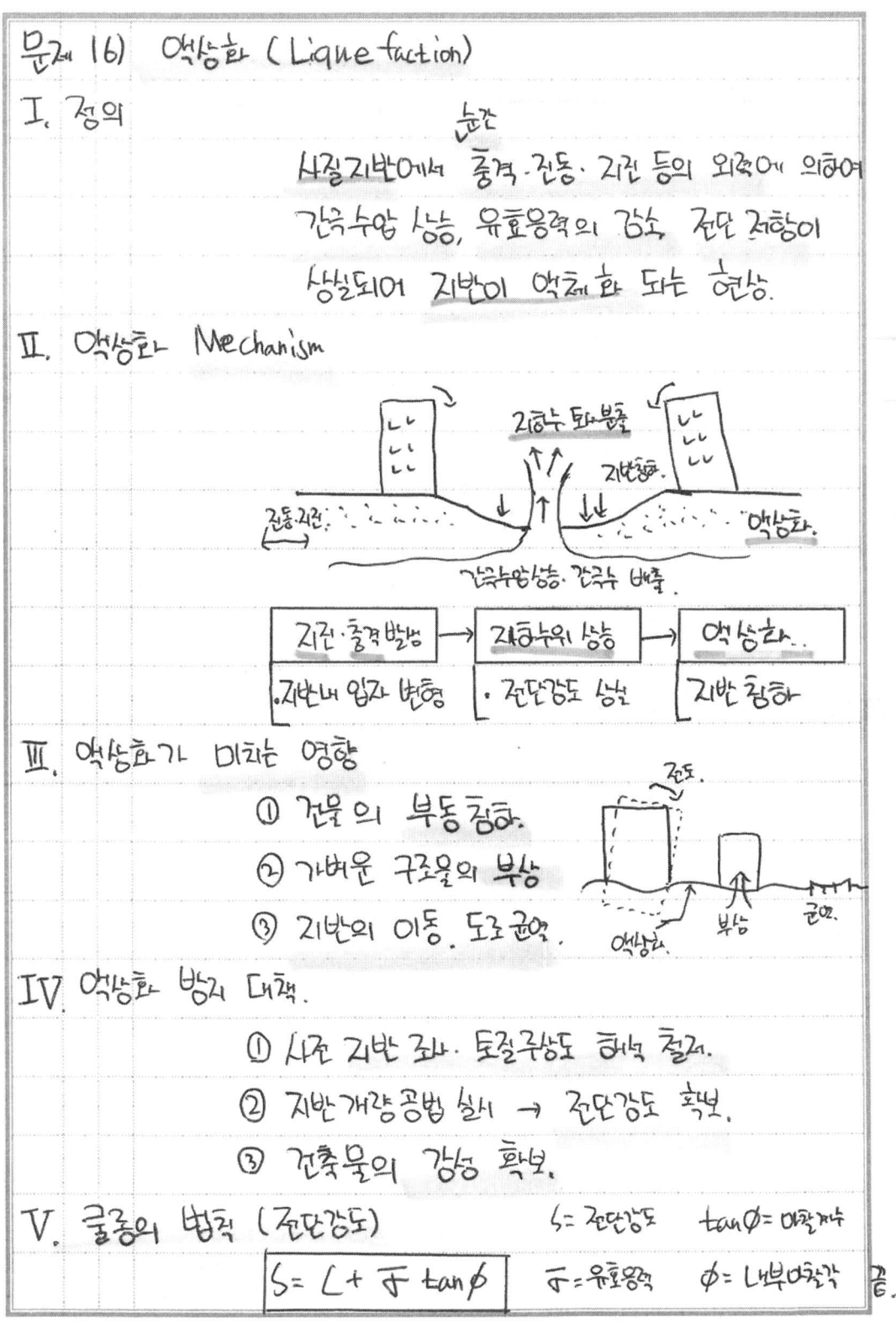

지진·충격 발생	→	지하수위 상승	→	액상화
·지반내 입자 변형		·전단강도 감소		지반 침하

III. 액상화가 미치는 영향

① 건물의 부동 침하.
② 가벼운 구조물의 부상
③ 지반의 이동. 도로 균열.

IV. 액상화 방지 대책.

① 사질 지반 조사. 토질주상도 확보 철저.
② 지반개량공법 실시 → 전단강도 확보.
③ 건축물의 강성 확보.

V. 굴종의 법칙 (전단강도)

$S =$ 전단강도, $\tan\phi =$ 마찰계수
$\overline{\sigma} =$ 유효응력, $\phi =$ 내부마찰각

$$S = C + \overline{\sigma} \tan\phi$$

끝.

문제 023 Thixotropy

1 정의
① 점토지반에서 함수비를 변화시키지 않고 자연상태의 점토지반을 교란하게 되면, 배열구조가 파괴되어 강도가 급격히 저하된다.
② 강도가 상실된 교란상태에서 함수비의 변화없이 상당한 시간 방치하면, 토립자 간의 흡착력이 서서히 생성되어 토립자의 배열상태가 원상으로 복귀하면서 강도를 회복하게 되는데, 이러한 현상을 thixotropy 현상이라고 한다.

2 도해

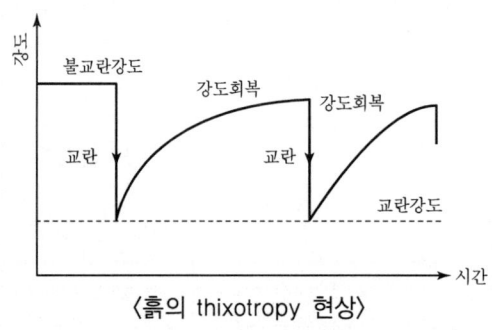

〈흙의 thixotropy 현상〉

3 Thixotropy와 예민비
예민비란 이긴 시료의 강도에 대한 자연 시료의 강도비를 말하며 점토에서 함수비 변함없이 thixotropy 현상에 의한 강도를 회복하는 성질의 정도

$$예민비(S_t) = \frac{\text{자연시료의 강도(불교란 시료의 강도)}}{\text{이긴 시료의 강도(교란 시료의 강도)}}$$

4 Thixotropy 현상의 발생요인

1) **말뚝박기**
   예민한 점토에서 말뚝타입 시 지반이 교란되면 시일이 지남에 따라 재하능력 증가

2) **장비의 주행성(Trafficability)**
   함수비가 비교적 적은 점토지반을 작업로로 이용할 때, 통과차량의 횟수가 증가함에 따라 trafficability 악화

3) **부동침하**
   넓은 점토지반에서 공사 시 진동충격에 의해 인근 구조물의 부동침하 발생

4) **지반의 연약화**
   도로공사 노상 상부공 다짐 시 하부노상의 thixotropy 현상으로 지반의 연약화

문제 17. Thixotropy

I. 정의

① 점토지반에서 함수비 변화없이 시간 경과 후 토립자 간의 흡착력이 생성되어 토립자의 배열상태가 복귀, 강도를 회복하는 현상

II. Thixotropy 개념도

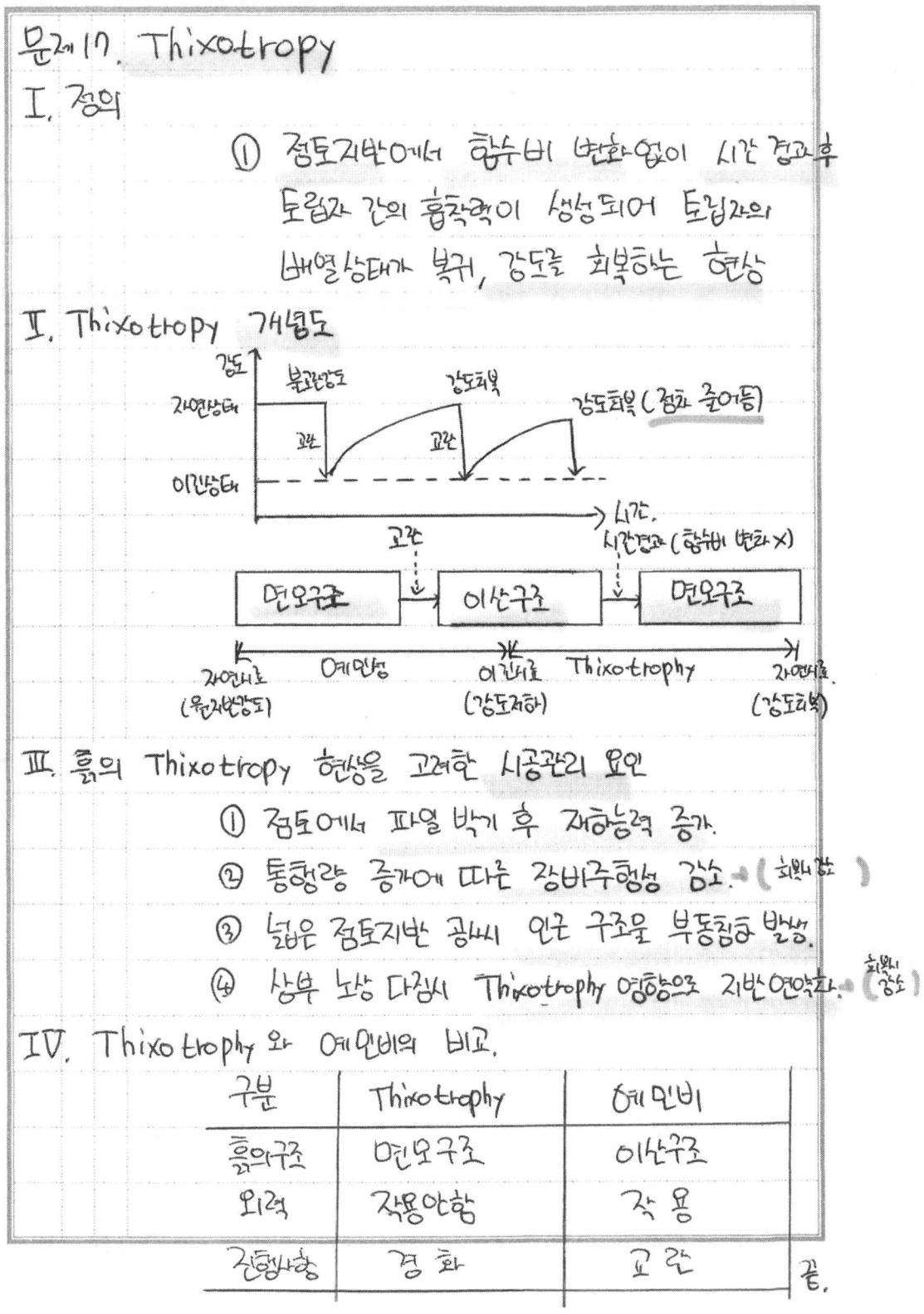

III. 흙의 Thixotropy 현상을 고려한 시공관리 요인

① 점토에서 파일 박기 후 재항능력 증가.
② 통행량 증가에 따른 장비주행성 감소. (회복시 ↑)
③ 넓은 점토지반 공사시 인근 구조물 부동침하 발생.
④ 상부 노상 다짐시 Thixotrophy 영향으로 지반 연약화. (회복시 강도↑)

IV. Thixotrophy와 예민비의 비교

구분	Thixotrophy	예민비
흙의구조	면모구조	이산구조
외력	작용안함	작 용
진행사항	경 화	교 란

끝.

문제 024 흙의 전단강도(Shearing Strength)

〔03후(10), 05중(10), 12전(10), 18전(10)〕

1 정의
① 흙의 성질은 일반적으로 물리적 성질과 역학적 성질로 구별할 수 있으며, 역학적 성질로는 전단강도·압밀·투수성 등이 있다.
② 전단강도는 흙의 가장 중요한 역학적 성질로서 기초의 하중이 그 흙의 전단강도 이상이 되면 흙은 붕괴되고, 기초는 침하·전도되며 기초의 극한 지지력을 알 수 있다.

2 전단강도(Coulomb의 법칙)

$$S = C + \overline{\sigma} \tan\phi$$

여기서, S : 전단강도, C : 점착력
$\overline{\sigma}$: 파괴면에 수직적인 힘(유효응력)
$\tan\phi$: 마찰계수
ϕ : 내부마찰각

① 점토(내부마찰각 zero) : $S ≒ C$
② 모래(점착력 zero) : $S ≒ \overline{\sigma} \tan\phi$

3 전단시험(실내시험)

1) **직접시험**
① 전단상자(shear box)에 흙시료를 담아 수직력의 크기를 고정시킨 상태에서 수평력을 가하여 시험하며 점착력과 내부마찰각을 산출한다.
② 종류에는 일면전단시험과 이면전단시험이 있다.

2) **일축압축시험**
불교란 공시체에 직접 하중을 가해 파괴시험을 하며 흙의 점착력은 일축압축강도의 1/2로 본다.

3) **삼축압축시험**
자연과 거의 같은 조건 속에서 일정한 측압을 가하면서 수직하중을 가해 공시체를 파괴하여 시험하며, 물의 응력원에 의해 간극수압과 점착력, 내부마찰각을 산출한다.

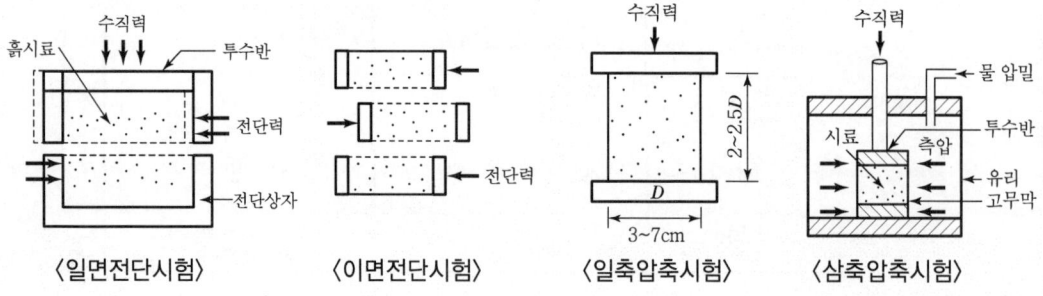

〈일면전단시험〉　〈이면전단시험〉　〈일축압축시험〉　〈삼축압축시험〉

문제181) 흙의 전단강도

I. 정의
① 흙에 외력이 가해졌을 때 파괴에 저항하는 힘, 변형이 일어나기 직전의 전단저항을 말한다.
② 전단 강도 이상에서 흙은 붕괴되고, 기초는 침하·전도 된다.

II. 전단강도의 산정식

$$S = C + \bar{\sigma} \tan \phi$$

- S = 전단강도 (MPa)
- C = 점착력 (MPa)
- $\bar{\sigma}$ = 유효응력 (MPa)
- ϕ = 내부마찰각 (°)

단, 점토는 $S = C$ ($\phi = 0$)
사질토는 $S = \bar{\sigma} \tan \phi$ ($C = 0$)

III. 전단강도 부족시 문제점 및 대책

〈문제점〉
① 사질토 액상화
② 점성토 압밀침하
③ 기초 침하·붕괴
④ 부력·양력 편형 발생

토질	대책
사질토	·약액주입공법 ·다짐공법
점성토	·압밀공법 / 탈수 ·치환공법

IV. 전단강도 시험
① 직접시험 : 수직력 크기 고정, 수평력을 가하여 강도산출
   (일면전단·이면전단 시험)
② 1축압축시험 : 불교란 공시체 파괴시험
③ 3축압축시험 : 일정측압 + 수직하중

〈삼축압축시험〉 끝

문제 025 **지내력시험(평판재하시험, PBT)**

[00전(10)]

1 정의

① 평판재하시험이란 지반 위에 원형 또는 정사각형 재하판을 설치하고 단계별 하중을 재하하면서 침하량을 측정하여 작도한 하중-침하곡선으로 지반반력계수와 지지력을 구하는 원위치 시험이다.
② 주로 기초지반과 도로노상지반의 지반반력계수와 지지력을 구하는 데 이용된다.

2 도해

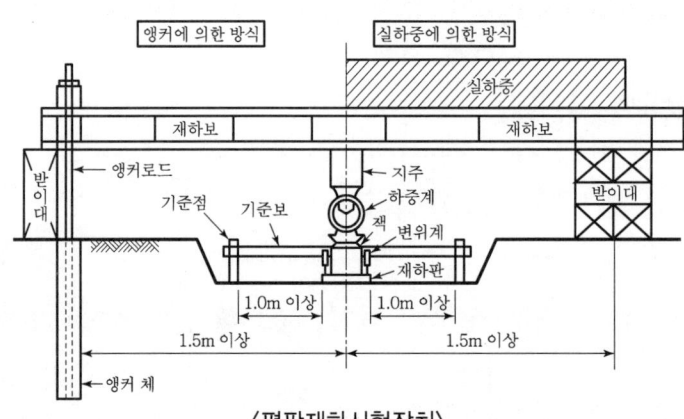

〈평판재하시험장치〉

3 시험순서

① **시험면 터파기** : 구조물의 설치예정 지표면에서 시험 실시
② **재하판 설치** : 두께 25mm 이상, 지름 30, 40, 75cm인 3개의 강제원판 또는 사각철판
③ **재하대 설치** : 지지부위는 시험장소와 2.4m 이격
④ **단계별 하중재하** : 1회 재하 시 15분 이상 유지
⑤ **침하량 측정** : 침하가 발생하지 않거나 침하량이 판지름의 10%가 될 때까지 계속 실시

4 지내력 산정방법

① 평판재하시험 결과로 $q-S$ 곡선 작도
② 장기허용 지내력 산정

$$\left.\begin{array}{c}\dfrac{항복지지력(q_y)}{2}\\[2mm]\dfrac{극한지지력(q_u)}{3}\end{array}\right\} 작은\ 지지력\ 적용$$

③ 실제 기초판 장기허용 지내력 산정
  • 기초판 크기 영향(scale effect) 보정
  • 기초근입 깊이 보정

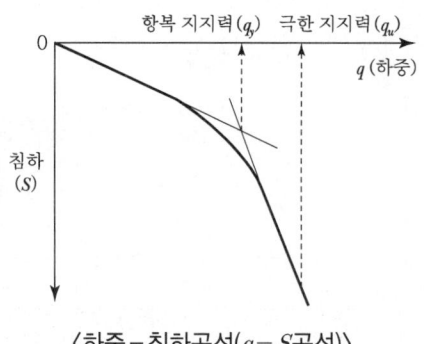

〈하중-침하곡선($q-S$ 곡선)〉

평판재하시험 PBT Plate Bearing test

I. 정의

평판재하시험은 지반의 지지력 확보를 위해 원형강판 300, 400, 750 지름 mm을 유압하여 침하량을 파악하는 시험이다.

II. 평판재하시험 시험순서

하중재하 → W 뿜프

반응블 유압기

기초저면 / 25mm 두께 / 700mm 원형강판

8단계 하중재하 → 침하량 확인 → 지지력 판단

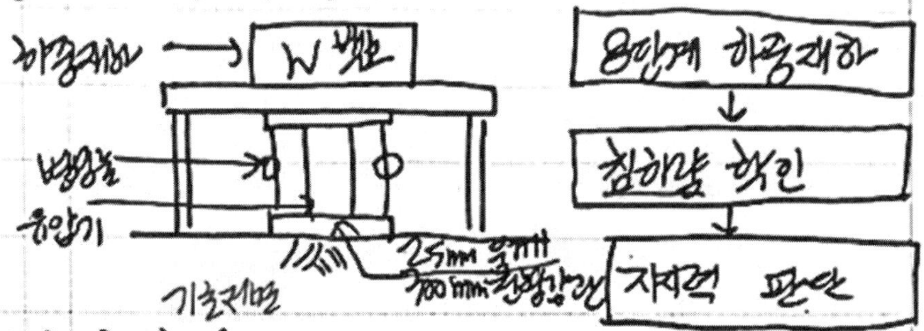

III. 평판재하시험 목적

① 지반 내 지지력 확인
② 기초 시공 전 사전 지반 상태확인

IV. 평판재하시험시 주의사항

① 가장 취약한부위, 구석부위에 시험
② 8단계 하중재하
③ 원형강판 300, 400, 750mm 지름 (두께 25mm 이상)
④ 지반 정지 후 바로 시험

V. 평판재하시험 . SPT시험

	평판재하시험	SPT시험
시험위치	정지된 지반	천공후 rod선단
시험종류	재하시험	Sounding 시험

문제 026 JSP(Jumbo Special Pile) 공법

〔99전(20), 05전(10), 16전(10)〕

1 정의
① 연약지반개량공법으로 초고압(20MPa)의 air jet를 이용하여 차수·지지말뚝·기초지반의 지지력 증대 등의 효과를 얻을 수 있는 지반고결제의 주입공법이다.
② Double rod 선단에 jetting nozzle을 장착하여 경화재(cement milk)를 분사하면서 원지반과 혼합되어 지반 중에 원주형의 고결체를 조성하는 공법으로서, jumbo special pattern이라고도 한다.

2 시공순서
① **굴착개시** : 지반조건에 따른 rod의 회전속도, 소정의 방향, 계획심도로 천공
② **굴착완료** : 계획심도까지 천공이 완료되면 JSP 시공상태로 rod 회전을 바꾸어 맞춤
③ **JSP 개시** : 초고압 air jet를 시동하고 천공수 주입을 cement milk 주입으로 바꾸면서 JSP 개시
④ **JSP 시공완료** : 회전과 동시에 rod를 서서히 인양하면서 JSP 시공완료

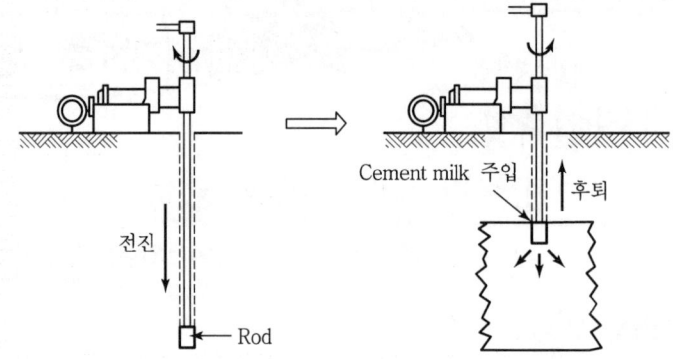

3 특징
① 시공의 확실성
② 장비가 소형으로 경제성 우수
③ 전석층 사용불가
④ 지반강도와 지수효과를 높이는 이중효과
⑤ Pile joint 부분 누수발생에 유의
⑥ 고압으로 주위 지반교란

4 시공 시 유의사항
① 지반의 굴착위치를 사전에 marking 한다.
② 굴착의 수직도 및 계획심도까지 굴착여부를 확인한다.
③ 굴착시 토층의 상태와 이상 유무를 기록한다.
④ 경화재의 배합량과 주입액의 주입된 양을 확인한다.
⑤ 주변지반의 이상 유무를 관찰한다.

문제 22) JSP (Jumbo Special pile) 공법

1 정의
① 연약지반개량 공법으로 초고압(20MPa 이상)의 Air Jet을 이용하여 차수·지지력 증대의 효과를 얻는 지반고결 공법.

2 J.S.P Mechanism

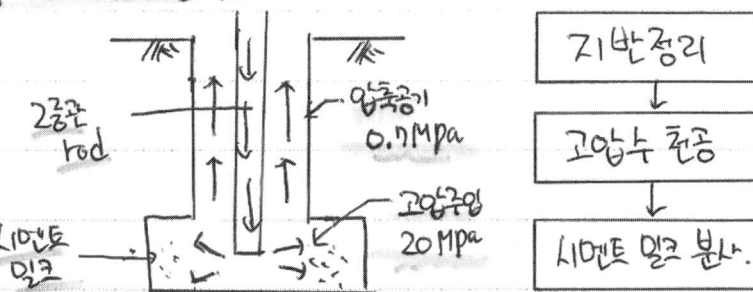

3 JSP 공법 특징
① 지반강도·차수효과 ③ 고압으로 주변지반 교란
② 시공의 확실성   ④ 점성토 사용 불가

4 시공시 유의사항
① 장비의 수직도 (1/100) 확인하여 굴착 실시
② N치 30 초과 지반에서는 시공효과 불확실
③ Cement milk에 의한 지하수 오염 주의

5 JSP. LW. SGR 공법 비교

구 분	JSP	LW	SGR
적용지반	점성토 제외	실트질 제외	모든 지반
압력	20MPa	0.6MPa	0.4~0.8MPa
주재료	Cement milk	규산소다+Cement	규산소다+Cement

끝.

문제 027 CGS(Compaction Grouting System) 공법

〔11중(10)〕

1 정의
① CGS 공법은 비유동성의 모르타르형 주입제를 지중에 압입하여 기둥형상의 고결체를 형성함과 동시에 주변지반을 압축강화시키는 지반개량공법이다.
② 주입재는 slump값이 30mm 이하의 저유동성 mortar로 유동성확보를 위한 세립토(silt 크기)와 내부마찰각 증대를 위한 조립토(모래)로 구성되며 soil cement가 기본재료이다.
③ 느슨한 흙을 사방으로 밀어내어 지중에 구근형의 pile을 형성하므로 지지말뚝으로서의 지지력과 주위지반의 지내력 확보를 동시에 만족시키는 공법이다.

2 시공순서

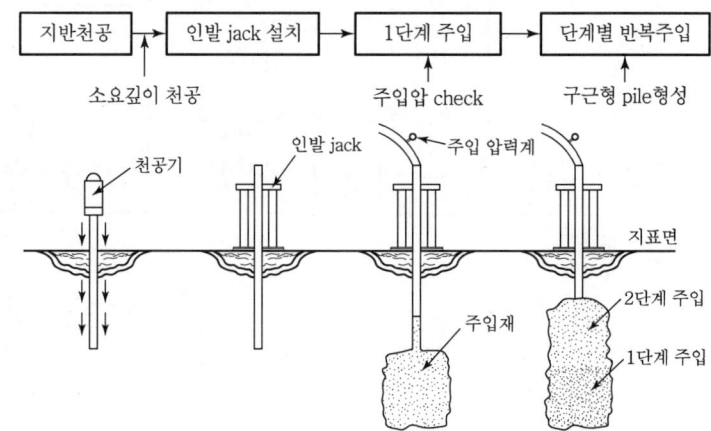

3 특징
① 개량체의 강도(8~20MPa) 조정 가능
② 지반보강효과 우수
③ 작업공정이 단순하여 시공관리 용이
④ 소음 및 진동이 적음
⑤ 소규모 장비, 협소 장소 가능
⑥ 부동침하 복원용

4 CGS 공법의 용도
① 지반개량(ground improvement)
  • 대상 지반의 전체적 또는 국부적 개량에 따른 기초 지반의 지내력 향상
  • 타공법에 비하여 즉시 지반개량 효과 확인 가능
② 말뚝(structure element)
  • 기존 구조물 underpinning
  • PC말뚝이나 현장타설말뚝 등의 대체 효과
③ 충진(void fill) : 사석이나 지반의 공동 충진
④ 복원(re-leveling) : 구조물의 부동침하 발생 시, 원상태로의 수평복원 및 장래 침하방지책

문제24) LGS공법 (Compaction Grouting System)

I. 정의
① 모르타르형 주입재를 지중에 압입하여 기둥 형상의 고결재의를 형성
② 구근형 pile 형성으로 지지력과 주위 지반의 지내력 확보.

II. LGS공법 Mechanism

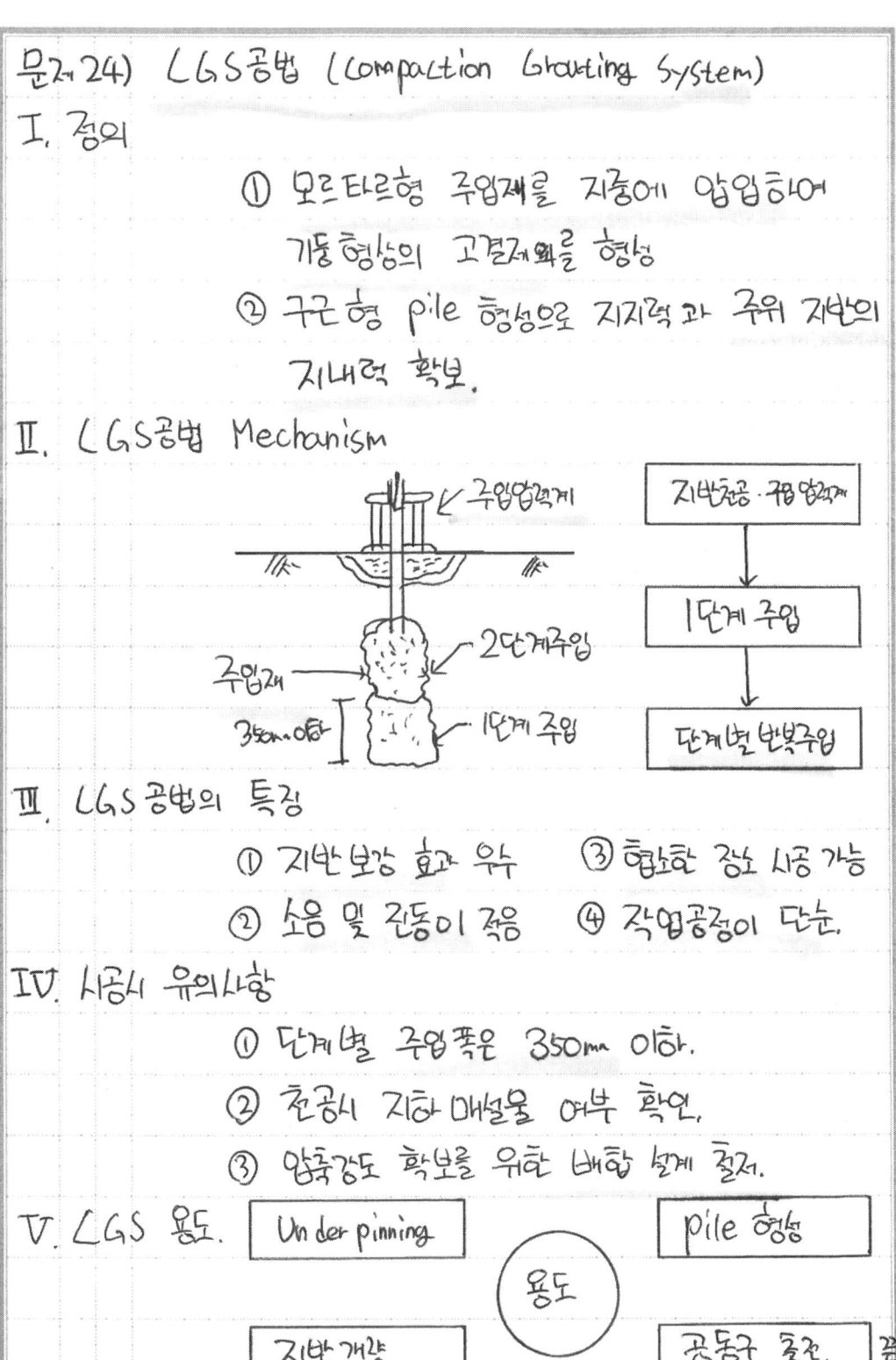

III. LGS공법의 특징
① 지반 보강 효과 우수 ③ 협소한 장소 시공 가능
② 소음 및 진동이 적음 ④ 작업공정이 단순.

IV. 시공시 유의사항
① 단계별 주입폭은 350mm 이하.
② 천공시 지하 매설물 여부 확인.
③ 압축강도 확보를 위한 배합 설계 철저.

V. LGS 용도
Under pinning | pile 형성 | 지반 개량 | 공동구 충진

용도

끝.

문제 028 다짐과 압밀

〔03전(10), 15중(10)〕

1 정의
① 사질지반에서 외력의 작용에 의해 공기가 빠져나가면서 압축되는 현상을 다짐이라 한다.
② 점토지반에서 외력의 작용에 의해 흙 속에 간극수(물)가 제거되면서 압축되는 현상을 압밀이라 한다.

2 다짐(Compaction)

1) 정의

다짐이란 느슨한 사질토에서 외력을 가하여, 흙 속에 공기를 제거하고 토립자 간의 간격을 조밀하게 하여, 지반의 밀도 증가 및 지지력 증가·강도 향상 효과를 가져오는 것을 말한다.

2) 특성
① 모래 지반에서 발생
② 흙 중에 공극 배제
③ 단시간 내 진행
④ 비교적 작은 하중에도 압축침하 발생
⑤ 흙의 역학적 성질 및 물리적 성질 개선
⑥ 탄성적 변형 발생

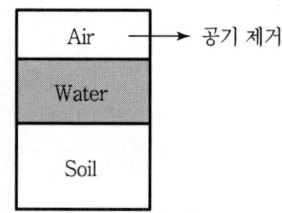

3 압밀(Consolidation)

1) 정의

압밀이란 연약 점토 지반에서 하중을 가하여, 흙 속에 간극수를 제거하는 것을 의미하며, 압밀 현상은 장기적으로 서서히 이루어져 침하가 발생하는데, 이를 압밀침하 또는 장기 압밀침하라 한다.

2) 특성
① 점토지반에 발생
② 흙중에 간극수 배제
③ 장기간에 걸친 침하
④ 침하량이 비교적 크다.
⑤ 소성적 변형 발생

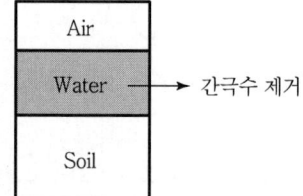

1. 다짐과 압밀

I. 정의

① 다짐은 사질지반재 구성요소 중 Air, Soil, Water 중 Air를 제거하는 작업이며,
② 압밀은 점성지반 구성요소 중 Water를 제거하는 작업으로 지반을 개량할수 있다.

II. 다짐과 압밀의 mechanism

Air		Air
Water		Water
Soil		Soil

　　사질지반 다짐　　　　점성토지반 압밀

III. 다짐과 압밀의 적용 범위

① N ≤ 10 : 다짐공법
② N ≤ 4 : 압밀공법

IV. 공법의 종류

다짐 사질토		압밀 점성토		
・진동다짐	・폭파다짐	치환	배수	전기침투
・모래다짐말뚝	・약액주입	압밀	고결	침투압
・전기충격	・흙다짐	탈수	동치환	대기압

V. 다짐과 압밀 비교

사항	사질지반	지반개량	공기 제거	N≤10
다짐				
압밀	점성토지반	압밀침하유의	물 제거	N≤4 끝.

문제 029 흙의 압밀침하(Consolidation Settlement) 현상

〔79(5), 84(5), 09전(10), 23후(10)〕

1 정의
① 외력에 의해 간극 내의 물이 빠져 흙의 입자가 좁아지는 현상을 압밀이라 하며, 압밀에 의해 침하하는 현상을 압밀침하(consolidation settlement)라 한다.
② 일반적으로 압밀시간은 투수성과 흙의 압축성에 의하여 지배되며, 진흙의 압밀침하가 장기간 계속되는 것은 진흙의 투수성이 나쁘기 때문이다.

2 침하에 의한 영향
① 상부구조물 균열
② 지반의 침하
③ 구조물 누수

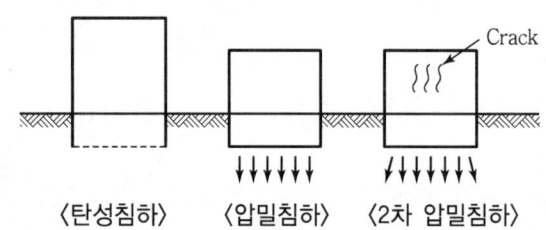

〈탄성침하〉 〈압밀침하〉 〈2차 압밀침하〉

3 침하의 종류

1) **탄성침하(S_e ; elastic settlement)**
   ① 재하와 동시에 일어나며 즉시 침하한다.
   ② 하중을 제거하면 원상태로 환원한다.
   ③ 모래지반에서는 압밀침하가 없으므로 탄성침하를 전침하량으로 한다.

2) **압밀침하(S_c ; consolidation settlement)**
   ① 점성토 지반에서 탄성침하 후에 장기간에 걸쳐서 일어나는 침하로 1차 압밀침하라고도 함
   ② 흙이 자중 또는 외력을 받아 간극수가 빠져나가면서 그 부피가 줄어들며 침하되는 것으로 하중을 제거하면 침하상태로 남음

3) **2차 압밀침하(S_{cr} ; creep consolidation settlement)**
   ① 점성토의 creep에 의해 일어나는 침하로 creep 압밀침하라고도 함
   ② 압밀침하 완료 후 계속되는 침하현상으로 구조물 crack 발생원인

4) **침하**
   ① 사질토의 침하 = S_e
   ② 포화점토의 침하 = $S_e + S_c$
   ③ 불포화점토의 침하 = $S_e + S_{cr}$

4 방지대책
① 탈수공법 : Sand drain공법, paper drain공법, pack drain공법
② 배수공법 : Well point공법, deep well공법
③ 압밀공법 : Preloading공법, surcharge공법, 사면선단재하공법
④ 밀도증대 : Vibro floatation공법, sand compaction pile공법, 동압밀공법

번호 1) 흙의 압밀현상 (Consolidation)

I. 정의

외력에 의해 간극 내의 물이 빠져 흙의 입자가 좁아지는 현상을 압밀이라 하며, 압밀에 의해 침하하는 현상을 압밀침하라 한다.

II. 흙의 압밀현상 개념도

Air		
Water	← 제거	
Soil		

하중 재하 → 간극수 소산 → 흙의 압밀

III. 흙의 압밀현상 영향

지반의 침하	구조물 누수
상부구조물 균열	성능, 내구성 저하

IV. 흙의 압밀현상에 대한 대책

① 탈수공법 : Sand drain 공법, Paper drain 공법
② 배수공법 : Well point 공법, Deep well 공법
③ 압밀공법 : Pre-loading 공법, 선단재하 공법
④ 밀도증대 : Sand compaction 공법, 동압밀 공법

V. 흙의 압밀현상과 다짐현상 비교

압밀현상	다짐현상
· 점토지반에서 발생	· 모래지반에서 발생
· 소성적 변형 발생	· 탄성적 변형 발생 〈끝〉

문제 030 Sand Bulking(샌드벌킹)

〔99후(20), 17전(10)〕

1 정의
① Sand bulking이란 모래에 물이 흡수되었을 때, 용적(부피)이 팽창하는 현상을 말한다.
② 모래에 일정량의 물이 흡수되면 모래입자 간에 벌집 모양의 구조가 형성되어 부피가 커지는데, 이는 모래의 입자 간에 수막에 작용하는 표면장력 때문에 발생하는 현상이다.
③ Sand bulking 현상에 의한 체적 변화는 모래의 함수율과 입자의 크기에 따라 좌우되는데, 함수율이 6~12%에서 체적팽창이 최대가 된다.

2 모래의 함수율과 단위용적중량

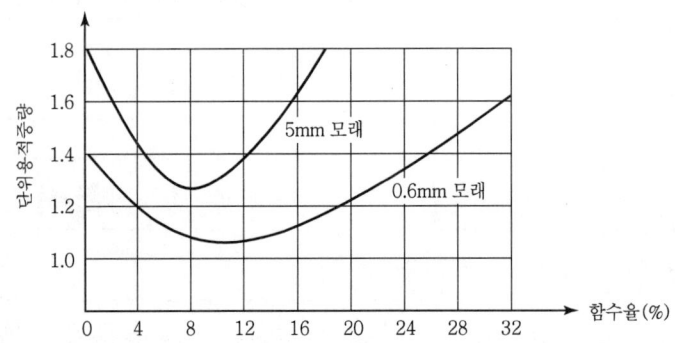

① 함수율 6~12% 사이에서 단위용적중량이 최소
② 절건상태에 비해 단위용적중량이 20~30% 감소
③ 단위용적중량이 최소일 때 지반은 느슨한 상태임

3 Sand bulking의 시험

1) 팽창률시험
① 압밀시험기의 모래에 물 첨가
② 팽창이 종료될 때까지 팽창량 측정

$$팽창률 = \frac{\Delta H}{H} \times 100\%$$

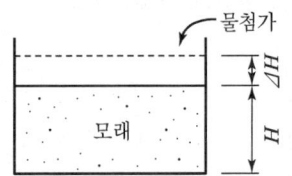

2) 팽창압시험
① 모래 위에 팽창방지판 설치
② 물을 첨가하여 팽창 유도
③ 압력계를 설치하여 팽창압을 측정

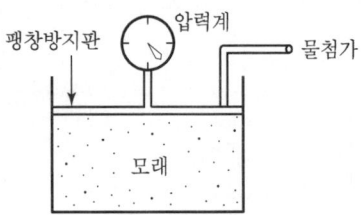

문제) Sand Bulking

I. 정의

모래가 물을 흡수하여 용적(부피)이 팽창하는 현상을 말하며 표면장력 때문에 발생함. 함수율 6~12%에서 체적팽창이 최대가 됨.

II. Sand Bulking과 함수율의 관계

(그래프: 단위용적중량 vs 함수율, 건조 → 함수율 6~12% → OMC 최적함수비 → 완전포화)

① 함수율 6~12% 일때 체적이 최대가 됨, 단위중량은 최소

III. Sand Bulking과 다짐과의 관계

① 함수율이 적은 경우 흙입자 이동은 입자의 마찰에 의해 저항
② 모세관 장력 (함수율 6~12%)이 생겨 저항력 최대
③ 계속 물이 증가되면 모세관 장력 상실

IV. Sand Bulking 시험

구분	팽창률시험	팽창압시험
도해	(그림: 모래, ΔH, H)	(그림: 팽창방지판, 압축계)
시험	팽창 종료까지 팽창량 측정 팽창률 = $\frac{\Delta H}{H} \times 100\%$	팽창방지판 설치 → 압축계 압력계로 팽창압 측정

V. 비교

Sand bulking	dwelling	slacking
모래지반	점토지반	암석층

문제 031 Swelling(팽윤현상), Slacking(비화현상)

〔12중(10)〕

1 Swelling

1) 정의
   ① 점토지반에서 다량의 물을 흡수하면, 체적이 크게 팽창하면서 흙입자가 수중에서 분산되는데, 이와 같은 현상을 swelling(팽윤현상)이라 한다.
   ② 팽윤현상은 점토 토립자의 흡착이온의 종류에 따라 크게 달라지며, 특히 몬모릴로나이트는 가장 현저한 팽창을 일으켜 원 체적의 10배 정도로 팽창한다.

2) 팽윤단계
   ① 1단계 : 흙의 간극 속에 물이 채워지는 단계
   ② 2단계 : 흙입자가 물을 흡수하여 팽창하는 단계

3) 지반에 미치는 영향
   ① 계절적인 수축과 팽윤에 따라 지반의 침하 발생
   ② 기초의 융기 및 건축물의 균열 발생
   ③ 기초설계 시 깊은 기초 고려

2 Slacking

1) 정의
   ① 연한 암석(퇴적암)의 경우, 암석을 건조한 후 침수시키면 체적이 팽창하면서 입자간의 결합력이 저하되어, 차츰 부스러지는 현상을 slacking(비화현상)이라 한다.
   ② Slacking이 심한 암석으로는 이암·사문암·녹니암 등이 있다.

2) 비화현상의 요인
   ① 지하수위의 변동
   ② 자연적인 풍화
   ③ 지반굴착에 따른 암석의 흡수팽창

3) 지반에 미치는 영향
   ① 절토면의 표면탈락
   ② 산사태
   ③ 지반굴착 시 암반돌출

3 Bulking · Swelling · Slacking

① Bulking : 모래지반에 물이 흡수되면, 표면장력에 의해 체적이 팽창하는 현상
② Swelling : 점토지반에 물이 흡수되면, 용매결합에 의해 체적이 팽창되는 현상
③ Slacking : 연암석에 물이 흡수되면, 체적이 팽창하면서 부스러지는 현상

문제 7. Slacking 현상

1. 정의

간극수에 의하여 암석의 체적이 증대하는데 이러한 현상을 흡수팽창이라하고, 천연상태의 암석을 건조한 후 침수하면 체적이 팽창하면서 차츰 부스러져 가는 현상을 Slacking (비화현상)이라한다.

2. Slacking 현상의 진행도 (Mechanism)

퇴적암	암+물	Slacking
연암 →	물흡수 →	부스러짐
	물 침입	팽창

3. Slacking 현상의 원인

① 지하수위가 변하게 되면서 암석이 물이 흡수.
② 자연적으로 풍화작용을 가지면서 각종수의 녹음.
③ 지반굴착에 따른 암석의 흡수·팽창현상.

4. 토질별 흡수 팽창 현상

사질토	점토	암석
Bulking	Swelling (팽창)	Slacking (비화)
모래지반	점토지반	암석지반

5. Slacking 현상의 영향 (피해)

① 점토면의 표면이 탈락하는 현상이 발생한다.
② 사면의 붕괴현상이 발생한다.

끝.

문제 032 Sand Drain 공법

〔93후(8), 04후(10)〕

1 정의
① 연약한 점토지반에 sand pile을 시공하여 sand mat를 통하여 지반중의 물을 지표면으로 배제시켜 지반을 압밀강화하는 공법이다.
② 점토지반에 적용하며 압밀을 촉진하기 위하여 preloading 공법·지하수위저하공법 등과 병용하며, 단기간에 지반의 압축이 가능하고 압밀효과도 크다.

2 도해

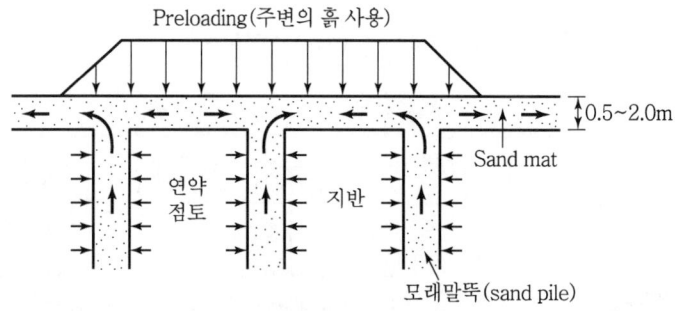

〈Sand drain 공법〉

3 특징
① 압밀효과가 큼
② 단기간(2~3개월) 내에 다짐 가능
③ 침하속도 조절 가능
④ Drain 시공 시 주위 지반이 교란되기 쉬움
⑤ 시공비가 저렴
⑥ Drain(sand pile) 단면이 일정하지 못함

4 시공순서
① Sand mat 시공 : sand mat의 재료는 투수성이 크고 두께는 0.5~2.0m
② Casing(mandrel) 관입 : 타격 또는 진동에 의해 pipe를 소정의 깊이까지 관입
③ 모래투입 : casing 속에 모래를 채움(직경 400~500mm)
④ Casing 인발 : 채워진 모래를 압입하면서 casing을 인발하여 sand pile 완성
⑤ 성토 : 재하중으로서의 성토 시공을 함

5 시공 시 유의사항
① Casing은 항상 수직으로 관입
② 시공 시 각 위치마다 관입깊이와 소요모래량을 check하여 drain재의 소요깊이 도달과 중간지점에서 끊어짐의 방지
③ Sand drain 시공 중 기존에 설치한 현장계측장비를 손상시키지 않도록 주의

문제 19) Sand Drain 공법

I. 정의

연약한 점토지반에 Sand pile을 사용하여 Sand mat를 통하여 지반중의 물을 지표면으로 배제시켜 지반을 압밀 강화하는 공법이다.

II. 시공도 및 flow Chart

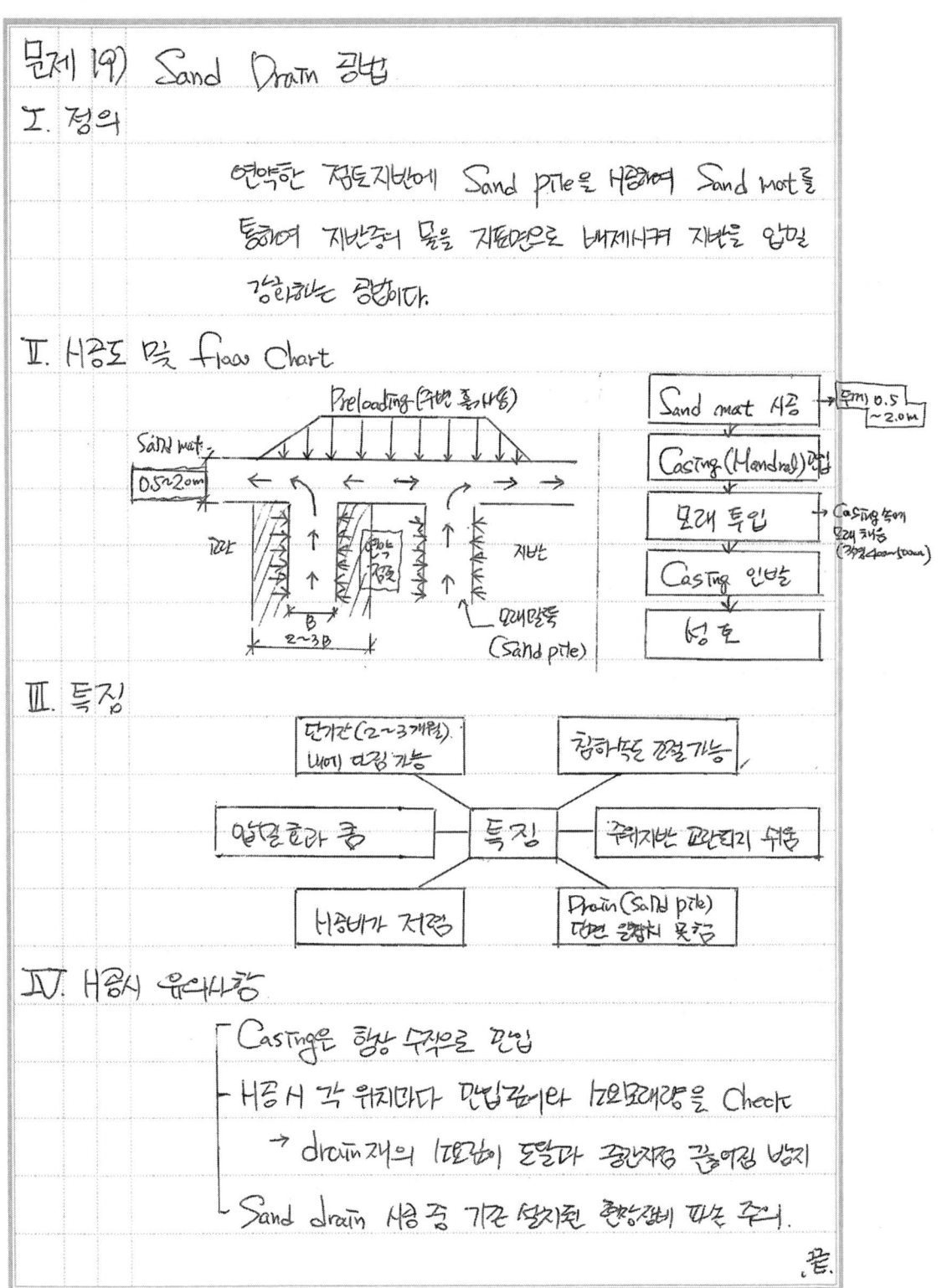

III. 특징

- 단기간(2~3개월 내에) 다짐 가능
- 침하량도 조절 가능
- 압밀효과 큼
- 특징
- 주위지반 교란되기 쉬움
- 비용이 저렴
- Drain(Sand pile) 단면 연속치 못함

IV. 시공시 유의사항

- Casting은 항상 수직으로 관입
- 시공시 각 위치마다 관입깊이와 투입모래량을 Check
  → drain재의 깊이에 도달과 중간지점 끊어짐 방지
- Sand drain 시공 중 기존 설치된 현장장비 파손 주의.

끝.

문제 033 PVC Drain 공법

1 정의
Plastic drain 공법의 일종으로 특수가공한 다공질의 PVC drain재를 연약한 점토지반에 관입하여, 지반중의 간극수를 탈수시키는 탈수공법의 일종이다.

2 시공순서

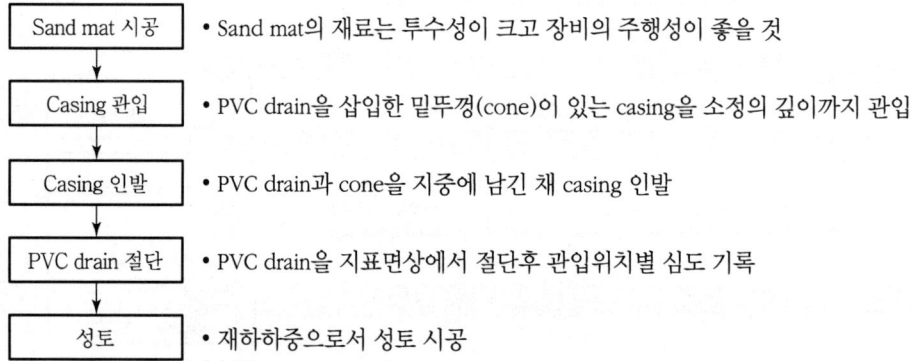

3 Plastic drain 공법의 종류
① Chemical drain 공법
② Castle drain 공법
③ Colbond drain 공법
④ PVC drain 공법

4 특징
① PVC drain 시공 시 주위 지반의 교란이 적음
② 압밀을 촉진하기 위하여 성토재하와 같은 재하중을 병용
③ 침하속도 조절 가능
④ 시공성 양호

5 시공 시 유의사항
① 내구성과 투수성이 좋은 PVC drain재 사용
② Casing 인발 시 PVC drain재가 따라 올라오는 수가 있으므로 주의
③ 세립자에 의한 막힘현상에 주의

문제 20) PVC drain 공법 (PBD : plastic Board Drain)

I. 정의

다공질의 PVC drain 재를 연약한 점토지반에 관입하여, 지반중의 간극수를 탈수시키는 탈수공법이다.

II. 시공순서

- Sand Mat 시공 — Sand mat는 투수성이 좋고 장비 주행 유리할 것 (두께 : 0.5~1.0m)
- Casting 관입 — 배성 깊이까지 관입 (직경 400~500mm)
- Casting 인발 — PVC drain과 Cone을 지중에 남기고 Casting 인발
- PVC drain 절단 — 관입 위치별 심도기록
- 성토 — 재하하중으로서 성토시공

III. plastic drain 공법의 종류

[PVC drain 공법]   [Chemical drain 공법]
[Castle drain 공법]   [Colbond drain 공법]

IV. 특징

① PVC drain 시공시 주위 지반의 교란이 적음
② 압밀을 촉진하기 위해서 성토재하 같은 재하중 병행
③ 침하속도 조절 가능   ④ 시공성 양호

V. 시공시 유의사항

- 내화성과 투수성이 좋은 PVC drain 재 사용
- Casting 인발 시 PVC drain 재가 따라올라오지 않도록 주의
- 시공장비에 의한 막힘현상에 주의

끝.

문제 034 Sand Mat(부사, 敷砂)

1 정의
연약지반에 성토시공·vertical drain 공법 등을 하는 경우에 투수성을 향상시키고 trafficability(장비의 주행성)를 확보하기 위하여, 시공에 앞서 0.5~2.0m 정도의 모래 또는 자갈 섞인 모래를 까는 것을 sand mat라 한다.

2 도해

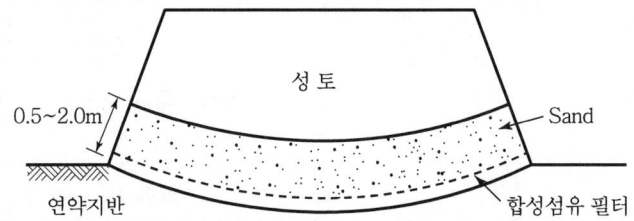

3 목적
① 연약층의 압밀을 위한 상부 배수층의 역할
② 성토 내의 지하배수층 역할을 하여 성토내의 수위를 저하
③ 성토 및 연약지반 대책의 시공에 필요한 장비의 trafficability 확보
④ 연약층이 지반상부에 있고 얇은 경우에 sand mat층의 시공만으로 지반처리
⑤ 점토지반에 적용

4 재료의 선택
① 투수성이 좋은 재료
② 장비의 주행성 확보
③ 투수계수 1×10^3cm/sec 이상의 모래
④ 자갈이 포함된 모래

5 Sand mat의 두께 결정요인
① 배수기능 양부　　　　　　② 배수거리
③ 재료의 투수성　　　　　　④ 연직드레인 시공 여부

6 시공 시 유의사항
① 물의 이동통로 유지
② 장비의 주행성 확보
③ 배수층의 형성과 기능 확보

1. Sand mat (부사 敷設)

I. 정의
- 두께 ↑
- 주행가능
- 압밀 배수층

Sand mat란 다짐공법 preloading시 지반위에 0.5~2.0m 깔아서 지반에 하중을 줘서 지반개량에 쓰는 재료이다.

II. Sand mat 시공도, 시공순서

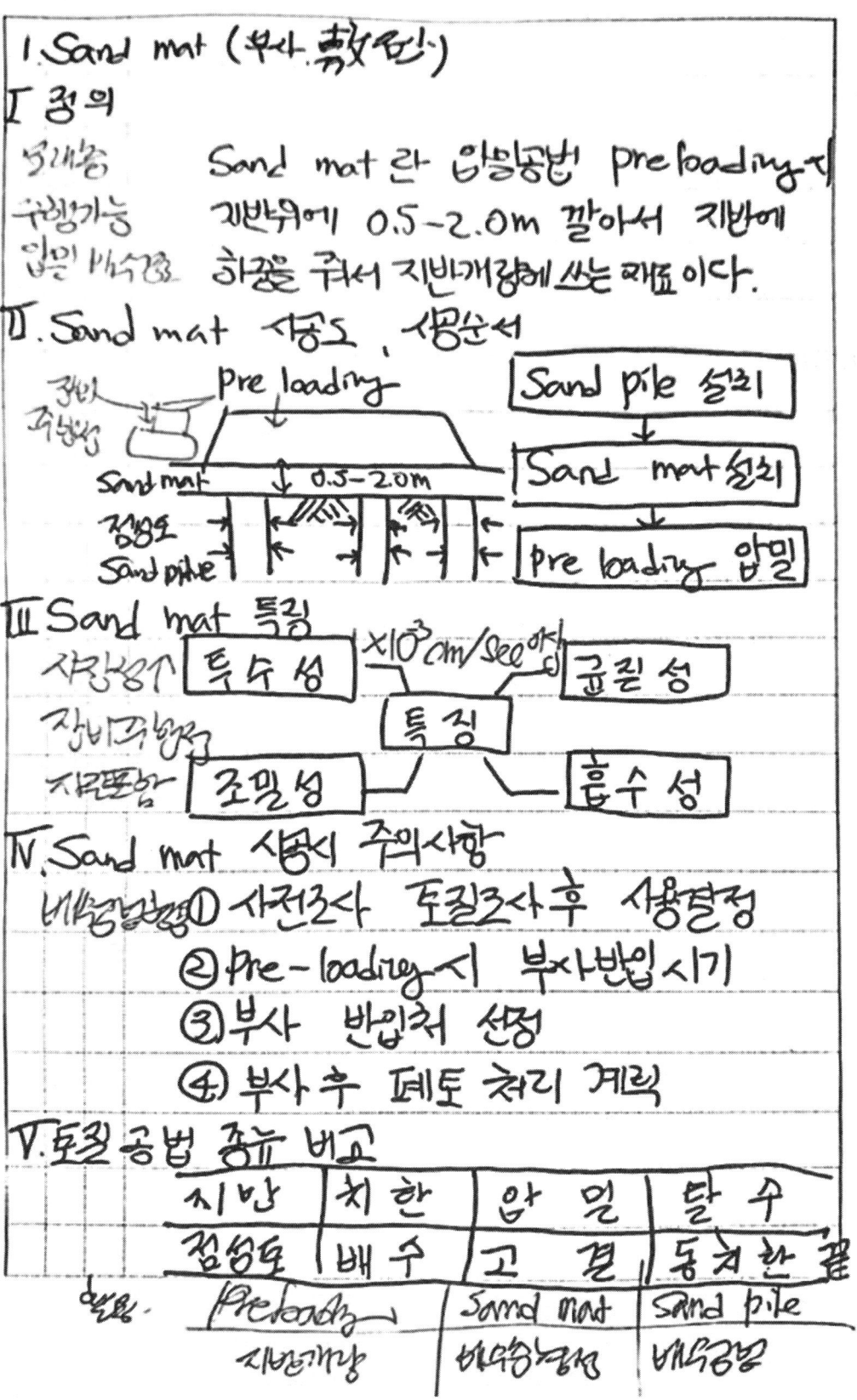

Sand pile 설치 → Sand mat 설치 → Pre loading 압밀

III. Sand mat 특징
- 사장성↑ — 특수성
- 장비구애 없음
- 지역풍부 — 조밀성
- 균질성
- $\times 10^{-3}$ cm/sec 이상
- 흡수성

특징

IV. Sand mat 시공시 주의사항
- 비용절감 ① 사전조사 토질조사 후 사용결정
- ② Pre-loading시 부사반입시기
- ③ 부사 반입처 선정
- ④ 부사 후 폐토 처리 계획

V. 토질공법 종류 비교

지반	치환	압밀	탈수
점성토	배수	고결	동결환결
적용 Preloading		Sand mat	Sand pile
지반개량		배수층형성	배수공법

문제 035 Earth Anchor 공법

[83(5)]

1 정의
① Earth anchor 공법이란 흙막이벽 등의 배면을 원통형으로 굴착하고, anchor체를 설치하여 주변 지반을 지지하는 공법을 말한다.
② Earth anchor는 흙막이벽의 tie back anchor로 이용되는 외에도, 지내력시험의 반력용·옹벽의 수평저항용·흙붕괴방지용·교량에서의 반력용·heaving 방지용 등 다양한 용도로 사용되고 있다.

2 시공상세도

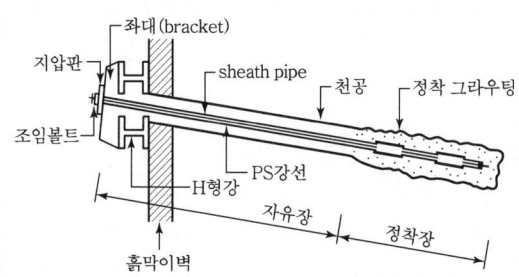

3 시공순서 Flow Chart

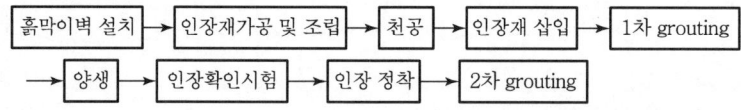

4 특징

장점	단점
① 버팀대가 없어 굴착공간을 넓게 활용	① 시공 후 검사가 곤란
② 대형기계 반입 용이	② 인접한 구조물의 기초나 매설물이 있는 경우 부적합
③ 작업공간이 좁은 곳에서도 시공 가능	③ 사질토지반과 굴착심도가 깊어지면 시공 곤란
④ 공기단축이 용이	

5 시공 시 주의사항
① 인장재는 주로 PS강선을 사용하여 가공 및 조립을 정확히 할 것
② 천공 시 공벽을 안전하게 보호
③ 인장재 삽입은 정착장에 안전하게 삽입되도록 깊이 삽입
④ 정착장의 인장력이 설계대로 확보되었는지 반드시 확인할 것
⑤ Grouting재는 인장재에 부식영향이 없을 것
⑥ 인발력 작용하여 지반균열 발생시 grouting으로 지반보강
⑦ Grouting 양생 시 진동, 충격, 파손이 없도록 주의
⑧ 영구용 anchor인 경우에는 자유장 부분의 PS강선 부식방지를 위해 방청재로 2차 grouting 실시

문제 4 어스앵커(Earth Anchor)의 홀(Hole)방수

I. 정의

어스앵커의 홀방수란 흙막이 배면에 앵커 굴착 홀에 시멘트 페이스트를 주입하여 누수를 예방하는 방수공법이다.

II. 어스앵커 홀방수 시공 flow

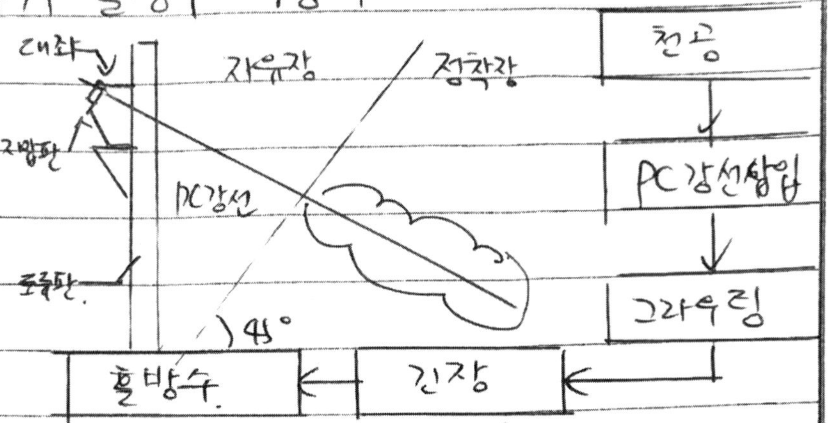

[그림: 띠장, 자유장, 정착장, 지방판, PC강선, 좌측판, 45°]

천공 → PC강선삽입 → 그라우팅 → 긴장 → 홀방수

III. 어스앵커 홀방수 시공시 유의사항

① Slurry wall 내부 지수판 설치
② 지수판 설치불가시 수팽창 지수 코킹처리제
③ Sleeve 내부 몰탈 저압충진
④ 홀따라 누수체크 후 방청도장 실시

IV. 어스앵커 홀방수 누수경로

슬러리월 접합부	어스앵커 스트랜드	어스앵커 슬리브
① 지수판 설치	① 스트랜드 제거	① 방수몰탈 충진
② 불가시 수팽창 지수재 대체	② 접합방수	② 누수여부 확인
	③ 자유장 피복	③ 방청도장

문제 036 Soil Nailing 공법

〔99중(20)〕

1 정의

① Soil nailing 공법이란 흙과 보강재 사이의 마찰력·보강재의 인장응력과 전단응력 및 휨모멘트에 대한 저항력으로 흙과 nailing의 일체화에 의하여, 지반의 안정을 유지하는 공법이다.
② 공법의 원리는 보강토공법 또는 그라운드 앵커공법과 유사하며 보강토공법은 주로 성토사면에 사용되지만, soil nailing 공법은 절토면이나 흙막이공법 등에 사용된다.

2 시공도

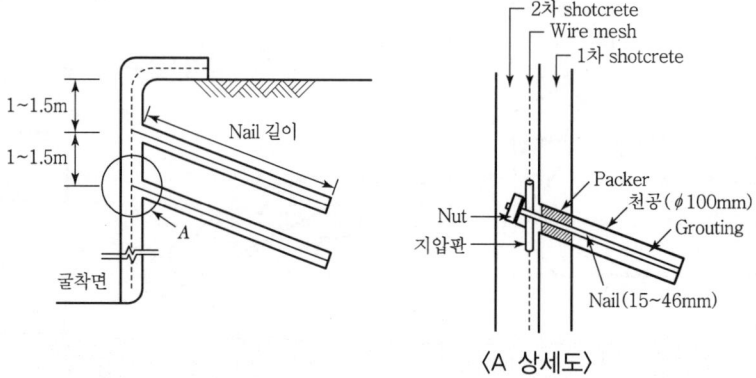

〈A 상세도〉

3 용도

① 굴착면 및 사면안정   ② 터널의 지보체계   ③ 기존옹벽 보강

4 시공 시 유의사항

1) **Shotcrete 작업**
   ① 붕괴·낙석 방지를 위해 굴착 즉시 1차 shotcrete 실시
   ② Shotcrete 온도는 10~38℃ 유지

2) **천공작업**
   ① 천공각도를 유지하며 공벽붕괴에 유의
   ② 공벽붕괴 우려 시 casing으로 보호

3) **부착력 확인**
   ① 충분한 양생기간 후에 부착력 확인시험 실시
   ② 시험시공을 실시하여 부착강도 미연에 확인

4) 벽면에 배수 pipe는 $\phi 50$ pipe를 4~9m²당 1개소씩 설치

문제.9 Soil Nailing과 Earth Anchor

1. Soil Nailing

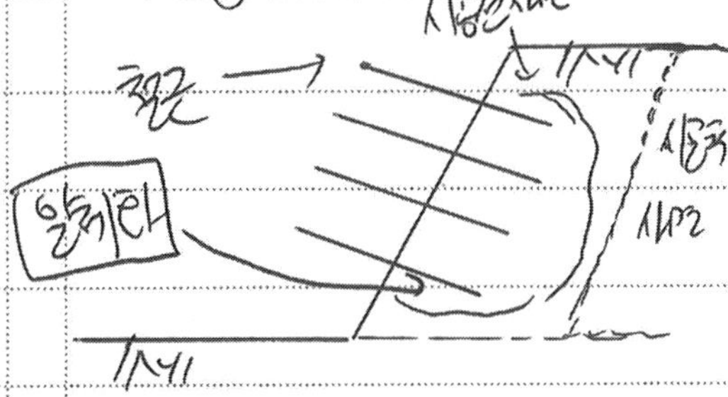

① Soil Nailing이란 지반을 보강하는 공법으로 흙을 사용한다
② 지반의 일체화로 들려 시공 후 거동이 안정화되는 원리이다

2. Earth Anchor

① Earth Anchor란 PS 강선을 양단측에 보강
② 그라우팅재를 주입 하여 지반보강원리

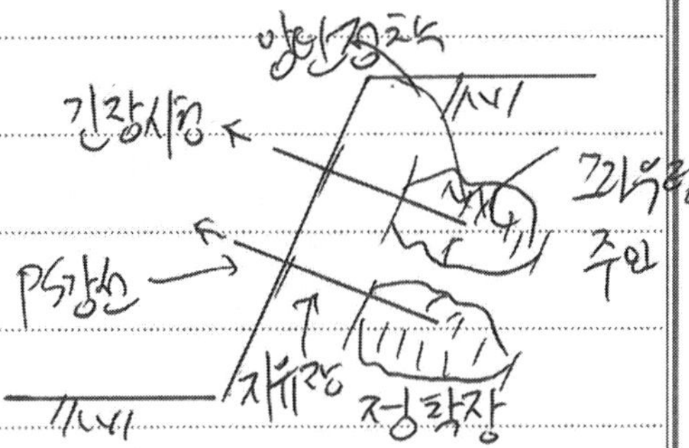

3. 각 공법별 특징 및 비교

구분	Soil Nailing	Earth Anchor
사용재료	철근·보강근	PS 강선
보강원리	거동 일체화	그라우팅재 지반개량
보강위치	시공부 깊이	양단부 보강

4. 시공시 유의사항

① 각 공법별 시공 전 지반의 시추조사를 통한 확인
② 사용자재의 안전도 KS규격, 물량관리 등 확인
③ 그라우팅재 주입시 주입강도와 주입 밀도 체크·관리
④ 흙막이후 시공·보강시 작동·전도·활과이용 검토
⑤ Earth Anchor 시공 전 긴장측 긴장시공을 통한 관리

끝

문제 037 Rock Anchor 공법

〔95전(10)〕

1 정의
① Rock anchor란 연약지반에서 암반까지 천공하여 설치하는 anchor로서, 암반과의 정착에 의해 구조물을 지지하는 영구용 anchor를 말한다.
② 건축공사에서는 기초하부에 설치하여 부력에 의한 부상방지용으로 많이 사용한다.

2 개념도

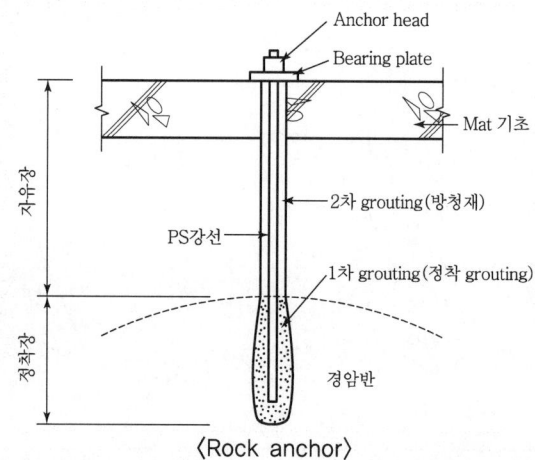

〈Rock anchor〉

3 용도
① 교량의 보강
② 옹벽의 수평저항용
③ 암반부위 기초설치 시 sliding 방지
④ 피압수 부력에 의한 건물 부상방지용

4 시공순서
① 암반부에 굴착천공
② 인장재(PS강선) 삽입
③ 정착장에 1차 grouting
④ 양생 및 인장확인
⑤ 인장재 정착
⑥ 자유장의 PS강선 부식방지 위해 방청재로 2차 grouting

5 시공 시 주의사항
① 인장재는 주로 PS강선을 사용하여 가공 및 조립을 정확히 할 것
② 천공 시 공벽을 안전하게 보호
③ 인장재 삽입은 정착장에 안전하게 삽입되도록 암반에 깊이 삽입
④ Grouting재는 인장재에 부식영향이 없을 것
⑤ Grouting 양생 시 진동, 충격, 파손이 없도록 주의

문제19> Rock Anchor 공법

I. 정의
연약지반에서 암반까지 천공하여 설치하는 anchor 암반과의 정착에 의해 구조물지지 영향카

II. 개념도

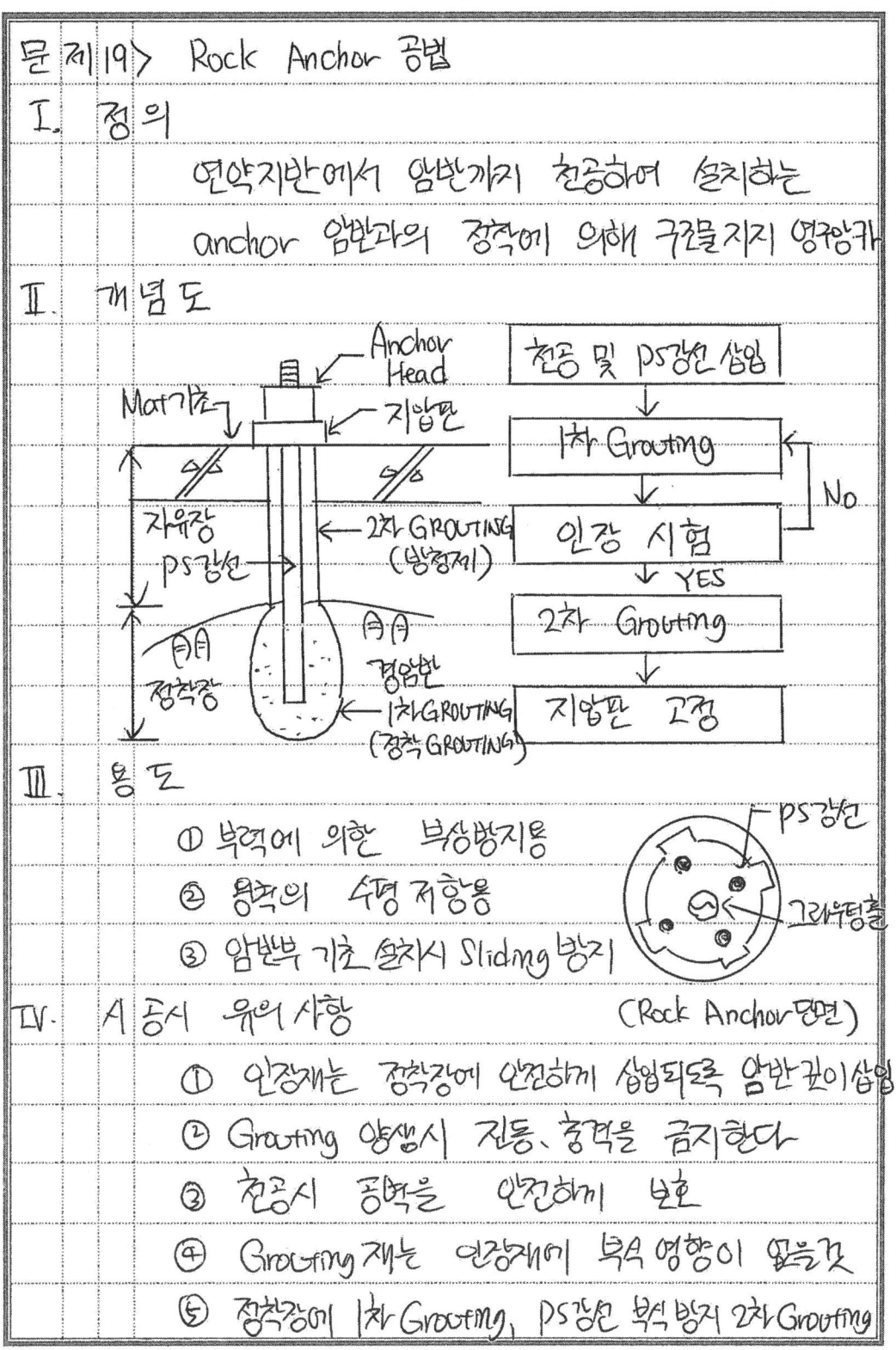

III. 용도
① 부력에 의한 부상방지용
② 옹벽의 수평 저항용
③ 암반부 기초 (설치시 Sliding 방지)

(Rock Anchor 단면)

IV. 시공시 유의사항
① 인장재는 정착장에 안전하게 삽입되도록 암반깊이삽입
② Grouting 양생시 진동, 충격을 금지한다
③ 천공시 공벽을 안전하게 보호
④ Grouting 재는 인장재에 부식 영향이 없는것
⑤ 정착장에 1차 Grouting, PS강선 부식 방지 2차 Grouting

문제 038 Removal Anchor(제거용 앵커)

〔03중(10), 07후(10)〕

1 정의
① 지중 매입식 anchor로서 목적 달성 후 지중에 anchor체의 잔재물을 남기지 않고 제거하는 것을 removal anchor(제거용 anchor)라 한다.
② 특수공법을 이용하여 설치된 anchor를 사용 후 제거하는 공법으로 U-turn anchor라고도 한다.

2 Removal Anchor의 종류

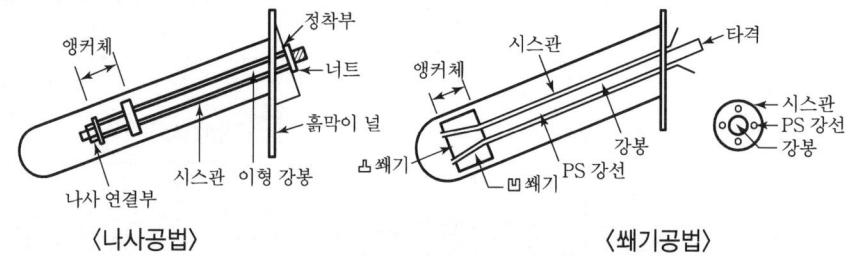

〈나사공법〉   〈쐐기공법〉

1) 나사공법
① 앵커체와 이형 강봉이 하중을 지지하며
② 제거 시에는 이형 강봉을 역회전하여 앵커체의 나사 연결부로부터 분리

2) 쐐기공법
① 앵커체의 쐐기에 의해 prestress가 도입되고
② 제거 시에는 중앙부의 강봉을 타격하여 쐐기의 맞물림을 이완시킨 후 PS강선을 제거

3 특징
① Anchor체의 제작이 간단하고 저렴
② 제거율이 매우 우수하며 제거가 간편
③ 정확한 anchor력의 확보가 가능하며 인장력 손실이 적음
④ 지중에 장애물을 남기지 않음
⑤ 무소음, 무진동 공법

4 기존 Anchor와의 비교

구분	기존 앵커	제거식 앵커
시공방법	Ground 앵커공법	Ground 앵커공법
타공사 영향	장애물 발생	거의 없음
민원발생 여부	많음	적음
준공후 영향	주위지반 영향 있음	거의 없음
경제성	1회 사용	재사용 가능

문제 10) Removal Anchor (제거용 Anchor) = U-Turn Anchor

I. 정의

지중 매입식 Anchor, 목적 달성 후 지중에 Anchor 잔재물을 남기지 않고 제거하는 Anchor

II. Removal Anchor와 Earth Anchor 시공도해 비교

<Removal Anchor> — 이형강봉, 정착부, 너트, 흙막이벽, 사관, 나사연결부

<Earth Anchor> — 지압판, 조임볼트, 흙막이벽, 시스관, 정착그라우팅, 좌대, PS강선, 자유장/정착장

III. Removal Anchor의 특징

1) Anchor체의 제작이 간단, 가격이 저렴
2) 지중에 장애물이 남지 않음
3) 무소음, 무진동 공법, 제거율이 우수, 제거가 간편
4) 정확한 Anchor력의 확보 가능, 인장력 손실 작음
5) 나사공법, 쐐기공법 (쐐기 맞물림에 의한 공법)

IV. 기존 Anchor와 제거용 Anchor 비교

구분	기존 Anchor	제거용 Anchor
시공장비/방법	Ground anchor 공법으로 동일	
타공사/주위지반 영향	장애물 발생 (만혼 有)	거의 없다.
경제성	1회 사용	재사용 가능

문제 039 IPS(Innovative Prestressed Support)

〔06후(10), 21전(10)〕

1 정의

IPS(Innovative Prestressed Support)공법은 기존의 strut(버팀보)를 사용하지 않고 IPS 띠장을 흙막이벽체에 운반하여 설치한 뒤 PS강선에 긴장력(prestress)을 가하여 흙막이벽체를 지지하게 함으로써 굴착으로 인한 토압을 지지하는 공법이다.

2 IPS 공법의 원리

Corner 버팀보에 설치된 정착장치에서 PS강선에 prestress를 긴장함으로써 인장력(P)에 의해 발생된 반력(reaction)으로 흙막이벽체를 지지하는 공법이다.

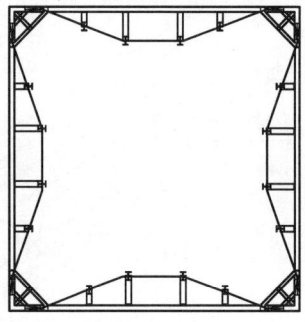 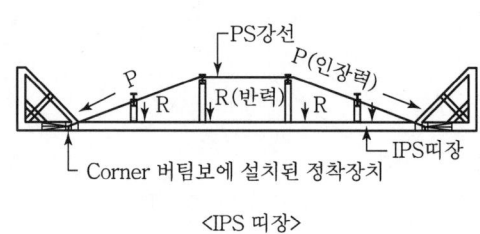

<IPS 띠장>

3 특징

① 다수의 버팀대로 인한 작업공간의 침해 방지
② 굴착현장에서 중장비의 작업공간 확보로 작업효율 향상
③ 본구조물 작업인 거푸집 및 철근공사 용이
④ 사용 강재의 회수율이 높아 경제적
⑤ 가시설 설치 및 본구조물의 공기단축 가능
⑥ 띠장의 인장휨 파괴방지로 안정성 증대
⑦ 강재량 및 작업 joint수 절감

4 적용

① 굴착 폭이 넓은 지반으로 버팀대의 설치 및 지지가 어려울 경우
② 지중의 매설물의 손상을 최소화하는 작업
③ 굴착공사 시 지반의 변형을 최소화하여 인근 구조물에 피해를 줄이는 경우
④ 지하수의 영향으로 earth anchor 시공이 불가능한 경우(H-pile + earth anchor 지지 방식의 경우)
⑤ 도심지 공사

문제 29) IPS공법 (Innovative prestressed Support)

I. 정의

① Strut을 사용하지 않고 IPS 띠장 설치후 PS강선에 prestress를 가하여 지지하는 방식.
② 중장비 작업공간 확보로 작업효율 향상.

II. IPS 공법 개념도

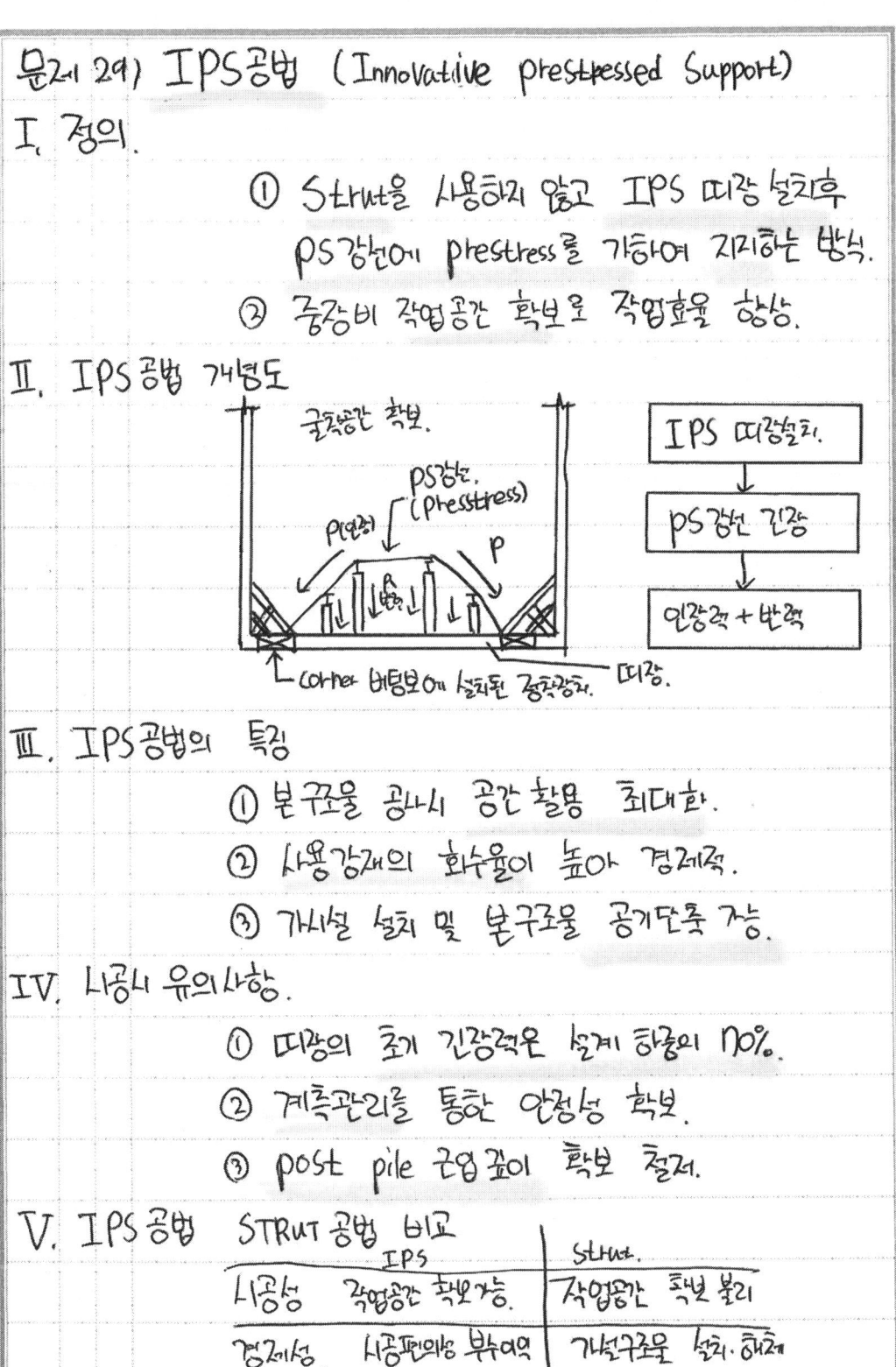

III. IPS 공법의 특징

① 본구조물 공사시 공간 활용 최대화.
② 사용강재의 회수율이 높아 경제적.
③ 가시설 설치 및 본구조물 공기단축 가능.

IV. 시공시 유의사항.

① 띠장의 초기 긴장력은 설계 하중의 70%.
② 계측관리를 통한 안정성 확보.
③ post pile 근입깊이 확보 철저.

V. IPS 공법 STRUT 공법 비교

	IPS	Strut
시공성	작업공간 확보가능.	작업공간 확보 불리
경제성	시공편의성 부여	가시구조물 설치·해체

문제 040 PPS 흙막이 지보공법 버팀방식

〔19후(10)〕

1 정의
H-빔을 사용하는 일반적인 strut공법과 달리 허용압축력과 좌굴에 대한 저항한계가 상대적으로 큰 원형강관을 사용해 선행가압(prestress)으로 압축력을 강화할 수 있어 postpile 없이 적은 수량의 PPS(Pre-stressed Pipe Strut)만으로도 흙막이 벽체의 수평 변위와 주변지반의 침하를 최소화할 수 있는 공법이다.

2 PPS 흙막이 지보공법의 시공도

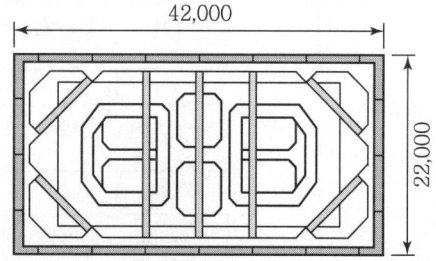
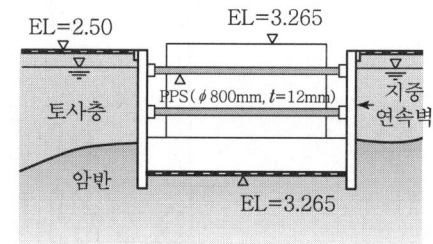

3 PPS 흙막이 지보공법의 특성
① 허용압축력과 좌굴에 대한 저항한계가 상대적으로 큰 원형강관 사용
② 선행가압(prestress)으로 압축력을 강화
③ Postpile 없이 적은 수량의 PPS만으로도 흙막이 벽체의 수평 변위 상쇄
④ 주변지반의 침하를 최소화
⑤ PPS공법은 800mm 이상의 대구경 강관 사용
⑥ 안전성 및 본 구조물 시공 시 넓은 작업공간을 활용할 수 있음
⑦ 구조물 시공 시 품질관리와 시공관리가 타 공법에 비해 우수
⑧ 기존 strut공법에 비해 약 20~30%의 공사기간과 공사비 절감

4 PPS 흙막이 지보공법 안전관리방안
① 버팀보의 교차부는 상호 긴밀히 결합시켜 좌굴방지 역할을 한다.
② 버팀보 응력이 작을 경우는 U자 볼트를 사용하고, 버팀보 응력이 큰 경우에는 상하에 앵글을 맞추어 장척볼트로 조인다.
③ 엄지말뚝 하중을 버팀보에 균등하게 전달할 수 있도록 엄지말뚝과 띠장 사이를 밀착(간격이 있는 경우에는 모르타르 등으로 충전하거나 끼움재를 설치)

문제 1. PPS 흙막이 지보공 버팀방식

I. 정의

- 대형 원형 강관(φ800~1,200)을 직공 및 선행기압으로 압축력을 강화한 버팀공법으로 Post pile과 버팀대수가 최소화되어 넓은 작업공간 확보가능

II. PPS 공법의 시공 개념도

```
          PPS(φ800, t=12mm)
   ┌─띠장              
   │                    │    ┌──────────────┐
   │←───────────────→│    │  PPS 지보 거치 │
지중 │                    │←강성 버팀대      └──────┬───────┘
연속벽│←───────────────→│           ↓
   │                    │    ┌──────────────┐
   │←─                  │    │ Bolting + 선행가압│
   └──────┬─────────────┘    └──────┬───────┘
       Post pile 개수 최소화              ↓
                                 ┌──────────────┐
                                 │ 흙막이벽 지지 │
                                 └──────────────┘
```

III. PPS 공법의 특징

장 점	단 점
넓은 작업공간 확보	대형 Crane 필요
기존 버팀대 대비 20~30%공기단축	강성의 흙막이벽 요구
지지 안정성 우수	

IV. 시공 시 유의사항

① 설해체시 추락사고 유의 ③ 계측 관리 철저
② 버팀대와 직각 수직 유지 ④ 초기토압에 검토

V. H-pile Strut 공법과 비교

구 분	PPS	H-pile Strut
작업공간	넓음 (Post pile 최소화)	좁음 (Post pile 많음) 〈끝〉

문제 041 슬러리월(Slurry Wall)공법의 카운트월(Count Wall)

〔18후(10)〕

1 정의
Count wall이란 slurry wall 시공 시 하부 암반으로 인해 slurry wall이 하부로 진행이 되지 않을 경우 하부 암반과 합벽으로 시공하는 벽체이다.

2 시공도

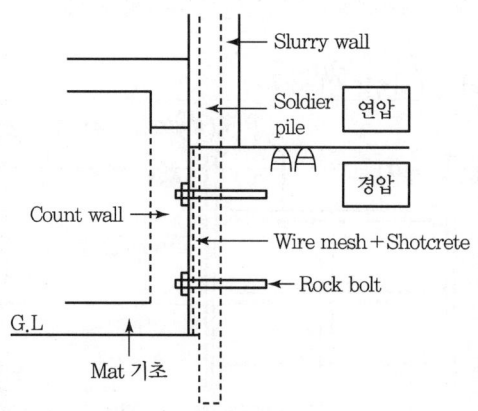

3 시공순서

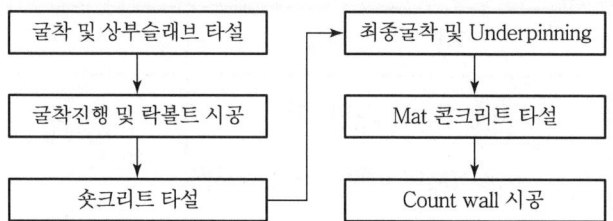

4 시공 시 유의사항
① Count wall은 rock bolt로 암반에 고정함
② Count wall을 암반과 합벽 처리함
③ 암반의 절리선이나 면을 따라 지하수 유입의 경우 배수공으로 처리
④ 연속벽 하단부 누수여부 확인
⑤ Slurry wall 측 전단보강근 추가시공

문제 1) 슬러리월 (Slurry Wall) 공법의 카운트월 (Count Wall)

I. 카운트월 이란

슬러리월 시공시 하부 암반으로 인해 슬러리월이 하부 진행 불가시, 암반과 협벽으로 시공하는 벽체

II. 카운트월 시공도해, 필요성

```
    ///                    ← Slurry wall      [필요성]
  Soldier Pile ──→                          ─ ① 암반파쇄기간 단축
                                             
  Rock Bolt   ──→    경암                   ─ ② 굴조공사원가 절감
                                             
  Count Wall  ──→                           ─ ③ 시공 효율화
                        ← Wire Mesh          
  Mat 기초   ///         + Shotcrete        ─ ④ 암반파쇄소음↓
                                              민원감소
```

III. 카운트월 시공 Process

| 1) 굴착 및 상부 슬라브 타설 |
↓ 경암반까지 BC커터 굴착, 상부 슬라브 조성

| 2) 굴착 및 락볼트 시공 |
↓ 락볼트 시공, 경암에 고정

| 3) 와이어 메쉬 및 숏크리트 |
↓ 1차 숏크리트 + 와이어메쉬 + 2차 숏크리트

| 4) 언더피닝 및 카운트월 시공 |
지반 보강, Mat 타설, 카운트월 시공

IV. 카운트월 시공시 품질확보 방안

1) 락앙카 암반 고정, 암반과 협벽 처리
2) 암반 절리따라 지하수 유입시 배수공 처리
3) 슬러리월 전단 보강근 추가시공

문제 042 안정액(Stabilizer Liquid)

〔07전(10), 12후(10), 22후(10)〕

1 정의
① 굴착공사 중 굴착벽면의 붕괴를 막고, 지반을 안정시키는 비중이 큰 액체를 총칭하여 안정액(安定液)이라 한다.
② 안정액은 지반의 상태·굴착기계 및 공사조건 등에 적합한 안정액을 사용하여야 하며, 안정액 관리가 허술하면 사고의 발생원인이 되므로, 안정액 관리를 철저히 하여야 한다.

2 안정액의 요구 성능

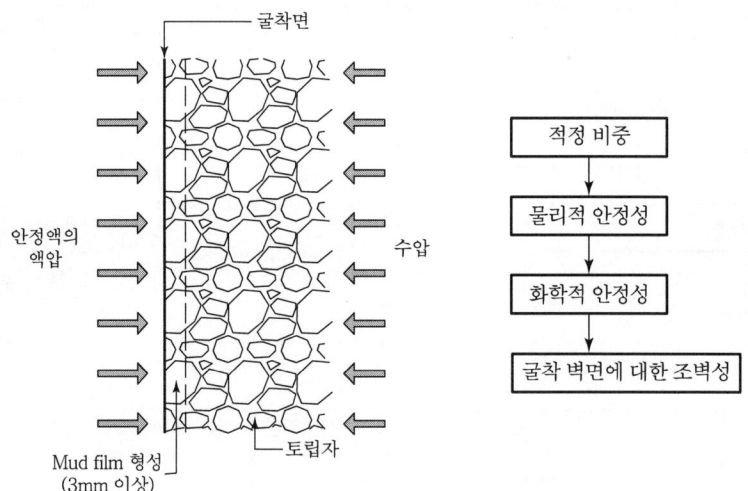

3 목적

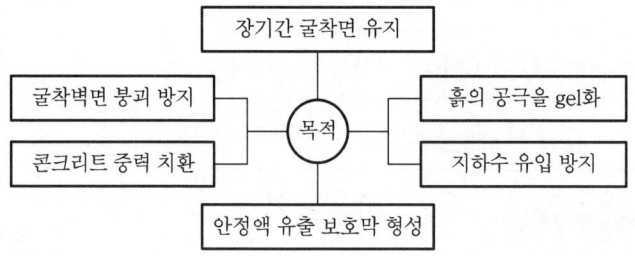

4 안정액 사용 시 유의사항
① 안정액 농도가 옅으면 붕괴발생률이 많고 농도가 너무 짙으면 Con'c와의 치환이 불안전하게 되므로 공사조건에 따른 적당한 농도유지를 해야 한다.
② 지질, 지하수, 투수층, 공법 종류 등에 따라 결정되어야 한다.
③ 좋은 성질의 안정액을 사용해도 공사기간 중에 그 성질을 측정하지 않으면 사고의 발생원인이 되므로 비중, 점성, 여과성 등을 관리해야 한다.

문제 33) 안정액 (Stabilizer Liquid)

I. 정의
① 굴착 벽면의 붕괴를 막고 지반을 안정시키는 비중이 큰 액체를 충진함.
② 지반의 상태, 굴착기계, 공사조건에 적합한 안정액 사용. 철저한 처리가 중요.

II. 안정액 요구성능

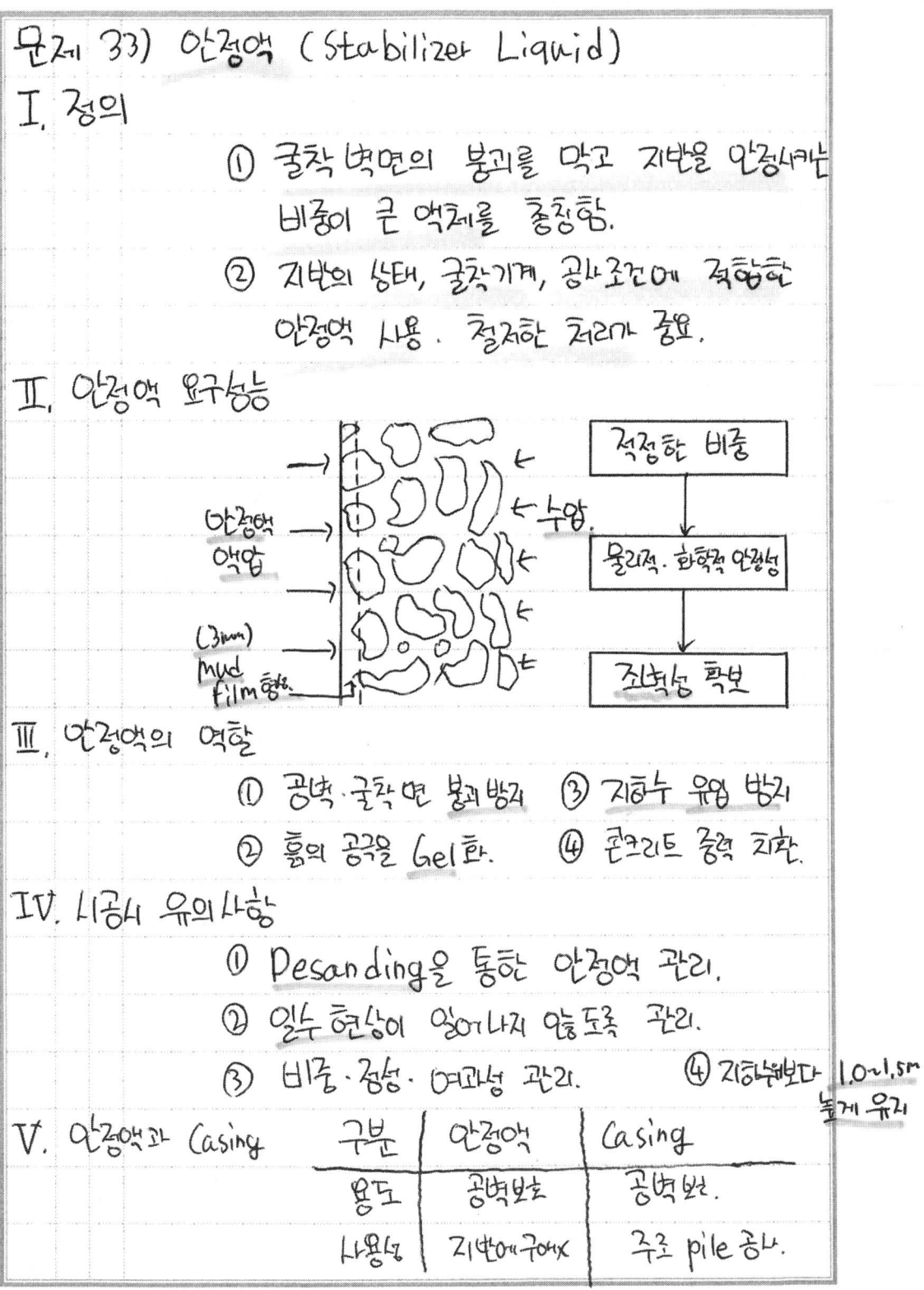

III. 안정액의 역할
① 공벽·굴착면 붕괴 방지   ③ 지하수 유입 방지
② 흙의 공극을 Gel화.   ④ 콘크리트 중력 치환.

IV. 시공시 유의사항
① Desanding을 통한 안정액 관리.
② 일수 현상이 일어나지 않도록 관리.
③ 비중·점성·여과성 관리.   ④ 지하수보다 1.0~1.5m 높게 유지

V. 안정액과 Casing

구분	안정액	Casing
용도	공벽보호	공벽보호
사용성	지반에 구애X	주로 pile 공사

문제 043 일수(逸水)현상

〔04중(10), 08중(10)〕

1 정의
① Slurry wall의 지하공벽공사 시 투수성이 양호한 사질토나 자갈층이 있는 경우 안정액이 공벽 외부로 일시에 빠져나가는 현상을 일수현상이라 한다.
② 일수현상으로 인하여 공벽 붕괴의 우려가 있으며, 안정액이 빠져나간 부위의 구멍을 메우기 위해 콘크리트의 loss 발생량이 많아진다.

2 도해설명

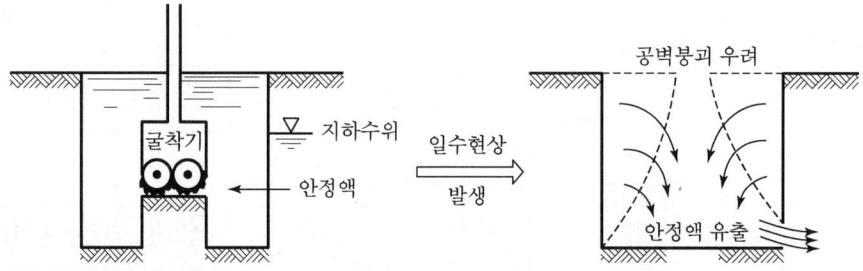

3 발생원인

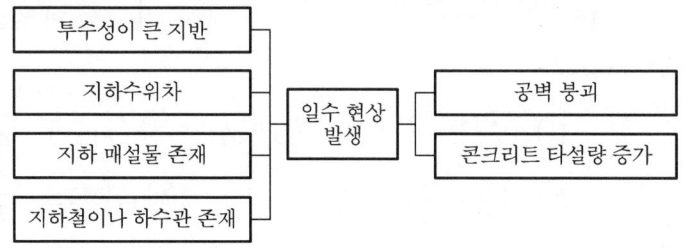

4 방지대책
① 지하매설물, 지하구멍 등 철저한 사전조사
② 토질조사에 따른 대책 마련
③ 안정액의 수위 관리(지하수위보다 1.5~2m 높게 관리)
④ 계측관리 철저

문제 34) 일수 현상

I. 정의
① 투수성이 양호한 사질토·자갈층 에서 안정액이 일시에 빠져나가는 현상.
② 일수 현상 발생시 공벽 붕괴 우려. Con'c loss

II. 일수현상 Mechanism.

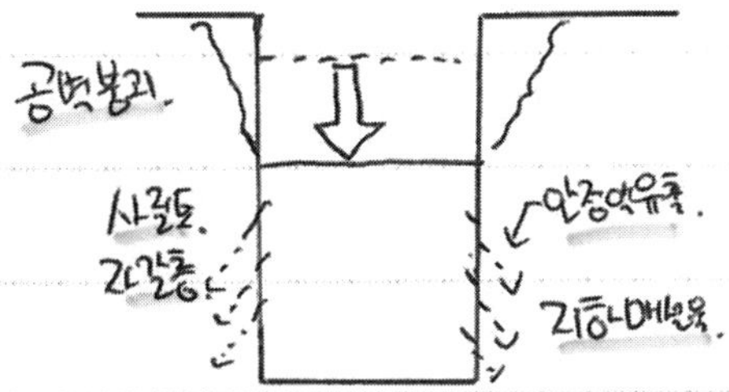

[발생원인]
① 투수성이 큰 지반
② 지하수위 차.
③ 지하 매설물의 존재.

(공벽붕괴, 사질토·자갈층, 안정액유출, 지하매설물)

III. 일수현상으로 인한 영향 및 대책.

공벽 붕괴	콘크리트 타설량증가	지반 및 지하수 오염
안정액 성능확보	① 비중 = 1.02 이상.	
안정액 유지	② 수위계설치, 공내상층 붕괴 방지.	
토질에 따른검토	① 토질에 따른 비중검토 ② 투수계수가 클 경우 점성이 큰 제품	
지하수위 저하	강제·영구·복수 배수.	

IV. 안정액의 관리기준

구분	시험기구	굴착시	Slime 처리시
비중	Mud Balance	1.04~1.2	1.04~1.1
점도	점도계	22~40초	22~35초
pH	pH계	7.5~10.5	

문제 044 SCW(Soil Cement Wall) 공법

〔98후(20), 00전(10)〕

1 정의
① 지하연속벽공법 중의 하나로 soil에 직접 cement paste를 혼합하여, 현장 Con'c pile을 연속시켜 지중연속벽을 완성시키는 공법으로 토류벽·차수벽으로 이용한다.
② 공기가 빠르고 공사비가 저렴하며, 주변지반에 대한 소음·진동 등의 공해가 적다.

2 특징
① 차수성이 우수하다.
② 공기단축 및 공사비가 저렴하다.
③ 소음진동 및 주변피해가 적다.
④ 시공기술능력에 따라 품질편차가 크다.
⑤ 토사의 성질 양부가 강도를 좌우한다.

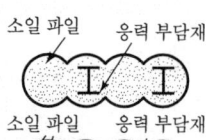
: H형강 삽입

: 강관 삽입

: Sheet pile 삽입

3 공법의 종류

종류	시공 방법
연속방식	3축 auger로 하나의 element를 조성하여 그 element를 반복 시공함으로써 일련의 지중연속벽을 구축시키는 방식
Element 방식	3축 auger로 하나의 element를 조성하여 1개공 간격을 두고 선행과 후행으로 반복시공함으로써 지중연속벽을 구축시키는 방식
선행방식	단축(1축) auger로 1개공 간격을 두고 선행 시공한 후, element 방식과 동일한 시공법으로 지중연속벽을 구축시키는 방식

4 시공순서 Flow Chart

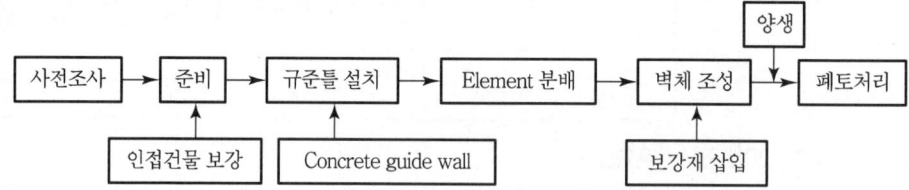

5 시공 시 유의사항
① 근입장 깊이는 1.5~2m 유지
② Auger 설치 시 rod 수직도 check
③ 지하수 이동 여부를 사전에 조사

문제 35) SCW (Soil Cement Wall) 공법

I. 정의

3축 Auger로 굴착, Soil에 직접 Cement paste를 혼합하여 현장 Con'c pile로 지중 연속벽을 완성. 토류벽·차수벽.

II. 시공순서 flow chart.

```
사전조사 → 인접건물보양 → Guide wall
구조계산필요.        ↑              ↓
                 보강재 삽입.
양생·폐토처리 ← 벽체조성 ← Element 분배
```

III. SCW의 특징

장점	단점
· 강성 및 차수성 우수	· 기술능력에 따라 편차
· 저소음·저진동	· 토질 성질이 강도 결정
· 주변영향 최소화	· 관리 및 검사 곤란

III. SCW 시공시 유의사항

① 근입장 깊이 1.5~2m 유지.
② 굴착시 수직도 유지.
③ 캡빔 설치로 SCW 일체화 실시.
④ 편심 방지 및 연속성 확보.

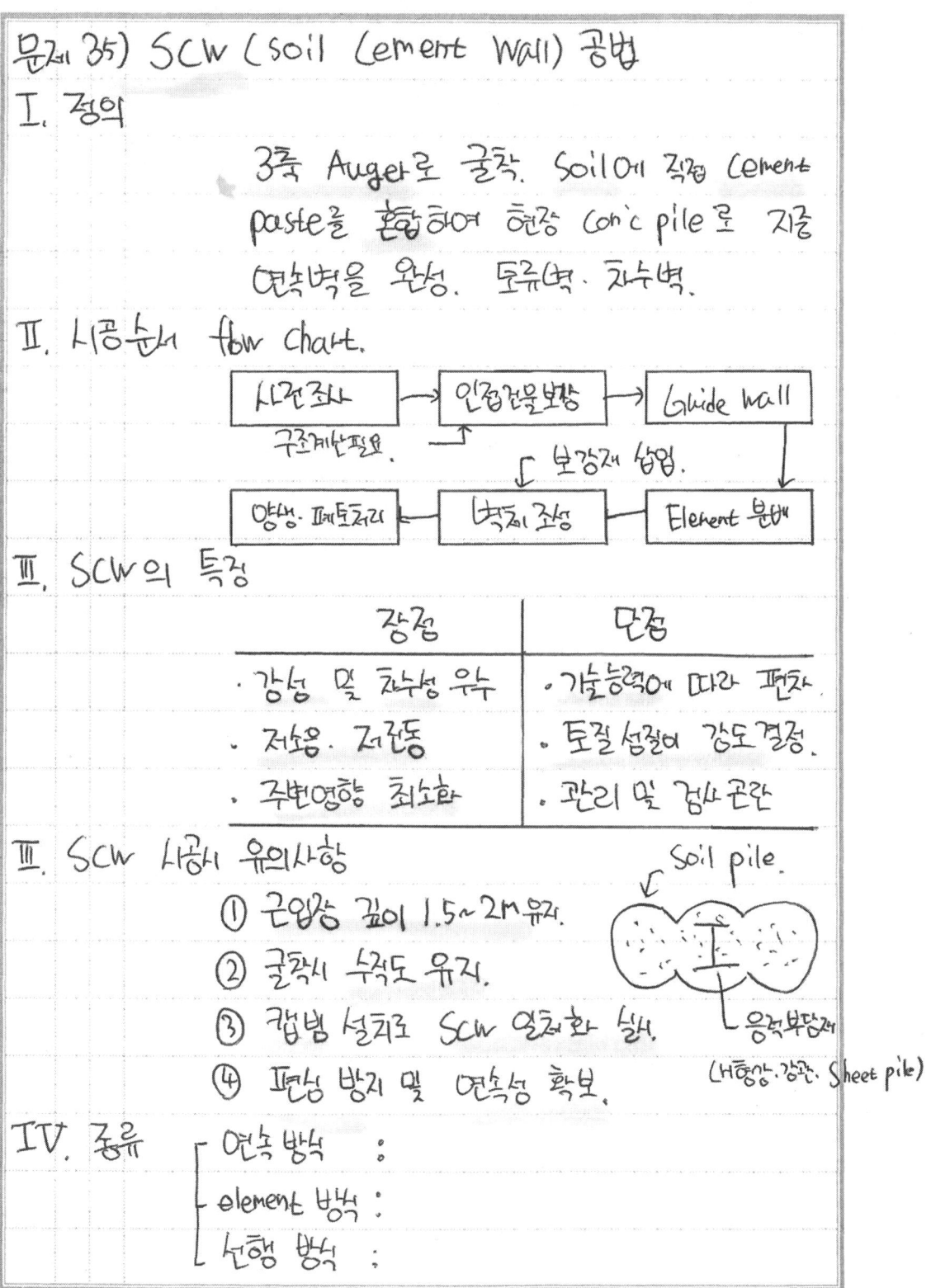
(내향성·강관·Sheet pile)

IV. 종류
- 연속 방식 :
- element 방식 :
- 선행 방식 :

문제 045 Top Down 공법(역타공법)

〔95전(10)〕

1 정의
① 흙막이벽으로 설치한 slurry wall을 본 구조체의 벽체로 이용하고, 기둥과 기초를 시공한 다음, 점차 지하로 진행하면서 동시에 지상구조물도 축조해가는 공법이다.
② 기둥 및 기초는 R.C.D 공법 및 barrette 공법을 많이 채용하며, 지하와 지상이 동시에 시공되므로 공기단축에 유리한 공법이다.

2 시공순서 Flow Chart

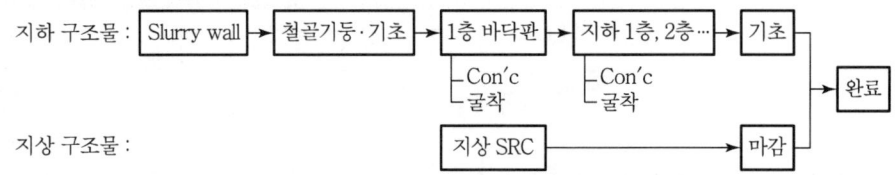

3 종류

종류	특징
완전역타공법 (full top down method)	지하 각 층 slab를 완전하게 시공하여 지하연속벽을 지지하여 주변지반의 움직임을 방지하는 가장 안전한 공법
부분역타공법 (partial top down method)	바닥 slab를 부분적(1/2~1/3)으로 시공하는 공법
Beam & girder식 역타공법	지하 철골구조물의 beam과 girder를 시공하여 지하연속벽을 지지한 후 굴착하는 공법

4 특징
① 지하·지상의 동시 시공으로 공기단축이 용이
② 1층 바닥이 먼저 타설되어 작업공간으로 활용 가능
③ 주변지반에 대한 영향이 적음
④ 기둥, 벽 등의 수직부재에 역 joint 발생으로 마감이 곤란

5 시공 시 유의사항
① 지하연속벽 공사 시 벽체의 수직도와 panel joint의 slime 제거
② 기둥 및 기초공사 시 기둥의 수직도와 buckling 점검
③ 연속벽과 기둥의 연결철근(dowel bar)의 확인 시공
④ 이음부 처리에 세심한 주의
⑤ 지하수위 유동과 지반변위를 조사하여 안전하고 합리적인 시공관리

문제 36) Top Down 공법

I. 정의
① Slurry Wall을 본구조물 벽체로 이용.
   기초, 기둥 설치후 지하·지상 동시 축조

II. 개념도

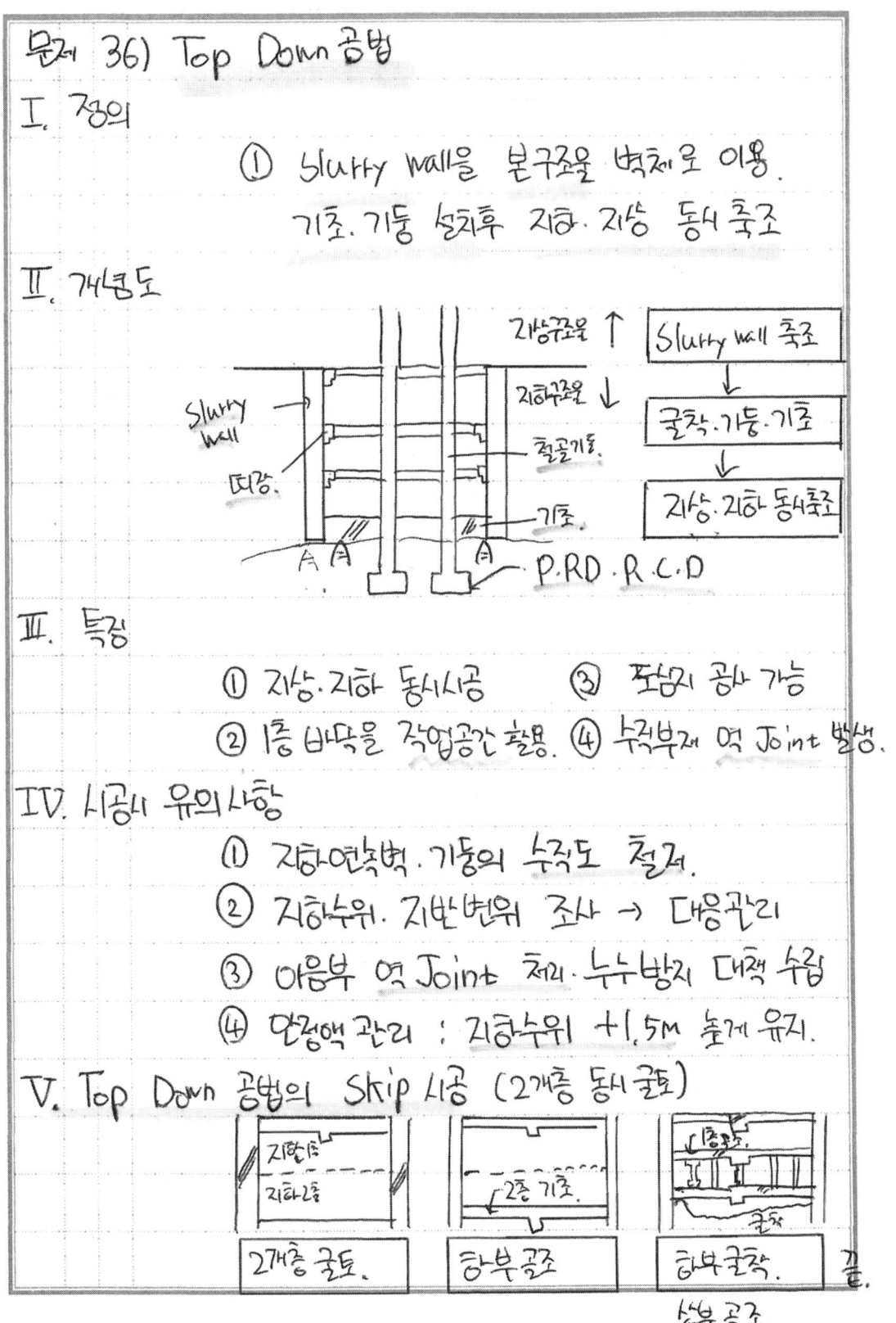

III. 특징
① 지상·지하 동시시공   ③ 도심지 공사 가능
② 1층 바닥을 작업공간 활용.   ④ 수직부재 역 Joint 발생.

IV. 시공시 유의사항
① 지하연속벽·기둥의 수직도 철저.
② 지하수위·지반변위 조사 → 대응관리
③ 이음부 역 Joint 처리·누수방지 대책 수립
④ 안정액 관리 : 지하수위 +1.5M 높게 유지.

V. Top Down 공법의 Skip 시공 (2개층 동시 굴토)

| 2개층 굴토 | 상부 공조 하부 공조 | 하부 굴착 |

끝.

문제 046 배수판(Plate)공법

[16전(10)]

1 정의
① 기초콘크리트 상부와 누름콘크리트 사이에 공간을 두어 그 공간 속에서 물이 이동하여 집수정으로 모이게 하는 영구배수공법이다.
② 지하실 마감바닥과 물이 직접 접촉되는 것을 차단하여 지하실의 누수 및 습기를 방지한다.

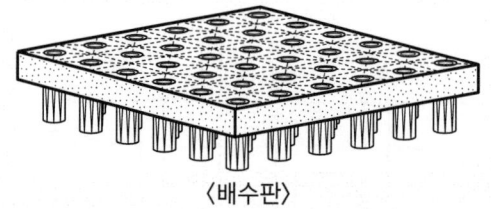

〈배수판〉

2 시공순서

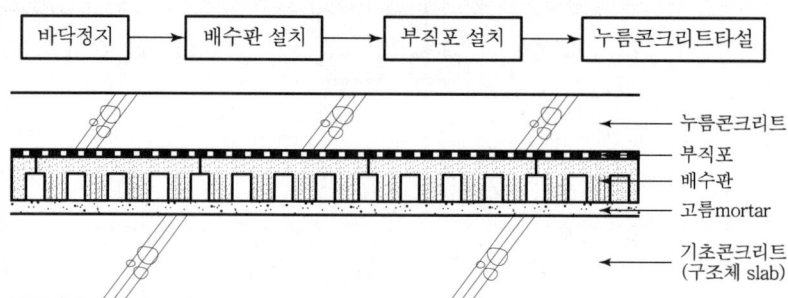

① **바닥정지** : 바닥을 평활도를 유지하면서 집수정 방향으로 구배 시공
② **배수판 설치** : 연속하여 설치하고 절단사용 가능
③ **부직포 설치** : 겹친이음길이 100mm 이상
④ **누름콘크리트 타설** : 콘크리트 타설 후 내부 건축마감 실시

3 특징
① 기초콘크리트 타설 후 누름콘크리트 타설 전에 시공
② 지하층이 물에 접촉되는 것을 원천적으로 차단
③ 지하수의 양압력이 큰 곳에 사용

문제3> 배수판(Plate) 공법

I. 배수판 공법이란 (영구배수공법)

　　기초콘크리트 상부와 보호콘크리트 사이공간에
　　배수판 설치하여 그 공간에서 물 이동 → 집수정

II. 배수판 시공 단면도, 시공순서

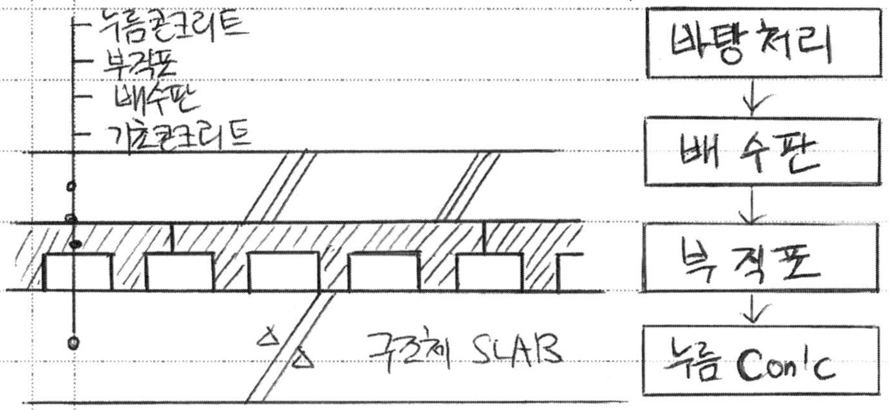

- 누름콘크리트
- 부직포
- 배수판
- 기초콘크리트

구조체 SLAB

바탕처리 → 배수판 → 부직포 → 누름 Con'c

III. 배수판 공법의 특징

1) 기초 콘크리트 타설 후, 누름 Con'c 타설전 시공
2) 지하층 물 접촉 차단
3) 지하수의 양압력이 큰 곳 사용
4) 지하실의 누수 및 습기를 방지
5) 물 집수정으로 유도후 배수 처리
6) 집수정 방향으로 바닥 구배 시공 필요

IV. 배수판 공법과 기초하부 유공관 공법 비교

구분	배수판 공법	기초하부 유공관
자재	배수판	HDPE 유공관
위치	기초와 누름콘크리트 사이	기초하부 매립

문제 047 Dewatering 공법

〔09중(10), 21후(10)〕

1 정의
① Dewatering 공법은 지하수로 인해 건축물에 양압력이 작용 시 건축물의 부상방지 및 피해를 막기 위한 영구배수공법이다.
② Dewatering 공법에는 기초 콘크리트 상부의 누름 콘크리트 속에 배수관을 설치하는 방법과 기초 콘크리트 하부에 유공관을 설치하는 방법이 있다.

2 기초상부 배수관 설치방법

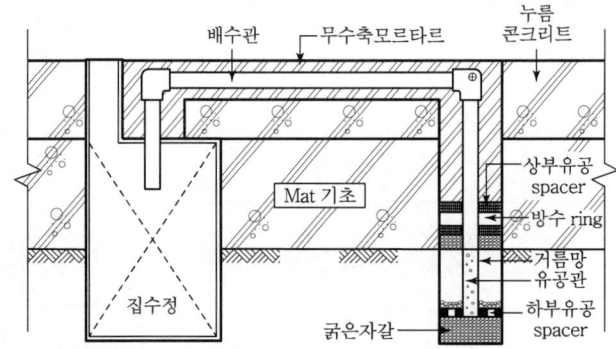

① 기초시공 전후 모두 시공 가능
② 지하수의 수량에 따라 설치공 조절
③ 지하 양압력에 의한 건축물의 안전도모
④ 기초 하부에 설치되는 PVC유공관의 막힘에 유의
⑤ 누름콘크리트 내 설치되는 배수 pipe의 결로방지

3 기초하부 유공관 설치방법

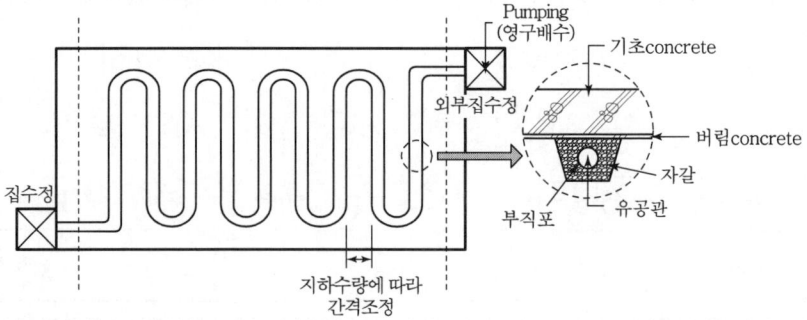

① 구조물에 영향이 전혀 없음
② 기초콘크리트 타설과 시공완료
③ 유공관의 막힘현상에 유의

문제 40) Dewatering 공법

I. 정의

① 지하수로 인해 건축물에 양압력 발생시 부상방지 및 피해를 막기 위한 영구배수공법.
② 유공관 설치공사, 배수관 설치공법이 있음.

II. Dewatering 공법 Mechanism

1) 유공관 설치공법 (기초하부)

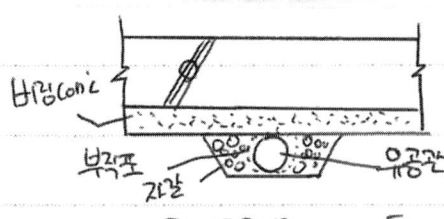 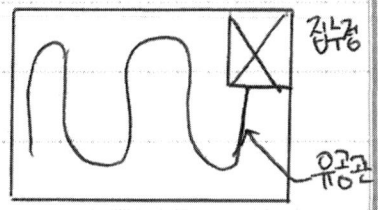

① 구조물에 영향이 없음.   ③ 유공관 막힘 유의
② 기초콘크리트 타설과 시공완료

2) 기초상부 배수관 설치공법

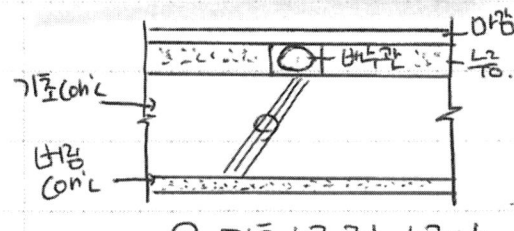 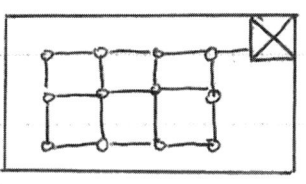

① 기초시공 전후 시공가능. ② 배수 pipe 결로방지
③ 양압력에 의한 안전도모 ④ 지하수 누량에 따라 설치공 조정.

III. Dewatering 공법 비교

구분	유공관 설치공법	배수관 설치공법
설치 위치	버림 타설부	거높음타설 부
하자 보수	어려움	보통

"끝"

문제 048 주동토압, 수동토압, 정지토압

〔15중(10)〕

1 정의
토압은 흙의 구조·입도·함수율 등에 따라 크게 변화하며, 토압의 종류에는 주동토압·수동토압·정지토압이 있다.

2 토압 분포도

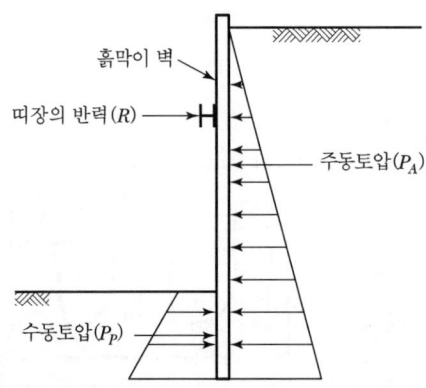

$P_A < P_P + R$ 일 때 안전
$P_A = P_P + R$ 일 때 정지토압
$P_A > P_P + R$ 일 때 붕괴

3 토압의 종류

1) **주동토압**(P_A : active earth pressure)
   ① 벽체가 전면으로 변위가 생길 때의 토압
   ② 배면 흙이 가라앉음
   ③ 정지토압보다 토압이 감소
   ④ 주로 옹벽에서 발생

2) **수동토압**(P_P : passive earth pressure)
   ① 벽체가 배면으로 변위가 생길 때의 토압
   ② 배면 흙이 부풀어 오름
   ③ 정지토압보다 토압이 증대
   ④ 흙막이벽에서 주로 발생

3) **정지토압**(P_o : earth pressure at rest)
   ① 벽체의 변위가 없을 때의 토압
   ② 지하구조물에 작용하는 토압

4 토압의 관계
수동토압 > 정지토압 > 주동토압 ($P_P > P_o > P_A$)

문제 143) 주동토압·수동토압·정지토압

I. 정의

① 흙의 단면에 작용하는 압력을 토압이라 하며 함수율·구조·입도에 따라 변화한다.
② 정지토압·주동토압·수동토압으로 구분한다.

II. 토압분포의 도식

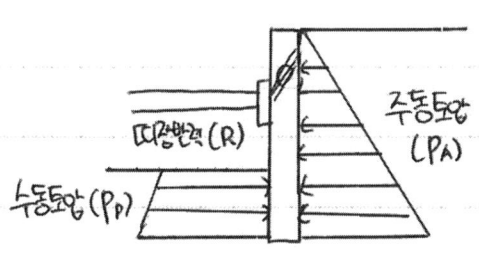

$P_A < P_P + R$: 안정
$P_A < P_P + R$: 정지토압
$P_A > P_P + R$: 붕괴

〈토압 안정성〉

주동토압을 대응할 수 있도록 구조설계 실시.

III. 토압의 종류

① 주동토압 : 벽체 전면으로 변위 생길때 토압.
② 수동토압 : 벽체가 배면으로 변위 생길때 토압.
③ 정지토압 : 수평방향 변위가 없는 토압.

IV. 흙막이 구조설계시 유의사항

① 측압에 견딜수 있도록 배수공법 적용 여부.
② 띠장간격 등을 통해 토압 변형여부 확인.
③ 터파기 지반 안정여부 확인.

V. 힘의 균형 도식.

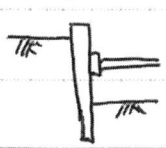
〈구조도〉

〈토압분포도〉

〈휨모멘트도〉

문제 049 | Heaving 현상

〔85(5), 00전(10), 07후(10), 09전(10)〕

1 정의
Heaving 현상은 흙막이의 전면적 파괴 및 주변지반의 침하를 일으키므로, 굴착 시에 세심한 주의를 요한다.

2 개념도

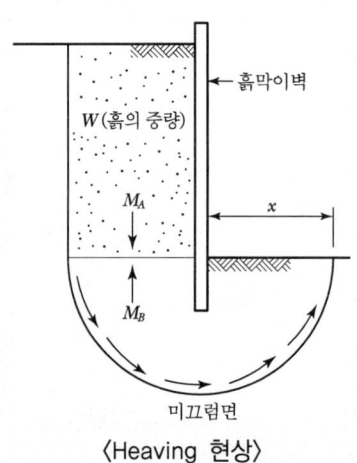

$M_A > M_B \times$ 안전율일 때 heaving 발생
- M_A(회전모멘트) $= W \times x/2$
- $M_B =$ 마찰면적 $\times$ 흙의 점착력
- 안전율 $= 1.2$ 이상

〈Heaving 현상〉

3 발생원인
① 흙막이벽 내외의 흙이 중량 차이가 클 때   ② 흙막이벽의 근입장 부족

4 방지대책
① 흙막이의 근입장을 경질지반까지 박는다.
② 부분굴착을 하여 굴착지반의 안전성을 높인다.
③ Island cut 공법을 채용해서 흙막이벽 전면에 중량을 부여한다.
④ 약액주입공법, 동결공법 등으로 굴착저면을 고결시킨다.
⑤ 강성이 큰 흙막이를 사용한다.
⑥ 흙막이벽 배면 earth anchor를 시공한다.

5 Heaving, Boiling, Piping의 비교

구분	Heaving	Boiling	Piping
지반	점성토	사질토	사질토
원인	중량차	수위차	유입수
문제점	부풀음	전단강도저하	토사유출
범위	전반적	국부적	국부적

문제 32) Heaving 현상

I. 정의

연약점토지반의 굴착 시 흙막이벽 내외의 흙의 중량 차에 의해 굴착저면 흙이 지지력을 잃고 분리되어, 흙막이벽 안쪽으로 밀고 들어와 부풀어 오르는 현상이다.

II. 개념도

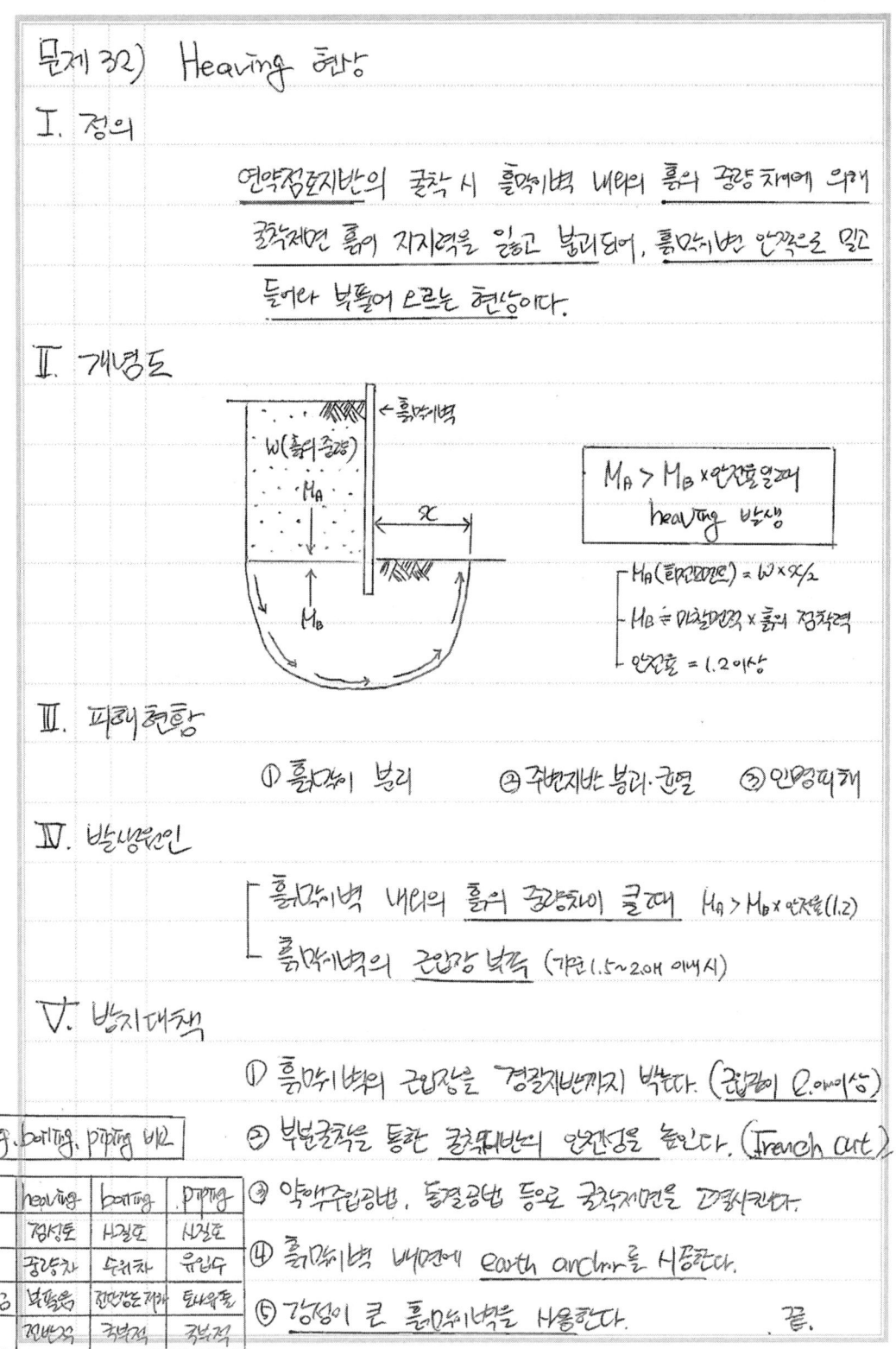

$M_A > M_B \times$ 안전율일때 heaving 발생

- M_A (회전모멘트) $= W \times x/2$
- $M_B \risingdotseq$ 마찰저항 $\times$ 흙의 점착력
- 안전율 $= 1.2$ 이상

III. 피해현황

① 흙막이 분리   ② 주변지반 붕괴·균열   ③ 인명피해

IV. 발생원인

- 흙막이벽 내외의 흙의 중량차이 클때 $M_A > M_B \times$ 안전율(1.2)
- 흙막이벽의 근입장 부족 (지면 1.5~2.0배 이내시)

V. 방지대책

① 흙막이벽의 근입장을 경질지반까지 박는다. (관입깊이 2.0이상)
② 부분굴착을 통한 굴착저면의 안전성을 높인다. (Trench cut)
③ 약액주입공법, 동결공법 등으로 굴착저면을 고결시킨다.
④ 흙막이벽 내면에 earth anchor를 사용한다.
⑤ 강성이 큰 흙막이벽을 사용한다.   끝.

* heaving, boiling, piping 비교

구분	heaving	boiling	piping
지반	점성토	사질토	사질토
원인	중량차	수위차	유입수
문제점	부풀음	전단응력저하	토사유출
넣세	전반적	국부적	국부적

문제 050 Boiling 현상

[85(5), 02후(10), 09전(10), 11중(10)]

1 정의

① 투수성이 좋은 사질지반에서 흙막이벽의 배면 지하수위와 굴착저면과의 수위차에 의해, 굴착저면을 통하여 모래와 물이 부풀어 오르는 현상을 말한다.
② 모래입자가 부력을 받아 저면 모래지반의 지지력이 감소(수동토압 감소)되어, 흙막이벽이 밀려나게 된다.

2 개념도

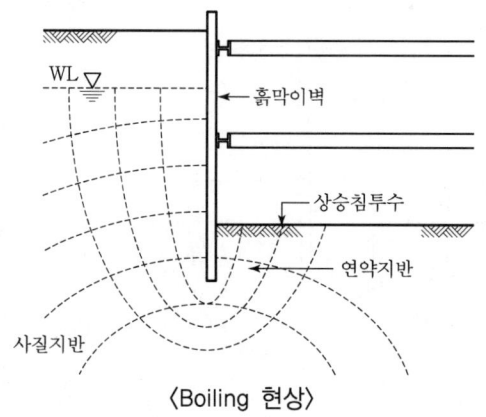

〈Boiling 현상〉

3 피해

① 흙막이벽 붕괴
② 주변지반 침하
③ 안전사고

4 발생원인

① 흙막이의 근입장 깊이가 부족할 때
② 흙막이벽의 배면 지하수위와 굴착저면과의 수위차가 클 때
③ 굴착하부 지반에 투수성이 큰 모래층이 있을 때

5 방지대책

① 흙막이의 밑둥을 깊이 박는다.
② 흙막이의 근입장을 불투수층까지 박는다.
③ Deep well 공법, well point 공법 등에 의해 지하수위를 저하시킨다.
④ Sheet pile 등의 수밀성 있는 흙막이를 설치한다.
⑤ 약액주입공법에 의해 지수벽 또는 지수층을 형성한다.

문제 24. Boilling (Quick Sand ; 분사현상)

1 정의

사질지반에서 지반굴착시 흙막이벽의 배면 지하수위와 굴착저면과의 수위차가 클때 흙막이벽 내부로 지반토인 모래와 물이 분출하는 현상을 Boilling, Quick Sand라고한다.

2 Boilling 발생원인

Boilling 발생식
$D \times \gamma_{sat} \leq (D+h) \gamma_w$

상향의 침투압이
하향의 자중보다
크므로 발생한다.

① 흙막이 벽 근입장 깊이가 부족하면 발생한다
② 흙막이 벽 배면과 굴착저면의 지하수위차가 원인
③ 굴착 하부지반이 투수성이 큰 모래층일때 발생한다.

3 Boilling 방지대책

① 지하수위 변화검토
② 구조물 변형검토
③ 침투압 발생여부
④ 계측관리로 검토
⑤ 양압력계 | Uplift force
⑥ 간극수압계 | $(D+h)\gamma_w [tonf/m^3]$

지하수위에 따른 양압력 검토

흙파기용

양압력발생

문제 051 Piping

1 정의
① Piping이란 사질지반에서 흙막이 배면의 미립 토사가 유실되면서, 지반 내에 pipe 모양의 수로가 형성되어 지반이 점차 파괴되는 현상을 말한다.
② 흙막이벽에서의 piping 현상은 흙막이벽 배면에서 발생과 굴착저면에서 발생하는 두 가지 양상을 보인다.

2 분류

구분	흙막이 배면 piping	굴착저면 piping
의의	차수성이 적은 흙막이 공법에서 흙막이 배면의 지하수가 흙막이벽으로 유출될 때 지반토가 유실되어 물의 통로를 형성할 때 발생된다.	사질지반에서 흙막이벽 배면과 굴착저면과의 수위차가 현저히 클 때 굴착저면이 상향의 침투수에 의해 지반토와 함께 물이 분출하여 지반에 물의 통로가 형성되는 것을 말하며, boiling 현상에 의한 piping이다.
도해	(그림: 사질지반, 흙막이벽, 물의 통로 형성, 굴착면)	(그림: 사질지반, 흙막이벽, 굴착면, 물의 통로 형성)
발생 원인	① 지하수 과다 ② 흙막이 배면 피압수 존재 ③ 흙막이벽의 차수성 부족	① 굴착면과의 높은 지하 수위차 ② Boiling 발생 ③ 투수성이 큰 사질 지반 ④ 흙막이 근입 깊이 부족
방지 대책	① 차수성 높은 흙막이공법 시공 ② 흙막이벽 밀실 시공 ③ 지하 수위 저하 ④ 지반 고결	① 흙막이벽 근입 깊이 깊게 ② 지하 수위 저하 ③ 지반 고결 ④ 흙막이벽 불투수층까지 근입

문제 148. Piping 현상

I. 정 의

① 흙막이 배면에 토사유실 및 Pipe 모양 수로가 형성되어 지반이 점차 파괴됨

② 흙막이 배면 Piping과 굴착저면 Piping 2가지 양상이 있다.

II. Piping 현상 Mechanism

〈흙막이 배면 Piping〉 〈굴착저면 Piping〉

← 흙막이벽
← 물의 통로 형성

물의 통로 형성

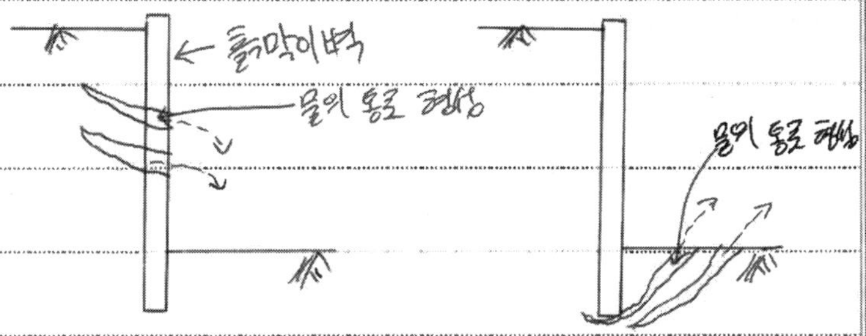

III. Piping 현상 발생원인

- 흙막이 자체 결함으로 물길 형성
- 투수성이 좋은 사질계반일 경우
- 지반의 밀도가 양호하지 못한경우
- 수위차가 큰 경우

IV. Piping 방지대책

① KS 인증 기성제품 사용
② 흙막이벽 시공시 품질관리 철저
③ 지반개량공법 적용
④ 배수공법으로 지하수위 저하   〈끝〉

문제 052 : 피압수(피압지하수, Confined Ground Water)

〔13중(10)〕

1 정의
① 지반중의 대수층에 존재하는 지하수가 상위 토층의 지하수보다 높은 수두를 가질 때 피압수라고 한다.
② 상하의 불투수층, 즉 점토지반 사이에 높은 압력을 갖는 지하수로서 부력 발생·용출·공벽붕괴 등의 현상이 발생한다.

2 도해

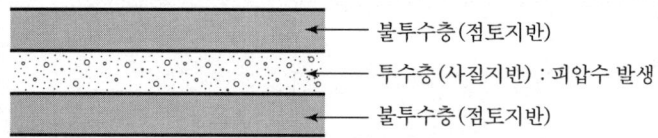

불투수층(점토지반)
투수층(사질지반) : 피압수 발생
불투수층(점토지반)

3 피압수의 문제점

1) 터파기의 용출현상
상부흙의 하중으로 피압수가 유지되다가 굴착 시 흙이 제거되면서 분출되는 현상

2) 제자리 Con'c 말뚝 및 slurry wall의 공벽붕괴
굴착 벽면에 피압수에 의한 부풀음으로 공벽붕괴현상 발생

3) 부력 발생
압력 수두차에 의해 건물의 기초 저면이 뜨는 현상 발생

4 대책

1) 배수공법
중력 배수, 강제 배수 등의 배수공법으로 피압수위 저하로 수압 저하

2) 차수성 흙막이
개수성인 H-pile 사용할 때 피압수가 토류벽에 침투하므로 차수성이 높은 sheet pile slurry wall 등의 차수성이 좋은 공법 선택

3) 지반조사
지반조사 시 피압수층을 파악하여 사전대책 수립

4) 흙막이 근입장
흙막이벽의 근입장을 불투수층까지 근입하여 피압수에 의한 흙막이벽 붕괴 방지

5) 약액주입공법
약액주입공법에 의해 지수벽 또는 지수층을 설치

문제 34) 피압수 (피압지하수 : Confined Ground Water)

I. 정의

지반중의 대수층에 존재하는 지하수가 상위 토층의 지하수보다 높은 두부를 가질때를 피압수라 한다.

II. 상세도

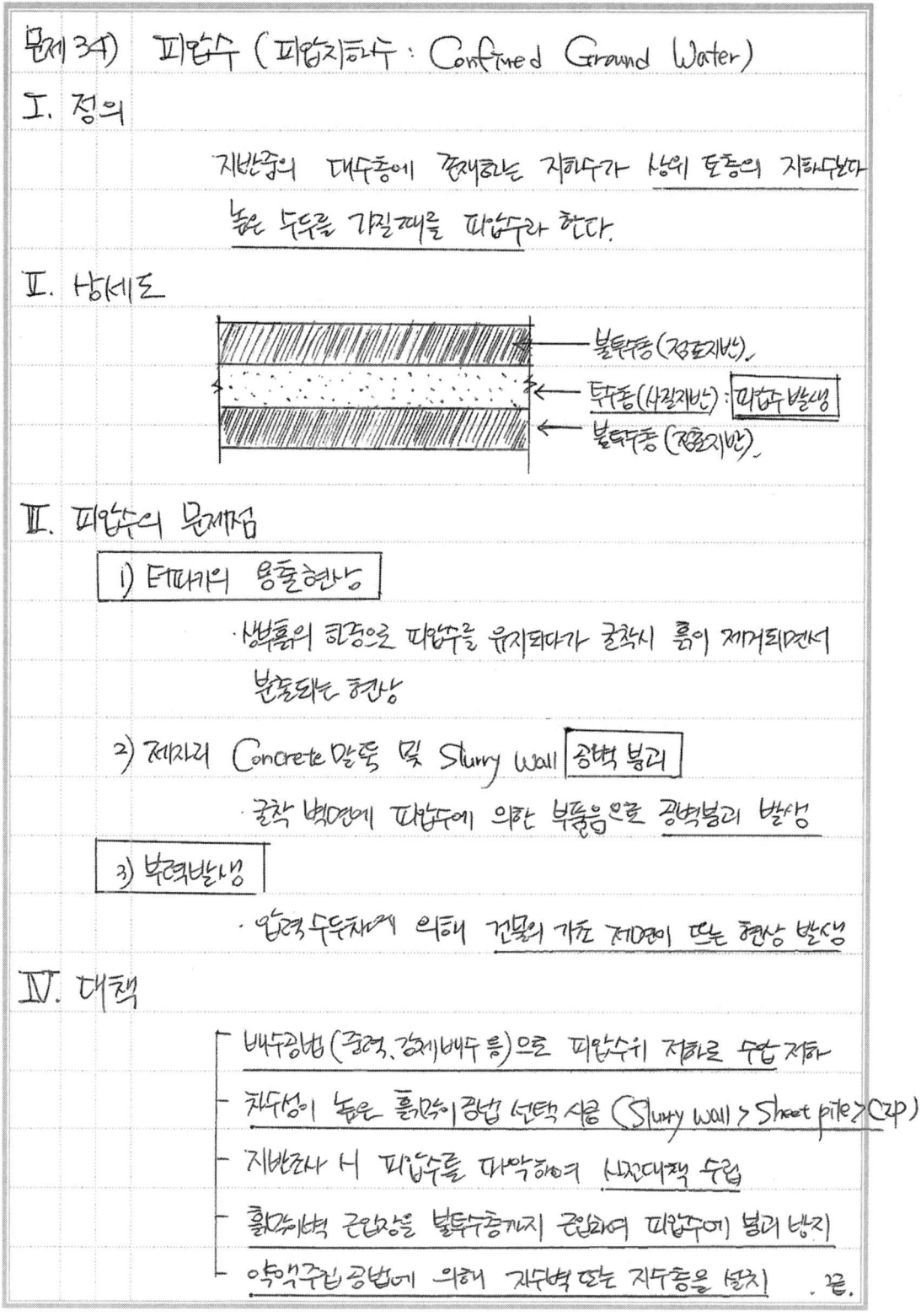

- 불투수층 (점토지반)
- 투수층 (사질지반) : 피압수 발생
- 불투수층 (점토지반)

III. 피압수의 문제점

1) Boiling 용출현상
   · 상부흙의 하중으로 피압수를 유지되다가 굴착시 흙이 제거되면서 분출되는 현상

2) 제자리 Concrete 말뚝 및 Slurry Wall 공벽 붕괴
   · 굴착 벽면에 피압수에 의한 부풀음으로 공벽붕괴 발생

3) 부력발생
   · 압력 두부차에 의해 건물의 기초 제어되 뜨는 현상 발생

IV. 대책

- 배수공법 (중력, 강제배수 등)으로 피압수위 저하로 수압 저하
- 차수성이 높은 흙막이 공법 선택 사용 (Slurry Wall > Sheet pile > CIP)
- 지반조사시 피압수를 파악하여 사전대책 수립
- 흙막이벽 근입깊이를 불투수층까지 근입하여 피압수의 붕괴 방지
- 약액주입공법에 의해 차수벽 또는 차수층을 설치 . 끝.

문제 053 소단(小段, Berm)

1 정의
① 절토·성토 및 지하 터파기 시 터파기 수직면을 한 법면으로 마감할 때 안전상 문제가 발생하므로, 구배를 수평으로 완화시켜 주는 평탄한 부분을 소단이라 한다.
② 흙파기 공사 시 안전성을 도모하기 위하여 소단의 설치를 정해두고 있다.

2 소단의 설치
보통 구배의 소단은 대략 높이 5~6m마다 1~1.5m 폭의 소단을 두는 것이 좋다.

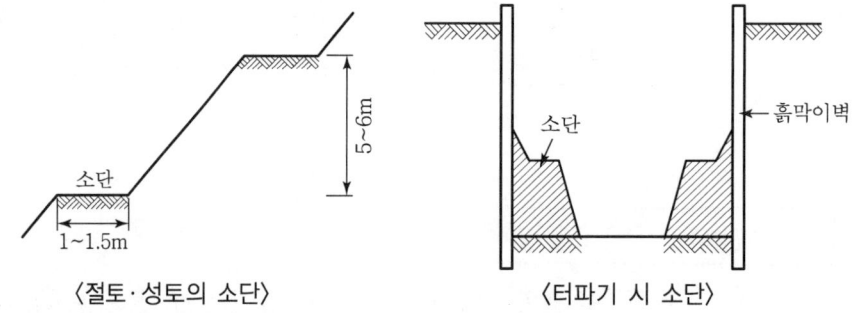

〈절토·성토의 소단〉　　〈터파기 시 소단〉

3 소단의 설치기준

기관명	소단설치기준	
	절토	성토
국토교통부	• 토사 : 5m마다 폭 1m 소단 4% 횡단구배 • 리핑암 : 7.5m마다 소단 • 발파암 : 20m마다 폭 3m 소단	6m마다 폭 1m 소단
한국도로공사	• 발파암 : 20m마다 폭 3m 소단 • 기타 : 5m마다 폭 1m 소단	6m마다 폭 1m 소단

4 유의사항
① 절토·성토 시 안전성 검토
② 터파기 시 버팀대(strut)와의 조화
③ 토사의 안식각 고려

2. 소단

I. 정의

| 터파기 폭 사면따라 수평한 공간. | 토공사 흙의 붕괴를 막기 위한 평평한 단 만들기 5M 당 2~3m 너비의 평평한 단으로 흙이 무너지지 않게 형성한다. | 높이 6m 1.2~1.5m |

II. 소단의 사용도

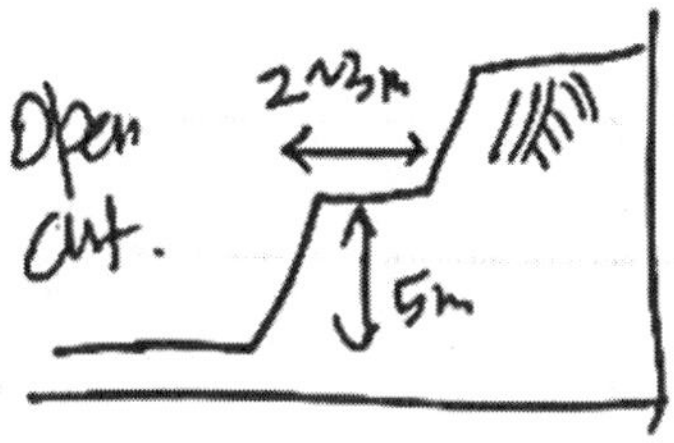

Open cut. ← 2~3m → ↕5m

1차 터파기 → 6m 벽체타설 → 2차 터파기 → 3차 터파기

토사 안식각
터파기 높이

III. 소단의 장단점

장 점	단 점
· 흙막이 필요 X	· 많은 공간이 필요
· 간단한 시공	

IV. 소단 시공시 주의사항 검토사항

① 흙의 휴식각 계산
② 부지 넓은지 확인
③ 흙 굴삭기 성능과 대수 배치 고려
④ 터파기 계획 수립

V. 소단. 흙막이벽 비교

구분	소단	흙막이벽
비용	쌈 (임시 설치)	고가

문제 054 계측관리(정보화시공)

〔95중(10)〕

1 정의
① 계측관리란 strut·토압·인근건물 및 지반의 변형·균열 등에 대비하고, 흙막이벽체의 변형 등을 미리 발견·조치하기 위하여 계측기기를 설치·관리하는 것을 말한다.
② 계측관리는 안전하고 경제적이며 실정에 맞는 항목을 선정하여 합리적인 방법으로 시행해야 한다.

2 계측기 배치

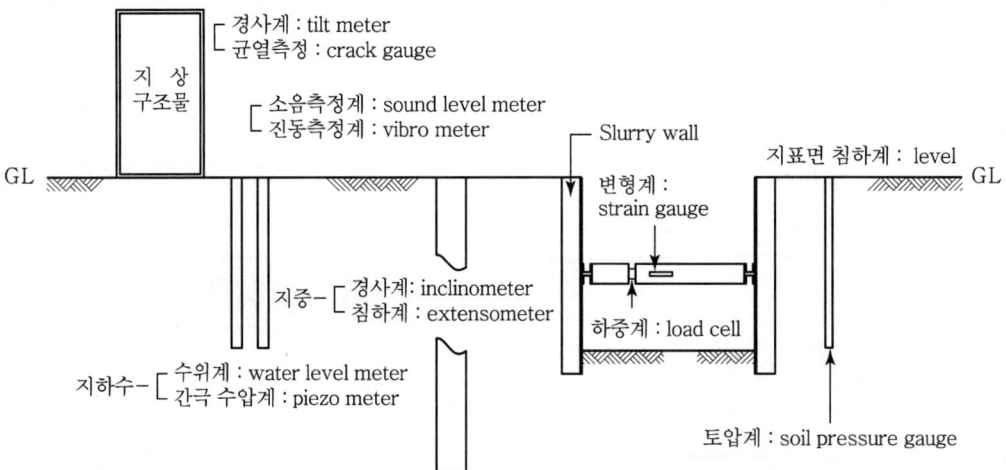

3 계측관리 항목
① 인접구조물 기울기 측정 : tilt meter
② 인접구조물 균열측정 : crack gauge
③ 지중 수평변위 계측 : inclino meter
④ 지중 수직변위 계측 : extensometer
⑤ 지하수위 계측 : water level meter
⑥ 간극수압 계측 : piezo meter
⑦ 흙막이부재 응력측정 : load cell
⑧ strut 변형 계측 : strain gauge
⑨ 토압측정 : soil pressure gauge
⑩ 지표면 침하측정 : level, staff
⑪ 소음측정 : sound level meter
⑫ 진동측정 : vibro meter

4 목적
① 계측통한 정보입수
② 계측분석으로 현재상태 파악
③ 계측 후 거동을 사전파악하여 대책수립

문제 35) 계측관리 (정보화시공)

I. 정의

Strut·토압·인접건물 및 지반의 변형·균열 등에 대비하고, 흙막이 벽체의 변형을 미리 발견·조치하기 위하여 계측기기를 설치하고 관리하는 것을 말한다.

II. 계측기 배치

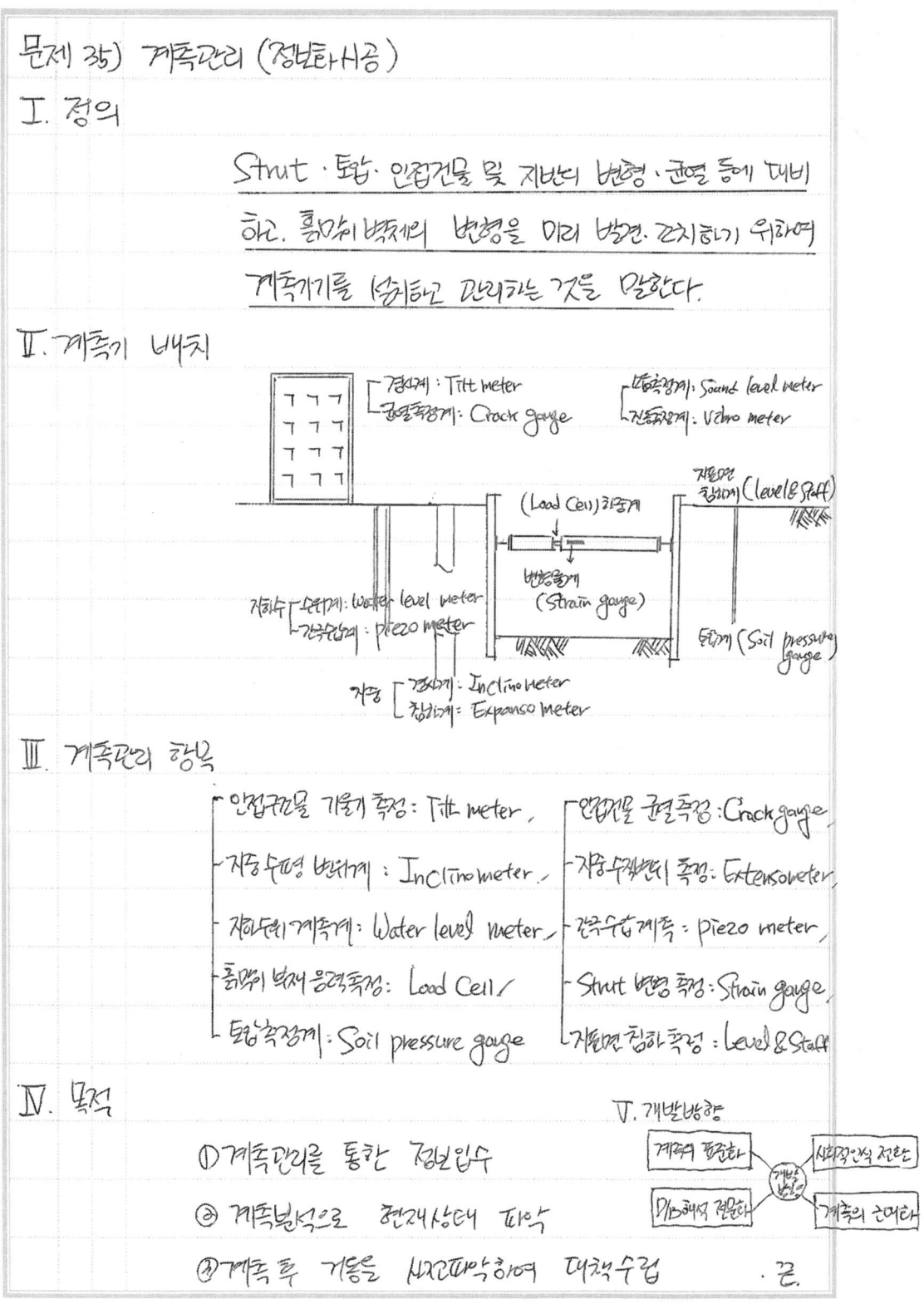

III. 계측관리 항목

- 인접건물 기울기 측정 : Tilt meter
- 지중 수평 변위계 : Inclino meter
- 지하수위 계측계 : Water level meter
- 흙막이 부재 응력측정 : Load Cell
- 토압측정계 : Soil pressure gauge
- 인접건물 균열측정 : Crack gauge
- 지중수직변위 측정 : Extenso meter
- 간극수압 계측 : Piezo meter
- Strut 변형 측정 : Strain gauge
- 지표면 침하 측정 : Level & Staff

IV. 목적

① 계측관리를 통한 정보입수
② 계측분석으로 현재상태 파악
③ 계측 후 거동을 사전파악하여 대책수립

V. 개발방향

- 계측 표준화
- 사이버건설 전환
- DB해석 전문화
- 계측의 근거리

끝.

문제 055 GPS 공법

〔02중(10), 12전(10), 17중(10), 20중(10)〕

1 정의

① GPS(Global Position System)는 인공위성을 이용하여 세계 어느 곳이나 위치를 측량할 수 있는 system이다.
② 정확한 위치를 알고 있는 위성에서 발사한 전파를 수신하여 관측점까지 소요시간을 측정함으로써 관측점의 위치를 구한다.
③ GPS 측량기법은 필요한 임의점의 위치를 1cm 단위까지 정확하게 측량할 수 있으며, 원점은 지구 구체의 중심점을 이용한다.

2 GPS의 구성

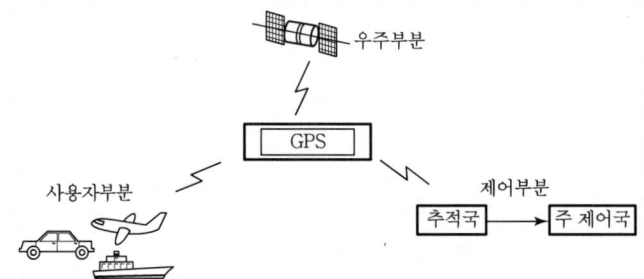

1) **우주부분**
   위성궤도, 측량계산에 필요한 정보 등을 발송

2) **사용자부분**
   위성에서 전파를 수신하여 수신점의 좌표나 수신점 간의 위치관계를 파악

3) **제어부분**
   ① 추적국 : GPS 신호를 수신하여 위성의 추적 및 작동상태 감독, 위성에 대한 정보를 주 제어국으로 전송
   ② 주 제어국 : 추적국에서 전송된 정보로 시계 보정, 항법 메시지 정보 등을 위성 전송

3 특징

① 정확한 3차원 위치, 고도, 시간정보 제공   ② 전 세계적으로 하루 24시간 서비스 제공
③ 간섭과 방해에 강함   ④ 수동적이며 무제한의 사용자에게 정보 제공
⑤ 어떤 기상조건에서도 사용 가능함

4 응용분야

① 군사분야 : 군용 이동체 항법 및 유도
② 민간분야 : 우주항법, 항공기 항법, 수색 및 구조, 정밀측정 등

문제 1-1 GPS공법 (Global position System)

I. 정의

① GPS공법은 인공위성을 이용하여 위치를 측량할 수 있는 System으로 대상물 위치를 측량.

② 3개 이상의 위성으로부터 수신기와의 거리를 계산하는 방식 (삼각측량의 원리)

II. GPS의 개념도

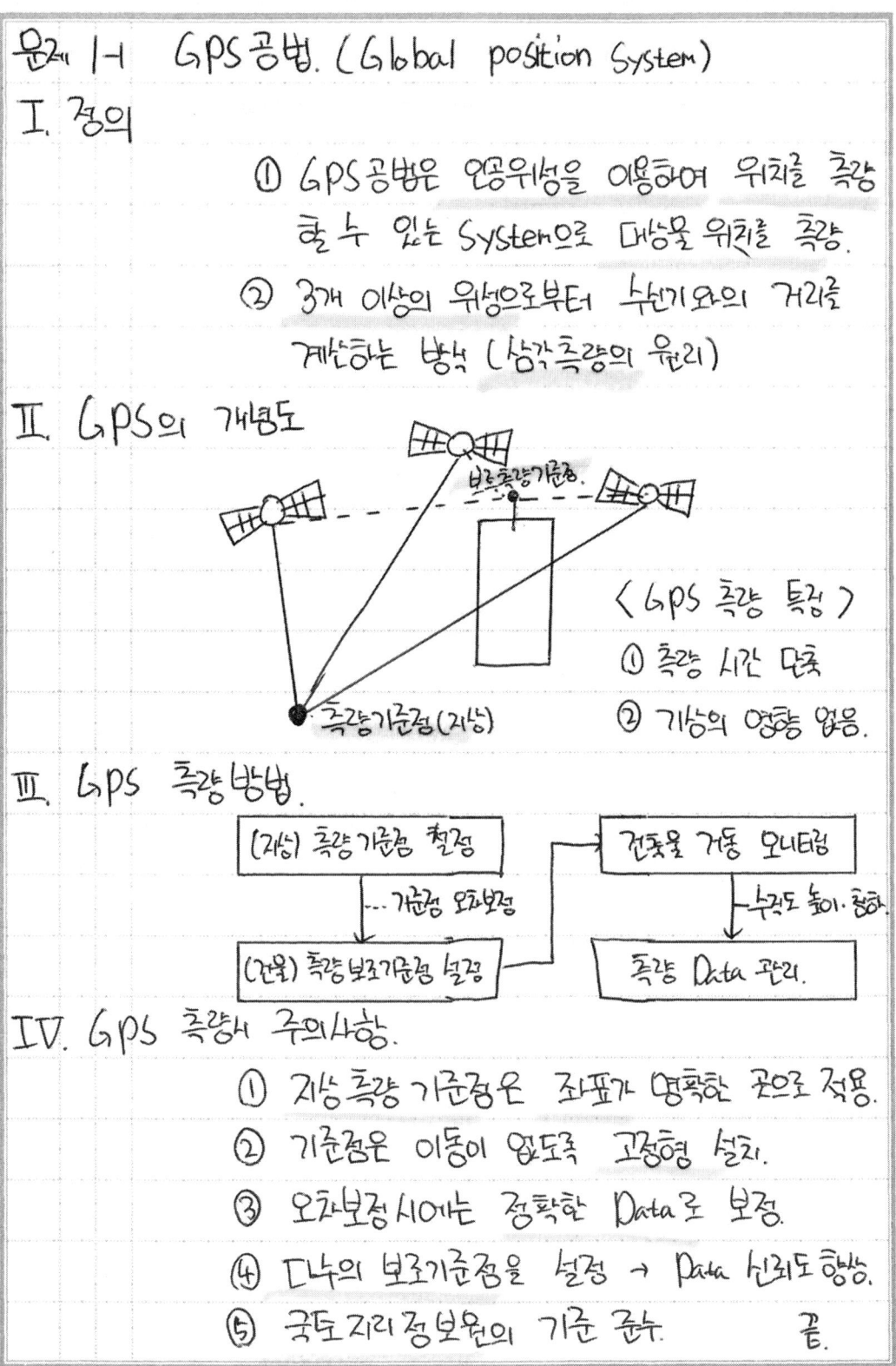

〈GPS 측량 특징〉
① 측량 시간 단축
② 기상의 영향 없음.

III. GPS 측량방법.

```
[(지상) 측량 기준점 철정] ──────────→ [건축물 거동 모니터링]
        │                                    │
        │ ···기준점 오차보정                  │ 수직도, 높이, 침하
        ↓                                    ↓
[(건물) 측량 보조기준점 설정]         [측량 Data 관리]
```

IV. GPS 측량시 주의사항.

① 지상 측량 기준점은 좌표가 명확한 곳으로 적용.
② 기준점은 이동이 없도록 고정형 설치.
③ 오차보정 시에는 정확한 Data로 보정.
④ 다수의 보조기준점을 설정 → Data 신뢰도 향상.
⑤ 국토지리 정보원의 기준 준수.   끝.

문제 056 지하안전평가

[18전(10), 24전(10)]

1 정의
① 지하안전평가란 사업계획 전 지반침하를 예방하기 위하여 지하안정에 미치는 영향을 조사·예측·평가하는 제도이다.
② 2018.1.1 이후의 지하개발사업자는 지하안전평가의 의무가 있다.
③ 지반의 굴착 깊이별로 소규모 및 대규모로 분류되며, 굴착공사 완료 후 사후 지하안전평가를 실시한다.

2 지하안전평가 분류

종류	적용 대상 사업	평가 시기
소규모 지하안전평가	지하 10m 이상~20m 미만 굴착공사	사업계획인가 및 승인 전
대규모 지하안전평가	• 굴착깊이 20m 이상 굴착공사 • 터널공사 포함 사업	
착공 후 지하안전조사	지하안전평가 대상사업	굴착공사 완료 후

3 Flow Chart

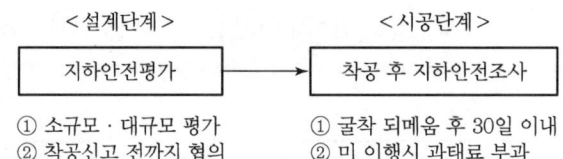

<설계단계> → <시공단계>
지하안전평가 → 착공 후 지하안전조사
① 소규모·대규모 평가   ① 굴착 되메움 후 30일 이내
② 착공신고 전까지 협의   ② 미 이행시 과태료 부과

4 지하안전평가 항목

평가항목	평가방법
지반 및 지질 현황	• 지하정보통합체계를 통한 정보분석 • 시추조사(지반 시추 후 시료조사) • 투수시험(일정시간 내 침투수의 양 측정) • 지하 물리탐사(지하상태, 변화의 물리적 특성 조사)
지하수 변화에 의한 영향	• 관측망을 통한 지하수 조사 • 지하수 조사시험 • 광역 지하수 흐름 분석
지반안전성	• 굴착공사에 따른 지반안전성 분석 • 주변시설물의 안전성 분석

※ 착공 후 지하안전조사 : 지하안전평가 항목 + 지하안전확보방안의 이행여부 추가

문제 44) 지하안전 : 평가

I. 정의
지하의 안전에 영향을 미치는 요인에 대하여 해당사업의 승인 전에 지하 안정성 확보를 위해 평가하는 제도.

II. 지하안전평가 종류

① 지하 10~20m — [소규모 지하안정평가 / 착공후 지하안전조사]

② 지하 20m 이상 — [지하안전영향평가 / 착공후 지하안전조사]

III. 지하 안전 평가 필요성
① 지반침하 방지
② 중대재해 예방
③ 기초·흙막이 설계
④ 구조물 내구성 유지

IV. 지하안전평가 항목

평가항목	평가 방법
지반/지질현상	시추조사·투수시험
지하수 변화에 의한 영향	기관 관측망, 지하수 조사
지반 안정성	주변시설 안정성 분석

V. 지하안전평가 재협의 대상
① 굴착 깊이가 계측보다 3m 이상 깊어질 경우
② 흙막이·차수공법 변경된 경우
③ 굴착면적이 당초 계획보다 30% 이상 증가. 끝.

문제 057 선단확대말뚝(Base Enlarged Pile)

1 정의
① 선단확대말뚝이란 말뚝 선단부의 단면을 확대시켜 지반과의 접하는 면적을 넓게 하여, 선단확대부를 footing으로 이용하는 말뚝이다.
② 선단확대말뚝은 현장타설 콘크리트말뚝과 기성 콘크리트말뚝 방식이 있다.

2 현장타설 콘크리트말뚝방식

1) 상부힌지버킷방식
   ① 버킷의 상단에 힌지 설치
   ② 드릴로드에 의해 구동
   ③ 회전팔에 cutting teeth 부착
   ④ 굴착된 흙은 버킷으로 제거
   ⑤ 굴착단면이 원뿔형태 유지

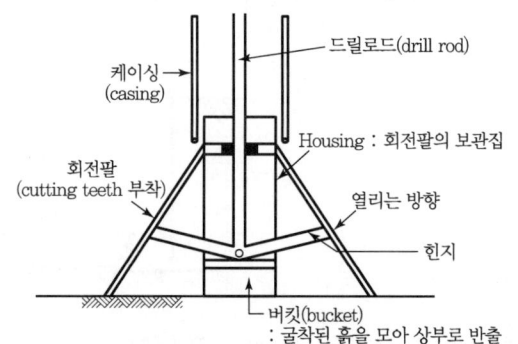

2) 하부힌지버킷방식
   ① 버킷의 바닥에 힌지로 된 팔 설치
   ② 굴착동작이 항상 구멍 저부에서 작동
   ③ 굴착단면 형상이 종모양형태 유지
   ④ 안정 측면에서는 원뿔형보다 불리
   ⑤ 바닥 힌지 팔이 버킷을 들 때 구멍에 끼는 경향이 있음

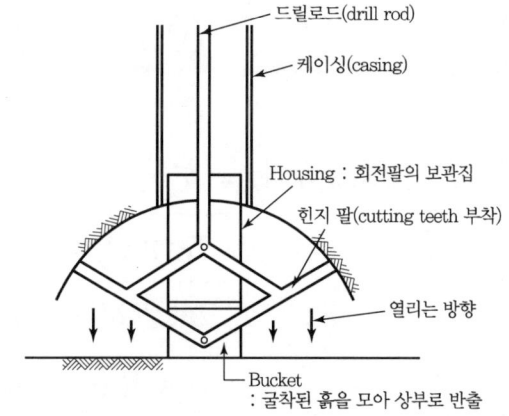

3) 인력굴착방식
   ① 안정되고 건조한 흙 또는 암반지역 적용
   ② 작업자의 안전작업 목적으로 강재 리브(rib) 사용
   ③ 굴착공으로 내려서 확대 굴착면에 단단히 접하도록 조립
   ④ 인력에 의한 확대굴착작업

문제 2) 선단확대말뚝 (Base Enlarged pile)

I. 정의
① 말뚝 선단부 단면을 확대하여 지반과 접하는 면적을 넓게 하여 footing으로 이용.
② 기성 콘크리트 말뚝, 현장 타설 콘크리트 말뚝이 있다.

II. 기성 콘크리트 말뚝의 선단 확대 말뚝 개념도

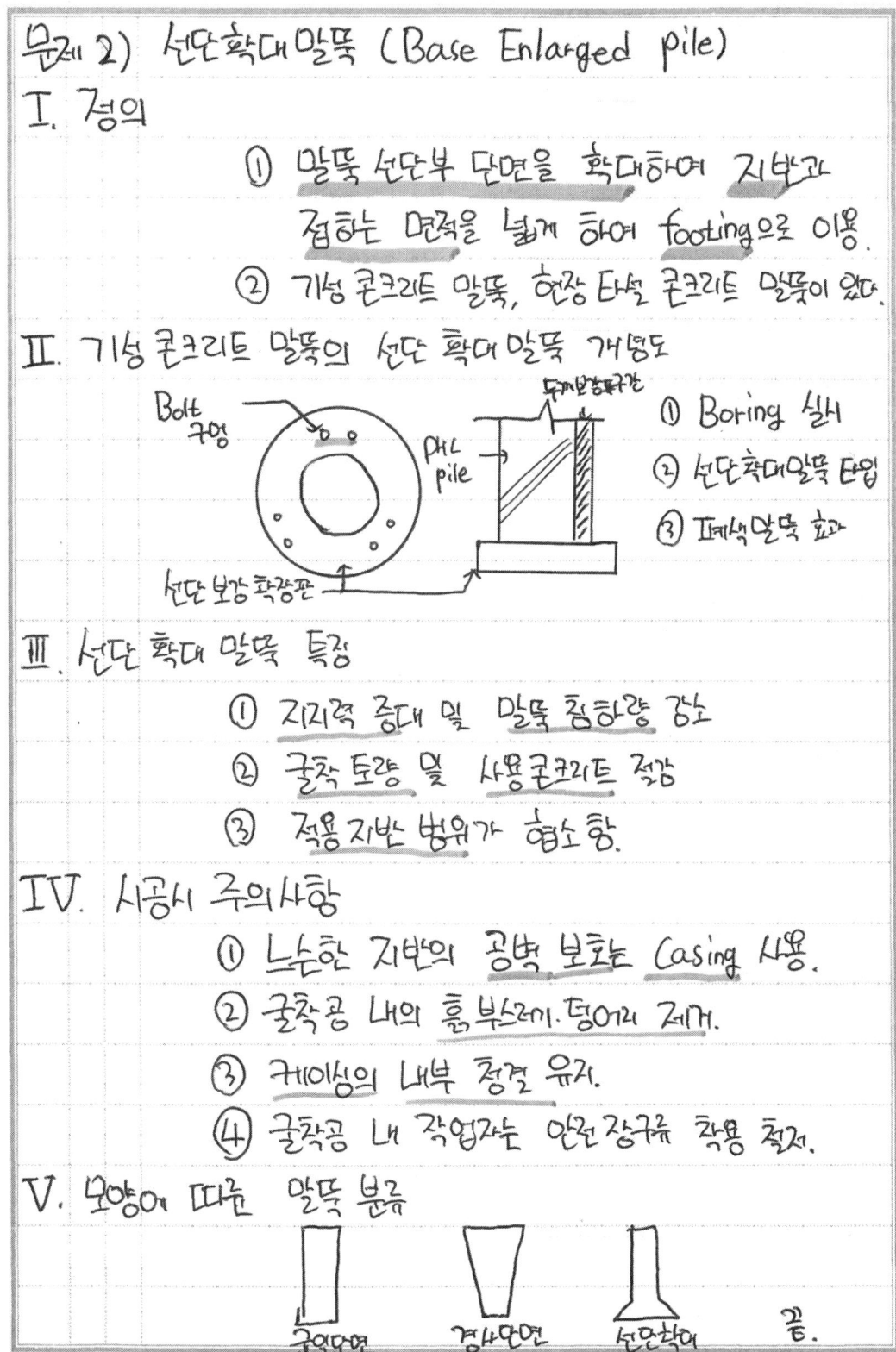

III. 선단 확대 말뚝 특징
① 지지력 증대 및 말뚝 침하량 감소
② 굴착 토량 및 사용 콘크리트 절감
③ 적용 지반 범위가 협소 함.

IV. 시공시 주의사항
① 느슨한 지반의 공벽 보호는 Casing 사용.
② 굴착공 내의 흙부스러기. 덩어리 제거.
③ 케이싱의 내부 청결 유지.
④ 굴착공 내 작업자는 안전장구류 착용 철저.

V. 모양에 따른 말뚝 분류

균일단면   경사단면   선단확대

끝.

문제 058 Pile의 부마찰력(Negative Friction)

〔01후(10), 03후(10), 05후(10), 08중(10), 10중(10), 15중(10), 23중(10)〕

1 정의
① 지지말뚝은 일반적으로 선단지지력과 주면마찰력에 의해 상부하중을 지지시키는 데 반해, 지반이 연약지반일 때는 주면마찰력이 하향으로 작용하는데, 이때의 마찰력을 부마찰력 또는 부주면마찰력(負周面摩擦力)이라 한다.
② 부마찰력은 마찰말뚝에서는 발생하지 않고 지지말뚝에서만 발생하며, 부마찰력을 최소화하기 위해서는 토질의 성질분석과 지하 수위를 저하시켜 흙의 전단력을 증대시켜야 한다.

2 부마찰력의 영향
① 지반침하
② 구조물 균열
③ Pile 지지력 감소
④ 건축물 누수 등 피해

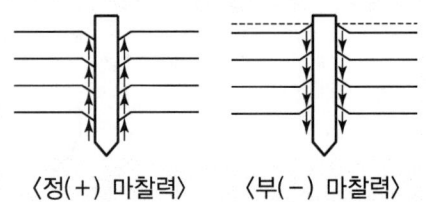

〈정(+) 마찰력〉   〈부(-) 마찰력〉

3 부마찰력 발생원인
① 지반 중에 연약지반이 있을 때
② 되메우기를 했거나 치환상태 불량지역에 항타 시
③ Pile 간격을 조밀하게 항타했을 때
④ 진동으로 인한 압밀침하
⑤ 함수율이 큰 지반일수록 부마찰력 발생 증대
⑥ 피압수의 영향이 큰 지반일수록 부마찰력 발생 증대
⑦ 지표면에 과적재물 장기적재 시
⑧ 말뚝이음부의 단면적이 기존 말뚝의 단면적보다 클 때

4 부마찰력 방지대책
① 항타 이전에 연약지반을 개량하여 지지력 확보
② 치환공법, 재하공법, 혼합공법 등 사용
③ Pile 표면적을 적게 하여 마찰력을 감소시킴
④ 말뚝에 진동을 주지 말 것
⑤ 지하수위를 저하시켜 수압변화 방지
⑥ 중력배수공법, 강제배수공법, 전기침투공법 등 사용
⑦ 내외관을 분리한 sliding 방식의 이중관말뚝 시공
⑧ 지표면에 하중금지로 압밀침하 억제
⑨ 말뚝이음부의 단면적을 기존 말뚝의 단면적과 동일하게 시공하여 마찰력 감소
⑩ 긴 말뚝을 피할 것

문제 3) 말뚝공사의 부마찰력.

1. 정의
연약지반에서 말뚝시공시 지반이 침하하면서 pile의 주면마찰력이 하향으로 작동하는 것으로 말뚝의 지지력 감소를 일으키는 현상이다.

2. Mechanism

```
         ↓P                    연약지반↘  ↓P
   ┌──────────┐            ┌──────────┐
   │정마찰력│ ↑  ↑          │부마찰력│ ↓ ↓
   └──────────┘  = 주면마찰력└──────────┘ ●   =주면마찰력
         │  │                     │  │
         ↑                        ↑
       = 선단지지력             = 선단지지력
```

3. 부마찰력의 발생원인
- 연약지반의 침하
- 진동에 의한 압밀침하
- 지표면 과재하 지속
- 피말간격 좁은 경우
- 지하수 영향 큰 경우
- 함수율 큰 지반

4. 부마찰력 방지대책
- 연약지반 개량
- 피말간격 준수
- SLP 사용
- 특수메탈시 코팅
- 배수 → 지하수위저하
- 세장된 말뚝 타설것

5. 말뚝의 지지력 산성

구분	선단지지말뚝	마찰 말뚝
지지력	선단지지력 + 주면마찰력	주면마찰력

⟨끝⟩

문제 059 DRA(Double Rod Auger) 공법

〔09중(10), 20중(10)〕

1 정의

① DRA(Double Rod Auger) 공법이란 외측 auger와 내측 auger를 상호 역회전하여 지반을 천공하는 공법으로 SDA(Seperated Doughnut Auger) 공법이라고도 한다.
② 외측 auger에는 casing을 내측 auger에는 screw를 장착하여 2중 굴진함으로써 screw선단에 토사가 압입되지 않아 굴착효과가 높은 공법이다.

2 시공순서

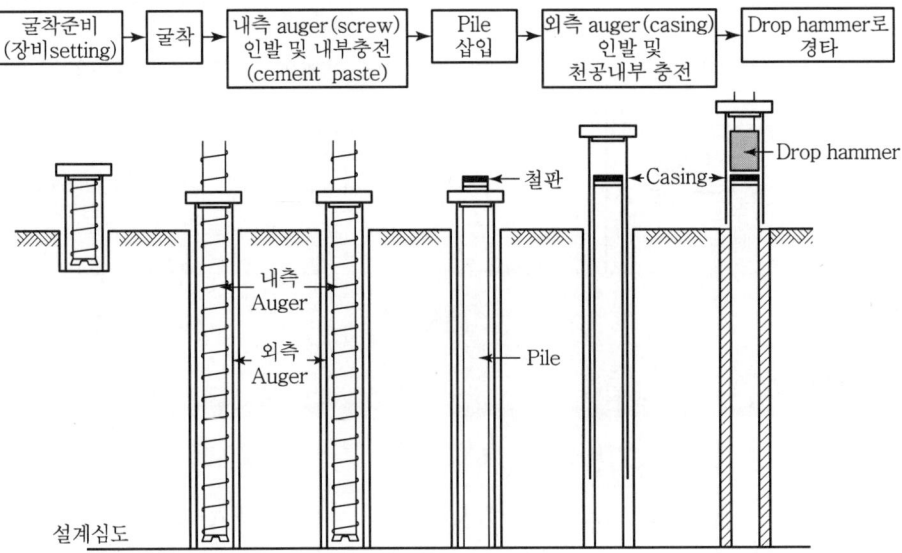

3 특장점

① 저소음, 저진동 공법
② Casing을 사용하므로 공벽 붕괴 방지
③ 지하수의 영향을 받지 않음
④ Cement paste 주입으로 설계지지력 이상의 지지력 확보 가능
⑤ 배토된 파편을 볼 수 있어 지지층 확인 가능

4 시공 시 주의사항

① Casing 인발 시 pile이 상부로 이동할 가능성이 있으므로 casing 인발 후 경타 실시
② Casing 인발 시 내부의 pile과 충돌이 발생하지 않도록 유의
③ Pile의 수직도 유지(기울기 L/50 이상 시 보강 pile 시공)
④ 호박층 및 지층의 불안정 시 천공 곤란

문제 4) DRA (Double Rod Auger) 공법

I. 정의

① 외측 auger (casing)와 내측 auger (screw)를 상호 역회전 하여 지반 천공.

② SIP 공법의 단점 (공벽 붕괴, 지지력 확인 어려움)을 보완한 공법.

II. DRA 공법의 시공순서

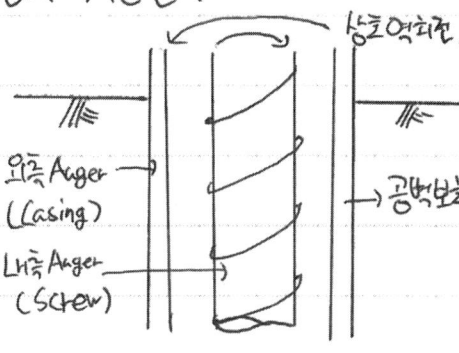

III. 시공시 유의사항

① Casing 인발 후 pile 경타 실시. 최종.
② Casing 인발시 pile과 충돌발생 유의
③ pile 수직도 유지 ($\frac{1}{50}$ 이상시 보강)

IV. DRA 공법 장단점 (특징)

장점	단점
저소음, 저진동	지층 불안정시 천공곤란
공벽붕괴 방지 우수	경타시 소음발생
지지층 확인 가능	상대적으로 고가

끝.

문제 060 기성 Con'c Pile의 이음공법

〔19중(10)〕

1 정의
① 기성 Con'c pile은 일반적으로 15m 이하의 말뚝을 많이 사용하기 때문에 15m 이상의 말뚝을 필요로 할 때에는 말뚝을 이음해서 사용한다.
② 기성 Con'c pile의 이음공법 종류에는 장부식·충전식·bolt식·용접식이 있다.

2 이음공법

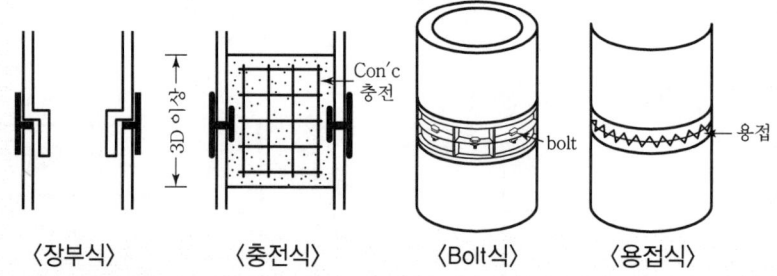

〈장부식〉　　〈충전식〉　　〈Bolt식〉　　〈용접식〉

1) 장부식 이음(band식 이음)
① 이음부에 band를 채워서 이음하는 공법
② 구조가 간단하여 단시간 내 시공 가능
③ 타격 시 <형으로 구부러지기 쉬우며, 강성이 약해 연결부위 파손율이 높음

2) 충전(充塡)식 이음
① 말뚝 이음부의 철근을 따내어 용접한 후 상하부 말뚝을 연결하는 steel sleeve를 설치하여 Con'c로 충전하는 방법으로 일반적으로 많이 쓰이는 공법
② 압축 및 인장에 저항할 수 있으며, 내식성이 우수함
③ 이음부 길이는 말뚝직경의 3배(3D) 이상

3) Bolt식 이음
① 말뚝 이음부분을 bolt로 조여 시공하는 방법으로 시공이 간단
② 이음내력이 우수하나 가격이 비교적 고가
③ Bolt의 내식성과 타격 시 변형 우려

4) 용접식 이음
① 상하부 말뚝의 철근을 용접한 후 외부에 보강철판을 용접하여 이음하는 방법
② 설계와 시공이 우수한 가장 좋은 방법으로 강성이 우수
③ 용접부분의 부식성이 문제

3 이음 시 구비조건
① 이음 시 강도 확보　② 내구성 및 내식성　③ 수직성 유지　④ 시공이 신속하고 간단

번호	

3. 기성 콘크리트 말뚝의 이음 종류

I. 정의

- 기성 Conc pile은 공장에서 15m 이하로 제작하므로 현장에서 이음하여 많이 사용되며, 이음공법 종류는 장부식, 충전식, 볼트식, 용접식이 있다.

II. 이음공법의 종류

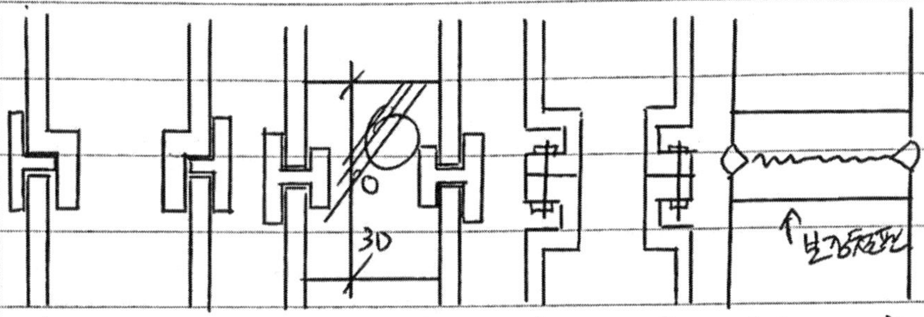

〈장부식〉 〈충전식〉 〈Bolt식〉 〈용접식〉

III. 이음공법별 특징

구 분	방 식	특 징
장부식	이음부에 Band 채움	강성 약함
충전식	말뚝간 철근용접, Sleeve 설치 타설	이음내력 우수
Bolt식	이음부 Bolt 조여 시공	이음내력우수, 고가임
용접식	말뚝간 철근용접, 외부 보강철판용접	강성가장우수, 부식우려

IV. 이음시 유의사항

+ 아크용접식이 원칙임

① 이음개소 최소화 할 것

② 이음부 강도는 설계응력 이상

③ 타격시 이음부위 변형 없을 것 (편타금지)

④ 구조적 안전도 여유두고, 축과 일치(수직도) 〈끝〉

문제 061 파일 동재하시험(Pile Dynamic Analysis Test)

〔98후(20), 03전(10)〕

1 정의

① 파일 동재하시험은 국내에 최근 도입된 시험방법으로, 항타 시 말뚝 몸체에 발생하는 응력과 속도를 분석·측정하여 말뚝의 지지력을 결정하는 방법이다.
② 파일동재하 시험의 종류
- 초기항타(EOID ; End Of Initial Driving)
- 재항타(Restrike)

2 시험방법 및 설치도

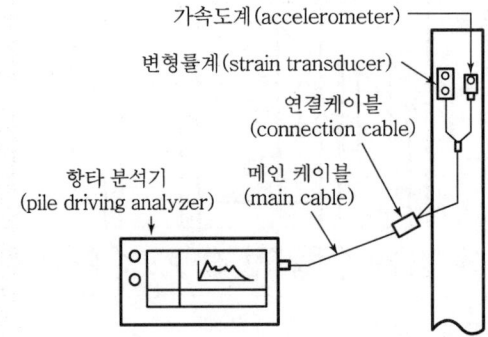

3 특징

① 시험방법 간단
② 소요 내력의 파악 용이
③ 비용이 저렴
④ 신속한 판정 가능
⑤ 현장의 활용도 우수
⑥ 판정기준 모호

4 시험 시 주의사항

① 변형률계와 가속도계를 정확히 부착
② 말뚝 지지력 판단 시 감독관을 입회
③ 자료의 data base 실시
④ 정도 확인 철저

5 Pile 재하시험 특성 비교표

분류	동재하시험	정재하시험
시공성	간단	복잡
공기	짧다	길다
소요예산	적게 소요	많이 소요
추정치	보통	확실
안전	안전	불안전

5. 시험.
- I. 정의
- II. 시험도/시방법
- III. 시험시 유의사항
- IV. 비교

문제 8. 동재하 시험 (PDA)

답

I. 정 의

① 동재하 시험이란 항타시 말뚝의 응력과 속도를 분석 측정하여 말뚝의 지지력을 결정하는 시험이다.

② 종류로는 초기항타 (EOID)와 재항타 (Restrike)가 있으며 재항타는 시간경과효과가 지난후 실시한다.

II. 동재하 시험 방법

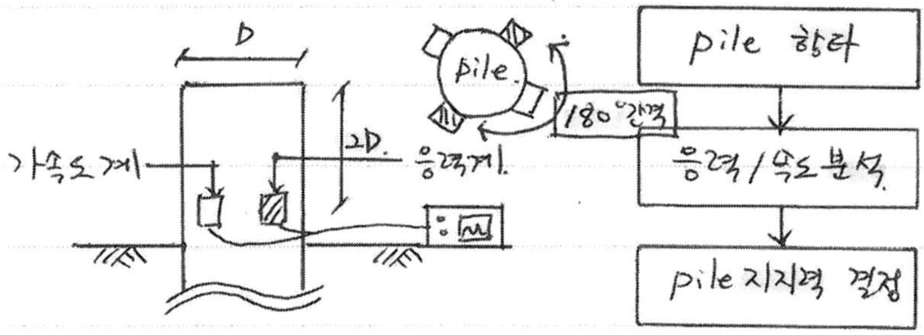

(가속도계, 응력계 설치 다이어그램: D, 2D, pile, 180°간격 / pile 항타 → 응력/속도 분석 → pile 지지력 결정)

III. 시험시 유의사항

- 항타시 Rebound Check와 병행
- 가속도계와 응력계는 180° 간격으로 설치
- 말뚝 상단에서 2D 위치에 설치할 것
- PDA 결과 및 최종관입량 확인후 타격종료

IV. 동재하 시험과 정재하 시험의 비교.

구 분	동재하 시험	정재하 시험
시공성	간 단	복 잡
공기/비용	짧음 / 적게소요	길다 / 많이 소요
측정치	확 실	보 통

〈끝〉

문제 062 말뚝박기시험[시험말뚝박기, 시항타(試抗打)]

〔82전(10), 97중전(20), 13중(10)〕

❶ 정의
① 지질조사를 분석하고 시공될 건물의 규모·구조·용도 등을 종합 검토하여, 말뚝 시공을 실시할 경우에 말뚝박기시험을 한다.
② 시험말뚝은 말뚝박기에 앞서 말뚝길이·지지력 추정·항타장비 선정·hammer의 용량, 작업방법 등을 조사하는 시험으로, 실제 말뚝과 동일한 조건으로 시행한다.

❷ 목적

❸ 시험공법
① **타격법** : 디젤 해머나 단동 공기추를 이용하여 말뚝을 직접 타격
② **낙하법** : 적정 용량의 떨공이에 의한 자유낙하

❹ 시험방법
① 기초면적 $1,500m^2$까지는 2개, $3,000m^2$까지는 3개의 단일 시험말뚝을 설치
② 시험말뚝은 실제말뚝과 똑같은 조건으로 하고 실제 말뚝박기에 적용될 타격에너지와 가동률로 말뚝 설치
③ 말뚝의 최종관입량은 5~10회 타격한 평균침하량으로 산정
④ 말뚝의 최종관입량과 rebound 측정량으로 지지력 추정
⑤ Rebound check
  • 말뚝이 50cm 관입할 때마다 측정
  • 말뚝이 약 3m 이내 남았을 때는 말뚝관입량 10cm마다 측정
  • Hammer의 낙하고는 말뚝관입량 범위에서 평균낙하고 측정
⑦ 말뚝의 장기 허용지지력 산정

문제 8) 말뚝 박기 시험, (시항타)

I. 정의
① 본 항타 이전에 말뚝 길이, 지반 지지력, 항타장비 선정, 해머용량 등을 좌우하는 시험.
② 실제 말뚝과 동일한 조건으로 시험을 실시.

II. 말뚝 박기 시험 Mechanism

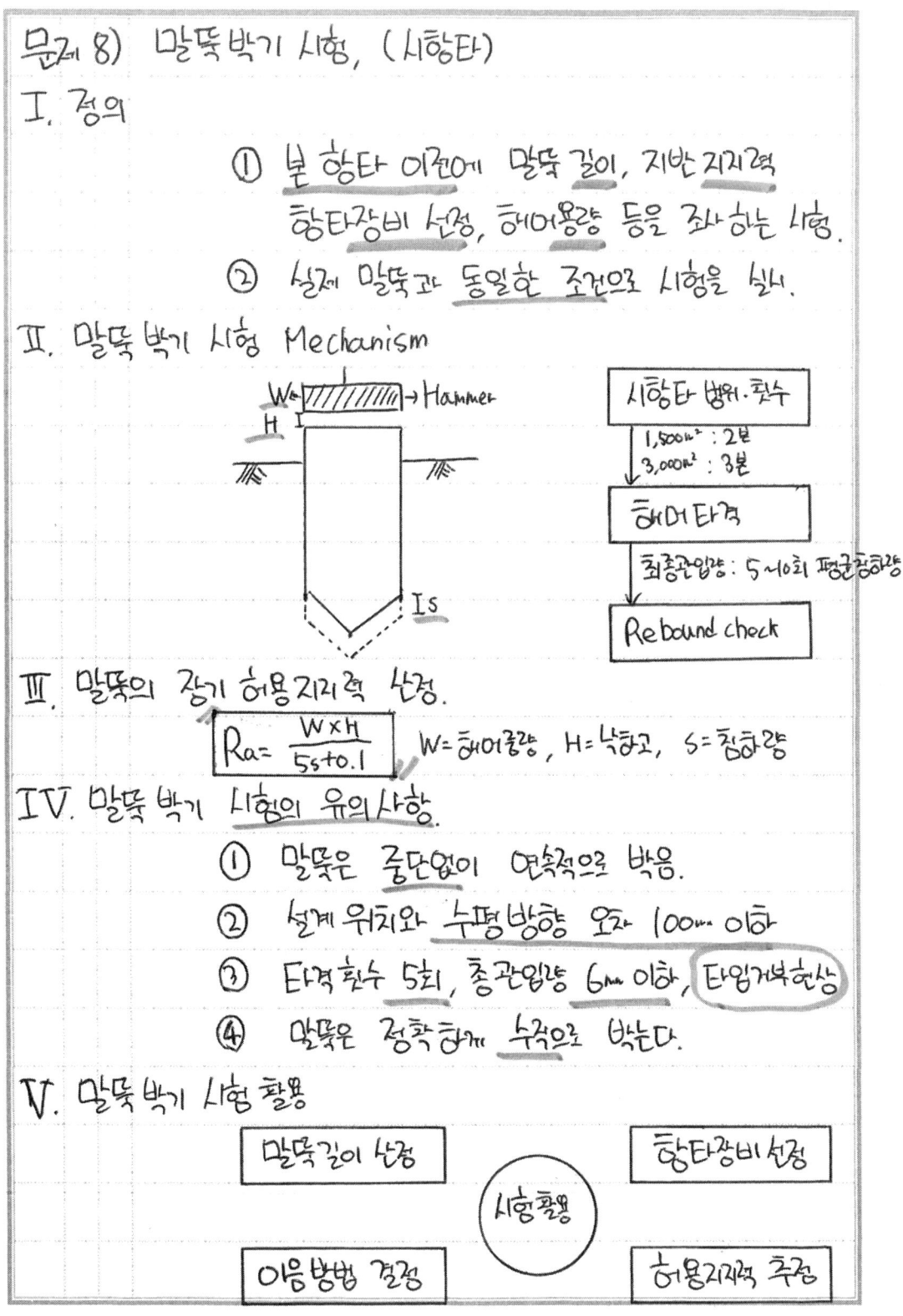

시항타 범위·횟수
1,500㎡ : 2본
3,000㎡ : 3본
↓
해머타격
최종관입량 : 5~10회 평균관입량
↓
Rebound check

III. 말뚝의 장기 허용지지력 산정.

$$R_a = \frac{W \times H}{5s + 0.1}$$ W = 해머중량, H = 낙하고, S = 침하량

IV. 말뚝 박기 시험의 유의사항.
① 말뚝은 중단없이 연속적으로 박음.
② 설계 위치와 수평방향 오차 100㎜ 이하
③ 타격 횟수 5회, 총관입량 6㎜ 이하, 타입거부현상
④ 말뚝은 정확하게 수직으로 박는다.

V. 말뚝 박기 시험 활용

말뚝길이 산정		항타장비 선정
	시험활용	
이음방법 결정		허용지지력 측정

문제 063 Rebound Check

〔91후(8), 03중(10), 07후(10)〕

1 정의
① Rebound check란 말뚝타입 시 반동에 의해 튀어 오르는 값을 체크하는 것이다.
② Rebound check를 통하여 항타장비·hammer의 중량·말뚝길이·말뚝치수·이음방법 및 1회 타격 시 평균관입량 등을 결정한다.

2 현장 실례

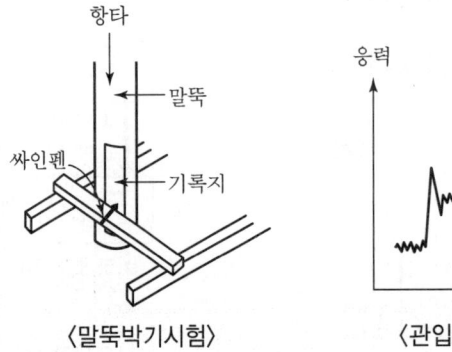

〈말뚝박기시험〉　　〈관입량 및 rebound양〉

3 목적
① 항타장비 및 hammer 중량 결정　　② 작업방법 및 공기 예측
③ 말뚝길이 및 이음여부 확인　　④ 말뚝의 정착 시 1회 타격의 평균관입량 결정

4 말뚝의 허용지지력

$$R_a = \frac{R_u}{F_s}$$

여기서, R_a : 허용지지력, R_u : 극한지지력, F_s : 안전율

5 Check 방법
① 말뚝의 일정 부위에 graph지 부착
② 말뚝에 인접하여 싸인펜을 꽂는 장치 부착
③ 항타에 따른 침하 및 반발력을 graph지에 도식

6 측정사항
① 말뚝관입량　　② Rebound양 측정
③ Hammer의 낙하고　　④ 평균침하량

문제 9) Rebound Check

I. 정의
① 말뚝 타입시 반동에 의해 튀어오르는 값을 체크하는 것.
② 관입량, 리바운드량, 해머낙하고, 침하량(평균) 측정.

II. Rebound Check 개념도

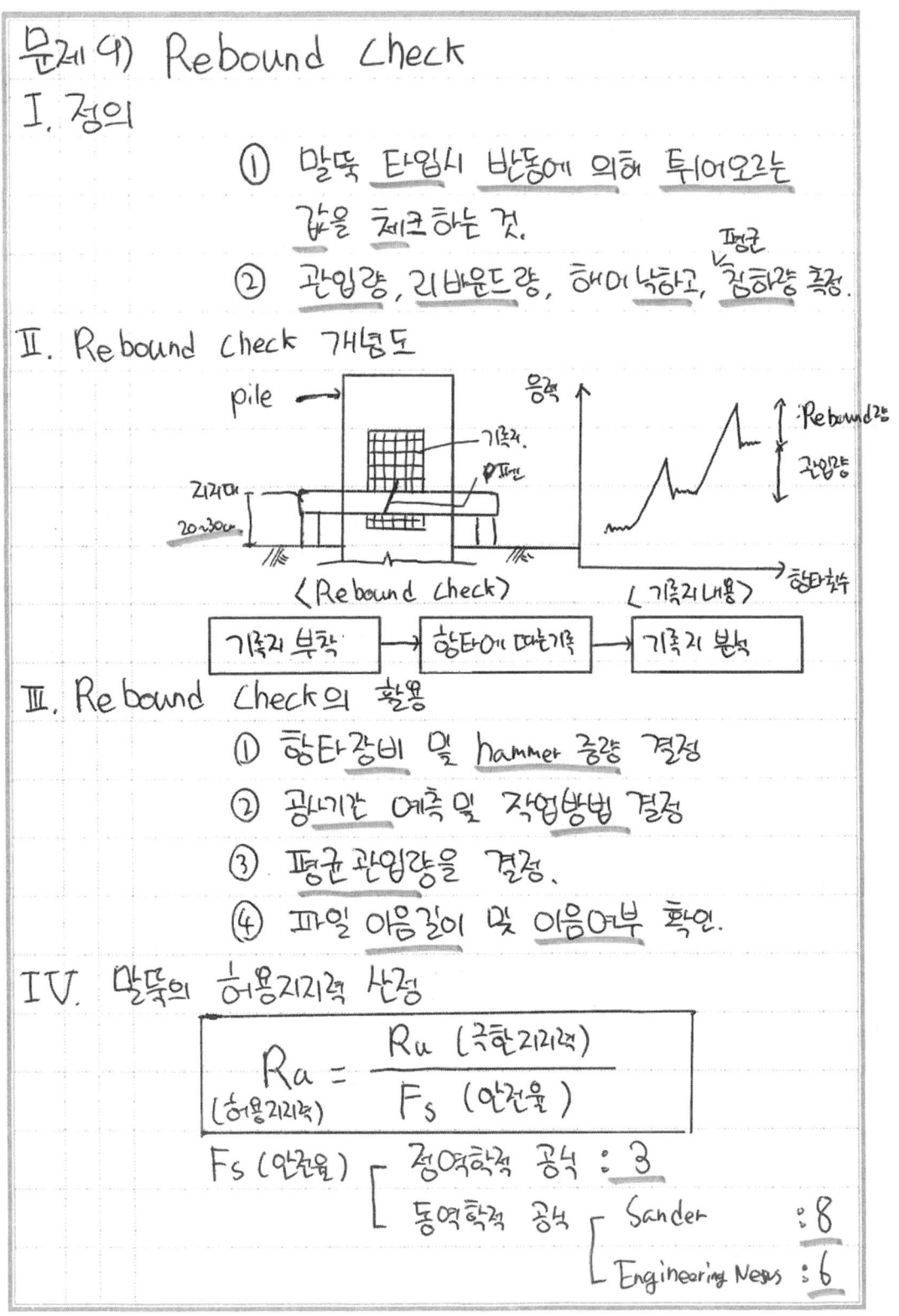

기록지 부착 → 항타에 따른기록 → 기록지 분석

III. Rebound Check의 활용
① 항타장비 및 hammer 중량 결정
② 공사기간 예측 및 작업방법 결정
③ 평균 관입량을 결정.
④ 파일 이음길이 및 이음여부 확인.

IV. 말뚝의 허용지지력 산정

$$R_a \text{(허용지지력)} = \frac{R_u \text{(극한지지력)}}{F_s \text{(안전율)}}$$

F_s (안전율) ┌ 정역학적 공식 : 3
            └ 동역학적 공식 ┌ Sander : 8
                          └ Engineering News : 6

문제 064 파일의 시간경과 효과

〔12전(10)〕

1 정의
① 파일의 시간경과 효과란 점성토 지반에서 말뚝 항타로 인하여 발생한 과잉 간극수압이 시간이 지남에 따라 낮아지며, 그에 따라 지반 내의 유효 응력이 증가하면서 말뚝의 지지력이 증가하는 현상이다.
② 사질토 지반에서는 말뚝 항타로 인한 과잉 간극수압이 발생하더라도 지반의 높은 투수계수로 인하여 즉시 사라지기 때문에 말뚝의 지지력은 변화하지 않는다는 것이 정설로 인정되었으나 실무에서는 사질토 지반에서도 이러한 시간경과 효과가 나타난다.

2 시간경과 효과의 개념

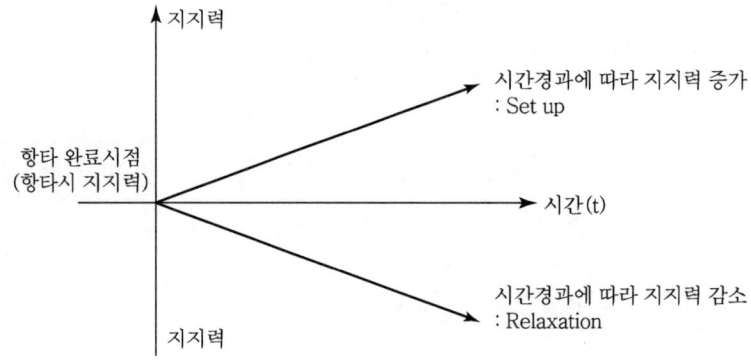

1) **말뚝의 지지력이 증가하는 경우**
   시간이 경과함에 따라 말뚝의 지지력이 증가하는 경우를 set up 또는 freeze라고도 함

2) **변화하지 않는 경우**
   ① 시간이 경과함에도 말뚝의 지지력이 거의 변화하지 않는 경우
   ② 시간 경과에 따라 말뚝 지지력이 증가하는 경우보다는 많지 않으나 다수 발생

3) **말뚝 지지력이 감소하는 경우**
   ① 시간이 경과함에 따라 말뚝 지지력이 감소하는 경우
   ② 문헌에 의하면 이러한 경우는 극히 희귀한 경우로 언급하고 있으며 relaxation이라고도 함

3 특징
① 현장조건에서의 시험 시공이 필수
② 시간 경과 효과는 말뚝 기초의 설계와 시공에 중대한 영향을 미침
③ 일반 말뚝의 설계에서도 필수적 요구 과정
④ 중요 설계 기준 및 시방서에서 채택하고 있으나 향후 개선 필요

문제 10) 파일의 시간경과 효과

I. 정의

① 점성토지반에서 파일의 타입 이후 시간의 경과에 따라 지지력이 변화되는 현상.

② 파일항타시 간극수압 발생, 시간 경과 후 간극수압이 낮아지며 유효응력·파일 지지력 증가.

II. 시간경과 효과의 개념

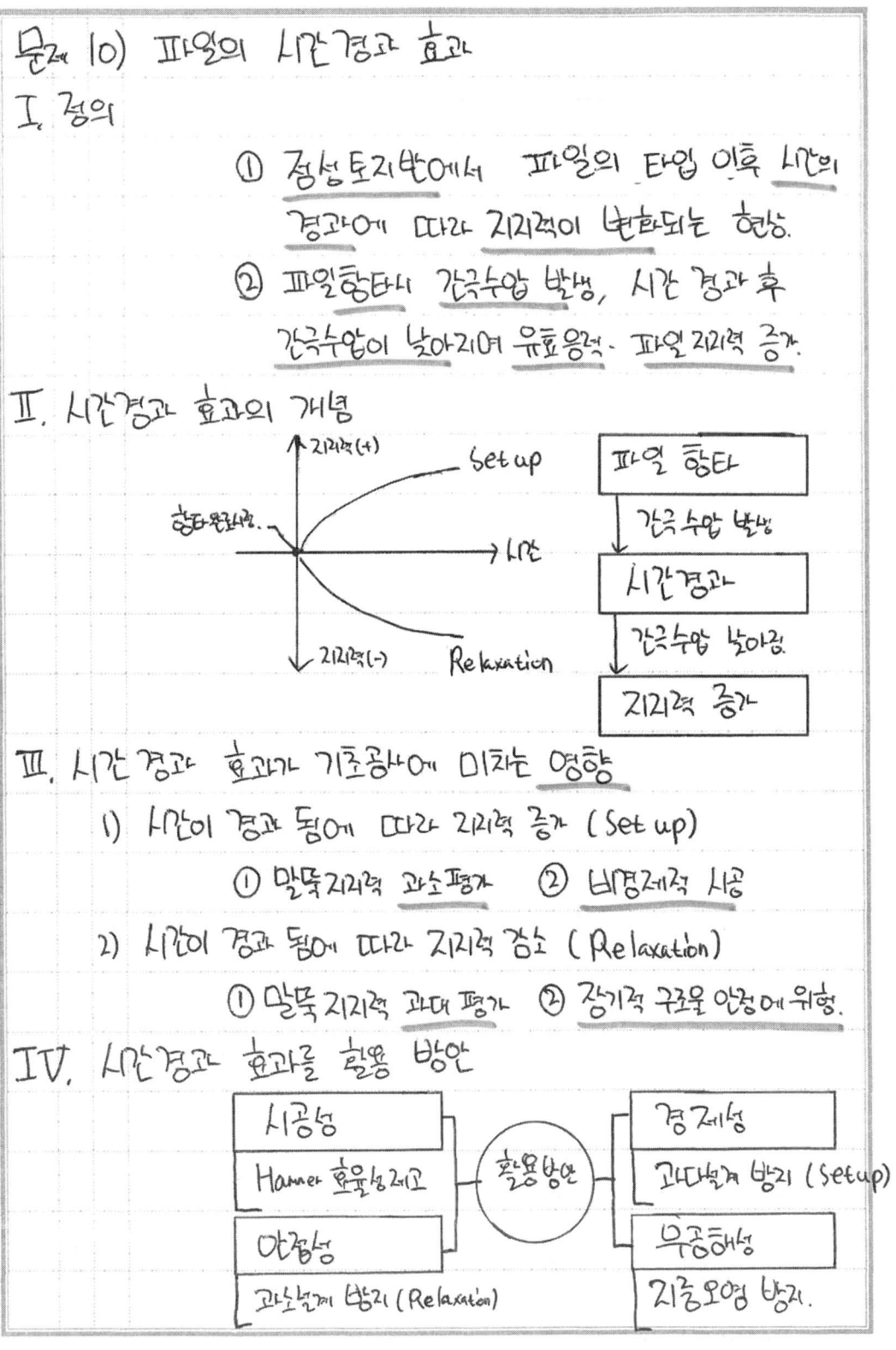

III. 시간 경과 효과가 기초공사에 미치는 영향

1) 시간이 경과 됨에 따라 지지력 증가 (Set up)
   ① 말뚝지지력 과소평가   ② 비경제적 시공

2) 시간이 경과 됨에 따라 지지력 감소 (Relaxation)
   ① 말뚝 지지력 과대 평가   ② 장기적 구조물 안정에 위험.

IV. 시간경과 효과를 활용 방안

시공성		경제성
Hammer 효율상승	활용방안	과다설계 방지 (Setup)
안정성		무공해성
과소설계 방지 (Relaxation)		지중오염 방지.

문제 065 RCD 공법(역순환공법, Reverse Circulation Drill)

〔87(10)〕

1 정의

① 리버스 서큘레이션 드릴로 대구경의 구멍을 파고 정수압으로 공벽을 보호하고 철근망을 삽입 후, Con'c를 타설하여 현장말뚝을 만드는 공법이다.
② 보통의 수세식 공법과는 달리 물의 흐름이 반대이고 드릴 로드의 끝에서 물을 빨아올려 굴착토사를 물과 함께 지상으로 올려 말뚝구멍을 굴착하는 공법으로, 역순환공법 또는 역환류공법이라고도 한다.

2 시공순서 flow chart

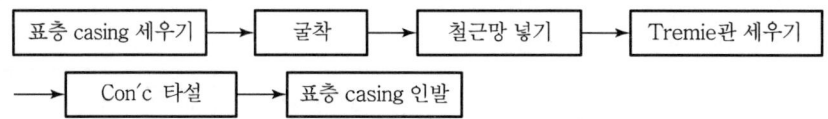

3 시공 시 유의사항

① 지하 수위보다 2m 이상 물을 채워 공벽에 0.02MPa 이상의 정수압을 유지한다.
② 굴착속도가 너무 빠르면 공벽붕괴의 원인이 되므로 굴착속도를 지킨다.
③ Tremie 선단은 공저에서 100~200mm 띄어 둔다.

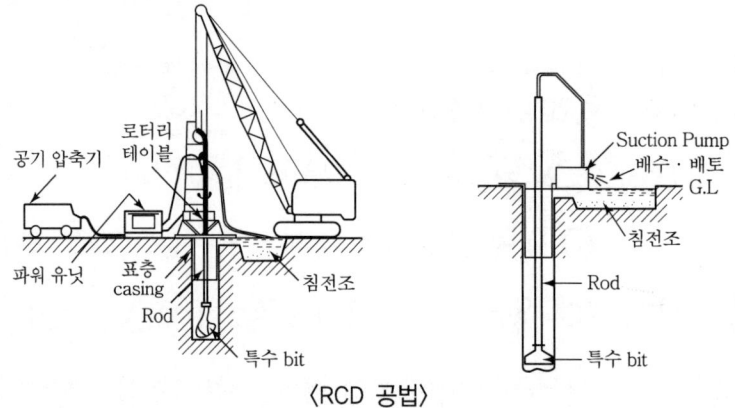

〈RCD 공법〉

4 특징

① 시공속도가 빠르고 유지비가 비교적 경제적
② Casing tube가 필요하지 않으며 수상작업(해상작업) 가능
③ 타공법에서 문제 많은 세사층도 굴착 가능
④ 정수압 관리가 어렵고 적절하지 못하면 공벽붕괴원인이 되며 다량의 물이 필요
⑤ 호박돌층, 전석층에 피압수 유출 시 굴착 곤란
⑥ 사질지반에 적용성 우수
⑦ 직경 3m 내외

기초 59> RCD 공법 (Reverse Circulation Drill : 역순환 공법)

I. 정의

Reverse Circulation Drill 로 대구경 구멍을 파고 정수압(0.02MPa)으로 공벽 보호하고 철근망 삽입 후 Con'c 타설하여 대구경 제자리 말뚝 형성

II. 시공도

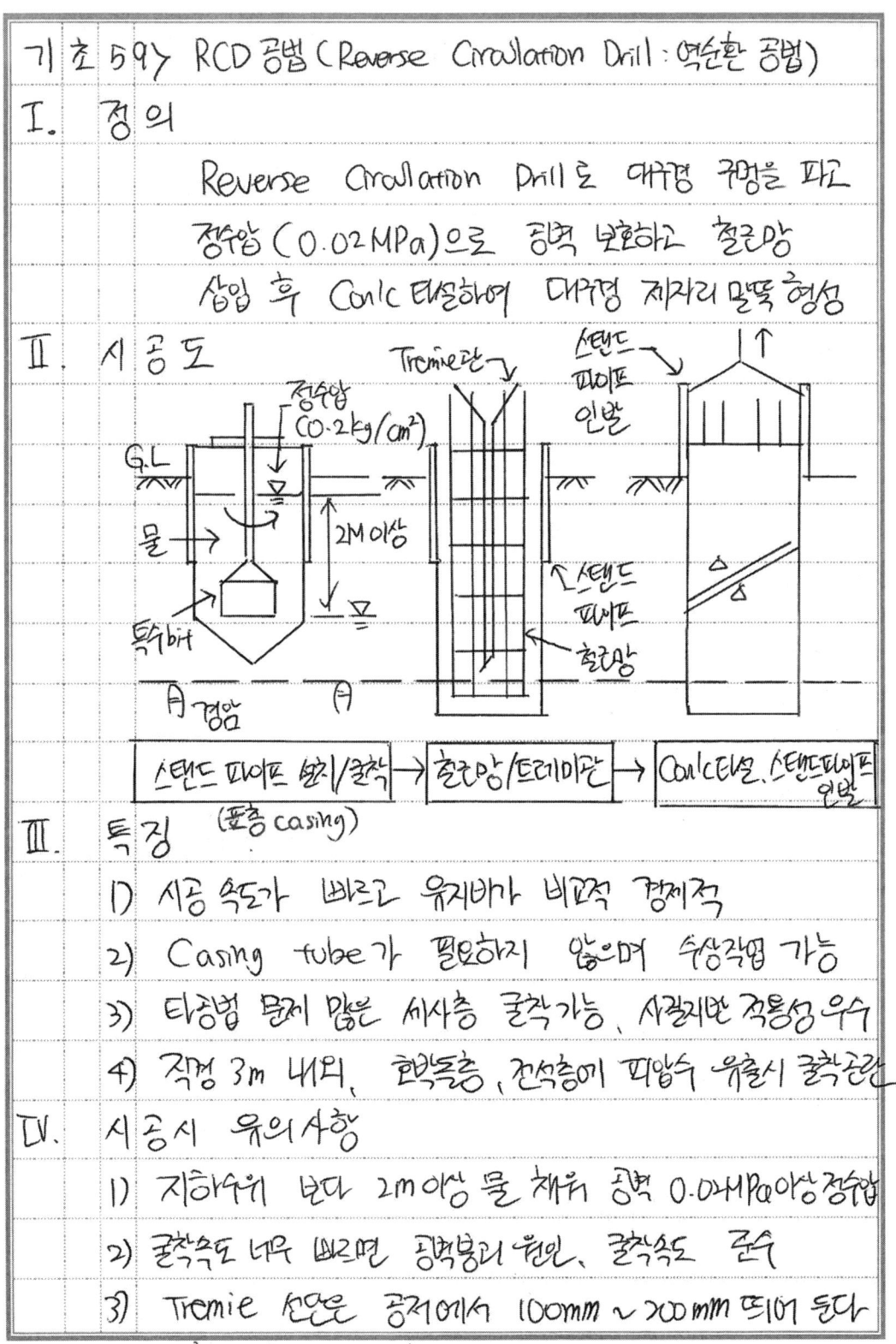

III. 특징 (표층 casing)

1) 시공 속도가 빠르고 유지비가 비교적 경제적
2) Casing tube가 필요하지 않으며 수상작업 가능
3) 타공법 문제 많은 세사층 굴착 가능, 사력지반 적용성 우수
4) 직경 3m 내외, 호박돌층, 전석층이 피압수 유출시 굴착곤란

IV. 시공시 유의사항

1) 지하수위 보다 2m 이상 물 채워 공벽 0.02MPa 이상 정수압
2) 굴착속도 너무 빠르면 공벽붕괴 원인, 굴착속도 준수
3) Tremie 선단은 공저에서 100mm~200mm 띄어 둔다
4) Slime 처리, Con'c 품질관리 유의
5) 지하수위 변화, 피압수층 유의

문제 066 PRD(Percussing Rotary Drill) 공법

〔15전(10), 21전(10)〕

1 정의
① PRD 공법은 상호 역회전하는 내측 Hammer(T-4)와 외측 케이싱의 구조를 이용하여 Hammer로 타격하면서 회전시키는 방식으로 파일을 형성하는 공법이다.
② PRD 공법은 지상 구조물을 지지하는 기초의 일종으로 RCD에 비하여 소구경인 직경 600~1,000mm까지에 해당하는 단면으로 지내력을 확보할 수 있는 경우 시공되는 Pile이다.

2 시공순서

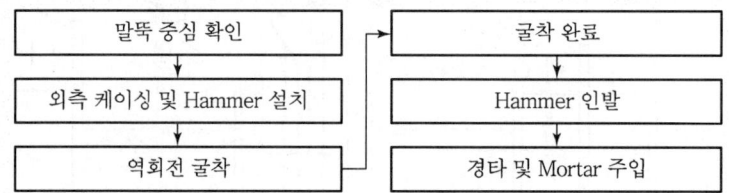

3 적용 지질
① N치 50 이상의 사력층으로 Hole이 붕괴되는 경우
② 불안정한 토사층을 통과하여 암반에 말뚝을 정착시키는 경우
③ 불균질한 매립층 및 전석층
④ 연약지반

4 시공 시 유의사항
① 작업 지반을 평탄하게 유지
② 연약지반에서 작업 시 토질치환 또는 복공판 설치 후 작업 실시
③ 작업 중 수시로 수직도 Check
④ 대구경 작업 시 지반의 기울기는 5% 미만으로 유지

5 PRD 공법과 RCD 공법의 비교

구분	PRD 공법	RCD 공법
장점	• 조정 및 수직도 유지에 용이 • 건식공법으로 현장관리 용이 • 토질의 영향이 적음 • 붕괴 우려 저감(All Casing 공법) • 공사비가 RCD 공법보다 저렴	• 소음 및 진동이 적음 • 토사층에서 작업 효율 우수
단점	• 장비조립 완료 후 이동 시 복공판 설치 • 지반 불량 시 작업 난해	• 공벽 유지 난해 • 수직도 유지에 불리 • 장비 및 부속자재가 대형 • 습식공법으로 현장관리 난해 • 암반에서 작업효율 저하

문제 12) PRD (Percussing Rotary Drill) 공법

I. 정의

① 상호 역회전 하는 내측 Hammer (T-4)와 외측 Casing의 구조로 타격하여 회전하는 방식.

② RCD에 비하여 소구경의 직경 (600~1,000mm)의 단면으로 지내력 확보.

II. PRD 시공도해

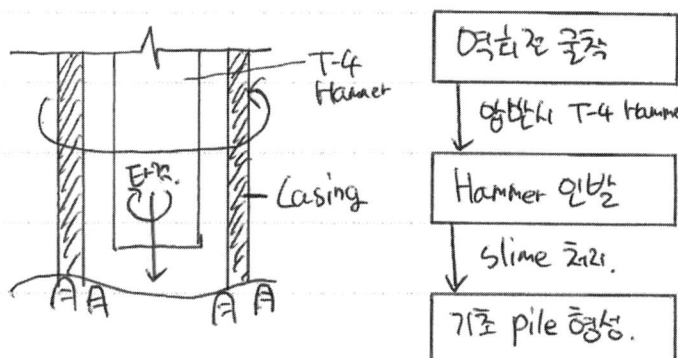

III. PRD 공법의 시공시 유의사항

① N치 50 이상의 사력층에 적용.
② 연약지반 작업시 지반개량 혹은 복공판 설치.
③ 작업 중 수시로 수직도 체크
④ 대구경 작업시 지반기울기 5% 미만 유지.

IV. PRD공법과 DRA공법 비교

구분	PRD	DRA
적용지반	암석층	사질·점토질
내측기계	T-4 해머	Screw
비용	DRA대비 고가	보통

끝.

문제 067 CIP(Cast-In-Place Pile)

〔92후(8)〕

1 정의
① Earth auger로 지중에 구멍을 뚫고, 철근망(또는 H-beam)을 삽입한 다음 mortar 주입관을 설치하고, 먼저 자갈을 채운 후 주입관을 통하여 mortar를 주입하여 제자리 말뚝을 형성하는 공법이다.
② 지하수가 없는 곳에 적용하며, 지중에 연속 시공하여 주열식 흙막이 벽체를 구성할 수 있다.

2 시공순서 Flow Chart

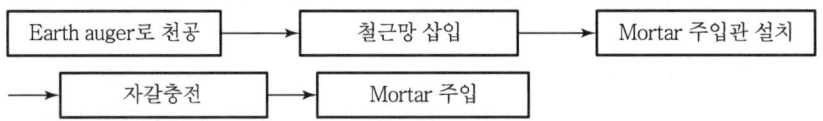

3 시공 시 유의사항
① 굴착 및 주입 시 상부의 표토층 붕괴방지를 위해 표층 casing(공드럼) 설치
② 굴착은 주입효과를 높이기 위해 일정간격으로 굴착
③ 25mm 이하의 굵은 골재를 균일하게 충전
④ 철근망 삽입과 동시에 mortar 주입관 설치

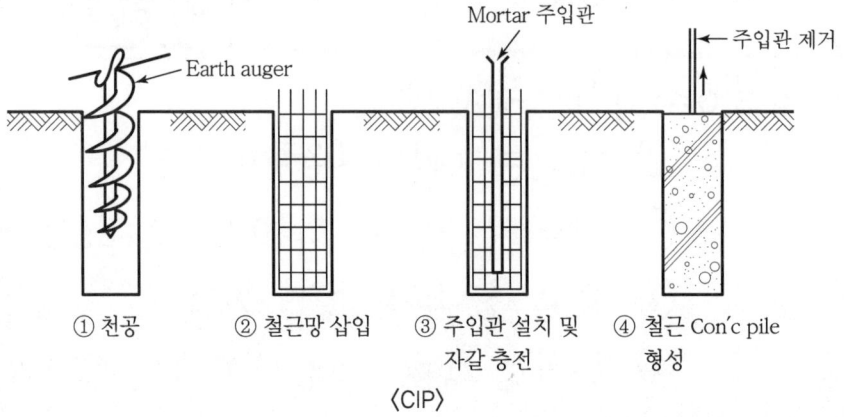

〈CIP〉

4 특징
① 지하수 없는 경질 지층에 사용
② 좁은 장소에 시공장비 투입이 용이
③ 주열식 흙막이 벽체로 이용
④ 벽체 연결부위 취약

1. CIP (Cast-in-Place Pile)

I. 정의

H파일, 철근망 현장타설 말뚝 굴착후 철근망 삽입 트레미관에 Con'c 파일 구근을 형성하여 절삭현장말뚝 무소음 무진동 기초파일공법이다.

II. CIP 시공도 시공순서

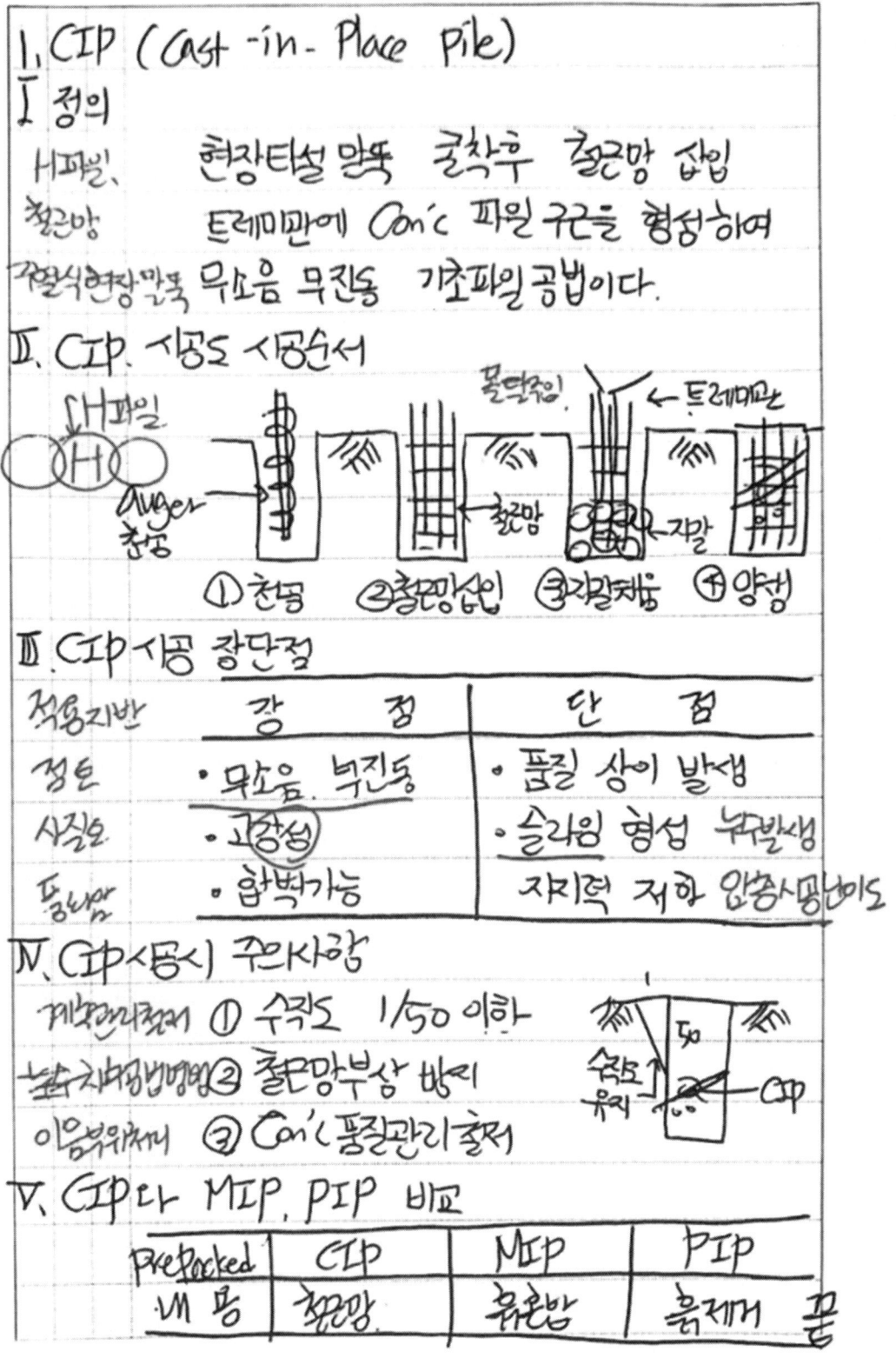

① 천공 ② 철근망삽입 ③ 자갈채움 ④ 양생

III. CIP 시공 장단점

적용지반	장 점	단 점
점토	• 무소음, 무진동	• 품질 상이 발생
사질토	• 고강성	• 슬라임 형성 누발생
풍화암	• 합벽가능	지지력 저하 압축시 밀리오

IV. CIP 시공시 주안사항

계측관리철저 ① 수직도 1/50 이하
녹치공법병행 ② 철근망부상 방지
이음부위처리 ③ Con'c 품질관리철저

V. CIP 다 MIP, PIP 비교

PrePacked	CIP	MIP	PIP
내용	철근망	유근방	흙재계

끝

문제 068 파일의 Toe Grouting

〔11중(10)〕

1 정의
① Toe grouting이란 현장 콘크리트 파일공사의 완료시 기초 선단부 보강용으로 실시하는 그라우팅이다.
② 파일 굴착공 내부에 잔존하는 slime의 침전으로 인한 선단부 지지력이 감소되는 것을 보완하기 위해 시멘트 밀크를 저압으로 주입하여 시공한다.

2 시공목적
① 파일선단부 굴착으로 인한 파쇄암 발생 시 상부하중에 의한 침하방지
② 굴착으로 인한 원지반의 변형부위의 보강
③ Slime 침전으로 인한 선단지지력 감소에 대한 보강

3 시공도 및 시공순서

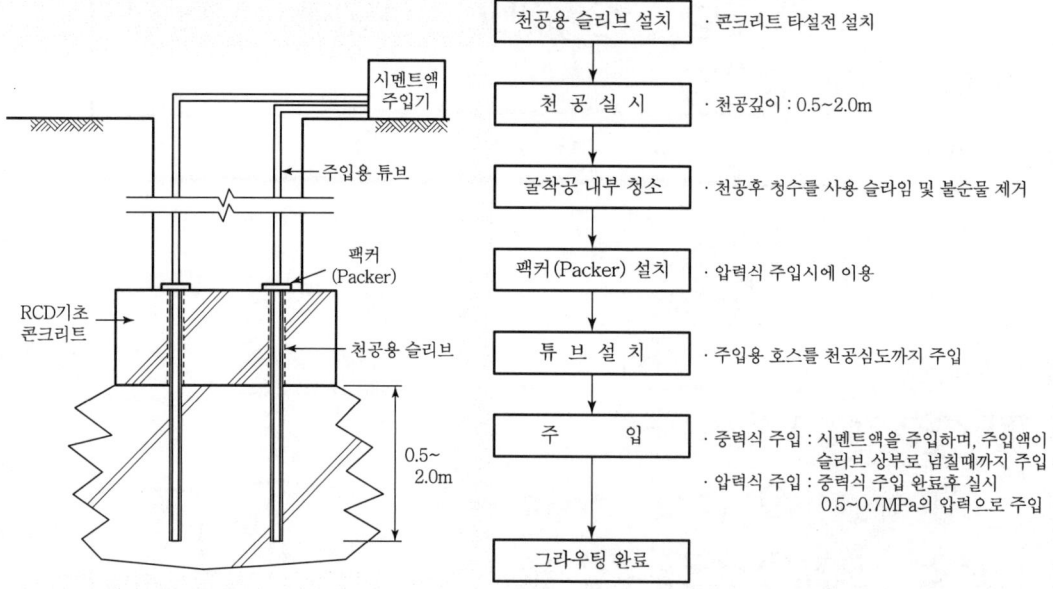

4 시공 시 유의사항
① 주입재는 보관 시 변형 또는 변질되지 않도록 유의
② Mixing plant에서 배합 후 6시간 이내 사용
③ 천공 후 발생하는 slime은 반드시 제거
④ 압력식 주입 시 주입압력을 일정하게 유지

문제 14) Toe grouting

I. 정의
① 파일 공사 완료 후 기초선단 보강용으로 실시하는 Grouting 이다.
② 선단부 Slime으로 인한 선단지지력 감소를 방지하기 위해 시멘트 밀크를 저압으로 주입.

II. Toe grouting 개념도

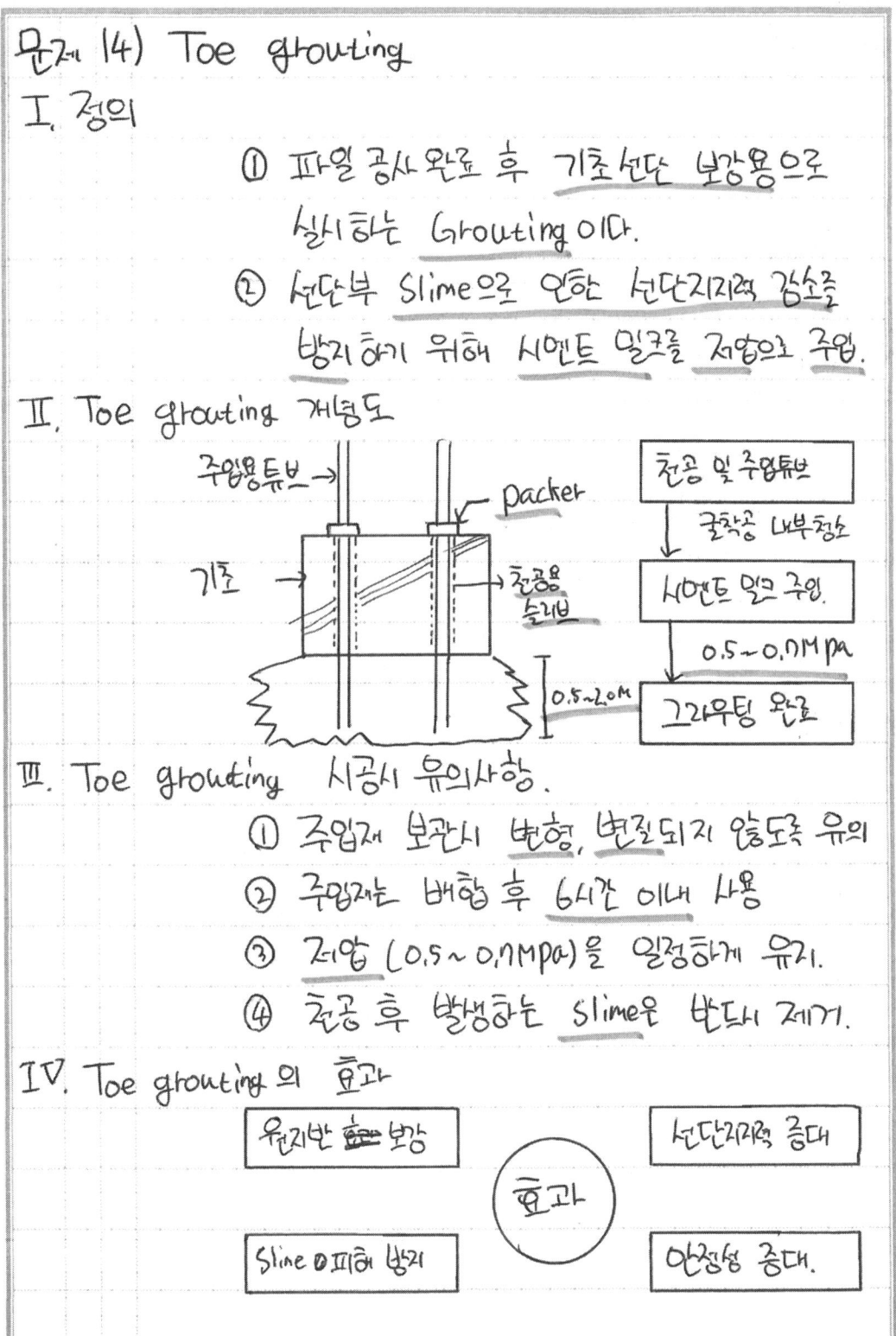

III. Toe grouting 시공시 유의사항.
① 주입재 보관시 변형, 변질되지 않도록 유의
② 주입재는 배합 후 6시간 이내 사용
③ 저압 (0.5~0.7MPa)을 일정하게 유지.
④ 천공 후 발생하는 Slime은 반드시 제거.

IV. Toe grouting 의 효과

원지반 보강		선단지지력 증대
	효과	
Slime 피해 방지		안정성 증대.

문제 069 Micro Pile

〔04후(10), 12후(10), 18후(10), 23전(10)〕

1 정의

① Micro pile이란 지반을 천공하여 철근 또는 강봉 등을 삽입하고 grouting하여 형성된 직경 300mm 이하의 소구경 pile을 말한다.
② 대형차량의 진입곤란이나 작업공간의 협소로 기존 pile의 시공이 어려운 곳에 적용되며, 또한 부상방지용이나 기존 기초의 보강용으로 활용된다.

2 Micro pile의 적용

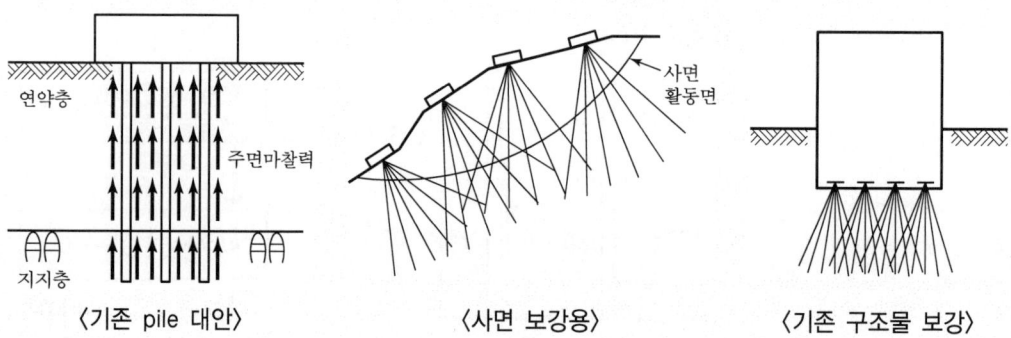

〈기존 pile 대안〉   〈사면 보강용〉   〈기존 구조물 보강〉

3 시공순서

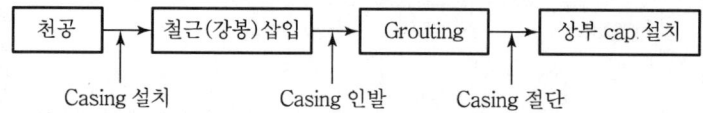

4 특징

① 시공 시 주변지반 교란 최소
② 시공조건과 토질에 관계없이 시공 가능
③ 기존 말뚝 대안 또는 기존 구조물 보강 등 적용범위 다양
④ 기존 구조물 보강 시 특수한 천공장비 필요

문제 15) Micro pile

I. 정의

① 지반 천공, 철근 또는 강봉 삽입 후 Grouting 300mm 이하의 소구경 pile 형성
② 작업공간의 협소로 기존 pile 시공이 어려운 곳. 부상방지 및 기초보강용.

II. Micro pile의 적용

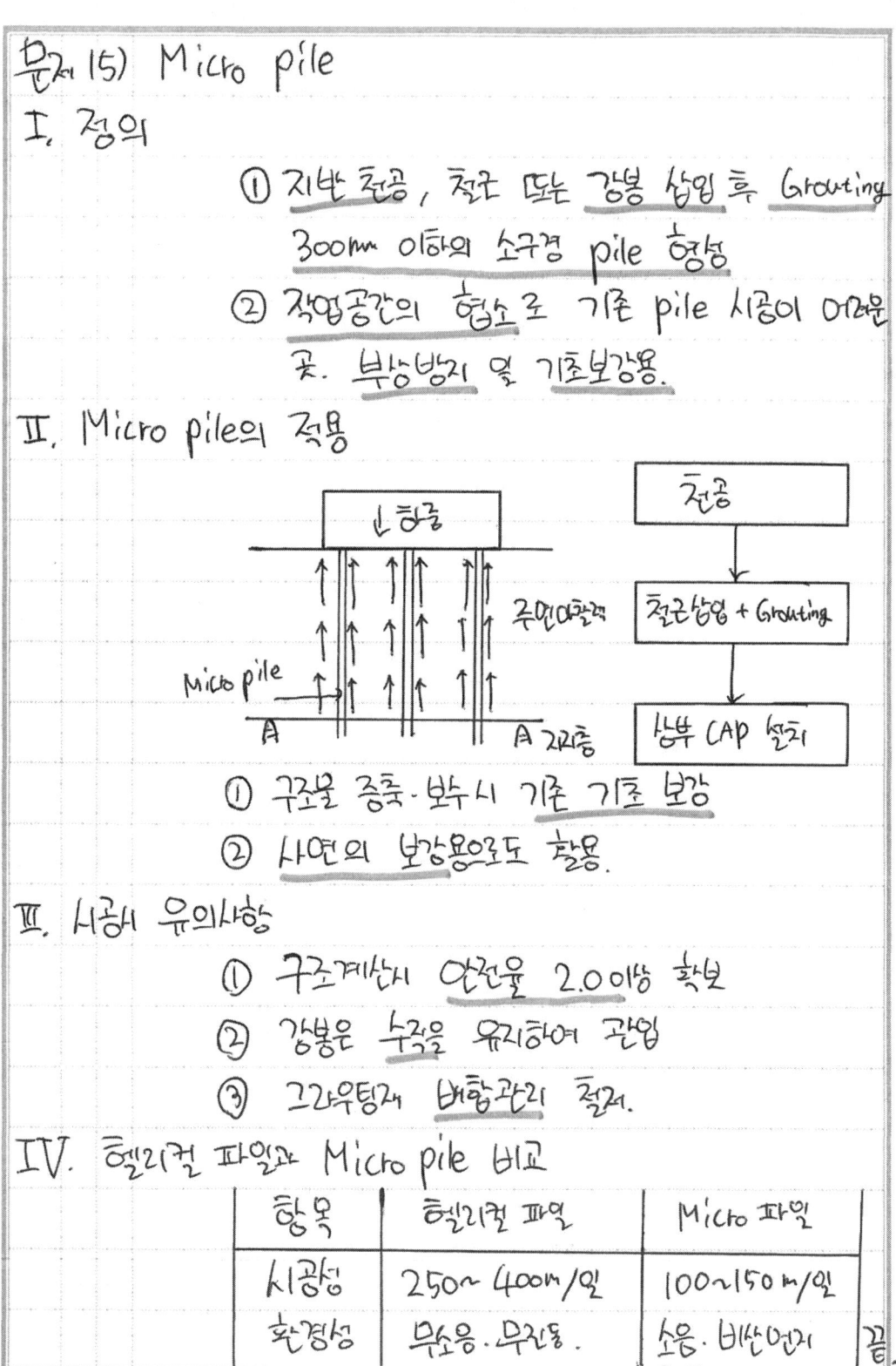

① 구조물 증축·보수시 기존 기초 보강
② 사연의 보강용으로도 활용.

III. 시공시 유의사항

① 구조계산시 안전율 2.0 이상 확보
② 강봉은 수직을 유지하여 관입
③ 그라우팅재 배합관리 철저.

IV. 헬리컬 파일과 Micro pile 비교

항목	헬리컬 파일	Micro 파일
시공성	250~400m/일	100~150m/일
환경성	무소음·무진동	소음·반연리 진동

끝.

문제 070 헬리컬 파일(Helical Pile)

〔17후(10)〕

1 정의
① 헬리컬 파일이란 고강도 강관 파일(pile)에 나선형 날개(helix)를 달아 회전력을 통하여 지반에 관입시켜 그라우팅(grouting)으로 보강하는 소구경 파일을 말한다.
② Pile helix의 상하 선단 또는 마찰지지력을 통해 압축 및 인장 모두에 탁월한 안전성을 확보할 수 있는 공법이다.

2 시공순서

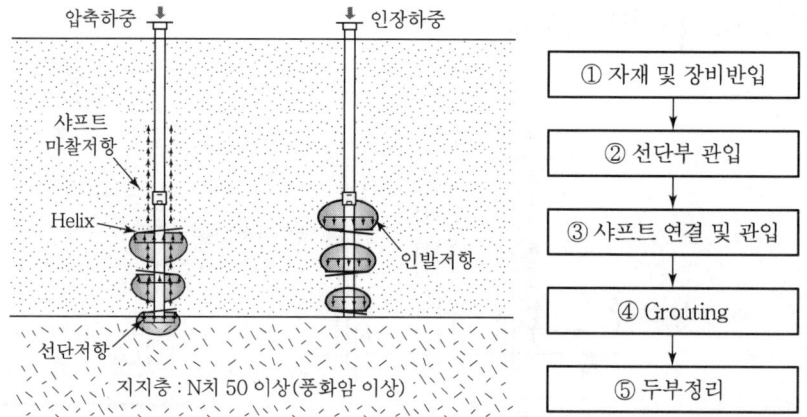

3 공법의 특징
① 선단지지에 의한 지지력 확보(정역학적 지지에 의한 지지력 확보)
② 하중조건에 따라 helix의 크기, 개수 조절
③ 선단지지력 및 주변마찰력 모두 활용
④ 공기단축 가능
⑤ Pile 조립이 용이
⑥ 경사시공 가능
⑦ 무소음, 무진동공법으로 친환경적 공법
⑧ 민원발생 적음

4 Helical Pile과 Micro Pile의 비교

항목	Helical Pile	Micro Pile
제원	강관 $\phi 89$, Helix $\phi 300$	천공 $\phi 150$, 강봉 $\phi 73$
시공성	250~400m/일	100~150m/일
환경성	무소음, 무진동	소음, 진동, 비산먼지 발생

문제3> 헬리컬 파일 (Helical Pile)

I. 헬리컬 파일이란
  고강도 강관 파일(∅89)에 나선형 날개(Helix ∅300)
  회전력으로 지반 관입후 그라우팅 보강하는 소구경 파일

II. 헬리컬 파일 시공도해, 시공순서

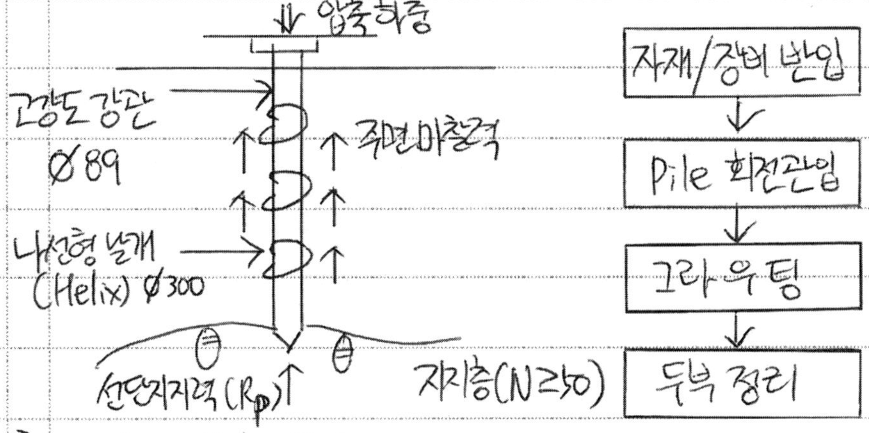

  고강도 강관 ∅89
  주면마찰력
  나선형 날개 (Helix) ∅300
  선단지지력 (Rp)
  지지층 (N≥50)
  ↓ 압축하중

  [자재/장비 반입] → [Pile 회전관입] → [그라우팅] → [두부 정리]

III. 헬리컬 파일 특징
  1) 선단지지력 및 주면 마찰력 모두 활용
  2) 시공성 우수 (250~400m/일)하여 공기단축
  3) 파일 조립 용이, 경사시공 가능
  4) 무소음, 무진동 공법으로 친환경적
  5) 잔토 발생 적음

IV. 헬리컬 파일과 마이크로 파일 비교

헬리컬 파일	마이크로 파일
강관 ∅89, Helix ∅300	천공 ∅150, 강봉 ∅73
시공성 우수 250~400m/일	시공성 보통, 100~150m/일
무소음, 무진동	소음, 진동, 비산먼지 발생

문제 071 Koden Test(코덴테스트)

〔15전(10)〕

1 정의
① 초음파 측벽측정장치로 굴착공의 중심에 센서유닛을 매달아 상하로 이동시키면서 초음파를 발사하여 정확한 수직 단면을 기록하는 장치이다.
② 정확한 데이터를 기초로 하여 기초공사의 고품질화, 공기단축, 공사비 절감이 가능하다.

2 장치도

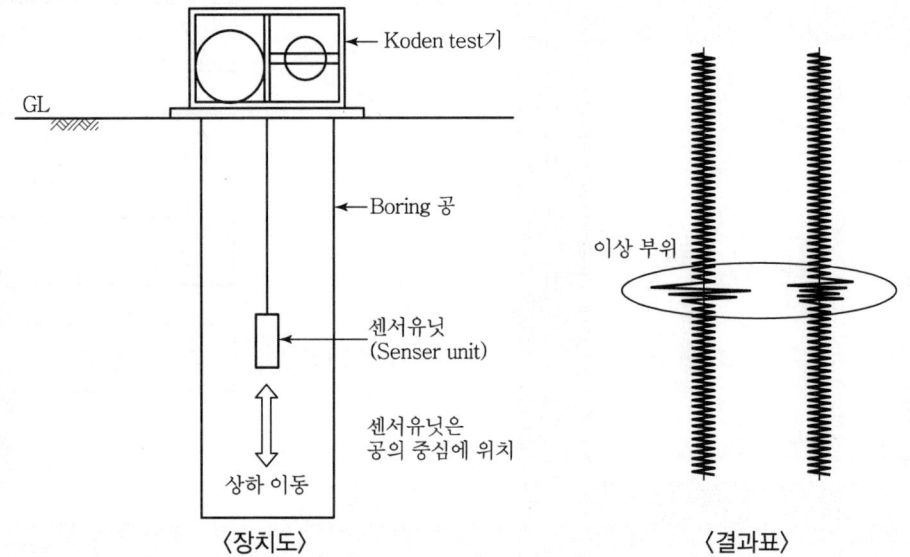

〈장치도〉   〈결과표〉

3 제원

구분	내용
측정반경	0.5m, 1.0m, 2.0m, 4.0m
측정방식	초음파 펄스 방식
정밀도	±2%
기록방식	4방향 동시 측정, 2방향 단일 측정

4 특징
① 굴착공의 연직성과 단면형상 측정 및 표시
② 측정한 데이터의 출력 및 이미지화 가능
③ 1회 측정으로 정확한 데이터 산출 가능
④ 최대 100m까지 측정 가능

문제 78. Koden Test

I. 정의

① 초음파 측벽측정장치로 굴착공에 센서닛을 매달아 상하로 움직이며 수직단면을 기록

② 기초공사의 고품질화, 공기단축, 공사비 절감 가능

II. Koden Test의 Mechanism

측정방식 : 초음파 편산방식

정밀도 : ±2%

기록방식 : 4방향 동시 측정
2방향 단일 측정

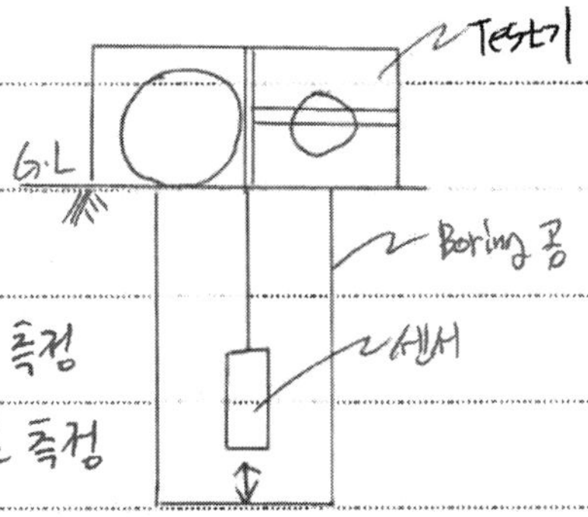

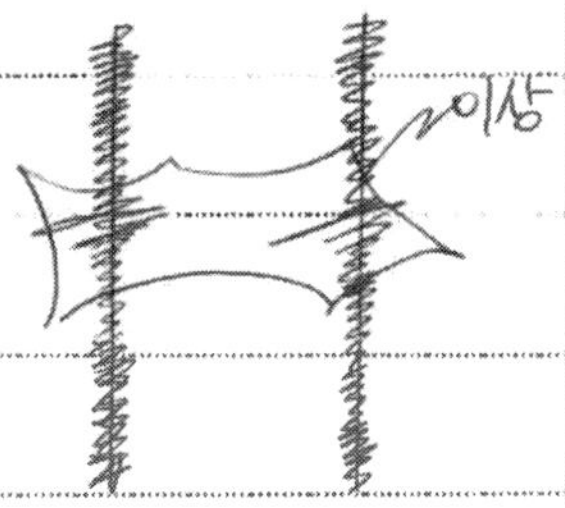

(그림: Test기, G.L, Boring 공, 센서, 결과표 - 이상)

III. Koden Test 특징

- 굴착공의 연직성, 단면형상 측정 가능
- 측정 데이터의 저장, 이미지화 가능
- 1회 측정으로 정확한 데이터 산출 가능
- 깊이 100m 정도 측정 가능

IV. Koden Test 활용

① 굴착공 붕괴현상 사전 방지 가능
② 굴착공 내벽 누수현상 파악
③ 굴착 심도 측정
④ 지층 상태 확인 가능

〈끝〉

문제 072 현장콘크리트말뚝(Pile) 공내재하시험(Pressure Meter Test)

〔11중(10)〕

1 정의
① 보링실시 후 시추공의 공벽면을 가압하여 그때의 공벽면 변형량을 측정함으로써 지반의 강도와 변형 특성을 측정하는 시험이다.
② 연약 점토지반에서 경암까지 지반 특성의 파악과 암반분류의 지표를 얻기 위해 실시하며, 평판재하시험이나 지반의 교란 없이 지반의 특성 파악이 가능하다.

2 공내재하시험 모식

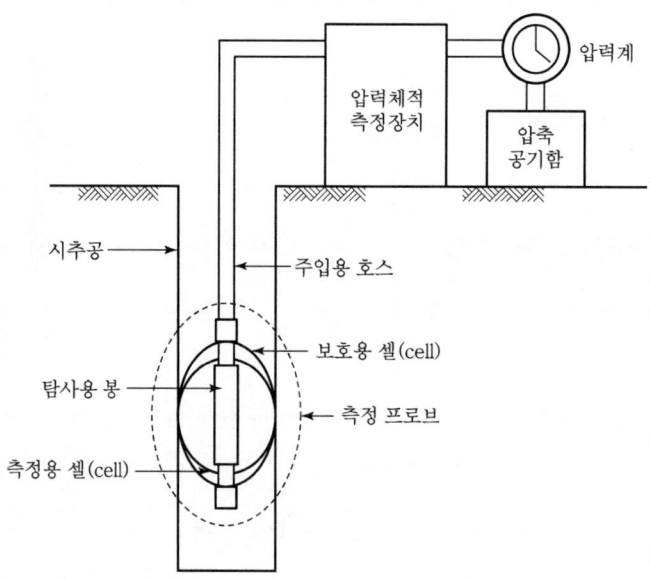

3 시험방법
① 시추공 굴착 후 고무튜브로 된 측정 프로브(probe) 삽입
② 측정 프로브(probe)를 가스압으로 팽창시켜 형성된 고무 재질의 측정용 셀과 시추공 벽면을 밀착
③ 압축가스로 대략 0.1MPa 정도로 가압
④ 단계 가압량은 예상 파괴압의 1/10 정도
⑤ 한계압에 도달 시까지 반복실시
⑥ 변위 – 압력곡선을 작성 후 변형계수와 탄성계수를 산출

4 시험결과의 이용
① 흙의 분류에 이용
② 비배수 전단강도 측정에 이용
③ 정지토압계수 산정
④ 기초설계 시 허용지지력 추정 및 침하량 산정

5. 시험
현장 콘크리트 압축의

- Ⅰ. 정의
- Ⅱ. 시험의 시험순서
- Ⅲ. 시험시 주의사항
- Ⅳ. 결과의 비교표

문제 20. 공내 재하시험 (Pressure Meter Test)

Ⅰ. 정의

① 시추공의 지지력 측정을 위한 원위치 시험으로, 천공 부위에 Probe(Sonde)를 삽입하여 공내 흙의 지지력을 측정하는 Sounding의 일종

(연약점토~경암) ② Probe(Sonde)가 재하하면서 팽창·수축을 반복하면서 공벽을 측정한다. (지반교란 X).

Ⅱ. 시험도 및 시험순서

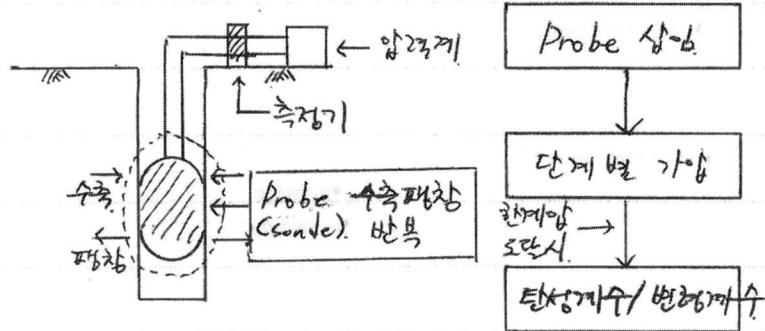

Ⅲ. 시험시 주의사항

- 천공 즉시 공내재하시험 실시
- 시추공벽 교란방지 필요.
- 공벽붕괴시 이수액을 이용하여 공벽보호.

Ⅳ. 원위치 시험의 종류 및 특징

구 분	공내재하시험	평판재하시험	투수시험
적용지반	연암, 자갈	모래, 자갈	모래, 자갈
측정결과	지반 변형계수	지반 반력계수	투수계수
결과 이용	지지력	지내력	침투해석

〈끝〉

문제 073 | 양방향 말뚝재하시험

〔08중(10), 13후(10), 23전(10)〕

1 정의

① 현장타설말뚝의 말뚝선단부 또는 임의 위치에 가압용 재하장치를 설치하여 양방향 말뚝재하시험장치의 상판과 하판에 각각 축방향 하중을 가하여 변형량을 측정하는 시험이다.
② 양방향 말뚝재하시험은 지지력 특성시험과 지지력 확인시험으로 구분할 수 있으며, 전자는 말뚝의 선단지지력 특성 또는 주면지지력 특성을 얻는 것이 목적이며 후자는 이미 정해진 말뚝의 설계 지지력의 만족여부를 확인하는 것이 목적이다.

2 양방향 말뚝재하시험의 시험도 및 시험방법

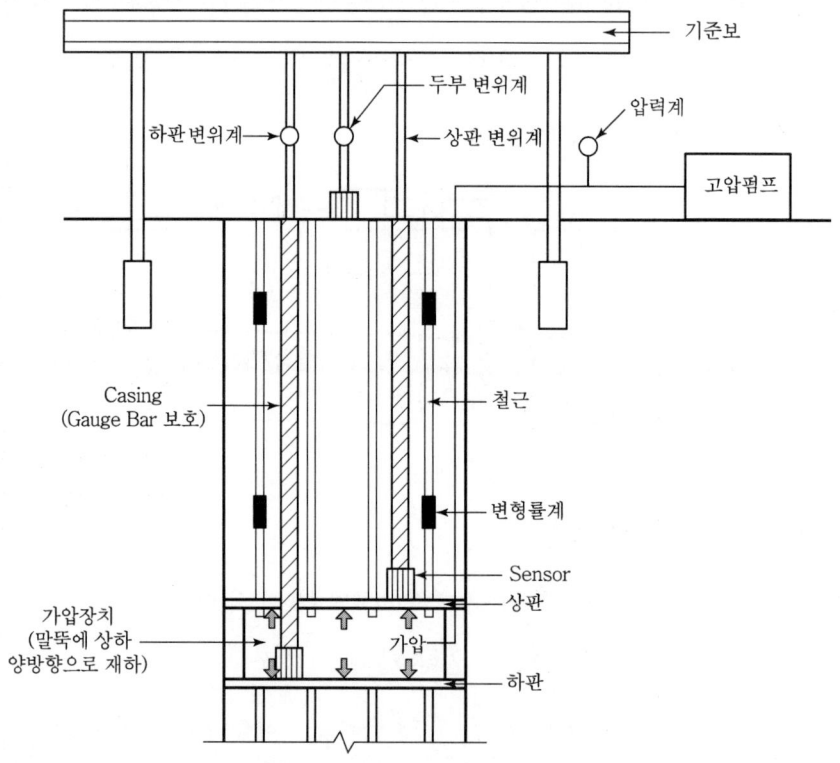

① 양방향 말뚝재하장치를 시험말뚝에 설치 시 편심·경사·낙하 등 시험에 지장이 발생할 우려가 없도록 할 것
② 시험말뚝은 원칙적으로 본 말뚝과 동일한 방법으로 시공한다.
③ 양방향 말뚝재하장치의 하중이 말뚝의 선단지반에 확실히 전달되도록 배려한다.
④ 양방향 말뚝재하장치를 말뚝의 선단 또는 임의의 위치에 정확히 설치한다.

문제 19) 양방향 말뚝 재하시험.

I. 정의

① 말뚝 선단부에 가압용 재하장치를 설치.
   상판과 하판에 하중을 가하여 변형량을 측정.

② 지지력 확인 시험과 지지력 특성 시험으로 구분
   말뚝의 설계지지력 만족여부 확인.

II. 양방향 말뚝 재하시험의 시험도해

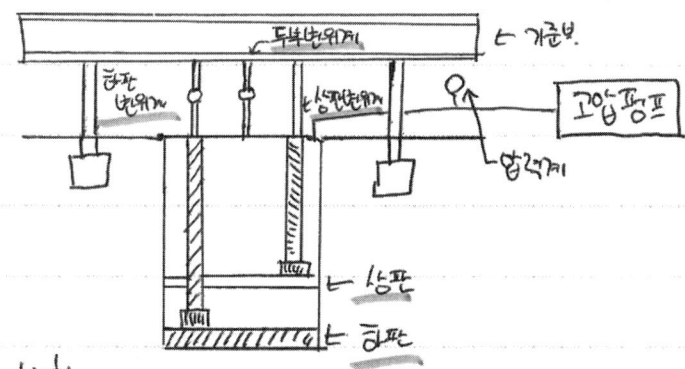

III. 시험시 유의사항

① 재하장치 설치시 편심·경사·낙하 유의
② 시험말뚝은 본 말뚝과 동일한 말뚝.
③ 하중이 확실하게 전달되도록 확인.
④ 시험말뚝 시공 상황을 자세히 기록.

IV. 공내재하시험과 양방향 재하시험의 비교

구분	공내재하시험	양방향재하시험
재하위치	선단·공내 측부	선단·두부
목적	지반 강도확인	지지력 판단
경제성	보통	다소 고가

끝

문제 074 현장타설 콘크리트 말뚝의 건전도 시험

〔10후(10), 15중(10)〕

1 정의
① 현장타설 콘크리트 말뚝에서 말뚝의 두부정리 전 시공의 양부(良否)를 파악하기 위한 시험이다.
② 말뚝시공 시 미리 설치된 탐사관(sonic guide pipe)에 송수신 센서를 삽입하여 초음파속도를 통해 말뚝의 품질상태와 결함유무를 확인하는 시험이다.

2 시험도

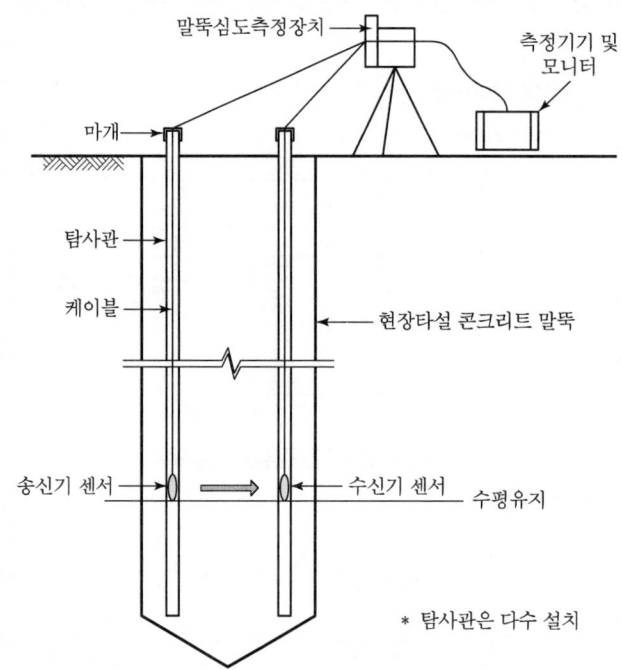

3 시험시기
콘크리트 타설 후 7일 경과 후 30일 이내 콘크리트 강도가 80% 이상 되는 시점

4 시험 시 유의사항
① 내부 송신과 수신 센서의 위치는 수평을 유지하면서 설치
② 초음파 송신 및 수신 케이블의 길이는 검사 대상 말뚝길이를 고려
③ 말뚝의 선단부로부터 송신과 수신센서를 동시에 끌어 올리면서 연속적으로 측정
④ 말뚝심도에 따른 검측간격은 50mm 이내로 할 것
⑤ 탐사관의 상부 끝은 이물질이 유입되지 않도록 마개 설치

문제 20) 현장콘크리트 말뚝의 건전도 시험

I. 정의

① 말뚝 두부정리 전 시공의 양부를 파악
② 말뚝에 기시공한 탐사관에 송수신 센서 삽입 초음파 속도를 통해 결함 및 품질 확인.

II. 건전도 시험 Mechanism.

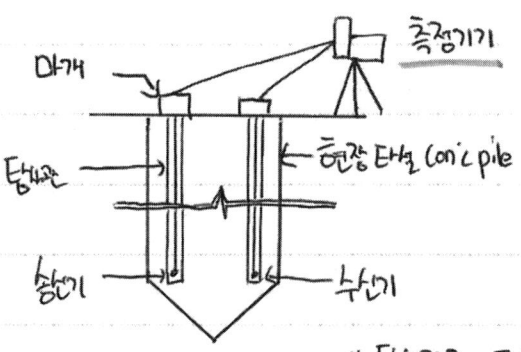

* 탐사관은 다수 설치.

탐사관 상태 확인	→	송·수신기 삽입	→	결함위치 모니터링
측줄 매단 줄자 삽입.		동시에 상부로 이동하며측정		의심되는 곳은 반복시험

III. 시험시 유의사항.

① 송신기와 수신기는 수평을 유지.
② 송신기·수신기를 동시에 올리면서 연속 측정.
③ 검측간격은 50mm 이내로 할 것.
④ 탐사관 상부는 마개 설치 (이물질 유입 방지)

IV. 말뚝 건전도 시험 빈도

말뚝길이	20 이하	20~30	30 이상
시험수량	10%	20%	30%

*7日 이후, 강도 80% 이상 되는 시점.   끝.

문제 075 Underpinning 공법

[84(5), 19전(10), 23전(10)]

1 정의

① Underpinning이란 기존 건축물의 기초를 보강하거나 또는 새로운 기초를 설치하여 기존 건물을 보호하는 보강공사공법이다.
② 경사진 건물을 바로잡을 때 또는 인접한 터파기에서 기존 건물의 침하를 방지할 목적으로 underpinning을 할 때도 있다.

2 특징

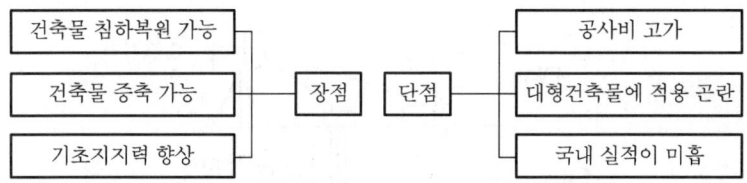

3 종류별 특징

종류	특징
바로받이 공법	• 철골조나 자중이 비교적 가벼운 건물에 적용 • 기존 기초 하부에 신설기초 설치
보받이 공법	• 기존하부에 신설보를 설치 • 기존 기초를 보강
바닥판받이 공법	바닥판 전체를 신설 구조물이 받치는 공법
약액주입 공법	• 고압으로 약액을 주입하면서 서서히 인발 • 약액의 종류로는 물유리, 시멘트 페이스트 등이 있음
Compaction grouting system	• Mortar를 초고압(20MPa 이상)으로 지반에 주입하는 공법 • 1차주입 후 mortar가 양생하면 재천공하여 주입을 반복
이중널말뚝 공법	• 인접 건물과 거리가 여유있을 때 이중널말뚝공법 적용 • 지하수위를 안정되게 유지하여 침하 방지
차단벽 공법	• 상수면 위에서 공사가 가능한 경우 적용 • 건물 하부 흙의 이동을 막음

문제2) 언더피닝 (Underpinning)

I. 언더피닝 공법이란
기존 건축물 기초를 보강하거나 새로운 기초를 설치하여 기존건물을 보호하는 보강공사 공법

II. CGS 공법 시공도해, 필요성

- JSP공법
- 20MPa (초고압 주입)
- 주입재 (Soil Cement)
- 지중구근형 Pile
- 2단계 주입
- 1단계 주입

필요성
- 지반 보강효과
- 건축물 증축
- 지내력 강화
- 인접건축물 보호
- 기초 보호

III. 언더피닝 공법 종류별 특징

종류	특성
지주에 의한 받이	경사지주법, 수직지주법, 트러스지주법
신설기초 이용 받이	내압판 받이, 밑받이보, 붙임보
보 받이	바로받이, 보받이, 바닥판 받이
약액 주입	고압으로 약액 주입 A,B,C, JSP, LW, 고분자계
CGS	모르타르 초고압(20MPa) 지반주입
이중 널말뚝	인접건물 사이 이중널말뚝
차단벽 공법	하부 흙막이 막음

IV. 토공사 인접건물 보호 예방조치
Tilt meter (경사계) 계측관리로 예방

문제 076 Floating Foundation

〔04후(10), 07후(10), 10전(10)〕

1 정의
① 연약지반에 RC 구조 등의 중량 건축물을 세우는 경우, 굴착한 흙의 중량과 건축물의 중량이 균형을 이루도록 만든 기초공법으로 보상기초(compensated foundation)라고도 한다.
② 굴착한 흙의 중량보다 작은 건축물을 지지하며, 설계 시 안전을 고려하여 건물 중량을 배토중량의 2/3~3/4 정도로 억제해야 한다.

2 시공 시 유의사항

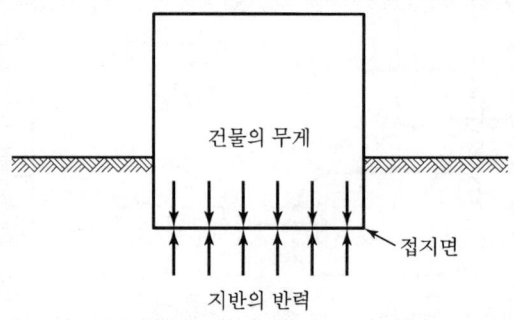

① 기초 하부지반을 손상시키지 않도록 유의해야 한다.
② 하부에 점토지반이 있을 경우 지하 수위에 의한 압밀침하에 유의한다.
③ 기초부분의 축조는 온통기초로 한다.
④ 건물 전체의 중량 balance를 고려하여 기초저면의 접지압이 같도록 한다.

3 설계 시 검토사항
① 기초의 깊이
② 기둥의 배치
③ 하중의 분포
④ 건물의 형상
⑤ 건물의 중량배분

문제 21) Floating Foundation (부상기초 - Compensated Foundation)

I. 정의

① 연약지반에 건축물을 세우는 경우, 굴착한 흙의 중량과 건축물의 중량이 균형을 이루는 기초공법.

② 설계시 안전을 고려하여 건물 중량의 $\frac{2}{3} \sim \frac{3}{4}$ 정도로 억제해야 한다.

II. Floating Foundation Mechanism

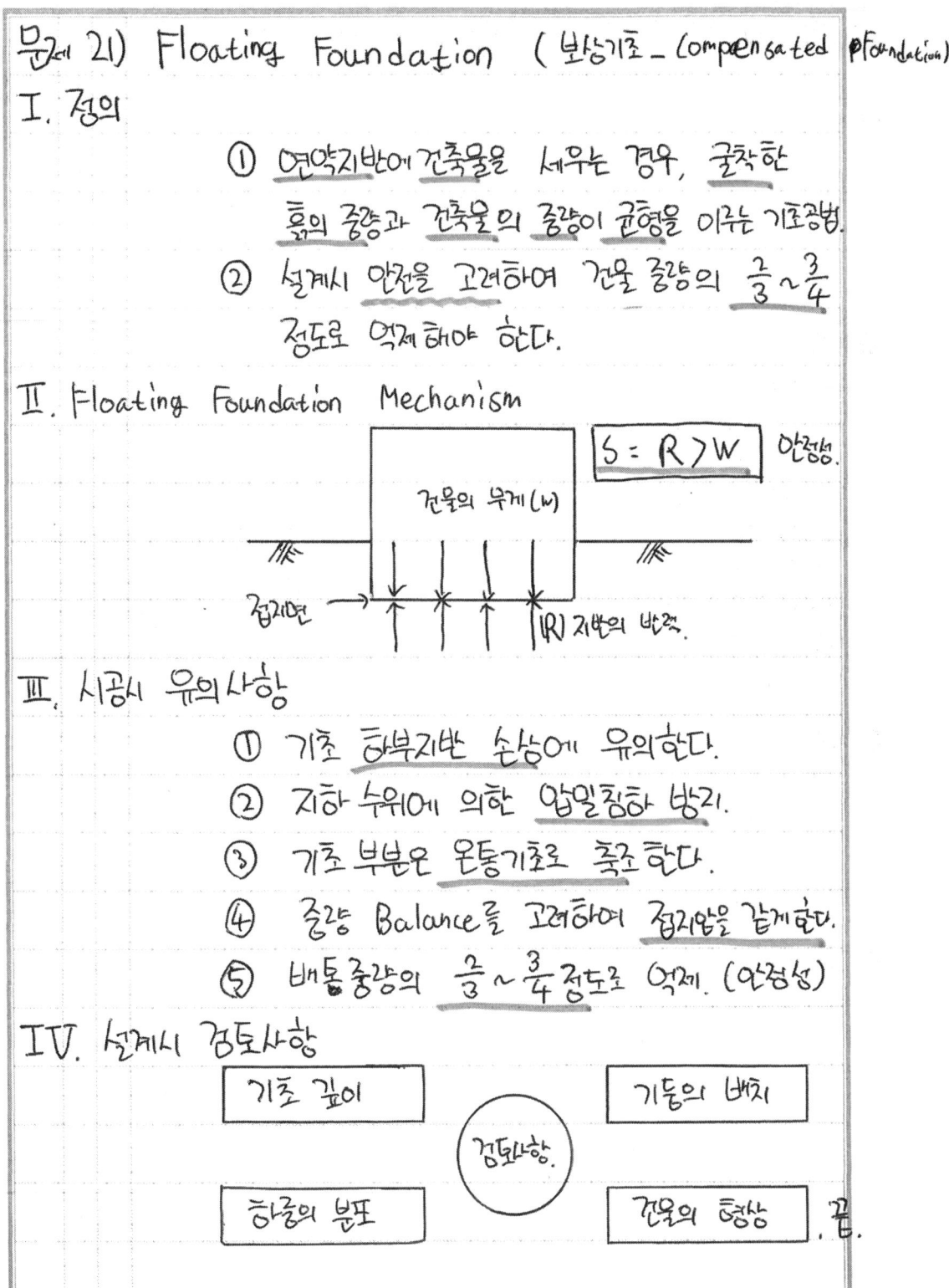

$S = R > W$ 안정.

건물의 무게(W)

접지면

(R) 지반의 반력.

III. 시공시 유의사항

① 기초 하부지반 손상에 유의한다.
② 지하 수위에 의한 압밀침하 방지.
③ 기초 부분은 온통기초로 축조한다.
④ 중량 Balance를 고려하여 접지압을 같게한다.
⑤ 배토중량의 $\frac{2}{3} \sim \frac{3}{4}$ 정도로 억제. (안정성)

IV. 설계시 검토사항

기초 깊이		기둥의 배치
	검토사항	
하중의 분포		건물의 형상

끝.

문제 077 Top-base 공법(콘크리트 팽이말뚝 기초공법)

〔14전(10)〕

1 정의

① 팽이형 콘크리트 매트 기초공법(method of concrete top-base mat foundation)이란 짧은 팽이형 concrete pile을 연약지반상에 전면기초형태로 연속압입설치하여, 지중 말뚝주변의 간격을 쇄석으로 채워서 다짐한 후, 팽이말뚝 상부의 연결 철근을 결속하여 Con'c mat 기초를 만드는 공법이다.
② 연약지반에서 지지력 증대 및 침하감소의 효과가 크며, 중소규모의 구조물에 적합한 공법이다.

2 용도

① 건축물의 기초 : 연립주택, 창고, 단독주택, 중규모 건축물
② 공사용 도로의 기초 : 가설도로
③ 기계진동방지기초 : 공장
④ 벽체의 기초 : 옹벽
⑤ 교량의 기초 : 교대, 교각
⑥ 도로포장의 기초 : 노상, 보조기층
⑦ 지주 구조물의 기초 : 철탑
⑧ 암거의 기초 : box-culvert, pipe-culvert
⑨ 수로 구조물의 기초 : manhole, openchannel

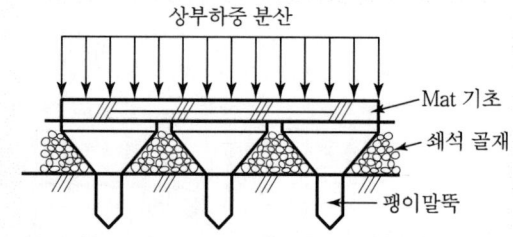

3 특징

① 강성이 큰 mat 기초 기능 우수
② 소음, 진동이 적음
③ 가격이 저렴하며 재료입수 용이
④ 특수장비가 불필요하며 시공성 우수
⑤ 지지력 증대 및 침하 억제
⑥ 시공장소에 구애받지 않음
⑦ 진동, 충격 흡수
⑧ 지지력이 크지 않은 중소규모 구조물에 적합

4 시공순서

① 부설지반의 정지
② 작업 곤란 시 작업장 바닥에 쇄석골재 포설
③ 위치 철근의 배치
④ 팽이말뚝 압입 설치
⑤ 팽이말뚝 사이에 쇄석골재 채움 및 다짐
⑥ 연결철근의 결속
⑦ 본 구조물 설치

문제 18) Top-base 공법 (콘크리트 팽이말뚝 기초공법)

I. 정의

연약지반상에 전면기초형태로 연속압입 설치하여, 팽이말뚝 주변의 간격을 (대석으로 채워서) 다짐한 후, 팽이말뚝 상부의 연결철근을 결속하여 Concret Mat 기초를 만드는 공법이다.

II. 용도

① 건축물의 기초 : 연립주택, 창고, 단독주택 등 중규모 건축물
② 공사용 도로의 기초 : 가설도로
③ 벽체에서 기초 : 옹벽

III. 특징

- 강성이 큰 Mat 기초기능 우수
- 가격이 저렴하며 자재입수 용이
- 지지력 증대 및 침하억제
- 진동, 충격 흡수

- 소음, 진동이 적음
- 특수장비 불필요로 시공성 우수
- 시공성에 구애받지 않음
- 중·소규모 구조물에 적합

IV. 시공순서

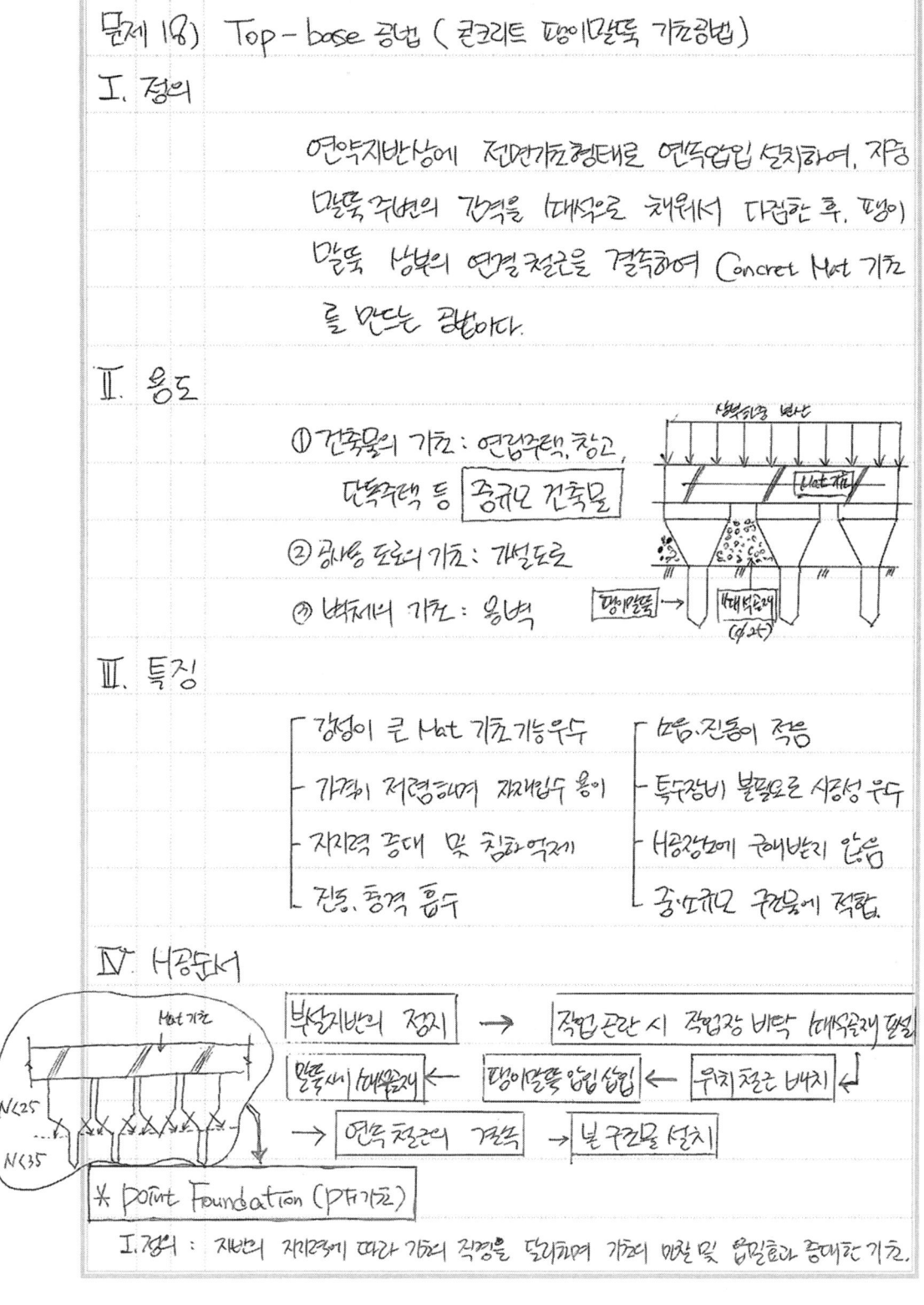

부설지반의 정리 → 작업곤란 시 작업장 바닥 (대석을 펼침)
말뚝 사이 대석으로 ← 팽이말뚝 압입 삽입 ← 위치 철근 배치
→ 연속 철근의 결속 → 본 구조물 설치

※ Point Foundation (PF 기초)
 I. 정의 : 지반의 지지력에 따라 기초의 직경을 달리하며 가격의 마찰 및 음밀효과 증대한 기초.

문제 078 기초공사에서의 PF(Point Foundation) 공법

〔18전(10)〕

1 정의
① PF공법이란 head, cone, tail 형태의 구근을 동시에 형성하는 기초공법으로 중/저층 구조물의 지내력 기초에 적용된다.
② 특수교반장비를 사용하여 상부층의 1차 지지층(지내력 확보), 하부층의 침하방지 토사 경화체를 형성하여 침하량 제어를 동시에 수행하여 기초를 형성하는 공법이다.

2 PF공법의 지지 Mechanism

지지단계	구성	지지방식	비고
1차지지층	표층	기초하중을 분산시켜 하부에 전달	0.3~2m
2차지지층	head	고개량하여 응력이 큰 상부지반의 지지력 확보 및 침하량 제어	2D~3D
3차지지층	tail	저개량하여 응력증가량이 작은 하부지반의 지지력 확보 및 침하량 제어	N=20~30

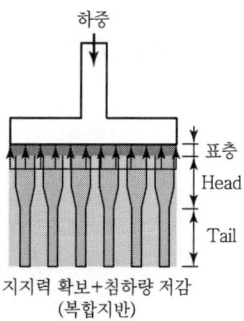

지지력 확보+침하량 저감
(복합지반)

3 PF공법의 시공방법

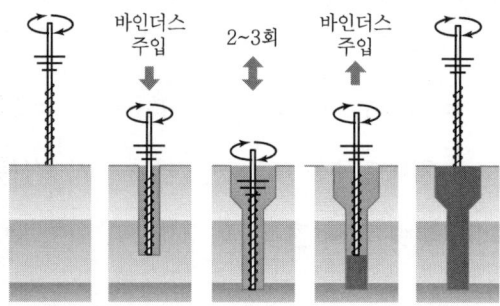

시공위치 → 주입/천공 → 반복주입 → 주입/인발 → 완료

4 PF공법의 특징
① 연약지반개량을 통한 지내력 확보
② 현장 지질조건을 감안한 최적화 기초 시공가능 – 표층/중층/심층으로 구분 가능
③ 하중 부담이 적은 건축물의 과다설계 문제점 해결
④ 파일기초 대비 시공심도 감소 → N치 20~30인 견고한 지지층까지만 시공
⑤ 기초공사의 약 20%의 공기단축 및 30% 정도의 원가절감 효과

문제 3〉 기초공사에서의 PF(Point Foundation) 공법

I. PF 공법이란

원지반 토사에 고화제(바인더스) 2~3회 반복 주입, 교반, Head, Cone, Tail 형태 근 형성, 중저층 지내력 기초

II. PF 공법 시공도해

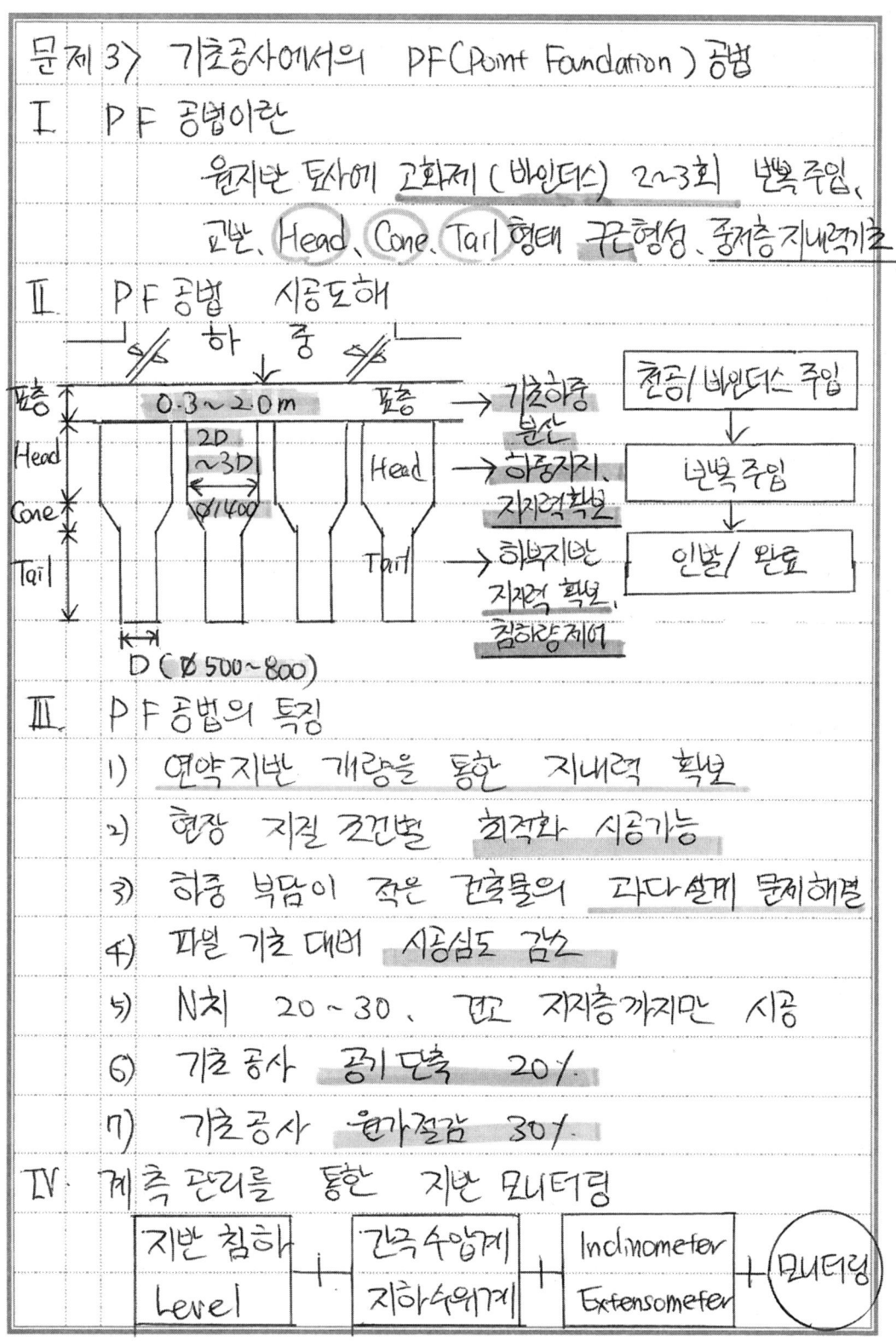

III. PF 공법의 특징

1) 연약지반 개량을 통한 지내력 확보
2) 현장 지질 조건별 최적화 시공가능
3) 하중 부담이 작은 건축물의 과다설계 문제해결
4) 파일 기초 대비 시공성도 감소
5) N치 20~30, 깊고 지지층까지만 시공
6) 기초공사 공기단축 20%
7) 기초공사 원가절감 30%

IV. 계측 관리를 통한 지반 모니터링

| 지반 침하 Level | 간극 수압계 지하수위계 | Inclinometer Extensometer | 모니터링 |

문제 079 철근의 벤딩마진(Bending Margin)

〔12후(10)〕

1 정의

① 철근의 벤딩마진(bending margin)이란 철근 구부림 시 철근의 인장으로 인해 기존의 철근보다 늘어나는 길이이다.
② 현장에서 철근 주문 시에는 정착에 대한 여장길이 확보를 고려하여 공장 절단길이를 결정해야 하며, 제작 후 철근의 길이가 실계산 길이보다 길어야 한다.

2 벤딩마진을 고려한 절단길이

형상				
산정식	$A+B-0.5r-d$	$A+0.57B+C-1.6d$	$A+C-4d$	$A+B+C-r-2d$

3 여장길이

주철근	스터럽, 띠철근

주철근 표준갈고리는 180° 표준갈고리와 90° 표준갈고리로 분류한다.
① 180° 표준갈고리 : 180° 구부린 반원 끝에서 4d 이상 또는 60mm 이상
② 90° 표준갈고리 : 90° 구부린 반원 끝에서 12d 이상
	스터럽, 띠철근 표준갈고리는 90° 표준갈고리와 135° 표준갈고리로 분류한다.
	① 90° 표준갈고리
	  • D16 이하 철근 : 90° 구부린 끝에서 6d 이상
	  • D19, D22, D25 철근 : 90° 구부린 끝에서 12d 이상
	② 135° 표준갈고리 : D25 이하 철근 135° 구부린 끝에서 6d 이상

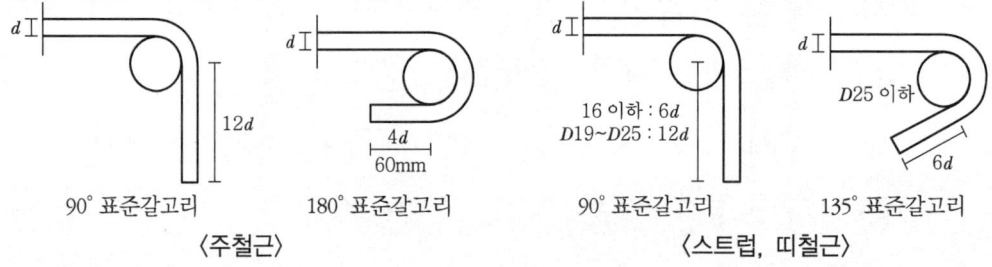

4 최소 구부림의 내면 반지름

주철근		스터럽, 띠철근	
철근크기	최소 내면 반지름	철근크기	최소 내면 반지름
D10~D25	3d	D10~D16	2d
D29~D35	4d	D19~D25	3d
D38 이상	5d		

문제 27) 철근의 벤딩마진 (Bending Margin)

I. 철근의 벤딩마진이란

철근 구부림시 철근의 연장으로 인해 기존의 철근보다 늘어난 길이

II. 벤딩마진을 고려한 절단길이

형상	산정식
A↑ □─ B ─→	$A+B-0.5r-d$
├C┤ B ↕ └─ A ─→	$A+0.57B+C-1.6d$
무관 Ⓑ↕ ├─C─┤ (A)	$A+C-4d$
A↕ └─B─┘ ↕C	$A+B+C-r-2d$

(2배)

III. 벤딩마진 적용 방법

1) 절단길이는 구부림시 늘어나는 길이를 공제 산정
2) 철근 제작 후 길이 설계보다 늘어야 한다.
3) 가공 벤딩 R 값별 벤딩 마진 상이
4) 벤딩시 철근 균열, 파손 유의
5) 재벤딩 (Cold Bending) 금지

IV. 철근 가공 품질 관리를 위한 고찰

1) 일반적으로 생산성, 시공성, 오차고려 정밀치수 가공
2) 가공장 샘플 벤딩을 통한 Sister Sample 제작
3) 균열, 파손 유의 / 가공검사 철저

문제 080 철근의 이음공법

[24후(10)]

1 정의

철근의 이음은 한곳에 편중되지 않도록 하여야 하며, 사전에 구조도 등의 검토를 통하여 현장여건에 적합한 이음공법을 채택하는 것이 무엇보다 중요하다.

2 이음공법

종류	내용	도해
겹친이음 (lap joint)	철근이음할 1개소에 두 군데 이상 결속선으로 결속하는 이음	
용접이음	금속의 야금적 성질(고열에 의해 융합(融合)되는 것)을 이용한 이음	
가스(gas) 압접	철근의 접합면을 맞대고 압력을 가하면서 oxy acetylene gas의 중성염으로 두 부재를 부풀어오르게 하여 접합	
Sleeve joint (슬리브 압착)	접합부재를 sleeve 속에 넣고 유압 jack으로 압착	
슬리브(sleeve) 충전공법	Sleeve 구멍을 통하여 에폭시나 모르타르 등의 grout재를 주입하여 이음	
나사이음	철근에 수나사를 만들고 coupler 양단을 nut로 조여 이음	
Cad welding	철근에 sleeve를 끼우고 화약과 합금의 혼합물을 넣고 순간폭발로 녹은 합금이 공간 충전	
G-loc splice	깔때기모양의 G-loc sleeve를 끼우고 G-loc wedge를 망치로 쳐서 이음	

문11) 철근 이음의 종류

I. 정의

① 철근의 이음은 철근의 배치와 강도등을 따라 응력 전달이 효과적으로 될 수 있도록 시공

② 특히 철근 초고강도화, 초고층 빌딩등 철근 이음 시공법 중요함.

II. 철근 이음의 종류

(기계적) 물리적 이음	겹침이음, 나사이음, 슬리브 Joint
재료적 이음	용접 이음, 가스 압접, Cad-Welding
특수 이음	G-Loc-Splice

III. 겹침이음 시공시 이음 길이

   1) 압축철근
      ① $f_y < 400 MPa$, $l_d = 0.072 f_y \cdot d$
      ② $f_y \geq 400 MPa$, $l_d = (0.13 f_y - 24) d$

   2) 인장철근
      ① A급 이음 $l_d = 1.0 l_d$ 이상   (※ l_d : 정착길이)
      ② B급 이음 $l_d = 1.3 l_d$ 이상.

IV. 철근 이음 시공시 주의 사항

   ① 갈고리 위치, 절곡·접합 위치등을 고려하여 설계·시공시 이음위치를 결정한다.

   ② BIM을 활용하여 3D Modeling에 따른 간섭 사항에 check한다.   "끝"

문제 081 철근의 압접(Gas 압접)

[79(5), 98중전(20), 06후(10), 16후(10)]

1 정의
① 철근의 접합면을 직각으로 절단하여 줄로 연마한 후, 서로 맞대고 압력을 가하면서 맞댄 부위를 산소 아세틸렌가스(oxy acetylene gas)의 중성염으로 가열하면 1,200~1,300℃에서 접합부가 부풀어오르면서 접합되는 것이다.
② 19mm 이상의 굵은 철근을 압접할 때는 겹친이음에 비해 경제적이고, 콘크리트 타설이 용이하다.

2 시공도 및 flow chart

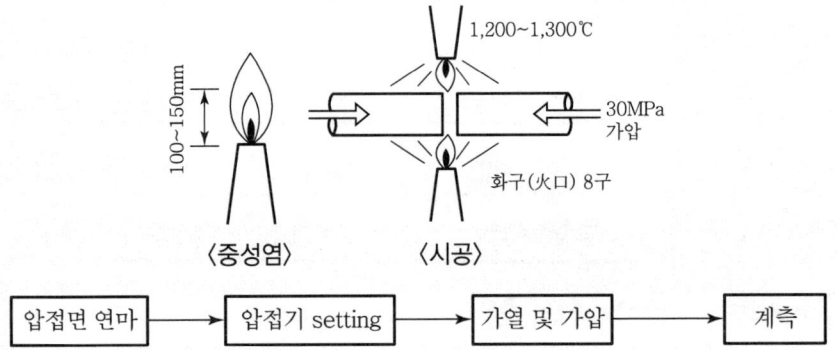

3 압접기준
① 압접돌출부의 직경은 철근직경의 1.4배 이상
② 압접돌출부의 길이는 철근직경의 1.2배 이상
③ 철근 중심축의 편심량은 철근직경의 1/5d 이하
④ 압접돌출부의 단부에서 용접면 엇갈림은 철근직경의 1/4d 이하
⑤ 지름차 6mm 초과 시 압접금지
⑥ 철근재질 상이 시 압접금지
⑦ 항복점 강도 상이 시 압접금지
⑧ 0℃ 이하 시공금지

4 기준(시험기준)

외관검사	인장시험	비파괴검사(초음파)
전개소	1검사 lot당 3개소	1검사 lot당 20개소
1/4d 이하, 1.2d 이상, 1.4d 이상, 1/5d 이하 (부푼 곳의 정상부, 압접면)	설계기준값의 125%	균열, 공극 미검출

문제 5) 철근의 Gas 압접이음.

I. 정의

철근 접합면을 직각 절단 후 맞대고 압력을 가하면서 산소 아세틸렌의 중성염으로 가열하여 1200℃~1300℃에서 접합. D19 이상 철근에 적용.

II. Gas 압접이음의 시공도

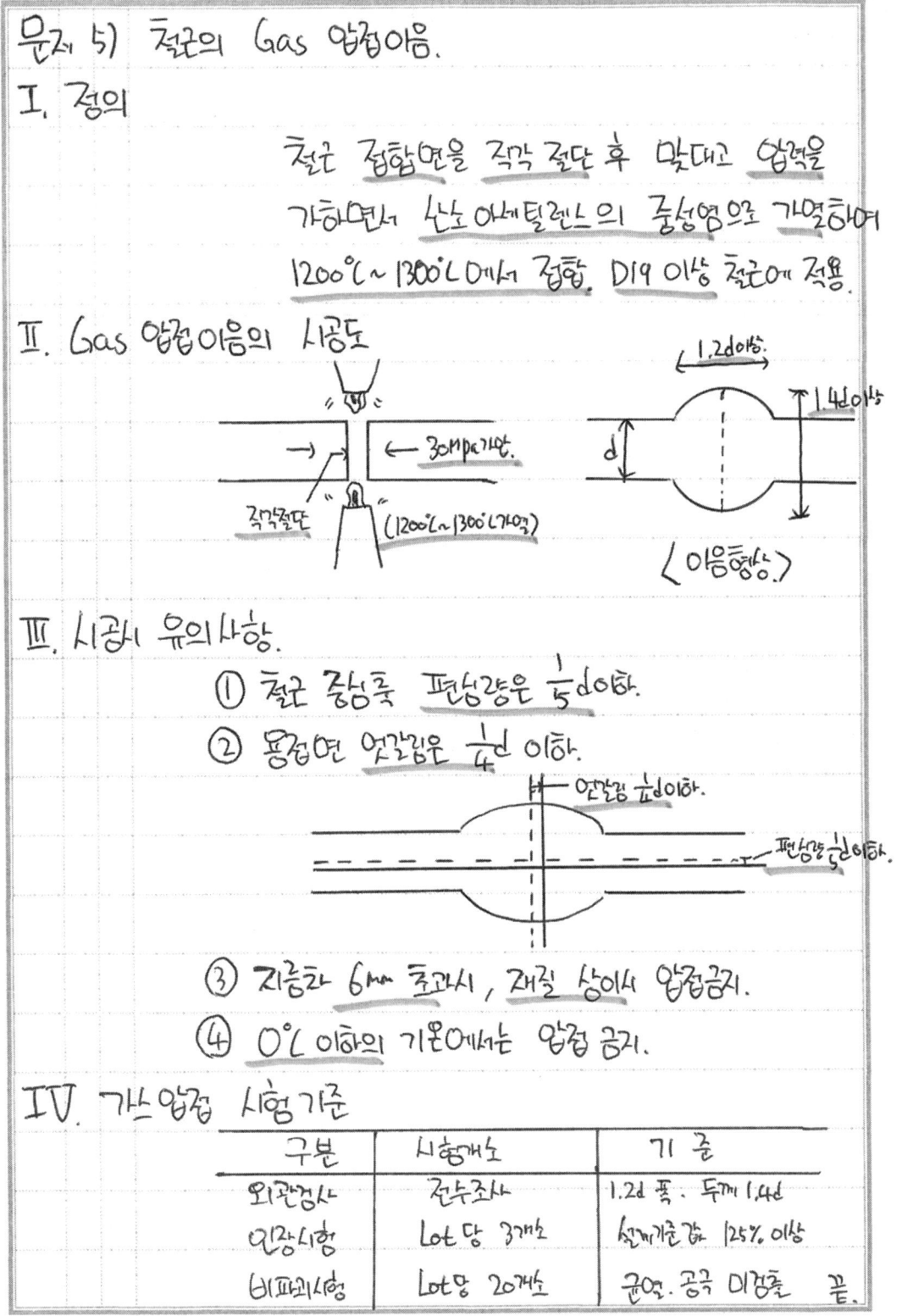

〈이음형상〉

III. 시공시 유의사항.

① 철근 중심축 편심량은 $\frac{1}{5}$d 이하.

② 용접면 엇갈림은 $\frac{1}{4}$d 이하.

③ 지름차 6mm 초과시, 재질 상이시 압접금지.

④ 0℃ 이하의 기온에서는 압접 금지.

IV. 가스 압접 시험기준

구분	시험개소	기 준
외관검사	전수조사	1.2d 폭, 두께 1.4d
인장시험	Lot당 3개소	설계기준값 125% 이상
비파괴시험	Lot당 20개소	균열, 공극 미검출

끝.

문제 082 철근의 피복두께(Covering Depth)

〔97중전(20), 98중전(20), 06중(10), 14후(10), 21후(10), 22후(10), 24전(10)〕

1 정의
철근콘크리트 구조체에서 철근을 보호할 목적으로 철근을 콘크리트로 감싼 두께를 말하며, 철근 표면과 콘크리트 표면의 최단거리를 피복두께라 한다.

2 철근 피복의 목적
① 내구성 확보
② 부착성 확보
③ 내화성
④ 방청성 확보
⑤ 콘크리트의 유동성 확보

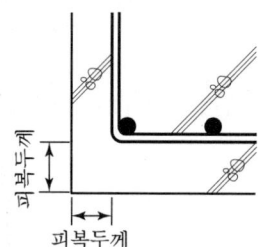

〈철근의 피복두께〉

3 두께의 결정 시 고려사항
① 소요 내화성·내구성·구조내력 등의 확보 범위 고려
② 부재의 종류별 마무리 유무 고려
③ 환경조건 파악
④ 시공 정도 검토

4 최소피복두께

부위 및 철근 크기			최소피복두께(mm)
수중에서 치는 콘크리트			100
흙에 접하여 콘크리트를 친 후 영구히 흙에 묻혀 있는 콘크리트			75
흙에 접하거나 옥외 공기에 직접 노출되는 콘크리트	D19 이상의 철근		50
	D16 이하의 철근, 지름 16mm 이하의 철선		40
옥외의 공기나 흙에 직접 접하지 않는 콘크리트	슬래브, 벽체, 장선	D35 초과하는 철근	40
		D35 이하인 철근	20
	보, 기둥		40

※ 피복두께의 시공 허용오차는 10mm 이내로 한다.

5 검사
① **외관검사**: 육안검사
② **외관검사 결과의 확인검사**: 외관검사에 의해 피복두께가 의심가는 곳 검사
③ **실 외면의 피복두께 검사**: 각 층마다 바닥 및 지붕 슬래브의 모서리면 검사

문제 10) 철근의 피복두께 (Covering Depth)

I. 정의
철근을 보호할 목적으로 철근을 콘크리트로 감싼 두께를 말하며 철근 표면과 콘크리트 표면의 최단거리를 피복두께라 한다.

II. 철근 피복두께의 목적
① 내구성·내화성 확보
② 부착성·유동성 확보
③ 방청성 확보

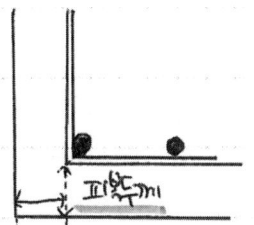

III. 최소피복두께

수중에서 치는 콘크리트		100mm
흙에 접하여 타설 후 묻히는 콘크리트		75mm
흙에 접하거나 공기에 직접 노출	D19 이상 철근	50mm
	D16 이하/Ø16 이하 철선	40mm
흙에 접하지 않고 공기에 노출되지 않음.	슬래브·장선·벽체 D35 초과 철근	40mm
	슬래브·장선·벽체 D35 이하 철근	20mm
	보·기둥	40mm

※ 피복두께의 허용오차는 10mm 이하.

IV. 피복두께 확보를 위한 Spacer 배치기준
① Slab : 상·하부 각각 $1m^2$ 간격.
② 보 : 1.5m 간격 (단부는 1.5m 이내)
③ 기둥 : 상단-보 밑 0.5m 이내, 중앙, 단부 끝.

문제 083 : 철근의 부착강도에 영향을 주는 요인

[04전(10), 10전(10), 19중(10)]

1 정의
① 철근콘크리트조는 철근과 콘크리트의 부착으로 일체화되어 외력에 저항하는 합리적인 복합구조이다.
② 철근과 콘크리트의 경계면에서 철근의 movement가 발생하지 않도록 하여야 하며 movement를 방지하는 성능이 부착강도이다.

2 부착응력도

$$U = \frac{V}{\Sigma \cdot j \cdot d} \leq U_c \quad 단, \; j = \frac{7}{8} = 0.87$$

여기서, Σ : 인장철근 총 주장(周長), V : 최대 전단력(kg)
d : 유효춤(mm), U_c : 허용부착응력도(MPa)

- 부착응력도는 허용부착응력도보다 작아야 한다.
- 철근 주장(周長)이 클수록 부착응력도는 작아지고 부착력은 커진다.
- 그러므로 철근 직경이 굵은철근보다 가는철근 여러 개를 사용하는 것이 유리하다.

3 부착강도에 영향을 주는 요인

1) **피복두께**
   ① 콘크리트의 피복두께가 부착강도에 미치는 영향이 큼
   ② 피복두께가 두꺼울수록 부착강도 증가

2) **철근의 표면상태**
   ① 철근에 녹이 있을 경우 부착강도 증가
   ② 이형철근이 원형철근보다 부착강도가 2배 정도 증가
   ③ 콘크리트가 철근에 면하는 면적이 많을수록 부착강도 증가
   ④ 철근의 직경이 굵은것보다 가는 철근을 여러 개 사용하는 것이 유리

3) **콘크리트의 강도**
   콘크리트의 강도가 높을수록 부착강도 증가

4) **물결합재비**
   ① 물결합재비가 낮을수록 부착강도 증가
   ② 콘크리트 속의 공극이 적을수록 부착강도 증가

5) **다짐**
   ① 손다짐보다 진동다짐이 유리
   ② 다짐으로 콘크리트 속의 공기 및 잉여수 제거로 부착강도 증가

문제 23. 철근 부착강도에 영향요인

I. 정의
   ① 철근과 콘크리트의 경계에서 Movement가 발생하지 않는 성능이 부착강도이다.
   ② 부착성이 좋아 철근과 콘크리트가 일체화되어야 외력에 저항성이 증대된다.

II. 부착강도에 영향주는 요인 (부착성 증대요인)
   1) 피복두께가 두꺼울수록
   2) 이형철근이 원형철근보다 부착성 2배 증가
   3) 굵은직경보다 가는직경 철근이 여러개일수록
   4) Con'C 강도가 클수록
      ○ $f_{cr} \geq f_{ck} + 1.34S$ 또는 $(f_{ck}-3.5)+2.33S$ 中 큰값
   5) W/B 낮을수록
      ○ $W/B = 51/(f_{28}/K + 0.31)$
   6) 다짐이 좋고 공극이 작을수록
   7) 철근 표면적이 넓을수록
   8) 철근에 일정 녹이 있는경우

III. 부착응력도 산정식

   $$U = \frac{V}{\Sigma_j \cdot j \times d}$$ 소보 안 $j = \frac{7}{8} = 0.87$

   Σ : 인장철근 총 주장, V : 최대 전단력 (kg)
   d : 유효춤 U_c : 허용부착응력도 (MPa)

문제 084 철근의 부동태막

〔23후(1O)〕

1 정의
부식할 가능성을 가진 금속이 그 활성을 잃고 부식하기 어려운 성질을 가진 상태를 부동태라 하며, 콘크리트에 둘러싸인 철근의 표면에 20~60Å 정도의 두께로 이루어진 부식하기 어려운 성질을 가진 막을 부동태막이라 한다.

2 부동태피막의 부식과정

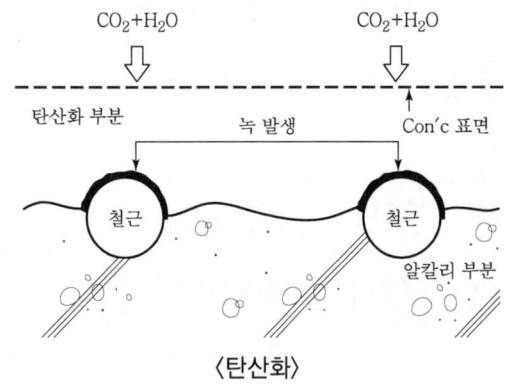

〈탄산화〉

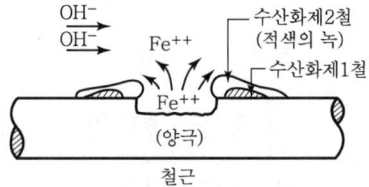

철근과 철근의 표면에 접하는 물질 사이에 생기는 화학반응에 의해 철근의 표면이 소모해 가는 현상

〈철근의 부식〉

3 철근의 부동태막 파괴 원인
① $CaO + H_2O \rightarrow Ca(OH)_2 + CO_2 \rightarrow CaCO_3 + H_2O$
② 탄산화 반응으로 pH의 농도가 8.5~9.5 이하가 될 때 부동태막이 파괴된다.
③ 탄산화 속도가 빠를수록 부동태막 파괴가 빠르다.
④ 피복이 두꺼울수록 부동태막 파괴속도가 느리다.
⑤ 콘크리트 타설이 밀실할수록 파괴속도가 느리다.

4 부동태막 파괴 시 피해
① 콘크리트 내부 철근부식으로 녹 발생
② 녹 발생 시 철근체적 2.6배 정도 팽창
③ 콘크리트 표면 균열 발생
④ 균열로 인한 물과 공기의 침입이 급속히 진행
⑤ 구조물의 붕괴상태로 발전
⑥ 부동태막의 파괴 시 구조물의 내구연한에 다다른 것으로 간주한다.

문제 13) 철근의 부동태막

I. 정의

콘크리트에 둘러싸인 철근의 표면에 20~60Å 두께로 이루어진 부식하기 어려울 성질을 가진 막

II. 부동태막의 개념도 및 파괴 원인

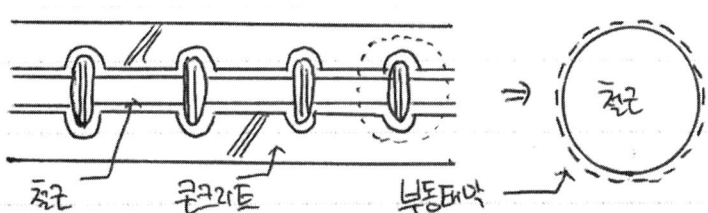

철근   콘크리트   부동태막

① PH 8~9 이하시 부동태막 파괴
② 탄산화 속도가 빠를수록 부동태막 파괴
③ 피복두께 부족시 파괴

III. 부동태막 파괴시 문제점

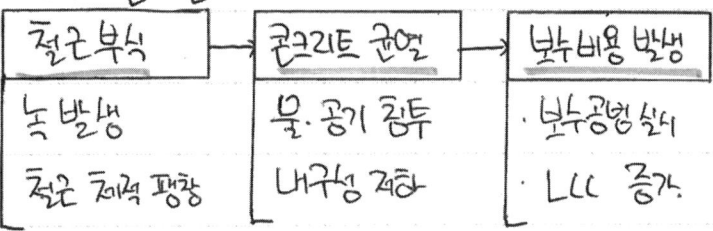

철근 부식	콘크리트 균열	보수비용 발생
녹 발생	물·공기 침투	· 보수공법 실시
철근 체적 팽창	내구성 저하	· LCC 증가

IV. 부동태막 파괴 방지대책

① 철근의 피복두께 확보 : H_2O, CO_2 침입방지
② 부식인자의 제거 : 제염법·방청법
③ Epoxy 수지 도장 도포
④ 콘크리트 재료·배합·시공 철저
⑤ 균열 발생시 즉시 보수

끝.

문제 085 | 철근의 Pre-fab공법

〔93후(8), 97전(15), 97중전(20), 08후(10), 19전(10)〕

1 정의

철근의 Pre-fab(Pre-fabrication) 공법이란 철근콘크리트공사에 사용하는 철근을 기둥·보·바닥·벽 등의 부위별로 미리 조립해 두고 현장에서 이 부재를 접합하는 공법으로 철근선조립공법이라고도 한다.

2 벽체 Pre-fab 공법 도해 설명

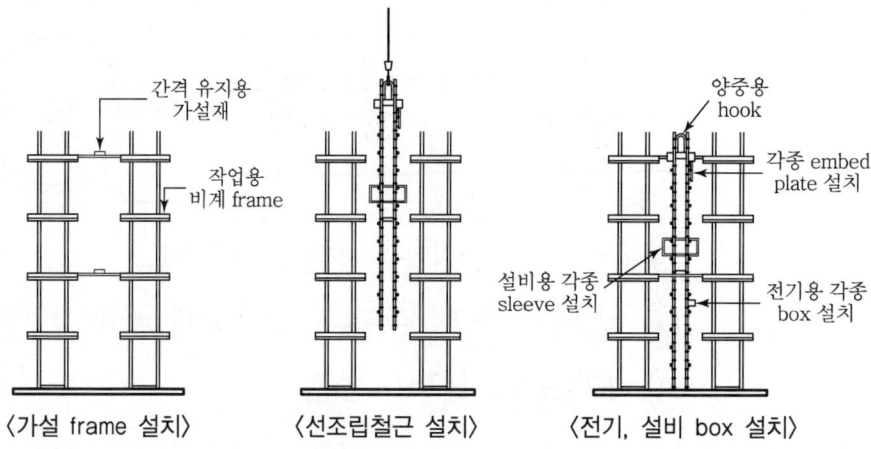

〈가설 frame 설치〉　〈선조립철근 설치〉　〈전기, 설비 box 설치〉

① 간격 유지용, 작업용 비계 등의 가설 frame 설치
② 양중 시 변형에 유의 및 신호수 배치
③ 각종 매립물과 철근의 이음부 확보

3 목적

4 적용 시 제한사항(유의사항)

설계 시 선결사항	시공 시 유의사항
• 각 부재는 규격화하고 종류를 적게 계획 • 평면의 단순화 및 System화 • 기둥·보 등 각 부재의 주근은 같은 굵기의 철근 사용 • 띠근과 스터럽근은 나선식으로 계획 • 철근의 접합공법은 특성에 맞는 이음공법 채택	• 각 부재의 접합부 형상을 단순화 • 결속선은 #16을 사용 • 운반과 양중 시 변형에 유의

문제14) 철근의 Pre-fab 공법 (조립식 철근공법)

I. 정의

① 철근을 기둥·보·바닥·벽 등의 부위별로 미리 조립 후 현장에서 접합하는 공법
② 공기단축·작업 환경개선·안정성 확보 가능.

II. Pre fab 공법의 개념도

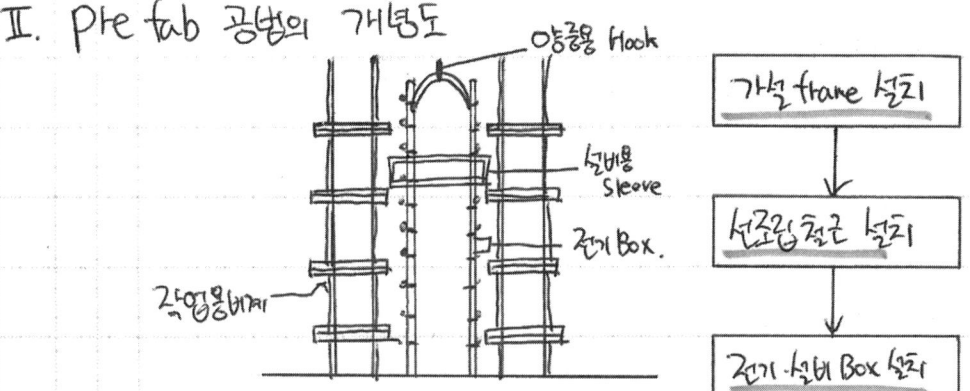

III. 철근 Pre-fab 공법의 특징

장 점	단 점
· 시공 정밀도 향상	· 부피 증가로 운반시 곤란
· 구체공사의 품질 확보	· 양중시 충격 → 전도 위험
· 자재손실 방지· 노무 감소	· 접합부 응력손실 우려

IV. 시공시 유의사항

① 접합부 강도 확보 및 이음길이 준수
② 설계시 평면의 단순화를 통한 공기단축
③ 수직도 확보 → 피복두께 미확보
④ Balance Beam 사용하여 양중.
⑤ 양중시 조립철근의 변형에 유의.   끝

문제 086 철근부식 허용치

〔14전(10), 20후(10)〕

1 정의
① 철근은 표면에 부동태 피막을 형성하고 있어, 이 부동태막이 철근을 부식으로부터 보호하게 된다.
② 철근의 부식은 부동태 피막의 파괴로 인해 발생하는 것으로, 철근부식의 허용치에는 여러 가지 기준이 있다.

2 철근부식 허용치 관련규정

1) 한국도로공사 규정
   ① 철근의 녹은 부착응력이 증가하는 순기능과 녹의 발생이 많아 부착응력이 감소하는 역기능을 동시에 가짐
   ② 철근의 부식도가 2~4% 이하일 경우 순기능이 크게 작용함

2) 미국 콘크리트 학회
   ① 보통정도의 녹은 오히려 부착에 도움
   ② 떨어질 정도의 녹 발생 시 손브러시 등으로 처리

3) 미국 재료시험 학회
   ① 녹 제거 시 중량(단면) 손실은 원중량의 6% 이내
   ② 중량 손실량은 철근시편을 채취로 무게를 계량함

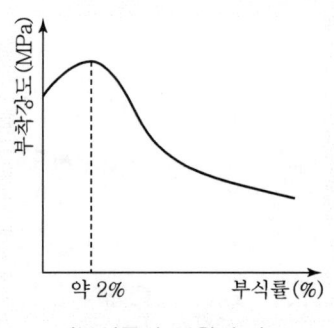

〈부식률과 부착강도〉

3 부식도 공식

$$부식도(\%) = \left(1 - \frac{녹을\ 제거한\ 철근의\ 단위길이당\ 중량}{녹이\ 없는\ 철근의\ 단위길이당\ 중량}\right) \times 100$$

4 철근 보관 시 유의사항
① 녹 발생이 촉진되지 않는 환경조성
② Sheet 등으로 보양 시 통풍불량의 우려
③ 보관소 내 통풍을 통한 습기 제거
④ 현장의 녹 발생 과다 시 전문 기술자의 기술검토 필요

문제 16) 철근 부식 허용치

I. 정의

- 철근의 부식은 부동태 피막의 파괴로 인해 발생하는 것으로 철근의 부식을 허용하는 분량을 나타내는 수치이다.

II. 철근 부식의 개념도

Fe^{++} — 산화 -2e⁻
        — 수산화 -2e⁻
(양극)
〈철근의 부식〉

부동태막 파괴 → 부식 발생 → 철근 팽창

III. 철근 부식의 허용치 관련규정

1) 한국도로공사 규정 : 부식도 2~4% 이하시 부착강도 증가.

2) 미국 콘크리트 / 재료 시험 학회
   ① 보통의 녹은 부착에 도움.
   ② 녹 제거시 단면손실은 원중량 6%이내.

(그래프: 부착률 vs 부식률(%), 정점 2.4%)

IV. 철근의 부식도 공식

$$부식도 = \left(1 - \frac{녹을 \ 제거한 \ 철근의 \ 단위길이당 \ 중량}{녹이 \ 없는 \ 철근의 \ 단위길이당 \ 중량}\right) \times 100$$

V. 철근 보관시 유의 사항

① 녹이 발생하지 않는 환경 조성
② 보양시 통풍이 될수 있도록
③ 보관소 내 습기제거. (물 노출 X)
④ 녹 과다시 존중가 기술검토 필요

끝.

문제 087 Auto Climbing System Form

1 정의
Auto Climbing System Form은 1개 층의 높이로 제작된 system form을 tower crane 없이 자체유압기(hydraulic jack)와 인양 레일(climbing profile)을 이용하여 상승시키는 벽체 시스템 거푸집 공법이다.

2 Auto Climbing System Form 시공순서

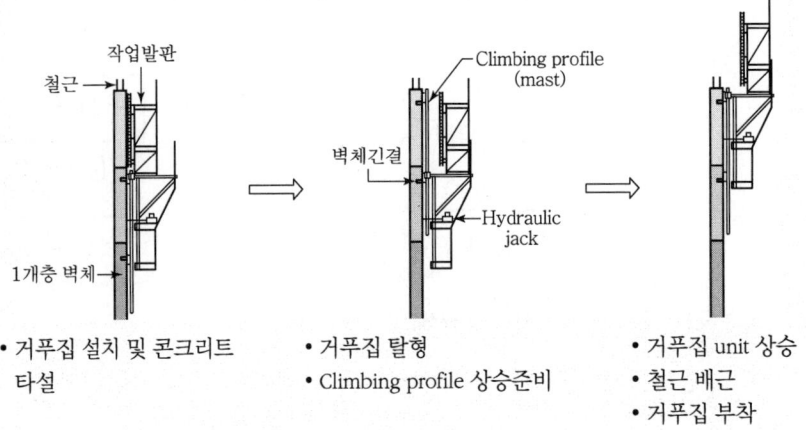

- 거푸집 설치 및 콘크리트 타설
- 거푸집 탈형
- Climbing profile 상승준비
- 거푸집 unit 상승
- 철근 배근
- 거푸집 부착

3 특징
① 양중장비가 필요 없이 스스로 상승하므로 self climbing form이라고도 함
② 벽체의 변형(두께, 평면 등)에 대처 가능
③ Embed plate 설치가 필요
④ Stock yard에서 선조립 후 설치

4 시공 시 유의사항
① 벽체 강도 10MPa 이상
② 1, 2층은 일반 거푸집 필요
③ 벽체 최소 두께 250mm 이상 필요
④ 허용 풍속 35m/s 이하

5 대형 벽체 거푸집 비교

구분	Gang Form	Rail Climbing System	Auto Climbing System
개요	T/C의 힘으로 인양되는 대형 벽체 거푸집	T/C의 힘으로 Rail을 타고 인양되는 대형 벽체 거푸집	자체 유압기를 이용하여 인양되는 대형 벽체 거푸집
인양장비	T/C	T/C	유압기
초기 setting 시간	10일	10일	15일
경비	보통	보통	고가

문제 1) ACS폼 (Auto Climbing System Form)

I. 정의

① 1개층 높이로 제작된 System Form을 Tower Crane 없이 자체유압기와 인양레일로 상승시키는 공법

② 양중장비 없이 스스로 상승이 가능하다.

II. ACS폼 개념도

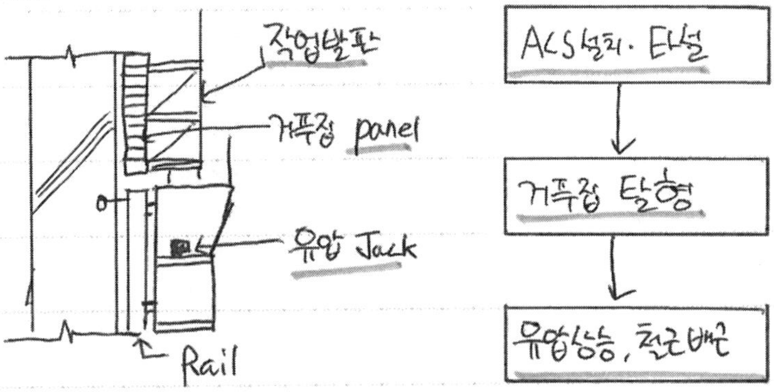

- 작업발판
- 거푸집 panel
- 유압 Jack
- Rail

ACS설치·타설 → 거푸집 탈형 → 유압상승, 철근배근

III. 시공시 유의사항

① 벽체 강도 10MPa 이상 확보
② 1, 2층은 일반 거푸집 필요
③ 벽체 두께 250mm 이상
④ 허용 풍속 35m/s 이하일 때 시공
⑤ Stock yard에서 선조립 후 설치.

IV. 벽체 거푸집의 비교

구분	갱폼	RCS	ACS
인양장비	T/L	T/L, 레일	자체유압기
초기 Setting 시간	10일	10일	15일
경비	보통	보통	고가

끝.

문제 088 RCS(Rail Climbing System) Form

1 정의
벽체 전용 거푸집으로 타워크레인 힘으로 rail을 타고 인양되는 방식의 system form으로 gang form에 비해 안전성이 우수하다.

2 RCS 시공도

3 특징
① 벽체의 변형(두께, 평면) 등에 대처 가능
② Embeded plate 설치 필요
③ Stock yard에서 선조립 후 설치
④ 초기 setting 시간 과다
⑤ 초고층 건축의 RC core 부분에 많이 채택

4 설치계획 시 고려사항
① 설치 전에 앵커 매립, 클라이밍 콘과 스레디드 플레이트의 위치는 정확한지 파악
② 앵커층 벽체강도 10MPa 이상 필요
③ 허용 풍속 35m/s 이상 시 작업 중지
④ 작업발판 위에 잡자재나 공구 적치 금지(낙하 우려)

문제 17> RCS (Rail Climbing System) Form

I. RCS Form의 정의
벽체 전용 거푸집으로 타워크레인 이용 Rail 타고 인양되는 시스템폼, 골조/마감용 비계 일체

II. RCS Form 시공도해

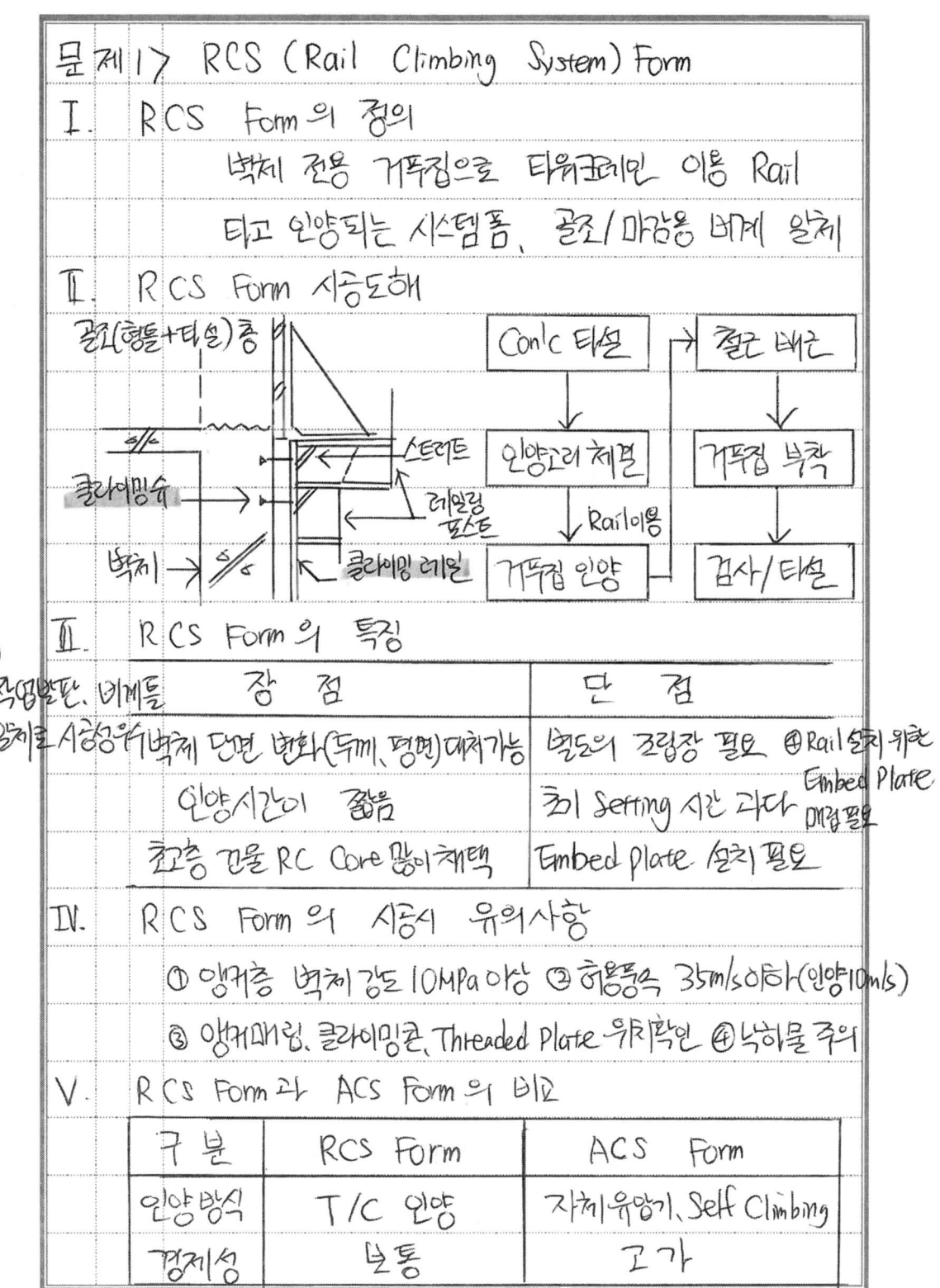

III. RCS Form의 특징

장점	단점
벽체 단면 변화(두께, 평면) 대처 가능	별도의 조립장 필요 ⑦Rail 설치 위치
인양시간이 짧음	초기 Setting 시간 과다 Embed Plate 매립필요
최고층 건물 RC Core 많이 채택	Embed Plate 설치 필요

④ 작업발판, 비계틀 일체로 시공중이 →

IV. RCS Form의 시공시 유의사항
① 앵커층 벽체 강도 10MPa 이상 ② 허용풍속 35m/s 이하 (인양 10m/s)
③ 앵커매립, 클라이밍콘, Threaded Plate 위치확인 ④ 낙하물 주의

V. RCS Form과 ACS Form의 비교

구분	RCS Form	ACS Form
인양방식	T/C 인양	자체유압기, Self Climbing
경제성	보통	고가

문제 089 Deck plate

〔19중(10), 22후(10), 24전(10)〕

1 정의

S조 또는 SRC조 건축물에서 철골보에 deck plate를 걸쳐대고 철근 배근한 후 콘크리트 타설하는 공법으로서, 동바리가 없기 때문에 하층의 작업이 용이하며, 거푸집의 해체공정이 줄어들어 노무절감 및 공기단축을 기대할 수 있다.

2 현장시공 상세도

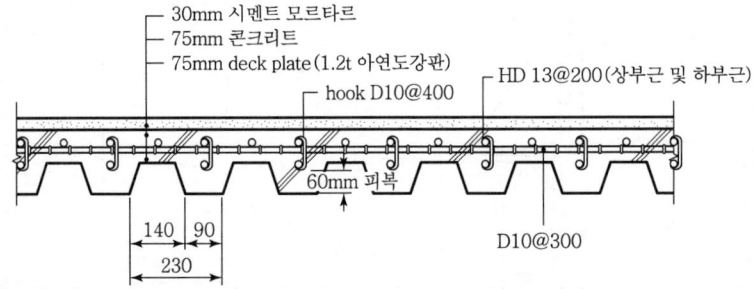

3 바닥판공법의 분류

① Deck plate
② Half slab
③ Waffle form
④ W식

4 데크플레이트(Deck Plate)의 종류 및 특징

1) Deck plate 밑창거푸집공법
    ① Deck plate를 거푸집 대용으로만 사용하며, 하중은 상부 Con'c와 그 속의 보강철근이 부담하는 공법
    ② 거푸집이 매설되므로 거푸집 해체공정이 생략됨
    ③ 작업이 간략화되어 현장이 깨끗해짐

2) Deck plate 구조체 공법
    ① Deck plate를 구조체의 일부로 보고, 그 위에 타설하는 Con'c와 강도적으로 일체가 되도록 하는 공법
    ② Deck plate가 구조체의 일부가 되므로 slab 철근이 줄어듦
    ③ Deck plate와 콘크리트를 일체화하기 위한 조치 및 바닥 내화피복공사가 필요

5 시공 시 유의사항

① 자중 및 작업하중을 고려한 단면설계 및 바닥중앙의 휨보강 검토
② 양중 및 설치 시 휨이 발생하지 않도록 할 것
③ 보와 접합되는 단부에는 콘크리트 흐름방지를 위한 마구리막이를 설치

문제 11) 데크 플레이트(Deck Plate) 슬래브 공법.

1. 정 의.

: 공장에서 제작한 바닥판을 현장에서 양중
  조립·설치하여 Conc를 타설하는 공법이다.

2. 종류 및 시공도.

① 철근거푸집 Deck.
② 구조체 Deck.
③ Ferro Deck
④ 합성 Deck.
⑤ 셀룰러 Deck.

ⓐ : 겹침길이.
(Ferro Deck)

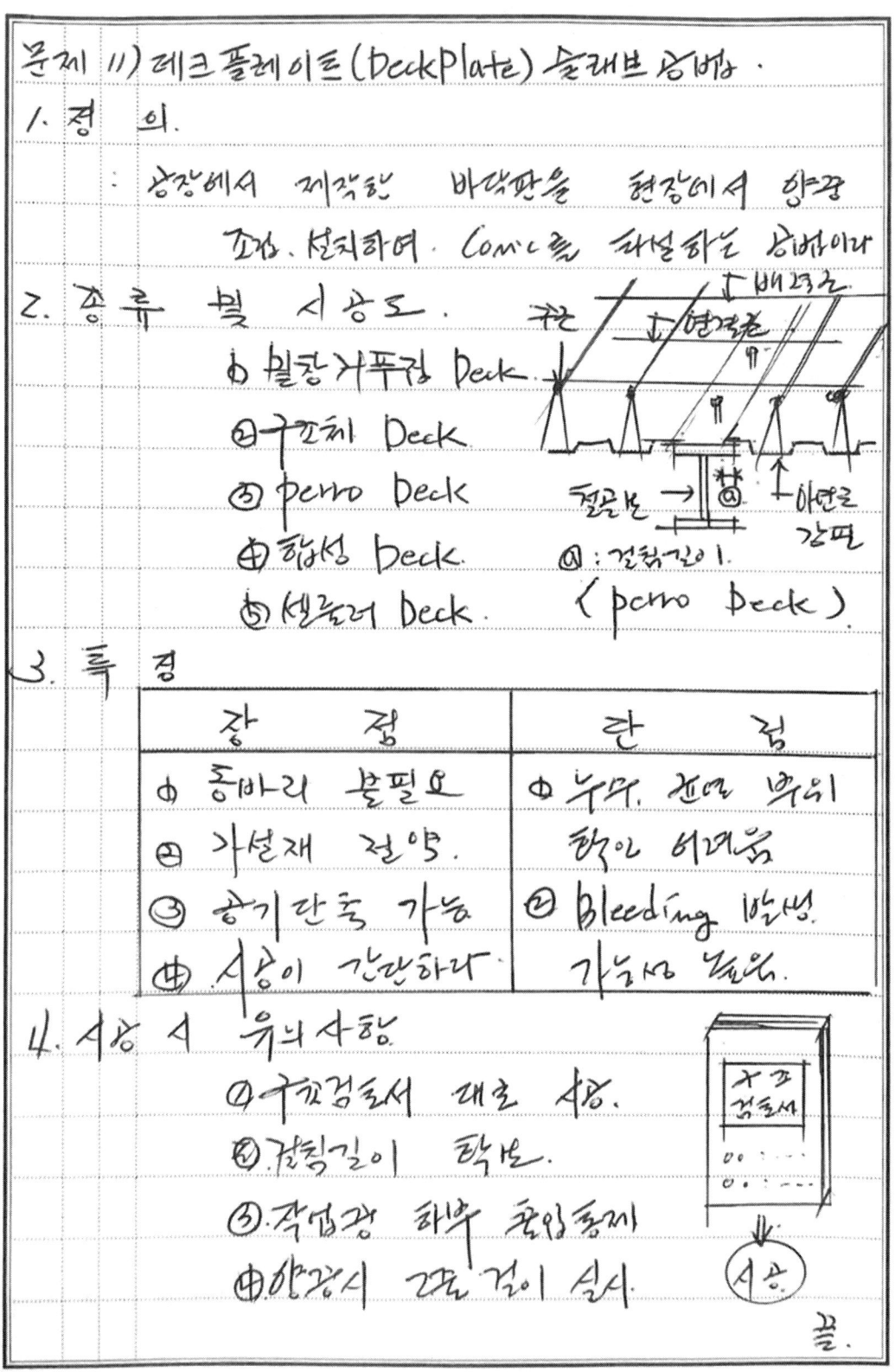

3. 특징

장 점	단 점
① 동바리 불필요	① 누수, 전면 부위
② 가설재 절약.	취약 어려움
③ 층간단축 가능	② bleeding 발생.
④ 시공이 간단하다	가능성 높음.

4. 시공시 유의사항

① 구조검토서 대로 시공.
② 겹침길이 확보.
③ 작업장 하부 출입통제
④ 양중시 꼭 검토 실시.

끝.

문제 090 거푸집 공사에서 드롭헤드 시스템(Drop Head System)

〔14후(10), 18후(10)〕

1 정의

① Panel(AL frame+wood panel)+beam+동바리(지주+drop head)로 구성되어 있으며 슬래브 거푸집을 일정하게 모듈화한 알루미늄 거푸집 시스템이다.
② 거푸집 탈형 시 동바리의 제거 없이 바로 reshoring이 가능한 동바리 시스템이다.
③ 해체 시 drop head를 하강시켜, drop down system이라고도 한다.

2 드롭헤드 시스템 시공도

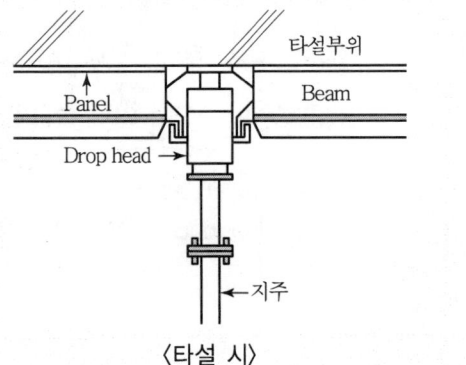
〈타설 시〉

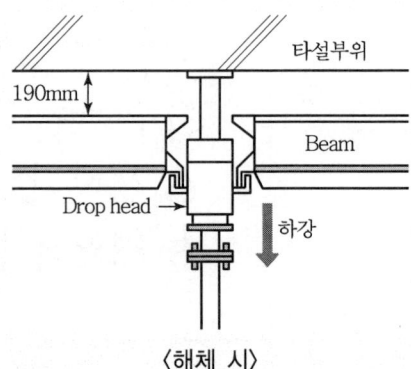
〈해체 시〉

3 특징

장점	단점
• 시공 정밀성 우수 • 시공이 빠르고 간편 • 공사관리 용이 • 전용성 우수 • 경량으로 시공성 우수 • 제작기간이 필요 없음	• 고가로 2개 층 물량 투입 곤란 • 자재 전용횟수가 증가되어야 경제적 • 가변성이 적음 • 정방형이 아닌 곳은 이형 패널 증가로 단가상승 및 시공 난해

4 시공 시 유의사항

① 패널 합판면의 코팅상태 확인
② 1개 층 분량의 패널과 3개 층 분량의 동바리 확보
③ 자재 인양 장비의 확보
④ 최대 층고(약 7m) 이상 시공 금지
⑤ 탈형 후 표면코팅처리 및 변형여부 검토 후 처리
⑥ 특수 보강부위 및 특기사항 이행여부 확인

문제 7) 드롭헤드 System

I. 정의

① Panel + Beam + Support를 일체화 하여 저소음으로 해체가 가능한 알루미늄 거푸집이다.
② 해체시 Head를 하강시킴, 동바리 제거없이해체.

II. Drop panel System. 시공도.

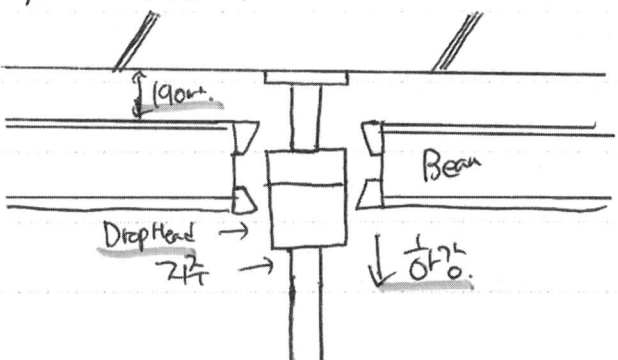

III. Drop panel System 특징

장점	단점
시공 정밀성 우수	자재가 고가임
저소음 해체 가능	가변성이 적음.
공사관리 용이	별도 가공 교육 필요.

IV. Drop panel System 시공시 유의사항

① 1개층 분량의 패널과 3개층 동바리 확보
② 최대층고 7m 이상시 사용금지
③ 2인 이상 작업실시.
④ 탈형 후 표면 코팅 및 변형여부 검토.
⑤ 특기 이행사항 확인 및 이행   끝.

문제 091 콘크리트 측압

〔83(5), 01중(10), 07전(10), 15후(10)〕

1 정의

① 미경화 콘크리트를 타설하게 되면 거푸집의 수직부재(거푸집널 등)는 유동성을 가진 콘크리트의 수평방향 압력을 받게 되는데, 이것을 측압이라 한다.
② 측압은 미경화 콘크리트의 윗면으로부터 거리(m)와 단위용적중량(t/m^3)의 곱으로 표시하며, 단위는 t/m^2이다.

2 인력 다짐 시 측압(lateral pressure)

1) Concrete head
   ① 콘크리트 타설 윗면에서부터 최대측압이 생기는 지점까지의 거리를 말한다.
   ② 콘크리트의 타설된 높이에 따라 측압이 증가되다가 일정한 높이에 도달하면 측압은 오히려 감소하게 된다.

2) 측압
   ① Concrete head의 최댓값
   - 벽 : 0.5m
   - 기둥 : 1.0m
   ② 콘크리트의 최대측압
   - 벽 : $0.5m \times 2.3t/m^3 ≒ 1.0t/m^2$
   - 기둥 : $1.0m \times 2.3t/m^3 ≒ 2.5t/m^2$

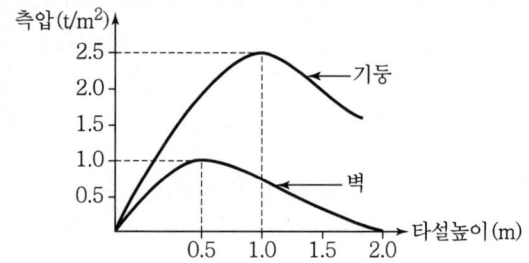

〈최대측압 및 concrete head〉

3 진동 다짐 시 측압의 표준치

(단위 : t/m^2)

분류	기둥	벽
내부 진동기 사용	3	2
외부 진동기 사용	4	3

4 측압에 영향을 주는 요인(큰 경우)

① Form의 간격이 넓을 경우
② Form의 표면이 평활할수록
③ 콘크리트의 slump치가 클수록
④ 콘크리트의 시공연도가 좋을수록
⑤ 철골·철근량이 적을수록
⑥ 외기의 온·습도가 낮을수록
⑦ 부배합일수록
⑧ 타설속도가 빠를수록
⑨ 다짐이 충분할수록
⑩ 상부에 직접 낙하할 경우

※ 제목
(Knd 택1)
I. 정의
II. 특성(측정) ─ 인력다짐시
III. 취급시 유의사항 ─ 기계다짐시
IV. 비교 (K)

문제 13. 측압

답

I. 정 의

① 측압이란 유동성을 가진 미경화 Con'c의 수평방향 압력을 말한다.

② 거푸집 설치시 측압을 고려해야 하며, Con'c 타설 윗면에서 최대 측압까지 거리를 Con'c Head라 한다.

II. 인력 다짐시 측압값

[그래프: 측압값(t/m²) vs 타설높이(m), 기둥과 벽 곡선]

Con'c Head ─ 벽 : 0.5m
            └ 기둥 : 1.0m

최대 측압 ─ 벽 : 1.0 t/m²
          └ 기둥 : 2.5 t/m²

III. 진동 다짐시 측압값

(단위 : t/m²)

구 분	기 둥	벽
내부 진동기	3	2
외부 진동기	4	3

IV. 측압이 영향을 주는 요인 (측압이 큰 경우)

① Form 간격이 넓을수록, Form 표면이 평활할수록

② Con'c의 Slump 치가 클수록, 시공연도가 좋을수록

③ 철골·철근량이 적을수록

④ 부배합인 경우, 타설속도가 빠를수록

⑤ 다짐이 충분할수록, 외기온도·습도가 낮을수록 〈끝〉

문제 092 거푸집 존치기간

〔96후(15), 12중(10), 16전(10), 21후(10), 22전(10)〕

1 정의
① 거푸집 및 동바리의 존치기간이란 Con´c 타설 후 소요강도가 확보될 때까지 외력 또는 자중에 영향이 없도록 존치하는 기간을 말한다.
② 거푸집의 해체 고려 시 시멘트의 종류·천후·기온·보양 등의 여러 조건을 충분히 검토한 후 결정한다.

2 존치기간

1) 콘크리트 압축강도를 시험할 경우

부재		콘크리트 압축강도(f_{cu})
기초, 보, 기둥, 벽 등의 측면		5MPa 이상
슬래브 및 보의 밑면, 아치 내면	단층구조인 경우	설계기준압축강도의 2/3배 이상 또한 최소 14MPa 이상
	다층구조인 경우	설계기준압축강도 이상

2) 콘크리트 압축강도를 시험하지 않을 경우

시멘트의 종류 평균기온	조강포틀랜드시멘트	보통포틀랜드시멘트 혼합시멘트 A종	혼합시멘트 B종
20℃ 이상	2일	4일	5일
20℃ 미만 10℃ 이상	3일	6일	8일

3 해체 시 유의사항
① 거푸집의 강성은 해체 시까지 유지할 것
② Con´c의 양생에 지장이 없도록 진동·충격 등에 유의할 것
③ 해체의 순서는 조립의 역순으로 실시할 것
④ 공법의 선정 시 해체가 용이하고 안전한 공법을 채택할 것
⑤ 숙련공에 의한 작업이 실시되어야 안전사고가 예방됨
⑥ 안전사고방지를 위한 사전교육실시 및 해체 시 감시자를 둘 것
⑦ 상부층의 콘크리트 타설 후 하부층의 동바리 해체를 실시할 것

문제 (17) 거푸집 존치기간

I. 정의

콘크리트 타설 후 소요강도 확보시까지 외력 또는 자중에 영향이 없도록 존치하는 기간.

II. 거푸집 존치기간

1) 콘크리트 압축강도 시험시

부재		콘크리트 압축강도 f_{cu}
기초, 보, 기둥, 벽의 측면		5Mpa 이상
Slab, 보의 밑면	단층구조	설계기준강도 × $\frac{2}{3}$, 14Mpa 이상
	다층구조	설계기준강도 이상

2) 콘크리트 압축강도 시험하지 않을 경우

구분	조강	보통/혼합A	혼합B
20℃ 이상	2日	4日	5日
10℃ 이상 20℃ 미만	3日	6日	8日

IV. 거푸집 설치·해체 시 유의사항

① 숙련공에 의한 작업이 실시되도록 (안정성)
② 거푸집 강성은 해체시까지 유지
③ 해체순서는 설치의 역순으로 실시
④ 상부층 콘크리트 타설 후 동바리 해체

V. 거푸집 존치기간과 강도와의 관계 (미확보 시)

| 균열 발생 | 처짐 발생 | 내구성 저하 | 철근·콘크리트 부착 저하 |

문제 093 Camber

〔96전(10), 12후(10), 20전(10)〕

1 정의
① Camber란 콘크리트 타설 전 보나 slab의 수평 부재가 콘크리트의 하중에 의해서 처지는 것을 방지하기 위해, 미리 위로 솟음을 주는 것이다.
② PC조·RC조·S조·SRC조 등의 수평부재(slab·girder)의 만곡(처짐예상) 제작 및 교량 girder·도로면 치켜올림 등을 말하기도 한다.

2 시공 상세도

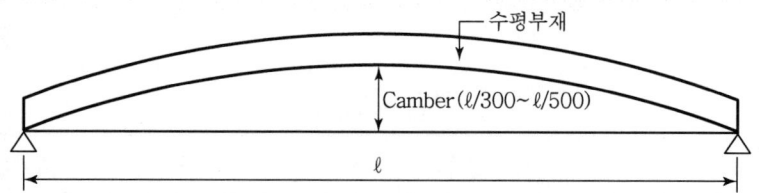

3 보 및 slab 처짐 원인
① 철근의 배근 불량 및 단면 부족
② 보나 slab의 길이가 길 때
③ 지보공의 존치기간을 무시하고 빨리 해체할 경우
④ 미리솟음(camber)을 주지 않을 경우
⑤ 콘크리트 양생 중에 진동·충격에 의해

4 처짐방지대책
① 거푸집 시공 시 camber 값을 정확히 시공
② 지보공의 존치기간을 준수
③ 양생 중 충격·진동 금지 및 과하중 적재 금지
④ 철근 배근 및 간격 준수

5 시공 시 유의사항
① 온도변화, 건조수축 등을 고려
② 부재의 이완을 고려하여 처짐값 계산
③ 콘크리트를 타설하기 전에 거푸집이 처질 경우 그 처짐값을 고려

문제 Camber

I. 정의

① 콘크리트 타설전 수평부재에 미리 솟음 처리하여 하중에 의한 처짐방지.

② 과한 Camber는 마감공정에 악영향.

II. Camber의 개념도

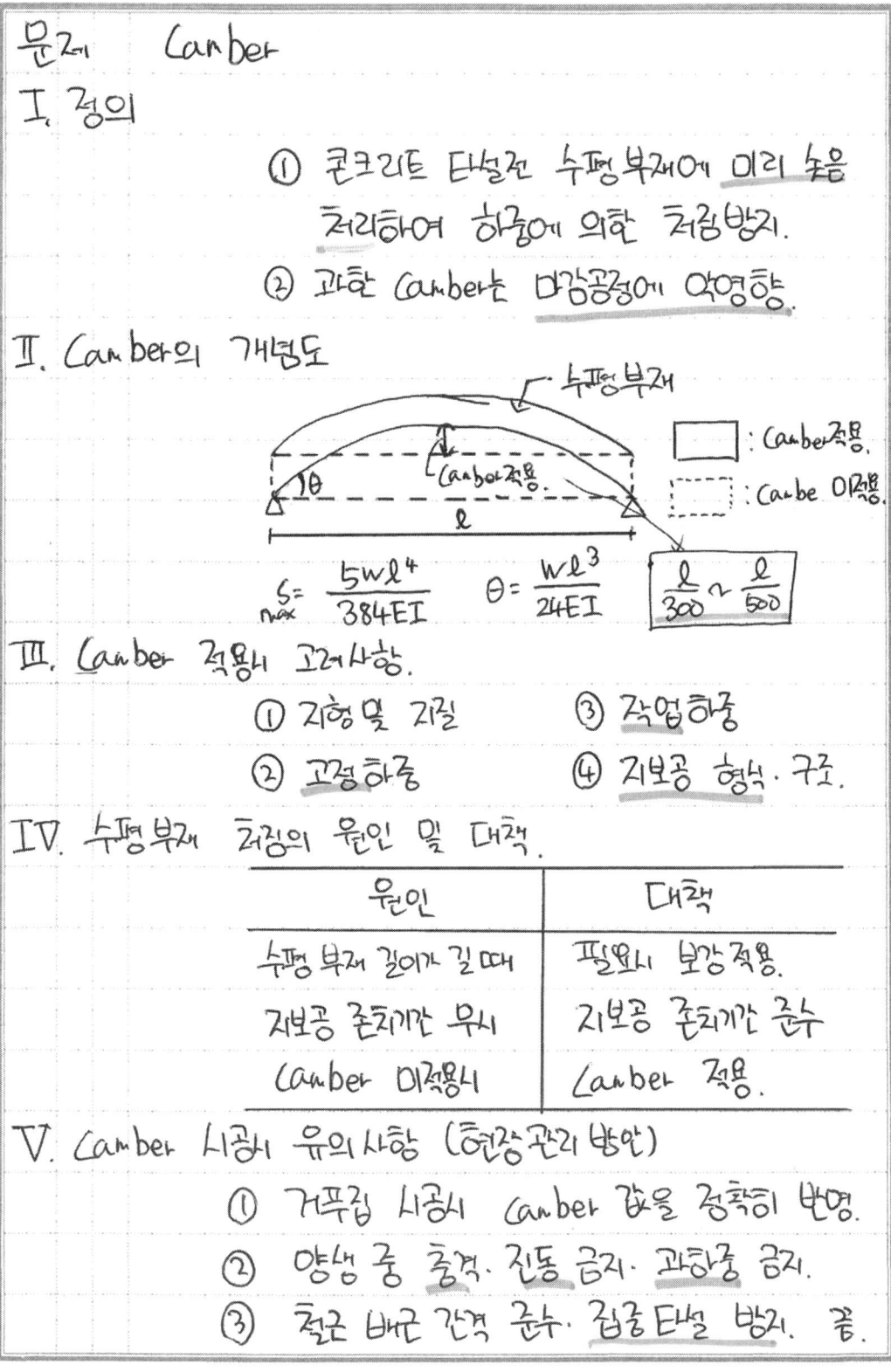

$$\delta_{max} = \frac{5w\ell^4}{384EI} \quad \theta = \frac{w\ell^3}{24EI} \quad \boxed{\frac{\ell}{300} \sim \frac{\ell}{500}}$$

III. Camber 적용시 고려사항.

① 지형 및 지질
② 고정하중
③ 작업하중
④ 지보공 형식·구조.

IV. 수평부재 처짐의 원인 및 대책.

원인	대책
수평 부재 길이가 길때	필요시 보강적용.
지보공 존치기간 무시	지보공 존치기간 준수
Camber 미적용시	Camber 적용.

V. Camber 시공시 유의사항 (현장관리 방안)

① 거푸집 시공시 Camber 값을 정확히 반영.
② 양생 중 충격·진동 금지. 과하중 금지.
③ 철근 배근 간격 준수. 집중타설 방지. 끝.

문제 094 System Shoring(시스템 동바리, System Support)

[10중(10)]

1 정의
① System shoring이란 수직하중을 지지하는 수직재와 수평하중을 지지하는 수평재와 가새 및 상부 U head(screw jack)과 하부 jack base로 이루어진 동바리이다.
② 설치와 해체가 용이하고 6m 이상의 층고에 적용 시에도 안전하며, 수직재와 수평재의 확실한 체결로 좌굴을 방지할 수 있다.

2 설치 상세도

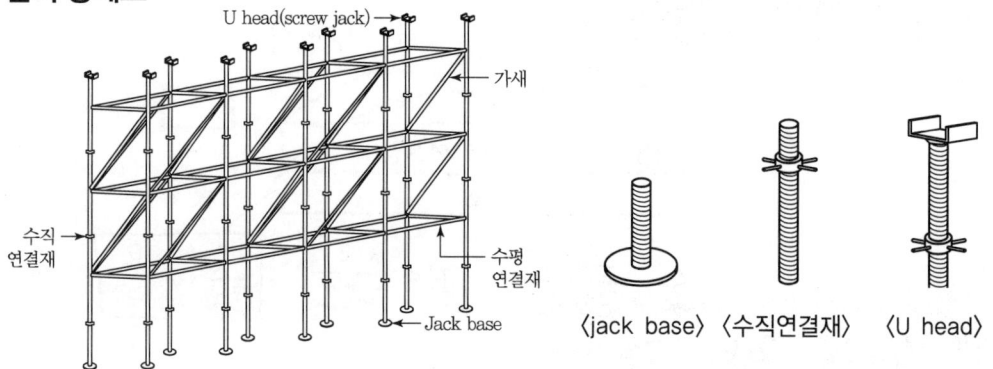

3 특징

장점	단점
① 상하부 screw jack과 거푸집의 연결이 확실하다.	① 거푸집 설치 시 장선, 멍에와 동바리의 고정이 불편하다.
② 부재의 단순화로 시공이 용이하다.	② 정확하게 수직으로 설치하지 못할 경우 좌굴의 위험이 발생한다.
③ 동바리(수직재)간격을 정확히 하여 자재의 과다 투입을 방지할 수 있다.	③ 설계상의 동바리 설치간격을 현장 여건상 정확히 준수하기 어렵다.
④ 대형구조물의 동바리로 사용 시 수평재 간격을 쉽게 조절하여 수직재의 허용내력을 증가시킬 수 있다.	④ 설치·해체의 작업이 불편하다.
⑤ 비계용 부품을 동바리에 연결 사용함으로써 작업의 안전성을 높일 수 있다.	⑤ 설치비용이 기존 pipe support보다 비싸다.
⑥ 설치·해체 시 별도의 도구가 필요 없다.	

4 시공 시 유의사항
① 수직재와 수평재는 직교되게 설치하여야 하며 체결 후 흔들림이 없어야 한다.
② System support를 설치하는 높이는 단변길이의 3배를 초과하지 말아야 하며, 초과 시에는 주변 구조물에 지지하는 등 붕괴방지조치를 하여야 한다.
③ 초기 설치 시 jack screw를 조절하여 수평을 확보함으로써 수직재에 편심에 의한 구조적인 힘의 손실이 발생하지 않도록 하여야 한다.
④ U head에 얹히는 장선, 멍에재는 편심이 생기지 않도록 중심선에 놓여야 하며 못 등으로 고정하여야 한다.

문제) 시스템동바리

I. 정의

① 수직재·수평재·가새·U-Head·Jack Base로 이루어진 동바리로 설치가 간단하고 하중을 안전하게 전달
② 동바리는 수평력에 약하므로 가새재를 이용하여 좌굴방지

II. 개념도

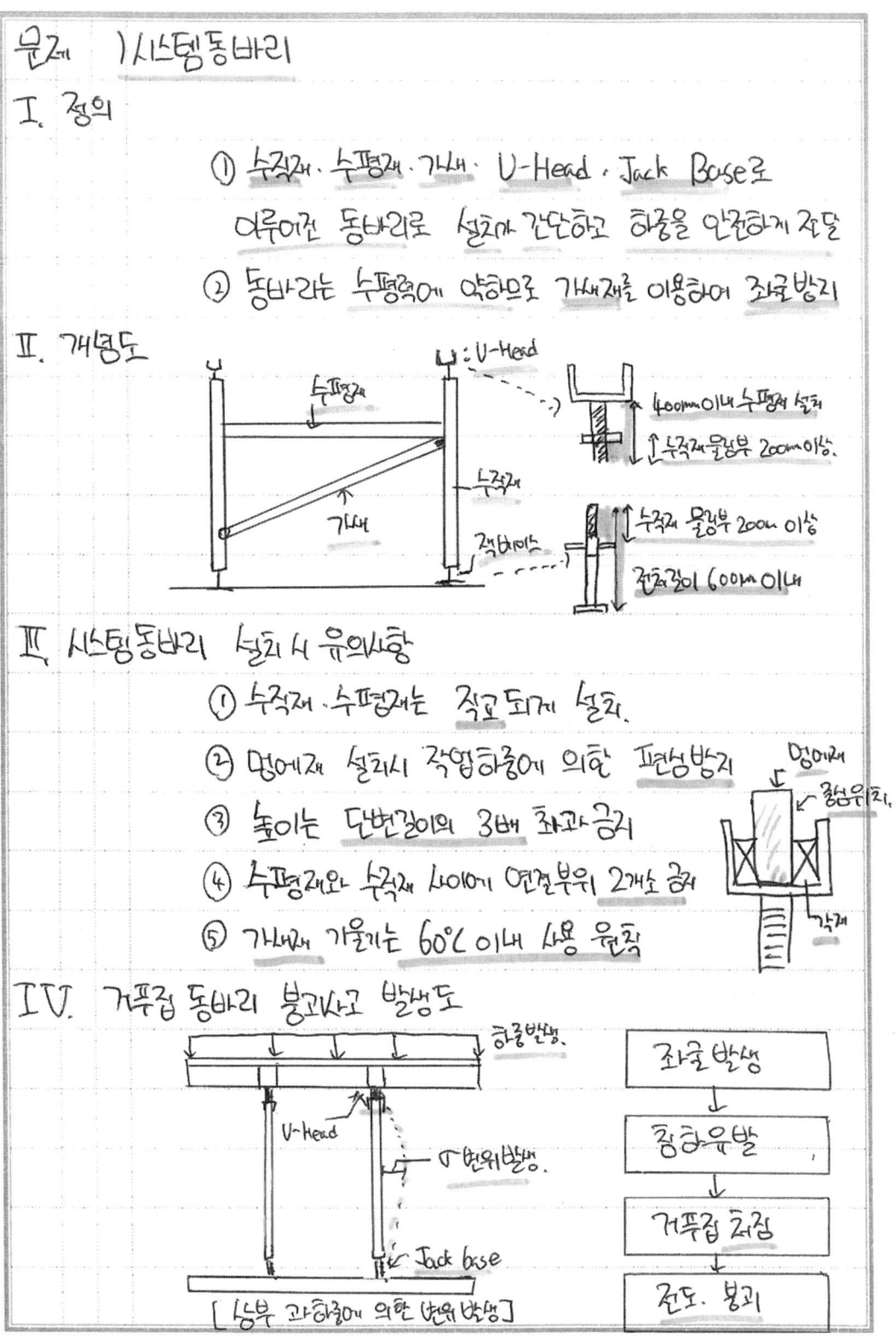

III. 시스템동바리 설치 시 유의사항

① 수직재·수평재는 직교되게 설치
② 멍에재 설치시 작업하중에 의한 편심방지
③ 높이는 단변길이의 3배 초과 금지
④ 수평재와 수직재 사이에 연결부위 2개소 금지
⑤ 가새재 기울기는 60° 이내 사용 원칙

IV. 거푸집 동바리 붕괴사고 발생도

문제 095 Jack Support

〔12후(10), 16중(10), 24전(10)〕

1 정의
① Jack support란 강관과 screw 및 base로 구성된 상부의 하중을 분산하기 위한 동바리를 말한다.
② 건축물을 시공하고 불가피하게 상층을 사용할 경우 건축물 상판 구조물에 과다한 하중 및 진동으로 인한 균열, 붕괴의 위험을 방지하기 위하여 보 및 슬래브의 적정 지점에 세워 구조물에 가해지는 과다한 하중을 분산하는 역할을 한다.

2 Jack Support의 장치도

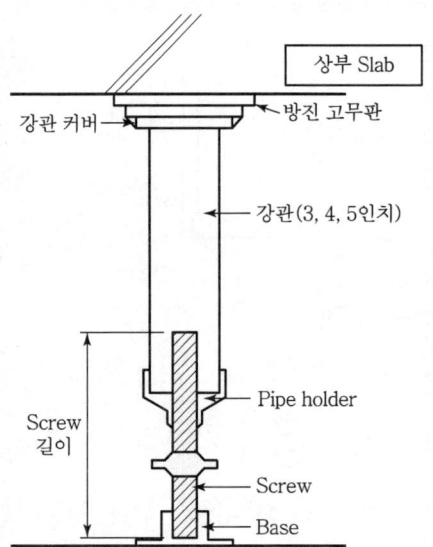

3 지하구조물에서 보조기둥의 필요성

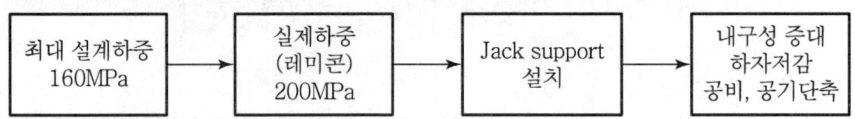

4 Jack Support의 하중부담 정도
① 일반 support가 아닌 대형 Jack support를 사용한다.
② 일반 support는 1본당 1.5ton의 하중을 부담한다.
③ Jack support는 1본당 30~40ton의 하중을 부담할 수 있다.

문제) Jack Support

I. 정의

강관과 Screw 및 Base로 구성된 동바리로 하중에 의한 균열·붕괴를 방지하기 위해 하중을 분산하기 위해 설치.

II. Jack Support 개념도

- 상부 Slab
- 고무 pad
- 강관 (3,4,5m지)
- 높이조절간 (300m)
- Screw
- Base
- 하부 Slab

최대 설계 하중 (60㎺) → 설계 하중 (200MPa) → Jack support 설치 → 하중분산·안정성확보

III. Jack Support의 용도

① 지하주차장 거푸집 해체 후 Slab 지지.
② 작업시 진동 및 작업하중에 의한 하중 분산.
③ 기타 재해 위험 방지, 지하 작업공간 확보.

IV. 설치 해체시 유의사항.

① 설치시 고무판 및 쐐기 등을 설치.
② 지하층이 복층일 시 하부층부터 설치. (해체는 역순)
③ 설치시 무리하게 올리면 상향력 발생.

V. 일반 동바리와 Jack Support 비교

구분	일반 동바리	Jack Support	비고
하중분담	1본당 1.5ton	1본당 30~40ton	작업공간확보

끝.

문제 096 Con'c에 사용되는 혼화재료

〔00중(10), 08전(10), 21중(10), 22후(10)〕

1 정의
① Con'c의 구성재료인 cement · 골재 등에 첨가하여, 콘크리트에 특별한 품질을 부여하고 성질을 개선하기 위한 재료이다.
② 혼화재료에는 시멘트 중량의 5% 미만으로서 약품적 성질만 가지고 있는 혼화제와 시멘트 중량의 5% 이상으로서 cement의 성질을 개량하는 혼화재로 구분된다.

2 목적

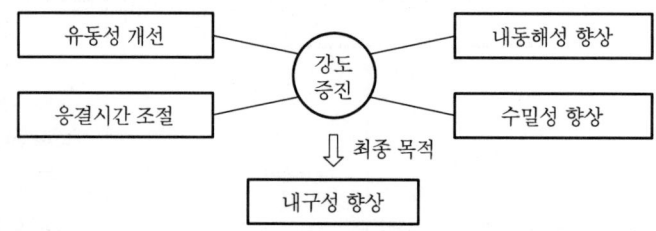

3 분류

1) 혼화제(混和劑)
   ① 표면활성제(AE제, 감수제, AE감수제, 고성능 AE감수제)
   ② 응결경화조절제(촉진제, 지연제, 급결제)
   ③ 방수제
   ④ 방청제
   ⑤ 발포제, 기포제
   ⑥ 수중 불분리성 혼화제
   ⑦ 유동화제(流動化劑)
   ⑧ 방동제

2) 혼화재(混和材)
   ① 고로 slag 미분말   ② Fly ash
   ③ Silica fume   ④ 팽창재

4 선정 시 고려사항
① 설계기준강도는 그대로 유지될 것
② 시공연도를 향상시킬 것
③ 콘크리트의 고강도화가 가능할 것
④ 경화 후 콘크리트에 유해한 성질이 없을 것

문제 4) Concrete에 사용되는 혼화재료

I. 정의

① 콘크리트의 구성재료인 Cement·골재 등에 첨가하여, 콘크리트에 특별한 품질을 부여하고 성질을 개선하기 위한 재료이다.

② 혼화재료에는 시멘트 중량의 5% 미만으로서 약품성 성질면 가지고 있는 혼화제와 시멘트 중량의 5% 이상으로서 Cement의 성질을 개량하는 혼화재가 있다.

II. 목적

```
┌─────────────┐                    ┌─────────────┐
│  유동성 개선 │                    │ 내동해성 향상│
└─────────────┘     ╲    ╱         └─────────────┘
                    ( 강도 )
                    ( 증진 )
                    ╱    ╲
┌─────────────┐                    ┌─────────────┐
│ 응결시간 조정│         ⇓ 최종목표  │  수밀성 향상 │
└─────────────┘                    └─────────────┘
                   ┌─────────────┐
                   │  내구성 향상 │
                   └─────────────┘
```

III. 분류

1) 혼화제
   - ① 표면활성제 (AE제, 감수제, AE 감수제, 고성능 AE 감수제)
   - ② 응결경화 조절제 (지연제, 급결제, 촉진제)
   - ③ 방수제, 방청제
   - ④ 발포제, 기포제
   - ⑤ 수중 불분리성 혼화제
   - ⑥ 유동화제

2) 혼화재
   - ① 고로 Slag 미분말   ② Fly ash   ③ Silica Fume   ④ 팽창재

IV. 사용 유의사항

① 동결융해 저항성 확보 철저   ② 시공연도를 향상시킬 것
③ 콘크리트와 균등한 강도일 것   ④ 콘크리트에 유해한 성질 없을 것. 끝.
⑤ 설계기준 강도는 그대로 유지

문제 097 콘크리트 배합의 공기량 규정목적

〔05전(10), 15전(10)〕

1 정의
① 콘크리트의 내부조직은 복합재료의 사용과 제조과정에서 필연적으로 공기가 발생되며, 이 공극은 경화콘크리트의 성능 발현에 영향을 미친다.
② 콘크리트 속의 내부 공기량이 과도할 경우 강도저하 및 균열을 발생시키며, 적정할 경우에는 동결에 대한 저항이 우수한 것으로 나타난다.
③ 품질기준에 정한 이상의 공기량을 사용하면 시공연도 향상에서 얻는 이익보다 콘크리트에 더 큰 악영향을 미친다.

2 물결합재비에 따른 공기량과 압축강도

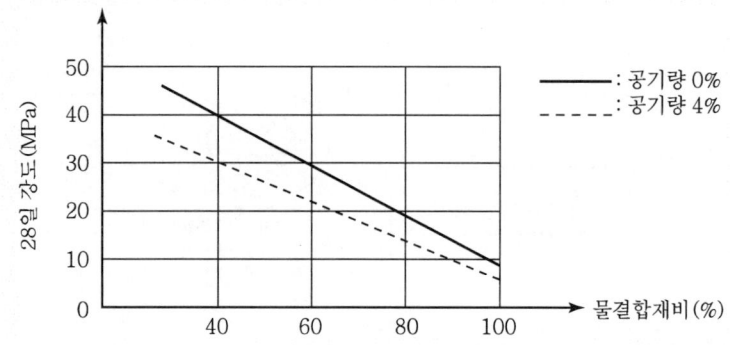

3 공기량 규정목적

1) **시공연도 향상**
    ① 공기 기포의 지름은 0.025~0.25mm 정도
    ② Ball bearing 역할로 시공연도(workability) 개선
    ③ 1%의 공기량은 3%의 단위수량에 상당하는 효과가 있음

2) **내구성 증대**
    ① 경화콘크리트 속의 적정 공기량은 동결융해에 대한 저항성 발휘
    ② 적정 공기량은 4~6%
    ③ 공기량 2% 이내에서는 내동결융해성을 기대할 수 없음

3) **강도 증대**
    ① 적정공기량은 알칼리골재반응을 감소시킴
    ② Bleeding 및 재료분리 감소

4) **동결융해 저항성 확보**

문제 19. Con'c 배합의 공기량 규정목적.

I. 정의

① Con'c 제조과정에서 공기는 필연적으로 발생되며, 공기는 Con'c 품질에 영향을 미친다.

② 내부공기량이 과다하면 균열, 내구성이 저하되며, 적정시 동결에 대한 저항이 우수하다.

II. W/B에 따른 공기량과 압축강도.

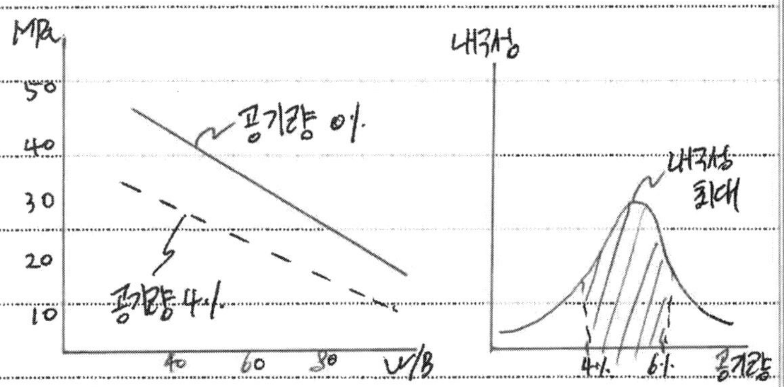

III. 공기량 규정 사유

- Ball bearing 효과에 의한 Workability 증대
- 단위수량 감소에 따른 강도·내구성 증대
- 적정 공기량은 동결용해 저항성 증가
- 재료분리 및 Bleeding 감소.

IV. 시공시 유의사항

① AE제 사용으로 공기량 적정치 (4~6%)

② 혼화제 사용시 Con'c 품질 영향 적을것

③ 혼합시 균등하게 분산되게 할 것

④ 과도한 공기량은 강도저하 우려에 유의 (끝)

문제 098 내한 촉진제

〔17전(10), 21전(10)〕

1 정의
한중콘크리트 타설 시 콘크리트중의 수분이 −3℃ 정도까지 동결하지 않게 하고 저온환경하에서 응결지연을 일으키지 않고 경화를 촉진시키는 혼화제를 내한촉진제라고 한다.

2 내한촉진제에 의한 초기동해방지 개념도

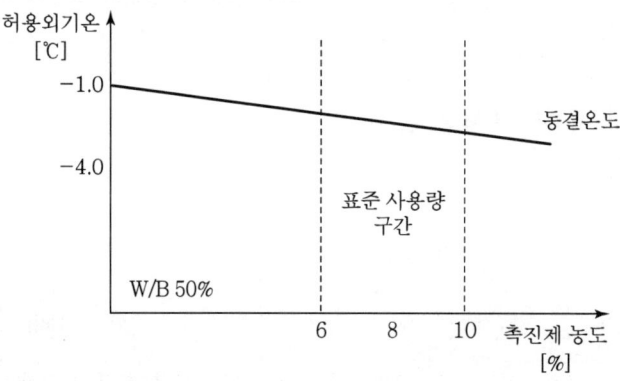

3 특징
① 콘크리트의 초기동해 방지 효과
② 일반적으로 시멘트 100kg당 내한촉진제 4L가 가장 우수한 효과 발현
③ 동결온도 저하 효과 유발
④ 콘크리트 경화촉진효과 발현

4 현장 적용 시 유의사항
① 일평균 4도 이하의 한중콘크리트 적용 시 사용
② 온도에 따른 적정량 혼입
③ 내한촉진제 혼입 후 보양 양생관리 철저
④ 적용 대상 구조물의 환경조건의 사전에 검토

번호 3. 내한촉진제

I. 정의

- 한중 Conc 타설시 수분이 -3°C까지 동결되지 않게 하고, 응결지연을 일으키지 않으며 경화를 촉진시키는 혼화제

II. 내한 촉진제에 의한 초기동해 방지

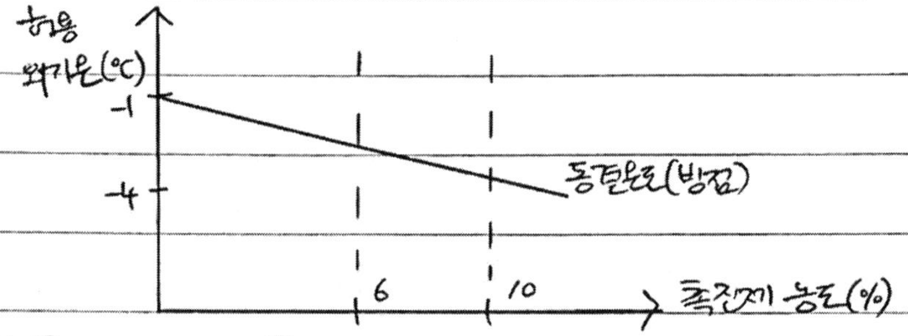

(그래프: 허용 외기온(°C) vs 촉진제 농도(%), -1 ~ -4, 6, 10, 동결온도(빙점))

III. 내한 촉진제의 특징

① Conc 초기동해 방지 효과
② 빙점을 낮추어 동결 방지
③ Conc의 경화 촉진 효과

IV. 시공 시 유의사항

① 염화칼슘 성분이 많아 철근 방청 필수
② 시멘트 100kg당 내한 촉진제 4L 첨가

V. 한중 Conc의 관리 방안

적용 시기	일평균 기온 4°C 이하
Cement	조강 P, C
혼화제	내한 촉진제, 촉진제
양생	가열 보온, 단열 보온 〈끝〉

문제 099 콘크리트의 유동화제(Super Plasticizer)

〔90후(10), 11전(10)〕

1 정의
보통 콘크리트와 동일한 작업성으로 물결합재비를 감소할 목적인 경우는 고성능 감수제를 사용하고, 물시멘트비는 같으나 workability 향상을 목적으로 할 때는 유동화제를 사용하나 재료의 특성은 모두 같다.

2 유동화제를 사용한 콘크리트의 Slump 변화

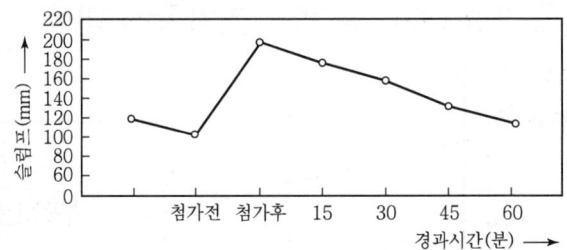

3 유동화제의 분류
① 나프탈렌 설폰산염계 　　　　　　② 멜라민 설폰산염계
③ 변성 리그린 설폰산염계

4 적용대상
① Pre-stress Con'c 　　　　　　　　② Con'c pile 및 흄관
③ 고강도 콘크리트 　　　　　　　　④ 유동화 콘크리트

5 특징
① Slump가 120mm에서 210mm까지 상승　　② 감수율이 20~30% 정도
③ 분산효과가 커짐　　　　　　　　　　　　④ 저기포성, 저응결지연성
⑤ 건조수축이 적음　　　　　　　　　　　　⑥ 콘크리트의 수밀성 향상
⑦ 구조체의 내구성 향상　　　　　　　　　　⑧ 사용시간은 첨가 후 1시간까지

6 시공 시 유의사항
① 첨가량이 0.75%를 넘으면 재료분리가 생기므로 유의할 것
② 리그린계는 첨가량이 증가하면 공기량도 증가하므로 유의할 것
③ 리그린계는 0.25% 이상 첨가하면 응결지연현상이 생기므로 유의할 것
④ 강도는 증가하나 탄성계수는 오히려 둔화되므로 유의할 것
⑤ 콘크리트가 가열되면 큰 기공이 생겨 물침투가 쉬워지므로 유의할 것
⑥ 반드시 현장에서 타설 전 혼입

문제 2) 유동화제 (Super plasticizer)

I. 정의
① W/B의 변화없이 Con'c의 Workability 향상을 목적으로 사용, 재료 특성은 동일.
② 감수율은 20~30% 정도이다.

II. 유동화제 사용에 따른 Slump 변화.

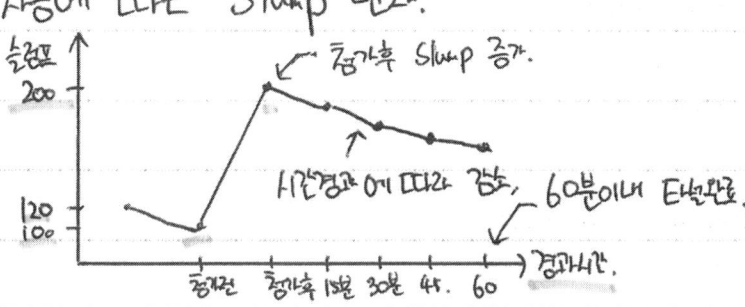

III. 유동화제의 특징
① Slump가 200㎜까지 상승.   ③ 건조 수축 방지.
② 분산 효과 증대.   ④ 콘크리트 수밀성 향상.

IV. 유동화제 사용시 유의사항.
① 첨가량이 0.75% 초과시 재료분리 발생.
② 콘크리트 가열시 기공 생성 → 물침투 위험.
③ 반드시 현장에서 타설전 혼입. 1시간내 타설완료.
④ 강도는 증가하나 탄성계수는 둔화.

V. 혼화제의 비교.

	표면활성화제	경화조절제	유동화제
목적	분산작용	경화촉진·지연	Workability 향상
종류	AE제·감수제	응결제·촉진제	설폰산염계

끝.

문제 100 물결합재비(W/B ; Water Binder Ratio)

[20후(10)]

1 정의

① 물결합재비란 굳지 않은 콘크리트(또는 모르타르)에 포함되어 있는 시멘트풀(cement paste) 속의 물과 결합재의 중량비이다.
② 결합재는 시멘트와 혼화재료를 합한 것으로, 혼화재료는 시멘트의 단점을 보완하는 역할을 하기 위해 사용된다.

2 사용되는 혼화재료

① 고로 slag
② Polymer
③ Fly ash

3 혼화재료의 사용 목적

① 이산화탄소(CO_2) 발생 저감
② 수화열 저감
③ 콘크리트의 밀실화
④ 콘크리트의 장기 강도 증대
⑤ 고강도 콘크리트의 제조

4 물시멘트비와 물결합재비의 비교

구분		물시멘트비	물결합재비
정의		시멘트풀 속의 물과 시멘트의 중량비	시멘트풀 속의 물과 결합재의 중량비
기호		W/C	W/B
수화열		높음	낮음
강도	단기강도	보통	다소 낮음
	장기강도	보통	높음

문제6> 물-결합재 비 (Water-Binder Ratio)

I. 물-결합재비의 정의
굳지 않은 콘크리트에 포함되어 있는 시멘트 풀속의 물과 결합재의 중량비

II. 혼화재료 적용을 통한 콘크리트 성능개선 효과

(물결합재비가 콘크리트에 주는 영향)

- 유동성 개선
- 콘크리트 강도
- 수밀성 향상
- 내구성 향상
- Workability
- 응결시간 조절
- 구조물 내력
- 내동해성 향상
- 건축물수명 ↑

→ N/B 혼화재료

III. 물 결합재비 선정방법

1) N/B 선정 방법

$$N/B = \frac{51}{f_{28}/k + 0.31} (\%)$$

f_{28}: Con'c 28일 강도
k: 시멘트 강도

2) 물 결합재비 적정 범위

- 60% 이하: 경량 Con'c, 현장 Con'c
- 50% 이하: 수밀, 수중, 해양, 일반 Con'c
- 30~60%: 폴리머 Con'c

IV. 내구성 증진 위한 W/B 최소화 방안

1) 굵은 골재 최대치수 크게, 잔골재율 낮게
2) 단위수량 작게
3) 혼화제 中 감수제 사용 검토
4) 적정한 Workability 내에서 W/B는 가능한 작게
5) W/B 1%는 Con'c 1m³에 대한 물의 양 3~4ℓ 정도

문제 101 잔골재율(세골재율, $\frac{S}{a}$)

〔97전(15), 00중(10), 11전(10), 23중(10), 24전(10)〕

1 정의
① 잔골재란 표준망체 10mm체를 전부 통과하고 5mm체에 중량비로 85% 이상 통과하며, 0.08mm 체에 거의 다 남는 골재를 말한다.
② 골재의 절대용적의 합에 대한 잔골재의 절대용적의 백분율을 잔골재율이라 하며, 잔골재율이 작아지면 단위수량·단위시멘트량이 감소한다.

2 배합설계 Flow Chart

설계기준강도 → 배합강도 → 물결합재비 → Slump치 → 굵은골재 최대치수 →
잔골재율 → 단위수량 → 단위시멘트량 → 시방배합 → 현장배합

3 잔골재율 산정식

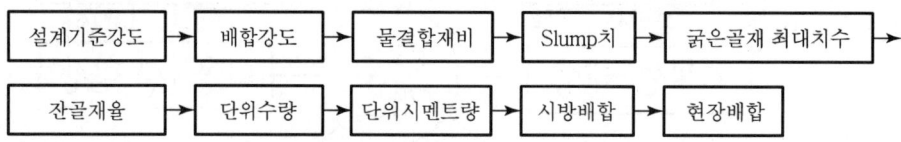

$$잔골재율\left(\frac{S}{a}\right) = \frac{\text{sand 용적}}{\text{aggregate 용적}} \times 100 = \frac{\text{sand 용적}}{\text{gravel 용적} + \text{sand 용적}} \times 100$$

① 잔골재 : 표준망체 5mm체를 다 통과한 것
② 굵은골재 : 표준망체 5mm체에 다 남는 것

4 잔골재율에 영향을 주는 요인
① 잔골재의 입도
② 콘크리트의 공기량
③ 단위시멘트량
④ 혼화재료의 종류

5 콘크리트에 미치는 영향
① 잔골재율을 적게 하면 단위수량이 감소하여 콘크리트의 강도 증가
② 잔골재율을 적게 하면 단위시멘트량이 감소하여 장기강도 증가
③ 잔골재율을 적게 하면 workability가 나빠진다.
④ 잔골재율을 너무 작게 하면 오히려 콘크리트가 거칠어지고 재료분리가 발생됨
⑤ Con'c pump 사용 시 잔골재율이 큰 콘크리트는 plug 현상이 발생됨

7. 잔골재율이 콘크리트에 미치는 영향.

I. 정의

① 잔골재율 (S/a) 란. 골재 전체의 용적이 대한 잔골재의 용적비로서. 적정 S/a 의 유지가 필요.

② S/a가 높으면 경제성 떨어지고. 너무 낮으면 재료분리 및 마감성 저하된다.

II. 잔골재율이 Concrete 에 미치는 영향.

```
BAD ┌ Workability 저하 ┐           ┌ ──── ┐ BAD
    │   과소          │ ← 적정 → │ 과다 │
    └─────────────────┘   S/a     └──────┘
         └ Gravel 양이 많다.        └ Sand 의 양이 많다.
                       └ Good
```

① W/B 감소   ① 공극 증가
② 강도 증가   ② 건조 수축 증가
③ 마감성 저하   ③ 점성·plug 의 발생

↑ SLUMP   ↑ MPa 강도

   ~적정W/B   ~적정 강도

  40% 50%   → S/a   40 55% S/a

III. 배합에서의 S/a (잔골재율)

1) 경제성 원칙 — S/a 커지면 단위 Cement량 증가하므로
                 Workability와 강도 사이에서 적정량 산정

2) Plug 와 Workability 의 고려
    — 압송성고려 점성유지하며. 마감성고려 (끝)

문제 102 콘크리트의 시험 비비기(시방배합과 현장배합)

〔97전(15), 13전(10)〕

1 정의
① 계획한 배합으로 소요의 품질(slump·공기량·강도 등)을 갖는 Con'c가 얻어지는지 어떤지를 살피기 위한 비빔이다.
② 시험 비빔(trial mixing)에는 시방배합과 현장배합이 있다.

2 배합의 요구조건

3 배합

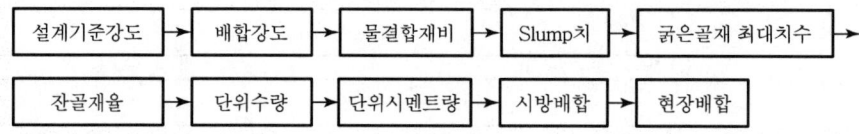

4 시방배합
① 시방배합은 시방서 또는 현장기술자가 지시한 배합을 말한다.
② 골재의 입도
  - 잔골재 : 5mm체를 다 통과한 것
  - 굵은골재 : 5mm체에 다 남는 것
③ 골재의 함수상태 : 표면건조 내부포화상태
④ 단위량 표시 : 1m³당
⑤ 계량방법 : 중량

5 현장배합
① 현장배합은 현장에 저장된 골재의 표면수량과 유효흡수량 및 잔골재와 굵은골재의 혼합률을 고려하여 시방배합에 맞도록 현장재료의 상태 및 계량방법에 따라 정한 배합을 말한다.
② 골재의 입도
  - 잔골재 : 5mm체를 거의 다 통과한 것
  - 굵은골재 : 5mm체에 거의 다 남는 것
③ 골재의 함수상태 : 공기 중 건조상태 또는 습윤상태
④ 단위량 표시 : mixer 용량에 의해 1batch량으로 변경
⑤ 계량방법 : 중량 또는 부피

문제 43. Con'c 시험배합

I. 정의

① 배합설계에 의해 요구되는 성능, 품질의 Con'c가 만들어지는지 확인하기 위한 비빔.

② 시방배합과 현장배합으로 구분된다.

II. Con'c 배합설계 Flow chart.

설계기준강도 → 배합강도 → 물결합재비 W/B

→ Slump치 → 굵은골재 최대치수 → 잔골재율 (S/a)

→ 단위수량, 시멘트량 → 시방배합 → 현장배합

III. 콘크리트 배합의 요구조건

- 소요강도 확보
- Con'c Workability 확보
- 균열억제 등 내구성 증대
- 소정의 slump치 확보

IV. 시방배합과 현장배합 비교

구분	시방배합	현장배합
잔골재	5mm체 다 통과	5mm체 거의 통과
굵은골재	5mm체 다 남음	5mm체 거의 남음
계량법	중량	중량/부피
골재함수상태	표건상태	기건 아 습윤

문제 103 시공연도에 영향을 주는 요인[콘크리트의 시공연도(Workability)]

〔96후(15), 20중(10)〕

1 정의
굳지 않은 Con'c가 재료분리의 발생을 적게 하고, 밀실하게 채워지기 위해서는 유동성이 필요하게 되는데, 이것을 시공연도(workability)라 한다.

2 특성
① 콘크리트의 강도와 시공성에 영향
② 미경화 콘크리트의 품질측정의 기준
③ Con'c의 유동성, 재료분리 등 판정
④ 콘크리트 배합비 구하는 기준

3 시공연도에 영향을 주는 요인

요인	요인별 특성
시멘트의 성질	시멘트의 종류, 분말도, 풍화의 정도에 의한 영향
골재의 입형	입자가 둥근 강자갈은 시공연도가 좋아지고, 평평한 입형의 골재는 불리함
혼화재료	AE제·AE감수제·감수제 등은 단위수량을 감소시키고, 시공연도를 향상
물결합재비	물결합재비가 높으면 시공연도는 좋으나 강도가 저하함
굵은골재 최대치수	굵은골재의 치수가 작으면 시공연도는 좋으나 강도가 저하함
잔골재율	잔골재율이 클수록 시공연도는 좋으나 강도가 저하함
단위수량	단위수량이 많으면 시공연도는 좋으나 재료분리가 발생
공기량	공기량 1% 증가 시 slump 20mm 정도 커지게 됨
비빔시간	비빔이 불충분하거나 과도하면 시공연도가 나빠짐
온도	콘크리트의 온도가 높을수록 시공연도는 저하함

번호	콘크리트 시공연도

1. 정의

- 굳지 않은 콘크리트가 재료분리의 발생을 적게 하고 밀실하게 채워지기 위해서는 유동성이 필요하게 되는데, 이러한 특징을 시공연도(Workability)라 한다.

2. 콘크리트 시공연도의 특징

시공연도
- 콘크리트 강도와 시공성에 영향
- 애매한 콘크리트의 품질측정 기준
- 콘크리트 유동성, 재료분리 판정
- 콘크리트 배합비를 구하는 기준

3. 시공연도에 영향을 주는 요인

요인	내용
W/B	W/B 높으면 시공연도는 증가하나 강도 저하
잔골재율	클수록 시공연도 증가하나 강도 저하
단위 수량	클수록 시공연도 증가하나 재료분리 우려
공기량	1% 증가시 Slump 20mm 증가
골재 입형	둥근 강자갈 → 시공연도 증가, 쇄석 → 시공연도 감소
온도	온도 높을수록 시공연도 저하
기타	시멘트의 성질, 혼화재료, 비빔시간 등 연관

4. 시공연도 측정 방법 (일반 Conc)

⇒ 일반 철근 Conc
Slump 80~150mm

〈끝〉

문제 104 콘크리트 프레이싱 붐(Concrete Placing Boom)

〔01후(10), 08전(10), 19후(10)〕

1 정의
고층건물 콘크리트 타설 시 구조체의 상승에 따라 mast를 미리 상승시켜 mast에 붐을 연결하여 콘크리트를 타설부위에 포설하는 장치이다.

2 CPB에 의한 콘크리트 타설

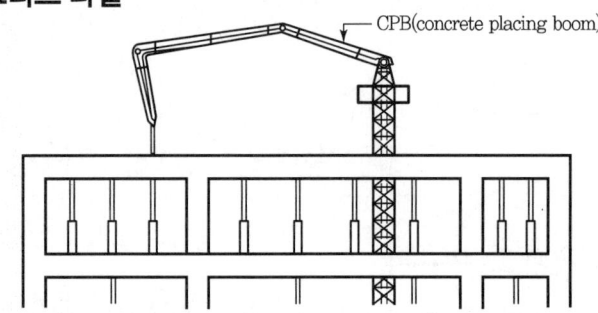

3 특징
① 초고층건물의 고강도콘크리트 타설 시 주로 이용
② 콘크리트 타설 시 철근에 영향이 전혀 없음
③ 적은 인원으로 신속한 타설 가능
④ 수직상승용 mast 별도 설치
⑤ 초기구입비나 임대료가 고가이므로 저층 공사 시 불리

4 콘크리트 타설장비

타설장비		도해 설명
주름관		콘크리트 타설장소의 바닥을 끌면서 콘크리트 토출
콘크리트 분배기		철근에 영향을 주지 않고 콘크리트를 타설하기 위한 장비
CPB (Concrete Placing Boom)		초고층 건물의 고강도 콘크리트 타설에 주로 이용

문제 12) CPB (Concrete Placing Boom) 콘크리트 프레이싱 붐.

I. 정의

① 고층건물에 주로 사용되는 장치이며 구조체의 상승에 따라 Mast를 상승. 붐을 연결하여 타설 부위에 포설하는 장치. 철근 영향 X.

II. CPB 개념도.

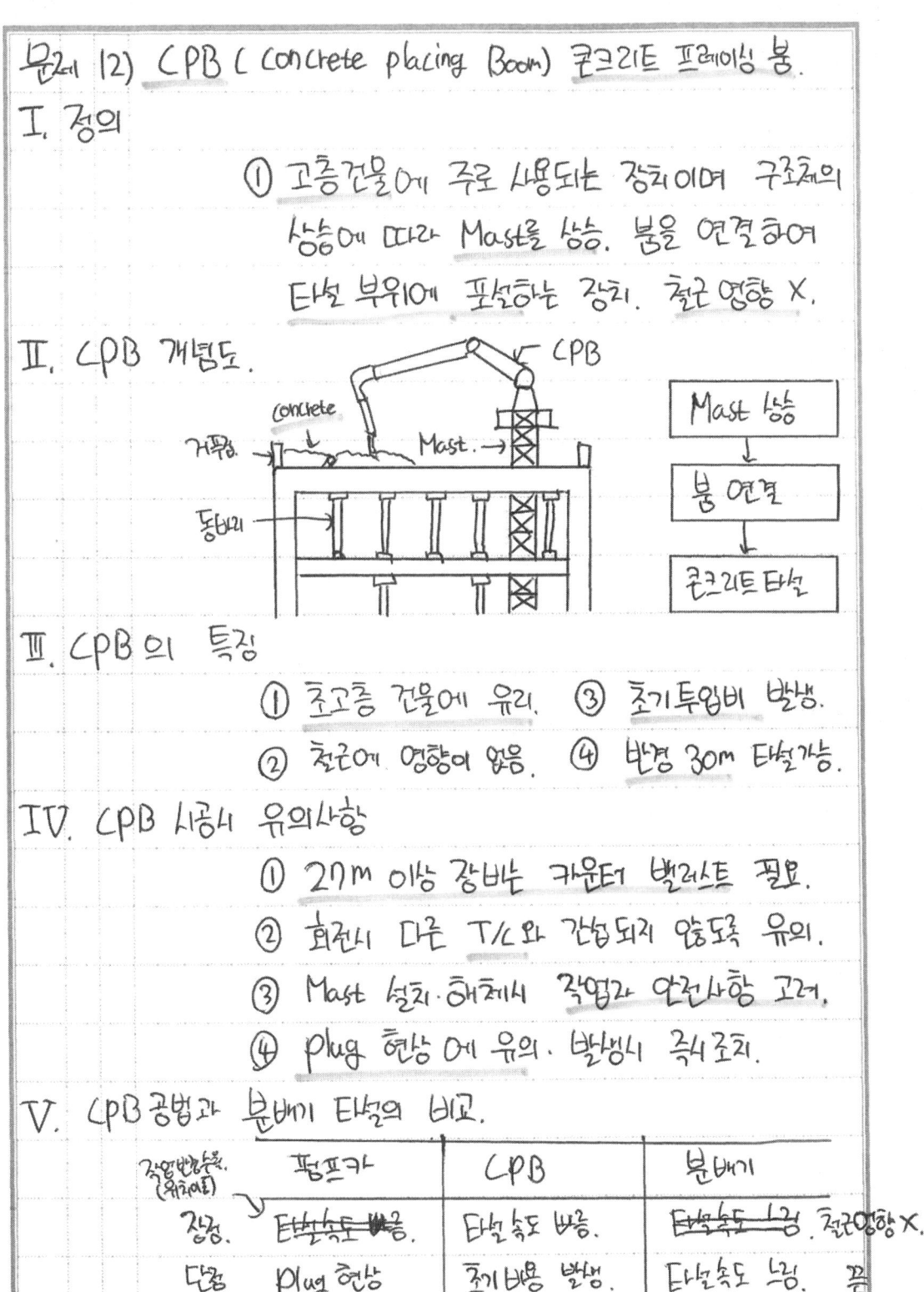

III. CPB의 특징

① 초고층 건물에 유리. ③ 초기투입비 발생.
② 철근에 영향이 없음. ④ 반경 30m 타설가능.

IV. CPB 시공시 유의사항

① 27m 이상 장비는 카운터 밸러스트 필요.
② 회전시 다른 T/C와 간섭되지 않도록 유의.
③ Mast 설치·해체시 작업자 안전사항 고려.
④ Plug 현상에 유의. 발생시 즉시 조치.

V. CPB 공법과 분배기 타설의 비교.

작업반경효율 (확대여부)	펌프카	CPB	분배기
장점	타설속도 빠름.	타설속도 빠름.	타설속도 느림. 철근영향 X.
단점	Plug 현상	초기비용 발생.	타설속도 느림.

끝.

문제 105 VH 분리 타설(수직·수평 분리 타설) 공법

〔93후(8), 95전(10), 01전(10)〕

1 정의
① 보통 half PC slab 공법과 병행하여 적용되는 공법으로 기둥·벽 등 수직부재를 먼저 타설하고, PC판과 맞물려 topping Con´c를 타설한다.
② PC와 현장타설 Con´c의 장점을 취한 공법으로서, 기능인력의 해소와 안전시공을 확보할 수 있는 공법이 vertical horizontal 공법이다.

2 시공도

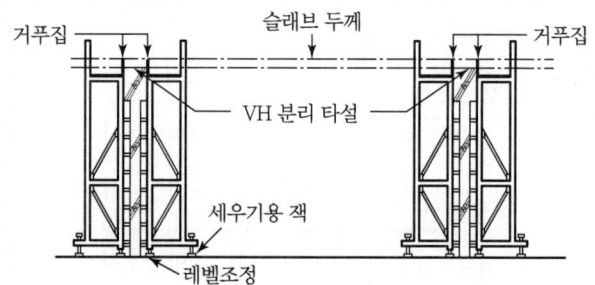

〈Shuttering form을 이용한 VH 분리 타설〉

3 콘크리트 강도 차이에 따른 타설법

구분	기준	타설법
강도차 적을 때	$\dfrac{\text{수직부재 콘크리트강도}}{\text{수평부재 콘크리트강도}} \leq 1.4$	• 일반적인 타설순서로 시공 • 수평부재는 모두 수평부재 강도로
강도차 클 때	$\dfrac{\text{수직부재 콘크리트강도}}{\text{수평부재 콘크리트강도}} > 1.4$	기둥주변 바닥판(기둥면에서 600mm 내외)은 기둥과 동일한 강도로 타설

4 특징
① 공기의 단축
② 인건비의 절감
③ 타설 접합면의 일체화
④ 하층의 작업공간 확보
⑤ Slab 거푸집이 불필요

5 시공 시 유의사항
① 상부 Con´c 타설 전 접합면 청소
② 타설 접합면 강도유지 및 확보
③ 공법 채택 시 제작·양생기간 등을 예상하여 현장과의 연계성 고려
④ 탈형, 운반, 양중 시 진동·충격으로 인한 균열발생 방지

문제 20) VH 분리타설.

I. 정의

VH 분리타설은 서로 다른 설계강도 (f_{ck})를 가진 수직·수평 부재를 타설할 때 타설강도를 하나로 통일하여 시공하는 것을 말한다.

II. VH 분리타설의 타설기준. (강도차이)

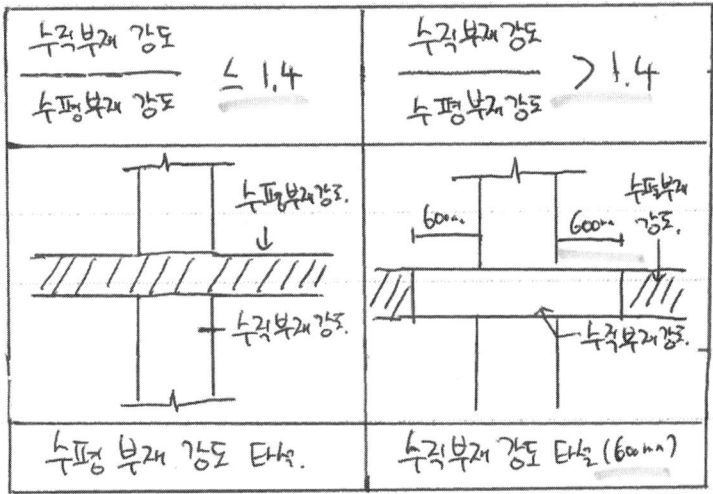

수직부재 강도 / 수평부재 강도 ≤ 1.4	수직부재 강도 / 수평부재 강도 > 1.4
수평 부재 강도 타설.	수직부재 강도 타설 (600mm)

III. VH 분리타설의 특징.

① 타설 접합면의 일체화 확보.
② 하층의 작업공간 확보.
③ 구조적 안정성 확보. (강도 확보)

IV. 시공시 유의사항

① 상부 concrete 타설조 접합면 청소.
② 타설 접합면의 강도유지 및 확보.
③ 공법 채택시 현장과의 연계성 고려.
④ 탈형·운반·양중시 진동·충격 방지.   끝.

문제 106 콘크리트 줄눈(Joint)의 종류

〔98전(20), 09전(10)〕

1 정의
① 콘크리트 구조체가 온도변화나 건조수축 등에 의하여 균열발생이 예상될 경우에 방지 또는 유도 제어할 목적으로 joint를 설치한다.
② Joint는 설계 시부터 고려되어야 하며, 균열의 예상 크기·온도응력발생 정도·구조물의 조건·환경여건 등을 감안하여 적절한 공법을 선정해야 한다.

2 Joint 방수처리
콘크리트 타설 전 이음부에 지수판 또는 지수재 설치

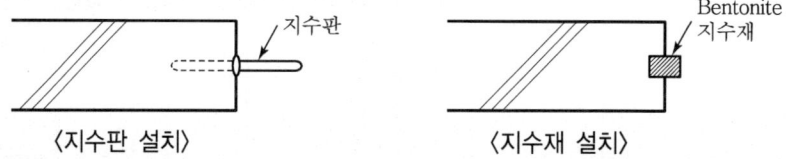

3 Joint(이음, 줄눈)의 종류

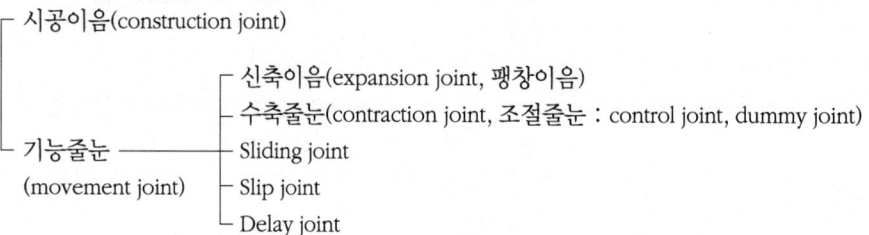

4 종류별 특징

이음 종류	특징
시공이음 (construction joint)	콘크리트의 작업관계로 경화된 Con'c에 새로 Con'c 타설할 경우 발생하는 joint
신축이음 (expansion joint)	온도변화에 따른 팽창·수축 혹은 부동침하·진동 등에 의해 균열이 예상되는 위치에 설치하는 joint로 단면을 분리시킴
수축줄눈 (contraction joint, 조절줄눈 : control joint, dummy joint)	건조수축으로 인한 균열을 전체 벽면 중의 일정한 곳에만 일어나도록 유도하는 joint로 단면 결손 부위를 둠
Sliding joint	Slab나 보가 단순지지방식이고, 직각방향에서의 하중이 예상될 때 미끄러질 수 있게 한 joint
Slip joint	조적벽과 RC slab에 설치하여 상호 자유롭게 움직이게 한 joint
Delay joint	장 Span 시공 시 수축대를 설치하고, 초기수축 발생 후 타설하는 joint

문제 61. Con'c Joint 종류

I. 정 의

① 온도변화, 건조수축에 의해 균열이 예상되는 경우, 이를 방지하기 위해 줄눈을 둔다.

② Joint는 설계시 부터 균열의 크기, 용도에 따라 적절한 공법을 선택해야 한다.

II. Con'c 줄눈

- Construction Joint → Cold Joint
- Movement Joint
  - Expansion J
  - Control J
  - Sliding J
  - Slip J
  - Delay J

III. Con'c 줄눈 방수

〈지수판 설치법〉   〈지수재 설치법〉

IV. 줄눈별 비교

구 분	Exp. Joint	Control Joint	Delay Joint
목 적	온도균열 방지	건조수축 균열방지	시공중 건조수축
방 식	구체간 분리	단면결손	분리타설
균 열	균열 회피	균열 유도	응력 제거 (本)

문제 107 시공이음(Construction Joint)

〔97중전(20), 05중(10), 09중(10), 16전(10)〕

1 정의
① 콘크리트 작업관계로 경화된 콘크리트에 새로 콘크리트를 이어붓기함으로써 발생되는 joint를 말한다.
② 기능상 필요해서가 아니라 시공상에 의해 줄눈을 두는 경우로서, 강도상 취약하고 누수발생 등의 원인이 되므로, 가능한 한 생기지 않게 계획해야 한다.

2 시공이음 위치

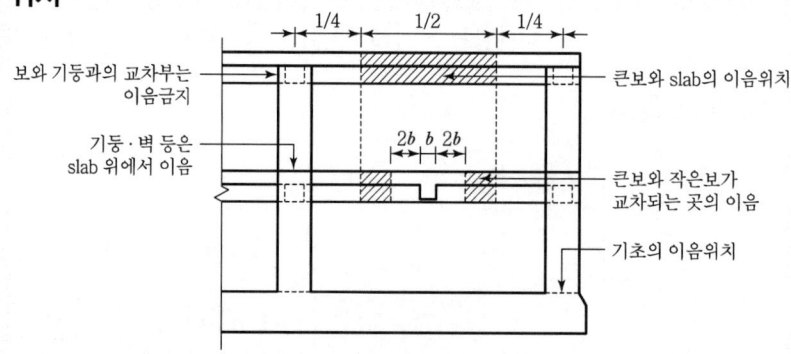

3 이음부위 요구조건

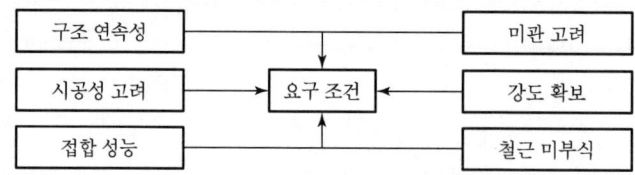

4 설치위치
① 구조물 강도상 영향이 적은 곳
② 전단력이 적은 곳
③ 이음길이와 면적이 최소화되는 곳
④ 1일 타설이 끝나는 지점
⑤ 기둥 및 벽은 바닥 slab 및 기초의 상단에 설치
⑥ 보·바닥 및 지붕 slab에서는 중앙 부근에 설치

5 시공 시 주의사항
① 시공 시 water stop(지수판)을 사용하여 누수방지
② 수화열, 온도변화, 건조수축 등에 유의하여 시공
③ 전단력이 큰 곳은 가급적 시공을 피하거나 유의하여 시공
④ Cold joint 방지에 유의
⑤ Laitance 및 취약한 콘크리트는 제거
⑥ 건전한 콘크리트를 노출시키고 충분히 습윤할 것

문제 7) 시공줄눈 (Construction Joint)의 위치 및 방법

I. 시공줄눈에 대하여

시공계획에 의해 경화된 콘크리트에 새로이어붓기로 발생되는 계획줄눈, 강도 취약, 누수리스크로 최소화

II. 시공줄눈 위치

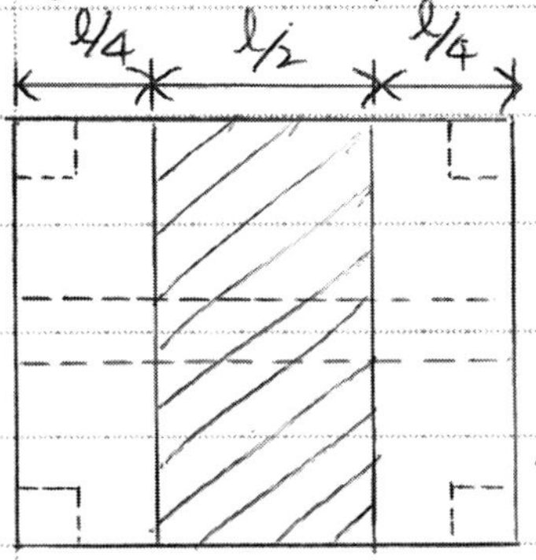

요구성능
- 구조연속성
- 시공성 고려
- 접합성능
- 강도 확보
- 미관고려

〈큰보와 작은보의 이음〉

〈슬라브, 보 이음가능위치〉

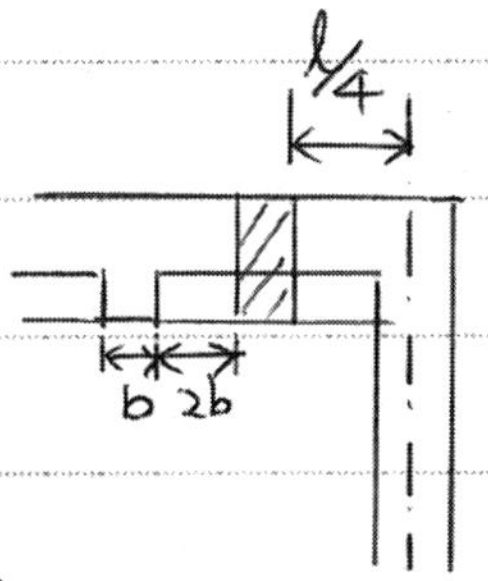

III. 시공줄눈 시공 방법에 대한 고찰

1) 시공이음은 전단력이 작은곳 설치
2) 방수필요부위 지수판 설치
3) 수화열, 외기온도, 온도응력, 건조수축 고려
4) 이음면은 부재의 압축력 받는 직각 방향
5) 이어치기 부위 표면 거칠기, 물축임
6) 이음, 정착 철근 사전 검토
7) 전단 보강근 설치 고려

IV. 시공줄눈과 Cold Joint 비교

시공 줄눈	Cold Joint
계획에 의한 줄눈	이어치기 시간 미준수로 인한 품질결함, 25°C↑ 2시간, 25°C↓ 2시간30분

문제 108 콜드 조인트(Cold Joint)

〔91전(8), 97후(20), 03중(10), 09후(10), 22전(10)〕

1 정의
① 콘크리트 작업관계로 경화된 콘크리트에 새로 콘크리트를 이어붓기하므로 발생되는 이음을 시공이음이라 한다.
② Cold joint란 콘크리트 타설온도가 25℃ 초과일 때 2시간 이상, 25℃ 이하에는 2.5시간이 지난 후 이어붓기할 경우에 콘크리트가 일체화되지 않아 발생하는 joint이다.
③ 시공계획에 의한 joint가 아닌 시공불량에 의해 발생한 joint로서 누수의 원인이 되며, 강도상 취약한 부분이 된다.

2 기둥에서의 Cold Joint

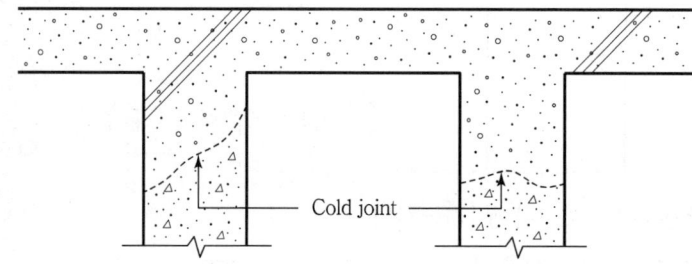

3 Cold Joint에 의한 피해
① Con'c 구조체의 내구성 저하 ② 철근의 부식
③ 탄산화의 요인 ④ 콘크리트의 수밀성 저하
⑤ 누수의 원인 ⑥ 마감재의 균열

4 원인 및 대책

원인	대책
① 넓은 지역의 순환 타설 시 돌아오는 시간이 2시간 초과 시	① 사전에 콘크리트 운반계획을 철저히 수립
② 장시간 운반 및 대기로 재료분리가 된 콘크리트 사용 시	② 레미콘 배차계획 및 간격을 철저히 엄수
③ Massive한 구조물의 수화발열량	③ 타설구획의 순서를 철저히 엄수
④ 계획 설계 시 movement joint의 누락 및 미시공	④ 여름철 콘크리트는 응결지연제 등의 혼화제 계획 필요
⑤ 여름철 콘크리트 타설계획에 대한 고려 미비	⑤ 큰 구조물의 콘크리트 타설 시 pipe cooling 계획 필요
⑥ 분말도가 높은 cement 사용	⑥ 레미콘의 운반 및 대기시간을 검사하여 사전에 remixing
	⑦ 중용열 portland cement 등 분말도가 낮은 cement 사용
	⑧ 콘크리트 이어치기는 60분 이내에 완료되도록 계획할 것
	⑨ Dry mixing한 재료를 현장반입하여 사용하는 방법

문제 8번. 콘크리트공사의 콜드조인트 (Cold Joint) 방지대책

I. 개요

콘크리트 타설 중 25°C 초과 시 2시간, 25°C 이하 시 2.5시간을 초과할 경우 부재 일체화가 저해되어 콜드조인트를 유발하게 된다.

II. 콘크리트공사의 콜드조인트 방지대책

1) 콘크리트 운반시간 한도 규정 준수

KS F 4009	콘크리트 표준시방서		건축공사 표준시방서	
혼합직후부터 배출까지	혼합 직후부터 타설완료 시까지			
	외기온도	일반 60m°C	외기온도	일반 60분
90분	25°C 초과	90분	25°C 이상	90분
	25°C 이하	120분	25°C 미만	120분

∴ 레미콘 제조사 접근성을 고려한 발주관리

2) 거푸집 재료 강성, 측압 내력 확보

① 외력에 변형이 없는 거푸집 사용

② 적재하중, 작업하중, 측압으로부터 안정적일 것 [거푸집 벽체 설치단면]

3) 타설 작업 인력배치 및 장비 사전점검 관리

기능공	압송관	차량·장비
타설상부 가·전담당, 타설하부 폭수점검배치	폐색, 맥동 현상, 타설지연 요인 제거	펌프카 배터리, 양중기계외 작업용복

(끝)

문제 109 신축이음(Expansion Joint)

〔07후(10), 09중(10)〕

1 정의
① 건축 구조물의 온도변화에 따른 팽창·수축 혹은 부동침하·진동 등에 의해 균열발생이 예상되는 위치에 설치하는 균열방지를 위한 joint이다.
② 신축이음은 구조체의 단면을 완전히 분리시키므로, 분리줄눈(isolation joint)이라고도 한다.

2 Expansion Joint의 분류

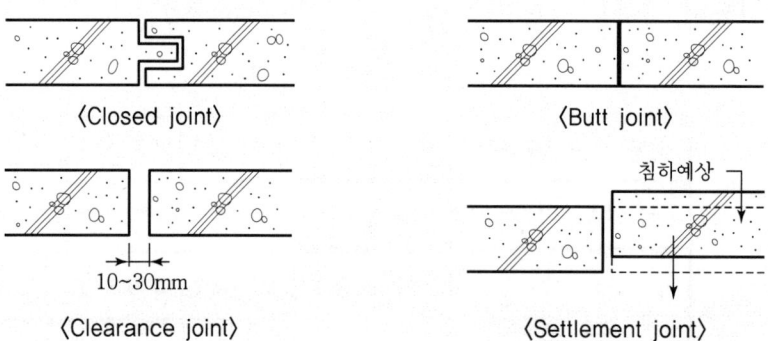

3 설치목적
① 양생기간 및 사용 중 안전성 확보
② 콘크리트 구조물의 변형 수용
③ 콘크리트의 팽창과 수축 조절
④ 부동침하·진동방지

4 시공 시 유의사항
① 온도변화가 큰 지역은 60m 이내, 적은 지역은 90m 이내마다 설치 고려
② 구조체의 형식, 기초의 연결형식, 횡방향 변위 등에 대한 고려
③ 건축물의 규모와 형태
④ 온도변화 및 온도조절방식 고려
⑤ Joint는 확실하게 끊어준다.
⑥ Joint에 발생하는 변형량을 고려한 방수공법으로 선정
⑦ 유지·관리가 용이할 재료 선정

1. 공법
(내역)
- I. 정의
- II. 시공도/시공순서
- III. 시공 유의사항
- IV. 비고

문제 15. Expansion Joint (신축이음)

답

I. 정 의

① 건축구조물의 온도변화에 따른 팽창·수축 또는 부동침하, 진동 등에 의해 균열발생 예상위치에 설치하는 Joint

② 구조체의 단면을 완전히 분리시키므로 불거조는 (isolation joint) 라고도 한다.

II. 시공순서

Back up재 — Sealing재
줄눈받침대 — Joint Filler

Joint Filler → Con'c 타설 → Back up / Sealing

III. 설치기능 (+ 설치위치)

- 온도·습도 변화에 따른 Con'c 수축·팽창에 저항
- 온도구배에 의한 온도균열 방지
- 기초 침하 예상시 유효한 Joint
- 양생기간 및 사용중 안전성 확보

IV. 설치위치 → (줄눈비교?)

① 건물의 기초가 상이한 부분
② 기존 건축물의 증축부위
③ 구조상 중량배분이 다른 부분
④ 온도변화가 큰 지역은 60m 이내, 적은 지역은 90m 이내 <끝>

문제 110 수축줄눈[Control Joint(조절줄눈 : Dummy Joint)]

〔87(5), 00후(10), 02후(10)〕

1 정의

① 수축줄눈(contraction joint)이란 건조수축으로 인한 균열을 전체 벽면 중의 일정한 곳에서만 일어나도록 단면의 결손 부위로 유도하여, 건축물의 외관손상을 최소화하며, 조절줄눈 또는 맹줄눈(旨줄눈, dummy joint)이라고도 한다.
② 수축줄눈은 수축에 의한 구조체의 움직임을 흡수하고, 수축줄눈 위치에서만 일어나도록 균열을 제어하여 다른 곳의 균열발생을 억제하므로, 균열유발줄눈이라고도 한다.

2 수축줄눈 시공방법

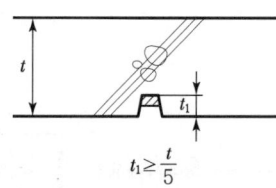

$t_1 \geq \dfrac{t}{5}$

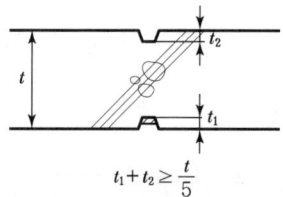

$t_1 + t_2 \geq \dfrac{t}{5}$

3 조절줄눈의 시공별 분류

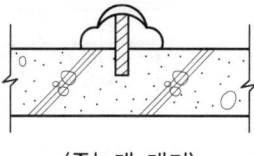

〈줄눈대 대기〉

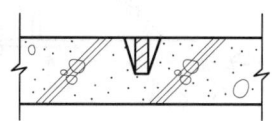

〈줄눈대 파넣기〉

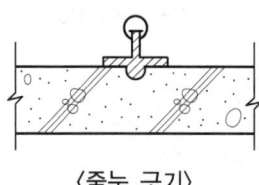

〈줄눈 긋기〉

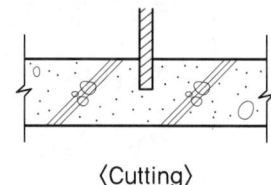

〈Cutting〉

4 설치위치

① 외벽의 개구부 주위
② 건축물의 코너 부위
③ 창·문틀 주위
④ 배수구 및 기타 구멍 주위

5 유의사항

① 깊이는 벽두께의 1/5 이상
② 외벽의 색깔과 비슷한 코킹재 사용
③ 코킹은 중간에 끊어지지 않고 연속적으로 시공

문제 10) 수축줄눈 (Control J, Dummy J)

I. 정의
① 건조수축에 의한 균열을 단면의 결손 부위로 유도하여 외관 손상을 최소화.
② 수축에 의한 구조체의

II. 수축 줄눈의 설치 위치.

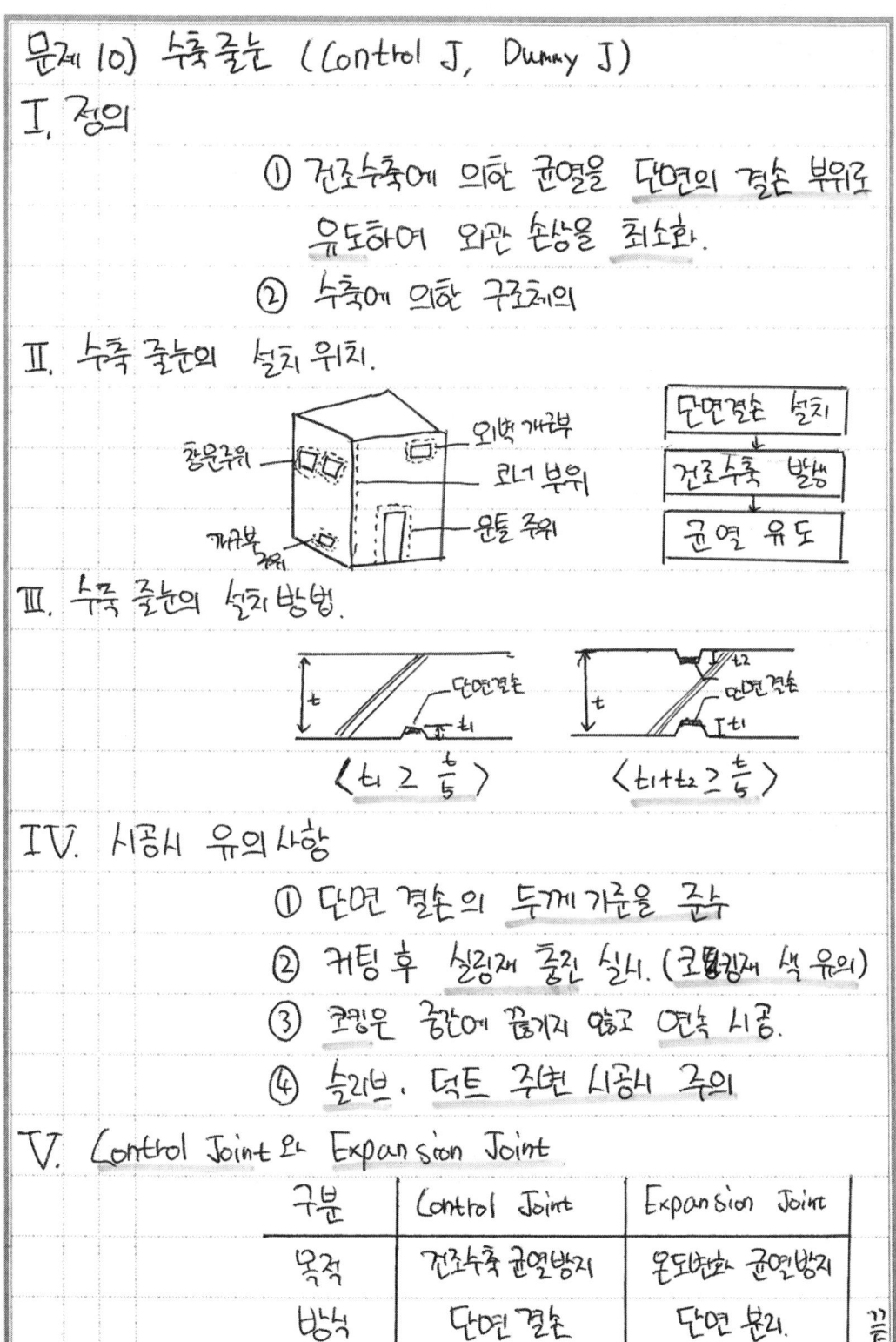

III. 수축 줄눈의 설치 방법.

$\langle t_1 \geq \dfrac{t}{5} \rangle$ $\langle t_1 + t_2 \geq \dfrac{t}{5} \rangle$

IV. 시공시 유의사항
① 단면 결손의 두께 기준을 준수
② 커팅 후 실링재 충진 실시. (코킹재 색 유의)
③ 코킹은 중간에 끊기지 않고 연속 시공.
④ 슬라브, 덕트 주변 시공시 주의

V. Control Joint 와 Expansion Joint

구분	Control Joint	Expansion Joint
목적	건조수축 균열방지	온도변화 균열방지
방식	단면 결손	단면 분리

끝.

문제 111 Delay Joint

〔01전(10), 02중(10), 06후(10), 20후(10)〕

1 정의
① 장span의 구조물 시공 시 수축대(shrinkage strips, 폭 1m 정도 남겨 놓음)만 설치하고, 콘크리트 타설 후 초기수축(보통 4주 후)을 기다렸다가, 그 부분을 콘크리트 타설하여 일체화한다.
② 100m를 초과하는 구조물에 expansion joint의 설치 없이 시공이 가능하다.

2 Delay joint의 시공

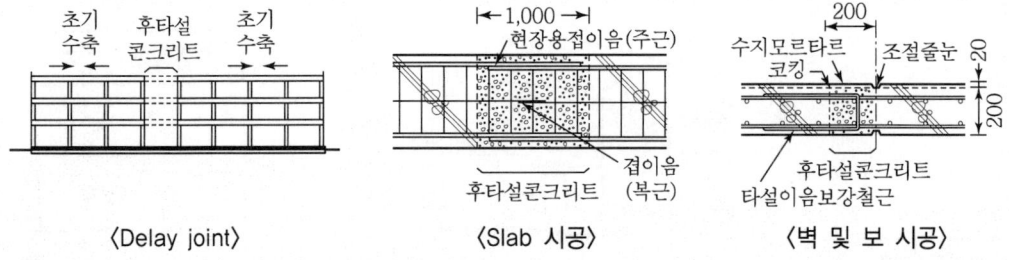

〈Delay joint〉   〈Slab 시공〉   〈벽 및 보 시공〉

3 특징
① 100m가 넘는 구조물에 유리   ② 이중기둥이 없어짐
③ 구조체 및 마감비용 절감   ④ 구조체의 일부가 후공사가 됨
⑤ Joint가 1개소 증가함   ⑥ 거푸집 존치기간이 길어짐

4 시공 시 유의사항
① Delay joint 부분은 4주 후 타설
② Delay joint의 폭은 slab는 1m 정도 벽 및 보는 200mm 정도
③ 온도응력이 문제가 될 경우는 완전히 끊어 시공할 것
④ 옥상부는 방수에 유의할 것
⑤ 타단은 control joint 설치
⑥ 폭이 넓은 경우는 무수축 Con´c 사용

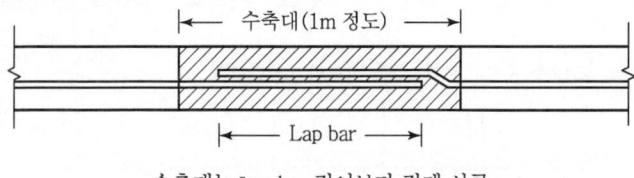

수축대는 Lap bar 길이보다 길게 시공

1. 공법
   (시공법)
   Ⅰ. 정의
   Ⅱ. 시공도/시공순서
   Ⅲ. 시공시 유의사항
   Ⅳ. 비교 → 종류비교=?

문제 16. Delay Joint

답

Ⅰ. 정 의

① Con'c 타설후 발생하는 수축응력과 균열을 감소시키고, 상부하중 및 침하에 따른 부등변위를 감소시킬 목적으로 수축대를 설치하여 후타설하는 Joint.

② 수축대는 초기수축(4~6주) 경과후 타설한다.

Ⅱ. 수축대(Shrinkage Strip) 설치방법

수축대 (Shrinkage Strip)
- 폭 : 600~900mm
- Lap bar 길이보다 길게
- 4~6주후 Con'c 타설

Ⅲ. Delay Joint의 특징

장 점	단 점
100m 이상 장span 가능	구조체 일부 후시공
아강비용 절감	Joint 개소 증가
이중기둥 없어짐	거푸집 존치기간 증대

Ⅳ. 시공시 주의사항

- Delay Joint 간격은 4주후 타설
- Delay Joint 폭은 slab : 1m, 보, 벽은 : 200m 정도
- 온도응력 문제시 완전 분리 시공
- 옥상부 방수유리, 타인쪽는 Control Joint 시공 〈끝〉

문제 112 시멘트 종류별 표준 습윤 양생기간

〔13후(10), 22중(10)〕

1 정의

습윤양생이란 콘크리트 타설 후, 그 표면의 건조를 방지하기 위하여 젖은 매트, 두께 25mm 이상의 습한 모래, 두꺼운 천, 방수지 등으로 덮든가 또는 살수, 침수(湛水) 등의 막양생을 하여 콘크리트가 건조하지 않도록 하는 양생이다.

2 습윤양생의 종류

종류	내용
급습양생	콘크리트에 수분을 보급하는 방식 예 살수, 젖은 모래 살포, 분무, 침수, 거푸집 살수 등
피막양생	콘크리트의 수분증발을 방지하는 방식 예 불투수성 시트 덮기, 막 양생제의 살포 등

3 기온에 따른 시멘트 종류별 표준 습윤 양생기간

일평균 기온	보통포틀랜드 시멘트	고로슬래그 시멘트 Fly ash 시멘트 B종	조강포틀랜드 시멘트
15℃ 이상	5일	7일	3일
10℃ 이상	7일	9일	4일
5℃ 이상	9일	12일	5일

4 콘크리트 종류별 표준 습윤 양생기간

구분	보통포틀랜드 시멘트	조강포틀랜드 시멘트	중용열포틀랜드 시멘트	기타 시멘트
무근, 철근콘크리트	5일	3일	–	–
포장콘크리트	14일	7일	21일	–
댐 콘크리트	14일	–	14일	21

문제 13. 콘크리트 공사 표준 습윤양생 기간.

1. 개요.

- Con'c 타설후 표면의 건조를 방지하기 위하여 살수, 피막양생등을 실시하는 것을 습윤양생이라 한다.

2. 습윤양생 시공도.

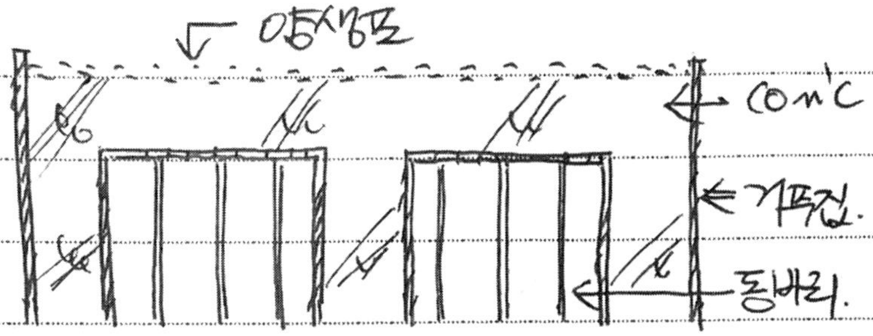

(양생포, Con'c, 거푸집, 동바리)

3. 콘크리트 공사 표준 습윤양생기간.

평균기온	조강PC	보통PC	고로슬래그시멘트
15°C이상	3일	5일	7일
10°C이상	4일	7일	10일
5°C이상	5일	9일	12일

4. 습윤양생시 주의사항.

① 직사광선에 수분 증발되지 않도록 주의
② 막양생시 충분한 양의 증포제 살포
③ Con'c 노출면은 습윤양생기간 준수.

5. 살수양생과 피막양생 비교.

구분	살수양생	피막양생
양생방법	수분 공급	수분증발 금지

"끝"

문제 113 콘크리트의 적산온도(積算溫度)

〔96후(15), 99중(20), 04후(10), 08전(10), 15전(10)〕

1 정의
① 한중 Con´c의 강도발현을 비빈 후부터의 양생온도(℃, °D, degree)와 경과기간(日, D, day)의 곱의 적분함수[∑(양생온도×경과기간)]로 나타낸 것을 말한다.
② 초기의 Con´c 경화정도를 평가하는 지표가 된다.

2 적산온도

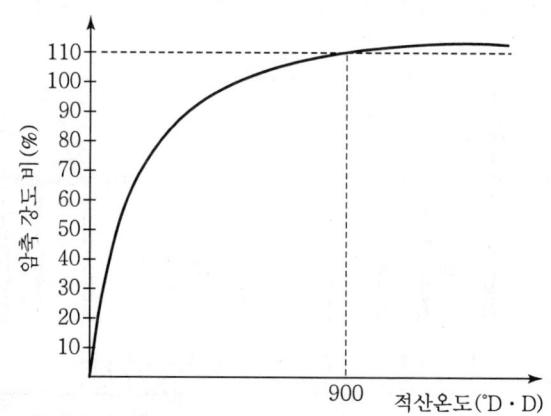

〈적산온도(대수눈금)와 압축강도의 관계〉

$$M(°D \cdot D) = \sum (\theta + A) \Delta t$$

여기서, M : 적산온도(°D×D 또는 ℃×日)
A : 정수로서 일반적으로 10
Δt : 시간(일)
θ : Δt시간 중 콘크리트 일평균 양생온도

3 양생온도의 영향
① 양생온도를 높이면 수화반응을 촉진시켜 콘크리트 조기강도에 유리
② 응결기간에 온도를 높이면 조기강도는 증가하나 7일 이후 강도는 불리함
③ 급속한 수화반응은 다공질의 빈약구조를 형성하여 강도상 불리함

4 사용현황
① 일반현장 : 15℃ 이상으로 2일 이상 초기양생을 해야 한다.
② PC 제작 시 : 100℃ 온도로 6~8시간 정도 초기양생을 실시해야 한다.

문제 34. 적산온도

I. 정의
① 콘크리트의 평균 양생 온도와 양생기간의 누계에 대한 온도를 말한다.
② 콘크리트 초기강도 추정 및 거푸집 존치기간 산정에 활용.

II. 적산온도의 산정식

$$M = \sum_{0}^{t}\left(\frac{\theta}{t} + \frac{A}{a}\right)\Delta t$$

θ = Δt 시간 동안의 온도
A = 정수로 일반적 10℃
Δt = 양생기간 (시간)

적산
- 양생온도 측정 → 산정식에 대입 → 압축강도 산정

III. 적산온도의 용도

용도	비고
・콘크리트 압축강도 산정 ・거푸집 존치기간 산정 ・초기 양생기간 산정 ・한중콘크리트 재령일	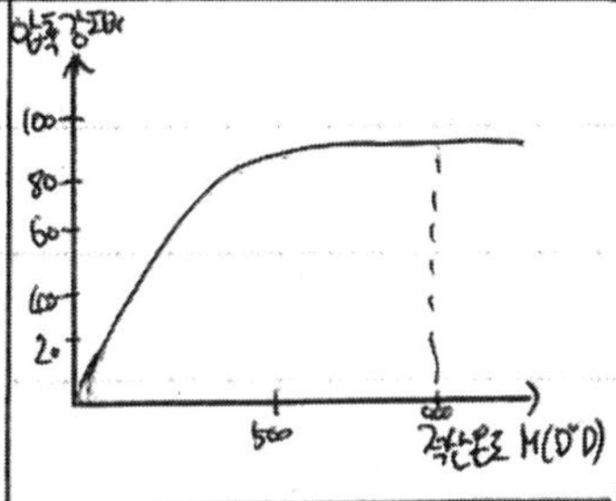 (압축강도 vs 적산온도 M(℃·D) 곡선)

IV. 적산온도 적용시 주의사항
① M(적산온도) 10,000℃·day 이상 적용 불가.
② 초기양생온도 0℃ 유지.
③ 적산온도는 210℃·day 이상 유지.
④ Mass Concrete 적용 불가.
⑤ 일교차가 심한 경우 적용 불가. 끝.

문제 114 골재의 함수량

〔98전(20), 23후(10)〕

1 정의
① 골재의 절건상태에서 습윤상태가 되기까지 흡수한 전수량을 골재의 함수량이라 한다.
② 골재의 함수량 = 습윤상태의 골재수량 − 절건상태의 골재수량

2 골재의 함수상태

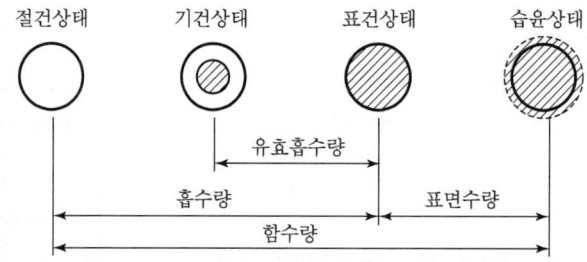

1) **절건상태(절대건조상태)**
   골재를 100~110℃의 온도에서 중량변화가 없어질 때까지(24시간 이상) 건조한 상태, 골재 속의 모세관 등에 흡수된 수분이 거의 없는 상태

2) **기건상태**
   골재를 공기중에 건조하여 내부는 수분을 포함하고 있는 상태

3) **표건상태(표면건조 포화상태, 표면건조 내부포화상태)**
   표면건조 내부포화상태로 내부는 포화상태이나 표면은 수분이 없는 상태

4) **습윤상태**
   골재의 내부는 이미 포화상태이고, 표면에도 물이 묻어 있는 상태

3 유효흡수량과 흡수율
① 유효흡수량 = 표건상태의 골재질량 − 기건상태의 골재질량
② 흡수율 = $\dfrac{\text{흡수량}}{\text{절건상태의 골재질량}} \times 100(\%)$

4 흡수율에 영향을 주는 요인(단위수량 증가원인)
① 골재의 석질이 치밀하지 못하면 흡수율 증가
② 다공질일수록 흡수율 증가
③ 풍화가 심하게 진행된 사석과 연석을 포함한 것은 흡수율 증가
④ 비중이 작을수록 흡수율 증가

문2) 골재의 함수상태 (4가지)

I. 정의

1) 콘크리트에 사용되는 골재는 콘크리트 체적의 70% 이상을 차지하므로, 품질 및 입도에 따라 콘크리트 품질에 큰 영향

2) 골재의 체가름시험에 의해 입도에 따라 잔골재와 굵은골재로 분류

II. 골재의 함수상태

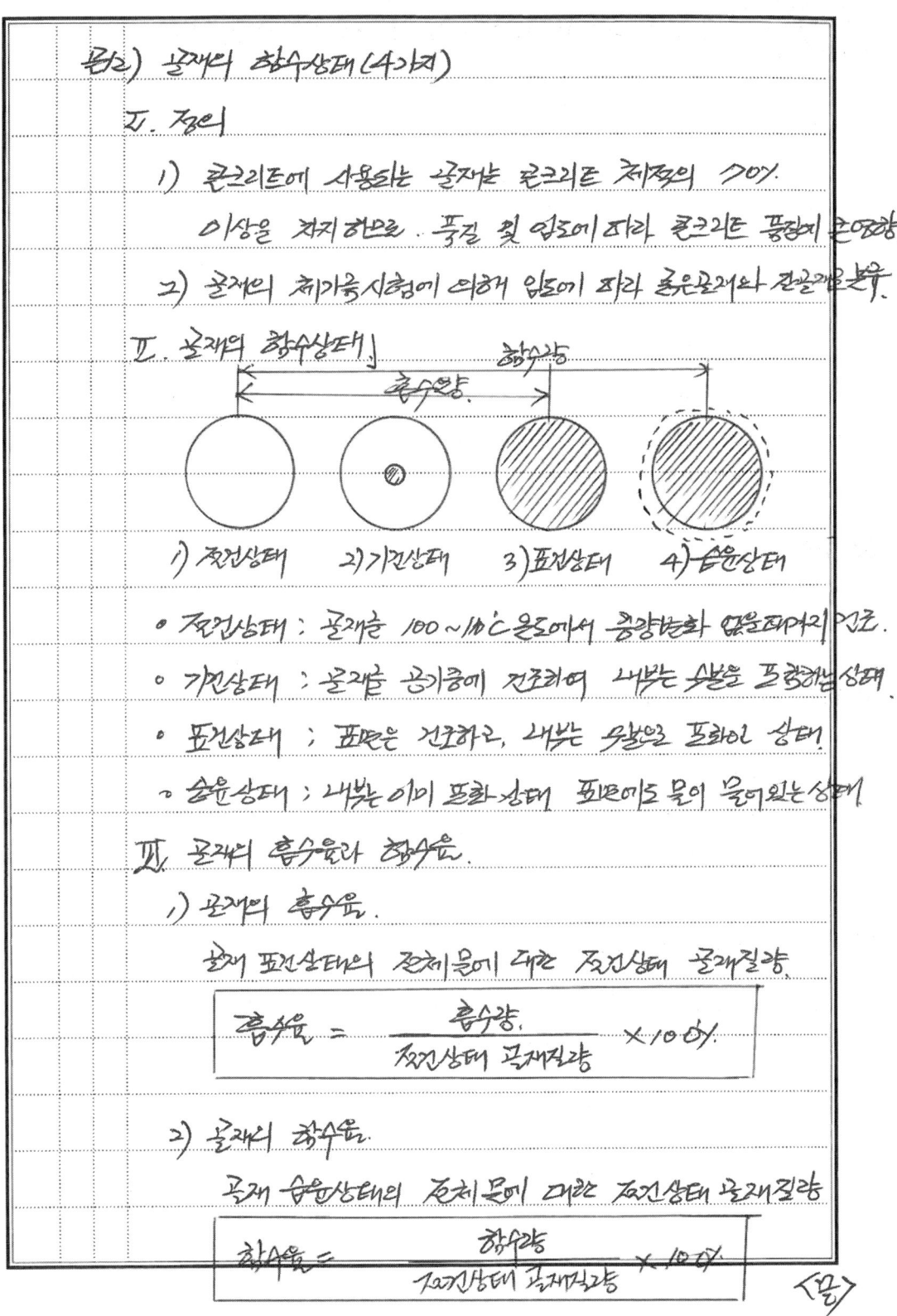

1) 절건상태 2) 기건상태 3) 표건상태 4) 습윤상태

- 절건상태 : 골재를 100~110°C 온도에서 중량변화 없을때까지 건조
- 기건상태 : 골재를 공기중에 건조하여 내부는 수분을 포함한 상태
- 표건상태 : 표면은 건조하고, 내부는 수분으로 포화인 상태
- 습윤상태 : 내부는 이미 포화상태 표면에도 물이 묻어있는 상태

III. 골재의 흡수율과 함수율

1) 골재의 흡수율

골재 표건상태의 전체물에 대한 절건상태 골재질량

$$흡수율 = \frac{흡수량}{절건상태\ 골재질량} \times 100\%$$

2) 골재의 함수율

골재 습윤상태의 전체물에 대한 절건상태 골재질량

$$함수율 = \frac{함수량}{절건상태\ 골재질량} \times 100\%$$

〈끝〉

문제 115 굳지 않은 콘크리트의 단위수량 측정시험

〔23전(10)〕

1 정의
아직 굳지 않은 콘크리트 1m³ 중에 포함된 물의 양(골재중의 수량 제외)을 check하는 시험으로 KCS 22년 9월 1일 고시

2 단위수량 측정방법

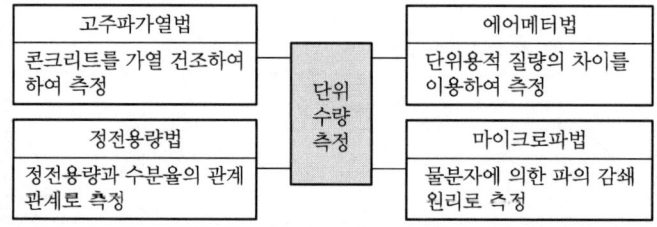

3 목적
① 건설현장 부적합한 레미콘 사용 근절
② 콘크리트 품질관리 강화

4 결과보고서 포함내용
① 측정일자, 온도, 습도
② 시방배합표
③ 단위수량 측정방법
④ 측정 단위수량값
⑤ 측정 소요시간

5 콘크리트 받아들이기 품질검사

시기 및 횟수	판정 기준
1회/일, 120m³마다 또는 배합이 변경될 때마다	시방배합 단위수량 ±20kg/m³ 이내

문제7) 굳지 않은 콘크리트의 단위수량 시험방법.

I. 정의

단위수량시험이란 콘크리트 1m³ 중에 포함된 물의 양(골재중의 수량제외)으로 콘크리트 강도, 내구성, 콘크리트 품질에 영향

II. 단위수량 측정방법

정전용량법	에어미터법
- 정전용량과 수분율의 관계로 측정	단위용적 질량차 이용하여 측정
고주파 가열법	마이크로 파법
- 콘크리트를 가열 건조하여 측정	물분자에 의한 파의 감쇄원리 이용

(중앙: 단위수량시험)

III. 시험목적

① 콘크리트의 강도 보전
② 블리딩 과다로 인한 레이턴스, 재료분리 저감
③ 수밀한 콘크리트 타설
④ 잉여수 유출 과다로 인한 침하균열 저감

IV. 시험방법

단위수량기준	185kg/m³ 이하
시험시기	콘크리트 120m³ 마다 시험 배합변경시 시험 실시
허용오차	±20kg/m³ 이내

문제 116 구조체 관리용 공시체

〔09후(10)〕

1 정의
구조관리용 공시체는 콘크리트 구조물이 설계기준 강도에 부합되는지 평가하기 위해 제작하는 공시체이다.

2 구조체 관리용 공시체 채취 및 검사

구분	내용
공시체 시료 채취 방법	① 공시체는 운반차량마다 3개씩 채취함 ② 28일 강도용 공시체는 콘크리트 배출량의 1/4, 2/4, 3/4 배출시점에서 채취 ③ 7일 강도용 공시체는 콘크리트 배출량의 1/2 배출시점에서 채취
공시체 제작	레미콘 120m³마다 다음과 같이 1회 실시한다. ① 28일 강도용 공시체는 3개조 9개 제작 ② 28일 강도 추정을 위한 7일 강도용 공시체는 1개조 3개 제작
공시체 양생	공시체의 탈형 후 현장 수중양생 실시하며, 급격한 온도 변화나 햇볕이 닿는 곳은 피함
공시체 검사	1회 시험에 3개의 공시체 시험, 공시체 3개의 평균값을 기준

3 종류

구분	내용
현장수중양생공시체	① 현장 옆 수조에서 재령동안 양생 후 일정간격 또는 수시로 강도 시험 실시 ② 일반 및 서중환경에서 구조체 관리
현장봉함양생공시체	① 현장 옆, 랩이나 비닐로 감싸 보관, ② 한중환경 조건하 : 초기 양생기간, 구조체 적산온도 관리
온도추종양생공시체	① 현장 옆에 수조설치 후 수온을 콘크리트 내부 온도와 동일하게 양생 ② 매스콘크리트나 고강도 콘크리트의 관리 시 이용

4 콘크리트 압축강도 판정기준

$f_{ck} \leq 35\text{MPa}$ 경우	$f_{ck} > 35\text{MPa}$ 경우
다음의 기준을 모두 만족하여야 한다. ① 연속 3회의 시험값의 평균이 설계기준강도 이상 ② 1회 시험값은 설계기준강도 -3.5MPa 이상	다음의 기준을 모두 만족하여야 한다. ① 연속 3회의 시험값의 평균이 설계기준강도 이상 ② 1회 시험값은 설계기준강도의 90% 이상

5 불합격 시 조치
① 3개의 시험 Core를 채취하여 강도시험 실시
② 3개의 시험 Core의 강도가 설계기준강도의 85%를 초과하고 공시체 각각의 강도가 설계기준강도의 75%를 초과하면 합격
③ 3개의 시험 Core가 위 '②'의 강도를 만족하지 못할 경우에는 재시험을 실시하며, 결과에 따라 필요한 조치방안 마련

구조물

문제 6) ~~콘크리트~~ 관리용 공시체

I. 정의
① 콘크리트 구조물이 설계기준강도에 부합되는지 평가하기 위해 제작하는 공시체
② 7日, 28日 강도용 공시체가 있고, 달형으로 제작한다.

II. 구조체 관리용 공시체 채취·검사 Flow

- 공시체 제작 ─ 120m³ 마다 1회
             ─ 3개조 (9개), 7일 1개조
- 공시체 양생 ─ 수중 양생 (20±2℃)
             ─ 직사광선 방지
- 공시체 검사 ─ 1개조(3개), 평균값 기준. 압축강도 판정

공시체: 100×200 or 150×300

III. 7日강도를 통한 28日 강도 추정
① 조강 포틀랜드 : $f_{28} = f_7 + 8(MPa)$
② 보통 포틀랜드 : $f_{28} = 1.35 f_7 + 3(MPa)$

IV. 콘크리트 압축강도 판정기준

$f_{ck} \leq 35MPa$	$f_{ck} > 35MPa$
· 3회 시험값 = f_{ck} 이상	· 3회 평균 시험값 = f_{ck} 이상
· 1회 시험값 = $f_{ck} - 3.5MPa$ 이상	· 1회 시험값 = $f_{ck} \times 0.9$ 이상

V. 불합격시 조치
① 3개의 코어를 채취하여 강도시험
  - 3개 시험코어 평균 f_{ck}의 85%, 1개 코어가 75% 만족시 합격
② 불합격시 재시험, 결과에 따라 조치방안 강구. 끝

문제 117 | 콘크리트 구조물의 비파괴시험
(Concrete non-Destructive Test)

〔10중(10)〕

1 정의
콘크리트 구조물의 압축강도를 추정하고, 내구성 진단·균열의 위치·철근의 위치 등을 파악하는 데 있어서 구조체를 파괴(재하시험·core 채취법 등)하지 않고, 비파괴적인 방법으로 측정하는 검사방법이다.

2 필요성(비파괴적 방법)

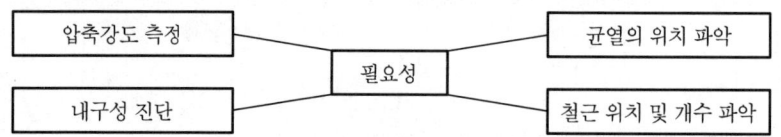

3 비파괴시험의 종류별 특성

1) **Schumidt Hammer(타격법, 반발경도법)**
   Con'c 표면을 타격하여 반발계수를 계측하여 Con'c의 강도를 추정하는 검사방법

2) **방사선법**
   X선 발생장치 또는 방사선 동위원소에서 방사되는 X선, γ선을 이용하여 철근의 위치·크기 또는 내부결함 등을 조사하는 시험

3) **초음파법(음속법)**
   발신자와 수신자 사이를 음파가 통과하는 시간을 측정하여 음속의 크기에 의해 강도를 측정하는 검사방법

4) **진동법**
   Con'c 공시체에 진동을 주어 그때의 공명·진동 등으로 Con'c 탄성계수를 측정하는 검사방법

5) **인발법**
   철근을 종류별로 배치한 후 콘크리트를 타설하여 경화시킨 후 잡아당겨서 철근과 Con'c의 부착력을 검사하는 시험

6) **철근탐사법**
   전자유도에 의한 병렬 공진회로의 진폭 감소를 응용한 것으로서 콘크리트 구조물의 철근탐사를 위한 시험

5. 시험
- I. 정의
- II. 사항도·시험인자
- III. 시공시 유의사항
- IV. 관리/비교

문제 20. Con'c 비파괴 시험   666p.

답.

I. 정 의

　　Con'c 구조물의 압축강도를 추정하고, 내구성 진단.
　　균열 위치·철근위치 등을 파악하기 위해 구조체를
　　파괴하지 않고 비파괴적 방법으로 측정하는 검사방법

II. 비파괴 시험의 필요성

```
 [압축강도 측정]         [균열 위치 파악]
              ↘       ↙
              (필요성)
              ↗       ↖
 [내구성 진단]          [철근 위치 및 개수]
```

III. 비파괴 시험의 종류 및 특성

종 류	특 성
슈미트 해머	Con'c 표면 타격시 반발계수 측정
방사선법	X선, γ선을 이용
초음파법	음파가 통과하는 시간 측정
진동법	Con'c 공시체에 진동을 줌
인 발 법	철근과 Con'c의 부착력 검사
철근 탐사법	Con'c 구조물의 철근 탐사

(슈방초진인철)

IV. 철골구조의 비파괴 검사의 종류

　　㉮ 초음파 탐상법(UT)　　㉱ 액체 침투탐사 (PT)
　　㉯ 방사선법 (CRT)
　　㉰ 자기탐상법 (MT)

　　　　　　　　　　　　　　　　　　　　〈끝〉

문제 118 슈미트 해머(Schumidt Hammer, 타격법, 반발경도법)

〔78후(3), 96전(10), 04중(10), 18중(10)〕

1 정의
Con'c 표면을 타격하여 반발계수를 계측하여, Con'c의 강도를 추정하는 시험이다.

2 Schumidt Hammer의 종류

적용 콘크리트	기종	강도 측정 범위(MPa)	비고
보통(Normal) 콘크리트	N형	15~60	일반적으로 사용
경량(Light) 콘크리트	L형	10~60	경량콘크리트에 사용
저강도(Normal Print) 콘크리트	P형	5~15	콘크리트 초기강도 및 저강도 콘크리트에 사용
Mass 콘크리트	M형	60~100	댐, 활주로 등에 사용

3 특징
① 구조가 간단하고 사용이 편리 ② 비용이 비교적 저렴 ③ 신뢰성 부족

4 시험방법(반발경도 측정방법)

1) 측정위치
① 벽·기둥·보 등의 측면
② 콘크리트 품질을 대표할 수 있는 곳

2) 측정부위 표면처리
① 표면은 평활하고 오염되지 않은 곳
② 미장·타일 등의 마감재 제거

3) 측정지점
① 간격 30mm로 가로 4개, 세로 5개의 선을 그어 만나는 교점 20곳 측정
② 부재 두께 100mm 이하는 제외

4) 측정
① 측정면에 직각으로, 기기를 수평으로 하여 타격 실시
② 20곳을 측정하여 평균값을 정수로 표시하여 측정치를 구함
③ 평균치보다 ±20% 이상의 값은 버림

〈Schumidt hammer법〉

5 시험 시 유의사항
① 두께 100mm 이하의 판재, 1변이 150mm 이하 단면의 기둥·보 등은 피함
② Con'c 재령은 28일이 경과한 후 실시할 것
③ 표면이 미장·도장 등의 표피가 있는 경우 제거한 후 실시할 것

문제) 슈미트 해머 종류, 측정방법

① 정의

① 콘크리트 비파괴 시험으로, 콘크리트의 표면을 타격하여 반발계수를 측정하여 강도 추정. (기 타설된)

② 검사가 신속·저렴하나 신뢰성이 부족.

② 슈미트 해머의 종류

종류	일반	경량	저강도	Mass
해머	N형	L형	P형	M형
강도측정범위	15~60 MPa	10~60 MPa	5~15 MPa	60~100 MPa

③ 시험 방법

측정위치 선정 : 기둥·보 등 주요부재

표면처리 : 표면처리 (묘쪽재)
       평활, 습윤 X.

강도 측정 : 20곳 측정, 평균값 → 보정계수 × 강도추정.

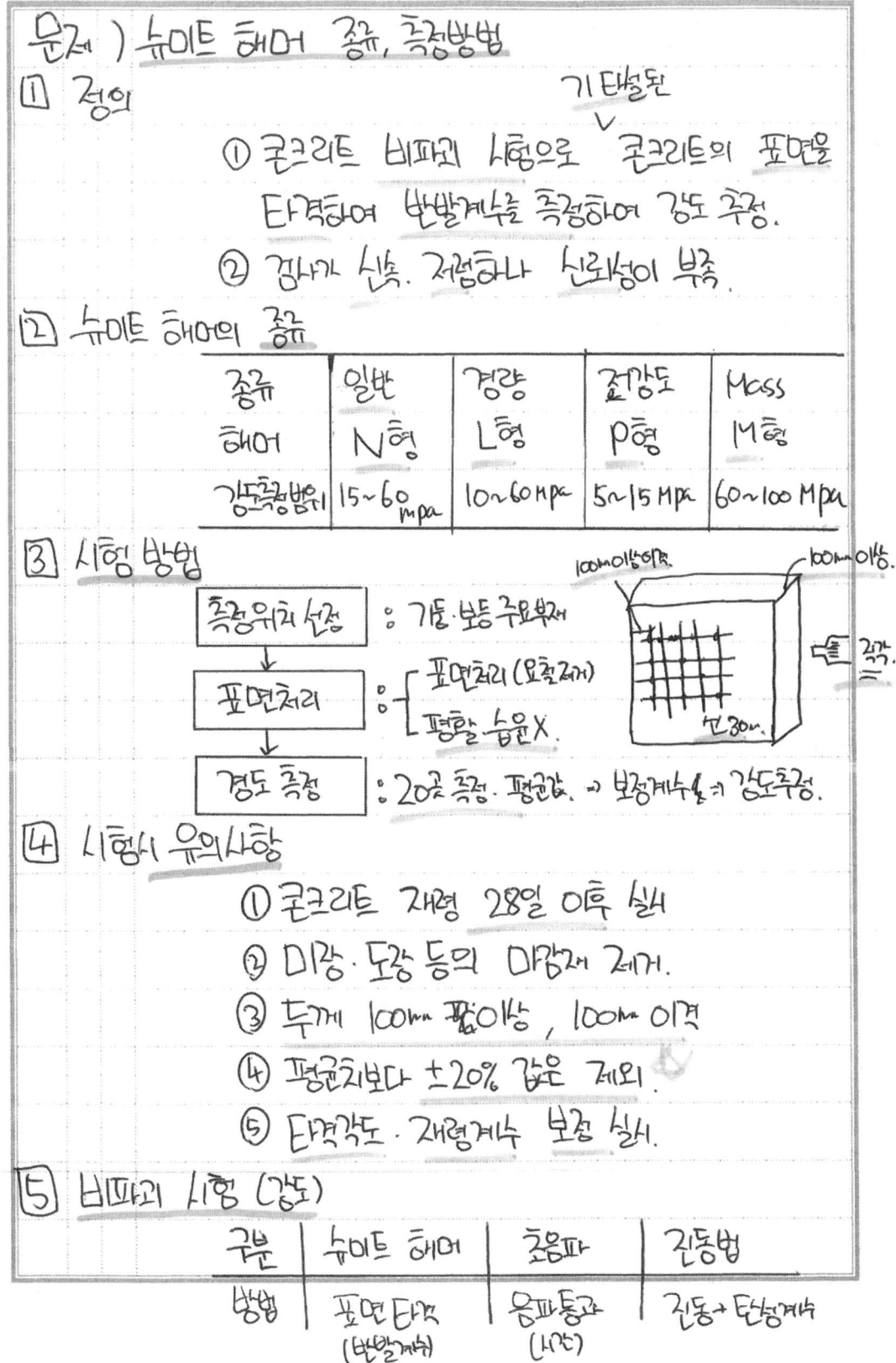

100mm 이상이격
100mm 이상
약 30cm
줄 간격

④ 시험시 유의사항

① 콘크리트 재령 28일 이후 실시
② 미장·도장 등의 마감재 제거.
③ 두께 100mm 이상, 100mm 이격
④ 평균치보다 ±20% 값은 제외.
⑤ 타격각도·재령계수 보정 실시.

⑤ 비파괴 시험 (강도)

구분	슈미트 해머	초음파	진동법
방법	표면 타격 (반발계수)	음파통과 (시간)	진동 + 탄성계수

문제 119 응결(Setting) 및 경화(Hardening)

[04후(10)]

1 정의

① Cement가 물과 접촉하여 수화반응에 따라 점점 굳어져 유동성을 잃기 시작해서부터 형상을 그대로 유지할 정도로 굳어질 때까지의 과정을 응결(setting)이라 한다.
② 응결과정 이후의 강도발현과정을 경화(hardening)라 한다.

2 응결·경화 과정(수화과정)

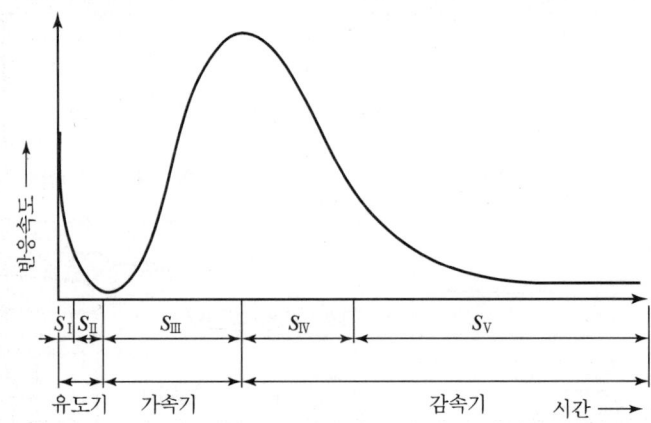

3 응결에 영향을 주는 요인

① Cement의 품질
② Con'c의 배합
③ 골재 및 혼합수 내의 성분
④ 고온·저습·일사·바람 등에 의해 응결이 빨라짐
⑤ Cement의 분말도가 높을수록 빨라짐
⑥ Slump가 작을수록 응결이 빠름
⑦ 물결합재비가 작을수록 응결이 빠름
⑧ 장시간 비빈 Con'c가 비빔이 정지되면 급격히 응결됨

4 유의사항

① 응결이 진행되고 이어치기 할 경우 cold joint가 발생할 수 있음
② 응결과정 중에 bleeding, 침하 등에 유의할 것
③ 응결과정 중에 초기수축, cement의 수화발열량으로 초기균열이 발생하거나 장기재령에서의 균열의 원인이 되므로 유의할 것

문제 35: 응결 (Setting) 및 경화 (Hardening)

1. 정의

Cement가 물과 접촉하여 수화반응에 따라 초결때까지의 과정을 응결이라하고 응결이후 강도 발현과정을 경화라고 한다.

2. 수화반응 화학식

$$CaO + H_2O \longrightarrow Ca(OH)_2 + 125 cal/g$$

CaO: 석회, H_2O: 물, $Ca(OH)_2$: 수산화칼슘

3. 응결·경화 과정

(그래프: 반응속도 vs 시간 — 굳지않은 콘크리트 / 굳은 콘크리트, 수화반응(1차반응), 2차반응(Pozzolan반응), 유동 ← Setting → Hardening)

4. 수화반응 촉진에 영향을 주는요인

① Cement 품질
② Con'c 배합
③ Slump 작을수록 빨라짐
④ W/B가 작을수록 빨라짐

(그래프: 강도 vs 시간 — 1차반응, 2차반응, 90日, 수화반응, Pozzolan 반응)

5. 유의사항

① 응결과정 중에 Bleeding 및 침하에 유의
② Pozzolan 반응방정식: $Silica + Ca(OH)_2 \rightarrow 경화$

끝.

문제 120 알칼리 골재반응(AAR ; Alkali Aggregate Reaction)

〔13젠(10)〕

1 정의
① 시멘트 중의 수산화알칼리와 골재중의 알칼리 반응성 물질(silica·황산염 등)과의 사이에서 일어나는 화학반응을 말한다.
② 알칼리 골재반응을 방지하기 위해서는 알칼리 반응성 물질이 적은 재료를 선정하고, 배합설계를 철저히 하여야 한다.

2 알칼리 골재반응 비교

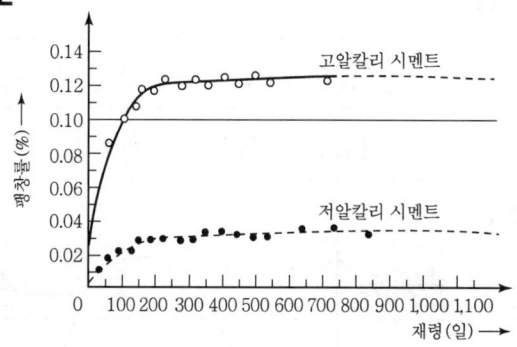

3 알칼리 골재반응의 분류
① 알칼리 실리카 반응(알칼리 골재반응이라 하면 주로 이 반응을 말함)
② 알칼리 탄산염 반응
③ 알칼리 실리케이트 반응

4 원인
① 알칼리 반응성 물질(silica, 황산염 등)의 양이 많은 경우
② 시멘트 중의 수산화알칼리용액의 양이 많은 경우
③ 습도가 높거나 습윤상태일 경우
④ 제치장 Con'c인 경우
⑤ Con'c 내부 수분의 이동으로 알칼리가 농축되었을 경우
⑥ 단위시멘트량이 너무 많은 경우

5 대책
① 알칼리 골재반응에 무해한 골재 사용
② 저알칼리형의 cement(Na_2O당량 0.6% 이하) 사용
③ Con'c $1m^3$당 알칼리 총량(Na_2O당량)으로 0.3kg 이하로 사용
④ Pozzolan(고로 slag 미분말, fly ash, silica fume 등) 사용
⑤ 습도를 낮추고 Con'c 중의 수분이동 방지
⑥ 단위시멘트량을 낮추어 배합설계할 것

문제 5) 알칼리골재 반응

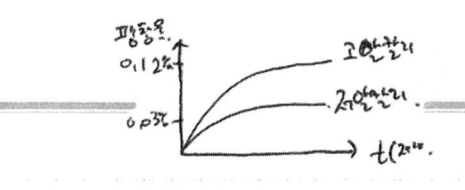

I. 정의

① 시멘트의 알칼리 성분과 골재 중의 활산염 Silica 사이에서 일어나는 화학 반응.
② 콘크리트의 팽창으로 인한 균열 발생.

II. AAR Mechanism

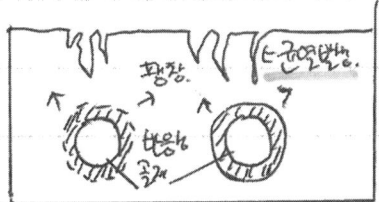

화학 반응 → 골재 팽창 → 균열. 내구성 저하

III. AAR 이 미치는 영향.

① 콘크리트 내구성 저하. ③ 탄산화 촉진.
② 균열·누수 문제. ④ 유지보수 비용 발생.

IV. AAR 발생 원인 및 대책.

원인	대책
단위 시멘트량 多	저알칼리 시멘트 사용
반응성 물질 多	습도저하. 수분이동 방지
습도가 높을경우	pozzolan 사용.

V. 콘크리트 구조물의 열화 발생시 조치사항.

위험표지 설치 : 필요시 출입 통제
↓
긴급안전 조치 : 시설물 사용제한. 사용자 대피.
↓
안전진단·보수조치 : 결함부위 보수 보강.

문제 121 Pop Out 현상

[05전(10), 13전(10)]

1 정의
① Pop out 현상이란 콘크리트 속의 수분이 동결융해작용으로 인해, 콘크리트 표면의 골재 및 모르타르가 팽창하면서 박리되어 떨어져 나가는 현상이다.
② 미국의 콘크리트 도로에서 처음 발견되었으며, 이 현상의 방지대책으로 AE제가 발명되어, 콘크리트 속의 공기층을 두어 수분이 얼면서 팽창하는 힘을 흡수하도록 하였다.

2 Pop out 현상 발생도

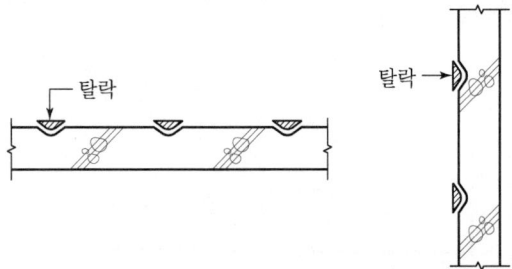

3 발생원인

1) 콘크리트의 동결융해
콘크리트 속의 수분이 겨울철에 얼어서 팽창(약 9%의 부피팽창)하면서 발생한다.

2) 알칼리 골재 반응
콘크리트 중의 수산화 알칼리와 골재중의 알칼리 반응성 물질(Silica, 황산염 등) 사이에서 일어나는 화학반응으로 표면의 골재가 팽창하면서 박리되는 현상이다.

4 방지대책

1) AE제 사용
콘크리트 중에 AE제를 첨가하여 ball bearing 작용으로 팽창력을 흡수한다.

2) 동결융해 방지
① W/B비를 작게 한다.
② 물의 침입방지를 위해 물끊기, 물 흐름 구배 등을 설치한다.

3) 알칼리 골재 반응 방지
① 저 알칼리형의 cement를 사용한다.
② Pozzolan·고로 slag·fly ash 등의 혼화재를 사용한다.
③ 배합설계 시 단위시멘트량을 적게 한다.
④ 강자갈 또는 골재를 세척하여 사용한다.

27. Pop out 현상

I. 정의

콘크리트 속의 수분이 동결융해 작용으로 인해 (+AAR) 표면의 골재 및 모르타르가 팽창하면서 박리 되는 현상.

II. 콘크리트 pop out 발생 Mechanism

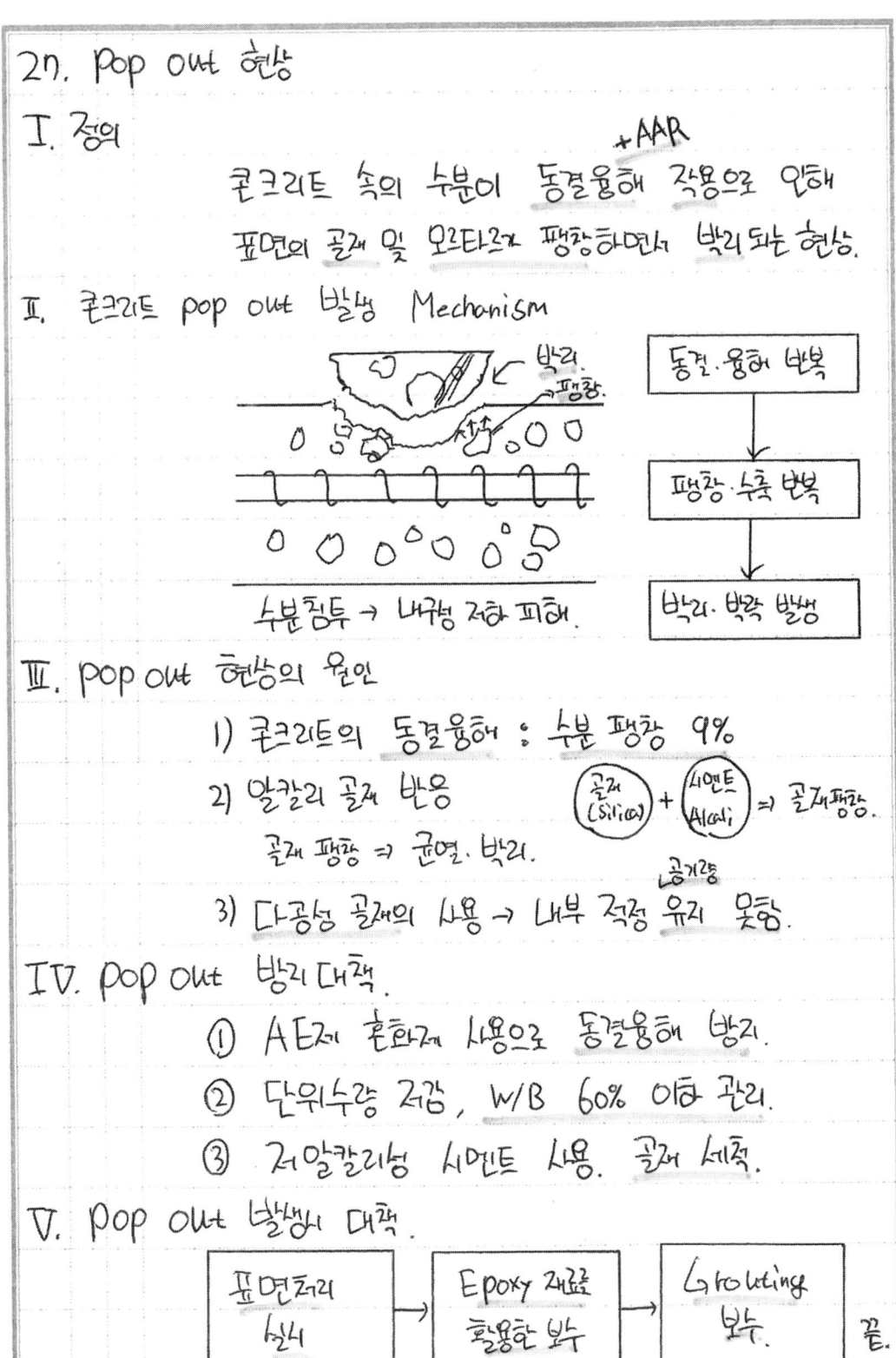

III. Pop out 현상의 원인

1) 콘크리트의 동결융해 : 수분 팽창 9%
2) 알칼리 골재 반응
   골재(SiO₂) + 시멘트(CaOH) → 골재팽창
   골재 팽창 → 균열. 박리.
3) 다공성 골재의 사용 → 내부 적정 (공기량) 유지 못함.

IV. Pop out 방지대책.

① AE제 혼화제 사용으로 동결융해 방지.
② 단위수량 저감, W/B 60% 이하 관리.
③ 저알칼리성 시멘트 사용. 골재 세척.

V. Pop out 발생시 대책.

| 표면처리 청소 | → | Epoxy 재료 활용한 보수 | → | Grouting 보수 |

끝.

문제 122 콘크리트의 표면층 박리(Scaling)

〔18전(10), 22후(10)〕

1 정의
① 표면층 박리(scaling)란 콘크리트 표면의 모르타르가 점진적으로 손실되는 콘크리트 표면결함이다.
② 콘크리트의 동결융해의 반복으로 팽창압에 따라 인장응력이 콘크리트의 인장강도를 초과할 경우 표면층 박리가 발생하는 열화현상이다.

2 콘크리트 표면층 박리 발생기구

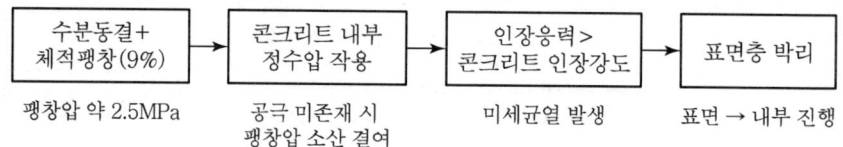

3 Scaling의 종류별 원인
① 콘크리트 배합적 측면 : 물결합재비 과다로 발생하는 일반적 scaling
② 해수 등에 포함된 염류와 동결융해의 복합작용에 의한 scaling
③ 조기 표면마감 시 블리딩수에 의한 시공부실에 따른 scaling(blister)

4 Scaling 저감 방안 연구
① 미경화 콘크리트의 초기동해 제어 : 내동해성 증대 (AE제, AE감수제 사용) → 팽창압 소산
② 타설 후 콘크리트의 표면 온도제어 : 단열, 보온, 급열양생으로 동해 방지
③ 콘크리트 표면 피막 형성 : 제설제 및 외부 침투수 접촉 방지
④ 콘크리트 재료의 품질 개선 : 조골재의 미립률 관리, 골재의 함수율 관리 철저

5 Scaling 저감을 위한 동해 검사방법 검토

현장조사	역학적 조사
육안검사 실시	Scaling의 깊이 조사
음파검사 및 해머 타격검사	열화도 파악
균열도 측정	현 열화상황의 허용범위 여부 검토

문제) 콘크리트의 표면층 박리 (Scailing)

I. 정의

① 콘크리트 표면의 모르타르가 점진적으로 손실되는 콘크리트 표면결함, 동결융해의 반복으로 인장응력이 콘크리트 인장강도를 초과할 경우 발생.

II. 표면층 박리의 개념도

인장응력 > 콘크리트 인장강도
동결융해반복 (팽창압 2.5MPa)
↓
미세균열 발생
↓
표면층 박리

동결융해반복 + 팽창압상승 (9%), 2.5MPa
표면층 박리

III. Scailing의 종류별 원인

- **배합**: 물결합재비 (W/C) 과다로 인하여 발생
- **시공**: 조기 표면마감 시 블리딩수에 의해 발생
- **외부요인**: 염수 등 염류와 동결융해 반복에 의해 발생.

IV. Scailing 저감방안 연구

① 내동해성 증대 위한 AE제·감수제 사용
② 타설후 콘크리트 표면온도 제어 → 동해방지
③ 콘크리트 재료 배합시 함수율 검토·반영.

V. Scailing 저감을 위한 동해 검사 검토

현장조사	역학적 조사
균열도 측정	Sailing 깊이 조사
음파검사 및 헤어타격검사	열화도 파악

문제 123 소성수축균열(Plastic Shrinkage Crack)

〔04후(10), 09중(10), 19중(10), 21후(10)〕

1 정의

① 미경화 Con'c가 건조한 바람이나 고온저습한 외기에 노출되면 급격히 증발 건조되는 바, 증발속도가 bleeding 속도보다 빠를 때 발생하는 균열을 말한다.
② 균열의 모양이 불규칙하고 균열폭은 0.1mm 이하이며, 노출면적이 넓은 slab 등의 타설 직후에 많이 발생하게 된다.

2 소성수축 균열 Mechanism

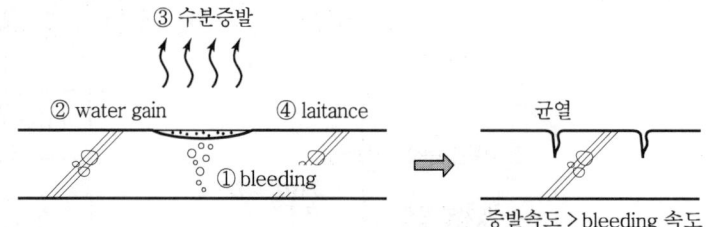

Bleeding 속도보다 수분증발속도가 빠를 경우 소성수축균열 발생

3 발생시기

① Con'c 타설 직후
② 양생이 시작되기 전
③ 마감공사를 시작하기 전

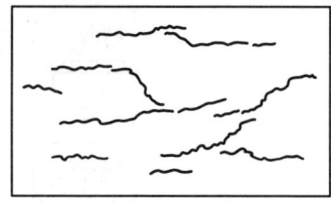

〈소성수축균열〉

4 원인 및 대책

구분	내용
원인	• 물의 증발속도가 1kg/m²/h 이상일 때 • Bleeding이 적은 된비빔의 Con'c일 경우 • 건조한 바람이 심하게 불 경우 • 고온저습한 기온일 경우
대책	• 증발속도가 0.5kg/m²/h 정도이면 해막이, 바람막이 등을 설치 • 골재는 충분한 습윤 후에 사용 • Plastic sheet로 보호 • 습윤이 손실되지 않도록 타설 초기에 외기에 노출되지 않도록 유의 • 적절한 배합설계로 초기 습윤손실에 의한 표면 인장응력의 발생 억제

3. 하자
 I. 정의
 II. 메커니즘
 III. 원인과 대책
 IV. 보수방안 → 발생시기

문제 17. 소성수축 균열 (plastic shrinkage crack)

답

I. 정 의

① 미경화 Con'c에서 증발속도가 Bleeding 속도보다 빠를때 발생하는 균열이다.

② 균열 모양이 불규칙하고, 균열폭은 0.1mm 이하이며, 노출면적이 넓은 slab 등에서 타설 직후 발생한다.

II. 발생 Mechanism

건조바람 → 수분증발 → Bleeding → 불규칙 표면균열(0.1mm이하)

수분 증발 속도 > 블리딩 속도 ⇒ 소성수축 균열

III. 발생시기

- Con'c 타설 직후
- 양생이 시작되기 전   → 소성수축균열 발생
- 마감공사 시작 전

IV. 원인 및 대책

원 인	대 책
물 증발속도 1kg/m²/h 이상시	해막이. 바람막이 설치
블리딩이 적은 된비빔 Con'c	골재 습윤후 사용
건조한 바람	plastic sheet 보호
고온·저습한 기후	적정 배합설계 실시

〈끝〉

문제 124 콘크리트 자기수축(自己收縮)

〔10후(10), 17후(10), 19중(10), 24중(10)〕

1 정의
① 콘크리트의 자기수축(Autogenous shrinkage)이란 콘크리트 타설 후, 시멘트의 수화반응에 의한 경화과정에서 초결 이후 발생하는 체적 감소 현상을 말한다.
② 외부로부터의 수분 이동, 하중, 온도변화, 구속 등이 아닌 내부의 물리적, 화학적인 구조가 변화하여 콘크리트의 체적이 감소하는 현상이다.
③ 시멘트의 수화반응에서 콘크리트 속의 배합수가 소비되어 콘크리트의 체적이 감소하는 현상으로 소성수축과는 차이가 있다.

2 콘크리트 수축의 분류

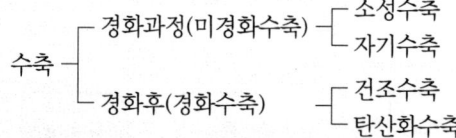

3 영향인자
① 시멘트의 종류
② 배합 설계
③ 혼화재료
④ 콘크리트의 압축강도
⑤ 콘크리트의 인장강도
⑥ 탄성계수
⑦ Creep

4 특징
① 시멘트의 수화반응에 의해 배합수가 소비되면서 콘크리트 내부의 상대습도 감소
② 소성수축은 수분이 외부로 증발하면서 발생하지만, 자기수축은 수화반응에 의한 수분의 소비에 의해 발생
③ 배합수가 상대적으로 적은 고강도 콘크리트에서 자기수축이 크게 발생
④ 고강도 콘크리트에서 자기수축으로 인한 균열발생 우려가 높음

5 자기수축으로 인한 콘크리트의 피해
① 콘크리트 내부의 응력 발생
② 콘크리트의 균열 발생

문제: 자기수축

I. 정의

- 콘크리트 자기수축이란 타설 후 외부 요인이 아닌 내부 물리적·화학적 요인에 의해 발생하는 초결 이후의 체적변화를 말함.

II. 자기수측의 발생 mechanism

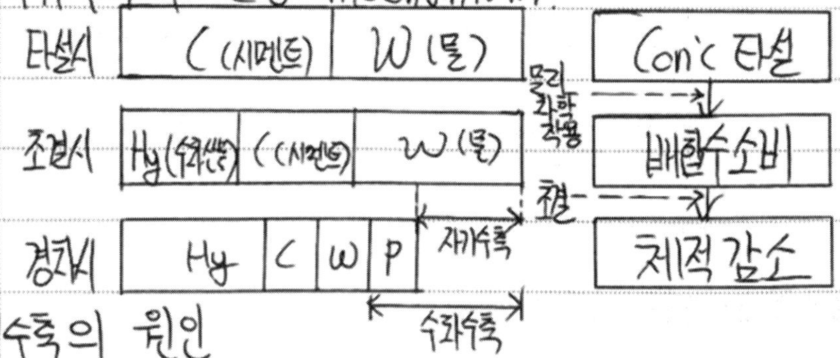

타설시	C (시멘트)	W (물)		Conc 타설
조결시	Hy(수화물)	C(시멘트)	W(물)	배합수 소비
경화시	Hy	C	W	P	체적 감소

(물리화학적 작용 → 재수축 / 수화수축)

III. 자기수축의 원인

- W/B 낮은 고강도 Conc 사용
- 분말도 높은 시멘트
- 급격한 수화 반응
- 실리카퓸 고로자 영 사용시

IV. 자기수축 방지대책

① 적정 W/B비 배합관리 할것
② 충분한 습윤양생 실시할 것
③ 분말도 낮은 시멘트 사용 배합
④ 팽창재, 팽창 시멘트 사용

V. 자기수축 발생 시기 비교

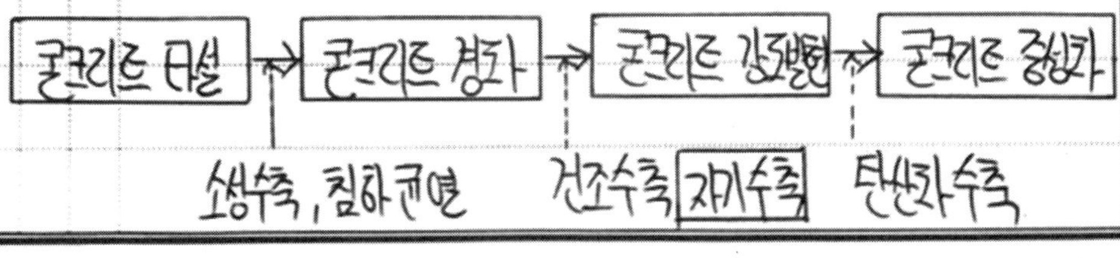

| 콘크리트 타설 | → | 콘크리트 응결 | → | 콘크리트 강도발현 | → | 콘크리트 경화 |

소성수축, 침하균열 / 건조수축, 자기수축 / 탄산화수축

문제 125 건조수축(Drying Shrinkage)

〔12후(10), 17후(10)〕

1 정의
① Con'c 경화 후 수분이 증발하면서, Con'c의 체적감소로 수축이 발생하게 되는 현상을 말한다.
② 건조수축은 균열을 발생시키며, 그로 인한 물의 침입으로 철근이 부식하여 구조체의 강도를 저하시킬 수 있으므로 유의해야 한다.

2 건조수축 균열 Mechanism

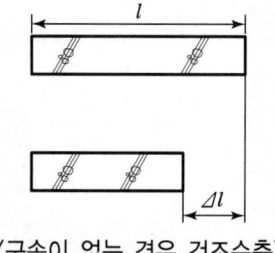
〈구속이 없는 경우 건조수축〉

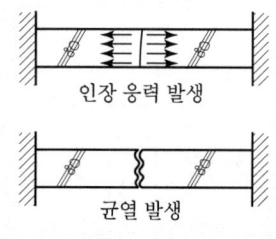
〈구속이 있는 경우 건조수축〉

3 건조수축에 영향을 주는 요인
① Cement의 종류
② 골재의 형태 및 크기
③ 함수비 및 배합비
④ 혼화재료
⑤ 증기양생
⑥ 부재의 크기

4 원인
① 분말도가 높은 cement
② 불량한 입도의 골재, 흡수율이 큰 골재
③ 단위수량이 클수록
④ 경화촉진제, 염화칼슘제 등의 사용
⑤ Pozzolan계 혼화재 사용(건조수축 및 단위수량이 증가함)

5 대책(건조수축 감소)
① 중용열 portland cement 사용
② 수축줄눈(contraction joint) 설치
③ 골재의 흡수율이 작을수록
④ 굵은골재 최대치수가 클수록
⑤ 단위수량은 작을수록
⑥ 증기양생은 건조수축을 감소시킴
⑦ 부재의 크기가 클수록
⑧ 입도가 양호한 골재 사용
⑨ 철근의 배치 및 시공이 좋을수록
⑩ 팽창 cement의 사용

문제) 건조수축 (drying shrinkage)

I. 정의

① 건조수축이란 콘크리트 경화 후 수분이 증발하면서 콘크리트의 체적 감소로 수축이 발생하게 되는 현상
② 건조수축은 균열을 발생시켜 탄산화 촉진, 내구성 저하

II. 건조 수축 균열

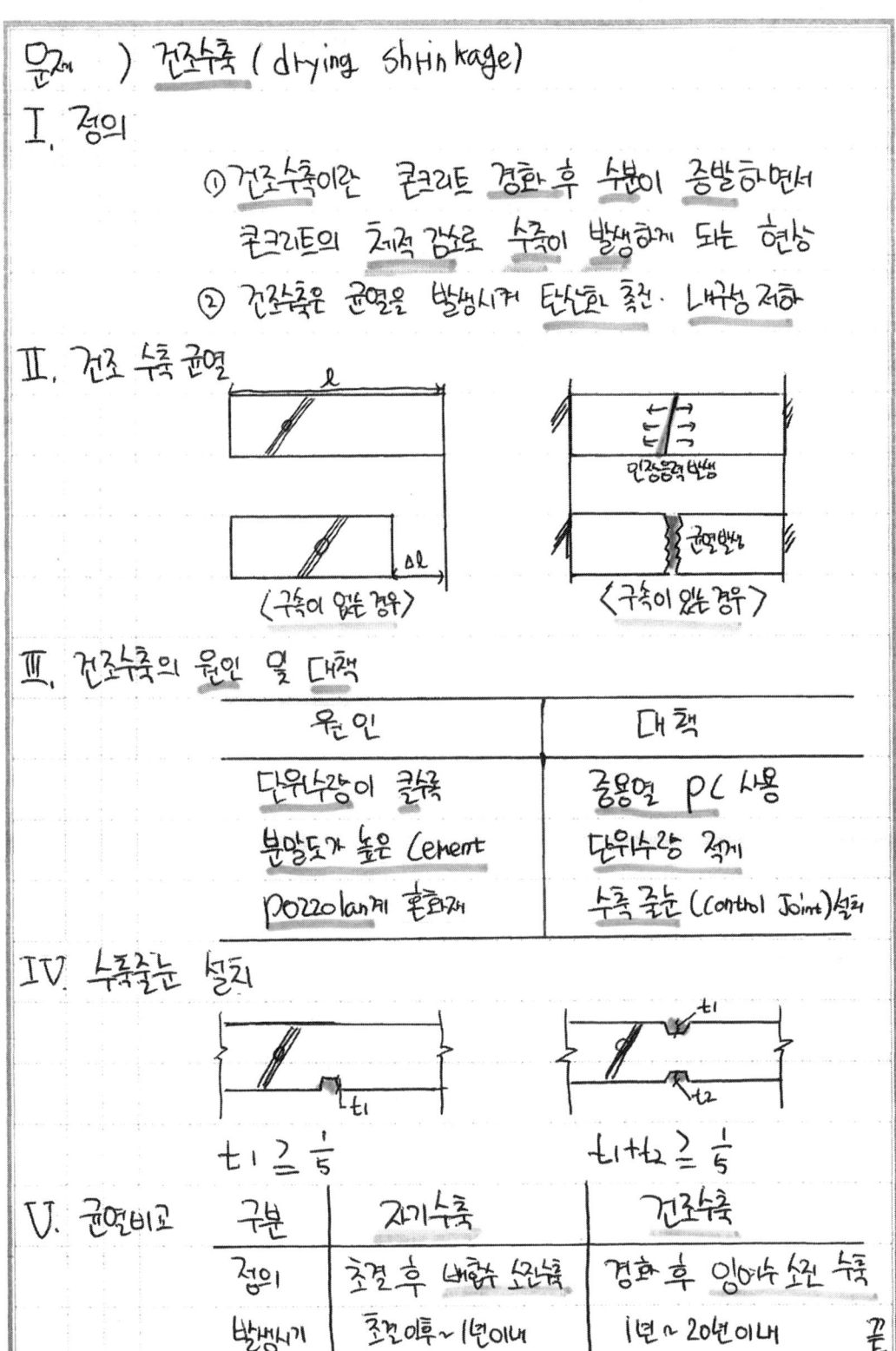

III. 건조수축의 원인 및 대책

원인	대책
단위수량이 클수록	중용열 PC 사용
분말도가 높은 Cement	단위수량 적게
Pozzolan계 혼화재	수축줄눈 (Control Joint) 설치

IV. 수축줄눈 설치

$t_1 \geq \dfrac{l}{5}$ $t_1 + t_2 \geq \dfrac{l}{5}$

V. 균열비교

구분	자기수축	건조수축
정의	초결 후 내부수 소진	경화 후 잉여수 소진 수축
발생시기	초결이후~1년이내	1년~20년이내

끝.

문제 126 | 탄산화 수축(Carbonation Shrinkage)

1 정의
탄산화 수축이란 공기 중 탄산가스(CO_2)에 의한 시멘트 수화물의 탄산화 작용에 의하여, 콘크리트 등 시멘트 수화물이 수축하는 성질을 말한다.

2 콘크리트 수축 Mechanism

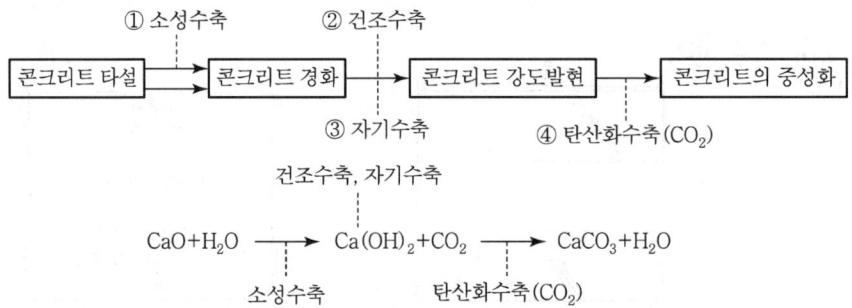

3 탄산화 수축 Mechanism
① 수화작용 : $CaO + H_2O \rightarrow Ca(OH)_2$
② 탄산화 수축(중성화) : $Ca(OH)_2 + CO_2 \rightarrow CaCO_3 + H_2O$
③ 탄산화 과정이 중성화를 의미함
④ 탄산화 수축으로 균열이 발생되어 구조체의 내구성을 저하시킴

4 특징
① 콘크리트 응결 및 경화촉진을 위해 배합 시 염화물($CaCl_2$)을 첨가하는 경우 발생
② 염화칼슘의 혼합비율이 많을수록 건조수축이 커짐
③ 골재의 형태 및 크기에 따라 수축 정도가 차이가 남
④ 증기 양생 시 건조수축 감소

5 원인
① 분말도가 높은 시멘트
② 불량한 입도의 골재
③ 단위수량이 클수록
④ 경화촉진제, 염화칼슘제 등의 사용

6 대책
① 중용열 portland cement를 사용
② 조절 줄눈(control joint)을 설치
③ 흡수율이 작은 골재를 사용
④ 굵은골재의 최대 치수를 크게 함
⑤ 증기양생을 실시

문제120 탄산화 수축 (carbonation shrinkage)

I. 정의

콘크리트 강도발현이후 공기중 CO_2에 의한 시멘트 수화물이 탄산화 작용에 의해 콘크리트 등 시멘트 수화물이 수축하고 균열을 발생시키는 성질을 탄산화 수축이라고 한다.

II. 탄산화 수축 Mechanism

$$CaO + H_2O$$
↓ ←--- 소성수축
자기수축→ $Ca(OH)_2 + CO_2$ ←--- 건조수축
↓ ←--- 탄산화수축
$$CaCO_3 + H_2O$$

(균열, CO_2, H_2O, 중성화, 부식발생, 강알카리, 부동태피막(20~26Å))

III. 탄산화의 가속원인

① 피복두께 얇을시 ② W/B 클 경우
③ 재령 단기일수록 ④ 염화칼슘제 사용시

IV. 탄산화 대책

① 마감재 설치 ② 조강 시멘트 사용
③ 단위수량 적게 배합 ④ 분말도 낮은 시멘트 사용

V. 탄산화 수축과 건조수축 비교

구 별	탄산화 수축	건조 수축
발현시점	강도발현 이후	경화이후
주요원인	CO_2에 의한 중성화	콘크리트 체적감소

〈끝〉

문제 127 침하균열(Settlement Crack)

〔07전(10), 19후(10), 22전(10)〕

1 정의
① 콘크리트를 타설하면서 다짐작업과 마감작업을 한 이후에도 콘크리트는 계속해서 침하하게 되는데, 이때 발생한 균열을 침하균열이라 한다.
② 침하균열은 slab나 보의 상부 철근 위에 콘크리트 타설 후 1~3시간 사이에 발생한다.

2 균열도해

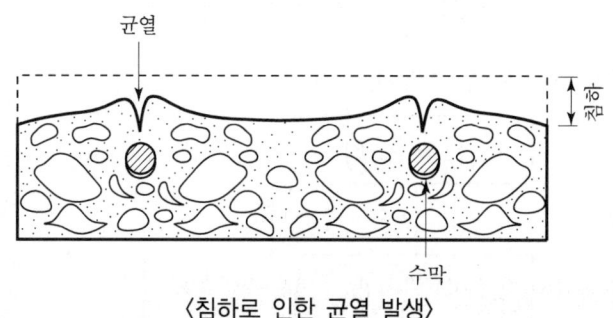

〈침하로 인한 균열 발생〉

3 발생 시기
① 콘크리트 다짐과 표면 마무리가 끝난 후
② 타설 후 1~3시간 사이

4 원인 및 대책

원인	대책
• 철근의 직경이 클수록 • Slump가 클수록 • 거푸집이 수밀하지 않을수록 • 피복두께가 적을수록 • 다짐이 불충분할수록 • 물시멘트비가 높을수록	• 거푸집을 정확하게 설계하여 수밀하게 시공한다. • 진동다짐으로 충분히 다짐한다. • 배합 시 물결합재비를 적게 한다. • 혼화제를 사용하여 slump 값을 낮게 한다. • 콘크리트의 피복두께를 증가시킨다. • 재진동 다짐을 실시한다. • 타설속도를 조절하고 1회 타설높이를 낮게 한다.

문제 10) 콘크리트 침하균열 (Settlement crack)

I. 정의

① 콘크리트 타설후 다짐한 후에도 계속 침하하여 미경화 Conc 발생한 균열.
② 보통 콘크리트 타설후 1~3시간내 발생.

II. 침하균열 Mechanism

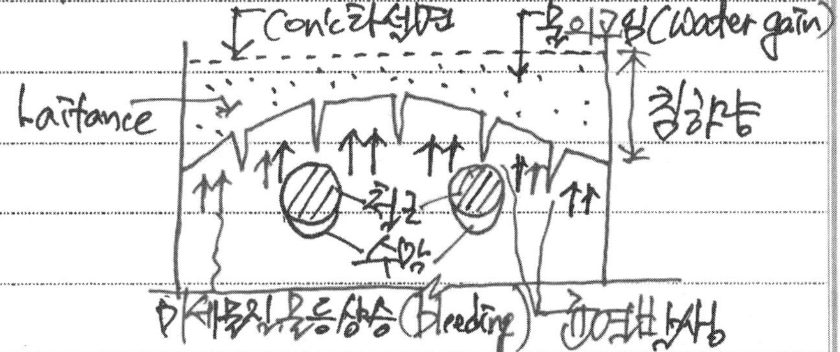

(Conc타설면 / 물의 고임(Water gain) / Laitance / 침하량 / 철근 / 수평 / 미세물의 균등상승(bleeding) / 균열발생)

III. 특징

① Slump 값은 낮게 관리 균열저하
② 피복량은 수밀하게 시공 균열저감
③ W/B를 적게 배합 사용관의
④ 진동다짐 재실시하여 대책강의

IV. 콘크리트 수축 Mechanism

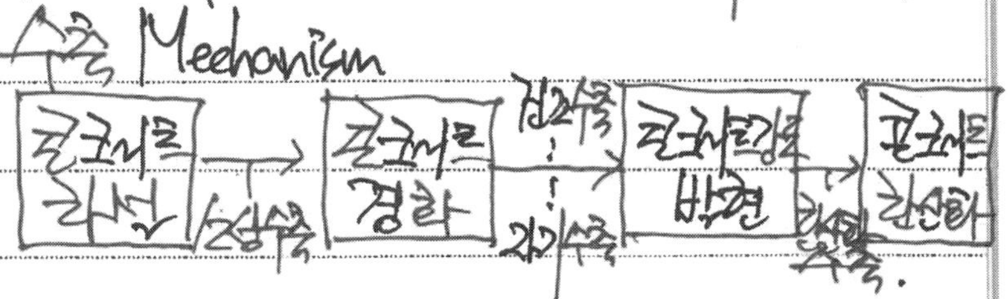

| 콘크리트 타설 | → | 콘크리트 경화 | 건조수축
자기수축 | → | 콘크리트균열
발생 팽창
수축 | → | 콘크리트
열화 진전 |

V. 비교표

구분	침하균열	건조수축균열
원인	자기수축	급격한 증발

문제 128 무근콘크리트 슬래브 컬링(Curling)

〔19전(10)〕

1 정의
① 지하주차장 무근콘크리트의 경우 표면부와 저면의 수축차의 증가로 인한 컬링(단차)이 발생하게 되고, 컬링이 발생한 후에 차량이 통과하게 되면 무근콘크리트에 균열이 발생된다.
② 특히, 지하 최하층의 경우 배수판 사이를 흐르는 지하수의 유입으로 누수현상과 차량 통행에 따른 소음도 발생되며, 또한 블리딩 증가로 인한 표면 강도 저하로 박리, 박락 등의 하자가 다발적으로 발생된다.

2 컬링(Curling) 매커니즘

① 주차장 무근콘크리트   ② 자동차 하중 증가   ③ 주차장 무근콘크리트 균열

3 원인 및 방지대책

원인	대책
수축첨가제를 사용하지 않은 콘크리트 사용	배합 시 수축첨가제를 1% 첨가
무근콘크리트의 자중 조정 미흡	자중에 의한 크리프 조정
콘크리트의 잉여수 증발로 건조수축 발생	잉여수 증발을 막기 위한 습윤양생 실시
대각선의 단면 2차 모멘트 값 조정 미흡	대각선의 단면 2차 모멘트 값 조정
무근 콘크리트의 Mock-up Test 미실시	무근콘크리트의 Mock-up Test 실시로 컬링 변화 예측

문제 123 무근콘크리트 슬래브 컬링 (Curling)

I. 정 의

지하 무근콘크리트 타설 후 표면과 저면의 수축 차이 증가로 컬링(말아 올라가는 현상)이 반복하게 되고 그 위를 차가 통행시 소음과 균열을 일으키는 현상이다.

II. 컬링 메커니즘

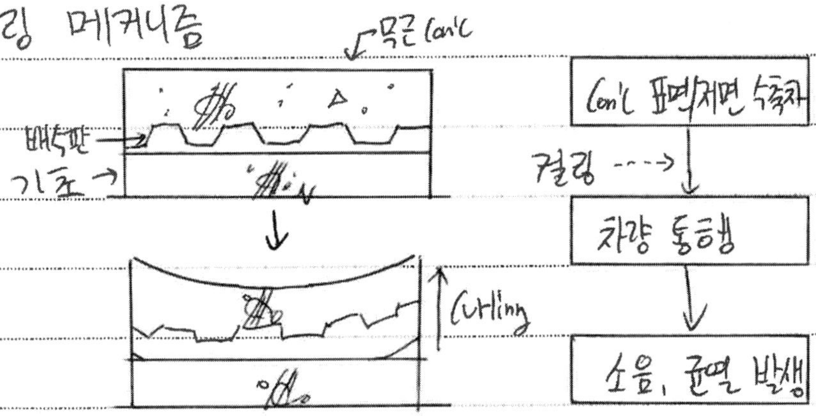

- 무근 Con'c
- 배송판
- 기초
- Curling

Con'c 표면/저면 수축차
↓
컬링 ---→
↓
차량 통행
↓
소음, 균열 발생

III. 발생원인

① 수축저감제 미사용
② 콘크리트 양 과다로 건조수축 발생
③ Mock-up Test 미실시
④ 무근콘크리트 자중 소정 미흡

IV. 대책

- 배합시 수축저감제 1% 첨가
- 습윤양생 실시
- 단면 2차 모멘트값 조정
- Mock-up test로 컬링 변화 예측   [끝]

문제 129 콘크리트 표면에 발생하는 결함

[08중(10)]

1 정의

① 콘크리트 표면에 발생하는 결함은 곰보, 백화, 이색, 균열 및 시공관리 부족에 따른 재료분리 등이 있다.
② 콘크리트 표면에 발생하는 결함은 재료, 시공, 양생과정에서 품질관리 부족으로 발생하며, 이를 방지하기 위해서는 제조과정에서 양생에 이르는 전과정을 통해 철저한 품질계획이 필요하다.

2 콘크리트 표면에 발생하는 결함

1) Honey Comb(곰보)
   콘크리트 표면에 조골재가 노출되고 그 주위에 모르타르가 없는 상태

2) 백화
   콘크리트의 노출 표면에 흰색의 가루가 발생하는 현상

3) Dusting
   ① 콘크리트 표면이 먼지와 같이 부서지고 먼지의 흔적이 표면에 남아있는 현상
   ② 콘크리트의 껍질이 벗겨지는 현상

4) Air Pocket(기포)
   ① 수직이나 경사진 콘크리트의 표면에 10mm 이하의 구멍이 발생하는 현상
   ② 콘크리트가 조금씩 파여 보임

5) 얼룩 및 색 차이
   콘크리트 표면에 거푸집 조임철물 등에 의한 녹물이 흘러내리는 현상

6) Cold Joint
   ① 콘크리트 표면에 길게 불규칙한 선 발생
   ② 콘크리트간의 접착 불량

7) 균열
   콘크리트면에 전체적으로 또는 부분적으로 불규칙적인 균열 발생

3 결함의 처리

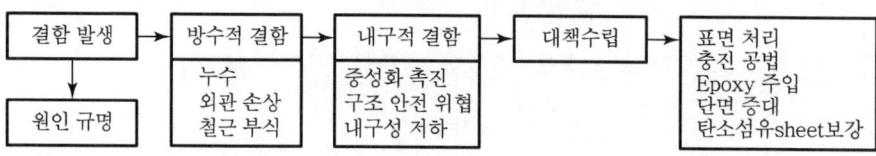

문제 127. Con'c 표면 결함

I. 정의

① Con'c 표면에 발생하는 결함에는 곰보, 백화, Cold Joint 등이 있다.

② 이를 방지하기 위해 Con'c 제조 전과정의 품질관리가 필요하다.

II. 표면결함의 종류

```
Honey Comb (곰보) ─┐   ┌─ Air poket (기포)
                   ( 결함 )
Cold Joint ────────┘   └─ Con'c 균열
```

III. 결함처리 과정

결함 발생	원인규명	대책수립
- 부분 결함	- 재료, 배합, 시공	- 보·보강
- 전체 결함	- 내구성 저하	- 재시공

IV. 보수 보강 방법

① 표면처리공법   ⑧ 철골 Bracing
② 충전공법   ⑨ 기둥 증설
③ 주입공법   ⑩ 단면 증가
④ 강재 Anchor 공법
⑤ 강판부착 공법
⑥ 탄소섬유 sheet 공법
⑦ Prestress 공법   〈끝〉

문제 130 | 콘크리트 블리스터(Blister)

〔12후(10), 18후(10)〕

1 정의

① 밀실한 표면마감으로 인하여 내부의 공기와 블리딩수가 외부로 빠져나오지 못해 콘크리트 표면 상의 속이 텅빈 공간이 발생하여 표면이 부풀어 오르는 현상을 블리스터라고 한다.

② 주로 마감작업이 종료된 후 발생되며, 전형적인 블리스터의 지름은 적은 경우 2.5mm에서 25mm 까지 있지만 때로는 지름 50~75mm의 크기도 존재한다.

2 발생 Mechanism

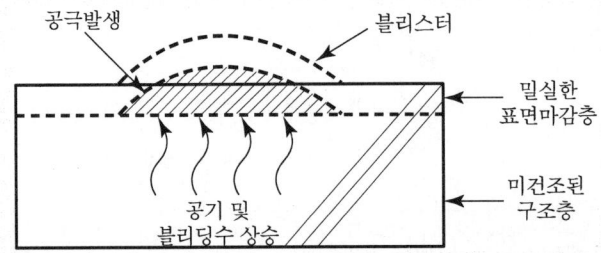

미건조된 구조층의 내부 공기 및 블리딩수가 밀실한 표면마감층에 의해 외부로 배출이 되지 않아 표면마감 내부에 공극을 형성

3 발생원인

① 구조체의 미건조 상태에서의 밀실한 마감 실시
② 내부 연행공기 비율이 높을 때
③ 슬라브 두께가 두꺼워서 블리딩수의 배출이 느릴 때
④ 블리딩수의 과도한 증발
⑤ 과도하거나 불충분한 진동다짐 실시
⑥ 표면의 부유물 제거를 위한 부적절한 도구 사용 시
⑦ 노면온도가 콘크리트보다 낮을 때

4 대책

① 적절한 시기에 표면마무리 작업 시행(bleeding 수 증발시기 검토)
② 균입도의 골재 사용 및 유기불순물 허용한도 내 청정골재 선정
③ 단위수량 저감으로 bleeding 수 감소
④ Massive한 부재의 분할타설
⑤ 슬럼프가 125mm 초과 시 과도한 진동장비 사용 금지

문제 18) 콘크리트 Blister

I. 정의

밀실한 표면마감으로 내부의 공기와 블리딩 수가 외부로 빠져나오지 못해 콘크리트 표면상에 텅빈 공간이 발생, 표면이 부풀어 오르는 현상.

II. 블리스터 발생 개념도 및 발생 Mechanism

밀실한 표면마감 → / 블리스터 / 공극발생
미경화 구조체 → 공기 및 블리딩 상승

〈블리스터 Mechanism〉

경화된 밀실한 마감 → 공기 및 블리딩 상승 → 공극 발생 → 블리스터

III. 블리스터 발생시 문제점.

① 콘크리트 탄산화 가속.　③ 콘크리트 내구성 저하.
② 철근 부식 및 팽창.　　　④ 외장재 탈락.

IV. 원인 및 방지대책

원인	대책
구조체 미경화시 밀실한 마감	완전 건조 후 마감작업 실시
슬래브 두께 두꺼워 블리딩수 배출어려움	적절한 진동다짐
고도한 진동다짐 실시.	가열양생, 촉진 양생

V. 콘크리트 표면에 발생하는 결함.

백화	Dusting	얼룩 및 색
수분 → 흰가루발생.	겉껍질이 벗겨짐.	조명, 건조 등

끝.

거푸집 전용 ×

문제 131 | 탄소섬유 Sheet 보강법

〔06후(10)〕

1 정의
① 탄소섬유 sheet 보강법이란 강화섬유 sheet인 탄소섬유 sheet를 접착제로 콘크리트 표면에 접착시켜 구조물의 내구성을 향상시키는 보강법이다.
② 보나 slab 및 기둥 등에 시공이 편리하고 복잡한 형상의 구조물에도 적용이 가능하여 구조물의 보강법으로 널리 시공되고 있다.

2 시공법

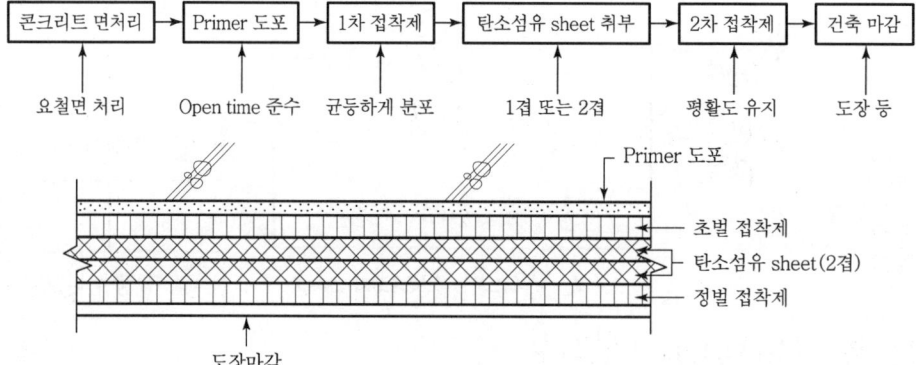

① Sheet의 겹침길이는 200mm 이상
② 필요 내력에 따라 1겹 또는 2겹으로 시공
③ 초벌 및 정벌 epoxy 접착제의 충분한 합침효과가 필요

3 재료
① 재료의 비중은 1.6~2.1 정도(강재의 1/4~1/5)
② 비강도가 높음
③ 인장 탄성계수는 강재 이상
④ 압축강도는 콘크리트의 5~8배 정도

4 특징

장점	단점
• 강도(인장강도, 압축강도)가 큼 • 경량으로 취급 용이 • 복잡한 형상에 적용 유리 • 구조체자중이 크게 증가하지 않음 • 공기가 짧음	• 접착제의 내화성능 부족 • 가격이 고가 • 에폭시접착제의 접착력이 매우 중요(확인 곤란)

문제36) 탄소섬유 Sheet 보강법

I. 정의

강화섬유 Sheet인 탄소섬유 Sheet를 접착제로 콘크리트 표면에 접착시켜 구조물의 내구성을 향상시키는 보강법이다.

II. 시공법

```
오염면 처리    open time 준수    균등하게 도포    1경 또는 2경
    ↓              ↓                ↓              ↓
콘크리트 면정리 → Primer 도포 → 1차 접착제 → 탄소섬유 Sheet 취부
                                                    ↓
                        건축마감 ← 2차 접착제
                          ↓           ↓
                        도장 外      평활도 유지
```

- 고름 접착제
- 탄소섬유 Sheet (2겹)
- 정벌 접착제
- 조정 마감

① Sheet의 겹침길이는 200mm 이상
② 필요내력에 따라 1겹 or 2겹 시공
③ 현장 맞점법 Epoxy 접착제 적재시공

III. 재료

① 재료의 비중은 1.6~2.1 정도 (강재의 1/4~1/5)
② 비강도가 높음   ③ 인장 탄성계수는 강재 이상
④ 압축강도는 콘크리트의 5~8배 정도

IV. 특징

장점	단점
· 강도(인장강도, 압축강도)가 큼	· 접착제의 내화성능 부족
· 경량으로 취급 용이	· 가격이 고가
· 복잡한 형상에 적용 유리	· Epoxy 접착제의 접착력이
· 구체 자중이 크게 증가하지 않음	매우 중요 (특히 초기)

「끝」

문제 132 크리프(Creep) 현상

〔94후(5), 02후(10), 10후(10), 15중(10), 21전(10)〕

1 정의
① 일정한 지속하중하에 있는 Con'c가 하중은 변함이 없는데도 불구하고, 시간이 지나면서 변형이 점차로 증가하는 현상을 말한다.
② Creep 변형은 탄성변형보다 크며, 지속응력의 크기가 정적 강도의 80% 이상이 되면 파괴현상이 발생하는데, 이것을 creep 파괴라 한다.

2 변형과 시간과의 관계

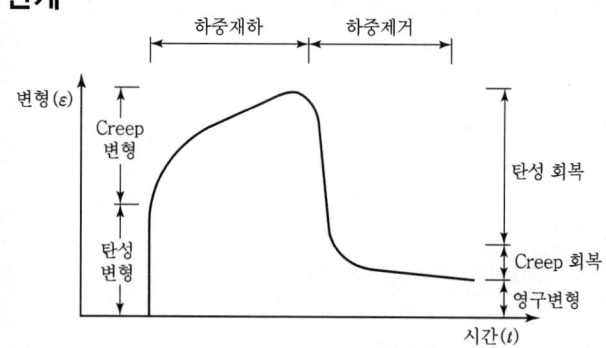

3 특징
① 같은 Con'c에서 응력에 대한 creep의 진행은 일정함
② 재하기간 3개월에 전 크리프의 50%, 1년에 약 80%가 완료됨
③ 온도 20~80℃ 범위에서는 온도의 상승에 비례함
④ 정상 creep(2차 creep) 속도가 느리면 creep 파괴시간이 길어짐
⑤ Creep 변형이 일정하게 되어 파괴하지 않을 때의 지속응력 또는 지속응력의 정적 강도에 대한 비율(응력비)을 creep 한도(정적 강도의 75~90% 정도)라고 하며, 피로한도에 해당하는 것임

4 영향을 주는 요인(커질 경우)
① 재령이 짧을수록
② 응력이 클수록
③ 부재의 치수가 작을수록
④ 대기의 습도가 작을수록
⑤ 대기의 온도가 높을수록
⑥ 물결합재비가 클수록
⑦ 단위시멘트량이 많을수록
⑧ 다짐이 나쁠수록

5 Creep 파괴
① 변천 creep(1차 creep) : 변형속도가 시간이 지나면서 감소
② 정상 creep(2차 creep) : 변형속도가 일정하거나 최소로 변형
③ 가속 creep(3차 creep) : 변형속도가 차차 증가하여 파괴

문제 39) 크리프 현상 (Creep)

I. 정의
콘크리트에 일정한 하중이 발생한 뒤, 하중의 변화가 없어도 시간의 흐름에 따라 변형이 점차 증가하는 현상.

II. 개념도

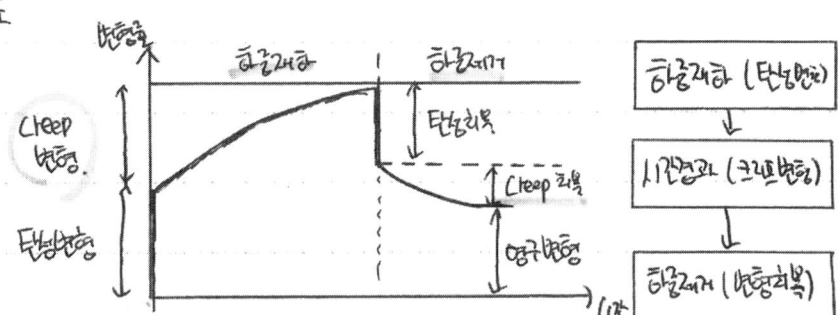

III. 크리프 변형의 문제점 (피해)
① 콘크리트의 장기처짐 및 변형 발생.
② 고층건물의 기둥, 벽체 축소.
③ 콘크리트 균열 증대 및 Creep 파괴

IV. 크리프 변형

원인	대책
• 재령이 짧은 경우	• 5일이상 습윤양생
• 부재 치수가 작을수록	• AE제, 감수제 사용
• W/B가 클수록	• 연속 시공, 피복 유지

V. 소성·건조수축·크리프 현상

구분	소성수축	건조수축	Creep
발생시기	타설 1~4시간	경화초~2시측	1년에 80%완료

끝

문제 133 블리딩(Bleeding) 현상

〔85(5), 95후(15), 03중(10), 21중(10)〕

1 정의
① 콘크리트 타설 후 물과 미세한 물질(석고, 불순물 등)등은 상승하고, 무거운 골재나 cement 등은 침하하게 되는 현상을 bleeding이라 한다.
② Bleeding 현상은 일종의 재료분리현상으로서, water gain 및 laitance 현상을 유발시켜 콘크리트의 품질을 저하시키는 원인이 되기도 한다.

2 Bleeding에 의한 피해
① 철근과 Con'c의 부착강도 저하
② Slump 및 강도저하
③ Con'c의 수밀성 저하
④ Con'c의 이방성(異方性)의 원인

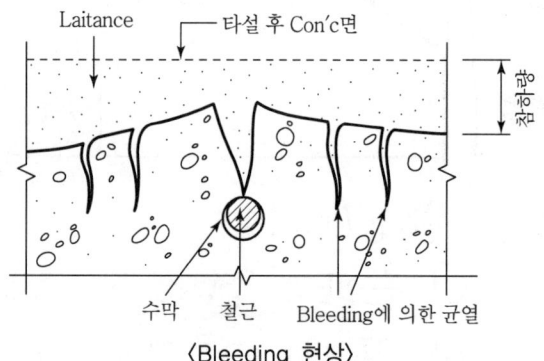

〈Bleeding 현상〉

3 원인 및 대책

원인	대책
• 굵은골재 최대치수가 클수록 • 반죽질기가 클수록 • 물결합재비가 클수록 • 타설높이가 클수록, 그리고 타설속도가 빠를수록 • 분말도가 낮은 cement의 사용 • 쇄석 Con'c는 일반 Con'c에 비해 bleeding이 큼 • 단위수량·다짐·부재의 단면치수 등이 클수록	• 1회 타설높이를 작게 하고, 과도한 다짐은 방지할 것 • 적당한 혼화제(AE제, AE감수제 등)를 사용함 • 단위수량이 적은 된비빔의 Con'c를 사용함 • 분말도가 높은 cement의 단위시멘트량을 크게 하여 사용함 • 거푸집은 cement paste의 유출이 없는 수밀성 거푸집 사용 • 굵은골재는 쇄석보다 강자갈을 사용함 • 초속경 cement는 응결시간이 빨라 bleeding이 적음 • 굵은골재의 치수는 작게 하여 사용할 것

문제 3) Bleeding 현상

I. 정의

① 콘크리트 타설후 물과 미세한 물질은 상승하고 무거운 골재, 시멘트는 하강하는 현상.

② 일종의 재료분리 현상, Water gain과 Laitance 를 유발시켜 콘크리트 품질을 저하.

II. Bleeding 개념도 및 원인

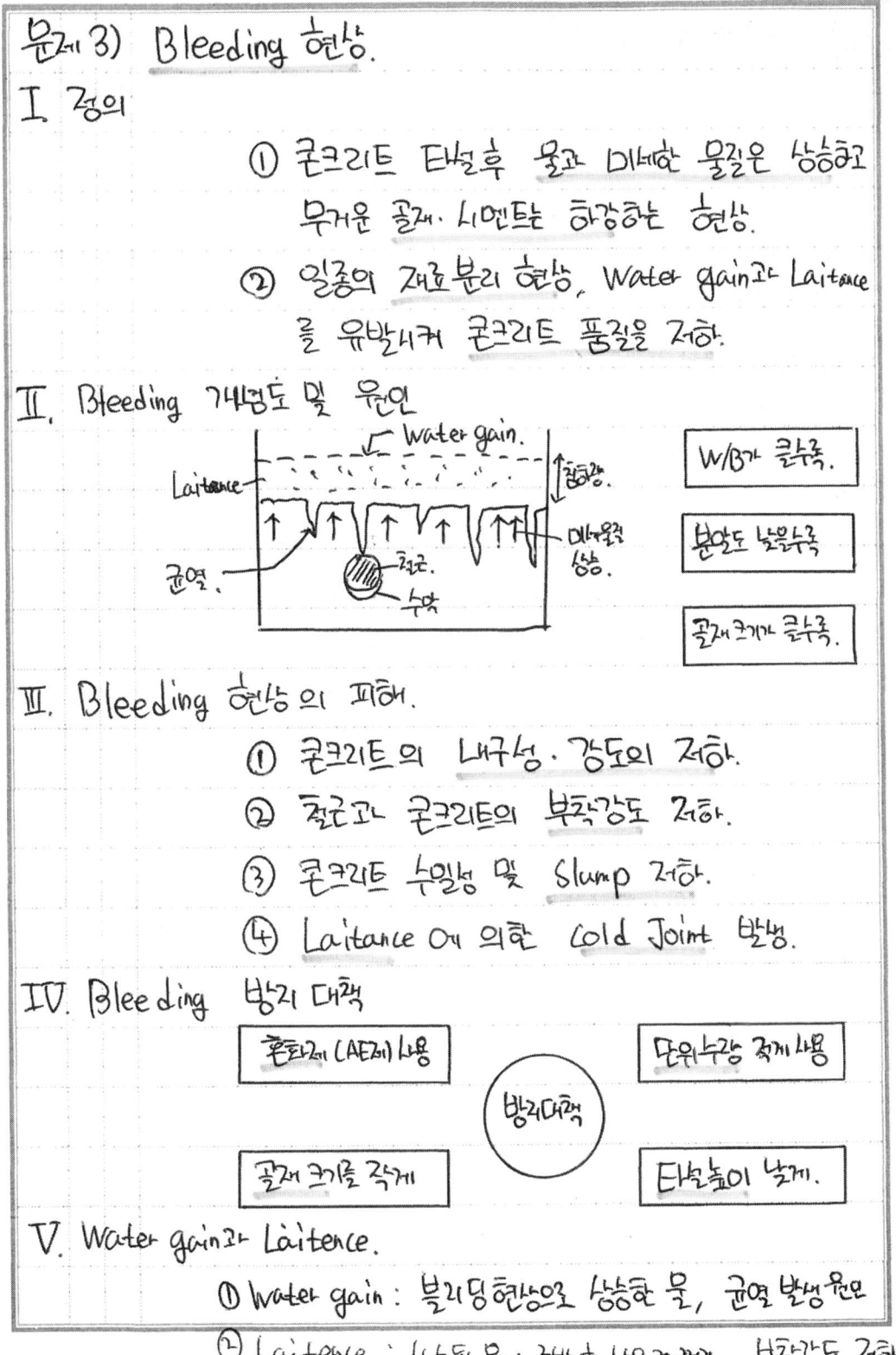

III. Bleeding 현상의 피해

① 콘크리트의 내구성·강도의 저하.

② 철근과 콘크리트의 부착강도 저하.

③ 콘크리트 수밀성 및 Slump 저하.

④ Laitance에 의한 Cold Joint 발생.

IV. Bleeding 방지 대책

- 혼화제 (AE제) 사용
- 단위수량 적게 사용
- 방지대책
- 골재 크기를 작게
- 타설높이 낮게.

V. Water gain과 Laitance.

① Water gain : 블리딩 현상으로 상승한 물, 균열 발생 원인

② Laitance : 상승된 물이 증발후 남은 찌꺼기, 부착강도 저하.

문제 134 Water Gain 현상

〔94후(5), 04중(10)〕

1 정의

① 콘크리트 타설 후 물과 미세한 물질(석고, 불순물 등) 등은 상승하고, 무거운 골재나 cement 등은 침하하게 되는 현상을 bleeding이라 한다.
② 블리딩 현상으로 물이 상승하여 표면에 고이는 현상을 water gain 현상이라 하며, bleeding 현상에 의해 발생된다.

2 Water Gain에 의한 피해

① Con'c 구조체의 내구성 저하
② 균열발생의 원인
③ Con'c의 재료분리 유발
④ Con'c의 수밀성 저하

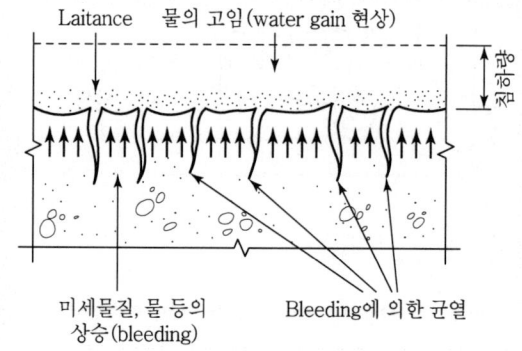

〈Water gain 현상〉

3 원인 및 대책

원인	대책
• 굵은골재 최대치수가 클수록 • 단위수량이 클수록 • 분말도가 낮은 cement • 다짐 및 부재의 단면치수가 클수록 • 물결합재비 및 반죽질기가 클수록 • 쇄석 Con'c일 경우 • 타설높이가 클수록 • 타설속도가 빠를수록	• 굵은골재의 치수는 작게 하고, 균일한 입도조정 • 분말도가 높은 cement 사용 • 단위수량을 적게 할 것 • 단위시멘트량을 많게 할 것 • 된비빔의 Con'c 사용 • 적당한 혼화제(AE제, AE감수제 등)를 사용함 • 1회 타설높이를 작게 하고, 과도한 다짐은 방지할 것 • 굵은골재는 쇄석보다 강자갈을 사용함 • 초속경 cement는 응결시간이 빨라 water gain 현상이 적음

문제 28) Water gain

I. 정의

① 콘크리트 타설후 Bleeding 현상으로 물이 상승하여 표면에 고이는 현상.
② 콘크리트 구조물의 수밀성·내구성이 저하.

II. Water gain 현상.

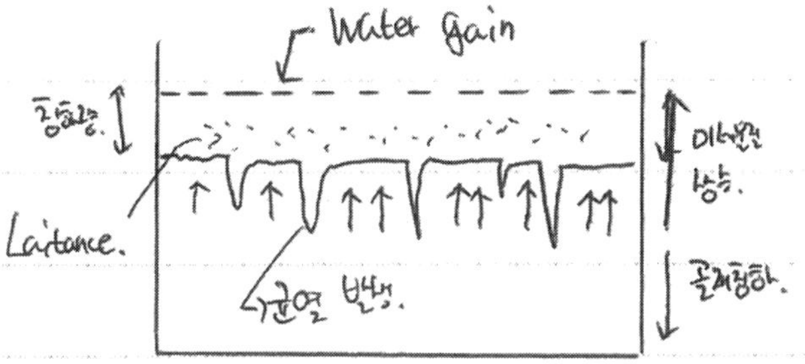

[그림: Water gain 현상 다이어그램 - 침하량, Laitance, 균열 발생, 미세먼 상승, 골재침하 / 콘크리트 타설 → Bleeding 발생 → Water gain 현상]

IV. Water gain에 의한 피해

① 콘크리트 재료분리. ② 수밀성 저하.
③ 균열 발생의 원인   ④ 내구성 저하.

V. Water gain의 원인

- 분말도 낮은 Cement
- 타설 높이가 높을수록.
- 단위수량이 클수록
- 굵은 골재가 클수록.

원인

VI. Water gain 방지대책

① 굵은 골재 치수는 작게 하고 균일한 입도조정.
② 적절한 혼화제 (감수제·AE감수제)의 사용.
③ 타설 높이를 작게 하고 과도한 다짐 방지.
④ 단위수량은 적게, 단위시멘트량은 많게. 끝.

문제 135 Laitance(Scaling)

〔09후(10)〕

1 정의
① 콘크리트 타설 후 물과 미세한 물질(석고, 불순물 등)은 상승하고, 무거운 골재나 cement 등은 침하하게 되는 현상을 bleeding이라 한다.
② Bleeding에 상승된 물과 미세한 물질 중 물은 증발해버리고 남은 미세한 물질인 찌꺼기를 laitance라 하며, 또한 scaling이라고도 한다.

2 Laitance에 의한 피해
① 이어치기 부분의 부착강도 저하
② Con'c 구조체의 내구성 저하
③ Cold joint 발생
④ 철근의 부식
⑤ 중성화 요인

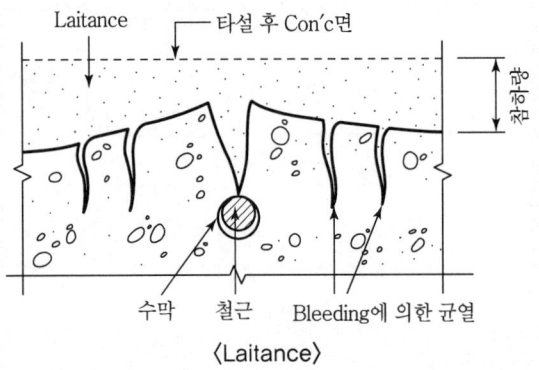

〈Laitance〉

3 원인 및 대책

원인	대책
• 물결합재비가 클수록 • 반죽질기가 클수록 • 굵은골재 최대치수가 클수록 • 타설높이가 클수록 • 단위수량이 많을수록 • 묽은 비빔일수록	• 1회 타설높이를 작게 함 • 과도한 다짐방지 • 된비빔 콘크리트 타설 • 거푸집은 누수가 적은 재료 선정 • AE제, 감수제 등을 사용 • 쇄석보다는 강자갈을 사용 • 분말도가 미세한 cement 사용 • 잔골재율은 작게 • 굵은골재 최대치수는 크게

문제 29) Laitance

I. 정의
① 콘크리트 타설 후 Bleeding에 의해 상승된 물과 미세물질 중 물이 증발하고 남은 찌꺼기.
② 이어치기의 부착강도 저하. 탄산화 요인.

II. Laitance 개념도.

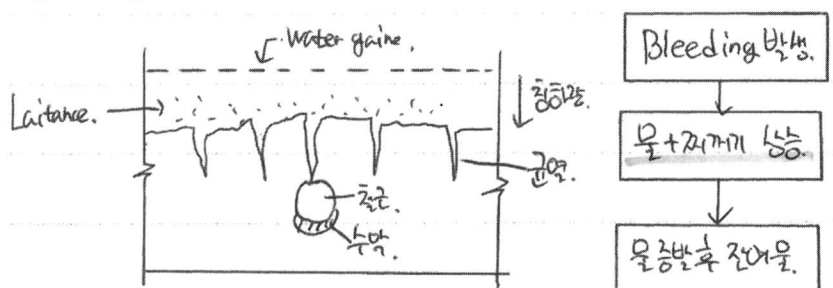

III. Laitance에 의한 피해.
① Cold Joint 발생. ② 이어치기 불량.
② 철근의 부식 → 탄산화 ③ 내구성 저하.

IV. Laitance 원인.
- W/B 클수록
- 타설 높이 높을수록
- 반죽 질기가 클수록
- 굵은 골재가 클수록
- 원인

V. 대책
① 1회 타설 높이 방지. 과도한 다짐 방지.
② 굵은 골재 최대 치수 작게 하기.
③ AE제. 감수제 등을 사용.
④ 분말도 미세한 Cement 사용. 끝.

문제 136 Channeling 현상과 Sand Streak 현상

1 정의
① Channeling이란 W/B비가 높은 콘크리트 타설 시, 거푸집과 콘크리트 사이에 생기는 국부적 수로를 따라, 일시적으로 물과 cement paste가 함께 위로 상승하는 현상이다.
② Sand streak란 channeling 현상의 결과로 모래가 지나가는 자리에 선(line streak)이 남게 되는 현상을 말한다.
③ Channeling 현상과 sand streak 현상은 콘크리트 속의 단위수량이 높을 때 발생하며, 재료분리의 주원인이 되고, laitance의 과다 발생으로 콘크리트 부착력이 감소하게 된다.

2 도해

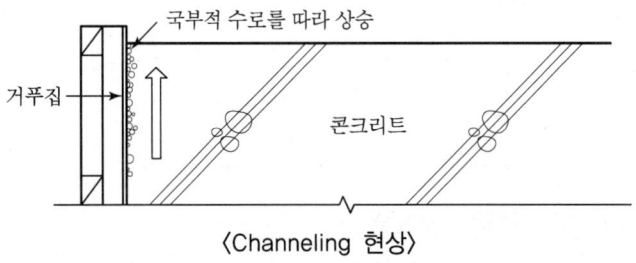

〈Channeling 현상〉

3 Channeling 현상과 Sand Streak 현상의 피해

Channeling 현상	Sand Streak 현상
• Laitance의 과다 발생으로 콘크리트 간의 부착력 감소 • 공극의 발생으로 수밀성 저하 • 구조체의 강도 및 내구성 저하 • 재료분리현상의 주원인이 됨	• 콘크리트 타설 후 비중이 큰 골재는 침하하므로 콘크리트 부분적 강도 차이 발생 • 비중차에 의해 물과 cement paste가 상승하여 bleeding 및 laitance 과다 발생 • 콘크리트 표면에 모래가 지나간 선(streak)이 발생

4 Channeling과 Sand Streak의 발생 원인 및 방지대책

원인	대책
• W/B비가 높은 콘크리트를 사용할 때 • 단위수량이 높은 콘크리트를 사용할 때 • 콘크리트 타설 시 가수 등 물을 첨가할 때 • 타설 시 진동다짐을 철저히 하지 않았을 때	• 타설 시 품질관리를 통하여 가수 등 물의 첨가를 하지 않게 함 • 배합 시 W/B비와 단위수량을 줄임 • 콘크리트 타설 시 다짐을 철저히 함 • 유동화제 등 적정한 혼화제를 사용 • 재진동다짐을 실시하여 콘크리트 내의 과다 수분을 제거

문제) Channeling 현상과 Sand Streak 현상.

I. 정의

① Channeling : W/B 높을 시 거푸집과 콘크리트의 사이에 생기는 국부적 수로 발생 → 물과 Cement paste가 상승 하는 현상.

② Sand Streak : 모래가 지나가는 자리에 선이 남는 현상.
　└ Channeling 결과.

II. 도해.

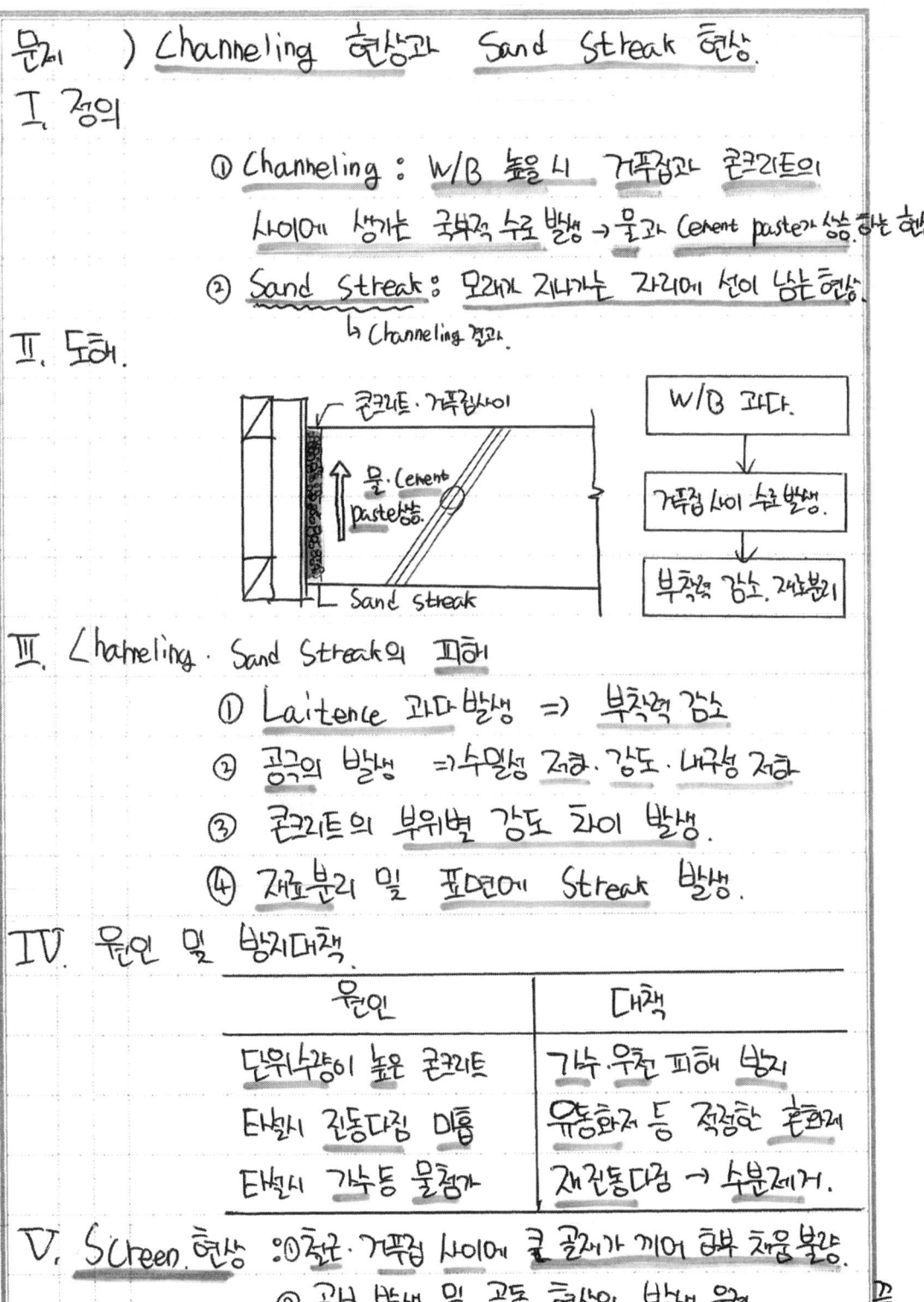

III. Channeling · Sand Streak 의 피해

① Laitence 과다 발생 ⇒ 부착력 감소
② 공극의 발생 ⇒ 수밀성 저하. 강도. 내구성 저하
③ 콘크리트의 부위별 강도 차이 발생.
④ 재료분리 및 표면에 Streak 발생.

IV. 원인 및 방지대책.

원인	대책
단위수량이 높은 콘크리트	가수·우천 피해 방지
타설시 진동다짐 미흡	유동화제 등 적정한 혼화제
타설시 가수등 물첨가	재진동다짐 → 수분제거.

V. Screen 현상 : ① 철근·거푸집 사이에 큰 골재가 끼어 하부 채움 불량.
　　　　　　　　② 공보 발생 및 공동 현상의 발생 우려

끝.

문제 137 품질기준강도(f_{cq})

1 정의
품질기준강도(f_{cq})란 현장타설 콘크리트의 시간에 따른 품질변동이 고려된 강도기준이다.

2 품질기준강도(f_{cq})의 설계 및 산정식

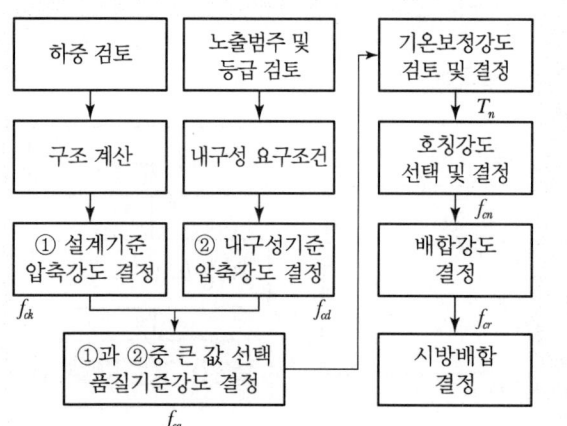

여기서, f_{ck} : 설계기준강도(하중 고려)
f_{cd} : 내구성기준 압축강도(노출등급 고려)
f_{cq} : 품질기준강도($= [f_{ck},\ f_{cd}]_{max}$)(MPa)
f_{cn} : 호칭강도(생산자에게 주문강도)
$\quad (= f_{cq} + T_n)$(MPa)
T_n : 기온보정강도
f_{cr} : 배합강도(호칭강도보다 크게)

3 내구성기준 압축강도(f_{cd})
① 콘크리트의 내구성 저하를 고려한 강도를 의미하며 최소 설계기준 압축강도라고도 한다.
② 구조용 콘크리트부재에 대해 예측되는 노출 정도를 고려하여 노출등급 및 내구성기준 압축강도 (f_{cd})를 결정한다.

구분		탄산화	염해	동결융해	황산염
노출등급		EC1~EC4	ES1~ES4	EF1~EF4	EA1~EA3
적용	f_{cd}	30MPa 이상	35MPa 이상	30MPa 이상	30MPa 이상
	환경	비를 맞는 외벽 (EC4)	비말대 및 간만대 (ES4)	비와 동결에 노출되는 수평 Con´c(EF3)	토양·지하수·하수· 오폐수에 노출(EA3)

4 배합강도(f_{cr}) 산정방법
각각의 두 식에 의한 값 중 큰 값으로 정함

$f_{cq} \leq 35$MPa	$f_{cq} > 35$MPa
• $f_{cr} = f_{cq} + 1.34s$[MPa] • $f_{cr} = (f_{cq} - 3.5) + 2.33s$[MPa]	• $f_{cr} = f_{cq} + 1.34s$[MPa] • $f_{cr} = 0.9f_{cq} + 2.33s$[MPa]
여기서, 품질기준강도(f_{cq})는 기온보정강도(T_n)를 더한 값으로 함	

문제4. 콘크리트 품질기준강도 (fcq).

1. 정의.

　　품질기준강도(fcq)란 설계강도와 내구성기준 강도, 온도변화를 고려한 강도를 말한다.

2. 콘크리트 품질기준강도 Flow Chart.

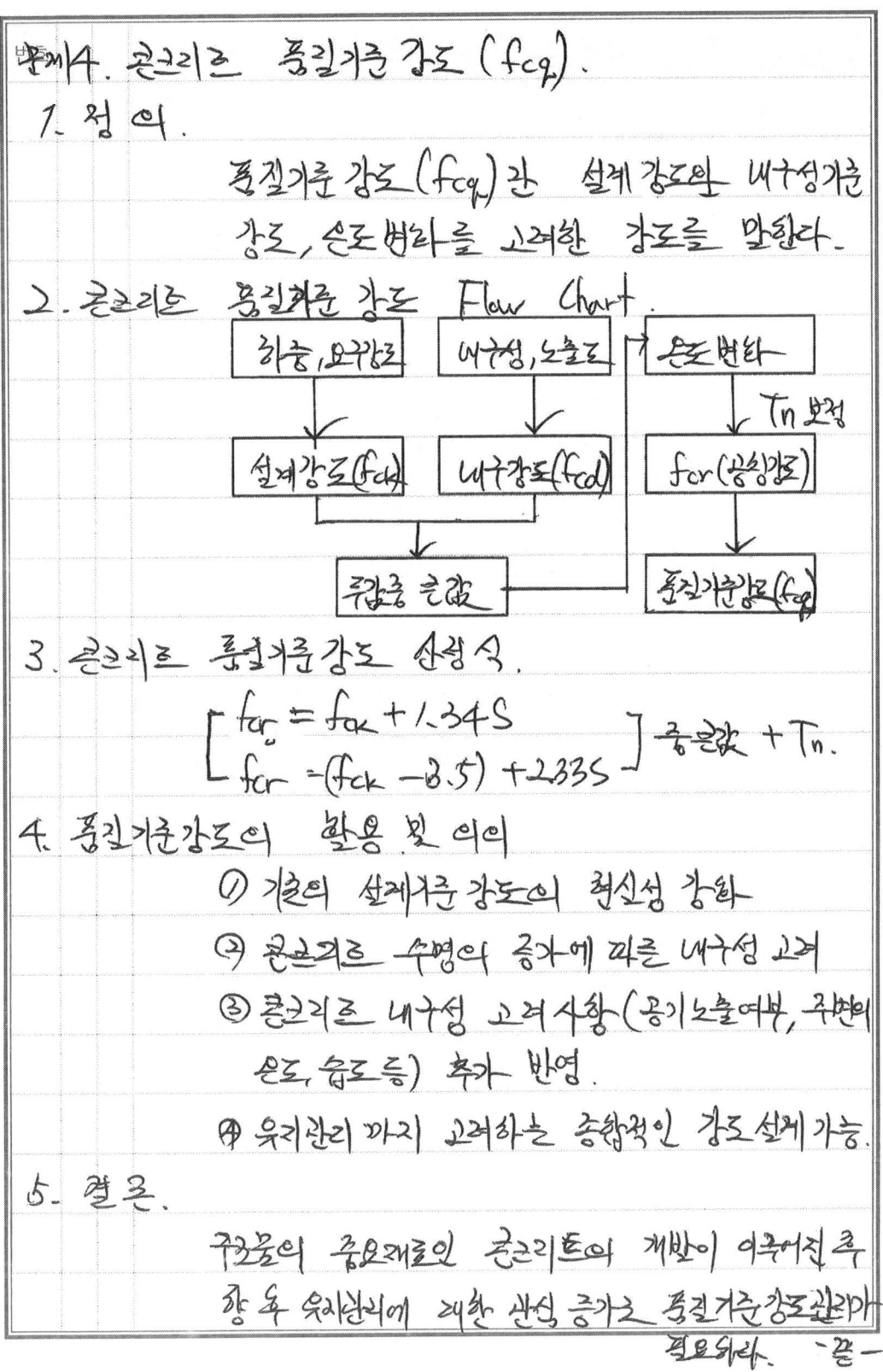

3. 콘크리트 품질기준강도 산정식.

$$\left[\begin{array}{l} f_{cr} = f_{ck} + 1.34S \\ f_{cr} = (f_{ck} - 3.5) + 2.33S \end{array}\right] \text{큰 값} + T_n.$$

4. 품질기준강도의 활용 및 의의
　① 기존의 설계기준강도의 현실성 강화
　② 콘크리트 수명의 증가에 따른 내구성 고려
　③ 콘크리트 내구성 고려사항 (공기노출여부, 외부의 온도, 습도 등) 추가 반영.
　④ 유지관리까지 고려하는 종합적인 강도 설계 가능.

5. 결론.

　　구조물의 중요재료인 콘크리트의 개발이 이루어질 수록 향후 유지관리에 대한 관심 증가로 품질기준강도 관리가 필요하다. -끝-

문제 138 레미콘의 호칭강도와 설계기준 강도의 차이점

〔09후(10), 16후(10)〕

1 정의

① 콘크리트의 가장 중요한 물성에는 강도, 내구성·수밀성이 있는바, 호칭강도는 레미콘의 상품으로서의 강도 구분이며, 품질조건에 따라 보증되는 것으로 통상 호칭강도의 값은 설계기준강도를 의미한다.
② 단, 강도 이외에 내구성, 수밀성을 규정한 배합일 경우, 물결합재비가 낮으면 설계기준강도와 호칭강도의 값은 다르다.

2 호칭강도와 설계기준강도의 차이점

구분	호칭 강도	설계기준강도
강도를 규정하는 경우	같은 의미로 사용	
내구성, 수밀성을 규정한 물결합재비가 다를 경우	호칭강도와 설계기준강도의 값이 다름	

콘크리트의 내구성과 수밀성을 향상시키기 위하여 고로 Slag 등의 혼화재료를 콘크리트에 혼입할 경우, 물결합재비의 변동이 발생하여 콘크리트의 강도가 균일하기 어려우므로, 호칭강도를 설계기준강도보다 높게 측정한다.

예 고로 Slag를 혼화재로 사용하여 내구성과 수밀성을 향상시킬 경우의 설계기준강도와 호칭강도
 • 설계기준강도 : 30MPa
 • 호칭강도 : 32MPa

3 내구성, 수밀성을 규정한 물결합재비

Con'c 분류	물결합재비
경량 골재 콘크리트	60% 이하
한중 콘크리트	60% 이하
수밀 콘크리트	50% 이하
수중 콘크리트	50% 이하
해양 콘크리트	50% 이하

4 배합강도

① 설계기준강도에 적당한 계수를 곱하여 할증한 압축강도
② 배합설계 시 소요강도로부터 물결합재비를 정할 경우 사용

문제 35) 설계기준강도 / 배합강도 / 호칭강도

I. 정의

① 설계기준강도 : 구조물의 설계시 기준강도
② 호칭강도 : 설계기준강도 기온보정치를 더한 값.
③ 배합강도 : 설계기준강도에 계수를 곱하여 할증한 강도.

II. 설계기준강도와 호칭강도의 차이점. 표준편차.

구 분	호칭강도	설계기준강도
강도를 규정시	같은 의미 사용	
W/B가 다를 경우	호칭강도 > 설계기준강도	

① 혼화재료를 혼입할 경우 W/B의 변동 발생.
② 콘크리트 강도가 균일하기 어렵기 때문에 호칭강도를 높게 책정.
③ (예시) $f_{ck} = 30$ 일 경우 $f_{cn} = 32 MPa$ 적용.

III. 배합강도 산식.

$$f_{cr} = \begin{bmatrix} f_{ck} + 1.33s \\ (f_{ck} - 3.5) + 2.33s \end{bmatrix} \text{ 중 큰값 적용.}$$

① s = 압축강도의 표준편차. (30회 이상 시험성적)
② s를 얻지 못할 경우 산식 적용.
  (21MPa 미만 = $f_{ck} + 7$), (21이상 35 초과 = $f_{ck} + 8.5$)

IV. 압축강도 시험.

상부 Capping. 20±2°C 가압.

(공시체 제작) → 수중양생. → 강도시험.

문제 139 PSC(Pre-Stressed Con'c)

〔80(5), 91전(8), 04전(10), 20전(10)〕

1 정의

① Pre-stressed Con'c란 인장응력이 생기는 부분에 미리 압축의 prestress를 주어 Con'c의 인장강도를 증가하도록 한 것이다.
② 제작방법으로는 pretension 공법과 posttension 공법이 있으며, 구조물의 균열이 방지되고 내구성이 증가된다.

2 시공 도해

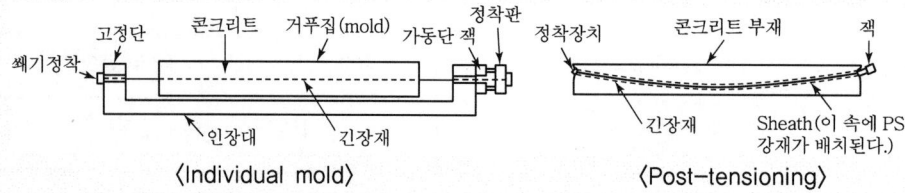

〈Individual mold〉 　　　　〈Post-tensioning〉

3 특징

① 설계하중하에서 구조물의 균열이 방지되고, 내구성이 증대됨
② 장span의 설계가 가능함
③ 탄성력 및 복원성이 크고, 거푸집공사·가설공사 등이 축소됨
④ 부재에 확실한 강도와 안전성이 보장됨

4 재료의 선정

① Cement : 압축강도가 크고, 건조수축이 적은 것 사용
② 골재 : 잔골재의 염화물 이온량은 골재 절건중량의 0.02% 이하
③ Concrete : 설계기준강도가 30MPa 이상
④ 강재 : 규격품을 사용하고, 용접철망은 4mm 이상의 것 사용

5 배합설계

① Slump 값은 180mm 이하로 하며, 담당자의 승인을 받을 것
② PSC그라우트 중에 포함되어 있는 염화물 이온의 총량은 $0.3kg/m^3$ 이하로 함

6 제조방법

공법		생산 방식
Pretension 공법	Long line 공법	여러 개의 부재를 한번에 생산
	Individual mold 공법 (단독몰드공법, 단독식)	한 번에 1개의 부재
Posttension 공법		• Sheath관을 배치하고, Con'c 타설하여 경화한 후에(공장제작) PS 강재를 긴장하여 grout재를 주입한 후 긴장 해제(현장설치 및 긴장) • 설계기준강도 30MPa 이상

문제 7) PSC (Pre Stressed Concrete)

I. 정의
① 인장응력이 발생하는 부위에 미리 압축의 prestress를 주어 콘크리트의 인장강도를 증가.
② 구조물의 균열 방지 및 내구성 증가.

II. 시공도해.

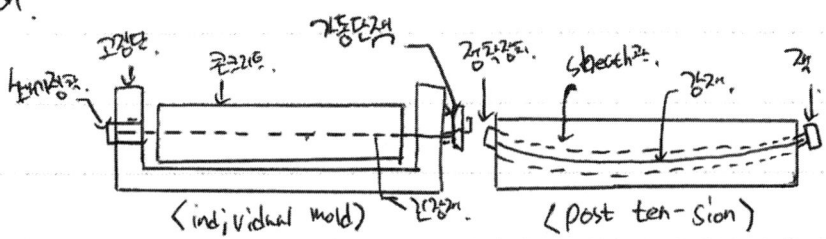

〈individual mold〉   〈post ten-sion〉

III. PSC의 요구성능
① 부착강도가 클 것.   ③ Creep가 적을 것.
② 항복비가 클 것.   ④ 건조수축이 적을 것.

IV. PSC의 특징 (장·단점)

장점	단점
· 내구성이 우수함.	· 공사비가 고가이다.
· 긴 span에 유리.	· 내화성에 약하다.
· 공기단축이 가능.	· 처짐에 대한 검토 필요.

V. PSC 시공시 유의사항.
① 시멘트의 압축강도가 크고 건조수축이 적은것 사용.
② 설계기준강도 30MPa 이상의 고강도 콘크리트 사용.
③ Sheath관 내부 그라우팅 철저.
④ 자재 반입 검수 (강재) 철저. 품질시험 실시. 끝.

문제 140 서중 콘크리트와 한중 콘크리트

〔96중(10)〕

1 정의
① 하루 평균기온이 25℃ 초과하는 것이 예상될 때 시공하는 콘크리트로, 부어넣을 때 온도는 35℃ 이하로 유지한다.
② 하루 평균기온이 4℃ 이하가 되는 경우 한중 콘크리트의 적용을 받도록 규정하고 있으며, 초기 양생기간 내에 5MPa 이상이 얻어지도록 양생계획한다.

2 기온별 콘크리트 분류

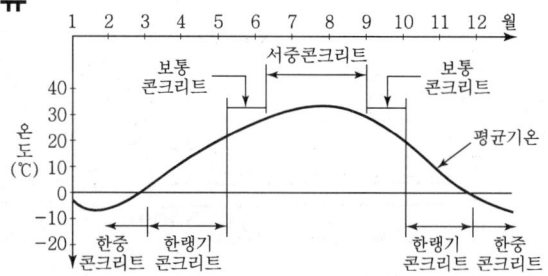

3 서중 콘크리트

특징	유의사항
• 적절한 혼화제 사용 • Precooling 등의 냉각공법 검토 • 단위수량과 단위시멘트량은 최소화할 것 • Slump는 180mm 이하에서 정함 • 타설 시 온도는 35℃ 이하	• 고온의 cement는 사용을 삼갈 것 • 물·골재 등은 낮은 온도의 것을 사용함 • 혼화제는 AE감수제 지연형, 감수제 지연형 등을 사용 • 거푸집에 물을 뿌려 Con'c의 수분이 거푸집에 흡수되지 않게 할 것

4 한중 콘크리트

특징	유의사항
• 물결합재비는 60% 이하 • 단위수량은 최소화할 것 • 적절한 혼화제를 사용할 것 • 경화가 빠른 cement 사용	• AE제, AE감수제 및 고성능 AE제 중 한 가지는 반드시 사용할 것 • Cement는 가열해서는 안 되며, 골재는 직접 불꽃에 대고 가열해서는 안 됨 • 타설시 온도 5~20℃ 미만 • 물의 온도는 40℃ 이하 • 단열보온양생, 가열보온양생 등을 실시할 것

5 서중 콘크리트와 한중 콘크리트의 비교

구분 \ 종류	서중 콘크리트	한중 콘크리트
기온	하루 평균기온 25℃ 초과	하루 평균기온 4℃ 이하
Cement	중용열 portland cement	조강 portland cement
혼화제	응결지연제	응결경화촉진제
양생	Precooling, Pipe cooling	가열보온양생(공간, 표면, 내부가열 등)

문제 ①. 서중 콘크리트 (Hot Weather Concrete)

1 정의

일평균 기온이 25°C 이상일때 사용하는 콘크리트로서, 급격한 수분증발로 Cold Joint가 예상되면 시공함으로 사용.

2 서중 Con'c 적용시기

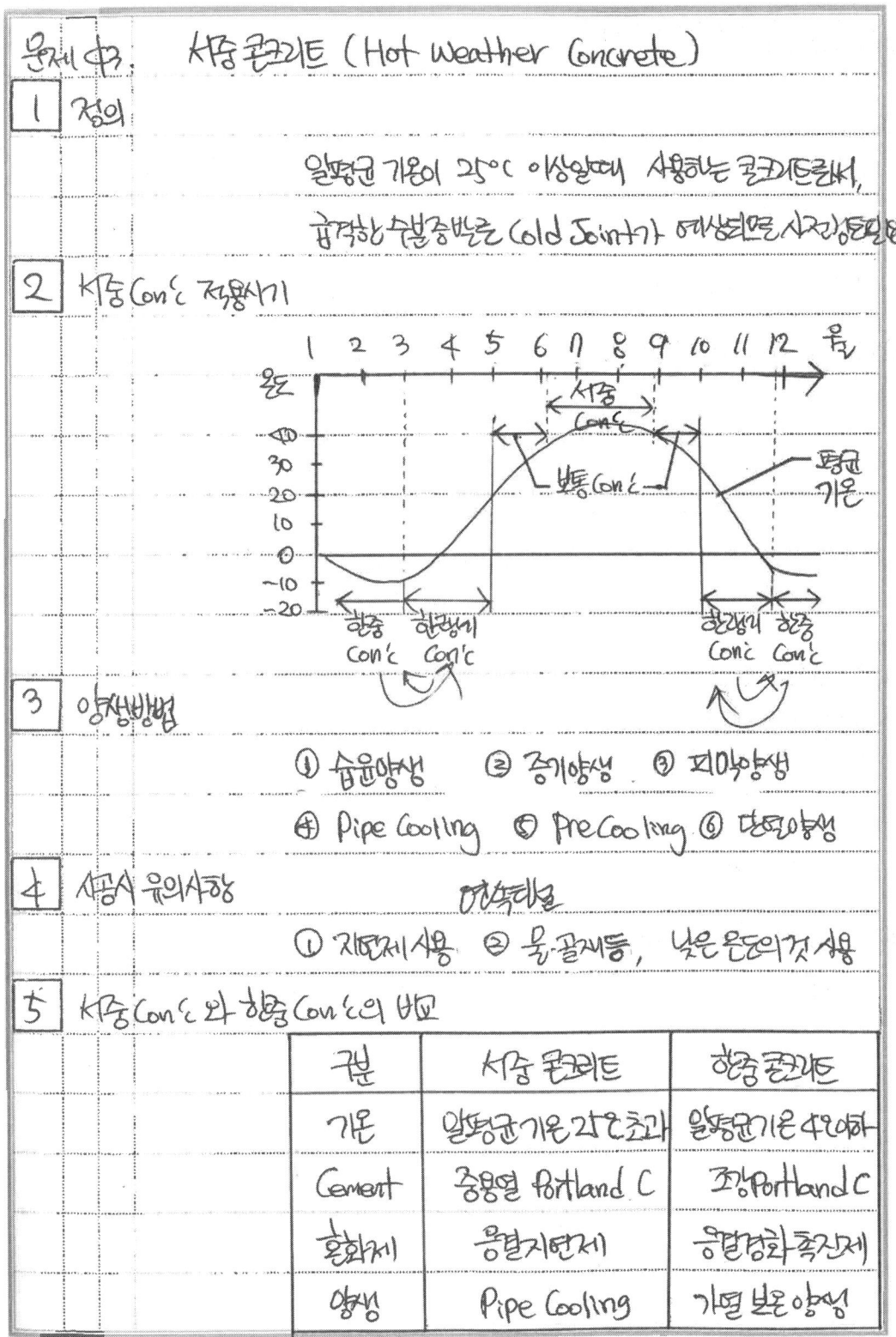

3 양생방법

① 습윤양생 ② 증기양생 ③ 피막양생
④ Pipe Cooling ⑤ Pre Cooling ⑥ 단열양생

4 시공시 유의사항

연속타설
① 지연제 사용 ② 물·골재등, 낮은 온도의 것 사용

5 서중 Con'c 와 한중 Con'c의 비교

구분	서중 콘크리트	한중 콘크리트
기온	일평균기온 25°C 초과	일평균기온 4°C 이하
Cement	중용열 Portland C	조강 Portland C
혼화제	응결지연제	응결경화촉진제
양생	Pipe Cooling	가열 보온 양생

문제 141 Mass Con'c

〔94후(5)〕

1 정의
① 보통 부재단면의 최소치수가 0.8m 이상이고, 하단이 구속된 경우에는 두께 0.5m 이상의 벽체 등에 적용되는 Con'c를 말한다.
② Con'c 표면과 Con'c 내부의 건조수축의 차에 의한 온도균열에 유의하고, 방지대책으로는 냉각공법(precooling, pipe cooling) 등이 있다.

2 Mass Con'c의 온도관리

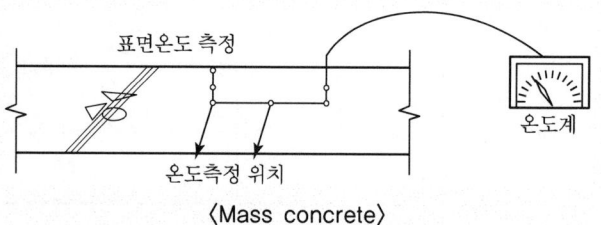
〈Mass concrete〉

내외부의 온도차가 25℃ 이하가 되도록 관리한다.

3 온도균열의 원인
① 수화발열량이 클수록
② Con'c의 온도와 외기온의 차가 클수록
③ 부재의 단면이 클수록
④ 단위시멘트량이 많을수록
⑤ 온도변화가 클수록

4 냉각공법(온도균열제어 양생방법)

공법	양생 방법
Precooling	• Con'c 재료의 일부 또는 전부를 냉각시켜 콘크리트의 온도를 낮추는 방법 • 저열용 portland cement를 사용하고, 얼음은 물량의 10~40% 정도로 하며, 각 재료(cement, 골재 등)는 온도를 낮추어 사용함
Pipe cooling	• Con'c 타설 전에 pipe를 배관하고, pipe 내로 냉각수나 찬공기를 순환시켜 콘크리트의 온도를 낮추는 방법 • φ25mm 흑색 gas pipe를 사용하며, 간격은 1.0~1.5m 정도로 하고, 냉각수 대신 찬공기를 넣기도 함

문제) Mass 콘크리트의 온도 충격

I. 정의

① Mass Concrete는 부재의 단면치수 0.8m (구속시 0.5m) 이상의 벽체에 적용하는 Concrete 이다.

② 부재의 내·외부 온도차 (온도구배) 발생시 열변형이 발생하게 되며 균열 발생의 원인이 된다. (수화열)

II. 온도구배·온도 충격 개념도

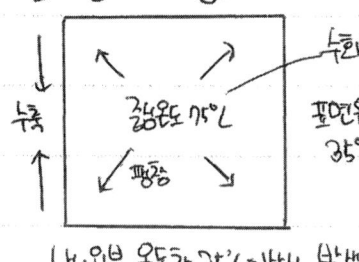
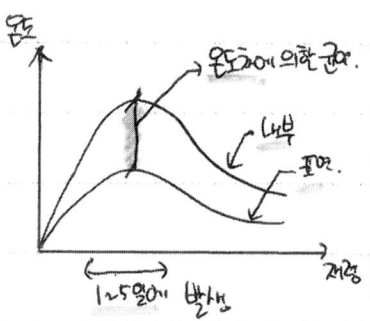

내·외부 온도차 25°C 이상시 발생

III. 온도 충격·균열의 원인

원인	대책
단위 시멘트량이 많을수록	2차반응 (포졸란·잠재수경성 반응)
타설 부위가 두꺼울수록	재료를 냉각하여 사용
외기온도가 낮을수록	Precooling, pipe cooling

IV. Mass Concrete 온도관리

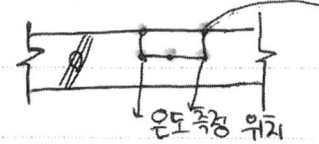

내외부 온도차 25°C 이내로 유지.

V. Icr 온도균열지수

$$I_{cr} = \frac{인장강도}{온도응력 최대값}$$

- 균열 방지 : $I_{cr} \geq 1.5$
- 균열 제한 : $1.5 > I_{cr} \geq 1.2$
- 유해 균열 제한 : $1.2 > I_{cr} \geq 0.7$

문제 142 온도균열지수

[08후(10), 17후(10)]

1 정의

① 두꺼운 부재에 콘크리트를 타설할 때, 내외부 온도차에 의한 온도구배 발생으로 콘크리트 표면에 인장응력이 발생하는데, 이때 콘크리트가 견딜 수 있는 인장강도를 온도에 의한 응력의 최댓값으로 나눈 값을 온도균열지수라고 한다.

② 온도균열지수는 다음의 식으로 나타낸다.

$$온도균열지수(I_{cr}) = \frac{인장강도}{온도응력\ 최댓값}$$

2 온도균열지수(I_{cr})의 적용

① 균열을 방지할 경우 : $I_{cr} \geq 1.5$
② 균열발생을 제한할 경우 : $1.2 \leq I_{cr} < 1.5$
③ 유해한 균열발생을 제한할 경우 : $0.7 \leq I_{cr} < 1.2$

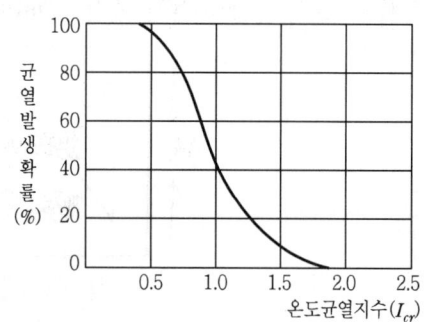

3 특징

① 온도균열지수가 커질수록 균열방지에 대한 안정성이 높아진다.
② 온도균열지수가 작아질수록 안정성은 낮아지도록 되어 있다.
③ 목표값은 구조물에 요구되는 수밀성이나 기밀성 등의 기능을 감안하여 정한다.
④ 균열의 내구성이나 내력에의 영향, 환경 등도 감안하여 정해야 한다.

4 최대균열폭과 온도균열지수와의 관계

1) 최대균열폭과 온도균열지수

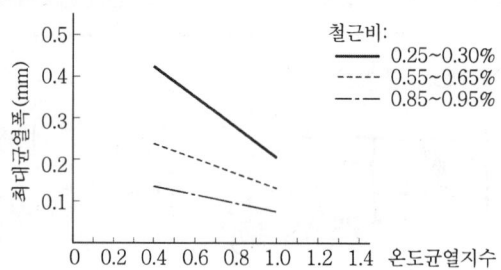

2) 온도균열폭의 제어

① 온도균열지수를 높인다.
② 철근비를 높인다.
③ 가는 철근을 분산시켜 배근한다.

문제 17) 온도균열지수 (I_{cr})

I. 정의

① 콘크리트 타설시 내·외부 온도차로 인하여 온도구배 발생, 온도균열이 발생

② 콘크리트가 견딜 수 있는 인장강도를 온도에 의한 응력의 최대값으로 나눈 값.

II. 온도균열지수와 균열 발생 가능성.

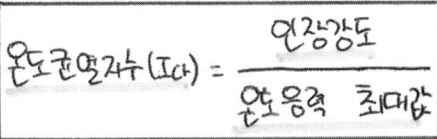

$$온도균열지수(I_{cr}) = \frac{인장강도}{온도응력\ 최대값}$$

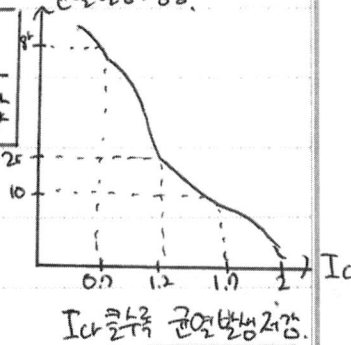

- 균열 발생방지 : $I_{cr} \geq 1.5$
- 균열발생 제한 : $1.2 \leq I_{cr} < 1.5$
- 유해균열 발생제한 : $0.7 \leq I_{cr} < 1.2$

I_{cr} 클수록 균열발생 감.

III. 온도균열지수의 특징

① I_{cr}이 커질수록 균열방지 안정성 상승.

② 콘크리트 부재가 두꺼울수록 I_{cr} 하락.

③ 내·외부 온도차가 클수록 I_{cr} 하락.

④ 균열 발생 가능성 평가지표로 활용.

IV. 온도 균열 제어 방법.

구분	제어방법
온도저감	pre/pipe cooling
온도응력약화	Control Joint
저항성증대	팽창제 사용.

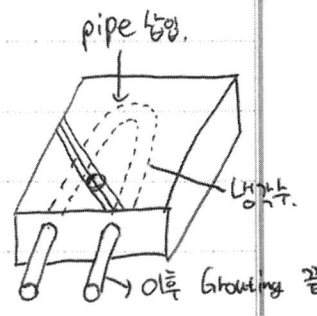

끝.

문제 143 매스콘크리트의 수화열 저감방안

〔11중(10)〕

1 정의
① 보통 부재단면의 최소치수가 80cm 이상이고, 하단이 구속된 경우에는 두께 50cm 이상의 벽체 등에 적용되는 Con´c를 매스콘크리트라고 한다.
② Con´c 내부의 수화열에 유의하고, 수화열을 저감시키기 위해서는 냉각공법(precooling, pipe cooling) 등이 있다.

2 Mass Con´c의 수화열 관리

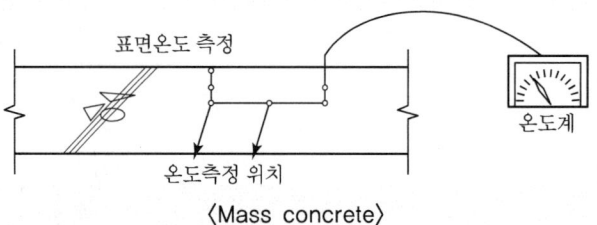

〈Mass concrete〉

내외부의 온도차가 25℃ 이하가 되도록 관리한다.

3 수화열 저감방안

1) Precooling
   ① 재료의 일부 또는 전부를 미리 냉각시켜 콘크리트 온도를 저하시키는 방법
   ② 골재의 냉각은 전 재료를 균등하게 냉각
   ③ 얼음은 물량의 10~40%를 넣고 Con´c 비비기 완료 전에 완전히 용해시킴
   ④ Cement는 열을 낮추어야 하나 급랭되지 않게 하고, 골재는 그늘에 저장

2) Pipe Cooling
   ① Con´c 타설 전에 cooling용 pipe를 배관하고 관 내에 냉각수나 찬공기를 순환시켜 냉각
   ② Pipe 배치 간격은 1.5m마다 1개씩 설치, 통수량은 15L/분
   ③ 통수시간은 타설 직후부터 규정 온도가 유지시까지 지속

3) 배합적 방안
   ① 단위시멘트량 감소   ② 단위수량 감소
   ③ Slump 및 잔골재율의 저하   ④ 굵은 골재의 최대치수 증대
   ⑤ 고성능 AE감수제 사용

4) 시공적 방안
   ① 타설온도 저하   ② 적정 타설높이 준수
   ③ 낮은 기온 시 타설

3. 하자
- I. 정리
- II. Mechanism → 관리기준
- III. 문제점 → 저감방안
- IV. 방지대책

문제 18. Mass Con'c의 수화열 저감방안

답

I. 정 의

① Mass Con'c란 부재 단면의 최소 치수가 80cm 이상, 하단 구속인 경우 50cm 이상인 Con'c를 말한다.

② Con'c 타설시 내부 수화열이 유리하고 내·외부 온도차를 25°C 이하로 유지해야 한다.

II. Mass Con'c 수화열 관리기준

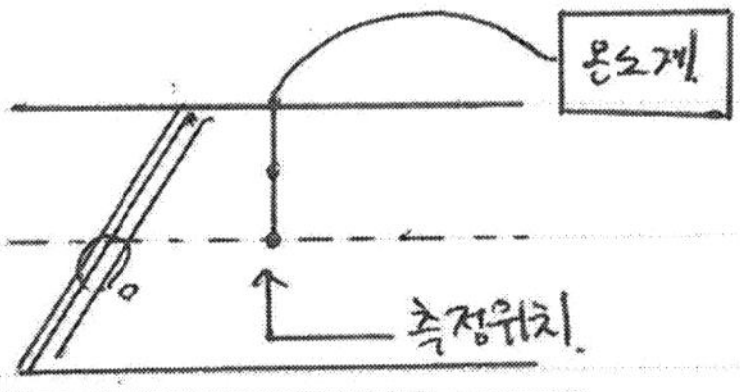

- Con'c 내외부 온도차가 25°C 이하로 관리할 것
- $I_{cr} \geq 1.5$ 이상

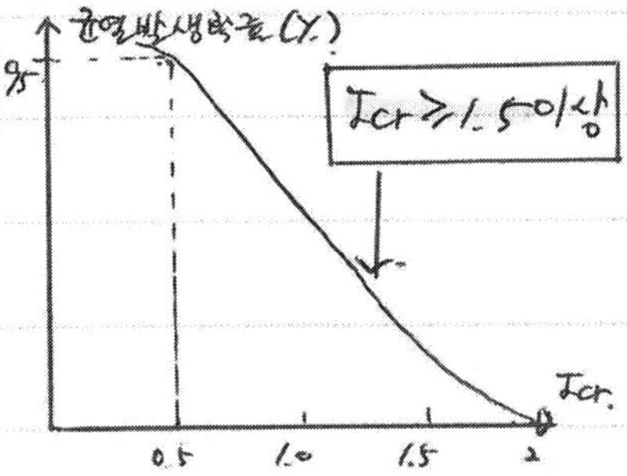

III. 수화열 저감방안

1) Pre-cooling
① 재료를 사전에 미리냉각
② 얼음 사용시 Con'c 비비기 전에 완전용해 시킴

2) Pipe-cooling
- Cooling pipe에 냉각수 또는 액체질소 투입

3) 배합설계 관리
- 단위 시멘트량 감소, 단위수량 감소, Slump 및 S/a 저하

4) 시공관리 요소: 타설온도 저하, 타설속도 준수 등 〈끝〉

문제 144 진공 콘크리트(Vacuum Concrete)

〔78후(5), 81전(6), 90후(8), 99후(20), 06전(10), 06후(10), 10중(10), 18후(10)〕

1 정의
Con'c 타설 후 진공 mat · vacuum pump 등을 이용하여, Con'c 속에 잔류해 있는 잉여수 및 기포 등을 제거함으로써 콘크리트 강도를 증대시키는 콘크리트로써 진공탈수콘크리트 공법이라고도 한다.

2 시공 Mechanism 및 시공순서

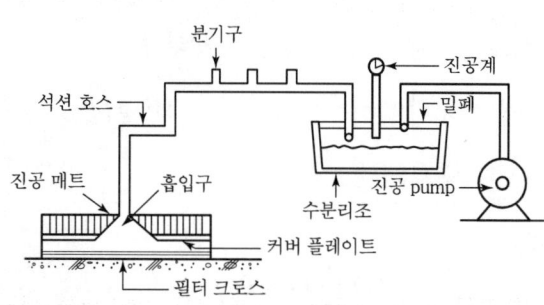
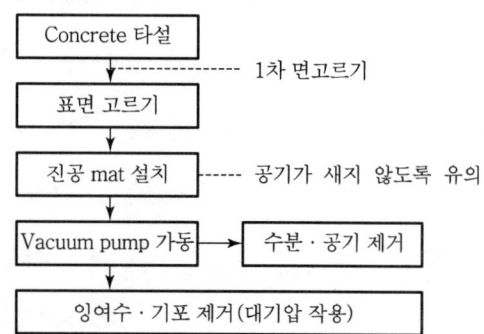

3 특성
① 초기강도 및 장기강도 증대 ② 경화수축 등이 감소
③ 표면경도와 마모저항성 증대 ④ 동해에 대한 저항성 증대

4 유의사항
① 진공처리기간은 타설 직후 경화 직전까지로 함
② Slump는 150mm 이하, 공기량은 3~4% 정도로 유지함
③ 수화반응에 필요한 W/B비 25%, gel 수 15~20% 정도는 유지할 것
④ 0.2m 이상 부재(단면)는 서중기시 20~25분, 한중기시 30~40분 내에 실시
⑤ 표면진동기 사용
⑥ 1~1.5m/min의 속도로 타설

30) 진공 콘크리트 (Vacuum Concrete)

I. 정의

① 콘크리트 타설 후 진공 Mat, Vacuum을 이용하여 콘크리트 속의 잉여수·기포를 제거하는 콘크리트.

② 콘크리트 강도를 증진·동결융해 저항성.

II. 진공콘크리트 개념도.

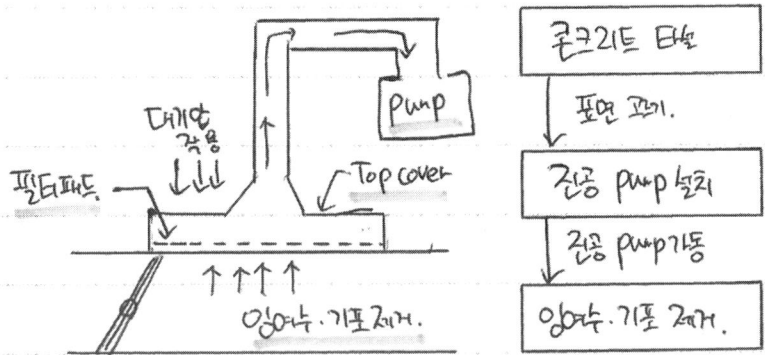

III. 진공콘크리트의 특성.

① 동결융해 저항성 증진.
② 조직이 치밀 → 수밀성 증가.
③ 초기강도·장기강도 증진.
④ 표면경도·마모저항성 증대.

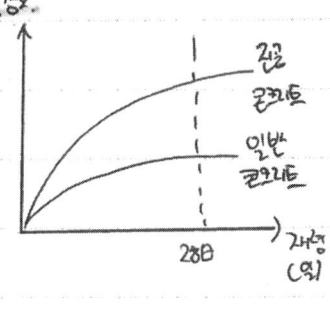

IV. 진공 콘크리트 시공시 유의사항.

① 진공 처리시간 : 타설 직후부터 경화 직전.
② Slump는 150mm 이하, 공기량 3~4% 유지.
③ 1.8~1.5m/min의 속도로 타설·표면 진공기.
④ 수화 반응에 필요한 수량 (25%) 유지.
⑤ 진공 Mat Joint 부위 보강방안 계획.   끝.

문제 145 콘크리트 폭열(Spalling Failure)현상

〔14중(10)〕

1 정의

① 콘크리트의 폭열이란 화재 시 콘크리트 내부가 고열로 인하여, 온도가 상승하면서 생성된 수증기가 자연스럽게 밖으로 유출되지 못해, 높은 압력(수증기압)으로 인해 폭발적인 음과 함께 콘크리트 조각이 떨어져 나가는 현상을 말한다.
② 화재 시 영향을 주는 요인은, 화재의 강도·화재의 형태·화재지속시간·구조형태·콘크리트의 종류 및 골재의 종류·강재의 종류 및 화재 시 발생하는 가스 등의 영향을 받는다.

2 폭열발생 Mechanism

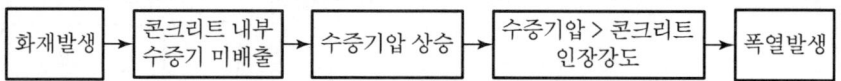

3 폭열발생 원인

① 흡수율이 큰 골재의 사용
② 내화성이 약한 골재의 사용
③ 콘크리트 내부 함수율이 높을 때
④ 치밀한 조직으로 화재 시 수증기 배출이 안 될 때

4 대책

간접적인 대책	직접적인 대책
• 화재·가스 경보기 설치 • 소화기 설치 • 누전 방지대책 강구 • 방화 조직·기구 설치	• 방화 coating 도포 • 방화 system 강구 및 스프링클러 가동 • 방화 paint 도포

문제 22. 폭렬현상

I. 정의
화재시 콘크리트 내부의 고열로 인하여 생성된 수증기가 자연스럽게 배출되지 못하고 높은 압력으로 인해 폭발하는 현상이다.

II. 콘크리트 폭렬현상 원리

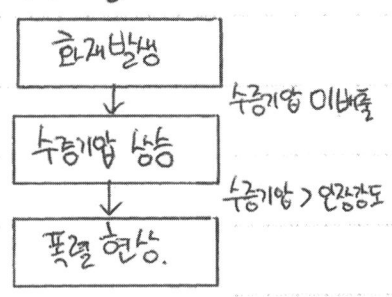
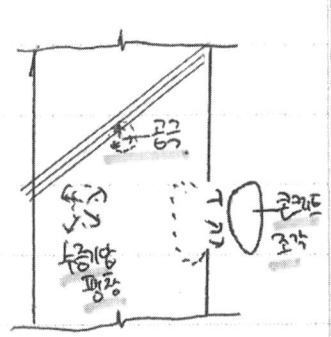

III. 콘크리트 폭렬현상의 영향인자 (원인)
① 화재의 강도 : 300°C까지는 콘크리트 반응 없음.
② 단면(부재)이 작을수록 위험함.
③ 치밀한 마감조직으로 수증기압 배출이 제한.
④ 콘크리트 내부의 함수율이 높을 때.
⑤ 석회암을 골재로 하는 경우 증기압에 파괴.

IV. 폭렬현상의 대책

간접적인 대책	직접적인 대책
화재, 가스 경보기 설치	방화 Coating 실시
소화기 설치	스프링클러 가동
방화 대피 조직, 기구 설치	방화 paint 도포

끝.

문제 146 고유동 콘크리트의 자기충전(Self-Compacting)

[18전(10)]

1 정의
고유동 콘크리트란 굳지 않은 상태에서 재료 분리 없이 높은 유동성을 가지면서 다짐작업 없이 자기충전성이 가능한 콘크리트를 말한다.

2 고유동 콘크리트의 품질 특성

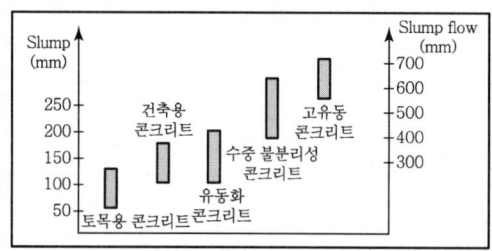
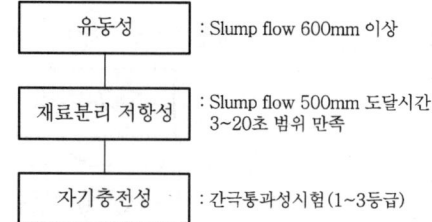

3 고유동 콘크리트의 자기충전성 등급

등급	성능
1등급	• 최소철근 순간격 35~60mm 복잡단면형상 • 단면치수 적은 부재에서 자기충전성 확보
2등급	최소철근 순간격 60~200mm 정도의 구조물/부재에서 자기충전성 확보
3등급	최소철근 순간격 200mm 이상의 단면치수 큰 부재 또는 부위 무근콘크리트구조물에서 자기충전성 확보

일반적으로 철근콘크리트 구조물 또는 부재는 자기충전성 등급 2등급을 표준으로 함

4 고유동 콘크리트 품질관리 유의사항
① 시험관리 : Slump flow 시험(유동성, 재료분리 저항성), 간극통과성 시험(자기충전성)
② 현장 타설관리 방안 검토

압송관 길이	최대 자유낙하 높이	최대 수평유동거리
수평거리 300m 이하	5m 이하	8~15m 이하

③ 초기강도 발현 조치 : 경화 시 온도/습도 유지, 외력 방지
④ 표면마무리 시 표면건조 방지 : 습윤양생, 방풍시설 적용 검토
⑤ 고유동 콘크리트의 자기충전성 현장 품질관리

자기충전성 등급	시험방법	시기/횟수	판정기준
1등급	간극통과성 시험	1회/50m³	충전높이 300mm 이상
2~3등급	간극통과성 시험	1회/50m³	충전높이 300mm 이상
	간극통과성 시험 + 품질관리자 관찰	전량 대상	전량 시험장치를 통과 + 육안관찰로 재료분리 확인

문제 36.) 고유동 콘크리트의 자기충전. (Self-Compacting)

I. 정의
① 고유동 콘크리트는 재료분리 없이 높은 유동성을 가지면서 다짐 없이 자기 충전이 가능한 콘크리트
② 자기 충전성 등급 형상·치수·배근 상태 고려하여 설정.

II. 고유동 콘크리트 품질 특성.

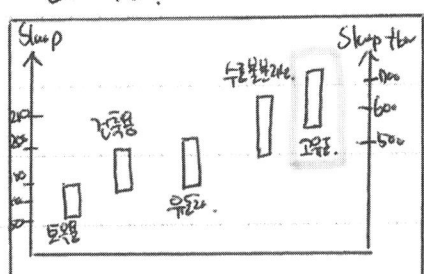

유동성: Slump flow 600mm 이상.
재료분리 저항성
점성: 500mm 도달 3~20초
자기충전성: 간극통과성시험.

III. 고유동 콘크리트의 자기 충전성 등급.
① 1등급: 최소철근 순간격 35~60, 복잡 단면.
② 2등급: 최소철근 순간격 60~200mm, 철근 콘크리트부재
③ 3등급: 최소철근 순간격 200mm 이상, 큰 부재.

※ 일반적인 철근 콘크리트 부재는 2등급 표준.

IV. 고유동 콘크리트 특징 적용

| 충전이 곤란한 구조체 | 다짐의 소음을 피할경우 | 정밀도 높은 구조체 |

V. 고유동 콘크리트 현장관리 방안
① Slump Flow Test, 자기충전성 (간극 통과성) 시험 관리.
② 표면 마무리시 표면건조 방지 : 습윤 양생.
③

압송관 길이	자유낙하 높이	수평유동거리
300m 이하	5m 이하	8~15m 이하

끝.

문제 147 팽창 콘크리트(Expansive Concrete)

〔95중(10), 04전(10), 08중(10), 23전(10)〕

1 정의
① 물과 반응하여 경화과정에서 팽창하는 성질을 가진 cement 또는 혼화재료 등을 사용하여 만든 Con´c를 말한다.
② 보통 Con´c에 비하여 균열의 발생이 거의 없고, delay joint의 설치 없이도 장 span의 구조물 시공을 할 수 있다.

2 양생에 따른 팽창 콘크리트의 변화

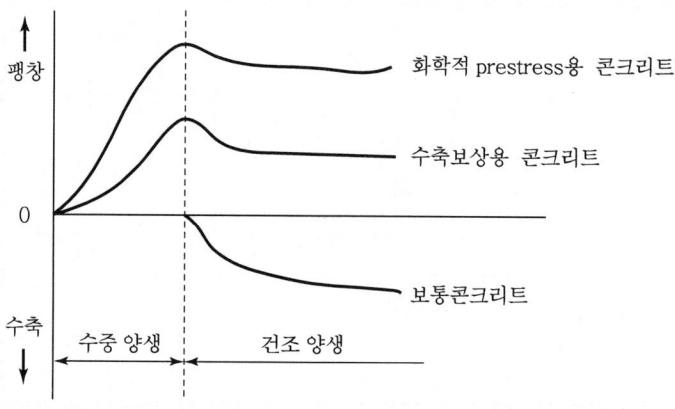

3 팽창재의 종류 및 성질

종류	성질
• 수축보상용 콘크리트 • 화학적 프리스트레스용 콘크리트	• Mortar, 콘크리트의 팽창시킴 • 콘크리트의 초기 건조수축 감소

4 특징 및 유의사항

특징	유의사항
• 일반 Con´c의 결점인 수축성을 개선하고 균열발생을 억제함 • 수축률은 일반 Con´c에 비해 20~30% 정도 낮음 • 28일간 습도 약 50%로 기건양생했을 때 0.05% 팽창했으며, 수중양생한 경우는 0.15% 정도 팽창했음 (공시체 시험) • 응결·bleeding·workability는 보통 Con´c와 비슷함 • 팽창 Con´c는 Con´c가 수밀화되므로 강도가 증대됨 • Con´c가 팽창하여 압축응력을 발생시키므로 prestress가 도입되는 효과 발생	• 양생에 의한 품질변화가 많으므로 유의해야 함 • 비빔은 시험에 의해 균일하게 하고 비빔시간이 길어지면 팽창률이 저하하므로 유의해야 함 • 팽창은 상온에서 적어도 1주일 정도에 최대치가 될 수 있도록 하여야 함(1주일 초과 시 효과 감소) • Cement의 응결, 경화와 팽창속도가 잘 맞아야 함 • 공기량은 4%, 단위시멘트량은 260kg/m³ 이상 • 타설 초기에는 살수양생을 하며 7일간 습윤상태 유지

문제 86. 팽창 콘크리트 (Expansive Concrete)

1 정의

① 물과 반응 경화과정에서 팽창 성질, Cement 또는 재료 사용.

② 보통 Conc 비해 균열발생 적음, delay joint 없이 장span 구조물 시공 가능.

2 성상에 따른 팽창 콘크리트의 변화.

(그래프: 팽창 / 수축 vs 7일, 수축방향 / 팽창방향
- 비교적 Prestress용 Conc
- 수축보상용 Conc
- 보통 Conc)

3 특징.

① 수축성 개선, 균열발생 억제. (수축률 20~30% 발휘.)

② Conc가 치밀 강도 증대.

③ Conc 팽창에 의해 압축응력 발생, Prestress 도입 효과.

4 팽창 Conc 배합 및 제조.

① (시험) 배합을 통해 단위 팽창재량 선정.

② 최소 단위 시멘트량.
   - 보통 Conc : 260 kg/m³ 이상.
   - 팽창 Conc : 300 kg/m³ 이상.

③ 공기량 - 보통 Conc : 3~6%, 팽창 Conc : 5%

문제 148 Polymer 콘크리트(Plastic Concrete, Resin Concrete)

〔98중전(20), 11후(10)〕

1 정의
Cement와 같은 무기질 cement를 전혀 사용하지 않고, polymer만으로 골재를 결합시켜 제조한 Con'c를 말한다.

2 콘크리트 – 폴리머 복합체(concrete-polymer composite)의 종류
① Polymer concrete
② Polymer cement concrete
③ Polymer impregnated concrete

3 특징
① 부재단면의 축소 및 경량화 가능
② 골재와의 접착성이 좋고, 한냉지·동절기 공사에 유리(시공시간이 빠름)
③ 기밀·수밀하여 방수성 및 내동결융해성이 좋음
④ 우수한 내약품성이 있고, 타설 후 1~3시간 이내에 거푸집 해체 가능
⑤ 내열성이 약하고(50℃ 이상에서부터 변형) 경화 시 수축이 큼
⑥ 탄성계수는 작기 때문에 변형도가 증대됨

4 제조 및 품질
① 골재와 충전재(充塡材)를 강제믹서 속에서 충분히 섞음
② 소정량의 polymer 결합제에 경화제·경화촉진제 등을 첨가해서 1~3분간 혼합한 후 믹서 속에 넣고, 계속적으로 3~5분간 작동시킴
③ 비빔한 polymer concrete는 짧은 시간 내에 사용해야 함
④ 골재는 고강도 골재를 사용하고, 함수율은 0.5% 이하로 함
⑤ 충전재는 입경이 1~30μm 정도의 중질 탄산칼슘, silica, fly ash 등을 사용하고, 함수율은 0.5% 이하로 할 것
⑥ 경화제와 경화촉진제를 사용함으로써 경화시간을 제어함

5 유의사항
① 현장 시공 시 바닥 표면의 함수율이 8~10% 이하가 되도록 건조시킬 것
② 한냉지나 동절기 공사에서는 시공면의 온도를 50℃ 내외로 유지할 것
③ 빠른 시간 내에 시공하여야 하며, 거푸집에는 박리제(silicone 등) 도포
④ Con'c 1회 타설깊이는 보통 50~100mm(최대 300mm) 이하가 바람직함

문제) 폴리머 콘크리트 (Polymer Concrete)

I. 정 의

일반 콘크리트의 폴리머 성분을 혼합하여 내구성, 강도를 향상시킨 콘크리트

II. 폴리머 콘크리트의 Mechanism

```
(Cement)
   │
   ▼        ① 내구성 증대
(Polymer)   ② 강도 증대
            ③ 중량 감소
            ④ 시공성 증대
            ⑤ 친환경적으로 탄소 배출량 저감
```

III. 폴리머 콘크리트 도입배경

① 저탄소 발생 친환경적인 Con'c 생산
② 기존 Con'c 보다 강도, 내구성 우수
③ 구조물의 장수명화 가능
④ 고층화 되는 건물의 고강도, 저중량화

IV. 친환경 Con'c의 시방 F/C

```
[Polymer Con'c]  · Polymer, SMART Con'c 조합
      │
      ▼
[SMART Con'c]    · 탄소 배출량 저감
      │
      ▼
[Sensor]         · 자기치유 Concrete 개발
      │
      ▼
[압전소자 계측]   · Capsule, 박테리아로 재생
      │
      ▼
[친환경 Con'c]    · 장수명화, 탄소 배출저감
```

장수명화, 저탄소배출, 친기 비용 소가.

문제 149 환경친화형 콘크리트 저탄소 콘크리트(Low Carbon Concrete)

〔22중(10)〕

1 정의
① 기존 콘크리트의 시멘트량 50%를 고로슬래그로 대체한 콘크리트로서 탄소배출을 50% 이상 절감한 콘크리트를 말한다.
② 기존 콘크리트가 시멘트 100%라면, 저탄소 콘크리트는 시멘트 50% + 고로슬래그 50%로 탄소량이 현저히 저감된다. 또한 기존 시멘트의 70% 가격이며, 제설제 염해 저항성이 4배 이상 향상된다.

2 저탄소 콘크리트의 개념도

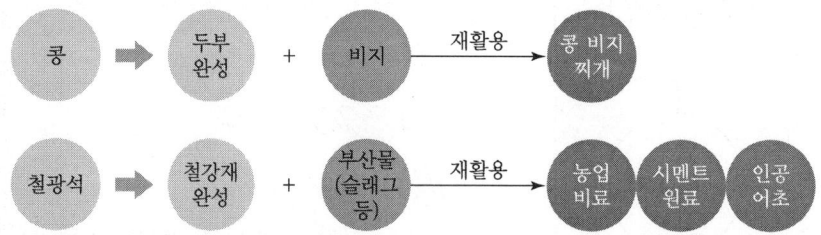

3 저탄소 콘크리트의 특성
① 기존 콘크리트에 포함되는 시멘트의 50%를 고로슬래그로 대체함
② 시멘트 사용량을 줄여 시멘트 제조 시 발생하는 이산화탄소(CO_2)를 최소화
③ 일반 콘크리트와 비슷한 강도와 내구성 우수, 제설 염해 저항성 증진
④ 수밀성이 좋아 일반 콘크리트 대비 수명이 약 4배 이상 증진
⑤ 고로슬래그 가격은 시멘트의 70% 수준으로 가격이 절감됨
⑥ 도로건설현장 적용 시 시멘트 대체 효과로 연간 약 42만 톤의 탄소 배출량 감소
⑦ 탄산화 저항성이 감소하는 특성을 고려하여 물-결합재비, 피복두께를 검토하고 적용
⑧ 부재 단면이 작을 경우 등 탄산화가 빠르게 진행될 수 있는 조건은 사용하지 않음
⑨ 혼화재는 KS에 적합한 플라이 애시와 콘크리트용 고로슬래그 미분말에 한정함
⑩ 단위수량은 원칙적으로 185kg/m³ 이하로 함

문제10) 저탄소 콘크리트 (Low Carbon Concrete)

1. 정의

건설산업에서 탄소발생이 큰 시멘트 사용을 줄이기 위하여 시멘트를 폴리머 등으로 대체하여 탄소발생을 줄인 콘크리트이다.

2. 저탄소 콘크리트 적용 목적

- 지구온난화 예방
- 저탄소 녹색성장 동참 / 정부 정책 동참
- 탄소배출권 절약
- 시멘트 수급 및 판매가 건설산업의 경쟁력

(중심: 저탄소 콘크리트 목적)

3. 탄소배출권 제도

1) 기업이 생산활동에서 1년간 배출 가능한 탄소량이 정해져 있고, 이를 초과하면 타 기업이 절감한 탄소배출권을 구매하여 탄소 배출량을 맞추어야 한다.

2) 개념도

[기업 A] 탄소배출초과 ← 탄소배출권 구매 ← [기업 B] 탄소배출절감

4. ~~저탄소 콘크리트~~ 건설산업의 저탄소 공법

1) 저탄소 콘크리트 적용
2) 동절기 보양시 열원을 갈탄에서 등유로 변경
3) 시멘트 사용 저감 및 대체재 개발
4) 전력사용 최적화 및 절전실시

<끝>

문제 150 균열 자기치유(自己治癒) 콘크리트

〔11후(10), 21중(10), 21후(10)〕

1 정의
① 콘크리트에 발생한 균열을 콘크리트가 스스로 감지하여 보수 및 복구를 하는 기능을 가진 콘크리트를 말한다.
② 자기 치유 방법에는 캡슐 혼입, 튜브 혼입, 형상기억합금, 박테리아를 이용하는 방법 등이 있다.

2 개념도

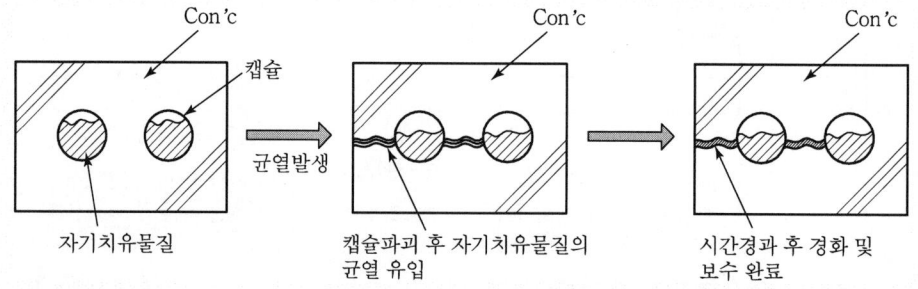

3 자기치유 재료의 종류
① 캡슐 혼입 : 콘크리트 타설 시 보수재가 들어있는 미세 캡슐을 혼합하는 방법
② 튜브 혼입 : 일정 크기의 보수재가 포함된 튜브를 콘크리트 타설 시 혼입하여 큰 균열에 대응토록 하는 방법
③ 형상기억합금 이용 : 온도에 민감한 부재에 적용하여 원래 형태로 복원시키는 방법
④ 박테리아 이용 : 결합재로 박테리아가 포함된 모래를 이용하여, 박테리아의 탄산칼륨 석출효과로 균열을 보수하는 방법

4 필요성
① 구조물 파괴에 대한 안전성 확보
② 육안조사 불가부위에 대한 안전성 확보
③ 원자로 등 인간의 접근이 불가능한 구조체의 자기복구
④ 장수명으로 LCC의 감소
⑤ 환경 부하 저감기능

문제) 균열 자기치유 콘크리트 (Smart Concrete)

I. 정의

① 센서 등을 통해 콘크리트에 발생된 균열을 스스로 감지하여 보수 및 복구하는 기능을 가진 콘크리트
② 캡슐, 튜브, 형상기억합금, 박테리아 등이 있다.

II. 개념도

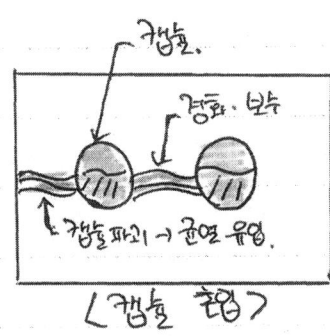
〈캡슐 혼입〉

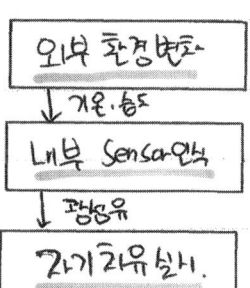

III. 스마트 필요성

① 구조물 파괴에 대한 안정성 확보
② 유지보수 등 접근 불가 부위의 구조체 보수
③ 장수명 구조물 → LCC의 감소의 필요성

IV. 특징

① 유지관리 효율성 증대   ③ 콘크리트 균열 대책
② 초기 비용의 증대   ④ 구조물 내구성 증대

V. 자기치유 콘크리트 종류

캡슐 혼입	: 보수제가 들어있는 캡슐을 혼입
튜브 혼입	: 보수제 튜브 혼입 → 큰 균열에 대응
형상기억합금	: 온도에 민감한 보수제 작용 → 원래형상 복구
박테리아	: 박테리아를 통한 균열 보수

끝.

문제 151 DEF(Delayed Ettringite Formation)

1 정의
DEF란 고강도 대단면 콘크리트 구조물에서 발생 가능성이 높은 현상으로 5~20년이 지난 콘크리트 구조물에서 에트린자이트가 새롭게 침상 결정을 형성하여 그 팽창압력으로 균열이 발생하여 구조물에 심각한 손상을 미치는 현상

2 DEF Mechanism

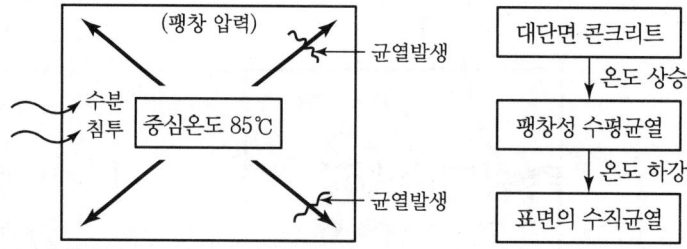

3 DEF 발생 원인
① 콘크리트 양생 시 최고온도 85℃ 이상인 경우
② 외부로부터 지속적으로 수분이 공급되는 경우
③ 시멘트의 SO_3 함유율이 3.6% 이상인 경우

4 DEF 발생 방지대책
① 혼화재료 사용(고로slag, fly ash) → 에트린자이트 생성팽창 억제
② 분할타설
③ Precooling 실시
④ 저발열 콘크리트 타설
⑤ 버블시트 단열양생

5 고강도 대단면 콘크리트 배합설계 시 사전검토 및 고려사항

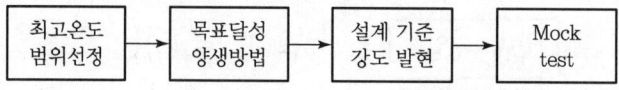

문2. 콘크리트 구조물의 DEF (Delayed Ettringite Formation) 현상

I. 정의

① DEF 현상은 콘크리트 구조물이 시공 후, 팽창 → 균열이 진행되는 현상이다.
② DEF 현상으로 구조물 내구성이 감소되므로, 주조치가 필요.

II. Con'c 구조물 DEF 발생 Mechanism

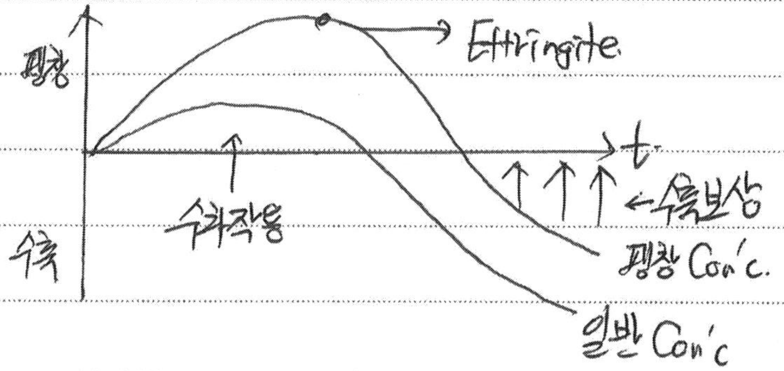

: 팽창 Con'c 사용시 수축시 선팽창으로 DEF효과 경감가능

III. DEF 발생 원인 및 대책

원인	대책
기온에 의한 팽창가속화	습윤·보온 양생 실시
수화열에 따른 응력증대	팽창제 등의 혼화제 사용
연속타설시 수화열증대	pre cooling 등 시행

IV. 콘크리트 구조물의 장기강도 증대 방안

① 적정 혼화제 혼입 (AE제, 감수제)
② W/B 최소화, Gmax 최대화, Cement 고강도화
③ 구조물의 유지관리 계측 실시
   → Smart Con'c 적용으로 주기적 유지관리화

"끝"

문제 152 UHPC(Ultra High Performance Concrete)

1 정의
UHPC란 초고성능 콘크리트로써 압축강도 80MPa 이상으로 강도와 내구성은 물론 자유자재로 성형과 조색이 가능한 친환경 콘크리트

2 UHPC 부재제작 Flow Chart

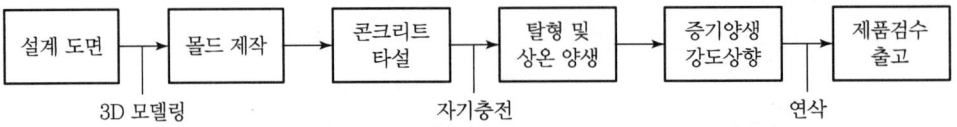

3 특성
① 일반콘크리트 대비 압축강도 5배, 수명 4배(200년)
② 일반콘크리트 대비 공극률 10분의 1 수준
③ 배합 시 강섬유 포함 시 구조체 역할 가능(철근 제외)
④ 철근·골재 사용 줄어 탄소배출 저감

4 용도
① 건축 내·외장재나 조형물
② 야외용 벤치나 테이블

5 현장 적용 방안
① 가격 경쟁력 해결
② 건축 구조 등에 접목
③ 지속적 홍보 및 연구개발

문제 15) UHPC : 초고성능 콘크리트 (Ultra High performance Concrete)

I. 정의

① 고성능 콘크리트 보다 더 조밀한 구조를 가지며 성능을 향상시킨 콘크리트.

② 압축강도 80MPa 이상, 미세균열과 변형을 줄여주어 염해, 탄산화 방지가 우수하다.

II. UHPC의 개발 현황. (콘크리트 발전)

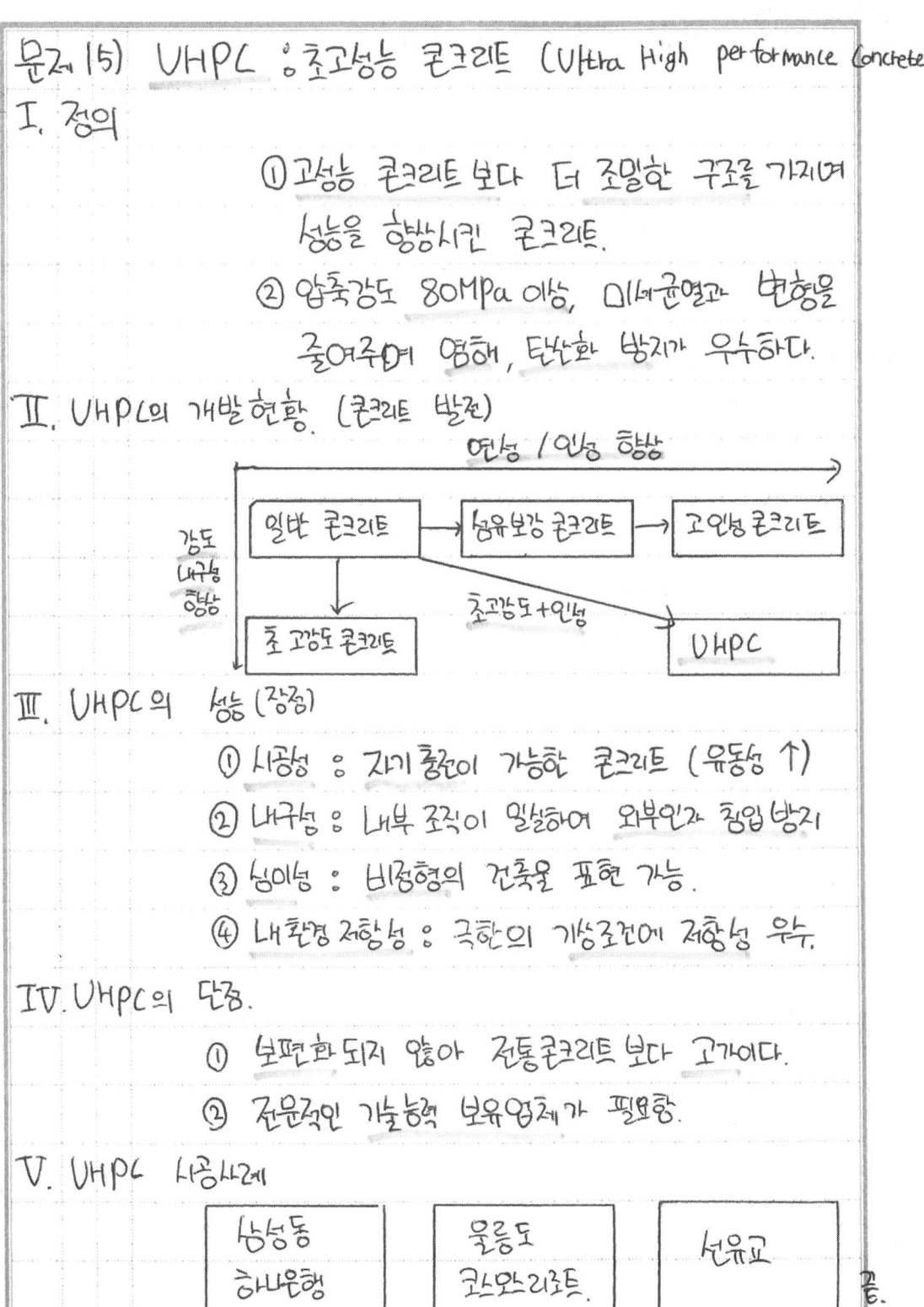

III. UHPC의 성능 (장점)

① 시공성 : 자기 충전이 가능한 콘크리트 (유동성 ↑)
② 내구성 : 내부 조직이 밀실하여 외부인자 침입 방지
③ 심미성 : 비정형의 건축물 표현 가능.
④ 내환경 저항성 : 극한의 기상조건에 저항성 우수.

IV. UHPC의 단점.

① 보편화 되지 않아 전통콘크리트 보다 고가이다.
② 전문적인 기술능력 보유업체가 필요함.

V. UHPC 시공사례

| 성수동 하나은행 | 울릉도 코스모리조트 | 선유교 |

"끝"

문제 153 평형철근비(균형철근비)

[06후(10), 18후(10), 20중(10)]

1 정의

① 평형철근비(P_{tb})는 콘크리트의 압축응력과 철근의 인장응력이 동시에 허용응력에 도달할 때의 철근비를 말하고, 이때의 인장철근 단면적을 평형철근 단면적이라 한다.
② 콘크리트에 대한 철근비는 콘크리트의 취성파괴보다 철근의 연성파괴가 먼저 일어나도록, 평형철근비(균형철근비) 이하가 되도록 설계하는 것이 안전하다.

2 인장철근비(P_t)와의 관계

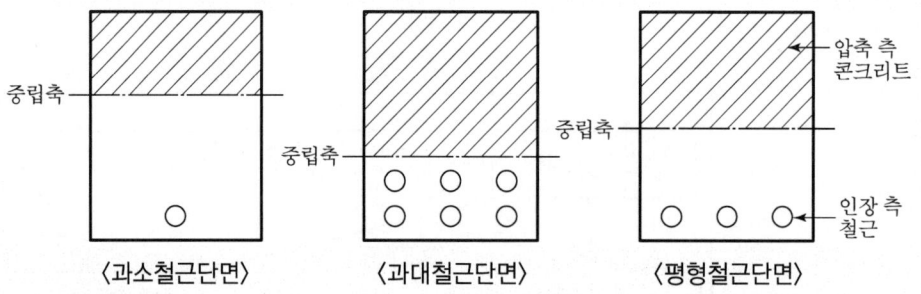

〈과소철근단면〉 〈과대철근단면〉 〈평형철근단면〉

1) 평형철근비 이하($P_t < P_{tb}$)
① 인장 측 철근이 먼저 허용응력에 도달
② 과소철근비이므로 중립축이 압축 측으로 상향
③ 인장철근의 연성파괴 발생

2) 평형철근비 이상($P_t > P_{tb}$)
① 압축 측 콘크리트가 먼저 허용응력에 도달
② 과다철근비이므로 중립축이 인장 측으로 하향
③ 콘크리트의 취성파괴가 일어나므로 위험

3) 평형철근비($P_t = P_{tb}$)
① 인장 측 철근과 압축 측 콘크리트가 동시에 허용응력에 도달
② 철근의 허용저항모멘트나 콘크리트의 허용저항모멘트 중 어느 것이나 적용 가능
③ 각 재료를 최대한 활용하므로 가장 경제적임

문제) 평형철근비

I. 정의

콘크리트의 압축응력과 철근의 인장응력이 동시에 허용응력에 도달할 때의 철근비

II. 철근 콘크리트 구조의 응력 - 변형도 분포 및 산식

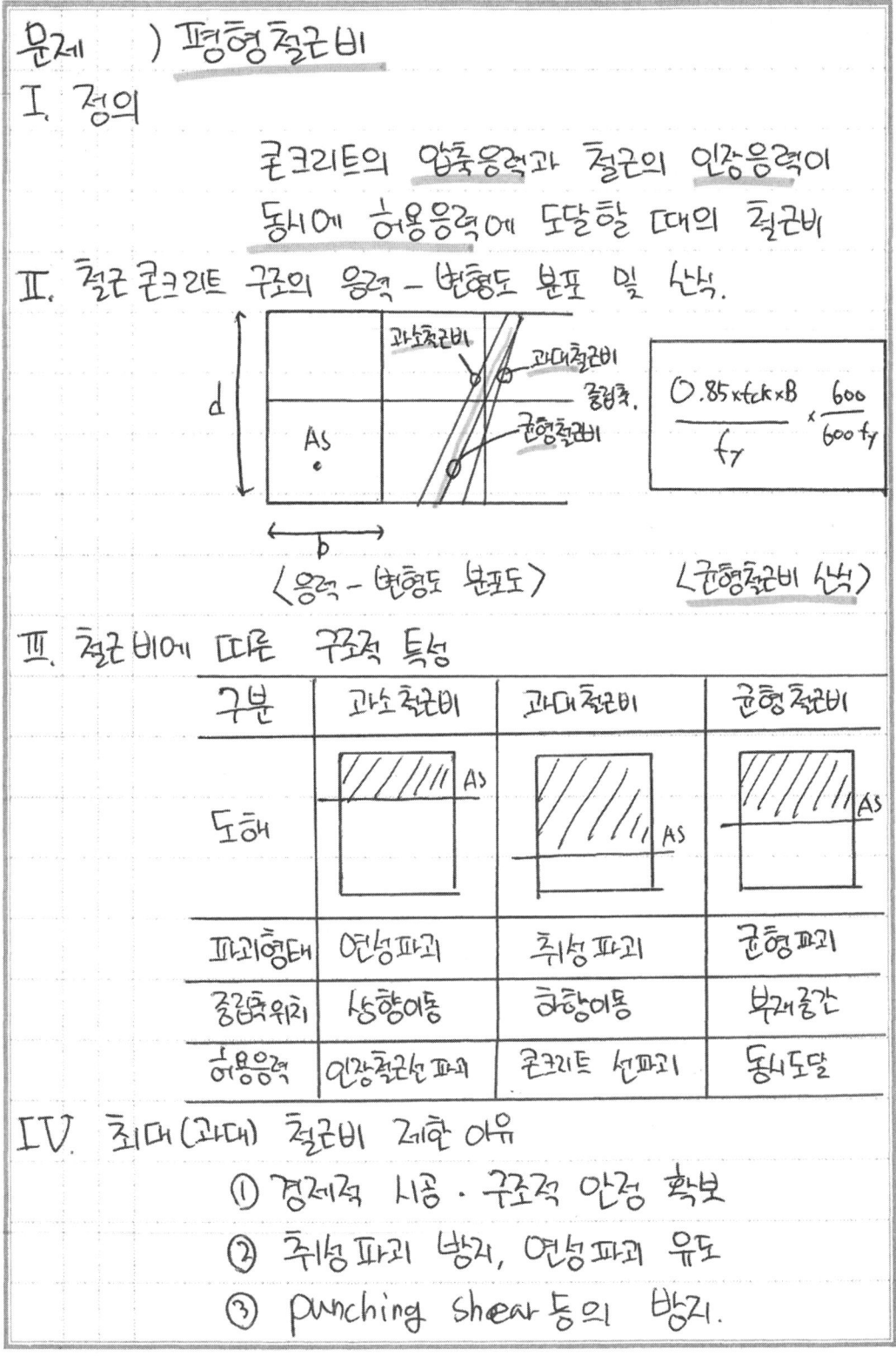

〈응력 - 변형도 분포도〉   〈평형철근비 산식〉

$$\dfrac{0.85 \times f_{ck} \times B}{f_y} \times \dfrac{600}{600 + f_y}$$

III. 철근비에 따른 구조적 특성

구분	과소철근비	과대철근비	균형철근비
도해	(As 상부)	(As 대부분)	(As 중간)
파괴형태	연성파괴	취성파괴	균형파괴
중립축위치	상향이동	하향이동	부재중간
허용응력	인장철근선파괴	콘크리트 선파괴	동시도달

IV. 최대(과대) 철근비 제한 이유

① 경제적 시공·구조적 안정 확보
② 취성파괴 방지, 연성파괴 유도
③ Punching shear 등의 방지

문제 154 배력철근과 온도철근

〔16중(10)〕

1 정의

① 온도철근은 1방향 슬래브에서 하중을 지지하는 것과는 관계없이, 온도변화에 따른 콘크리트의 건조수축 균열을 최소화하기 위한 철근으로, 1방향 슬래브의 장변방향에 배근된다.
② 배력철근이란 2방향 slab에서 장변방향으로 주근에 직각되게 배치되는 부근철근을 말한다.

2 배력철근과 온도철근의 배근형태

1) 1방향 slab
   ① 변장비 $\lambda = \dfrac{L_y}{L_x} > 2$
   ② 단변방향 : 주근
   ③ 장변방향 : 온도철근

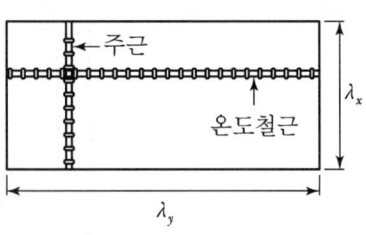

2) 2방향 slab
   ① 변장비 $\lambda = \dfrac{L_y}{L_x} \leq 2$
   ② 단변방향 : 주근
   ③ 장변방향 : 배력철근

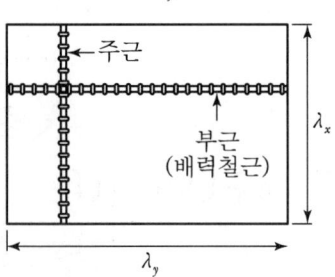

3 배력철근과 온도철근의 비교

배력철근	온도철근
• 2방향 slab에 적용 • 부재의 응력을 장변방향으로 분산	• 1방향 slab에 적용 • 건조수축 균열제어 • 온도변화에 의한 균열제어

4 슬라브 철근의 종류

철근	용도
주근(主筋)	1방향 슬래브나 2방향 슬래브에서 단변방향에 배근되어 하중을 크게 받는 철근
배력철근	2방향 슬래브에서 장변방향에 배근되어 응력을 분산시키는 보조철근으로 배력근
온도철근	1방향 슬래브에서 장변방향에 배근되어 콘크리트의 건조수축 균열을 방지하는 철근
Slip bar	콘크리트 슬래브의 팽창줄눈에서 두 슬래브의 수평유지를 목적으로 삽입한 철근

문제 17> 배력철근과 온도철근

I. 배력철근과 온도철근의 정의

1) 배력철근이란 2방향 SLAB에서 장변방향 배치 부근으로 사용되어 하중을 분산하고 균열제어 목적
2) 온도철근이란 Con'c의 수축·팽창에 따른 온도균열을 예방하는 목적, 건조수축 균열 최소화

II. 배력철근과 온도철근의 개념도

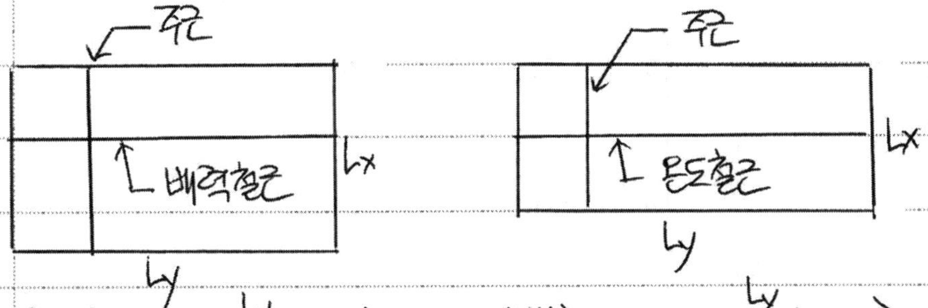

⟨2방향 SLAB : $\frac{Ly}{Lx} \leq 2$⟩   ⟨1방향 SLAB : $\frac{Ly}{Lx} > 2$⟩

III. 배력철근과 온도철근 특징 비교

구분	배력철근	온도철근
적용 Slab	2방향 SLAB	1방향 SLAB
변장비	$Ly/Lx \leq 2$	$Ly/Lx > 2$
역할	부재응력 장변방향 분산	건조수축 균열제어
설치위치	장변 방향	장변 방향

IV. 온도철근의 설치시 유의사항

1) 부재의 피복두께가 과한 경우 온도철근 배근
2) 온도철근 설치간격은 부재두께 5배 및 450mm 中 작은값 이하
3) 슬라브 단차 발생부 등 덧방 con'c 부위에 보강

문제 155 트랜스퍼 거더(Transfer Girder)

1 정의
① 트랜스퍼 거더(transfer girder)는 구조형식이 달라지는 구조에서 상부 층의 축력과 하중을 하부 층으로 전달하기 위하여 설치하는 girder이다.
② 트랜스퍼 거더는 전이 시스템의 일종으로 전이 시스템이란 주로 하나의 건물에 2개 이상의 구조 시스템을 가지는 복합구조 형식에서 각 시스템의 경계부에 형성되는 형식이다.

2 개념도

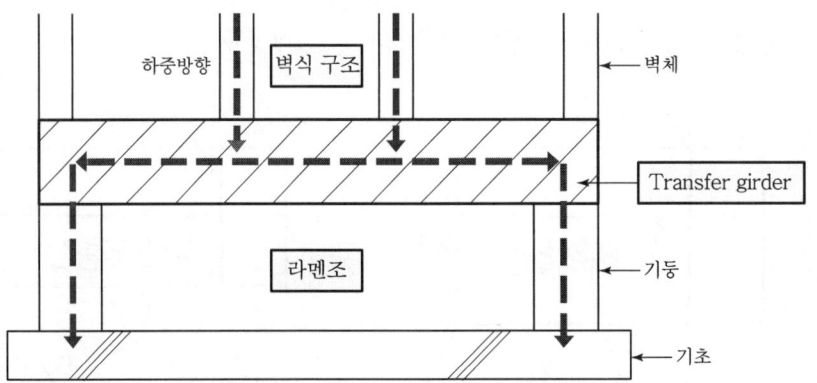

3 전이 시스템의 종류
① Transfer girder
② Transfer plate
③ Transfer truss

4 시공 시 유의사항
① 매스콘크리트에 준해서 시공
② 전단내력 손실 보전방안 강구
③ 응결지연제 표면 도포
④ 전단철근 추가 배근 고려
⑤ 동바리 설치 시 별도의 구조계산 필요

문제 2. 트랜스퍼 거더 (전이보)

I. 정의

- 구조 형식이 변화하는 부분에서 상층부의 축력과 하중을 하부층으로 전달하기 위해 설치하는 보로, 보통 depth가 800mm 이상이며 자중이 크기 때문에 동바리 설치에 유의해야 한다.

II. 트랜스퍼 거더의 개념도

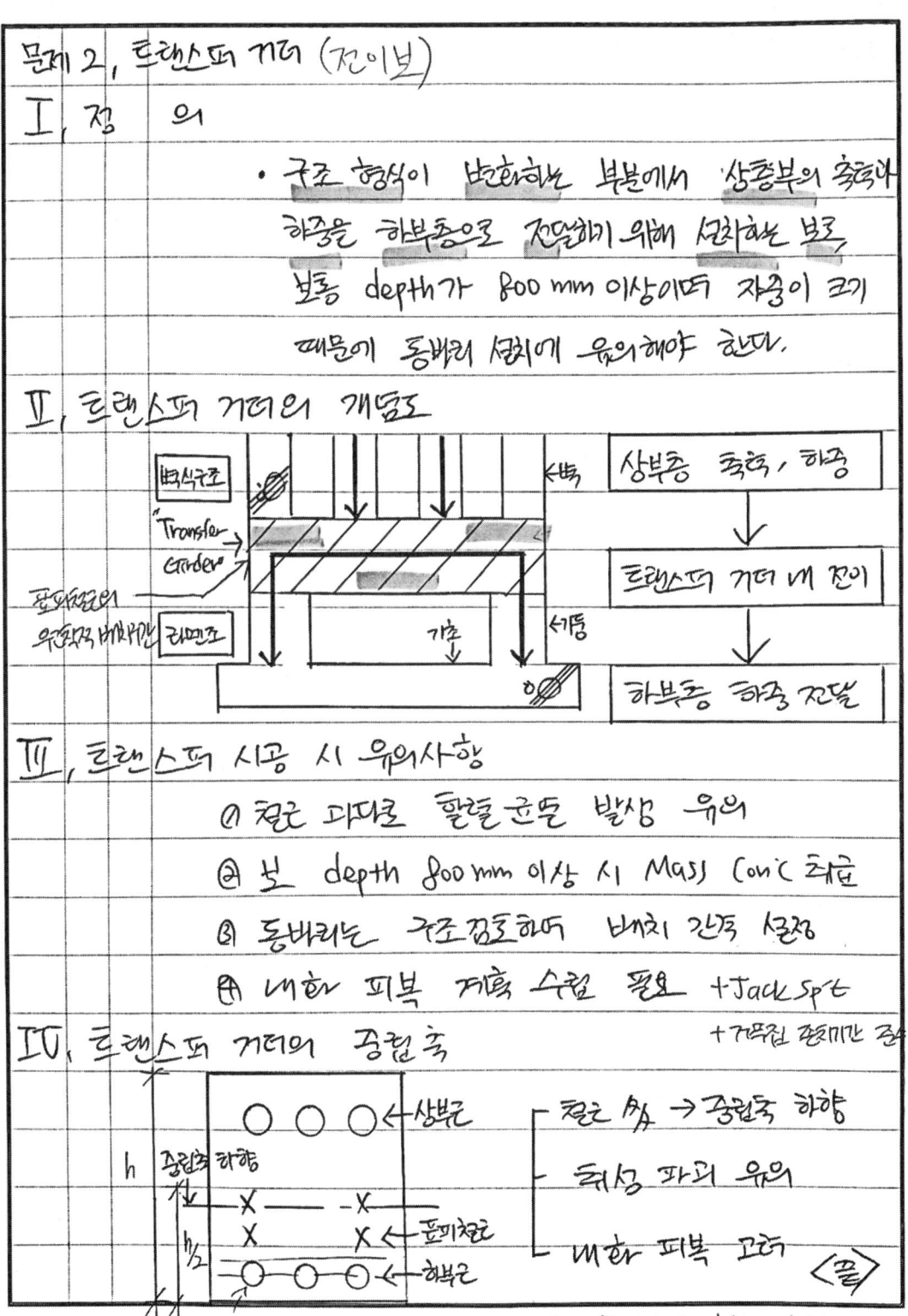

III. 트랜스퍼 시공 시 유의사항

ⓐ 철근 과다로 헐들 균등 발생 유의
ⓑ 보 depth 800mm 이상 시 Mass Conc 처리
ⓒ 동바리는 구조검토하여 배치 간격 선정
ⓓ 내화 피복 기준 수립 필요 +Jack spt
　　　　　　　　　　　　　　　+거푸집 중간간 중

IV. 트랜스퍼 거더의 중립축

- 철근 ↑ → 중립축 하향
- 취성 파괴 유의
- 내화 피복 고려

〈끝〉

※ 포피처로 : 보단포 900 호이사 침하문도 대비 배근

문제 156 무량판 Slab(Flat Slab)

〔93전(8), 08후(10)〕

1 정의
① 평바닥 구조라고도 하며, 건축물의 외부 보를 제외하고는 내부는 보가 없이 바닥판으로 되어 있어, 그 하중을 직접 기둥에 전달하는 구조이다.
② 기둥 상부는 주두모양으로 확대하고, 그 위에 전단보강을 위한 받침판(drop panel)을 두어 바닥판을 지지하는 구조로 보가 없으므로 층고를 낮출 수 있고, 공간 이용률이 높아진다.

2 분류

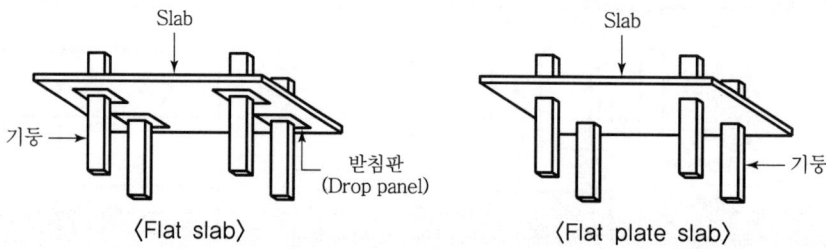

〈Flat slab〉　　　　〈Flat plate slab〉

3 시공

1) 철근의 배근방식

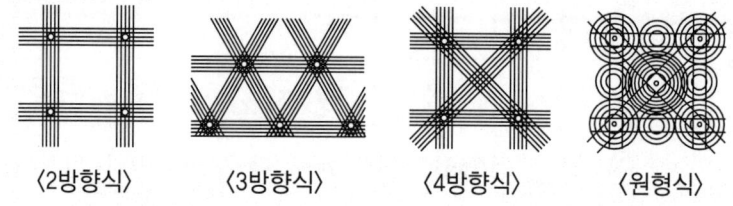

〈2방향식〉　〈3방향식〉　〈4방향식〉　〈원형식〉

2) 구조
① Slab 두께 : 150mm 이상
② 기둥폭 : h/15, l/20, 300mm 중 큰 값
③ Drop panel 폭 : l/4
④ Capital : punching shear 방지

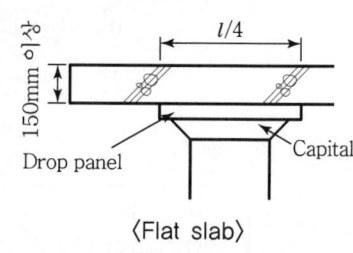

〈Flat slab〉

4 시공 시 유의사항
① 바닥판은 주열대(column strip)와 주간대(middle strip)로 나누어 응력계산 및 배근하고, 주열대와 주간대의 너비는 기둥중심 간 사이의 1/2로 함
② 주열대는 기둥과 기둥을 잇는 넓은 너비의 보를 말함
③ 주열대의 철근량은 주간대보다 하부근은 60%, 상부근은 75% 가량 많게 함
④ 철근배근방식은 2방향식(우리나라)이 사용되며, 배근은 직선근과 굽힌근이 사용됨

1. 공법
   (다신용법)

   I. 정의
   II. 시공도 — 구조
   III. 특징
   IV. 비교

문제 24. Flat Slab [무량판 Slab]

답

I. 정 의

① 건축물 내부에 보가 없어 바닥판으로 되어 있어, 그 하중을 직접 기둥에 전달하는 구조.

② 기둥 상부는 주두모양으로 확대, 전단보강을 위한 Drop panel을 설치하여 층고를 낮추는 효과가 있다.

II. Flat Slab의 구조.

- $l/4$
- Slab 두께: 150mm 이상
- Drop Panel 폭: $l/4$
- 기둥폭 $h/15$, $l/20$, 300mm 중 큰 값
- Capital: punching shear 방지
- Flat plate slab에는 Drop panel이 X

III. Flat slab 구조의 특징.

- Drop panel이 Punching shear crack을 방지해 줌
- 실내 공간 효율성 증대
- 층고가 낮아져 경제성 향상 (Con'c 물량↓)

IV. Flat slab와 Flat plate slab와 비교.

구 분	Flat Slab	Flat plate slab
구 조	Drop panel + Capital	Capital
Punching shear	유 리	불 리
공기단축	불 리	유 리

<끝>

문제 157 지진 제어장치(내진, 제진, 면진)

〔16후(10), 19중(10), 24전(10)〕

1 정의
지진을 제어하기 위해서는 건축물의 규모와 용도에 따라 내진구조, 면진구조 및 제진구조로 구분할 수 있다.

2 내진구조
① 개념 : 건축물 내에 강성이 우수한 부재(내진벽 등)를 설치하여 지진에 견딜 수 있게 하는 구조
② 내진설계 요소

요소	내용
라멘	수평력에 대한 저항을 기둥과 보의 접합 강성으로 저항
내력벽	라멘과의 연성효과로 건축물의 휨방향 변형을 제어함
구조체 tube system	• 내력벽의 휨 변형을 감소시키기 위해 외벽을 구체구조로 함 • 라멘구조에 비해 휨변위 1/5 이하로 감소
DIB (Dynamic Intelligent Building)	건축물이 지진에 흔들려도 컴퓨터를 이용하여 흔들리는 반대방향으로 건축물을 움직여서 지진에 대한 진동을 소멸시키는 장치가 설치된 구조

3 제진구조
① 개념 : 건축물 내외부에 필요한 장치를 부착하여 다가오는 지진파에 반대파를 작동하여 지진파를 감소, 상쇄 및 변형시켜 지진파를 소멸시키는 구조
② 제진장치

구분	내용
수동형	진동 시 건축물에 입력되는 에너지를 내부에 설치된 질량의 운동에너지로 변화시켜 건축물이 받는 진동에너지를 감소시킨다.
능동형	센서에 의해 지진파 또는 건축물의 진동을 감지하여, 외부 에너지를 사용한 구동기를 이용하여 적극적으로 진동을 제어한다.
준능동형	보와 역V형의 가새 사이에 실린더로크 장치를 설치하여, 이것을 고정하거나 풀어주면서 건축물의 강성 및 고유주기를 변화시킴으로써 진동을 제어한다.

4 면진구조
① 개념 : 지반과 건축물 사이에 고무와 같은 절연체를 설치하여 지반의 진동에너지를 건축물에 크게 전파되지 않게 하는 구조
② 주요기능
　① 지진하중을 감소시키기 위해 주기를 길게 할 것
　② 응답변위와 하중을 줄이기 위해 에너지 소산 효과가 탁월할 것
　③ 사용하중하에서도 저항성이 있을 것

문제 12) 지진제어 장치 (내진·면진·제진)

I. 정의

① 지진 발생시 발생하는 힘을 제어하여 구조물의 붕괴를 방지하는 것을 지진제어 구조라 한다.

② 규모와 용도에 따라 내진구조·면진구조·제진구조 구분.

II. 내진·면진·제진의 구분

내진 구조	면진 구조	제진 구조
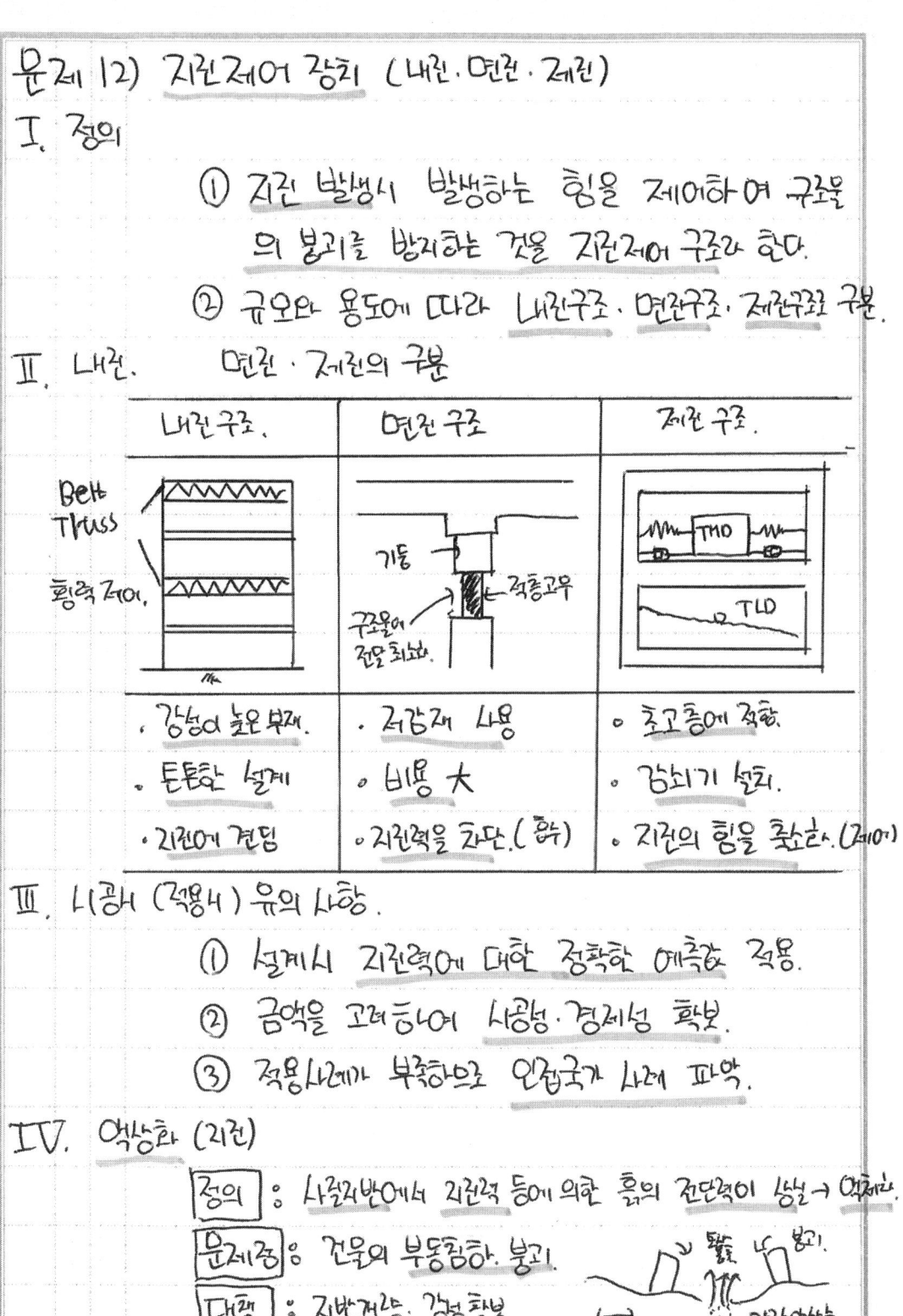Belt Truss / 횡력저항	기둥 / 적층고무 / 구조물 전도되지	TMD / TLD
· 강성이 높은 부재	· 저감재 사용	· 초고층에 적합
· 튼튼한 설계	· 비용 大	· 감쇠기 설치
· 지진에 견딤	· 지진력을 차단 (免)	· 지진의 힘을 줄소(제어)

III. 시공시 (적용시) 유의사항

① 설계시 지진력에 대한 정확한 예측값 적용.
② 금액을 고려하여 시공성·경제성 확보.
③ 적용사례가 부족하므로 인접국가 사례 파악.

IV. 액상화 (관련)

정의: 사질지반에서 지진력 등에 의한 흙의 전단력이 상실 → 액체화.
문제점: 건물의 부동침하, 붕괴.
대책: 지반개량, 강성확보.

문제 158 합성 Slab(Half PC Slab) 공법

〔96전(10), 98중후(20), 00전(10), 07전(10)〕

1 정의
① 합성 slab란 하부는 공장생산된 PC판을 사용하고, 상부는 현장타설 Con′c로 일체화하여 바닥 slab를 구축하는 복합화공법이다.
② PC와 현장타설 Con′c의 장점을 취한 공법으로, 기능인력의 해소와 안전시공을 확보할 수 있는 공법이다.

2 합성 Slab 시공도

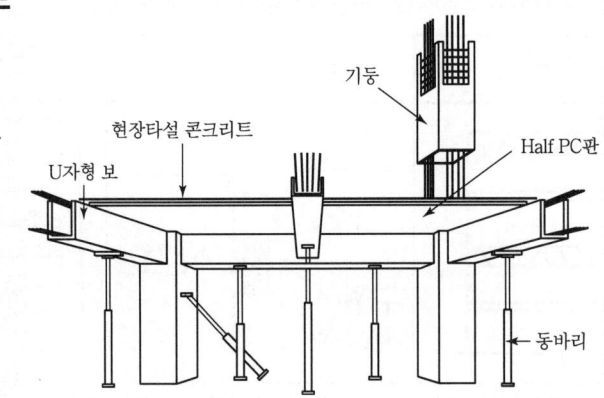

3 특징
① 보 없는 slab 가능
② 거푸집 불필요
③ 장span 가능
④ 공기단축
⑤ 인건비 절감
⑥ 타설 접합면 일체화 부족
⑦ 공인된 구조설계기준 미흡
⑧ 수직·수평(VH)분리 타설 시 작업공정의 증가

4 시공순서 Flow Chart

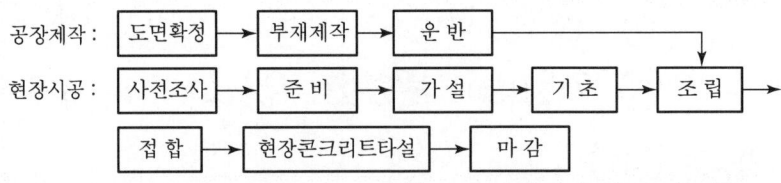

5 시공 시 유의사항
① 공법 채택 시 제작, 양생기간 등을 예상하여 현장과의 연계성 고려
② 탈형, 운반, 양중 시 진동, 충격으로 인한 균열발생 방지
③ 운반 및 stock시 balance에 유의
④ 상부 Con′c 타설 전 접합면 청소 철저

문제1) 합성 Slab 공법

I. 정의
① 하부는 공장생산 된 PC판을 현장조립 하고 상부는 현장타설 콘크리트로 일체화 하는 복합화공법.
② 공기단축, 노무 절감 등의 장점이 있다.

II. 합성 Slab 시공도

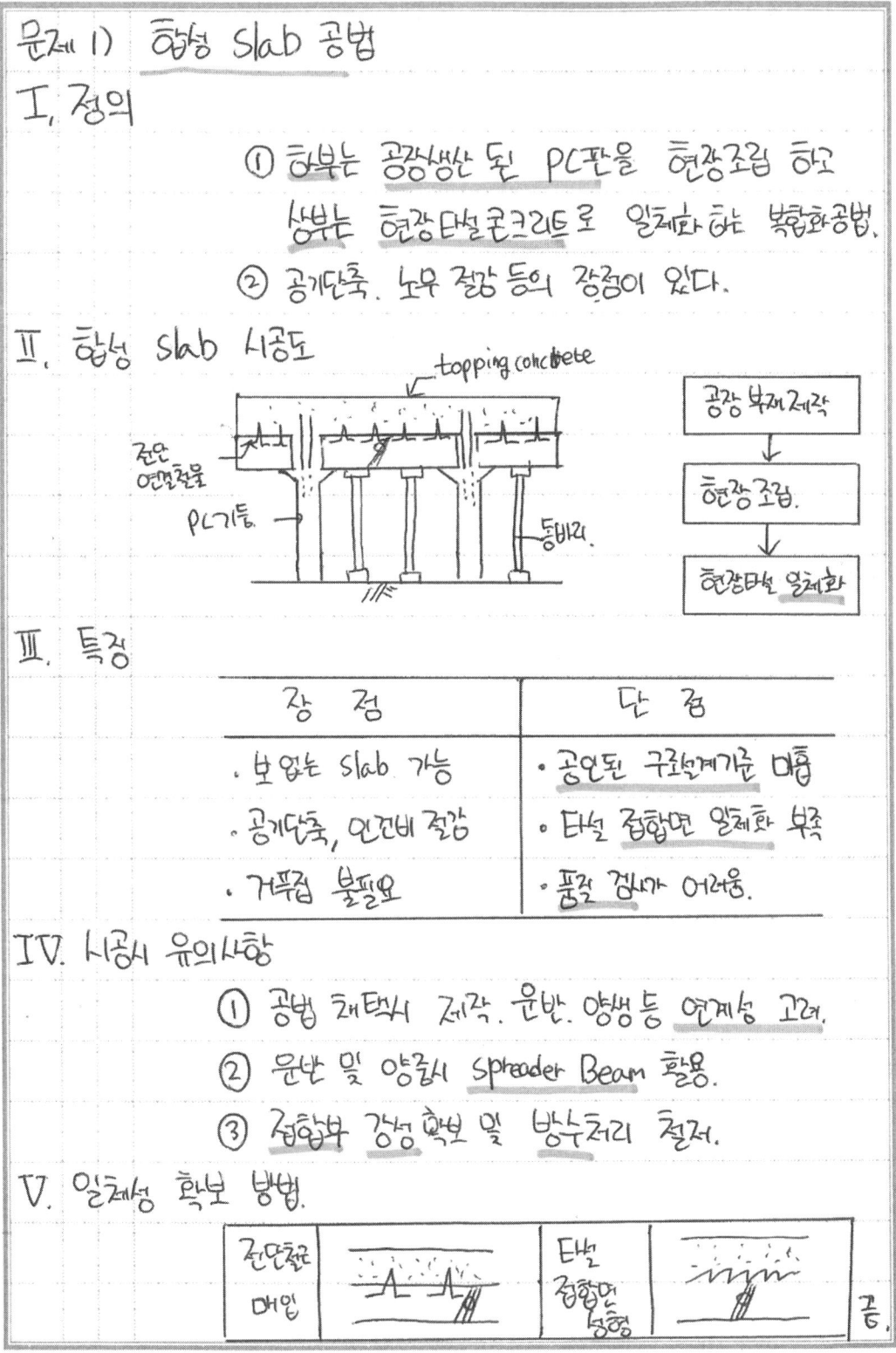

III. 특징

장 점	단 점
· 보 없는 Slab 가능	· 공인된 구조설계기준 미흡
· 공기단축, 인건비 절감	· 타설 접합면 일체화 부족
· 거푸집 불필요	· 품질 검사가 어려움

IV. 시공시 유의사항
① 공법 채택시 제작, 운반, 양생 등 연계성 고려.
② 운반 및 양중시 Spreader Beam 활용.
③ 접합부 강성 확보 및 방수처리 철저.

V. 일체성 확보 방법

전단철근 매입	타설 접합면 요철	

끝.

문제 159 덧침 콘크리트(Topping Concrete)

〔17후(10)〕

1 정의
덧침 콘크리트(topping concrete)란 바닥판의 높이를 조절하거나 하중을 균일하게 분포시킬 목적으로 프리스트레스트 또는 프리캐스트 콘크리트 바닥판 부재에 타설하는 현장 콘크리트를 말한다.

2 시공도

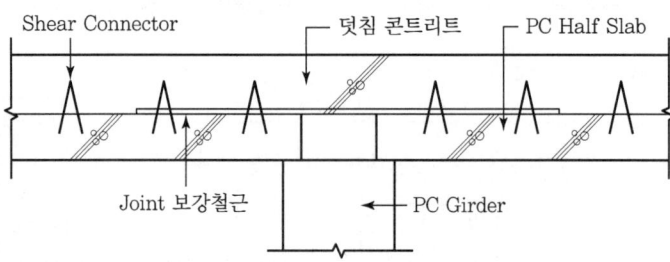

3 시공 시 유의사항
① Topping Con'c 타설 전 접합면 청소 철저
② 1회 타설 계획된 구획 내에서 연속타설
③ 표면이 평활하고 공극이 없도록 진동 다짐
④ 연속되는 바닥은 균열을 방지하기 위해 조절줄눈 시공
⑤ 타설 후 1일간은 보행금지, 3일간 후속작업을 금지
⑥ 타설 이음면 일체성 확보

4 덧침 콘크리트의 일체성 확보방법
1) 전단철근 매입방식

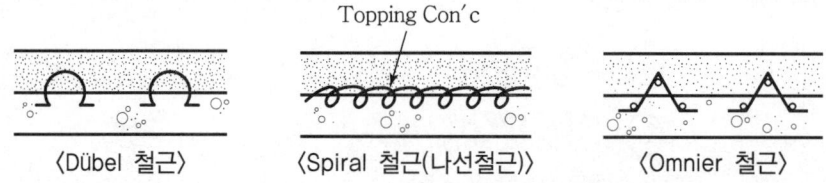

2) 타설접합면 성형방식

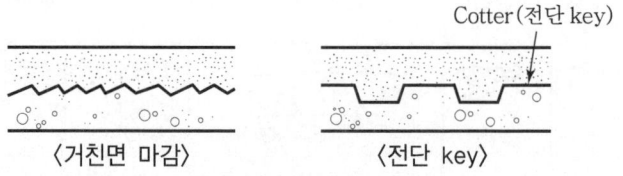

문제 11. 덧침 콘크리트

I. 정의

- Prestressed/Precast Con'c 또는 Half PC Slab 윗면에 타설하는 현장 Con'c로 바닥판 높이 조절, 하중 균일 분포 등을 목적으로 타설한다.

II. 덧침 Con'c의 시공순서

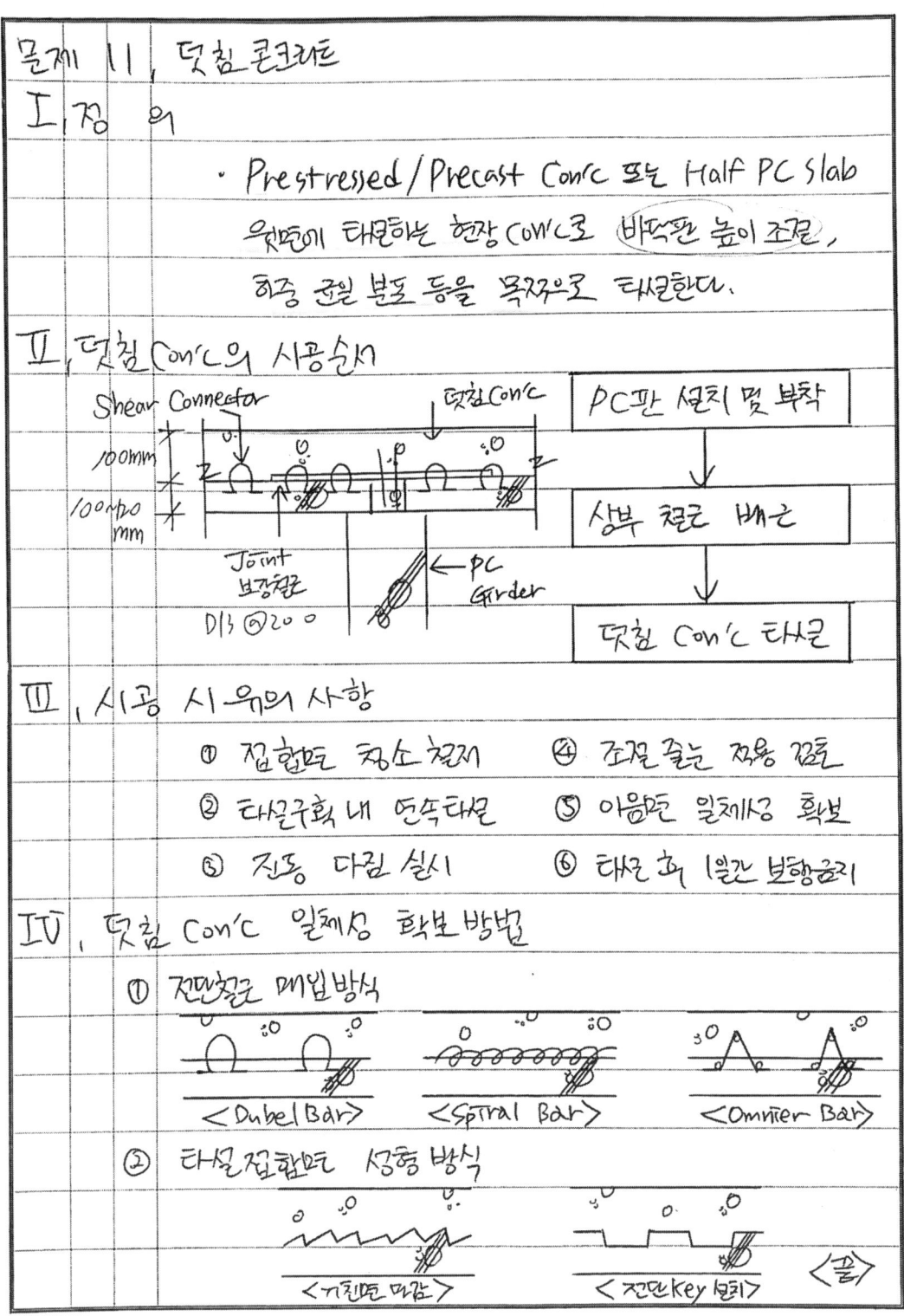

III. 시공 시 유의사항

① 접합면 청소 철저
② 타설구획 내 연속타설
③ 진동 다짐 실시
④ 조절 줄눈 적용 검토
⑤ 이음면 일체성 확보
⑥ 타설 후 1일간 보양관리

IV. 덧침 Con'c 일체성 확보 방법

① 전단철근 매입방식

<Dubel Bar> <Spiral Bar> <Omnier Bar>

② 타설 접합면 성형 방식

<거친면 마감> <전단 key 설치>

〈끝〉

문제 160 Shear Connector(전단연결철물)

〔85(5), 91후(8), 02중(10), 08중(10), 19중(10)〕

1 정의
Con´c와의 합성구조에서 양자 사이의 전단응력 전달 및 일체성을 확보하기 위해 설치하는 연결재를 shear connector라 한다.

2 Shear Connector의 종류

1) 합성 slab(half PC slab) 공법의 shear connector

   PC판과 현장타설 Con´c(topping Con´c)의 타설이음면에 일체성을 확보해 주는 전단철근을 shear connector라 한다.

   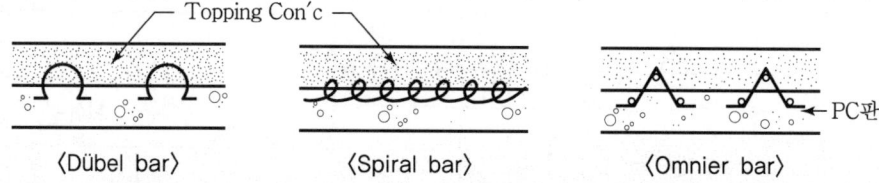

   ⟨Dübel bar⟩   ⟨Spiral bar⟩   ⟨Omnier bar⟩

2) 철골조의 shear connector

   Deck plate를 사용한 현장타설 Con´c의 바닥판과 철골조의 보를 일체화시키기 위한 철물을 shear connector라 한다.

   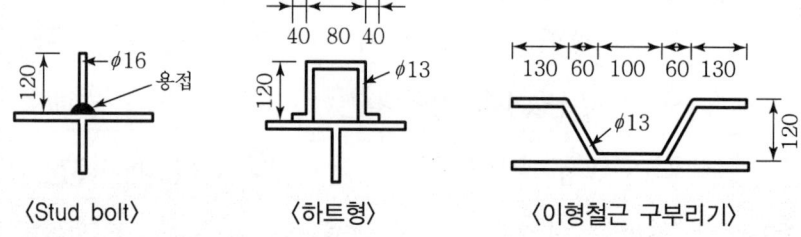

   ⟨Stud bolt⟩   ⟨하트형⟩   ⟨이형철근 구부리기⟩

3) GPC 공법의 Shear connector

   화강석판재와 Con´c를 일체화시키기 위해 설치하는 전단연결철물을 shear connector라 한다.

   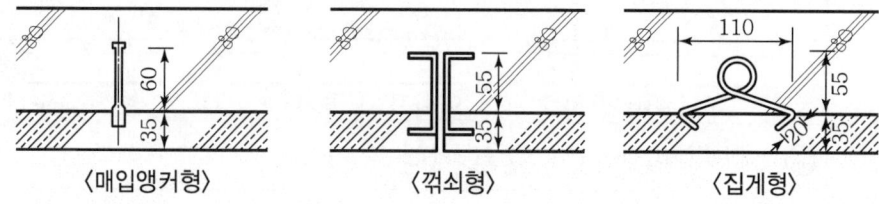

   ⟨매입앵커형⟩   ⟨꺾쇠형⟩   ⟨집게형⟩

문제 3) Shear connector (전단연결철물)

I. 정의

Half concrete 구조에서 양자 사이의 전단응력 전달 및 일체성 확보를 위한 연결철물.

II. Shear connector 종류

1) 합성 slab의 Shear connector

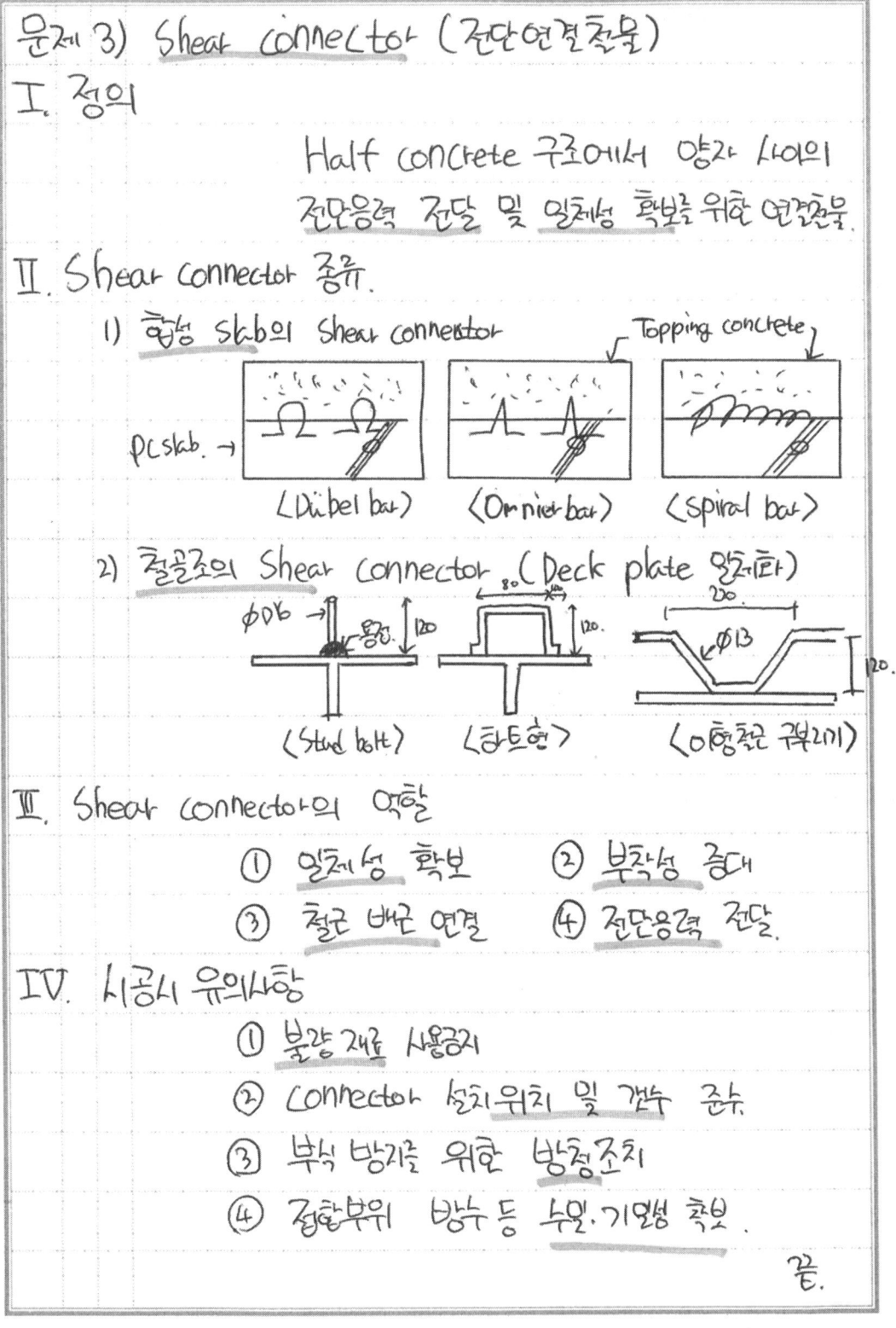

⟨Dübel bar⟩　⟨Omnia bar⟩　⟨Spiral bar⟩

2) 철골조의 Shear connector (Deck plate 양단타)

⟨Stud bolt⟩　⟨합트형⟩　⟨이형철근 꺽쇠⟩

III. Shear connector의 역할

① 일체성 확보　② 부착성 증대
③ 철근 배근 연결　④ 전단응력 전달

IV. 시공시 유의사항

① 불량 재료 사용금지
② Connector 설치위치 및 갯수 준수
③ 부식 방지를 위한 방청조치
④ 접합부위 방수 등 수밀·기밀성 확보

끝.

문제 161 철골공사의 Stud 품질검사

〔12후(10), 22전(10)〕

1 정의
① Stud란 전단연결철물(shear connector)의 역할을 하는 철물로 철골과 콘크리트와의 합성구조에서 양자 사이의 전단응력전달 및 일체성 확보를 위해 설치하는 것이다.
② 철골조의 경우에는 용접으로 stud를 모재에 용착시키며, 품질검사를 통해 합격여부를 결정한다.

2 Stud의 품질검사

1) 기울기 검사
   ① 측정기구 : 금속제 곧은자, 한계게이지, 콘벡스룰
   ② 시험빈도 : 100개 또는 주요부재 1개에 용접한 숫자 중 작은 쪽을 1개 검사로트로 하여 1개 검사로트마다 1개씩 검사
   ③ 합격여부 : 기울기는 5° 이내로 관리

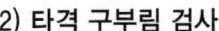

2) 타격 구부림 검사
   ① 측정기구 : hammer
   ② 시험빈도 : 100개 또는 주요부재 1개에 용접한 숫자 중 작은 쪽을 1개 검사로트로 하여 1개 검사로트마다 1개씩 검사
   ③ 합격여부 : 15°까지 hammer로 구부려 용접부 결함이 발생하지 않으면 합격

3 불합격 시 처리방법
① 동일 로트에서 2개를 추가검사
② 2개 모두 합격 시 검사로트 전체합격
③ 1개 이상 불합격 시 해당로트 전수검사 실시

4 Stud 보수보강법
① 일반적으로 불량 stud 인접부에 재시공
② 모재부 결함 동반 시 불량 stud를 제거한 뒤 모재를 보수보강 후 재용접
③ 타격구부림 검사 후 결함 미발견 시 그대로 사용

문제 18. 철골 Stud 품질 관리

I. 정 의

① Stud란 Con'c와의 합성구조에서 <u>전단응력</u> 전달 및 구조체 <u>일체화</u> 하는 전단연결철물이다.

② 현장에서 Stud는 <u>용접</u>하므로 <u>품질검사</u>를 통해 합격 여부를 결정한다.

II. Stud 품질검사

기울기 검사	타격 구부림 검사
(그림)	(그림)
○ 기울기(θ) 5° 이내	○ 15°까지 타격 크랙X 합격
○ 100개당, 주요조복 매당	좌 동

III. 불합격시 대처 방안

```
         기울기 15° 초과
              ↓
        ┌─────────┐      ┌──────────┐      ┌─────────┐
        │ 불 합 격 │─────│ 2개 추가검사 │──YES──│ 전체 합격 │
        └─────────┘      └──────────┘      └─────────┘
              ↑                                 │
       용접결함 발생                            NO
                                                ↓
                                         ┌─────────┐
                                         │ 전수 검사 │
                                         └─────────┘
```

IV. Stud 보수보강법

① 불량 Stud 인접부 재시공

② 모재 손상시 보수보강 후 재시공

③ 타격 구부림 검사 합격시 그대로 사용   〈끝〉

문제 162 Hollow Core Slab[중공(中空) 슬래브]

〔88(5)〕

1 정의
① Hollow core slab란 slab의 경량화를 목적으로 slab 단면 내부에 1방향으로 연속한 구멍이 있는 PC 중공 slab를 말한다.
② PS 강선을 긴장한 채로 고강도 콘크리트를 타설하여 증기양생으로 제작하며, 경량이면서 휨내력이 크고 장기처짐이 적다.

2 시공도

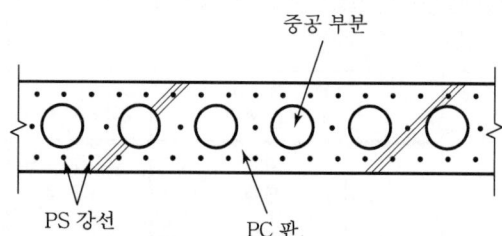

3 특징
① 철근량의 절약 및 slab의 경량화
② 장기처짐이 적어서 균열에 유리함
③ 경량이면서 휨내력이 크며 시공 시 동바리가 필요 없음
④ 지진 시 수평력을 부담시킬 수 있으며 작은보가 없는 대형 바닥판이 가능함
⑤ 중공부분에 단열재 주입으로 차음 및 단열성 증대
⑥ Prestressed 도입에 의한 현장제작이 불가능함
⑦ 중공 및 prestressed 도입에 의해 slab 두께가 과다해질 수 있음
⑧ 2방향 설계를 할 수 없음
⑨ 부재가 대형으로 수송에 어려움이 많음

4 제작 및 시공
① PC 판은 60~100m 이상의 긴 강재 bed 위에서 PS 강선을 긴장한 채로 Con'c를 채워 놓고 굳히면서 즉시 탈형하여 연속적으로 제작한다.
② 제작 Con'c는 고강도 Con'c(f_{ck}=40MPa 이상) 사용한다.
③ PS 강선으로 프리스트레스를 도입한 후 증기양생한다.
④ PC 판의 두께는 70~300mm이고 10m 정도의 span까지 사용 가능하다.
⑤ 현장시공은 보 위에 hollow core slab를 걸쳐 놓고 그 위에 철근 배근 후 현장 Con'c를 타설한다.

문제 5) Hollow core slab (중공 슬래브)

I. 정의
① Slab의 경량화를 목적으로 slab 단면의 내부에 1방향으로 연속한 구멍이 있는 PC
② 경량이면서 휨내력이 크고 장기처짐이 적다.

II. 시공도해

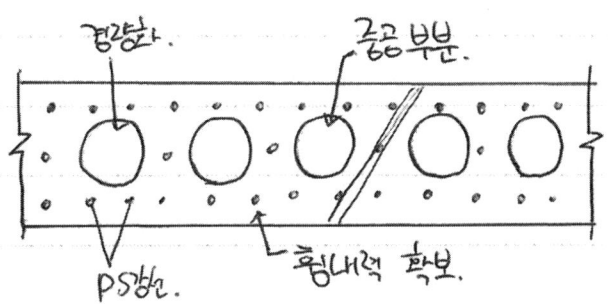

III. 특징
① 철근량 절약.   ③ 장기처짐에 유리.
② slab 경량화.   ④ 2방향 설계가 어려움.

IV. 시공시 유의사항
① 고강도 콘크리트 (40MPa 이상)
② PS강선은 인장강도와 항복비가 클 것.
③ 콘크리트 타설시 동바리 존치 준수.
④ 프리스트레스를 도입한 후 증기양생.

V. 균열발생 원인 및 균열 방지 대책.

장점	단점
· 청하 균열.	· 중공관 위치 고정.
· W/B 과다.	· W/B 적게 배합

끝.

문제 163 이방향 중공 슬래브(Slab) 공법

〔14후(10)〕

1 정의
이방향 중공 슬래브 공법은 철근콘크리트 무량판 바닥슬래브의 단면에서 구조적 기능을 하지 않는 콘크리트 슬래브의 중앙부에 캡슐형 또는 땅콩형 경량체를 삽입함으로써 자중을 줄여 기존의 플랫 플레이트 구조의 단점을 보완한 공법이다.

2 이방향 중공 슬래브의 Mechanism
슬래브의 단면에서 구조적 기능이 미비한 중립축 부위의 콘크리트를 제거하여 휨에 유리한 H-beam 형상의 단면 형성

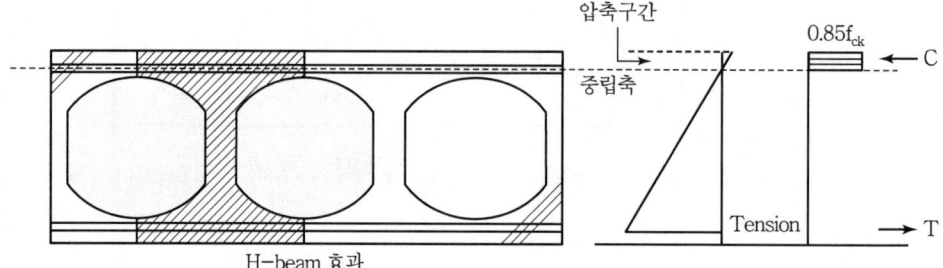

3 시공순서

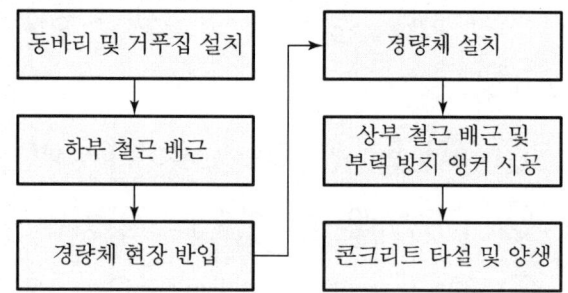

4 특징
① 콘크리트량 30~40% 저감으로 경량
② 자중 감소로 인한 지진하중 20~40% 경감
③ 무량 구조로 장스팬 구현 가능
④ 무량 구조로 층당 400~600mm 정도의 층고 절감
⑤ 단열성능 20~40% 향상
⑥ 연면적 1,000m²당 약 40톤의 CO_2 배출 저감

문제 6) 이방향 중공 슬래브 공법.

I. 정의

무량판 슬래브의 단면에서 구조적 기능을 하지 않는 슬래브의 중앙부에 경량체를 설치하여 자중을 줄이는 공법.

II. 이방향 중공 슬래브의 Mechanism.

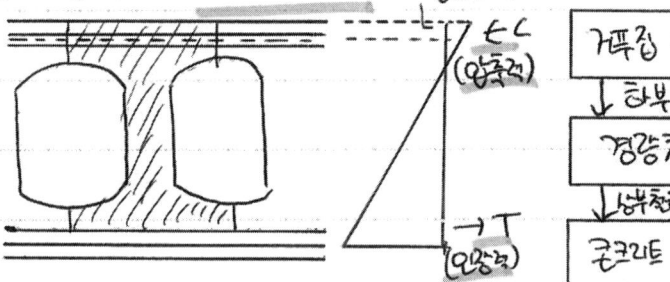

중공부위 → H Beam 형상 : 휨에 유리한 단면 형성.

III. 이방향 Slab의 특징

① 콘크리트량 30~40% 저감으로 경량
② 자중감소로 인하여 punching shear 방지
③ 단열성능이 20~40% 향상.
④ 무량판 구조로 장스팬 구현/ 층고 절감.

IV. 일반 Flat Slab와의 비교.

구분	이방향 중공 슬래브	일반 Slab (Flat)
장스팬	경량으로 가능	곤란함
Span	8~22m	6~8m
공사기간	다소 증가 (경량)	보통. (중량)

끝.

문제 164 PC판 부위별 접합부 방수처리

〔99전(20)〕

1 정의

PC 공사는 접합부처리가 중요한 작업으로 응력전달·방수성·기밀성·내구성 등이 요구되며, 그중에서도 방수성능을 확보하는 것이 중요하다.

2 부위별 접합부 방수처리

1) 외벽 접합부

① 접합부 외측에서 back up재 넣고 코킹재 충진
② 외벽줄눈의 종류에는 수평줄눈과 수직줄눈이 있음

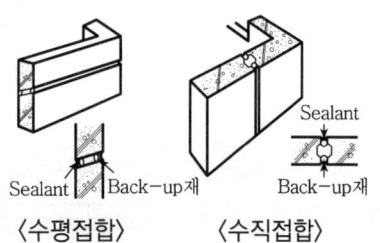
〈수평접합〉   〈수직접합〉

2) 지붕 slab 접합

① 수평 습식 접합으로 되어 있으며 seal 충진 후 그 위에 sheet 부착
② 바탕면은 평활하게 마무리해야 하며 건조 철저

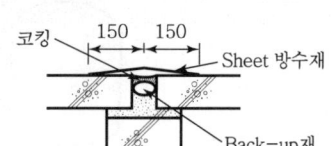

3) Slab + wall 접합

① 구석 부위를 고무 asphalt sheet로 ㄴ형으로 바르고 홈 부위에 sealing재 충진
② 방수처리가 가장 곤란한 부분

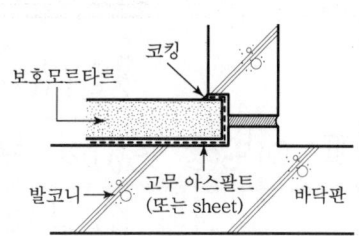

4) Parapet

① 접합면에 고무 asphalt sheet 처리 후 parapet과 slab 접합부는 sealing재 충진
② Parapet 상단은 cap(flashing) 설치

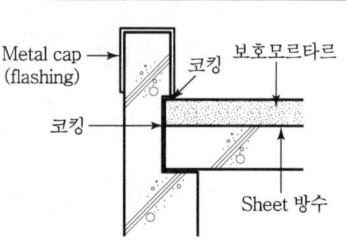

3 접합부 누수원인

① 재료불량(primer, sealing재, 피착제)
② 바탕처리 미흡
③ 시공불량
④ 구조체 변형

4 접합부 방수처리 시 유의사항

① 양호한 품질의 부재를 제조하여 공장제작 부재의 품질을 확보해야 한다.
② 부재의 균열, 파손 등이 생기지 않도록 Con'c의 품질관리를 철저히 한다.
③ 부재의 제품검사에서 방수시공부분에 생긴 파손은 현장조립 시에 떨어지지 않는 보수방법으로 보수한다.
④ 접합부 줄눈너비의 확보 및 접합부의 표면처리는 조립공사의 과정으로 시공하여야 하며, 필요에 따라서 공사관리자는 철저한 검사를 하도록 한다.

문제) 부위별 접합부 방수

I. 정의

① PC공사는 접합부 처리가 매우 중요하며 응력전달, 기밀성·방수성·기열성·내구성 확보 필요.

② PC제품의 성능확보 및 접합부 방수성능 확보.

II. 부위별 방수처리

구분	도해	방수처리
외벽 접합부	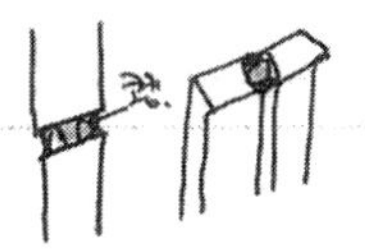	• Back up재 넣고 코킹재 충전. • 수평줄눈·수직줄눈
지붕 Slab	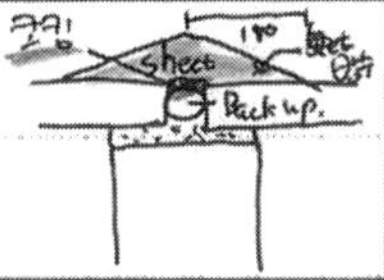	• Seal 충전 후 Sheet 부착. • 평활하게 마무리, 건조
Slab + wall	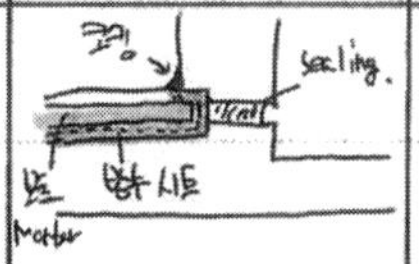	• 구석부위 Sheet 방수 (L형) + Seal재 • 방수가 제일 곤란.
Parapet 접합	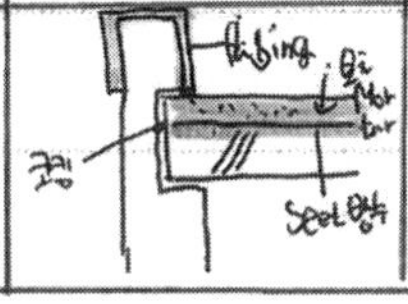	• 접합면 Sheet 방수 → 보호모르타르. • Parapet 상단 flasing

III. 방수처리시 유의사항

① 공장 제작시부터 부재의 품질 확보.

② 균열·파손이 생기지 않도록 시공시 관리.

③ 내·외장 마감전 담수시험을 통한 방수 효과 점검

④ 접합부 표면처리·줄눈은 감독자 점검.

⑤ 방수시공 → 숙련공에 의하여 실시.

문제 165 커튼월 패스너(Fastener)

〔18중(10)〕

1 정의
① Fastener는 설치와 위치조정이 용이해야 하며, curtain wall의 자중 및 외부로부터의 외력에 대응할 수 있는 내력의 확보와 방청성이 있어야 한다.
② Fastener 설치방식은 sliding 방식·locking 방식·fixed 방식으로 분류된다.

2 Fastener의 기능

힘의 전달기능	변형흡수기능	오차흡수기능
C/W 자중 지지	층간변위 추종	구조물 오차 흡수
지진력 소산	수직방향 변위 추종	제품 오차 흡수
풍압력 대응	온도변화의 신축 흡수	시공 오차 흡수

3 Fastener 접합방식

접합방식		특성
Sliding 방식	(Sliding / 고정)	• Curtain wall 하부에 장치되는 fastener는 고정하고 상부에 설치되는 fastener는 sliding되도록 한 방식 • 하부 fastener는 용접으로 고정 • 변형을 일으키기 어려운 PC curtain wall 등에 적용하는 방식
Locking 방식 (회전방식)	(Pin / Pin)	• Curtain wall의 상부와 하부의 중심부에 1점씩 pin으로 지지하는 방식 • 변형을 일으키기 어려운 PC curtain wall 등에 적용하는 방식 • 층간변위 발생 시 수직 joint에 전단변위 방지
Fixed 방식 (고정방식)	(고정 / 고정)	• Curtain wall의 상하부 fastener를 용접으로 고정하는 방식 • 층간변위 시 손상이 발생하지 않아야 하며, 부재의 열팽창을 흡수할 것 • 변형하기 쉬운 metal curtain wall 등에 적용하는 방식 • Joint 줄눈재에 무리한 변형 방지

4 중점관리 사항
① 층간변위에 대한 추종성 확보 : Loose hole에 의한 변위 추종
② 조임부 풀림방지 : 이중너트 조임, 탄성와셔(스프링와셔) 사용
③ Fastener 용접부 부식방지 : 방청 페인트 도포
④ Anchor 시공오차 관리 : 수평 ±25mm, 수직 : ±10mm
⑤ 줄눈재의 탄성변형 흡수 : 수직/수평 변위 발생 시 줄눈재 파단방지, bond breaker
⑥ 이종금속 접촉부식 방지
⑦ Fastener 설치 전 line marking : 수직 5개 층 단위, 수평 각 층마다 marking

문제 3) 커튼월 fastener

I. 정의
① Fastener은 설치와 위치조정이 용이해야 하며 외력에 대응하는 내력 확보, 방수성 확보
② Sliding 방식, locking 방식, fixed 방식으로 분류

II. Fastener 방식의 개념도 (응력 전달 체계)

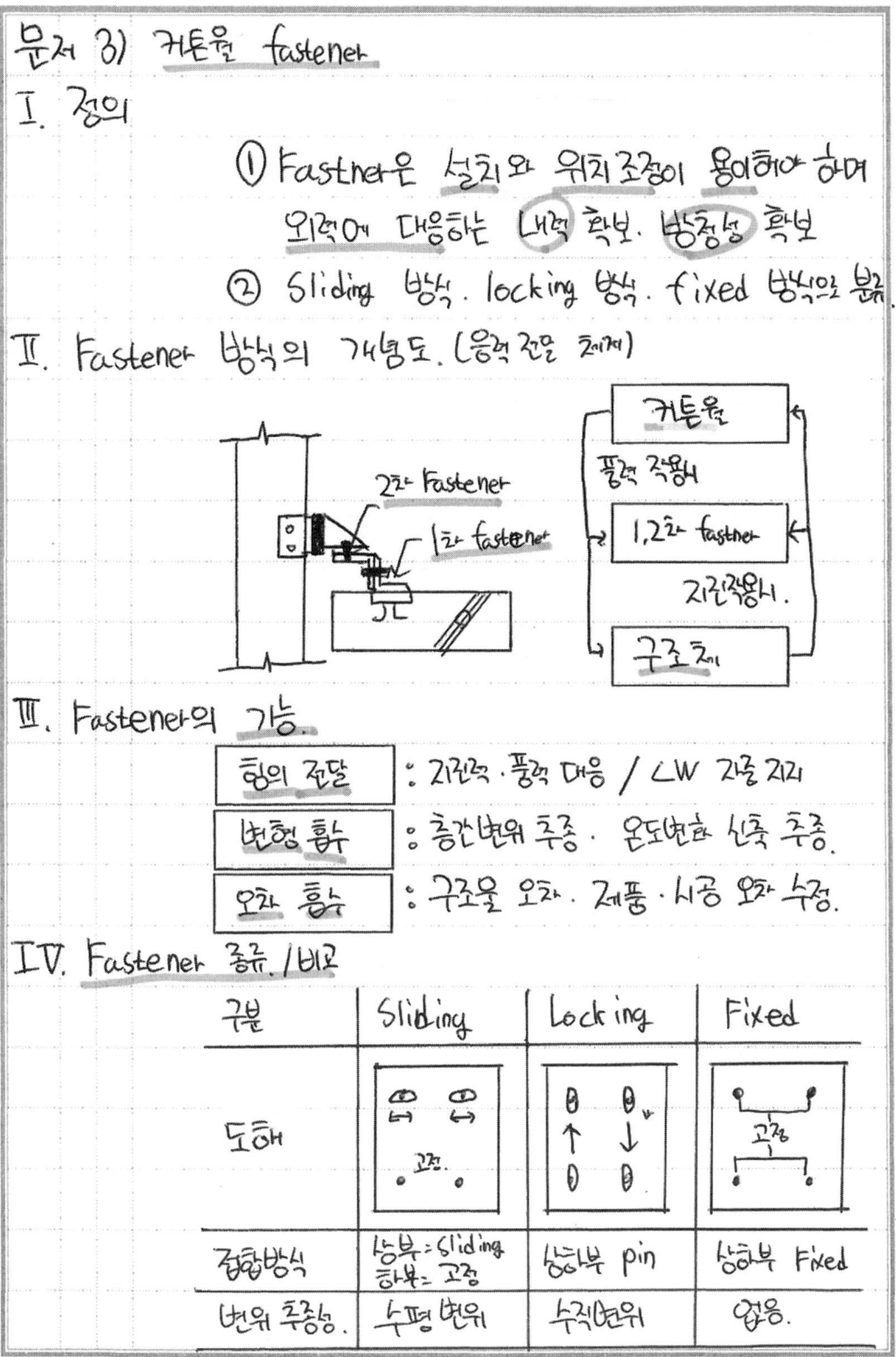

III. Fastener의 기능

힘의 전달	: 지진력·풍력 대응 / CW 자중 지지
변형 흡수	: 층간변위 추종, 온도변화 신축 추종
오차 흡수	: 구조물 오차, 제품·시공 오차 수정

IV. Fastener 종류 / 비교

구분	Sliding	Locking	Fixed
도해	(상부 sliding, 하부 고정)	(상부 pin, 하부 pin)	(상하부 고정)
접합방식	상부=sliding 하부=고정	상하부 pin	상하부 Fixed
변위 추종성	수평변위	수직변위	없음

문제 166 Curtain Wall의 비처리방식

1 정의
① Curtain wall은 접합부의 누수방지가 무엇보다도 중요하므로, 정밀한 시공으로 접합부의 구조적 안전과 기밀성 및 방수성을 확보하여야 한다.
② 건축물 준공 후 curtain wall의 하자보수는 사실상 어려우므로, seal재의 개발·open joint의 도입·시공정밀도 확보 등으로 접합부 처리를 철저히 하여 하자를 예방해야 한다.

2 시공 상세도

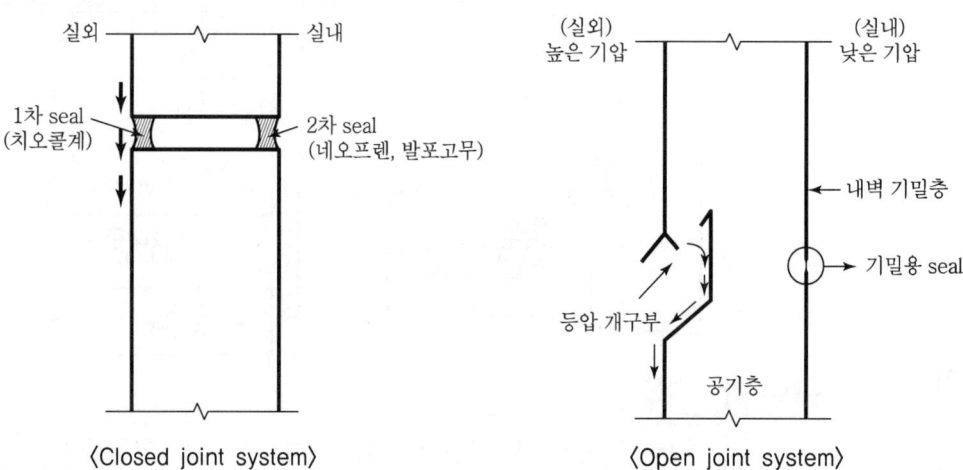

⟨Closed joint system⟩   ⟨Open joint system⟩

3 비(雨) 처리방식

1) Closed joint system

정의	Curtain wall unit의 접합부를 seal재로 완전히 밀폐시켜 틈을 없이 하여 비처리하는 방식
특징	• 누수의 원인 중의 하나인 틈새를 없애는 것을 목적으로 하는 방식 • 누수를 외측면에서 차단하여 소재의 수명연장 • 부재 내측면 내후성 증가

2) Open joint system

정의	벽의 외측면과 내측면 사이에 공간을 두어 옥외의 기압과 같은 기압을 유지하게 하여 배수하는 방식
특징	• 틈을 통해서 물을 이동시키는 압력차를 없애는 등압이론 이용 • 기밀층(공기층)은 풍압에 충분히 견딜 수 있는 구조 • 표면재의 내측에 기압을 생기게 하기 위해 내벽은 기밀유지

문제 4) 커튼월의 비처리 방식

I. 정의
① 커튼월은 접합부의 누수방지가 매우 중요하므로 정밀시공을 통한 기밀성·방수성을 확보.
② 준공 후의 하자보수가 어려우므로 시공시 품질 확보.

II. 비처리 방식의 시공상세도.

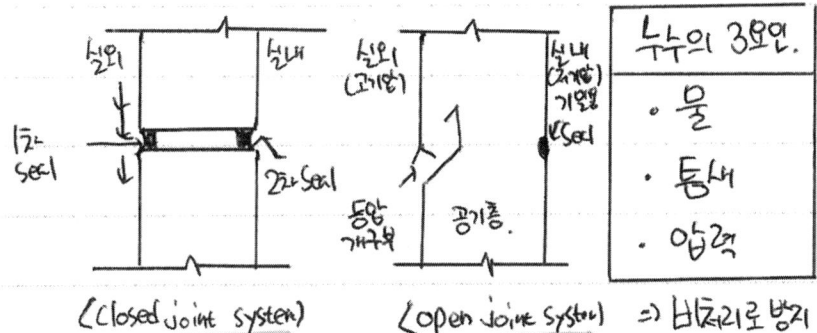

⟨Closed Joint System⟩   ⟨Open Joint System⟩ ⇒ 비처리로 방지

누수의 3요인
· 물
· 틈새
· 압력

III. 특징.

Closed Joint System	Open Joint System
· 누수를 외측면에서 차단	· 초고층 건물에 채택
· 누수대비 내부 배수구 설치.	· 외벽 물끊기 변형
· 중·고층 건물 채택.	· 내벽은 기밀 유지

IV. 비교.

구분	Closed Joint System	Open Joint System
정의	· 접합부를 Seal재로 밀폐	· 등압이론을 통한 누수방지
특징	· 소재의 수명연장 · 내측면 내후성 증가	· 기밀층은 풍압 저항 · 내벽은 기밀유지.

끝.

문제 167 | 층간변위(Side Sway)

〔77(5), 11전(10)〕

1 정의

층간변위(side sway)란 풍압력·지진력 등 횡력에 의해 생기는 건물 구조체의 서로 인접하는 상하 2층간의 상대변위를 말하며, 상대변위란 어떤 부재를 기준으로써 측정한 다른 부재의 변위를 말한다.

2 층간변위의 계산

① A점의 변위 : $\delta_A = \delta_5 - \delta_4$
② B점의 변위 : $\delta_B = \delta_4 - \delta_3$

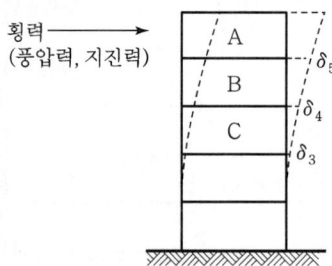
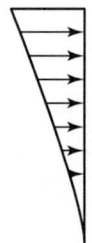

3 층간변위의 허용치

① 고층 철골구조(유연구조) : 20mm 전후
② 중·저층 건물(강구조) : 10mm 전후

4 처리방법

1) 자체 흡수형

   ① 탄성 변형형
   - Curtain wall 자신의 변위로 처리하며 강성이 적은 metal curtain wall에 적용
   - Fixed 방식(고정방식) 채택

   ② 소성 변형형
   - 부재의 접합부가 변위를 흡수하며 강성이 큰 PC Con'c curtain wall에 적용
   - Locking 방식(회전방식) 채택

2) Slip 흡수형

   ① Fastener를 slip으로 처리하는 방식
   ② Sliding 방식 채택

문제 5) 층간 변위 (Side way)

I. 정의
① 층간변위란 풍압, 지진 등 횡력에 의해 생기는 인접하는 2개층 간의 상대변위
② 상대변위 : 부재를 기준으로 측정한 타 부재의 변위

II. 층간 변위의 계산

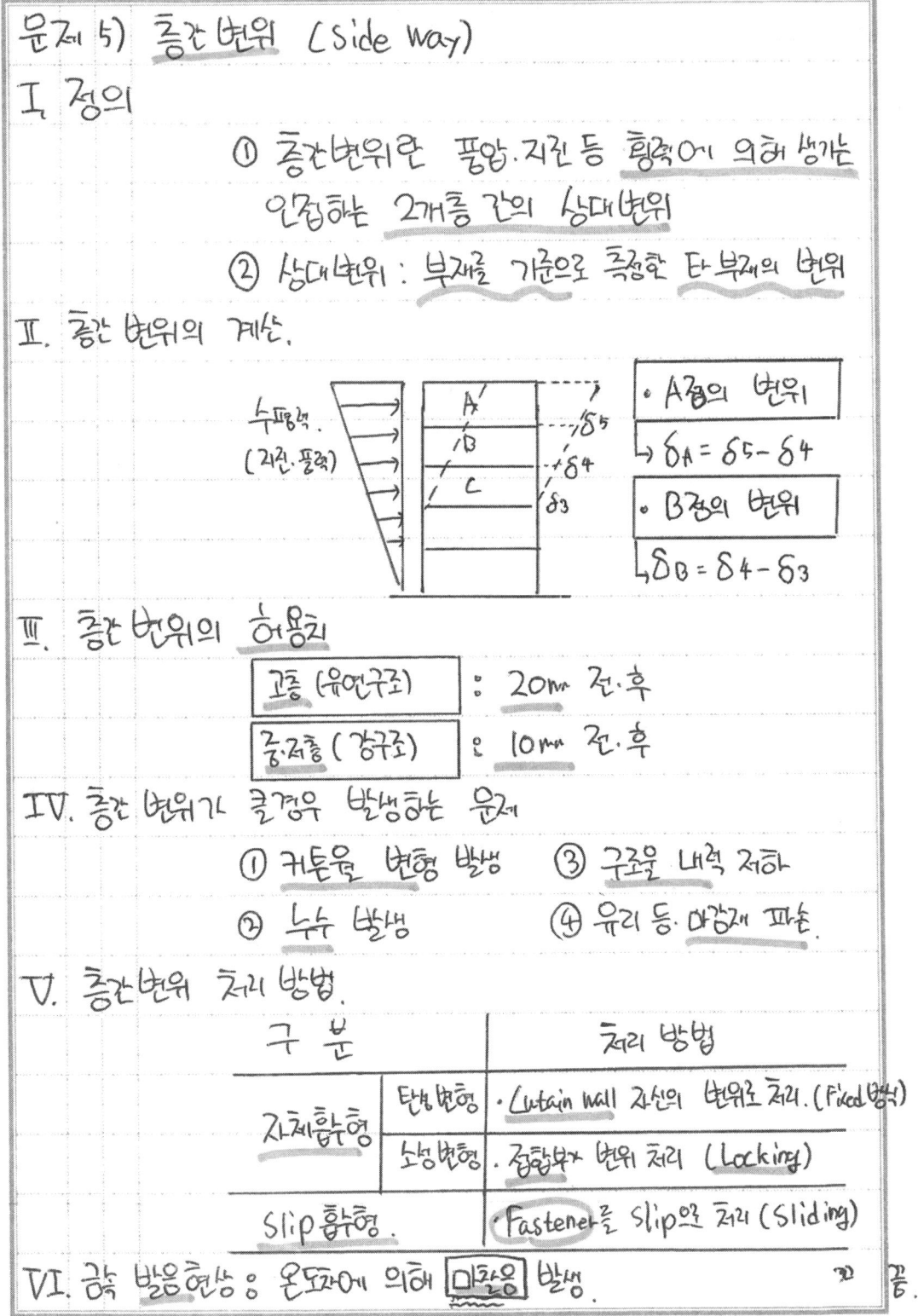

- A층의 변위
  → $\delta_A = \delta_5 - \delta_4$
- B층의 변위
  → $\delta_B = \delta_4 - \delta_3$

수평력 (지진·풍력)

III. 층간 변위의 허용치

| 고층 (유연구조) | : 20㎜ 전·후 |
| 중·저층 (강구조) | : 10㎜ 전·후 |

IV. 층간 변위가 클경우 발생하는 문제
① 커튼월 변형 발생   ③ 구조물 내력 저하
② 누수 발생   ④ 유리 등 마감재 파손

V. 층간변위 처리 방법

구 분		처리 방법
자체흡수형	탄성변형	· Curtain wall 자신의 변위로 처리 (Fixed방식)
	소성변형	· 접합부 변위 처리 (Locking)
Slip흡수형		· Fastener를 Slip으로 처리 (Sliding)

VI. 각 발음현상 : 온도차에 의해 마찰음 발생

끝.

문제 168 Wind Tunnel Test[풍동시험(風洞試驗)]

〔02전(10)〕

1 정의

① Wind tunnel test(풍동시험)는 건물 주변 600m 반경(지름 1,200m)의 지형 및 건물배치를 축척 모형으로 만들어 원형 turn table의 풍동 속에 설치한 후 과거의 10~50년 또는 100년간의 최대풍속을 가하여 풍압 및 영향을 측정하는 시험이다.
② 건축물 준공 후에 나타날지도 모를 문제점을 파악하고 설계에 반영할 목적으로 실시하며, 건물 주변의 기류(building wind)를 파악하여 풍해의 예측 및 그에 따른 대책을 수립하여야 한다.

2 풍동시험 장치 및 방법

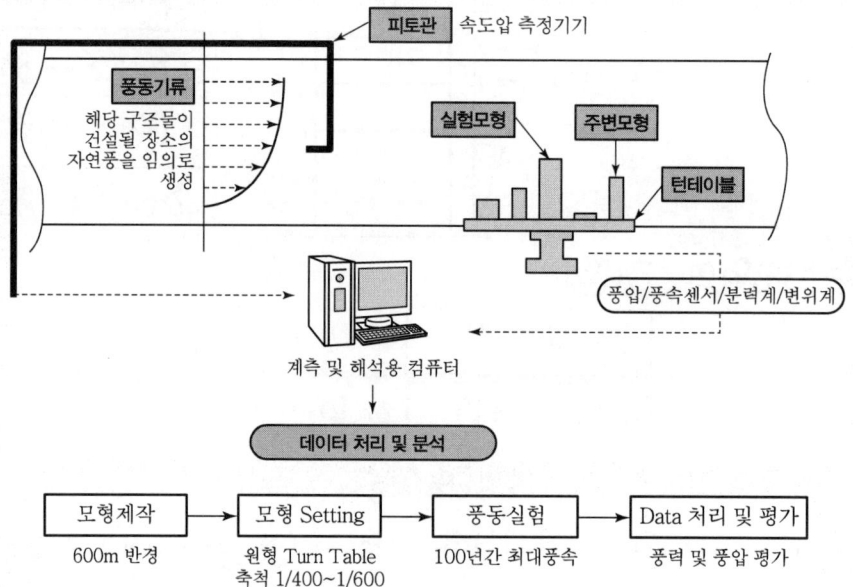

3 목적

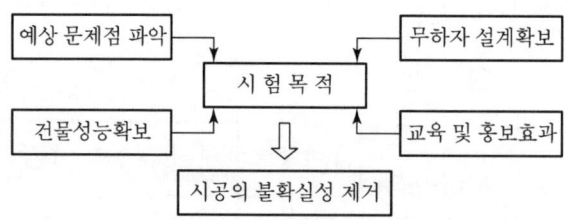

4 측정(시험방법)

① 외벽풍압시험
② 구조하중시험
③ 고주파 응력시험
④ 보행자 풍압영향시험
⑤ 빌딩風(building wind) 시험

문제 17) 풍동시험 (Wind Tunnel Test)

I. 정의
① 건물 주변 600m 반경의 축적 모형을 만들어 과거 100년간의 최대 풍속을 가하여 풍압영향 측정.
② 준공 후 발생할 수 있는 문제점을 사전 파악하여 설계에 반영하는 시험.

II. 풍동시험 장치

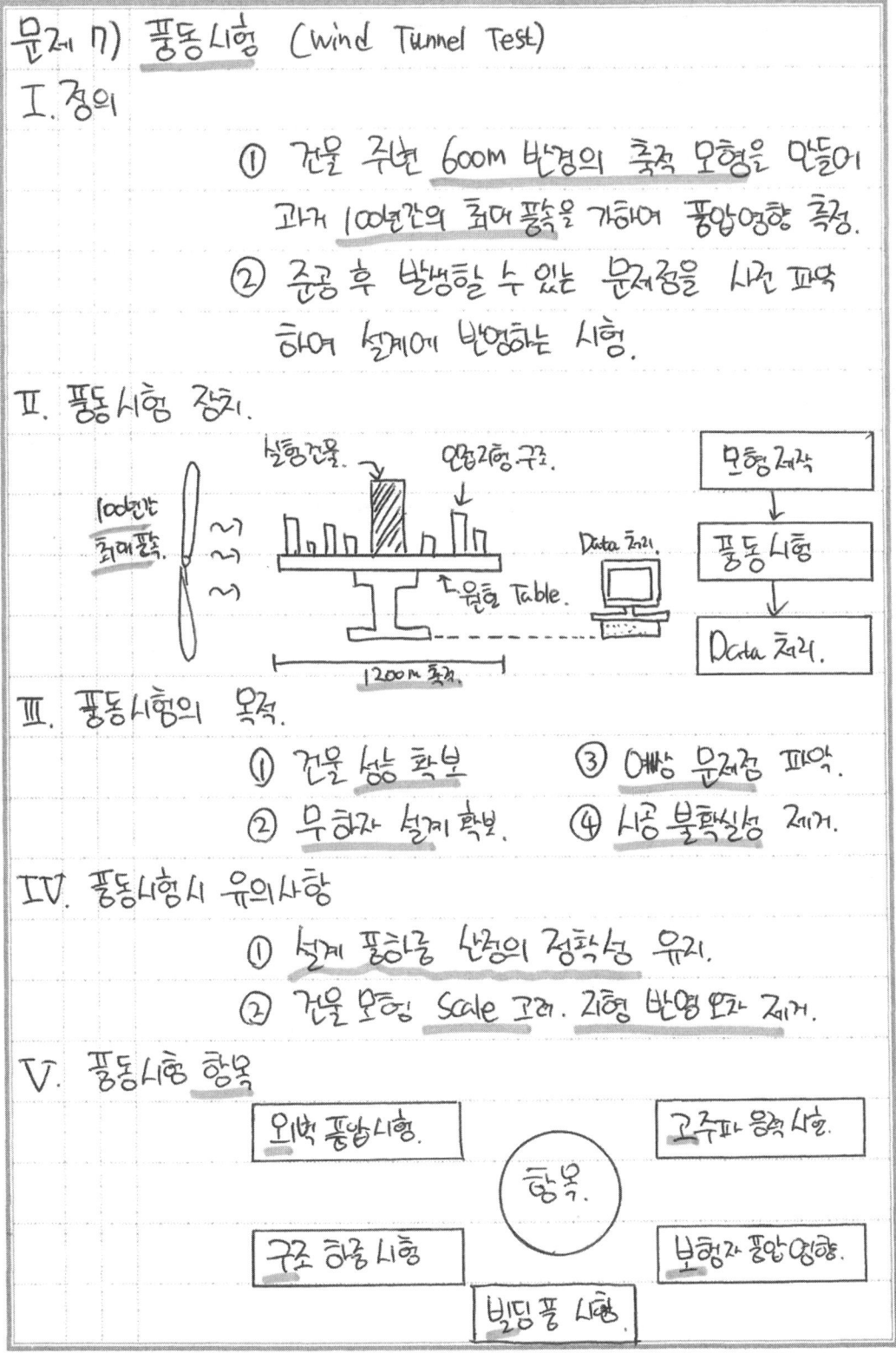

III. 풍동시험의 목적
① 건물 성능 확보
② 무하자 설계 확보
③ 예상 문제점 파악
④ 시공 불확실성 제거

IV. 풍동시험시 유의사항
① 설계 풍하중 반영의 정확성 유지.
② 건물 모형 Scale 고려. 지형 반영오차 제거.

V. 풍동시험 항목
- 외벽 풍압시험
- 고주파 응력시험
- 구조 하중시험
- 보행자 풍압영향
- 빌딩풍 시험

(항목)

문제 169 Mock-up test [실물대시험(實物代試驗), 외벽성능시험]

[04전(10), 06중(10)]

1 정의

① Curtain wall의 변위측정·온도변화에 따른 변형·누수·접합부 검사·창문의 열손실을 시험하기 위하여, 풍동시험(風洞試驗)을 근거로 설계한 실물 모형을 만들어 현장 아닌 시험소에서 최악의 외기조건으로 시험하는 것을 mock-up test라 한다.
② 시험의 결과에 따라 건축물의 각 부분에 보완과 수정을 하여, 안전하고 경제적인 외벽 curtain wall의 시공을 한다.

2 수밀시험 시공도

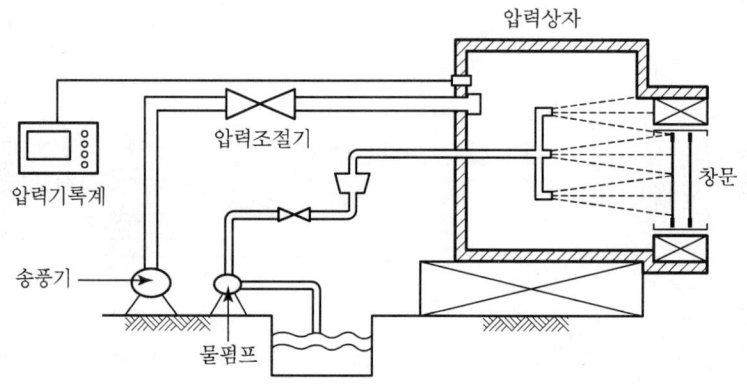

3 필요성

① 누수방지
② 구조적인 안전성 확보
③ 건축물의 내구성 증대
④ 냉난방 효율 극대화
⑤ 건축비용과 유지비용 절감
⑥ 자연재해의 방지

4 시험종목

구분	시험 내용
예비시험	설계풍압력의 50%를 일정시간(10초) 동안 가압하여 시험실시 가능 여부 판단
기밀시험	시험체에서 발생하는 공기 누출량을 측정
정압수밀시험	설계풍압력의 20% 압력에서 3.4L/min·m²의 유량을 15분 동안 살수하여 누수 확인
동압수밀시험	규정된 압력의 상한값까지 10분 동안 정압예비로 가압한 뒤에 시료의 이상 여부 확인 및 시료 전면에 4L/min·m²의 유량을 균등히 살수하면서 누수 확인
구조시험	구조재의 변위(deflection)와 측정 유리의 파손 여부를 확인
층간변위	수평변위를 주어 변형 정도 측정

문제 8) 실물대시험 (Mock Up Test)

I. 정의
① 커튼월 성능확보를 위해 풍동시험을 근거로 설계한 실물모형으로 시험소에서 악조건 하 시험.
② 변위 측정·수밀성·기밀성·접합부위 검사.

II. 실물대 시험

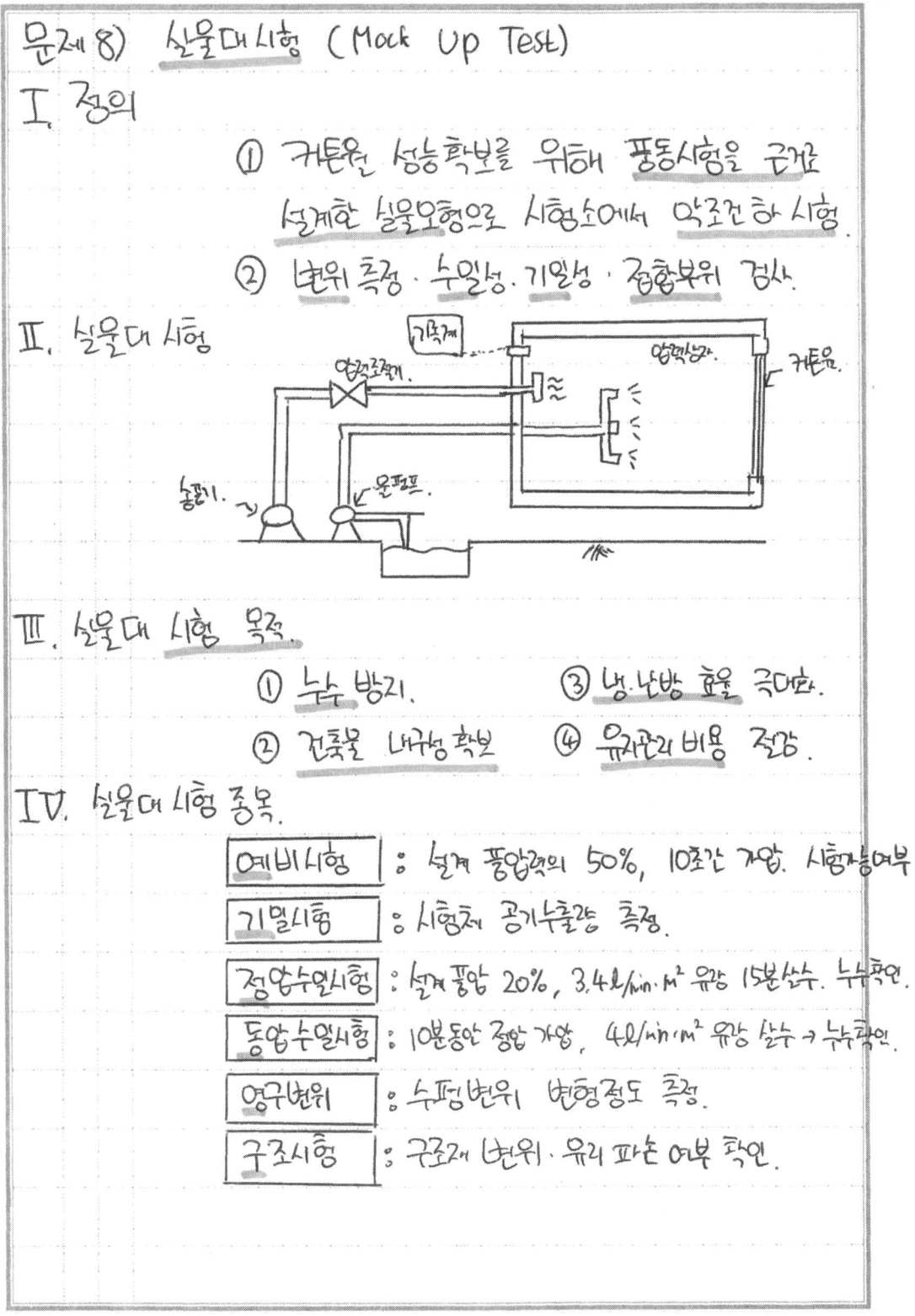

III. 실물대 시험 목적
① 누수 방지.   ③ 냉·난방 효율 극대화.
② 건축물 내구성 확보   ④ 유지관리 비용 절감.

IV. 실물대 시험 종목

예비시험	: 설계 풍압력의 50%, 10초간 가압. 시험가능여부
기밀시험	: 시험체 공기누출량 측정.
정압수밀시험	: 설계 풍압 20%, 3.4ℓ/min·m² 유량 15분 살수. 누수확인.
동압수밀시험	: 10분동안 정압 가압, 4ℓ/min·m² 유량 살수 → 누수확인.
영구변위	: 수평변위 변형정도 측정.
구조시험	: 구조재 변위·유리 파손 여부 확인.

문제 170 커튼월의 필드테스트(Field Test)

〔09전(10)〕

1 정의

Curtain wall 외벽시험에 있어서 mock up test는 시험소에서 실시하기 때문에 현장조건에 따라 다를 수 있는 반면에, field test는 직접 현장에서 실시하여 현장 여건에 만족하는 지를 확인하는 시험이다.

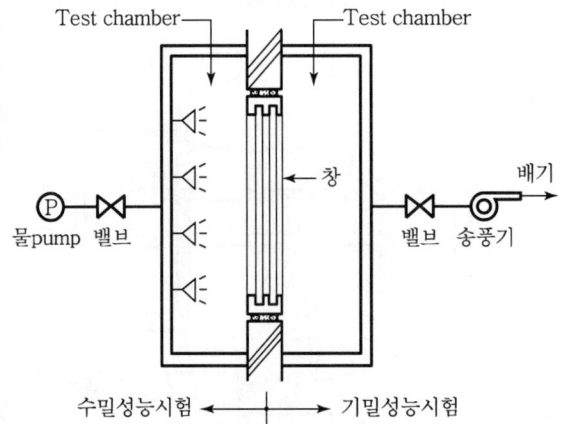

2 목적

① 공정 진행률에 따른 요구성능 확인
② 공정률 90% 이상일 때 최종적으로 성능 확인

3 시험 시 유의사항

① 시험체는 외벽(door 포함)에 실시한다.
② 외부에서 작업 가능한 발판이나 곤돌라, 비계 등을 설치한다.

4 커튼월의 시험방법

① **풍동시험(Wind tunnel test)** : 건물 주변의 기류를 파악하여 풍해의 예측 및 그에 따른 대책을 수립하는 시험
② **실물대시험(Mock up test)** : 풍동시험을 근거로 설계한 실물모형을 만들어 시험소에서 최악의 외기조건으로 실시하는 시험
③ Field Test

문제 9) 커튼월의 Filed Test

I. 정의
① 현장에서 직접 실물 시험하여 현장여건에 실제적으로 만족하는지 확인하는 시험.
② 공정률에 따라 실시하여 90% 이상시 최종 성능 확인.

II. Field Test 방법

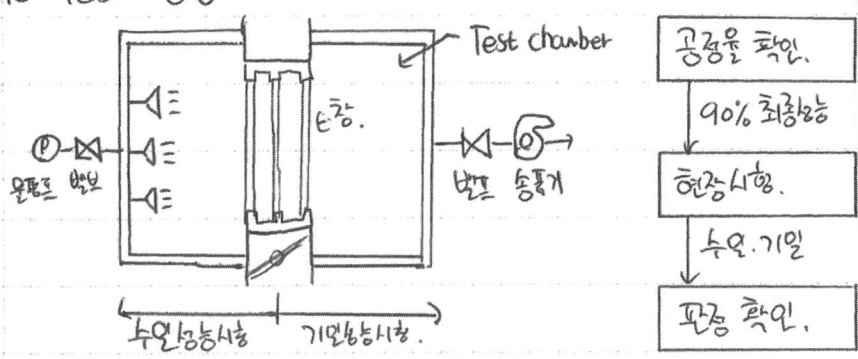

III. Field Test의 목적
① 기 시공 커튼월의 성능시험.
② 기밀, 수밀 성능 확보.
③ 결함 유무 확인.
④ 원인 규명·보완조치.

IV. 시험시 유의사항
① 시편 크기는 1개층에 3EA 4W.
② 외부 시험을 위한 곤돌라 설치.
③ 기밀성능시험 후 수밀시험 실시.
④ 시험 횟수 : 100set 당 1회, 5%, 50% 90% 공정률.

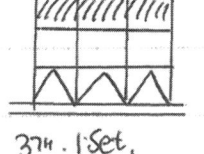
3개. 1Set.

V. 커튼월 시험 비교.

구분	풍동시험	Mock up	Filed Test
장소	시험실	시험실	현장
시기	설계이전	설치 전	설치 중·후
목적	설계에 반영	예상문제 파악	성능발현 확인

끝.

문제 171 철골공작도(Shop Drawing)의 검토 시 확인사항(유의사항)

1 정의
① 철골공작도는 설계도서와 시방서를 근거로 해서 그린 시공도면을 말한다.
② 철골공작도의 정밀도는 철골구조체 전체의 품질과 직결되므로, 면밀한 사전계획 및 검토가 요구된다.

2 철골공작도 작성 flow chart

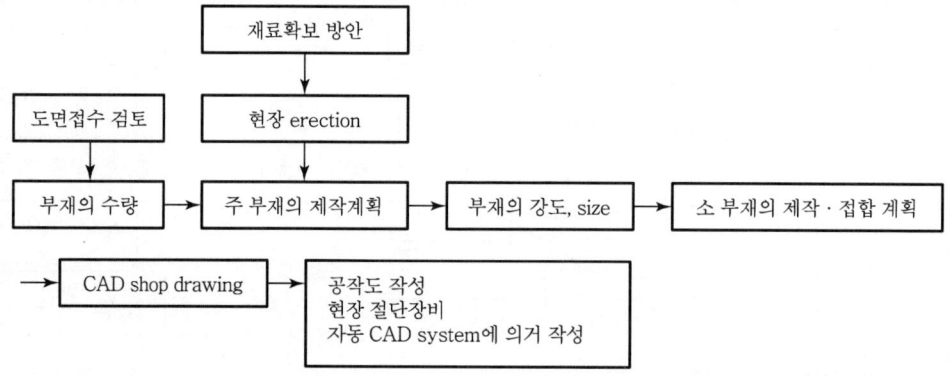

3 필요성
① 정밀시공 확보
② 도면의 이해부족으로 인한 문제점 발생예방
③ 재시공 방지
④ 책임한계의 명확성

4 검토 시 확인사항(유의사항)
① 설계도 및 설계도서에 준하여 작성
② 제작, 운반, 양중 및 현장세우기 작업 시 용이해야 하므로 사전조사 철저
③ 심선도, 각 평면도 및 골조도는 1/100~1/200으로 축적할 것
④ 기둥, 보 등 중요한 곳에는 상세도를 작성해야 하며, 1/10~1/2 축적으로 할 것
⑤ Anchor bolt 길이, 굵기, 간격, 위치, level 표시 및 매입공법 표기
⑥ 후속 공정과의 작업순서 및 작업가능 여부 확인
⑦ 각층 기준높이, 기둥이음 위치, span, 보상단 위치 등의 치수검사
⑧ Rivet·bolt의 pitch, gauge, edge 등
⑨ 용접위치, 길이, 각장, 형식 표기
⑩ 도장여부 및 방법, 재료의 검토

문제13 강구조물 공작도 (Shop Drawing) 작성

1 정의

강구조물 공작도는 설계도서와 시방서를 근거로 해서
건축시공도면으로서 구조체 전체의 품질과 직결되므로
면밀한 사전계획과 사전검토가 요구되는 작업이다.

2 Shop Drawing 작성 Flow chart

접수·검토 → 부재제작계획 → 현장 Erection

부재 Size → Shop Drawing → 공작도작성

3 필요성

① 구조체의 품질확보와 정밀시공 확보위함.
② 도면이해 부족을 방지하고 문제점 도출위함.
③ 시공의 오류로 인해 특수공종의 재시공 방지
④ Project의 작업한계를 명확하게 한다.

4 검토시 유의사항

① Shop Drawing은 설계도 및 설계도서를 기준
② 제작, 운반, 양중 등 순서가 용이해야하므로 현장조건
③ 평면도 및 골조도면은 1/100 ~ 1/200 축척으로 한다.
④ 기둥, 보 등 중요한 상세도는 1/10 ~ 1/2 축척으로 한다.
⑤ 강구조 부재연결방법 Rivet, Bolt 등 위치, 길이 등
⑥ 후속공정과의 작업순서, 및 작업가능 여부 확인
⑦ 도장의 방법, 재료강도, 기능여부 검토한다.

문제 172 기초 Anchor Bolt 매입공법

〔10전(10)〕

1 정의
① 철골공사의 기초 anchor bolt는 구조물 전체의 집중하중을 지탱하는 중요한 부분이므로, 적정한 매입공법을 선정하여 정밀시공으로 품질을 확보해야 한다.
② 기초 anchor bolt 매입공법으로는 고정매입·가동매입·나중매입공법이 있으며, 현장 여건과 건물 규모에 따라 적정 공법을 선택한다.

2 시공 도해

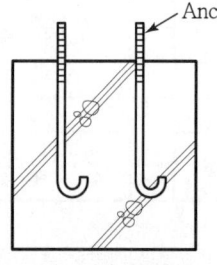
〈고정매입공법〉

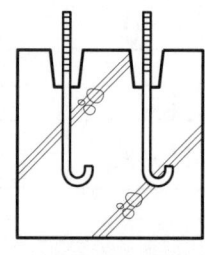
〈가동매입공법〉

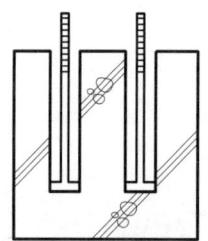
〈나중매입공법〉

3 Anchor bolt 매입공법

공법		정의 및 특징
고정매입공법	정의	기초철근 조립 시 동시에 anchor bolt를 기초상부에 정확히 묻고, Con´c를 타설하는 공법
	특징	• 대규모 공사에 적합 • 구조 안정도가 양호 • 불량시공 시 보수가 어려움
가동매입공법	정의	고정매입공법과 유사하나 anchor bolt 상부부분을 조정할 수 있도록 Con´c 타설 전 사전 조치해 두는 공법
	특징	• 중규모 공사에 적합 • 시공오차의 수정 용이 • 부착강도 저하
나중매입공법	정의	Anchor bolt 위치에 Con´c 타설 전 bolt를 묻을 구멍을 조치해 두거나 Con´c 타설 후 core 장비로 천공하여 나중에 고정하는 공법
	특징	• 경미한 공사에 적합 • 시공이 간단하고 보수가 쉬움 • 기계기초에 사용

문제 6. 기초 Anchor Bolt 매입공법

I. 개요
   ① 기초 Anchor Bolt는 하중을 지탱하는 중요한 부분이므로 적정한 매입공법을 확보해야 한다.
   ② 매입공법엔 고정매입, 가동매입, 나중매입이 있다.

II. Anchor Bolt 시공상세도

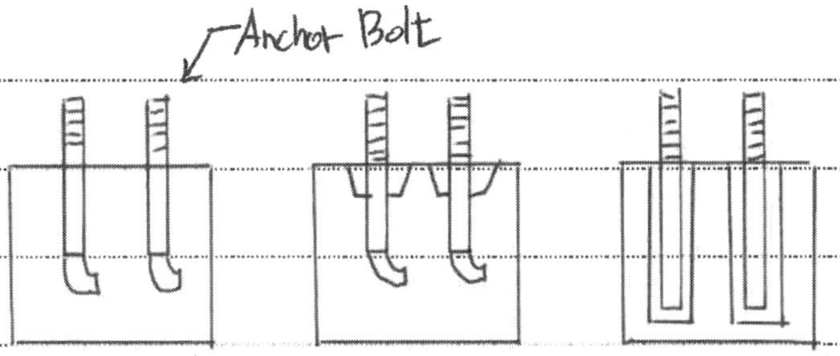

〈고정매입〉   〈가동매입〉   〈나중매입〉

III. 특징

	고정 매입	가동 매입	나중 매입
	· 대규모 공사	· 중규모 공사	· 소규모 공사
	· 구조적 안전	· 수정·보수 용이	· 수정·보수 용이
	· 보수 어려움	· 부착강도 저하	· 기계값 사용

IV. 시공시 주의사항
   - 현장 여건에 맞는 적정 공법 선정
   - 철근과 Anchor Bolt 위치 겹치지 않게 시공
   - 타설시 Anchor Bolt 움직이지 않게 주의
   - 계측 실시로 품질관리 요망   〈끝〉

문제 173 기초 상부 고름질(주각 Mortar 시공)

[20후(10)]

1 정의
기초 상부는 base판을 완전 수평으로 밀착시키기 위해 mortar를 충전시키며, mortar는 충전 후 건조수축이 없는 무수축 mortar를 사용한다.

2 기초 상부 고름질

1) 전면바름 마무리법

개요	기둥 저면의 주위보다 30mm 이상 넓게 하고 level checking한 후에 된비빔 1 : 2 mortar로 충전하여 경화 후 기둥을 세우는 방법
특징	• 시공이 간단 • 시공 시 높은 정밀도 요구 • 일반적으로 경미한 구조물에 사용

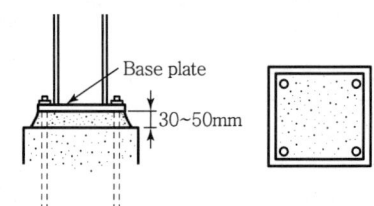

2) 나중채워넣기 중심바름법

개요	기둥 저면의 중심부만 지정높이만큼 수평으로 바르고 기둥을 세운 후 사방에서 mortar를 다져넣는 방법
특징	• 수정할 때 작업이 용이 • Level 조절이 쉬움 • 대규모 공사에 적합

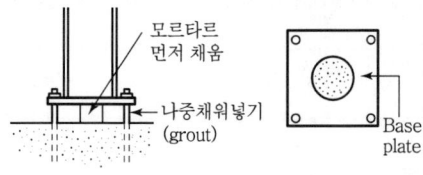

3) 나중채워넣기 십자(+)바름법

개요	기둥 저면에서 대각선방향 +자형으로 지정높이만큼 mortar를 바르고 기둥을 세운 후 그 주위에 mortar를 다져넣는 방법
특징	• 고층철골 시공 시 적용 • 중앙부에 +자형 pad mortar 설치 • Grouting 시 공극발생 쉬움

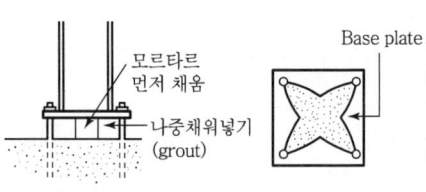

4) 나중채워넣기법

개요	Base plate 중앙에 구멍을 내고 4귀에 철판을 괴어 수평조절하고 기둥을 세운 후 mortar를 다져넣는 방법
특징	• 경미한 공사에 적합 • Nut로 level 조절 가능 • Base plate 중앙부에 공기구멍 확보

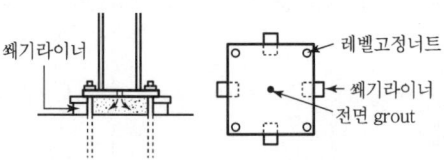

문제 11> 철골공사에서 철골기둥 하부의 기초상부 고름질

I. 철골기둥하부 기초 상부 고름질이란

기초 상부와 base판 완전수평 밀착 목적 Mortar충전
건조수축이 없는 무수축모르타르 사용

II. 기초 상부 고름질의 필요성과 효과

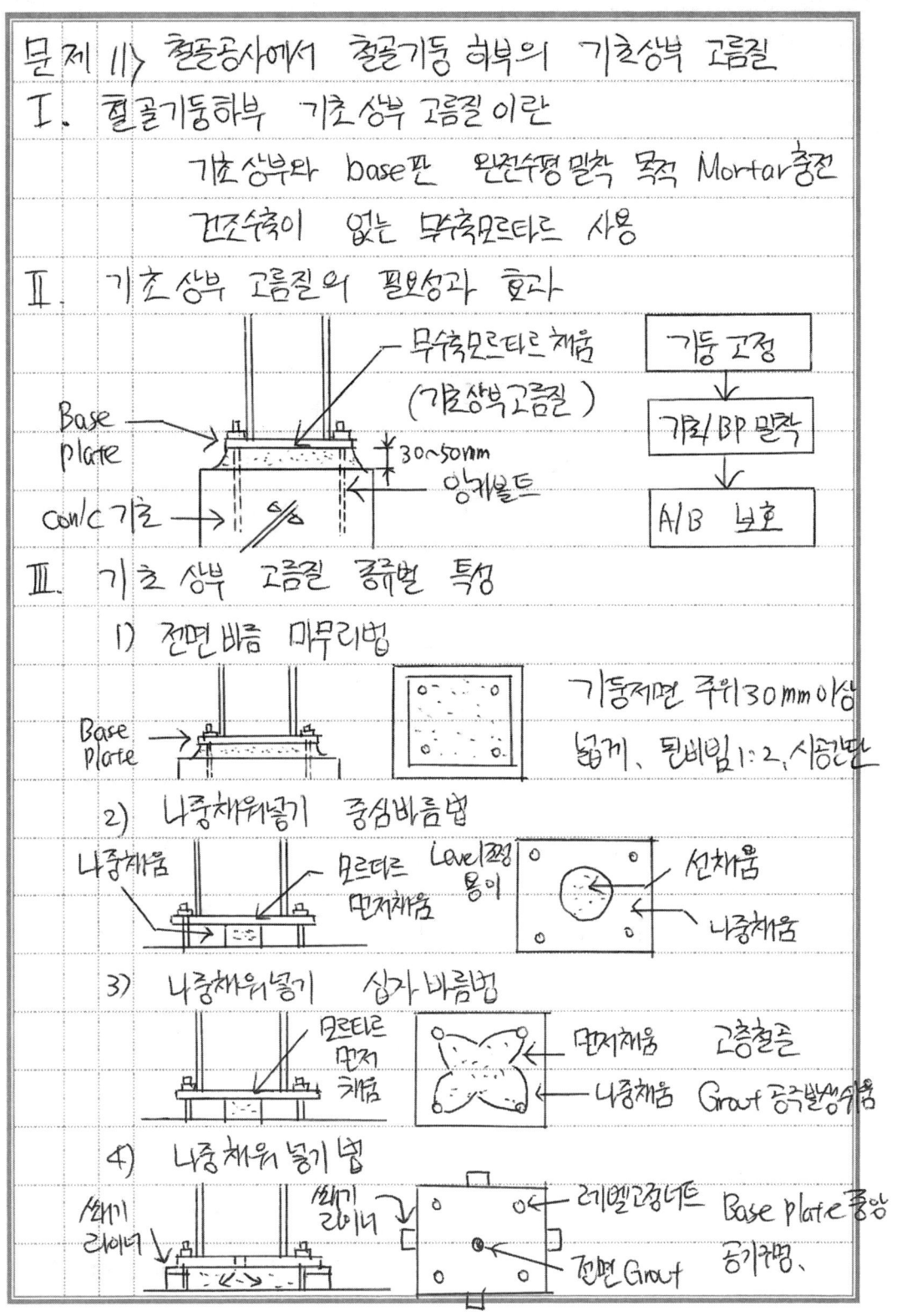

III. 기초 상부 고름질 종류별 특성

1) 전면 바름 마무리법

   기둥저면 주위 30mm이상 넓게, 된비빔 1:2, 시공면

2) 나중채워넣기 중심바름법

   나중채움 / 모르타르 면저채움 / Level평 용이 / 선채움 / 나중채움

3) 나중채워넣기 십자 바름법

   모르타르 면저채움 / 면저채움 / 나중채움 / 고층철골 Grout 공극발생시용

4) 나중 채워 넣기법

   쐐기 라이너 / 레벨고정너트 / 전면 Grout / Base plate 중앙 공기구멍.

문제 174 철골조립 작업 시 계측방법

〔15후(10)〕

1 정의
① 철골조립작업이란 공장에서 제작된 부재를 운반하여 현장 여건에 적절한 건립공법에 의해 접합하는 것을 말한다.
② 철골조립 시에는 건물의 사이즈 굴곡 등에 대한 계측이 필요하다.

2 철골조립 작업 시 항목별 계측방법

항목	계측방법
건축물의 기울기 사이즈	기둥 각 절의 기울기로부터 산출
건축물의 굴곡	• 1개 층에 기준 기둥을 두고 기준 기둥과의 고르지 않음을 측정하여 그 값으로 측정 • 피아노선, 금속제 곧은 자 사용
기둥 끝에 붙은 면의 높이	• 레벨을 사용하여 각 기둥마다 4개소 이상 측정 • 레벨, 스터프 이용
공사현장 이음층의 층높이	• 이음층 2개의 기둥에 레벨로 기준점을 잡고 각각 기준점 상하부의 높이를 측정 • 레벨, 컨벡스 롤 이용
보의 수평도	• 측정보의 각각 단부 높이를 측정 • 레벨, 스터프 등을 이용

3 철골정밀도 유지방안
① 측정시기는 이른 아침 일정한 시간 등 바람 및 열팽창에 의한 오차를 고려
② 측정은 건물의 중앙에서 외부로 수정
③ 철골에 보조 부착물이 필요한 경우 세우기 작업 전 준비

4 계측 후 수정 시 유의사항
① 수정 시 가력할 때는 무리한 변형을 방지
② 턴버클을 통한 가새 수정은 금지
③ 세우기는 매 층마다 수정, 마지막 공정이 끝난 후 다시 확인
④ 수정 작업 시 보조 와이어를 대각선 방향으로 설치하여 수정 후 변형 방지
⑤ 당김줄에 의한 수정작업은 볼트구멍 허용차 때문에 보통 전체적인 span이 짧아지므로 주의
⑥ 강성이 작은 철골의 경우 부재가 탄성변형하여 수정되지 않는 경우가 있으므로 주의가 필요

문제 8 철골 작업시 계측 방법

I. 정의

① 철골 조립이란 공장 제작된 철골을 현장 여건에 적정한 방법으로 접합하는 것
② 철골 조립시 사이즈, 물론에 대한 계측 필요

II. 철골조립 시공 정밀도

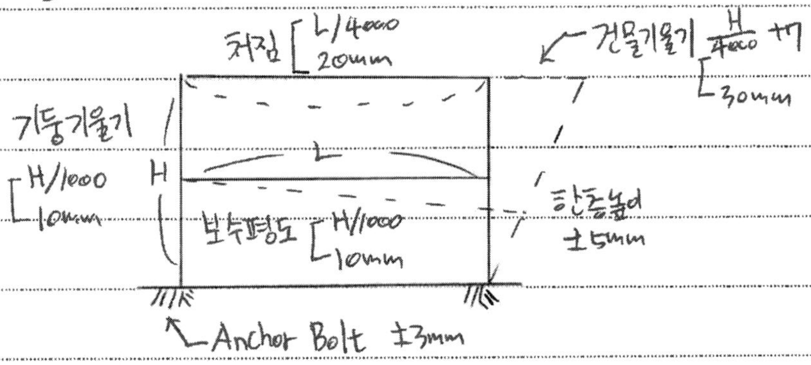

- 처짐: L/4000, 20mm
- 건물기울기: H/4000 +7, 30mm
- 기둥기울기: H/1000, 10mm
- 보수평도: H/1000, 10mm
- 한층높이: ±5mm
- Anchor Bolt: ±3mm

III. 항목별 계측 방법

항목	계측 방법
건물 기울기	기둥 각 점의 기울기에서 산출
보 수평	양단부 레벨기로 레벨 측정
층 높이	상하층 기둥 기점 높이 측정

IV. 시공 정밀도 측정시 고려사항

- 외기에 의한 열팽창 고려
- 측정은 건물 중앙 외부 순으로 진행
- 측정 후 무리한 변형 금지
- 세우기는 매층마다 측정
- 마지막 공정측 최종 세우기 확인 (끝)

문제 175 건축구조물 기둥수직도의 시공오차 허용범위

〔97중후(20), 24중(10)〕

1 정의
① 건축구조물의 정밀도는 철골조 제작 및 시공에 있어서 허용오차 범위 내에서 제작·시공되는 것을 말한다.
② 기둥수직도의 시공오차 허용범위는 제작·시공상의 목표 값인 관리허용오차와 제품의 합격 여부를 가리는 한계허용오차가 있다.

2 기초 anchor bolt 매입정밀도

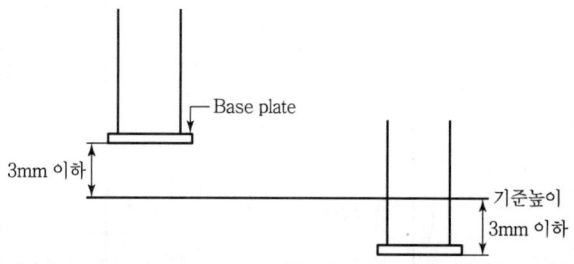

Base plate 하단은 기준높이 및 인접기둥의 높이에서 3mm 이상 벗어나지 않을 것

3 기둥수직도의 시공오차 허용범위

1) 기둥 기울기
  ① 관리허용오차 : $e \leq H/1,000$, 10mm
  ② 한계허용오차 : $e \leq H/700$, 15mm

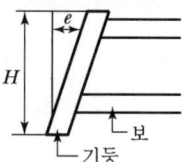

2) 기둥 길이
  ① 관리허용오차 : $\Delta L = \pm 3mm$
  ② 한계허용오차 : $\Delta L = \pm 5mm$

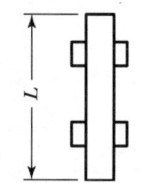

3) 기둥의 휨
  ① 관리허용오차 : $e = L/1,500$, 5mm
  ② 한계허용오차 : $e = L/1,000$, 8mm

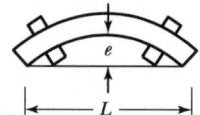

4 시공 시 유의사항
① 조립순서 및 조립방법 결정
② 양중장비 점검 및 양중 안전 점검
③ 고소작업에 대한 안전 점검

문제 12> 철골 세우기 중 기둥 수직도의 허용오차 범위

I. 정의

철골 기둥 제작 및 시공에 있어서 허용오차 범위 내 제작, 시공되는것, 목표값인 관리허용오차와 제품의 합격여부 가리는 한계허용오차

II. 시공오차 허용범위 개념도

기둥기울기		기둥길이
·관리 ≤ H/1,000, 10mm	철골조	·관리 : ±3mm
·한계 ≤ H/700, 15mm	e	·한계 : ±5mm
기둥 휨		
·관리 ≤ L/1,500, 5mm		
·한계 ≤ L/1,000, 8mm	기준높이 3mm 이하	기준높이

III. 기둥 수직도 허용오차

구분	관리허용오차	한계허용오차
기울기	≤ H/1,000, 10mm	≤ H/700, 15mm
길이	±3m	±5mm
휨	≤ L/1,500, 5mm	≤ L/1,000, 8mm

IV. 시공시 유의사항

1) 조립순서 및 조립방법 결정
2) 양중장비 점검 및 양중안전 점검
3) 고소작업에 대한 안전점검
4) 높이 20m 이상은 재정도 검토 대상

문제 176 PEB(Prefabricated Engineered Build)

〔05중(10), 08중(10), 22중(10), 23후(10)〕

1 정의
① PEB system은 computer program에 의해 설계 및 제작되는 철골구조물 건축공법이다.
② 최대 120m까지의 long span으로 내부 기둥 없이 공간 효율을 극대화시킬 수 있고 경제성이 뛰어나 중대형 공장, 물류창고, 대형 market 등에 적용되고 있다.

2 구성도 및 시공순서 flow chart

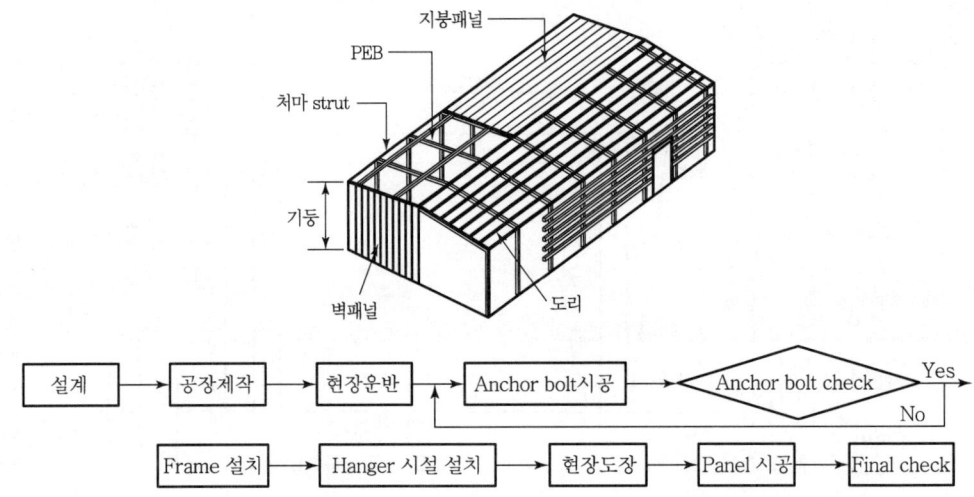

3 특징

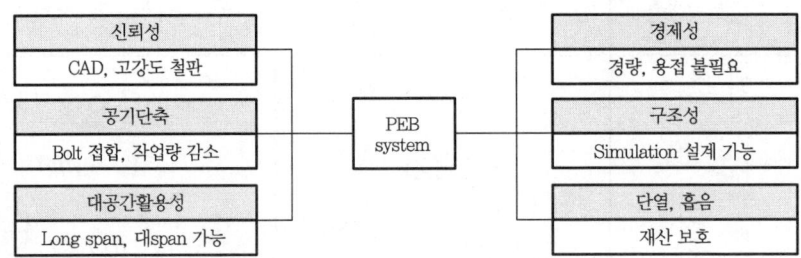

4 기존철골과 PEB system 비교

구분	기존철골	PEB system
Design	구조계산 및 설계 도면을 별도로 작업	• 전용 software에 의해 구조계산 • 설계도면 작업이 동시에 가능(설계기간의 단축)
구조해석	부재의 단면변경이 곤란(철골중량의 증대)	단면변경이 용이(철골중량의 절감 및 건축물의 경량화)
제작성	현장 또는 공장에서 제작	• 100% 공장제작 • 품질 우수 및 표준화 가능
시공성	현장제작설치작업으로 공기가 다소 소요	공장 제작품의 현장조립으로 설치기간이 짧음

문제 10. PEB (pre-engineered building system)

1. 정의

① PEB system은 computer program에 의해 설계·제작 후 시공되는 철골구조물이다.

② 120m까지 큰 span 시공이 가능하여 물류창고, 대형 Mart 등에 다양하게 적용된다.

2. 시공도

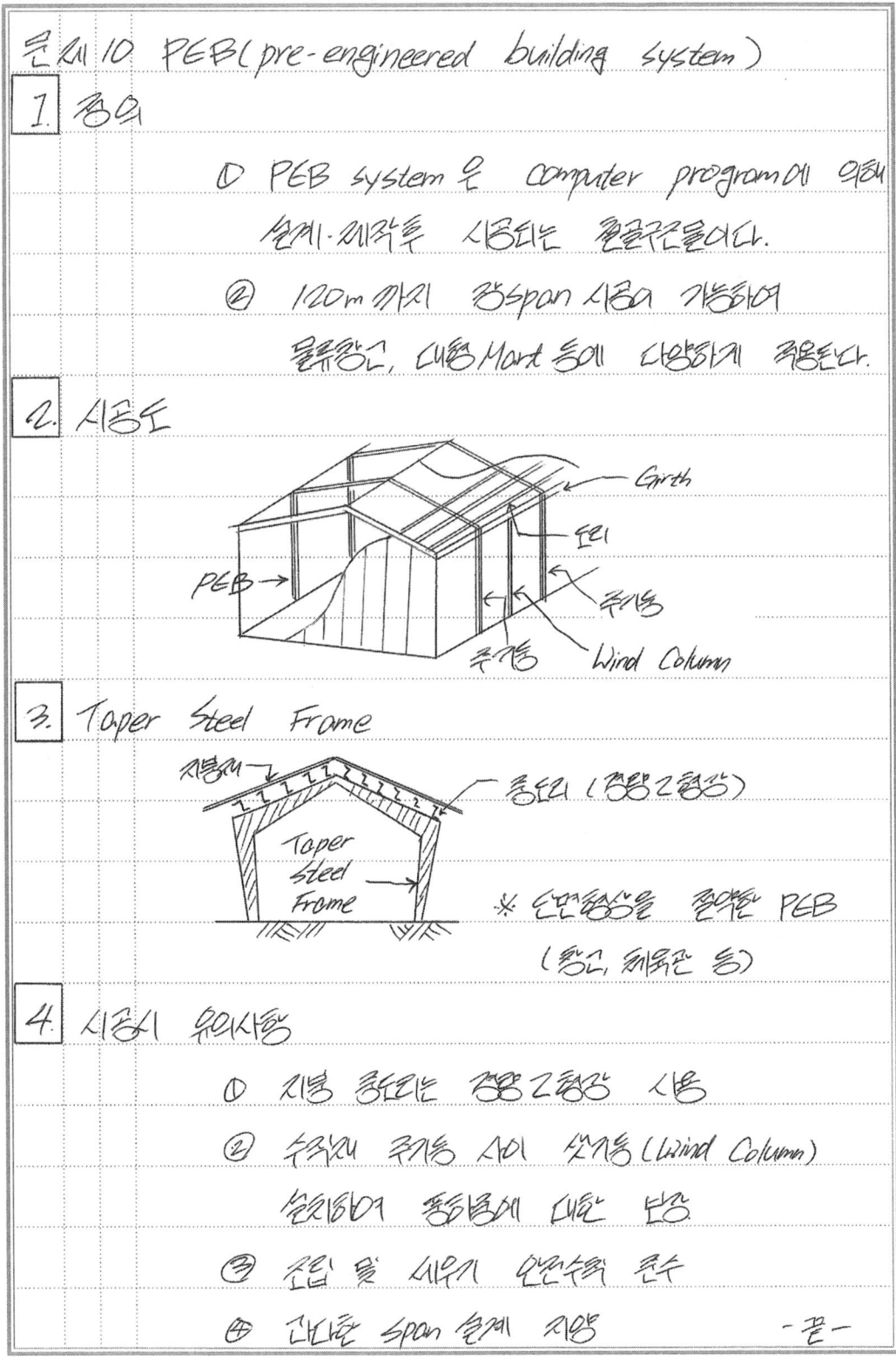

3. Taper Steel Frame

※ 단면응력을 줄여준 PEB
(창고, 체육관 등)

4. 시공시 유의사항

① 지붕 중도리는 경량 C 형강 사용

② 수직벽 주기둥 사이 샛기둥 (Wind Column) 설치하여 풍하중에 대한 보강

③ 조립 및 세우기 안전수칙 준수

④ 간단한 span 설계 지양

- 끝 -

문제 177 윈드컬럼(Wind Column)

〔20후(10), 24중(10)〕

1 정의
건물 외부 마감재를 지지하는 부재로 가로부재인 girth를 지탱하고, 풍하중을 견딜 수 있는 벽 system을 지원하는 수직부재로 샛기둥이라고도 한다.

2 윈드컬럼 시공도

〈주 기둥 사이를 잇는 샛기둥〉

3 특성
① 상·하부 접합부를 핀(pin)으로 설계하는 경우가 많음
② 때로는 상부 지점을 세로로 긴 슬롯구멍(slot hole)으로 처리
③ 위아래로는 이동단(roller support) 처리, 때로는 1차 구조부재인 기둥과 같이 상부 거더(girder)와 강접합하여 사용
④ 바람이 저항하는 역할이 크다면, 철골계단의 샛기둥은 중력하중인 고정하중과 활하중에 저항하는 역할이 큼

4 시공 시 유의사항
① 수정 시 가력할 때는 무리한 변형 방지
② 턴버클을 통한 가새 수정은 금지
③ 세우기는 매 층마다 수정, 마지막 공정이 끝난 후 다시 확인
④ 수정 작업 시 보조 와이어를 대각선 방향으로 설치하여 수정 후 변형 방지
⑤ 당김줄에 의한 수정작업은 볼트구멍 허용차 때문에 보통 전체적인 span이 짧아지므로 주의
⑥ 강성이 작은 철골의 경우 부재가 탄성변형하여 수정되지 않는 경우가 있으므로 주의가 필요

문제 10) 윈드칼럼 (Wind Column)

I. 윈드칼럼의 의미

건물 외부 마감재를 지지하는 부재, 가로부재인 거스(Girth)를 지탱하는 수직부재, 풍하중 지지 2차 구조부재, 샛기둥

II. 윈드칼럼 시공도해

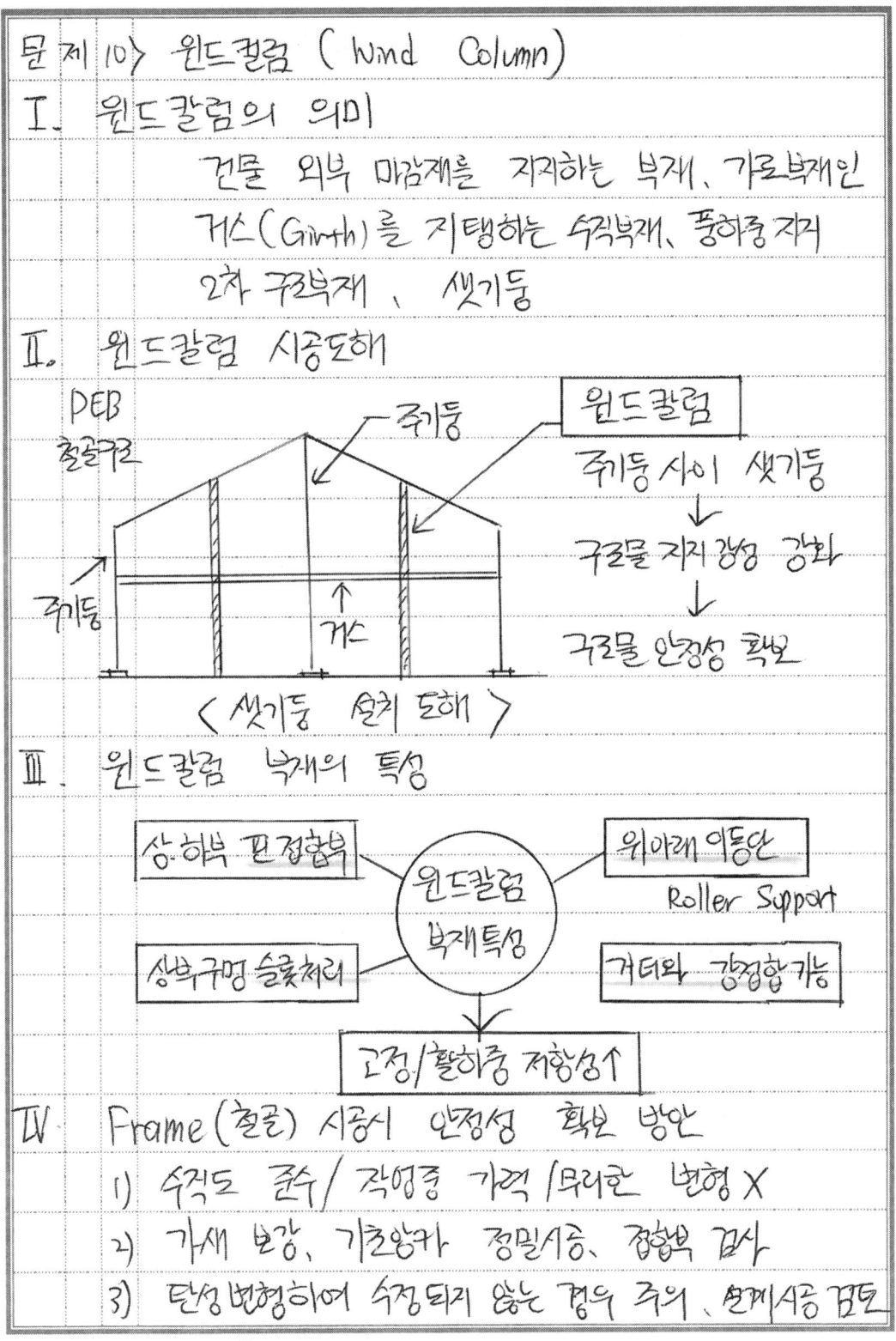

< 샛기둥 설치 도해 >

PEB 철골구조
주기둥
윈드칼럼
주기둥 사이 샛기둥
↓
구조물 지지 강성 강화
↓
구조물 안정성 확보

III. 윈드칼럼 부재의 특성

- 상·하부 고정접합부
- 위아래 이동안 Roller Support
- 상부구멍 슬롯처리
- 거터와 강접합 가능
↓
고정/활하중 저항상승↑

IV. Frame(철골) 시공시 안정성 확보 방안

1) 수직도 준수 / 작업증 가격 / 무리한 변형 X
2) 가새 보강, 기초앙카 정밀시공, 접합부 검사
3) 탄성변형하여 수정되지 않는 경우 주의, 단계시공 검토
4) 턴버클을 통한 가새수정은 금지
5) 세우기는 매층마다 수정

문제 178 Taper Steel Frame(Tapered Beam)

〔97전(15), 05전(10), 16후(10)〕

1 정의
기둥과 지붕보(경사보)를 공장에서 기성재로 만들어 현장에서 조립하는 것으로 고력 bolt로 접합하며, 해체 및 이설이 용이하며, PEB에서 단면을 절약한 구조로 tapered beam이라고도 한다.

2 시공도해

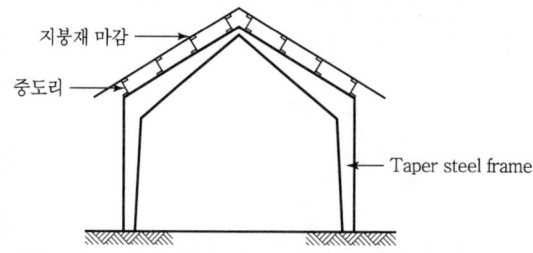

3 용도
① 창고
② 공장
③ 체육관

4 특징
① 공장생산 제품으로 정밀도가 높다.
② 접합은 고력 bolt를 사용하므로 세우기품이 절약된다.
③ 공사기간이 단축된다.
④ Flange나 web의 응력상태에 따라 재두께를 선정할 수 있어 경제적이다.
⑤ 간 사이가 7~30m까지 가능하므로 대형 공간 확보가 용이하다.
⑥ 해체 및 이설이 용이하다.

5 시공순서 Flow Chart

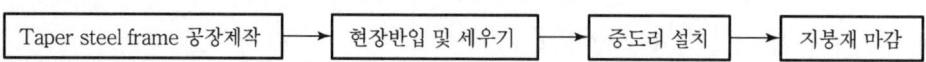

6 시공 시 유의사항
① 중도리는 경량 Z형강을 사용한다.
② Submerged arc 용접(자동용접)으로 가공한다.
③ 지붕재는 deck plate, 함석 등을 bolt 또는 고강도 못으로 견고하게 고정한다.
④ 세우기 및 조립작업 시 안전에 유의한다.

문제9> 철골공사의 Tapered Beam

I. Tapered Beam에 대하여

기둥과 지붕보 (경사보)를 공장에서 기성재로 만들어 고력볼트로 현장조립, PEB에서 단면절약구조

II. Tapered Beam 시공도, 용도

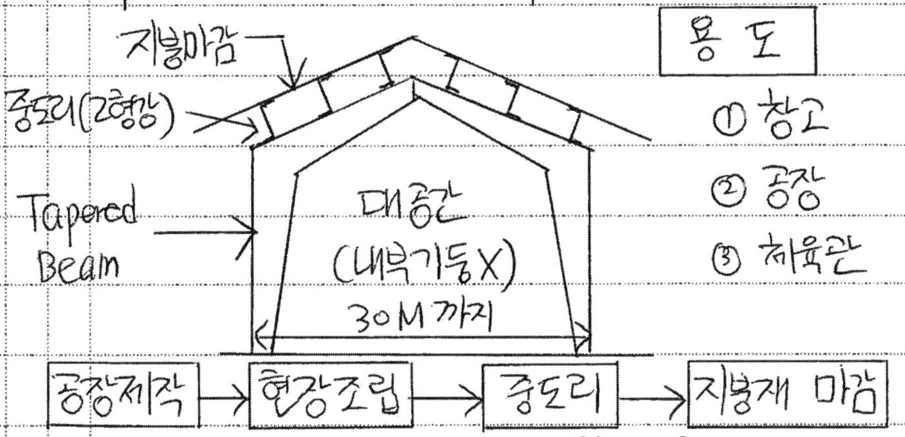

```
지붕마감
중도리(Z형강)
Tapered Beam
대공간 (내부기둥X)
30M 까지
```

용도
① 창고
② 공장
③ 체육관

| 공장제작 | → | 현장조립 | → | 중도리 | → | 지붕재 마감 |

III. Tapered Beam 특징에 대한 고찰

1) 공장생산 제품으로 정밀도 우수
2) 접합은 고력볼트 사용, 세우기 품 절약
3) 공기단축, 경제성, 노무절감
4) 플랜지나 웨브 응력 상태에 따라 부재두께 선정
5) 간 사이 7~30m 까지 가능, 대형 공간 확보 용이
6) 해체 및 이설 용이

IV. Tapered Beam 와 PEB 비교

Tapered Beam	PEB
PEB에서 단면절약구조	컴퓨터 프로그램 설계 제작
7~30m 경간	최대 120m 장스팬

문제 179 고장력 Bolt(High Tension Bolt)

[81전(7), 90후(10)]

1 정의
① 고탄소강 또는 합금강을 열처리한 항복강도 700MPa 이상·인장강도 900MPa 이상의 고장력 bolt를 조여서, 부재간의 마찰력에 의하여 응력을 전달하는 접합방식이다.
② 시공이 간편하면서 접합부의 강도가 크므로 구조체의 접합에 가장 많이 사용되나, 가격이 고가이고 숙련공이 필요하다.

2 고장력 Bolt의 접합방식 및 원리

접합방식	원리
마찰접합	부재의 마찰력으로 bolt축과 직각방향의 응력을 전달하는 전단형 접합방식
인장접합	Bolt의 인장내력으로 bolt 축방향의 응력을 전달하는 인장형 접합방식
지압접합	Bolt의 전단력과 bolt 구멍의 지압내력에 의해 응력을 전달하는 접합방식

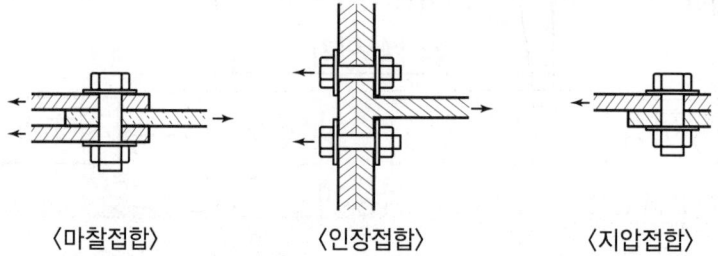

〈마찰접합〉　　〈인장접합〉　　〈지압접합〉

3 특징
① 접합부 강도가 크며, 강한 조임으로 nut 풀림이 없다.
② 응력집중이 적고 반복응력이 강하다.
③ 시공이 간단하며 공기를 단축할 수 있다.
④ 접촉면 관리와 나사 마무리 정도가 어렵다.
⑤ 조이기 검사가 필요하다.
⑥ 숙련공이 필요하며 비교적 고가이다.

4 고장력 Bolt의 조임순서
① 1차 조임 : Torque wrench, impact wrench를 사용하여 bolt군마다 중앙에서 단부로 조인다.
② 금매김 : 1차 조임 후 bolt, nut, washer 및 부재에 금매김을 한다.
③ 본조임
　• Impact wrench법
　• Torque control법
　• Nut 회전법

문제 21 고장력 Bolt.

I. 정 의

① 고탄소강을 열처리한 항복강도 700MPa, 인장강도 900MPa 이상 고강도 Bolt

② 시공이 간편하고 강도가 크므로 접합에 많이 사용되나 고가이고 숙련공 필요.

II. 고장력 Bolt 접합방식

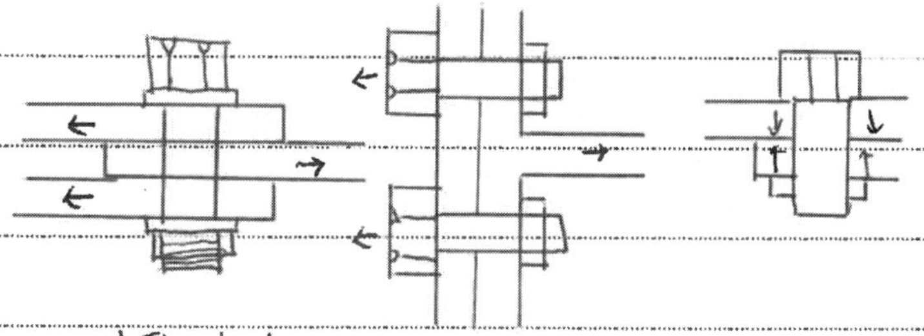

마찰접합   인장접합   지압접합

III. 특징

장 점	단 점
• 접합부 강도 ↑	• 조이기 검사 필요
• 응력 전달 탁월	• 비교적 고가
• 반복응력에 강하다	• 숙련공 요구

IV 시공시 유의사항

• 양중계획 수립 사전 실시
• 근로자 안전교육 숙지 중요
• Bolt 낙하 금지
• 온도에 의한 변형 고려   〈끝〉

문제 180 TS bolt(TC bolt)

〔95중(10), 98중전(20), 04중(10), 19후(10), 22후(10)〕

1 정의

① TS bolt란 torque shear bolt의 약자로서 나사부 선단에 6각형 단면의 pintail과 break neck으로 형성된 bolt로, 조임 torque가 적당한 값이 되었을 때 break neck이 파단되는 고력 bolt의 일종으로 TC(Tension Control) bolt라고도 한다.
② Pintail은 nut를 조일 때 전동 조임기구에 생기는 반력에 의한 회전을 방지하도록 작용하며, 사용이 간편하나 조임 후 검사가 필요 없다.

2 시공 상세도

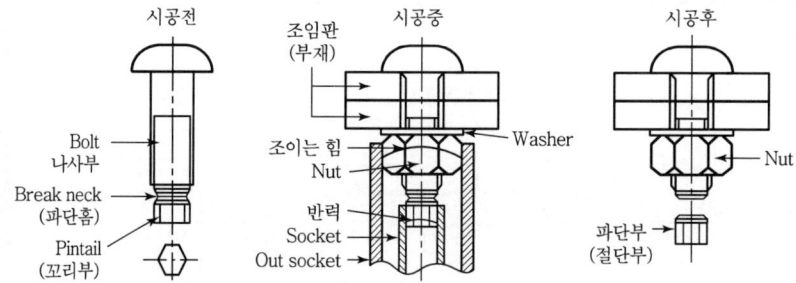

3 고장력 Bolt의 종류

① TS(Torque Shear) bolt
② TS형 nut
③ Grip bolt
④ 지압형 bolt

4 특징

① 사용이 간편하다.
② 온도의 영향을 받기 쉽다.
③ 조임이 끝난 후 검사가 곤란하다.
④ 안정된 bolt의 조임 축력이 필요하다.

5 시공 시 유의사항

① Nut 및 washer는 bolt의 강도에 따른 표준형 고력 bolt를 사용
② 한번 조임이 된 후에는 검사가 곤란하므로 torque치를 정확하게 check할 것
③ Torque치에 의존하는 방식이므로 torque치 변동에 유의할 것

6 T/S(Torque Shear)형 고력볼트의 축회전

① T/S형 고력볼트 전용 전동렌치 사용 시 볼트 머리와 철골면의 마찰력이 너트 쪽보다 작게 되는 경우와 외측 소켓이 불순물과의 접촉에 의해 회전하지 않는 경우, 내측 소켓만 돌게 되는 현상을 축회전 현상이라 한다.
② 축회전 상태로 pin tail이 파단 시 정상값의 10~20% 조임값이 감소하므로 철저한 관리가 필요하다.

1. 공법
   (+공법)
   - Ⅰ. 정의
   - Ⅱ. 시공도/시공순서
   - Ⅲ. 시공시 유의사항
   - Ⅳ. 비교

문제 31. TS Bolt (Torque Shear)(TC Bolt)

Ⅰ. 정의

① 나사부 선단이 Pintail과 Break neck으로 구성된 Bolt로, 조임 Torque 확보시 Break neck이 파단되는 고력 Bolt의 일종

② Pintail은 조임기에 의해 생기는 반력에 의한 회전을 방지하여, 조임후 검사가 필요없다.

Ⅱ. 시공도 및 체결순서

```
     ┌─────────┐
1차 조임
     └────┬────┘
          ↓
     ┌─────────┐
     금매김
     └────┬────┘
          ↓
     ┌─────────┐
     2차 조임
     └─────────┘
```

← Pintail
← Break neck
← 파단부

Ⅲ. 시공시 유의사항

- 1차 조임후 반드시 금매김 실시
- 축회전 상태로 Pintail이 파단되면 정상 조임값의 10~20% 감소

Ⅳ. 고력볼트 조임검사방법 비교

도크 관리법	너트 회전법
- Sampling 검사 (Torque 값의 ±10%이내) - 전수검사	120°±30° 이내

〈끝〉

문제 181 고력볼트 현장반입검사

〔15중(10), 20전(10)〕

1 정의
① 현장에서 고력볼트를 반입할 경우는 완전히 포장된 것을 미개봉 상태로 반입하여야 하며, 개봉제품의 경우 품질검사 후 사용한다.
② 반입 시에는 포장상태, 외관, 등급, 지름, 길이, 로트(lot) 번호 등을 반드시 검사한다.

2 현장반입검사

1) 검사성적표 확인
제작자에게 검사성적표 제시를 요구하여 발주조건 만족 여부 확인

2) 볼트 장력의 확인
① 토크 관리법을 이용하여 고력볼트의 장력 확인 검사

구분	방법	결과
1차 확인	1lot마다 5set씩 임의로 선정, 볼트 장력 평균값 산정	• 10set의 평균값이 규정값 이상이면 합격 • 10set의 평균값이 규정값을 벗어난 경우는 특기시방에 따름
2차 확인	1차 확인 결과 규정값에서 벗어날 경우 동일 lot에서 다시 10개를 취하여 평균값 산정	• 정밀도의 확인이 필요 • 조임기구는 조일 수 있는 적정한 개수가 있으며, 그 이상이 되면 정밀도 저하

② 검사장비
  • 검사에 이용하는 축력계 및 조임기구는 검교정된 상태의 것을 사용
  • 정밀도 확인 필요
  • 조임기구는 조일 수 있는 적정한 개수가 있으며, 그 이상이 되면 정밀도 저하

3 고력볼트 현장취급 방안
① 고력볼트는 종류, 등급, 사이즈(길이, 지름), 로트별로 구분하여 빗물, 먼지 등이 부착되지 않고 온도 변화가 적은 장소에 보관
② 운반, 조임 작업 시 나사산이 손상된 것은 사용금지

4 취급 시 유의사항
① 외기에 방치할 경우 재질 변질
② 전용의 보관함(container)이나 비닐시트 등을 보양
③ 당일 개봉된 전량을 사용치 못했을 경우 반드시 정해진 보관장소에 보관

번호		
	. 고력볼트 현장반입검사	
1	개 요	
	• 현장에서 고력볼트 반입 시, 미개봉 상태로 반입하여, 자재성적표, 포장상태, 외관, 등급, 지름, 로트번호 및 토크관리법 이용 볼트장력을 확인해야 한다.	
2	고력볼트 현장 반입 검사	
	구 분	검 사 방 법
	Spec 준수확인	자재성적표, 포장훼손 여부 확인
	볼트장력확인	1 Lot당 5set 확인 → 평균값 확인
	(토크관리법)	불합격시 동일 lot 10 set 확인
3	검사시 유의사항	
	① 제작자의 자재성적표와 별주조건 동일 여부 확인	
	② 검사에 이용하는 축력계와 조임기구는 검교정후 사용	
	③ 조임기구별 적정 조임 횟수 준수하여 정밀도확보	
4	고력볼트 취급시 유의사항	
	① 종류, 등급, 사이즈, lot별 구분 보관	
	② 전용 보관함 이나 비닐시트 등으로 보양	
	③ 나사산이 손상된 것은 사용 금지	
5	고력볼트의 조임검사	
	육안검사	TS볼트 Pintail 파단, 잔주나사산 1~6개
	토크관리법	규정토크값 ±10% 합격
	너트회전법	너트 회전각 120 ±30% 합격(끝)

문제 182 고장력 볼트의 조임방법과 검사법

〔07중(10), 14후(10)〕

1 정의
고장력 bolt 조임방법은 1차 조임, 금매김, 본조임의 순서대로 하며, 표준 bolt장력을 얻을 수 있어야 한다.

2 조임방법

1) 1차 조임
   ① 표준 bolt장력의 80% 정도의 값이 나오도록 impact wrench로 조임
   ② 1차 조임 torque값
   계산에 의해 torque값을 구하는 것이 원칙이나 현장에서는 다음 값으로 검사

고장력 볼트의 호칭	M16	M20, M22	M24	M27	M30
1차 조임 토크(N·m)	100	150	200	300	400

2) 금매김
   1차 조임 후 모든 bolt에 금매김을 함

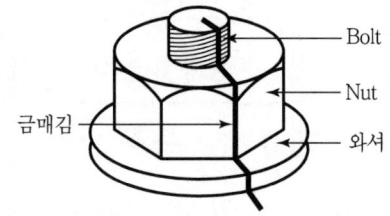

3) 본조임
   ① 토크 관리(torque control)법
   표준 bolt장력의 100% 값이 얻어질 수 있도록 impact wrench로 조임
   ② Nut 회전법
   1차 조임 후 금매김을 기점으로 nut를 120° 회전시킴

구분	회전각
볼트 길이가 지름의 5배 이하일 때	120°±30°
볼트 길이가 지름의 5배를 초과할 때	시공조건과 일치하는 예비시험으로 목표회전각을 결정

3 검사법

구분	검사방법
Torque control법 (torque 관리법)	• 본조임 완료 후 모든 bolt에 대해서 1차 조임 후에 표시한 금매김에 의해 nut의 회전량을 육안으로 검사한다. • 반입검사 때에 얻어진 평균 torque값의 ±10% 이내의 것을 합격으로 한다.
Nut 회전법	• 본조임 완료 후 모든 bolt에 대해서 1차 조임 후에 표시한 금매김에 의해 nut의 회전량을 육안으로 검사한다. • 1차 조임 후, 2차 조임 시 nut의 회전량이 120°±30°의 범위에 있는 것을 합격으로 한다.

문제 27) 고장력 Bolt 조임방법

I. 개요

① 고장력 볼트는 접합부 강도가 우수하고 시공이 간단하여 현장에서 많이 쓰임
② 고장력 Bolt는 1차조임-금매김-2차조임 순으로 실시하며 표준 장력을 얻어야 한다.

II. 고장력 Bolt 조임방법

120°±30°이내 — 고장력 Bolt
와셔 — Nut

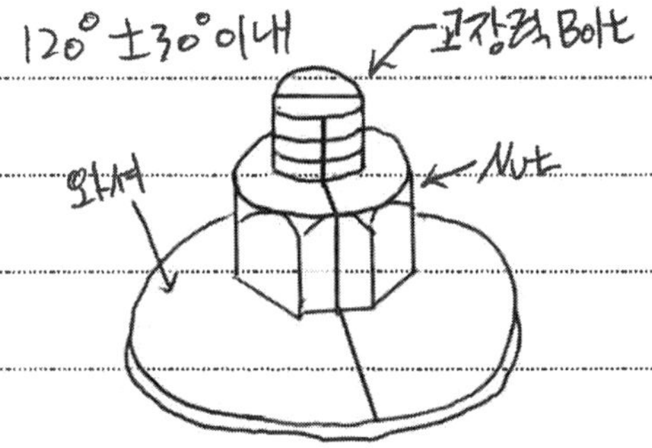

1차조임 (80%) → 금매김 (모든 Bolt) → 2차조임 (100%)

III. 조임검사 방법

구분	검사방법
육안검사	T·S Bolt의 pintail 파단, 나사산 6개
토크관리법	표준 토크값의 ±10% 이내
너트회전법	120°±30° 이내 합격

IV. 시공시 유의사항

- KS 및 KOLAS 인증제품 사용
- 1차조임 후 반드시 금매김 실시
- Bolt 재사용 금지
- 온도변화에 의한 부재 수축·팽창 고려 (끝)

문제 183 | 철골공사에서의 용접절차서 (Welding Procedure Specifications)

〔18전(10)〕

1 정의
① 용접절차서란 용접 작업의 전반적인 용접의 이음매 요구조건, 모재 재질, 두께, 용착 금속형태, 용접의 전기적 특성, 용접자세 등을 기록한 서류를 말한다.
② WPS는 용접부의 기계적 성질 확보 및 용접사를 위한 지침의 제공을 목적으로 한다.

2 현장 용접절차 체계

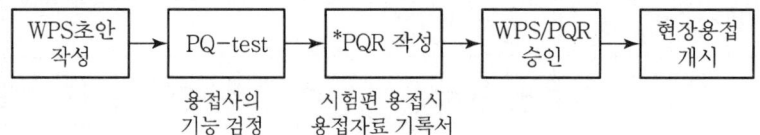

* PQR(Procedure Qualification Record) : 절차검증기록서

3 용접절차서 주요내용

구분	기입내용
기본사항	작업표준번호, 일자, 용접방법, 형태
이음설계	이음형태, 덧댐판
Base metal(모재)	모재두께, path당 최대 두께 제한
Filler metal(용가재)	용착금속 두께
용접자세	Groove 자세, fillet 자세, 진행방향
예열	최저 예열온도, 치대 패스 간 온도, 예열유지
후열처리	후열처리 온도, 시간범위
GAS	가스 종류, 혼합가스 조성비율, 유량

4 용접시공 시 주요 관리사항
① 용접순서 계획 검토 : 잔류응력 최소화 관리, 중앙 → 외측으로 용접 시행
② 용접 시 기상조건 고려

기상조건	고려사항
기온	• 0℃ 이하 : 원칙적 용접금지 • 부득이 용접 필요 시 : 접합부 100mm 범위 모재 36℃ 이상 가열
바람	바람 강한 날 : 바람막이 설치
습도	실내의 경우 모재의 표면 및 밑면 부근의 수분 제거 확인

③ 용접부 검사 : 육안검사(10% 이상) → 염색침투 탐상검사(표면) → 초음파 탐상검사(내부)
④ 용접봉 건조상태 확인

WPS

번호 10. 철골공사에서의 용접절차서 (Welding Procedure Specifications)

I. 정의

① 용접 작업의 전반적인 내용을 기록한 서류로 용접부 기계적 성질 확보 및 용접사 지침 제공이 목적

② 용접부 이음매 요구조건, 모재 재질/두께, 용착금속 형태, 용접자세 등이 기록되어 있다.

II. 현장 용접 절차도

```
[WPS 초안 작성] → [PQ-test] → [PQR 작성]
                     ↑              ↑
                 용접사 기능점검   시험 용접시 자료 기재
        ↓
[WPS/PQR 승인] → [현장용접 개시]
```

III. 용접 절차서 주요내용

구분		기입 내용
	기본 사항	작업표준번호, 일자, 용접방법, 형태
	이음 형태	이음형태, 덧댐판
Base/Filler Metal	모재/용가재	모재두께, 용착금속 두께
	용접자세	Groove 자세, Fillet 자세, 진행방향
	예열/후열	최저 예열온도, 후열처리 온도
	GAS	가스 종류, 혼합가스 조성비율, 유량

IV. 용접부 검사 방법

육안 검사	침투탐상검사	초음파 탐상검사
(10% 이상)	(표면)	(내부)

〈끝〉

문제 184 | 철골 예열온도(Preheat)

〔15중(10), 16후(10)〕

1 정의
① 철골의 용접 시 변형을 방지하기 위한 목적으로 용접 전에 미리 모재의 온도를 상승시키는 것을 예열이라고 한다.
② 철골의 예열은 모재의 두께에 영향을 받으며, 용접 전 미리 실시하여야 한다.

2 예열실시 대상
① 강재의 mill sheet에서 탄소당량이 0.44%를 초과할 때
② 모재의 표면온도가 0℃ 이하일 때

3 최소 예열온도
① 예열은 용접선의 양측 100mm 및 아크 전방 100mm 범위 내의 모재를 최소 예열온도 이상 가열
② 모재의 표면온도가 0℃ 미만인 경우는 적어도 20℃ 이상 예열 실시

〈저수소계 피복 아크용접 기준〉

강종	판두께(mm)에 따른 최소 예열온도(℃)			
	$t \leq 25$	$25 < t \leq 40$	$40 < t \leq 50$	$50 < t \leq 100$
SM 400	예열 없음	예열 없음	50	50
SMA 400W	예열 없음	예열 없음	50	50
SM 490, SM 490Y	예열 없음	50	80	80
SM 520, SM 570, SN 490	예열 없음	80	80	100
SMA 490W, SMA 570W	예열 없음	80	80	100
HSA 800	80	100	100	100

4 예열방법
① 예열방법은 전기저항 가열법, 고정버너, 수동버너 등에서 강종에 적합한 조건과 방법 선정
② 버너로 예열하는 경우에는 개선면 직접 가열금지
③ 온도관리는 용접선에서 75mm 떨어진 위치에서 표면온도계 또는 온도초크 등에 의하여 온도관리 실시
④ 온도저하를 고려하여 아크 발생 시의 온도가 규정 온도인 것을 확인하고 이 온도를 기준으로 예열 직후의 계측온도로 설정

문제 철골의 예열온도, 예열방법.

I. 정의

① 용접시 변형을 방지하기 위한 목적으로 용접전에 미리 모재의 온도를 상승시키는 것.

② 용접선 양끝 100mm 범위 내 모재를 가열.

II. 철골예열 개념도 및 예열 실시 대상

① 탄소당량 0.44% 이상.
② 경도 370 초과.
③ 모재 표면 0℃ 이하.

III. 최소 예열온도 (판두께)

구분	t<25	25<t<40	40<t<50	50<t<100
SM 490	예열 없음	50	80	80
SM 520		80	80	100
SM 570		80	80	100

IV. 예열시 주의사항

표면온도계, 온도쵸크

① 용접선에서 양측으로 100mm 범위
② 75mm 위치에서 온도관리 (온도계)
③ 버너예열의 경우 직접가열 금지 (개선면)
④ 0℃ 이하시 최소 25℃ 이상 예열. / 화재안전관리자 배치

V. 탄소당량

| 강재에 함유된 탄소량 | 과다 할 시 용접, 가공 어려움. |

0.85

문제 185 모살용접(Fillet Welding)

〔94후(5), 98전(20), 20전(10)〕

1 정의

① 목두께의 방향이 모재의 면과 45°의 각을 이루는 용접으로, 가공하기 쉽고 적응성과 경제성이 커 가장 널리 사용되는 용접방법이다.
② 접합되는 부재의 이음부분이 부재겹침에 맞는 가공이면 되므로, 현장용접에 유리한 접합이다.

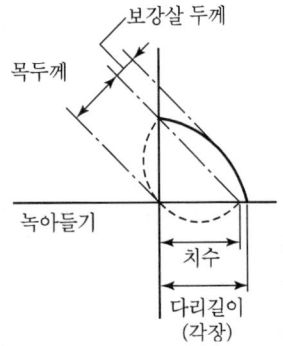

2 모살용접의 기본형태

분류	특징	시공도
겹침이음 (lap joint)	현장용접으로 많이 사용되며 접합부재의 맞춤과 가공이 쉽다.	
T형이음 (tee joint)	조립평판보에서 flange와 web의 이음, web에 stiffener의 이음 등에 널리 쓰인다.	
모서리이음 (corner joint)	상자형 단면의 모서리부분을 접합하는 데 주로 사용된다.	
끝동이음 (단부이음, edge joint)	구조적으로 사용되는 일은 거의 없고 부재의 가접합에 많이 사용된다.	

3 모살용접의 형식

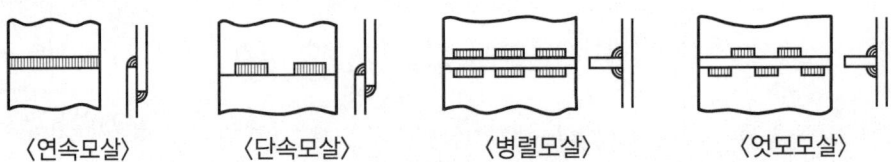

〈연속모살〉　〈단속모살〉　〈병렬모살〉　〈엇모모살〉

문제13> 모살용접 (Fillet Welding)

I. 모살용접 이란
  목두께 방향이 모재면과 45°의 각을 이루는 용접.
  가공 용이, 적응성·경제성이 크고 가장 널리 사용

II. 모살용접 시공 상세도 및 종류

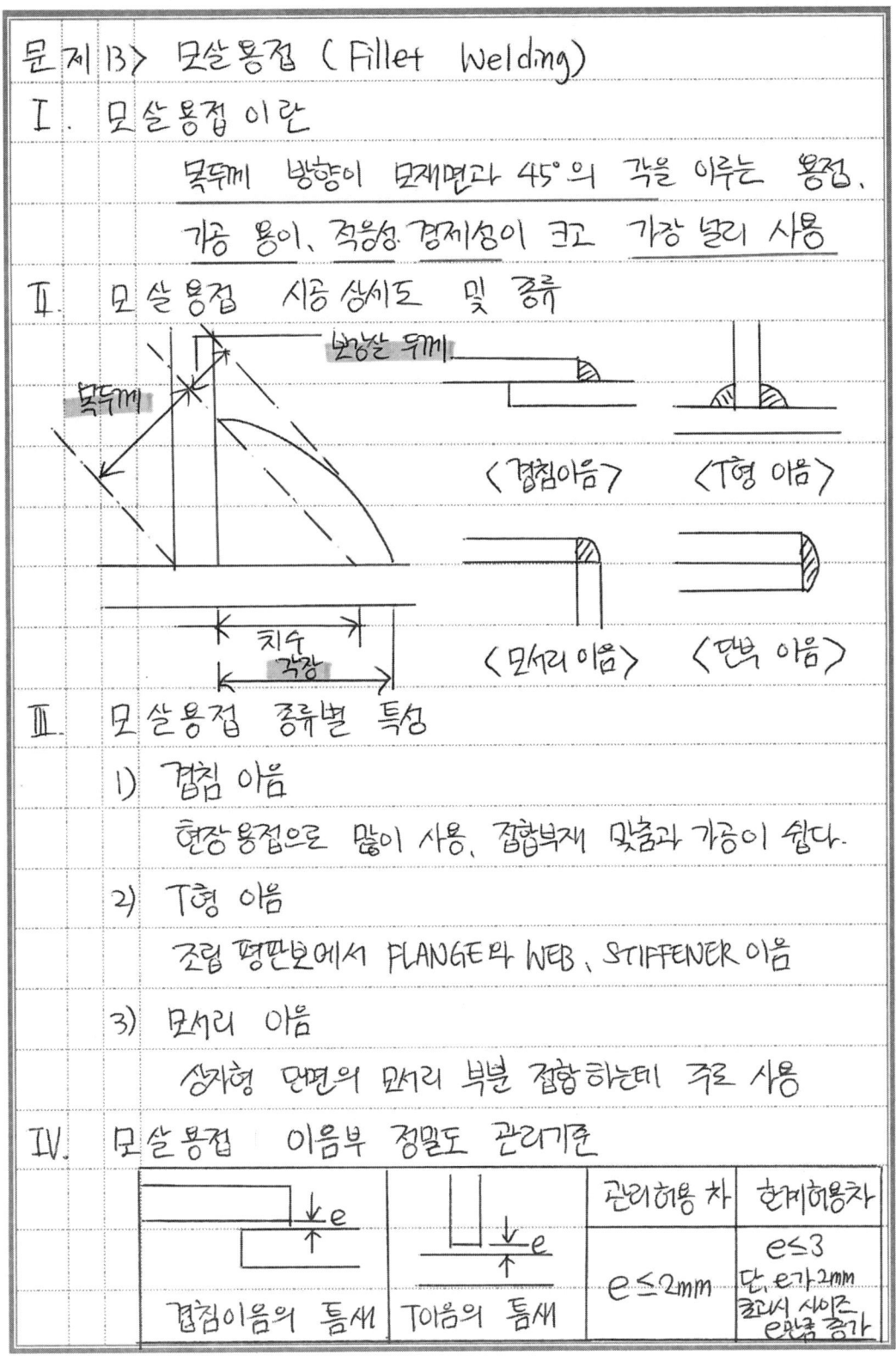

III. 모살용접 종류별 특성

1) 겹침 이음
   현장 용접으로 많이 사용, 접합부재 맞춤과 가공이 쉽다.

2) T형 이음
   조립 평판보에서 FLANGE와 WEB, STIFFENER 이음

3) 모서리 이음
   상자형 단면의 모서리 부분 접합하는데 주로 사용

IV. 모살용접 이음부 정밀도 관리기준

		관리허용차	한계허용차
겹침이음의 틈새	T이음의 틈새	e≤2mm	e≤3 단, e가 2mm 초과시 사이즈 e만큼 증가

문제 186 | 용접결함의 종류

〔22전(10)〕

1 정의
용접부의 결함은 구조체의 내구성을 저하하고 접합부의 응력에 대한 강도를 상실하므로, 시공 시 결함의 종류를 파악하여 원인 분석 및 대책을 수립해야 하며, 용접의 전과정에 걸쳐 철저한 품질관리가 필요하다.

2 결함의 종류

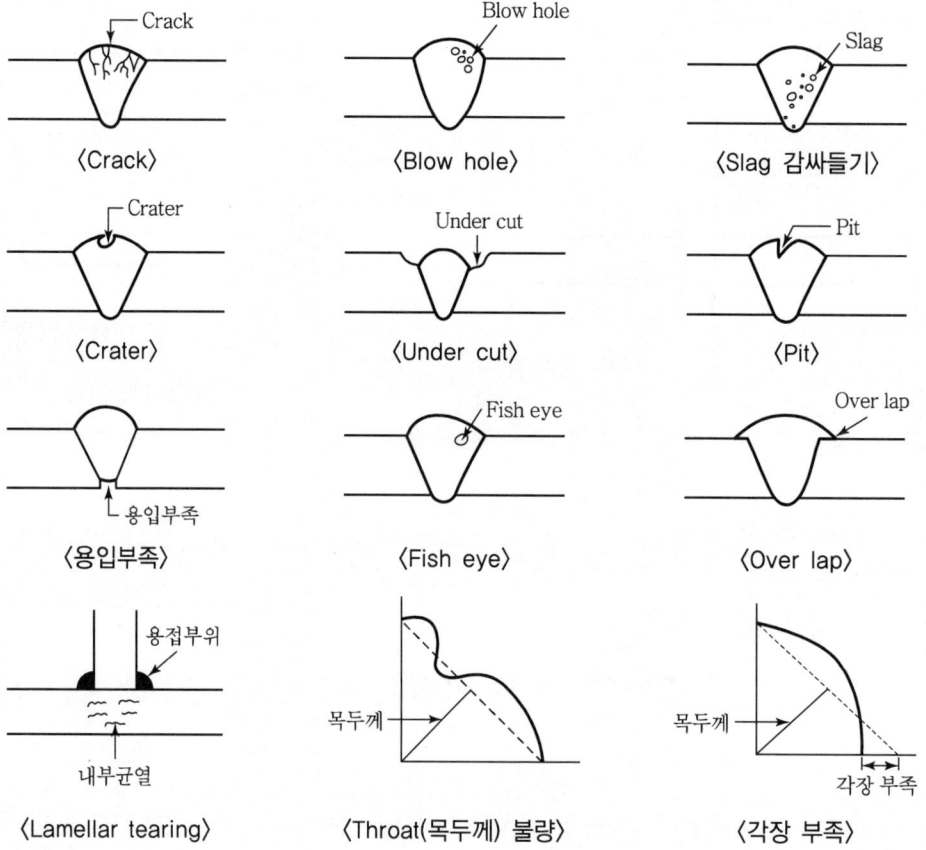

3 결함의 원인
① 용접 시 전류의 높낮이가 고르지 못할 경우
② 용접속도가 일정하지 못하고 기능이 미숙할 때
③ 용접봉의 잘못된 선택과 관리 보관이 불량할 경우
④ 용접부의 개선 정밀도 및 청소상태가 나쁠 때
⑤ 용접방법, 순서에 의한 변형이 생길 경우

11. 용접 결함의 종류 및 결함 원인, 검사방법

I. 개요

- 용접결함은 응력집중을 일으켜 구조체의 안전성을 저하하므로 재료, 사람, 기계적 차원의 사전검토와 용접 전·중·후 관리가 필요하다.

II. 용접 결함의 종류

구분	종류
내부	Blow hole, Slag 혼입 등
표면	Crack, Crater 등
형상	Overlap, Undercut
루트부	Over hung, 용접부족
기타	Lamellar Tearing

(그림: overlap, crater, Blowhole, Undercut, Slag감싸돌기, 용입불량, overhung, 목두께 불량, 각장부족, Lamellar Tearing, Pit crack, Fish eye)

III. 용접 결함 원인

구분	결함 원인
재료적	고탄소 강, 개선각 과다, 바탕처리 미흡
인적	용접공 기량부족, 과속 용접, 예/후열 미실시
기계적	수동 용접, 전류의 불안정

IV. 용접 검사방법

① 용접 전 : 트임새 모양, PQ Test, WPS
② 용접 중 : 자재 저부, 용접봉 운봉, 전류
③ 용접 후 : 외관 검사, 절단 검사, 비파괴 검사

※ 비파괴 검사 : PT, UT, MT, RT, 와류탐상, 음향법 〈끝〉

문제 187 Lamellar tearing

〔04전(10), 06후(10), 13후(10), 21후(10)〕

1 정의
① Lamellar tearing이란 용접 시 열영향부(thermal effective zone)의 국부 열변형으로 모재 내부에 구속응력이 생겨 미세한 균열이 발생되는 현상으로, T형 용접 시 흔히 발생한다.
② 용접 시 사전 예열을 통한 응력변형 방지에 주의해야 한다.

2 결함 발생도

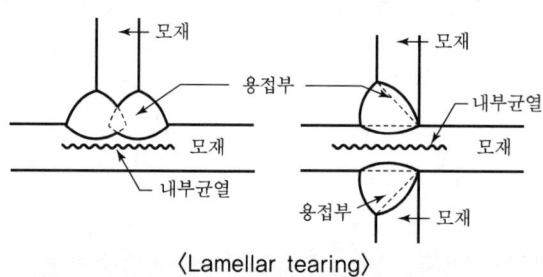

〈Lamellar tearing〉

3 Lamellar Tearing의 원인 및 방지대책

구분	원인 및 대책
원인	• SiO와 MnS 등의 비금속 기재물과 판두께의 구속응력 • 다층 용접에 의한 반복적 열영향 • 확산성 수소(H_2) 등의 영향 • 부재의 구속력에 의한 열 영향부의 변형
방지대책	• 접합부 이음형상 개선 • 좁은 개선각(narrow gap welding) 적용 • 구속도 감소 및 이음위치 분산 • 저강도 용접 • 용접 접합부에 예열과 후열 시공 실시

4 중점 예열부분

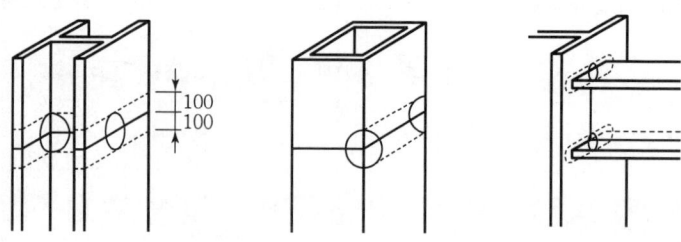

○ : 중점적으로 예열하는 부분

용접부위를 미리 예열하여 응력에 의한 변형방지

문제 Lamellar tearing

I. 정의
① 용접시 국부 열변형으로 모재 내부에 구속 응력이 생겨 미세한 균열이 발생하는 현상.
② 압연강판의 층사이에서 발생. 열영향 방지 필요.

II. Lamellar tearing 발생도

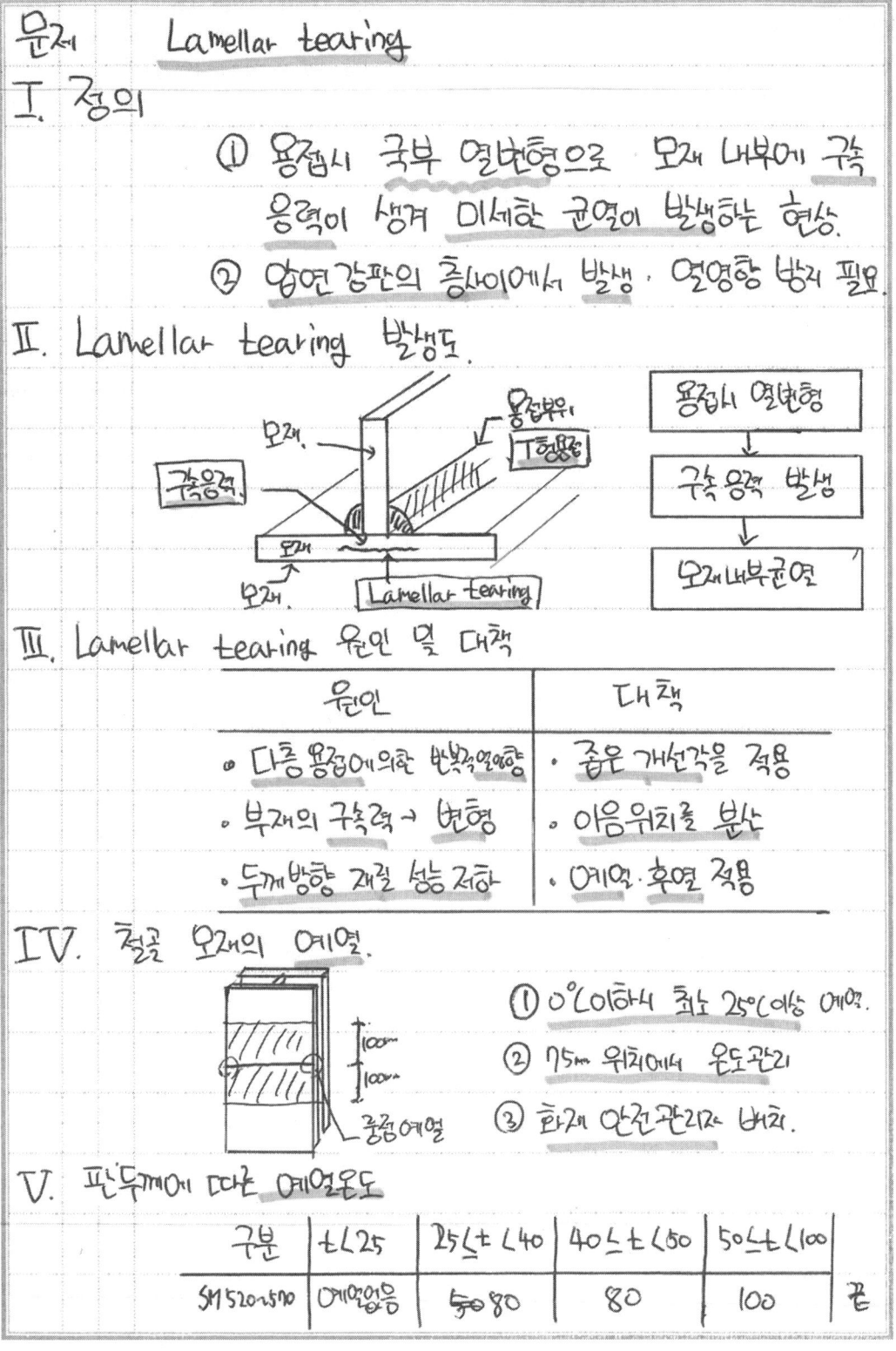

III. Lamellar tearing 원인 및 대책

원인	대책
• 다층 용접에 의한 반복적 열영향	• 좁은 개선각을 적용
• 부재의 구속력 → 변형	• 이음위치를 분산
• 두께방향 재질 성능 저하	• 예열·후열 적용

IV. 철골 모재의 예열

① 0℃ 이하시 최소 25℃ 이상 예열.
② 75mm 위치에서 온도관리
③ 화재 안전관리자 배치.

V. 판두께에 따른 예열온도

구분	t≤25	25<t≤40	40<t≤50	50<t≤100
SM520~570	예열없음	80	80	100

"끝"

문제 188 비파괴검사(NDT ; Non Destructive Test)

[08후(10), 24전(10)]

1 정의
철골의 용접검사에는 용접 전·용접 중·용접 후 검사로 구분되며, 용접 후의 검사는 외관검사(육안검사)·절단검사·비파괴검사로 분류할 수 있으며, 비파괴검사는 용접부의 내부결함의 검사방법으로 사용된다.

2 비파괴검사의 종류

종류		정의 및 특징
방사선투과법 (RT ; Radiographic Test)	정의	가장 널리 사용하는 검사방법으로 X선, γ선을 용접부에 투과하고 그 상태를 film에 감광시켜 내부결함을 검출하는 방법
	특징	• Blow hole, 용입불량, slag 감싸들기 등 내부결함 검출 • 검사한 상태를 기록으로 보존 가능하며 두꺼운 부재도 검사가 가능 • 검사 장소에 제한을 받으며 검사관의 판단에 판정차이가 큼
초음파탐상법 (UT ; Ultrasonic Test)	정의	용접부위에 초음파를 투입과 동시에 브라운관 화면에 용접상태가 형상으로 나타나며 결함의 종류, 위치, 범위 등을 검출하는 방법
	특징	• 넓은 면을 판단할 수 있으므로 검사속도가 빠르고 경제적 • T형 접합부 검사는 가능하나 복잡한 형상의 검사는 불가능 • 검사의 경험과 숙련이 필요하며 기록성이 있음
자기분말탐상법 (MT ; Magnetic Particle Test)	정의	용접부에 자력선을 통과하여 결함에서 생기는 자장에 의해 결함을 발견하는 방법으로 용접부 표면이나 표면 주위 결함, 표면직하의 결함 등을 검출
	특징	• 육안으로 외관 검사 시 나타나지 않는 균열, 흠집 등의 검출 가능 • 기계장치가 대형 • 용접부위의 깊은 내부결함 분석 미흡
침투탐상법 (PT ; Penetration Test)	정의	용접부위에 농적색의 침투액을 도포하여 표면을 닦아낸 후 백색의 현상제를 도포하여 검출하는 방법으로 균열이 있을 경우 백색 피막면에 적색으로 나타남
	특징	• 검사가 간단하며 넓은 범위의 표면검사 시 편리 • 비철금속도 검사가 가능하나 내부결함 검사는 불가능

3 검사방법 결정 시 고려사항
① 실시목적 및 실시시기
② 각 검사방법에 따른 특성 파악
③ 검사 대상물의 재질, 모양, 크기 등
④ 예상되는 결함의 종류

문제 59. 비파괴검사 (NDT : Non Destructive Test)

I. 정의

① 용접부 파괴 없이 용접결함 여부를 확인하는 시험
② 방사선투과법, 초음파탐상법, 자기분말탐상법 침투탐상법이 있다.

II. 비파괴검사 종류

구 분	특 장
방사선 투과법	X선 γ선 투과하여 결함확인
초음파 탐상법	초음파를 이용하여 형상관찰
자기분말 탐상법	자력선을 사용하여 결함확인
침투 탐상법	침투액으로 용접결함 확인

III. 비파괴검사시 주의사항

① 적정한 검사 위치 선정
② 검사시기 조정 및 공사 간섭여부 검토후 비파괴 검사실시
③ 결함의 종류 예측 후 검사
④ 적정 검사 방법 검토후 도출

IV. 비파괴검사 파괴검사 비교

구 분	종류	특징
비파괴검사	방사선투과법 초음파	저렴
파괴검사	Core 채취	고가

문제 189 방사선 투과법(RT ; Radiographic Test)

1 정의
① 비파괴검사 중 가장 널리 사용되는 검사방법으로서, X선·γ선을 용접부에 투과하고, 그 상태를 필름에 형상을 담아 내부결함을 검출하는 방법이다.
② 검사 상태를 기록으로 남겨 보존할 수 있으며, 검사방법이 간단하고 신뢰성이 있어 널리 사용되고 있다.

2 결함 분석

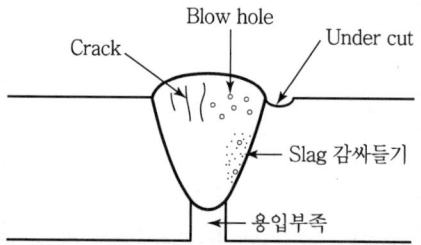

3 특징

장점	단점
• 검사한 상태를 기록으로 보존 가능	• 검사장소의 제한
• 두꺼운 부재의 검사 가능	• 검사관 판단에 의한 개인판정 차이가 큼
• 신뢰성이 있어 널리 사용	• 미세한 균열의 발견 곤란
• 검사방법이 간단	• 방사선은 인체에 유해

4 검사 개발방향

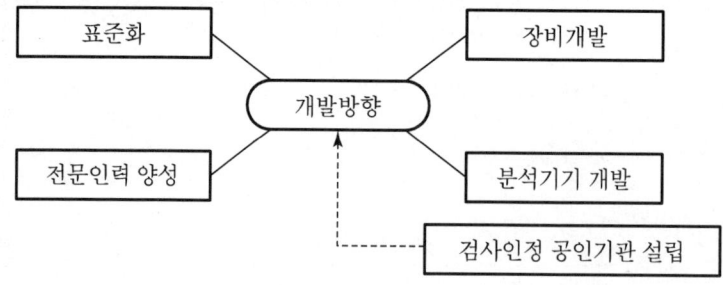

문제) 방사선 투과법 (Radiographic Test : RT)

I. 정의

X·Y선을 용접부에 투과하고 그 상태를 필름에 형상을 담아 내부결함을 검출하는 방법.

II. 방사선 투과법의 개념도

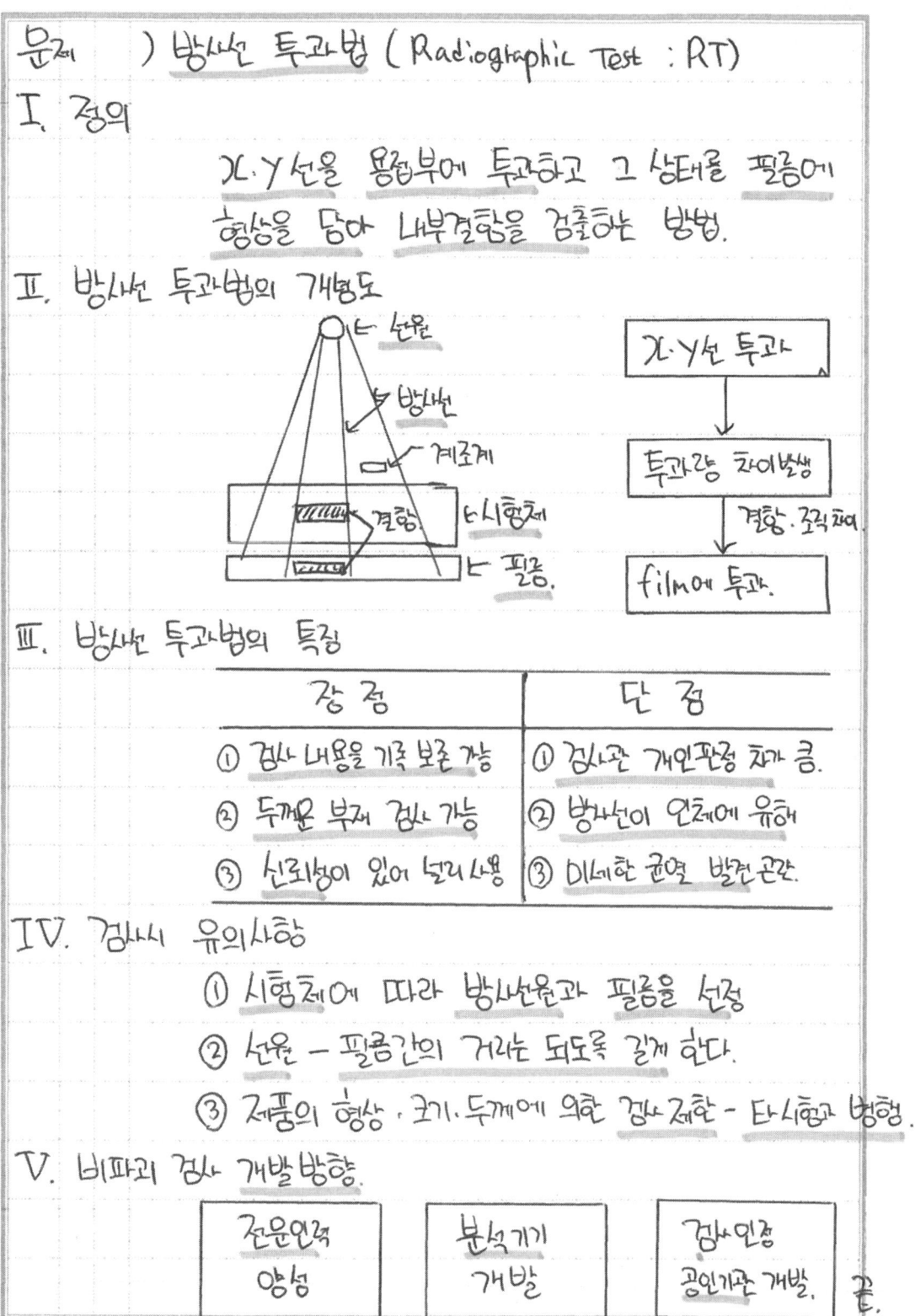

III. 방사선 투과법의 특징

장점	단점
① 검사 내용을 기록 보존 가능	① 검사관 개인판정 차가 큼.
② 두꺼운 부재 검사 가능	② 방사선이 인체에 유해
③ 신뢰성이 있어 널리 사용	③ 미세한 균열 발견 곤란.

IV. 검사시 유의사항

① 시험체에 따라 방사선원과 필름을 선정
② 선원 - 필름간의 거리는 되도록 길게 한다.
③ 제품의 형상·크기·두께에 의한 검사제한 - 타시험과 병행.

V. 비파괴 검사 개발방향

| 전문인력 양성 | 분석기기 개발 | 검사인정 공인기관 개발 |

끝.

문제 190 Scallop

〔85(5), 00후(10), 03전(10), 07전(10), 17전(10), 20전(10), 22중(10)〕

1 정의

① 철골부재 용접 시 이음 및 접합부위의 용접선이 교차되어, 재용접된 부위가 열영향을 받아 취약해지기 때문에 모재에 부채꼴 모양의 모따기를 한 것을 말한다.
② Scallop 가공은 절삭가공기 또는 부속장치가 달린 절삭가공기 또는 수동 가스 절단기를 사용하며, scallop의 반지름은 35mm+10mm를 사용한다.

2 Scallop 시공 상세

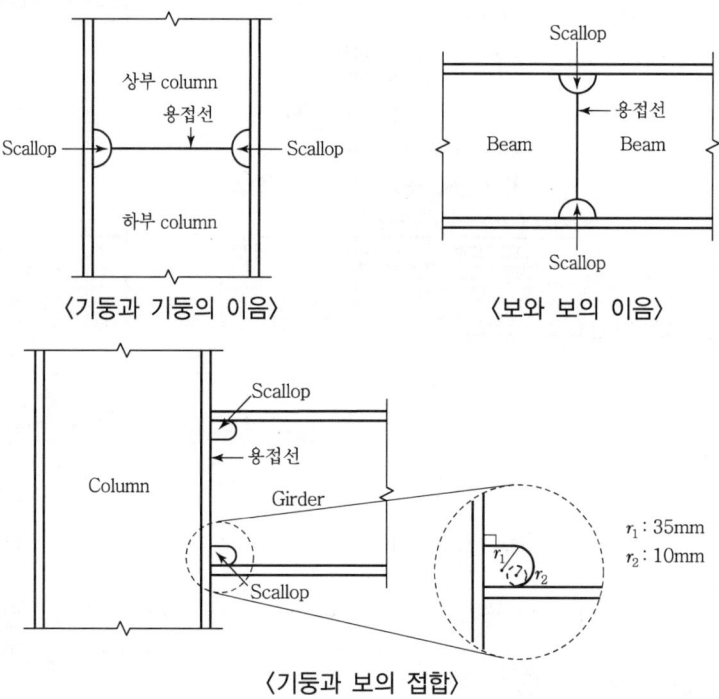

〈기둥과 기둥의 이음〉 〈보와 보의 이음〉

〈기둥과 보의 접합〉

3 Scallop의 목적

① 용접선의 교차를 방지
② 열영향으로 인한 취약 방지
③ 용접균열, slag 혼입 등의 용접결함 방지

4 시공 시 유의사항

① 절삭가공기 또는 부속장치가 달린 수동가스 절단기를 사용
② 노치깊이는 1mm 이하
③ 노치깊이 및 거칠기 미확보 시 그라인더로 수정
④ 용접 bead선의 이중겹침 방지

문제9) 철골부재 스캘럽
답)
1. 정의
- 철골부재 용접시 이음 및 접합부 용접선이 교차되어, 재용접된 부위가 열영향에 의해 취약해지므로, 모재에 부채꼴모양 모따기 한 것

2. 시공도해 및 종류

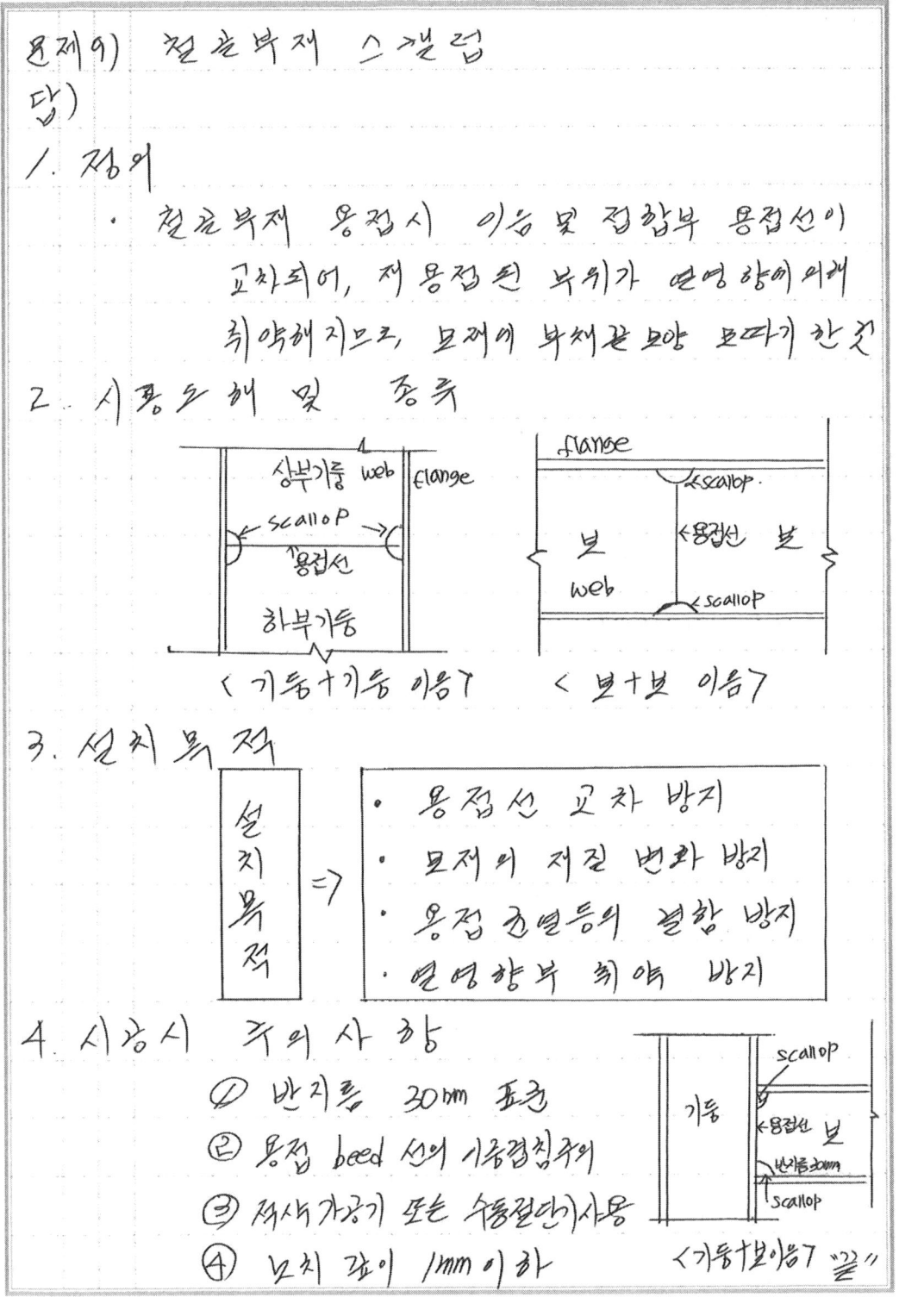

〈기둥+기둥 이음〉   〈보+보 이음〉

3. 설치목적

| 설치목적 | ⇒ | · 용접선 교차 방지
· 모재의 재질 변화 방지
· 용접 조립등의 불량 방지
· 열영향부 취약 방지 |

4. 시공시 주의사항
① 반지름 30mm 표준
② 용접 beed 선의 과도겹침주의
③ 전사가공기 또는 수동절단)사용
④ 노치 깊이 1mm 이하

〈기둥+보이음〉 끝"

문제 191 | Metal touch

〔78후(5), 91후(8), 99전(20), 03중(10), 05후(10), 10중(10), 19후(10), 21후(10)〕

1 정의

Metal touch란 접합면을 절삭 가공하여 밀착 접합함으로써 압축력과 휨모멘트의 일부를 하부 기둥 밀착면에 직접 전달시키는 이음방식으로 mill finished joint라고도 한다.

2 Metal Touch의 개념

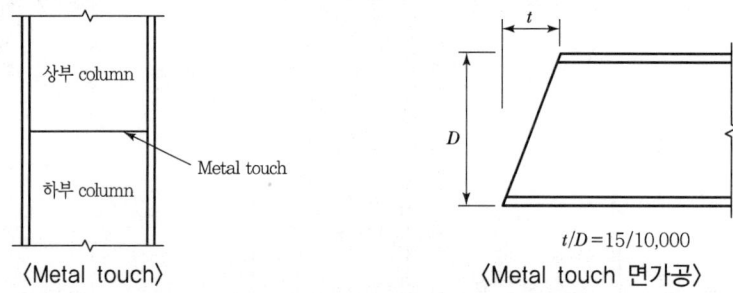

⟨Metal touch⟩ ⟨Metal touch 면가공⟩

압축력과 휨모멘트의 50%까지 기둥 밀착면에 직접 전달시키고 나머지 50%의 축력은 고력 bolt에 의해 전달

3 Metal Touch 면의 가공

절단면 직각도	표면상태
• 절단 직각도의 오차는 100mm에 0.1~0.2mm 정도 • 정밀 측정기구로 측정	• 접합면이 많아지도록 정밀가공함 • 상하부재의 접합면을 미리 측정 후에 접합 • 접합면의 부족시 재가공 실시

4 특징

종류	특징
응력 전달	• 상하부 기둥의 밀착으로 축력의 50%까지 전달 가능 • 나머지 응력은 접합방법(고력 bolt, 용접 등)으로 응력을 전달함
구조적 안전성	고력 bolt나 용접 접합만으로 부재를 연결시키는 방법에 비해 구조적 안전성이 뛰어남
시공성	일반 접합방법에 비해 시공성 난해
경제성	접합면 가공에 대한 부담이 증가되나 전체적으로는 경제성이 있음
이음 위치	• 인장력이 발생하지 않는 곳 선정 • 이음면은 절삭 가공기로 정밀시공

5 시공 시 유의사항

① 이음부에 응력집중현상 또는 불연속 이음에 유의
② 이음부에 축력·휨모멘트·전단력 등이 충분히 전달될 것
③ Metal touch 후의 나머지 50%의 축력은 용접 또는 고력 Bolt로 보강
④ 이음면은 절삭가공기로 충분히 밀착되도록 가공

문제) Metal touch

I. 정의

철골공사에서 접합부를 절삭·가공하여 밀착접합 함으로써 압축력·휨모멘트의 일부를 하부 기둥밀착면에 직접 전달시키는 이음방식.

II. Metal touch의 개념

구분	도해	관리허용오차	한계허용오차
Metal touch 정밀도	eI^W	$e \leq \dfrac{1.5W}{1,000}$	$e \leq \dfrac{2.5W}{1,000}$

1) 절단면 직각도 오차 100mm에 0.1~0.2㎜ 정도
2) 표면상태 ① 접합면이 많아지도록 정밀 가공.
            ② 상·하부재 접합면 미리 측정 후 접합

III. Metal touch 특징

- 응력전달 : 축력의 50%까지 전달 가능.
- 구조적 안정성 : 고력 Bolt·용접에 비해 안정성 유
- 시공성 : 일반 접합에 비해 시공성 난해
- 경제성 : 전체적으로 경제성이 유효.

IV. 시공시 유의사항

① 이음부에 응력집중 현상 또는 불연속 이음에 유의
② 이음부에 휨모멘트·전단력이 충분히 전달될 것.
③ 나머지 50% 축력은 고력 Bolt로 보강.

끝.

문제 192 End tab

〔11중(10), 23중(10)〕

1 정의
① Blow hole·crater 등의 용접결함이 생기기 쉬운 용접 bead의 시작과 끝 지점에 용접을 하기 위해 용접 접합하는 모재의 양단에 부착하는 보조강판을 말하며, run-off tab이라고도 한다.
② End tab을 사용하면 용접 유효길이를 전부 인정받을 수 있으며, 용접이 완료되면 end tab을 떼어 낸다.

2 시공 상세도

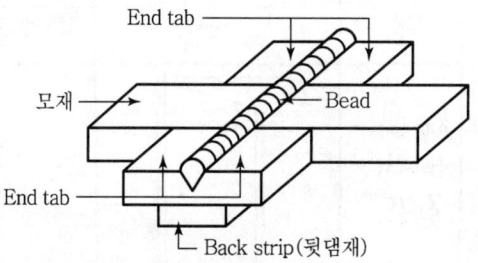

3 End Tab의 기준
① End tab의 재질은 모재와 동일 종류의 철판을 사용한다.
② End tab에 사용되는 자재의 두께는 본 용접자재의 두께와 동일해야 한다.
③ End tab의 길이

용접방법	End tab 길이
Arc 손용접	35mm 이상
반자동용접	40mm 이상
자동용접	70mm 이상

4 특징
① End tab을 사용했을 때 용접 유효길이를 전부 인정받을 수 있다.
② 돌림용접을 할 수 없는 모살용접이나 맞댄용접에 적용한다.
③ 용접이음부의 강도시험을 할 경우 절단하여 시험편으로 이용할 수 있다.
④ 돌림용접, 되돌림용접 등에 의하여 용접단부의 결함방지를 인정할 때는 설치하지 않아도 된다.
⑤ 용접이 완료되면 end tab을 떼어낸다.
⑥ 용접부 양단 끝의 용접결함을 방지할 수 있다.

End tab / back strip

I. 정의

End tab이란 모재와 동일한 두께, 부재를 용접양끝에 부착하여 용접의 품질을 향상 시키는 방법으로 추후 잘라낸다.

back strip은 용접후 굴대바닥이않쪽 아래뒷대주는 것이다.

II. End tab과 back strip 상도

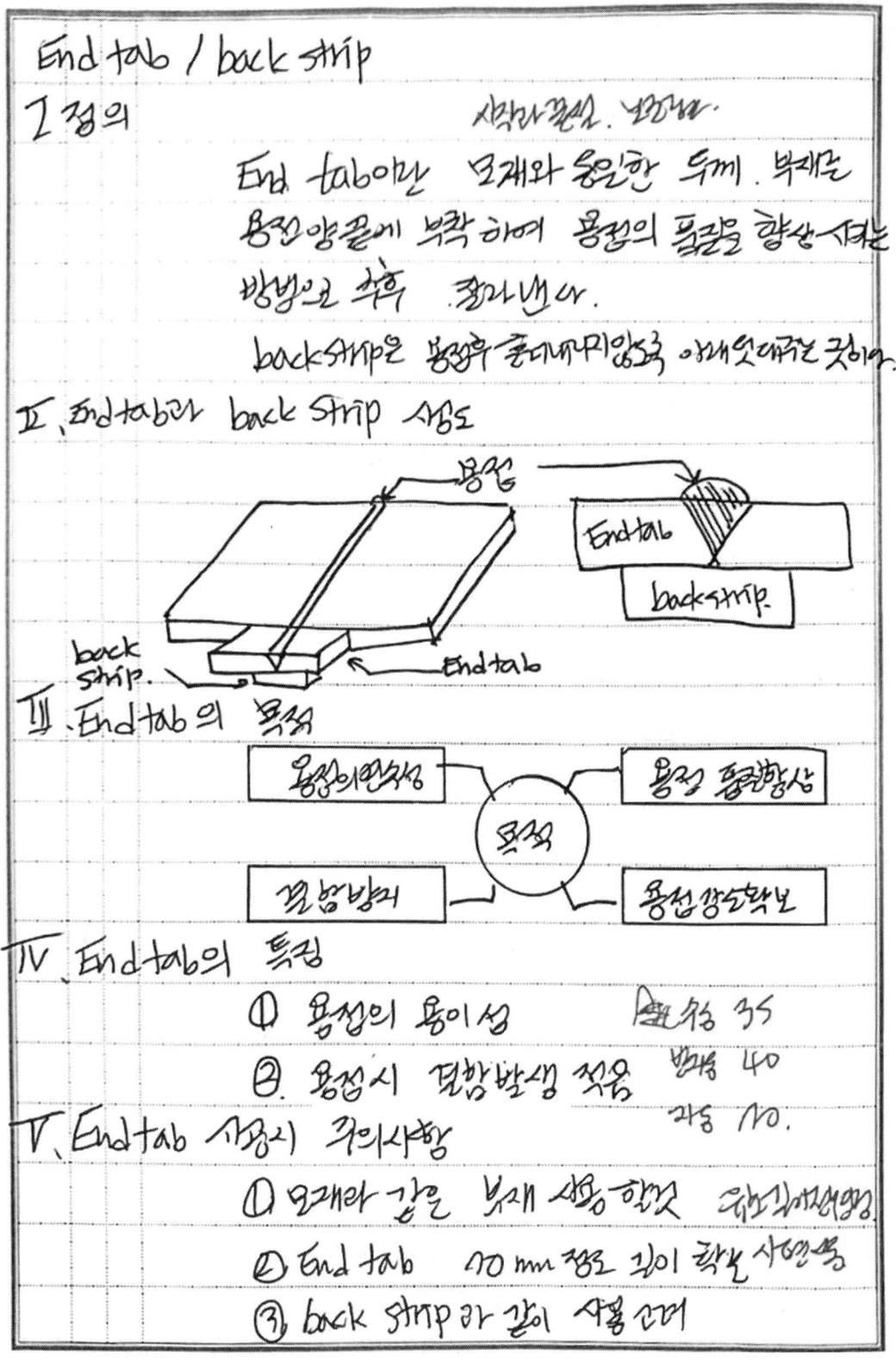

III. End tab의 목적

- 용접의 연속성
- 용접 품질향상
- 목적
- 결함방지
- 용접강도확보

IV. End tab의 특징

① 용접의 용이성   판강 35
② 용접시 결함발생 적음   반강 40
                        고장 70

V. End tab 사용시 주의사항

① 모재와 같은 부재 사용할것 한국강구조학회
② End tab 70mm 정도 길이 확보 사용측
③ back strip와 같이 사용 고려

문제 193 철골 내화피복의 검사

〔99중(20), 23중(10), 23후(10)〕

1 정의
① 철골은 화재에 의해 온도가 상승하면 강도나 강성이 급격히 저하하여 자립할 수 없게 되므로, 내화피복을 하여 피난에 필요한 일정시간 동안 철골의 온도가 상승하지 않도록 해야 한다.
② 일반적인 강재는 온도가 450℃ 이상이 되면 강도가 급격히 저하하게 되며, 800℃에 도달하면 화재에 견딜 수가 없다.

2 내화구조의 성능기준

구분	층수/최고높이		기둥	보	Slab	내력벽
일반시설	12/50	초과	3시간	3시간	2시간	3시간
		이하	2시간	2시간	2시간	2시간
	4/20 이하		1시간	1시간	1시간	1시간
주거시설	12/50	초과	3시간	3시간	2시간	2시간
		이하	2시간	2시간	2시간	2시간
	4/20 이하		1시간	1시간	1시간	1시간
공장·창고	12/50	초과	3시간	3시간	2시간	2시간
		이하	2시간	2시간	2시간	2시간
	4/20 이하		1시간	1시간	1시간	1시간

3 내화피복의 검사

외관형태	특성
미장·뿜칠 공법의 경우	• 시공 시 5m²당 1개소로 두께를 확인하면서 시공한다. • 뿜칠시공 시 시공 후 코어를 채취하여 두께 및 비중을 측정한다. • 측정빈도는 각 층마다 또는 1,500m²마다 각 부위별로 1회씩 실시한다. • 1회에 5개소로 한다. • 연면적 1,500m² 미만의 건물은 2회 이상 측정한다.
조적·붙임·멤브레인 공법의 경우	• 재료반입 시 두께 및 비중을 확인한다. • 확인빈도는 각 층마다 또는 1,500m²마다 각 부위별로 1회씩 실시한다. • 1회에 3개소로 한다. • 연면적 1,500m² 미만의 건물은 2회 이상 검사한다.

검사에 불합격 시 덧뿜칠 또는 재시공에 의하여 보수한다.

문제 8. 철골공사에서 내화피복공사의 공법별 검사

1. 정의

① 구조용 철골재의 용융점은 1,500°C로, 500~600°C에서 50% 저하되고, 800°C 이상이면 강도가 "0"에 수렴된다.

② 건식/습식/복합 내화피복 공법의 종류별 측정 검사를 통한 성능확보가 중요하다.

2. 내화피복 공법별 검사방법

① 검사대상 및 측정기준

구분	미장, 뿜칠공법	조적, 건식공법
검사대상	두께확인 (1개소/5m²)	두께, 비중확인
측정빈도	각 층/1500m² 마다 각 부위별 1회
측정개소	5개소/회	3개소/회

② 피복두께 층수 확인
- 1회 뿜칠 25~30mm 이하
- 30mm 이상 뿜칠 - 2회 이상 분할시공

③ 비중검사 (30cm × 30cm, 10cm × 10cm)

3. 내화구조 성능기준

구분	층수/최고높이		기둥·보	slab	내력벽	지붕
일반시설 (주거·산업시설)	12/50	초과	3	2	3 (2)	0.5
		이하	2	2	2	1
	4/20 이하		1	1	1	1

- 끝 -

문제 194 HI-Beam(Hybrid Integrated-Beam)

〔02중(10), 17후(10)〕

1 정의
HI-beam이란 장span의 철골보로서 양단부는 철근콘크리트로, 중앙부는 철골로 제작한 복합보이다.

2 시공도

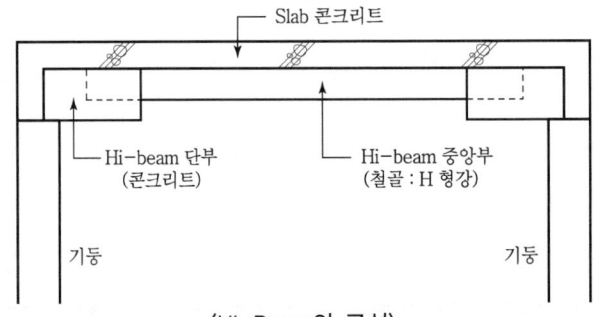

〈HI-Beam의 구성〉

3 시공순서 Flow Chart

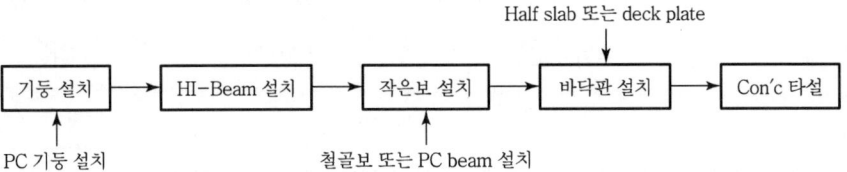

4 특징
① 철근콘크리트와 철골의 구조적인 장점 적용
② 12~20m의 장span 가능
③ 철골구조에 비해 원가절감 가능
④ 공장생산으로 공기단축
⑤ 현장투입인원 및 가설공사 감소

5 적용 효과
① 원가 절감
② 공기 단축
③ 품질향상
④ 안전성 확보
⑤ 환경 친화적

문제) Hi-Beam (Hybrid intergrated-Beam)

I. 정의

① 장스팬의 철골보로 양단부는 철근 콘크리트, 중앙부는 철골로 제작한 복합보이다.
② 단부·기둥은 콘크리트의 강성, 중앙부는 경량성을 복합.

II. 시공도해

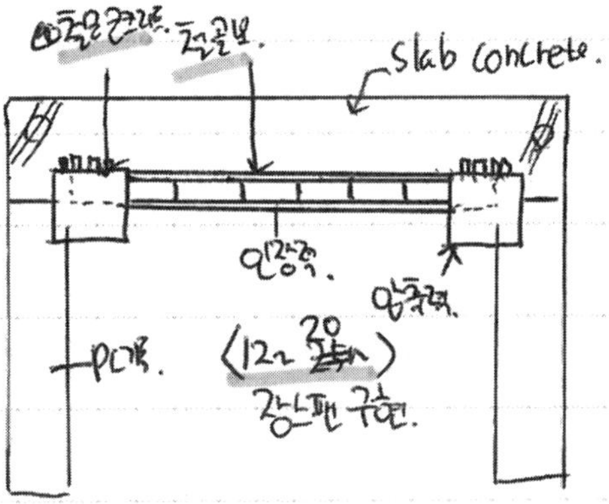

(도해: 매립운 콘크리트·철골보, slab concrete, 인장측, 압축측, PC기둥, 〈12~20m〉 장스팬 구현)

흐름도: 기둥 설치 → PC기둥(철골) → Hi-Beam 설치 → 작은보·바닥판 설치 → Concrete 타설.

III. 특징

① 12~20m 장스팬
② 공장생산 → 공기단축
③ 가설공사 감소
④ 구조적 안정성 확보

IV. 시공시 유의사항

① 운반시 진동·충격에 의한 파손 방지
② 양중장비의 적정성·안전에 유의하여 시공
③ 콘크리트 타설전 청소 철저 → 접합부 부착성 확보

V. ※ HI Beam과 일반 철골 비교

구분	HI-Beam	일반 철골
Span	12~20m	8~12m
강성	압축·인장 횡 유	보통

끝.

문제 195 Stiffener(스티프너)

〔99후(20), 06전(10), 13후(10), 20후(10)〕

1 정의
철골보의 web 부분의 전단보강과 좌굴을 방지하기 위해서 설치하는 보강재를 stiffener라 하며, 종류는 수직 stiffener와 수평 stiffener가 있다.

2 철골보에 작용하는 응력도

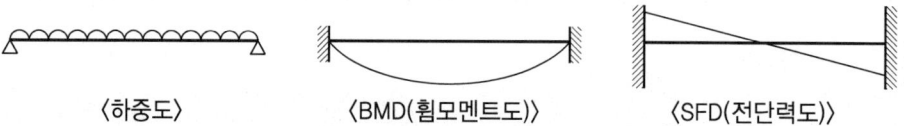

3 철골보의 구조도
① Flange : 철골보에 작용하는 응력 중 휨모멘트(BM)를 부담
② Cover plate : flange를 보강
③ Web : 철골보에 작용하는 응력 중 전단력(SF)을 부담
④ Stiffener : web를 보강

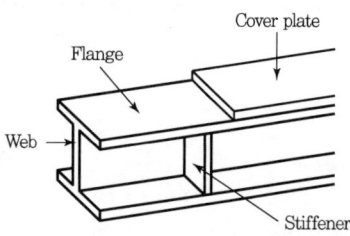

4 Stiffener의 종류별 특징

수평 Stiffener	수직 Stiffener
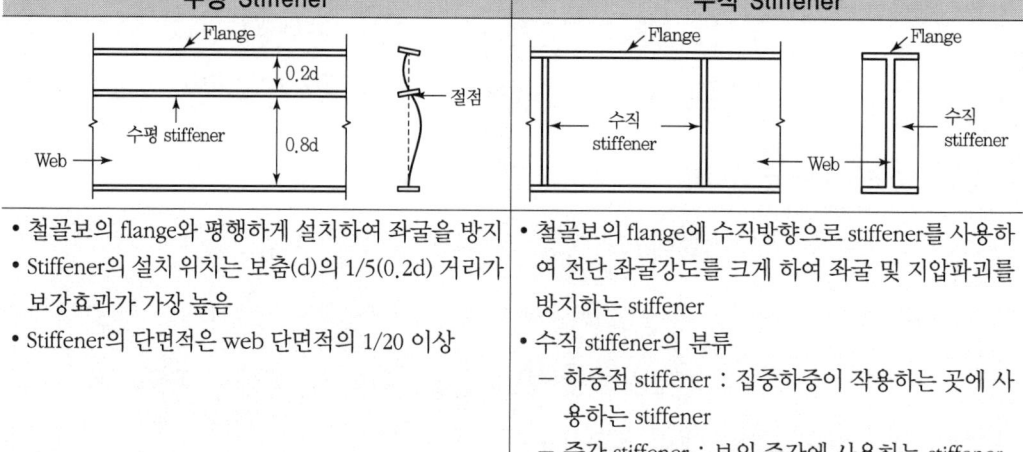	

• 철골보의 flange와 평행하게 설치하여 좌굴을 방지
• Stiffener의 설치 위치는 보춤(d)의 1/5(0.2d) 거리가 보강효과가 가장 높음
• Stiffener의 단면적은 web 단면적의 1/20 이상
	• 철골보의 flange에 수직방향으로 stiffener를 사용하여 전단 좌굴강도를 크게 하여 좌굴 및 지압파괴를 방지하는 stiffener
	• 수직 stiffener의 분류
	  – 하중점 stiffener : 집중하중이 작용하는 곳에 사용하는 stiffener
	  – 중간 stiffener : 보의 중간에 사용하는 stiffener

5 시공 시 유의사항
① 보의 춤이 web판 두께의 60배 이상일 때 stiffener를 사용하며, 간격은 보 춤의 1.5배 이하로 함
② Stiffener의 재료는 앵글을 많이 사용하며, 사용 시 web판의 양면에 대칭적으로 설치
③ 하중점 stiffener는 좌굴의 우려가 있으므로 큰 stiffener를 사용
④ 수직·수평 stiffener 2개를 사용할 경우는 동일 단면을 사용

문제) Stiffener (스티프너)

I. 정의

① 철골보의 Web 부분의 좌굴과 전단보강을 방지하기 위해 설치하는 보강재.
② 수평·수직 Stiffner가 있다.

II. Stiffner 개념도

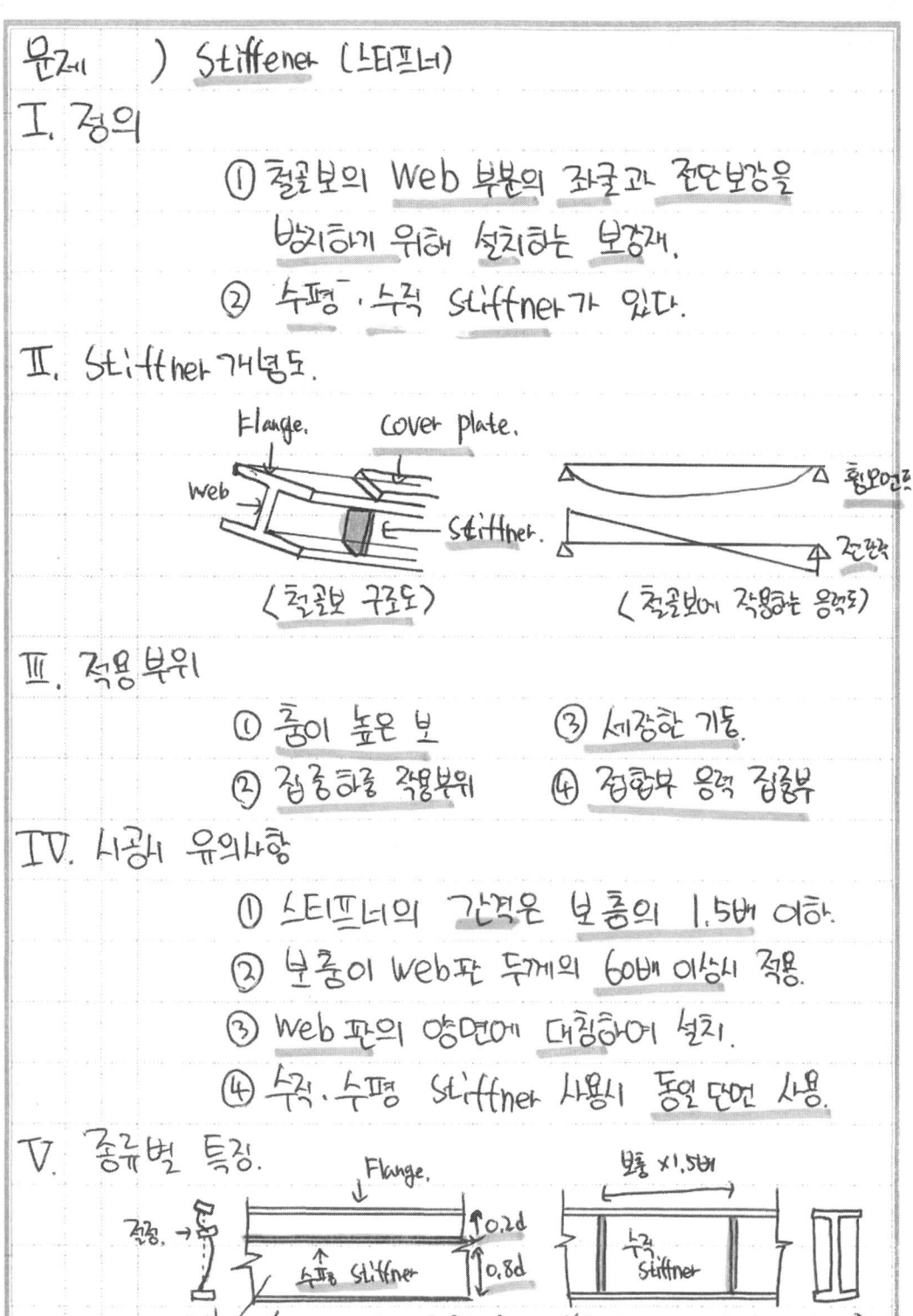

〈철골보 구조도〉   〈철골보에 작용하는 응력도〉

III. 적용부위

① 춤이 높은 보   ③ 세장한 기둥
② 집중하중 작용부위   ④ 접합부 응력 집중부

IV. 시공시 유의사항

① 스티프너의 간격은 보춤의 1.5배 이하.
② 보춤이 Web판 두께의 60배 이상시 적용.
③ Web판의 양면에 대칭하여 설치.
④ 수직·수평 Stiffner 사용시 동일 단면 사용.

V. 종류별 특징

〈수평 Stiffner : 좌굴방지〉   〈수직 Stiffner : 지압좌굴 방지〉

문제 196 좌굴(Buckling) 현상

〔09후(10), 19전(10)〕

1 정의
① 압축재에 압축력을 가하면 재료의 불균일성에 의한 하중의 집중으로 압축력이 허용강도에 도달하기 전에 휨모멘트에 의해 미리 휘어져 파괴되는 현상을 말한다.
② 좌굴은 보통 단면적에 비해 재장(材長)이 긴 경우에 발생하기 쉬우며, 좌굴의 종류에는 압축좌굴·국부좌굴·횡좌굴이 있다.

2 좌굴의 종류

1) 압축좌굴(compressive buckling)
① 기둥의 압축력 작용위치 또는 기둥재의 결함 등에 의하여 발생하는 좌굴 현상
② 기둥길이가 길수록 하중을 많이 못 받아 압축좌굴이 발생하기 쉬움
③ 좌굴길이
- 양단 pin 지지일 때의 좌굴을 기준
- 다른 상태일 때는 좌굴상황을 고려하여 재료의 길이를 수정

지지상태	양단 pin	양단 고정	일단 고정 타단 pin	일단 고정 타단 자유
도해	부재길이 (l)	l	l	l
좌굴길이(l_k)	l	$0.5l$	$0.7l$	$2l$

2) 국부좌굴(local buckling)
① 판재(plate) 및 형강과 같은 부재에서 두께에 비하여 폭이 넓을 경우 부재 전체가 좌굴하기 전에 부재의 구성재 일부가 먼저 좌굴을 일으키는 현상
② 폭, 두께의 비(比)가 일정 한도 이내에 있도록 부재를 제조하여 국부좌굴 방지
③ 평판보의 경우 폭, 두께의 비가 일정 한도를 넘을 경우 stiffener 등으로 보강

3) 횡좌굴(lateral buckling)
① 철골보에 휨모멘트 작용 시 처음에는 휨변형을 하게 되지만 모멘트가 한계값에 도달하면 압축측 flange가 압축재와 같이 횡방향으로 좌굴하는 현상
② 가새(bracing), slab 등으로 횡방향의 변형을 구속하여 횡좌굴 방지

문제 92. 좌굴(Buckling) 현상

I. 정 의

① 하중에 의한 부재의 허용강도 도달하기전 휨모멘트에 의해 미리 휘어져 파괴

② 부재가 세장할때 발생하기 쉬우며 국부좌굴, 압축좌굴, 횡좌굴이 있다.

II. 좌굴현상

〈오일러 좌굴하중〉

$$P_{cr} = \frac{\pi^2 EI}{L_k^2}$$

Lk : 1.0L 0.7L 0.5L 2L

E : 탄성계수
I : 단면2차모멘트

〈세장비〉

세장비 λ = $\dfrac{\text{유효좌굴길이 } L_k}{\text{단면2차반경 } r}$

0.5Fy

→ Lk/r

한계세장비

IV. 좌굴 방지 대책

- 받침 길이를 짧게 설계
- 스티프너 설치로 국부좌굴 예방
- 가새 등으로 횡좌굴 방지
- 고정단 설계로 좌굴길이 감소   〈끝〉

문제 197 Mill Sheet

〔83(5), 99후(20), 23전(10)〕

1 정의
① Mill sheet란 철강제품의 품질을 보증하기 위해 재료성분 및 제원을 기록하여, maker가 규격품에 대하여 발행하는 증명서이다.
② 제조업체의 품질보증서로 성분 및 특성을 나타내는 시험성적서는 공인된 시험기관의 것이어야 하며, mill sheet는 차후 품질관리 및 정도관리의 중요한 자료가 될 수 있다.

2 용도

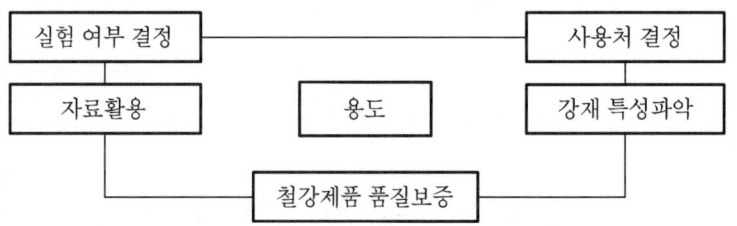

3 기록내용

기록 내용	세부 내용
제품의 역학적 시험 내용	압축강도, 인장강도, 휨(bending)강도, 전단강도 등
화학성분시험 내용	Fe(철), S(황), Si(규소), Pb(납), C(탄소) 등의 구성비
규격표시	길이, 두께, 직경, 단위중량, 크기 및 형상, 제품번호 등
시험규준의 명시	• 시방서(specification) • KS(한국공업규격 : Korea Standards) • DIN(독일공업규격 : Deutsche Industrie Norm) • AS(미국공업규격 : America Standards) • BS(영국공업규격 : British Standards) • JIS(일본공업규격 : Japanese Industrial Standards) 등

10시 17번) 철강제품의 품질확인서 (밀시 sheet).

I. 정의
　① 밀시 sheet란 철강제품의 제원과 성분을 기록한
　　 것으로 시아카가 발행하는 제품의 증명서이다.
　② 밀시 sheet는 공인된 시험기관 것이어야 하며, 차후
　　 품질관리 및 예열온도 결정의 증도자료가 될수있다.

II. 밀시 sheet의 구성
　1) 규격 표시 : 길이, 두께, 직경, 무게 등
　　 제품의 물리적 규격 표시. 　< 규격 표시 >
　2) 역학적 시험 : 압축, 인장, 휨, 전단 강도 등.
　3) 성분 표시 : Fe, p, Si, C, S 등 함유성분.
　4) 시험규준 : KS, DIN, JIS, BS, AS 등

III. 탄소당량의 판정에 활용.
$$Ceq = \frac{Mn}{4} + \frac{Cr}{5} + \frac{Mo}{6} + \frac{V}{14} + \frac{Si}{24} + \frac{Ni}{40}$$

용접강도성, 예열·후열 등 판정에 중요한 탄소
당량 산출에 밀시 sheet의 화학적 성분 표시값
활용하며 탄소당량을 산출함. (Ceq ≤ 0.44 용접양호).

IV. 탄소당량과 예열온도. (0.44이하 예열필요치 않음).

| 0.44 ~ 0.6 | 100°C ~ 250°C |
| 0.6 초과시 | 250°C ~ 350°C |

"끝"

문제 198 | TMCP 강재

[01전(10), 16후(10), 21전(10)]

1 정의

TMCP는 Thermo Mechanical Control Process의 약자로서 가공열처리 또는 열 가공제어법이라고 불리고 있다. 즉, 강재의 압연 시 온도를 제어하는 제어압연을 기본으로 하고 그 후 급냉 또는 수냉에 의한 가속냉각법을 이용하여 원하는 강재의 기계적 성질을 확보하는 것이다.

2 탄소당량에 따른 강재의 성질 변화

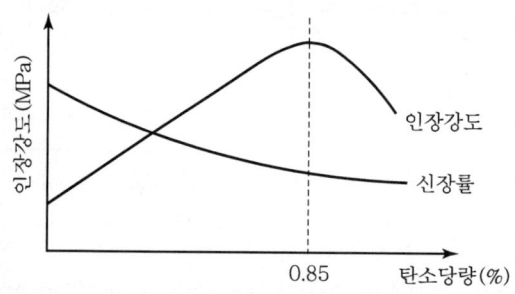

① 탄소당량이 0.85%일 때 강재의 강도가 최대
② 신장률은 탄소량 증가에 따라 감소

3 제조원리

① 압연 가공과정 중 열처리 공정을 동시에 실행
② 압연온도나 냉각조건의 제어를 통해 고강도 강재 제조
③ 합금원소의 첨가량을 적게 함(탄소당량이 낮아짐)

4 개발배경

① 현대 건축물의 고층화 및 장span화
② 구조체에 대한 고강도·고성능 요구
③ 기존 강재의 문제점(후판제조 시 강도저하, 용접성 저하) 해결

5 특징

① 용접부위 열 영향 감소
② 소성능력이 우수하여 내진설계에 유리
③ 탄소당량이 낮아 용접성 우수
④ 철근콘크리트조에 비해 건축물의 수명 증대
⑤ 철근콘크리트조에 비해 공사비는 증대되나 시공 시 공기단축 가능

TMCP강 (Thermo Mechanical Control Process)

1. 정의
- 강재의 압연시 온도를 제어하는 제어압연을 기본으로 그 후 급냉 또는 수냉에 의한 가속냉각법을 이용하여 강재의 기계적 성질을 개선하며, 저탄소당량으로 높은 인장/항복강도를 지니며, 용접성이 우수하다.

2. 탄소당량에 따른 강재의 성질

① 탄소당량 0.85% → 인장강도 최대
② 탄소당량 ↑ → 신장률 ↓
③ 탄소당량 ↑ → 용접성 ↓
④ 탄소당량 ↑ → 취성파괴 ↓

3. TMCP강의 특징
① 상온에서 예열 없이 용접가능 (낮은 탄소당량)
② 항복강도가 높아 강재 사용량 절감가능
③ 제어압연으로 미세한 조직을 지님
④ 판두께 방향의 강도 특성 우수하여 Lamellar Tearing 방지

4. 표시 방법의 예시

→ SM 235 THC

SM : 용접구조용 강재, 235 : 항복강도(MPa), THC : TMCP강

5. 고장력 강과의 비교

구분	TMCP강	고장력 강
탄소당량/용접성	낮음 / 우수	높음 / 미흡

〈끝〉

문제 199 탄소당량

〔17전(10)〕

1 정의
① 탄소당량이란 cold cracking에 미치는 합금원소의 영향을 탄소를 기준으로 탄소가 등가로 환산한 것이다.
② 탄소강의 조성 중에서 용접성(weldability)에 가장 큰 영향을 미치는 것은 탄소(carbon)이며, 탄소 이외에 합금원소의 영향은 탄소가 등가로 환산한 탄소당량(炭素當量, Ceq ; Carbon Equivalent)으로 표시할 수 있다.

2 산출식

$$C_{eq}(탄소당량) = C + Mn/6 + Si/24 + Ni/40 + Cr/5 + Mo/4 + V/14 \, (\%)$$

여기서, C : 탄소, Mn : 망간, Si : 규소, Ni : 니켈, Cr : 크롬, Mo : 몰리브덴, V : 바나듐

구조용강의 용접 열영향부의 경화성을 표현하는 척도로서 사용
$C_{eq} \leq 0.44$는 용접에 적합

3 필요성
① 합금원소에 따라 나타나는 여러 가지 영향을 탄소당량식을 이용하여 판단 가능
② 이것은 강과 경도, bending angle, 균열 감수성 등의 판단에 이용
③ 탄소강에서의 under bead cracking을 판정하는 데 사용
④ 저합금강의 용접성을 판정하는 데 사용
⑤ 구조용강의 용접 열영향부의 경화성을 표현하는 척도로서 사용
⑥ 구조용 강에서 탄소당량이 0.44%를 초과할 때는 규정된 예열을 실시

4 활용 및 용도
① 용접재료 선택, 예열, 후열 여부 판단기준
② 탄소당량 0.44% 초과는 예열 및 후열 필요
③ 강재의 저온균열 감수성 평가
④ 구조용강의 용접열영향부 경화성 판정
⑤ 탄소강의 under bead cracking 판정
⑥ 저합금강의 용접성 판정

문제 6) 탄소당량

I. 탄소당량에 대하여
탄소강 조성 중에 용접성에 영향을 미치는 합금원소의 영향을 탄소 등가로 환산, Cold cracking 판명

II. 탄소당량 개념 및 환산식 (Ceq)

$$Ceq = C + \frac{Mn}{6} + \frac{Si}{24} + \frac{Ni}{40} + \frac{Cr}{5} + \frac{Mo}{4} + \frac{Va}{14}$$

- 안강도(MPa) / 인장강도
- 신장률 $E = \frac{l-l'}{l} \times 100$
- Ceq : 탄소당량, C : 탄소
- Mn : 망간, Si : 규소, Ni : 니켈
- Cr : 크롬, Mo : 몰리브덴, Va : 바나듐
- 취성파괴 가능성 / 0.85 / 탄소당량(%)

III. 탄소당량 필요성에 대한 고찰
1) 합금원소에 따른 영향을 탄소당량식을 이용 판단가능
2) 강재 경도, Bending Angle, 균열 감수성 판단
3) 탄소강에서의 Under Bead Cracking 판정에 이용
4) 저합금강 용접성 판정에 이용
5) 구조용 강에서 탄소당량이 0.44% 초과시 규정예민
6) 강재의 저온균열 감수성 평가

IV. 탄소당량에 따른 예열온도

Ceq		예열온도
Ceq	0.44% 이하	예열없음
Ceq	0.44% ~ 0.60% 이하	100°C ~ 250°C
Ceq	0.60% 초과	250°C ~ 350°C

문제 200 Space Frame

〔90전(5), 02전(10), 05중(10)〕

1 정의

① Space frame은 여러 부재를 입체적으로 결합하여 구성하는 pin 구조로 경량 형강이나 pipe 등을 사용하여 대공간·장span을 만들 수 있는 입체구조를 말한다.
② 접합방법은 bolt·용접 등에 의한 것이 아니라, 특수한 강구에 의해 조립된다.

2 용도

① 체육관, 대형 스포츠 센터
② 전람회장, 동식물원
③ 공장, 모델하우스
④ 격납고 등

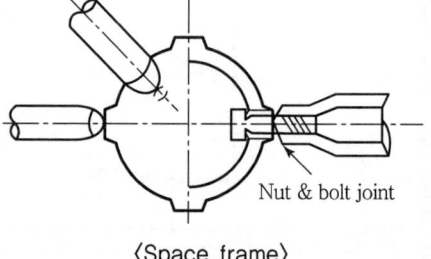

〈Space frame〉

3 Space frame의 재질

① Steel
② Stainless steel
③ Aluminium
④ Plastic

4 특징

① 해체 및 조립이 용이하다.
② Truss 높이를 1/2로 낮출 수 있으며, 강재량이 절약된다(25% 이상).
③ 동일 형태를 반복하므로 시공이 용이하다.
④ 지진, 횡력에 대한 저항이 크다.
⑤ 규격재로 공기단축이 용이하다.
⑥ 입체 구성이 자유로워 대형공간 확보가 용이하다.
⑦ 절판 또는 곡면 구조로도 이용이 가능하다.

5 Space frame의 종류

종류	구조
Space frame	• 3각형 space frame : space frame을 구성하는 뼈대가 3각형을 기본 • 4각형 space frame : space frame을 구성하는 뼈대가 4각형을 기본 • 6각형 space frame : space frame을 구성하는 뼈대가 6각형을 기본
Pipe 구조	Pipe로 구성 조립한 구조로 구조가 단순

잘 나옴
Scallop Stiffner
참고.

번호 1. Space Frame

I. 정 의 *참고.*

- 여러 형강들을 특수 강구에 의하여 Pin 접합하는 입체 Truss로 체육관, 모델하우스 등 대공간, 장 Span 형성이 가능한 우리주 구조 System

+ 캐노피

II. Space Frame 접합상세도

〈특수강구〉 Nut & Bolt Joint ball

구조 설계 → 부재제작
↓
강구에 형강 조립 ←지상
↓
양중 및 설치
↓
지붕 Panel 설치

III. 특 징

① 입체구성이 자유로위 대형 공간확보
② 곡면 형태의 구조 형성 가능
③ 특수 강구 이용 접합으로 조립·해체 용이
④ Truss 높이 1/2로 낮출 수 있어 강재 절감

IV. 활용 방안

- 체육관, 강당
- 전시회장, 동·식물원
- 공장, 모델하우스
- 창고   + 캐노피

V. 일반 Truss와 비교

구 분	일반 Truss	Space Frame
접합 방식	용접, Bolt접합	특수 강구이용 〈끝〉

문제 201 | Fast Track Method(고속궤도방식)

〔92후(8), ○○중(10)〕

1 정의

① 공기단축을 목적으로 건물의 설계도서가 완성되지 않은 상태에서 기본설계에 의하여 부분적인 공사를 진행시켜 나가면서 다음 단계의 설계도서를 작성하고, 작성 완료된 설계도서에 의해 공사를 계속 진행시켜 나가는 시공방식이다.

② 본 설계 도면을 작성하는 데 필요한 시간의 일부를 절약할 수 있으므로, 공기를 단축할 수 있고 공사비 절감이 가능하다.

2 공사진행순서 Flow Chart

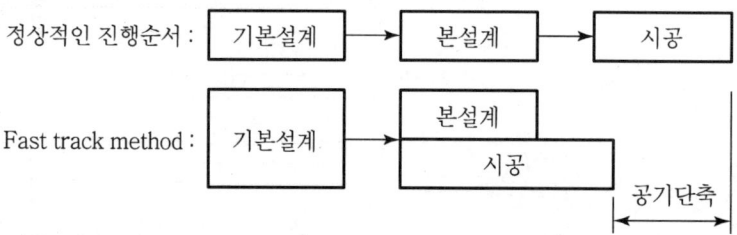

3 도입배경

1) 공기단축
기본설계에 의한 공사진행 및 설계진행 단계별로 공사를 분할 발주할 수 있어 공기를 단축할 수 있다.

2) 원가절감
Fast track method에 의한 공기단축 및 공사관리가 용이하여 공사비를 절감할 수 있다.

4 특징

장점	단점
• 설계 작성에 필요한 시간절약	• 건축주, 설계자, 시공자의 협조 필요
• 공기단축 및 공사비 절감	• 계약조건에 따른 문제발생 우려
• 신공법 및 신기술 시공 시 적용 가능	• 시공자가 기술능력 확보
• 작업의 조직적인 진행으로 공사관리 용이	• 설계도서 작성이 지연될 경우 전체 작업에 지장을 초래

문제 1-1) 고속궤도방식 (fast track)

I. 정의

① 공사기간 단축을 위하여 설계도서 미완성 상태에서 기본설계에 의하여 부분적인 공사를 선행하는 방식.

② 공사수행 하며 남은 설계도서를 작성 완료.

II. 고속궤도 방식의 공사진행 flow chart

| 기본설계 | → | 본설계 | → | 시공 |

| 기본설계 | → | 본설계 / 시공 (fast track 포함) | 공기단축 |

· 보통 토공사를 선행작업 공종으로 선정하여 진행.

III. 고속궤도 방식의 적용대상

① 총공사기간이 길고 공기증대가 우려되는 초고층 공사

② 공사기간 단축비용 보다 준공후 발생이익이 큰 백화점 등.

IV. 고속궤도 방식의 특징

장 점	단 점
· 설계 작성 필요기간 절약	· 건축주·설계자·시공사 협조 필요
· 공기단축·공사비 절감	· 계약조건에 따른 문제 발생
· 신공법·신기술 적용	· 시공자의 기술능력 필요

V. 활성화 방안

① CM 일 건설사업관리를 통한 관리체계 확립.

② 단계 방식 등의 강화.

③ 설계자의 책임 권한을 강화.

끝.

문제 202 초고층공사의 Phased Occupancy

1 정의

① 초고층 공사 시 전체공종이 완공되기 이전에 일부 완공시킨 부분을 발주처에게 인도하여 사용하게 하는 것이다.
② 초고층 건축물의 상부에는 공사가 진행중이나, 하부에는 공사완료 후 입주하여 사용하는 방식이다.

2 개념도

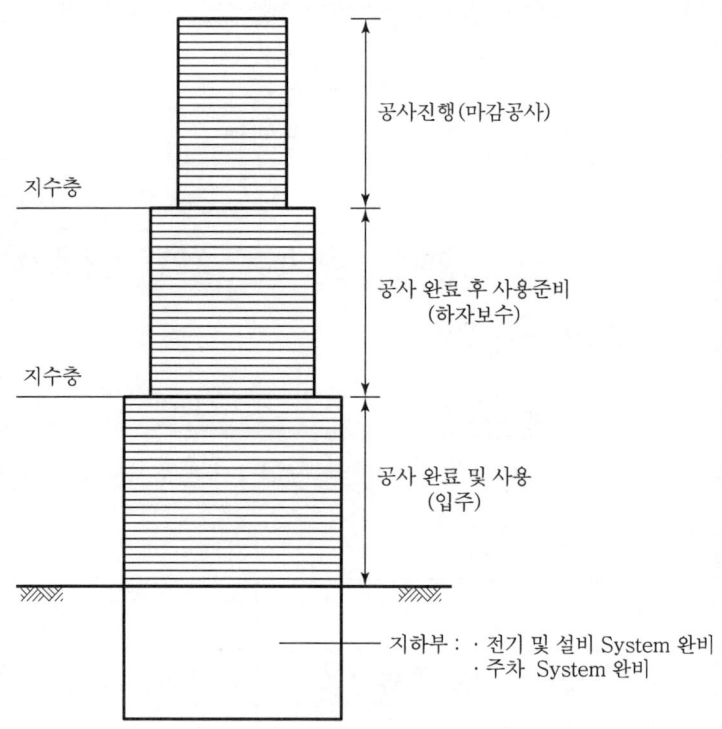

3 특징

장점	단점
• 건물의 조속한 사용 가능 • 조기 입주로 인한 경제적 이익 발생 • 발주처에서의 조속한 정상 업무 가능	• 제도적 절차의 개선 필요(일부 사용 승인) • 조기 입주로 인한 추가 하자 발생 • 입주자들의 안전 및 공해 문제 발생 우려 • 전체 공기의 지연 우려

문제 3) 초고층 공사의 phased Occupancy

I. 정의

① 초고층 공사시 준공 승인 이전에 일부 완공된 부분을 발주처에 인도하여 사용케 하는 것.
② 건물의 조속한 사용이 가능. 추가 하자 발생.

II. 개념도.

```
                        ┌─공사中
        ┌─  ┌───────┐
        │   │ 사용중이│ ← 공사 완료 후 하자보수.
  자주중─┤   ├───────┤
        │   │공사완료부위│ ← 입주 및 조속한 업무시행.
        └─  ├───────┤   (추가 하자 발생)
            │ 지하층 │ ← 주차장. 배관 배선 작업 완료.
            └───────┘
```

III. Phased Occupancy 특징

장 점	단 점
· 건물 조기 입주 가능	· 제도적 개선 필요
· 빠른 수익 창출	· 조기입주 → 하자발생 (추가)
· 정상 업무 수행	· 공해 문제 발생 우려.

IV. 입주자 안전 및 공해대책

① 안전 시설물 설치 및 안전 안내사항 고지.
② 현장 정리정돈을 일일단위로 시행.
③ 저소음. 저진동 시공 공법 사용.
④ 공사구간 출입 통제 및 신호수 배치.   끝.

문제 203 | Column Shortening

〔97중후(20), 03전(10), 06후(10), 12전(10), 16전(10), 18중(10)〕

1 정의

① Column shortening이란 철골조 초고층 건축을 축조 시, 내·외부의 기둥구조가 다를 경우 또는 재료의 재질 및 응력 차이로 인한 신축량이 발생하는데, 이때 발생하는 기둥의 축소변위를 말한다.
② 건물의 고층화로 인하여 기둥·벽과 같은 수직부재가 많은 하중을 받아 축소현상인 column shortening이 일어나는데, 이때 발생한 축소변위량을 조절하기 위하여 전체 층을 몇 구간으로 나누어 변위량을 조절한다.

2 도해 설명

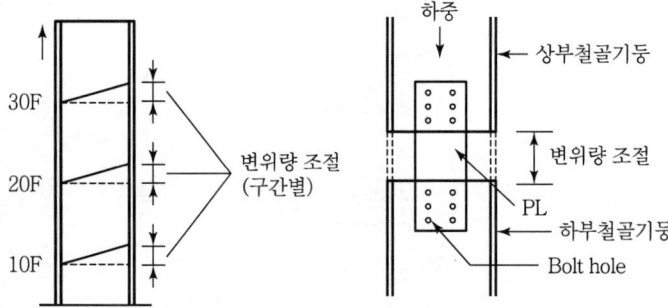

3 발생원인과 대책

구분	항목	내용
원인	탄성 shortening	• 기둥부재의 재질이 상이할 때 • 기둥부재의 단면적이 상이할 때 • 기둥부재의 높이가 다를 때 • 상부에 작용하는 하중이 차이가 날 때
	비탄성 shortening	• 방위에 따른 건조수축에 의한 차이 • Creep(크리프) 현상에 의한 차이
대책	설계 시	• 초고층 건물의 설계 시 기둥의 변위량을 미리 예측한다. • 변위발생량에 대해 정확한 data를 적용하여 계산한다. • 계산된 변위량을 시공시 계측하여 상부 기둥을 조절한다.
	등분조절	• 발생된 변위량을 조절하기 위해 전체를 몇 개의 구간으로 나눈다. • 구간별로 나누어진 발생변위량을 등분조절하여 변위치수를 최소화한다.
	조립	• 가조립 상태에서 변위발생에 대한 조절을 한다. • 변위량 조절이 끝난 후 본조립을 실시하여 완전조립을 한다.

문제 4) Column shortening (기둥 축소 현상)

I. 정의

① 초고층 공사시 기둥의 구조나 재질, 응력의 차이로 발생하는 기둥의 축소변위
② 축소변위량을 조절하기 위해 층을 나누어 변위량조절.

II. 개념도

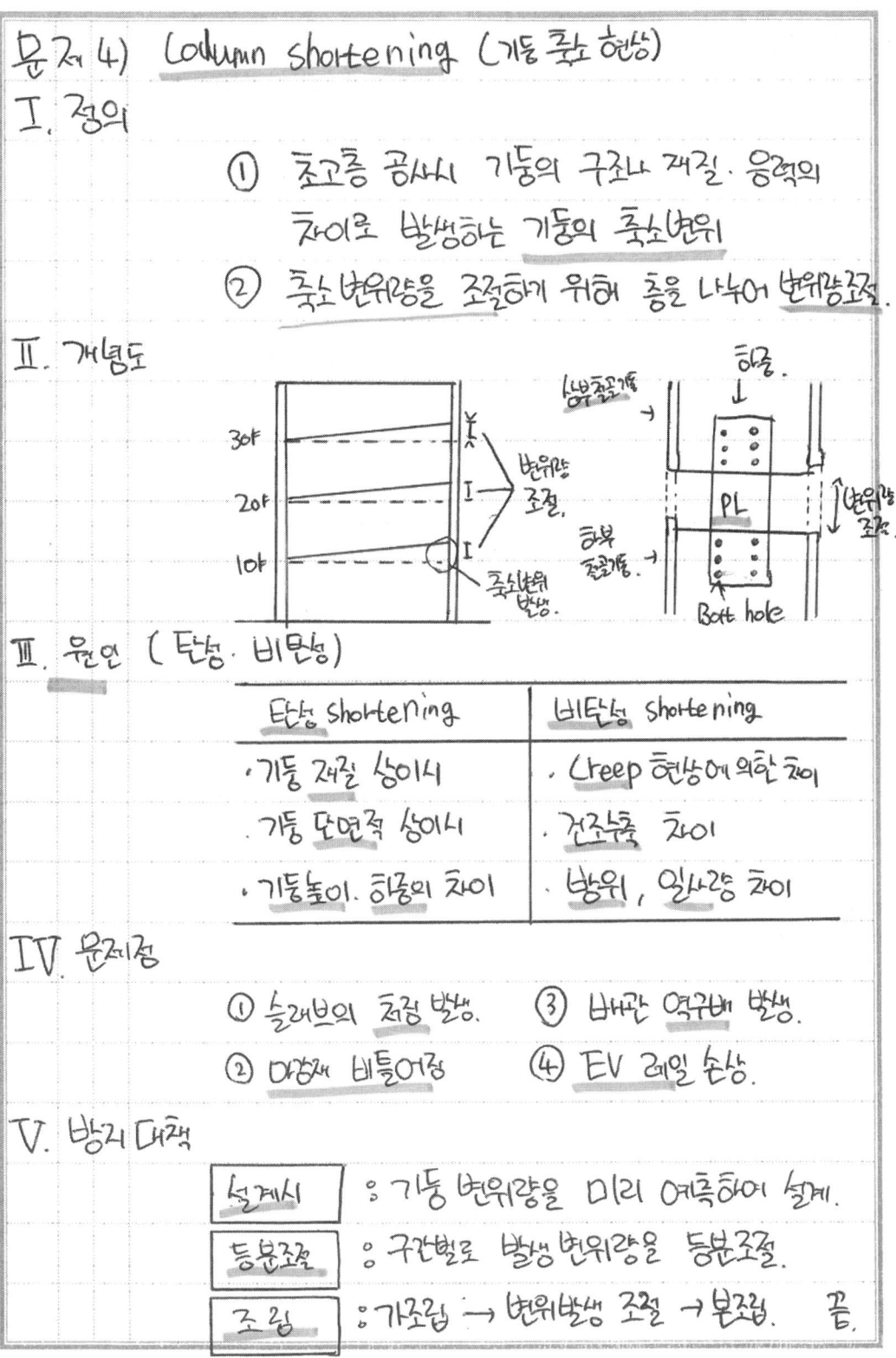

III. 원인 (탄성·비탄성)

탄성 shortening	비탄성 shortening
· 기둥 재질 상이시	· Creep 현상에 의한 차이
· 기둥 단면적 상이시	· 건조수축 차이
· 기둥높이, 하중의 차이	· 방위, 일사량 차이

IV. 문제점

① 슬래브의 처짐 발생.   ③ 배관 역구배 발생.
② 마감재 뒤틀어짐.   ④ EV 레일 손상.

V. 방지대책

| 설계시 | : 기둥 변위량을 미리 예측하여 설계. |
| 등분조절 | : 구간별로 발생 변위량을 등분조절. |
| 조립 | : 가조립 → 변위발생 조절 → 본조립. 끝.

문제 204 Out Rigger System

〔04전(10), 09후(10), 16전(10)〕

1 정의
① 고층 건축물에 작용하는 풍하중·지진 등의 횡하중을 제어할 목적으로, 건물 내부에 있는 core를 외부 기둥에 보로 연결시켜 횡강성을 증대시킨 것을 out rigger system이라 한다.
② Out rigger sytem에는 대형보를 일부 층에 집중시키는 집중 out rigger system과 일반보를 전층에 분포시키는 등분포 out rigger system이 있다.

2 Out Rigger System의 분류

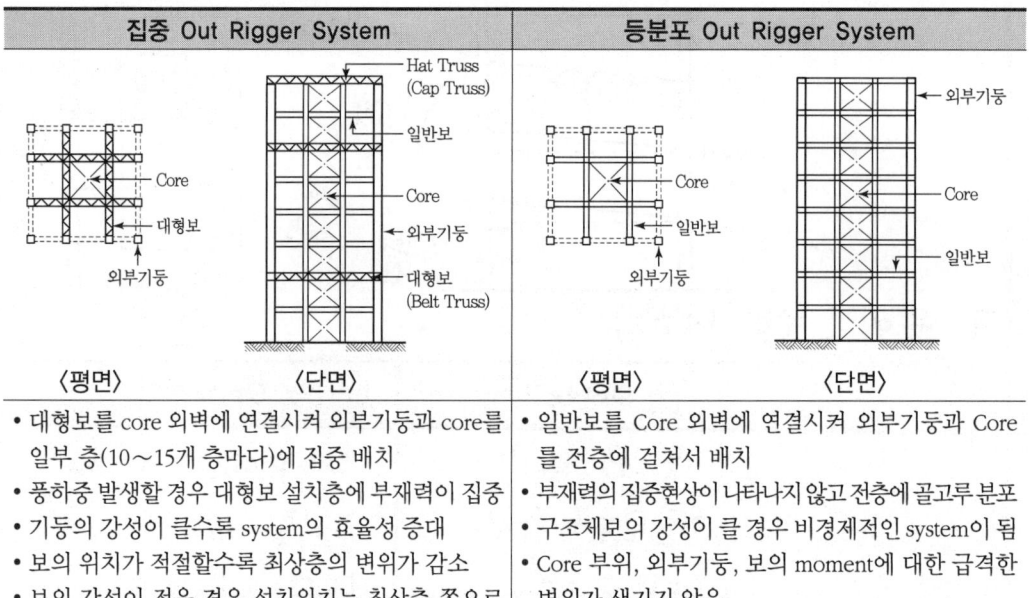

집중 Out Rigger System	등분포 Out Rigger System
• 대형보를 core 외벽에 연결시켜 외부기둥과 core를 일부 층(10~15개 층마다)에 집중 배치 • 풍하중 발생할 경우 대형보 설치층에 부재력이 집중 • 기둥의 강성이 클수록 system의 효율성 증대 • 보의 위치가 적절할수록 최상층의 변위가 감소 • 보의 강성이 적을 경우 설치위치는 최상층 쪽으로 이동	• 일반보를 Core 외벽에 연결시켜 외부기둥과 Core를 전층에 걸쳐서 배치 • 부재력의 집중현상이 나타나지 않고 전층에 골고루 분포 • 구조체보의 강성이 클 경우 비경제적인 system이 됨 • Core 부위, 외부기둥, 보의 moment에 대한 급격한 변위가 생기지 않음 • 구조적으로 안정된 system

3 효과
① Out rigger 보가 위치한 곳에서 구속력에 의해 변위의 불연속점 발생
② Out rigger 보와 기둥의 강성이 클수록 횡하중에 대한 저항성 증가
③ Out rigger 보가 최적의 위치에 있을 경우 지진에 대한 효율성 유지
④ 구조적 효율성 및 횡강성 증대
⑤ 층간 변위에 대한 제어 기능

4 적용 분야

문제 5) Out Rigger System.

I. 정의

① 초고층 건물의 횡하중 (풍하중, 지진)을 제어를 위해 내부의 Core에 대형보를 연결하여 횡강성을 증대.

② 집중 Out Rigger System, 등분포 Out Rigger System.

II. Out Rigger System 개념도

〈집중 Out Rigger〉   〈등분포 Out Rigger〉

(라벨: Cap Truss, 일반층, 횡강성 증대, 대형보, 코어, 외부기둥, 일반보, Core)

III. Out Rigger - Belt truss 활용.

① 초고층 건물.   ③ 풍하중이 큰 건물
② 지진대에 위치한 건물. ④ 내진 설계 구조.

IV. 적용시 고려사항

① 아웃리거 및 Belt truss 접합부 거동검토
② Core와 외부의 변위 발생 고려.
③ 횡하중 저항에 대한 시뮬레이션 수행.

V. Out Rigger System 비교.

구분	집중 Out Rigger	등분포 Out Rigger
목적	대형보에 횡하중 집중.	부재력을 전층으로 분산.
특징	· 최상층 변위 감소 · 기둥 강성 클수록 효율↑	· 중간변위 제어 가능 · 구조적 안정성 확보.

끝.

문제 205 벨트 트러스(Belt Truss)

〔21중(10)〕

1 정의
① 벨트 트러스는 초고층 건축물의 횡변위를 제어하기 위해서 건물의 일부층을 강성이 큰 벽체나 트러스 형태의 구조물을 띠같이 설치하는 것을 말한다.
② 벨트 트러스는 단독으로는 사용되지가 않으며 주로 아웃리거시스템(outrigger system)과 병행하여 사용한다.

2 초고층 건축물의 구조 시스템의 종류

초고층 건축물 구조 시스템
- Outrigger + Belt truss system
- Tube system
- Mega structure system
- Dia-grid system
- Spine wall / Cross wall system

3 벨트 트러스 적용 시 사전계획
① 적용 건축물의 적용지반, 재질 등 내용 조사
② 횡하중, 횡변위 등 구조계산 철저
③ 건축물의 외관 고려
④ 구조물의 강성 확보여부 파악(외부 기둥과 연결 시 구조물 강성 약 30% 증가)
⑤ 벨트 트러스 위치 계산
⑥ 시뮬레이션 실시

4 시공 시 고려사항
① 40층 이상 건축물 적용 시 hat truss 적용 고려
② 아웃리거와 접합부 시공 시 거동 고려
③ 임대공간 및 점유공간 축소 고려
④ Column shortening 현상 방지 대책 수립
⑤ 콘크리트 부재와 철골부재의 다른 침하량 보정

문제 4) Belt Truss

I. Belt Truss에 대하여
초고층 건물 횡변위 제어목적 일부층 강성 큰 벽체나 트러스형태 구조물 띠같이 설치, 아웃리거 병행

II. 초고층 건축물 Belt truss 도해 및 구조적 효과

1) 초고층 건축 Belt truss 도해

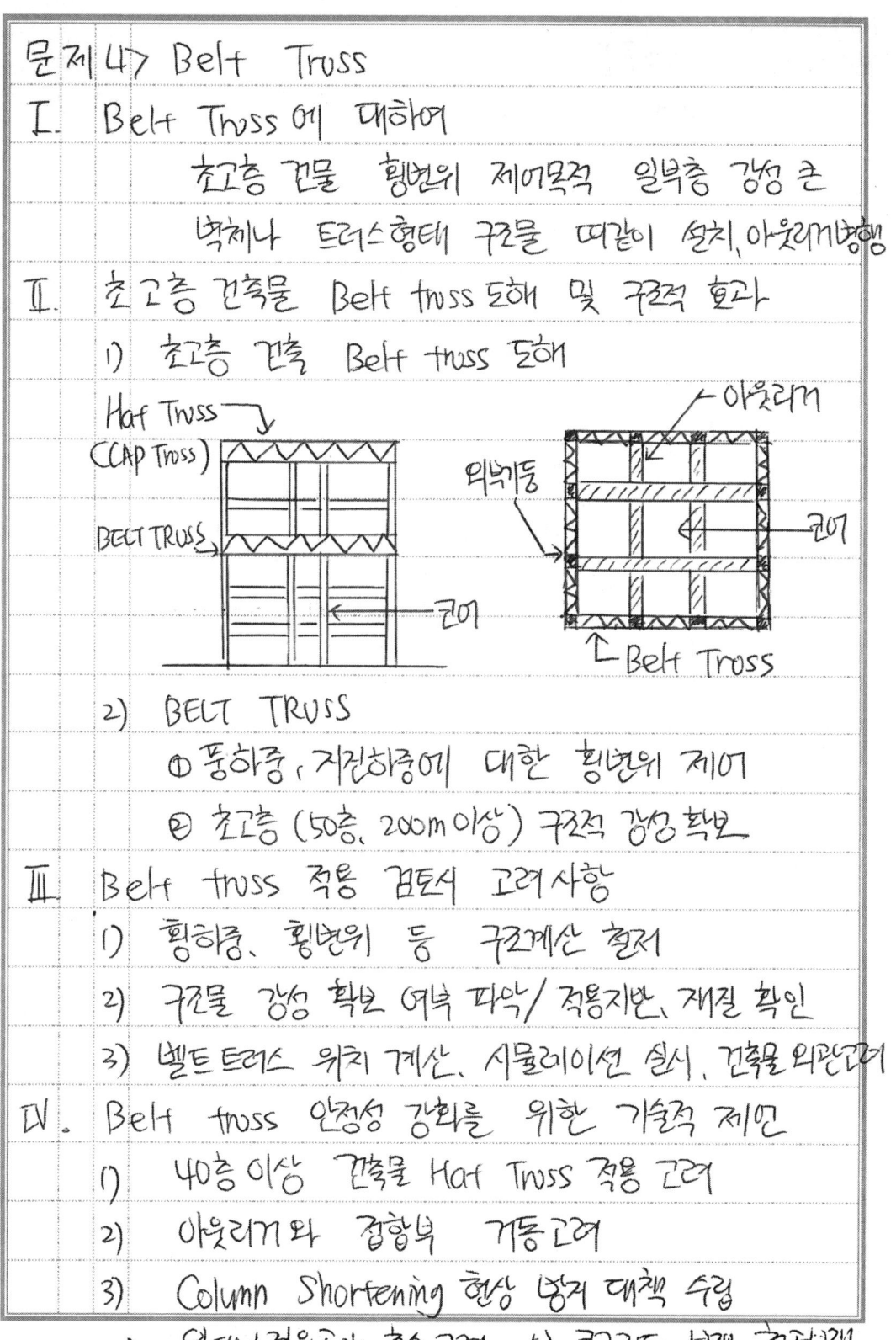

2) BELT TRUSS
① 풍하중, 지진하중에 대한 횡변위 제어
② 초고층 (50층, 200m 이상) 구조적 강성 확보

III. Belt truss 적용 검토시 고려사항

1) 횡하중, 횡변위 등 구조계산 철저
2) 구조물 강성 확보 여부 파악 / 적용지반, 재질 확인
3) 벨트 트러스 위치 계산, 시뮬레이션 실시, 건물 외관고려

IV. Belt truss 안정성 강화를 위한 기술적 제언

1) 40층 이상 건축물 Hat Truss 적용 고려
2) 아웃리거와 접합부 기둥고려
3) Column Shortening 현상 방지 대책 수립
4) 임대/점유공간 축소 고려   5) 콘크리트 부재, 철골부재 침하량 차이 보정

문제 206 콘크리트 채움 강관(CFT ; Concrete Filled Tube)

〔97후(20), 98후(20), 01중(10), 05중(10), 11중(10)〕

1 정의
① 콘크리트 채움 강관이란 원형 또는 사각형의 강관 기둥 내부에 고강도·고유동화 콘크리트를 충전하여 만든 기둥을 말하며, 충전강관 콘크리트라고도 한다.
② 강관을 기둥의 거푸집으로 하며, 강관 내부에 콘크리트를 채운 합성구조로서 좌굴 방지·내진성 향상·기둥단면 축소·휨강성 증대 등의 효과가 있으므로, 초고층 건물의 기둥구조물에 유리하다.

2 구조도

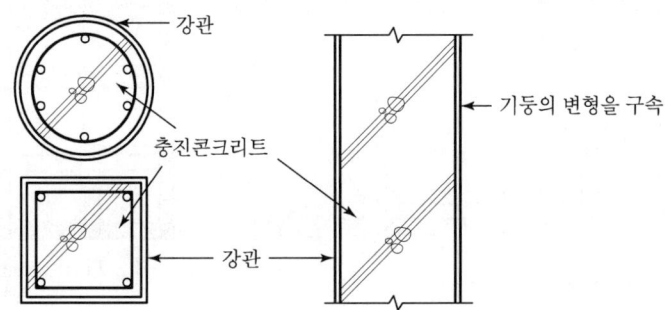

3 특징
① 좌굴 방지
② 공기단축
③ 내진성 향상
④ 거푸집공사의 생략
⑤ 기둥 단면 축소
⑥ 내화성 향상
⑦ 휨 강성 증대
⑧ 경제성 확보

4 콘크리트 타설방법

타설방법	특징
기둥 상부	• 기둥 상부에 트레미관을 설치하여 타설하는 방법이다. • 가설비계가 필요하다. • 시공성 및 충진성이 불리하다.
기둥 하부	• 기둥 하부에 구멍을 뚫어 펌프의 압입으로 타설한다. • 작업성 및 안전성에 유리하다. • 콘크리트의 충전효과가 양호하다.

문제 17) 콘크리트 채움강관 (CFT) (Concrete Filled Tube)

I. 정의

① 원형 또는 사각의 강관 기둥 내부에 고강도, 고유동화 콘크리트 충전 기둥.

② 기둥을 거푸집으로 하는 합성구조로서 좌굴방지, 기둥단면 축소, 휨강성 증대 등의 장점이 있다.

II. CFT 개념도

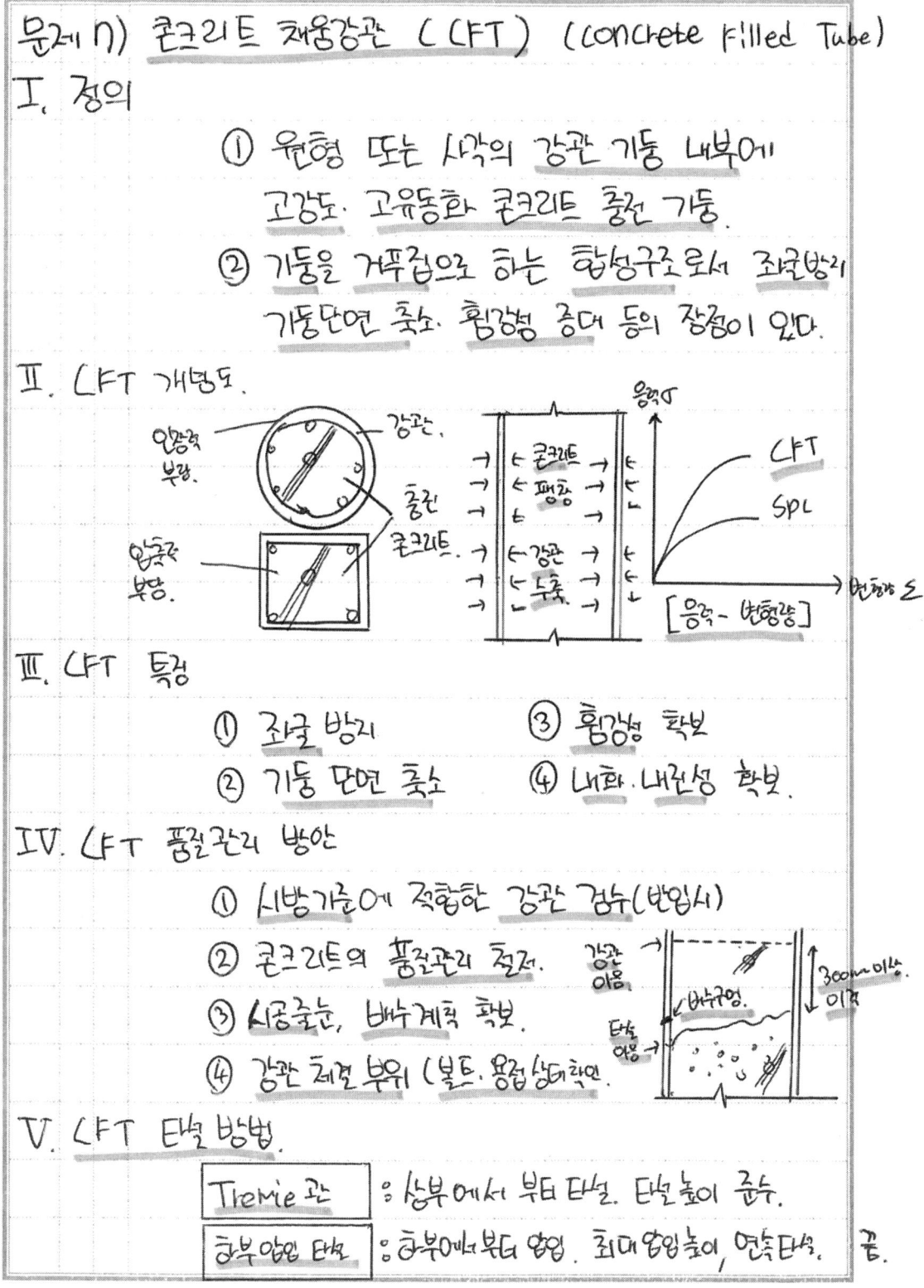

III. CFT 특징

① 좌굴 방지   ③ 휨강성 확보
② 기둥 단면 축소 ④ 내화, 내진성 확보

IV. CFT 품질관리 방안

① 시방기준에 적합한 강관 검수 (반입시)
② 콘크리트의 품질관리 철저
③ 시공줄눈, 배수계획 확보
④ 강관 제결 부위 (볼트, 용접 상대확연)

V. CFT 타설 방법

| Tremie 관 | : 상부에서 부터 타설. 타설 높이 준수. |
| 하부 압입 타설 | : 하부에서 부터 압입. 최대 압입 높이, 연속타설. |

끝.

문제 207 고층건물의 Core 선행시공

〔00중(10), 04전(10)〕

1 정의
① 고층건축공사에서 고강도 부분인 core를 벽식구조로 선행시공하고, 저강도 부분인 기타 부분을 RC조 또는 철골조의 라멘구조로 후시공하는 공법으로 벽식구조와 라멘구조의 변위량 차이에 의해 건축물의 안전을 도모한다.
② Core 벽식구조의 상부 변위는 라멘구조가 상쇄시켜 주고, 라멘구조의 하부 변위는 core 벽식구조가 상쇄시켜 준다.

2 구조해석

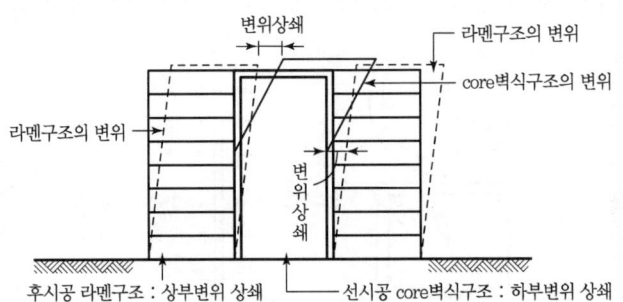

3 특징

장점	단점
• Core를 선행시키므로 공정관계 및 공사관계가 원활	• 초기검토기간 필요(2개월 정도)
• 전용횟수 증가로 초고층일수록 원가절감	• 초기투자비용 과다
• 기상조건 영향 최소화	• 구조물 연결부위 시공정밀도 및 구조의 안정성 확보
• 양중장비(T/C) 없이 거푸집이 상승 가능하므로 장비효율성 증대	• 각 unit별 분할 상승되므로 안전사고 위험
• 철근 pre-fab 시공에 유리	• 거푸집 system 대부분이 목재로 화재위험

4 Core 선행공법과 Core 후행공법의 비교

구분	Core 선행공법	Core 후행공법
시공순서	Core 시공 → 주변부 시공	주변부 시공 → Core 시공
장점	• 기상영향 최소화 • 거푸집 전용 횟수 증가 • 장비효율 극대화 • 공사관리 원활	• 철근 이음개소 1/2 단축 • 슬래브 및 Core의 단순화 • 슬래브 table form 적용 가능 • 작업의 융통성 부여
단점	• 초기투자비 과다 • 추락 등 안전사고 우려 • 시공 정밀도 등 품질관리 필수	• 작업순서 복잡 • 안전사고 우려 • Core작업용 대부재 야적공간 필요

문제 8) 고층건물의 Core 선행시공

I. 정의
① 고강도 부분인 코어를 선행시공 하고 기타부분을 RC조, 철골구조로 후시공 하는 공법.
② 벽식의 상부변위는 라멘이, 라멘의 하부변위는 Core 벽식구조가 상쇄한다.

II. Core 선행구조의 구조해석

- 후시공 라멘
- 선시공 Core
- 코어부위 변위
- 라멘골 변위
- 상부(Core) 변위 → 하부(라멘)이 상쇄
- 하부(라멘) 변위 → 상부가 상쇄

III. 특징

장점	단점
· 공정관계 원활	· 초기투자비용 크다
· T/C 없이 상승	· 연결부위 정밀도
· 기상 영향 최소화	· Unit별 분할시공

IV. Core 선행·후행 공법 비교

구분	Core 선행	Core 후행
시공순서	Core → 주변부	주변부 → Core
장점	· 공사관리 원활 · 기상 영향 최소화	· 작업의 융통성 · Core 단순화
단점	· 초기 투자비 크다 · 안전사고 우려	· 작업순서 복잡 · 야적공간 필요

문제 208 | 코어(Core) 후행공법

1 정의
① 코어 후행공법이란 코어선행공법과는 정반대로, 주변부 철골작업이 선행되고 내주부 코어는 기존과 같은 ACS + Gang-form, 외주부에는 AL-form 등을 설치하여 코어부의 작업을 후속으로 진행하는 공법이다.
② 코어 후행공법은 초고층건축물의 시공난이도를 낮추고 넓은 stock yard와 SCN으로 안전성을 향상시킨 공법이다.

2 시공순서

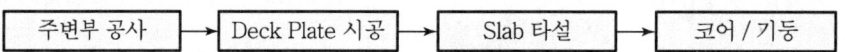

주변부 공사 → Deck Plate 시공 → Slab 타설 → 코어/기둥

3 특징

1) 장점
① 적절한 zoning 및 융통성 부여와 계단의 후 시공, 기둥의 선시공으로 작업의 분산 가능
② 철근의 이음개소를 1/2로 축소 가능
③ 인력 의존성 작업이 아닌 성력화된 작업 가능
④ 대형 테이블폼의 적용 가능
⑤ 슬래브와 코어 구조의 단순화

2) 단점
① 코어부와 주변부 작업의 동시 진행으로 작업순서 복잡
② 상하 동시작업으로 안전사고 발생 가능성 증가
③ 코어 작업을 위한 별도의 야적장 필요

4 층별 시공 Process

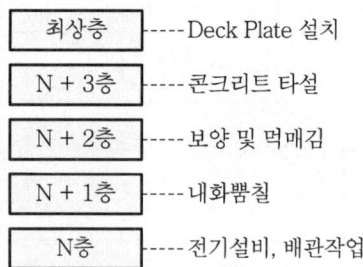

- 최상층 ----- Deck Plate 설치
- N + 3층 ----- 콘크리트 타설
- N + 2층 ----- 보양 및 먹매김
- N + 1층 ----- 내화뿜칠
- N층 ----- 전기설비, 배관작업

번호	고층건물의 Core 후행시공

I. 정의

고층건물의 Core 후행시공은 주변부 철골작업이 선행, 내부 Core의 작업은 후속으로 진행하는 공법으로 초고층 건축물의 시공난이도를 낮추고 안전성을 향상

II. Core 후행 공법 개념도

```
         ← Core 후행시공
┌──┬──┬──┐
├──┼──┼──┤ ← 주변부 선시공
│주변부│Core│주변부│ ← 초고층건축물
└──┴──┴──┘
```

III. Core 후행 공법 Flow Chart

초고층기초공사 → 주변부공사 → Deck Plate설치
  Stock yard 확보   SCN방식   코어 철근배근
                                    ↓
화생공공사 ← 코어기둥시공 ← Slab 타설

IV. 특징

장 점	단 점
- 철근 이음 개소 1/2 축소	- 동시작업으로 인한
- 슬래브 코어 구조단순	작업 순서 복잡
- 주변부, 코어 작업 분산	- 코어 작업 Stockyard 확보

V. Core 선행공법, Core 후행공법 비교

구분	Core 선행공법	Core 후행공법
공순서	Core → 주변부	주변부 → Core

끝.

문제 209 매립철물(Embedded Plate)

〔09중(10), 23전(10)〕

1 정의

① 매립철물(embedded plate)은 core 선행벽체와 연결되는 철골보, 배관 bracket, 호이스트 bracket, CPB(Concrete Placing Boom) 등의 후속 연결을 위해 매입되는 plate이다.
② 초고층의 core 선행 공정 시 반드시 필요한 조치로 이음부의 품질관리에 유의해야 한다.

2 도해

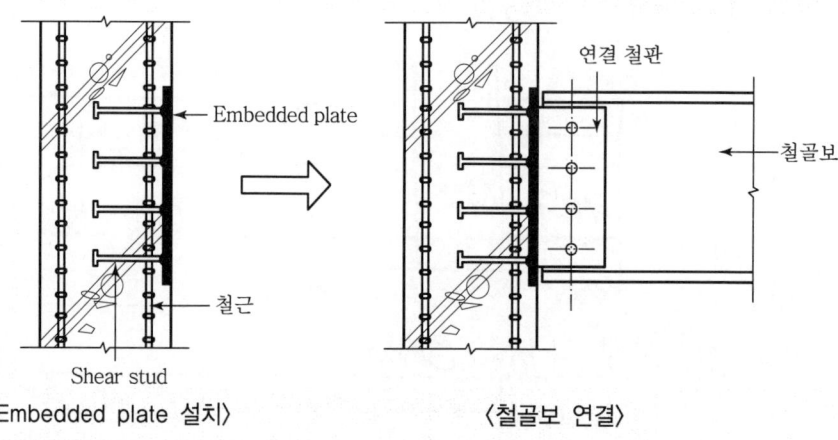

〈Embedded plate 설치〉   〈철골보 연결〉

3 설치방법

① Embedded plate 후면에 shear stud 설치
② 콘크리트면과 철판(plate)면이 일치되도록 철근배근부위에 shear stud를 정착하여 설치
③ 콘크리트 타설 시 위치변동이 없도록 견고하게 설치
④ Embedded plate와 연결철판은 용접으로 접합
⑤ 연결철판과 철골보는 고력bolt로 접합
⑥ 연결철판의 bolt 구멍은 slot hole로 가공

4 설치 시 유의사항

① Embedded plate의 시공오차 고려
② 오차범위가 20mm 이내로 관리
③ Embedded plate의 위치 및 수량 확인 후 콘크리트 타설
④ Embedded plate의 shear stud는 form tie 등에 간섭되지 않도록 설치
⑤ Embedded plate와 콘크리트가 일체화되도록 유의

초고층 공사의 매입철물 (Embedded plate)

I. 매입철물 정의

초고층공사의 코어 선행 벽체와 연결되는 철골보, CPB 등 후속 연결을 위해 매입되는 plate를 매입철물이라 한다.

II. 매입철물 개요도 및 시공순서

[그림: embedded plate, 연결철판, Shear stud, 철골보]

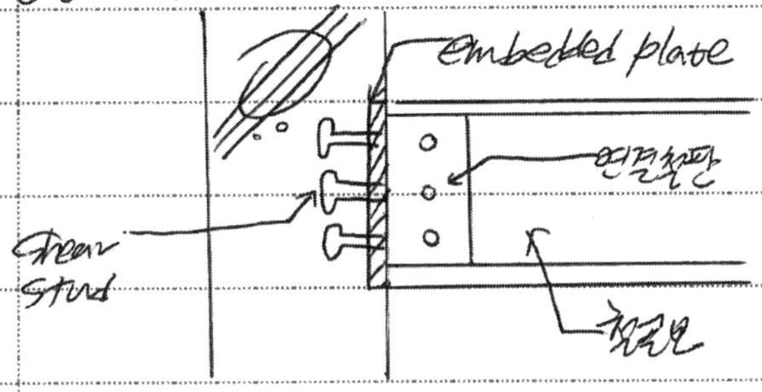

Shear Stud 설치 → Embedded plate → 연결철판 용접

III. 매입철물 설치시 기대효과

① 초고층 벽체 슬래브 연결
② 벽체 슬래브 구조 일체화
③ 기타 조형물 연결 고정

IV. 매입철물 설치시 유의사항

① 시공 오차 20mm 이내로 관리
② Embedded plate 위치 수량 고려
③ Shear stud는 form tie 타 간섭 고려

V. 매입철물 Dowel bar 비교

구분	매입철물	Dowel bar
특징	철골보와 철물고정	철근 conc 타설시 형성

끝

문제 210 연돌효과(Stack Effect)

〔02후(10), 13전(10), 24전(10)〕

1 정의
① 연돌효과(stack effect)란 굴뚝으로 연기를 내보내는 원리로, 고층건물에서 맨 아래층에서 최상층으로 향하는 강한 기류의 형성을 말한다.
② 고층건물의 계단실이나 EV와 같은 수직공간 내의 온도와 건물 밖 온도의 압력차에 의해 공기가 상승하는 현상이다.

2 계절별 연돌효과 발생 Mechanism

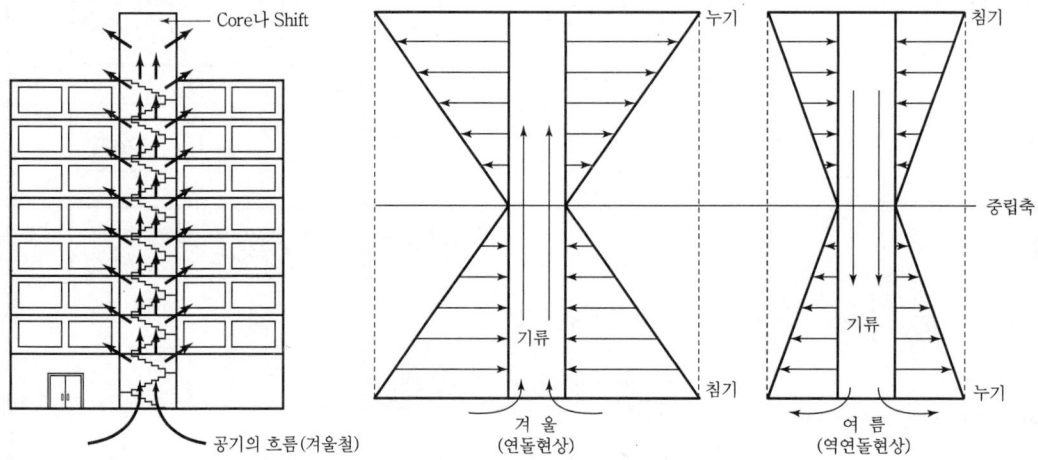

3 문제점
① 공기 유출입에 따른 건물 내 에너지 손실
② 실내 강한 바람으로 인한 불쾌감 유발
③ EV문의 오작동 발생
④ Core 부근에 있는 실(room)에서의 출입문 개폐에 어려움 발생
⑤ 침기(infiltration)와 누기(exfiltration)에 의한 소음
⑥ 화재 시 1층에서 최상층으로 강한 통기력 발생

4 대책
① 1층 출입구에 회전 방풍문 설치
② 아래층에서 공기의 유입을 최대한 억제
③ 계단실이나 EV 등 수직 통로에 공기 유출구 설치
④ 공기 통로의 미로 형성
⑤ 방화구획 철저

| 번호 | | 연돌 효과 |

I. 정의

- 고층건물 Core와 같은 수직공간 내외의 온도차이로 통기작용을 일으켜 공기 상승, 하강이 발생하는 현상이며, 겨울철의 연돌현상(상승효과) 여름철의 역연돌(하강효과)로 구분할 수 있다

II. 연돌 효과 발생 Mechanism

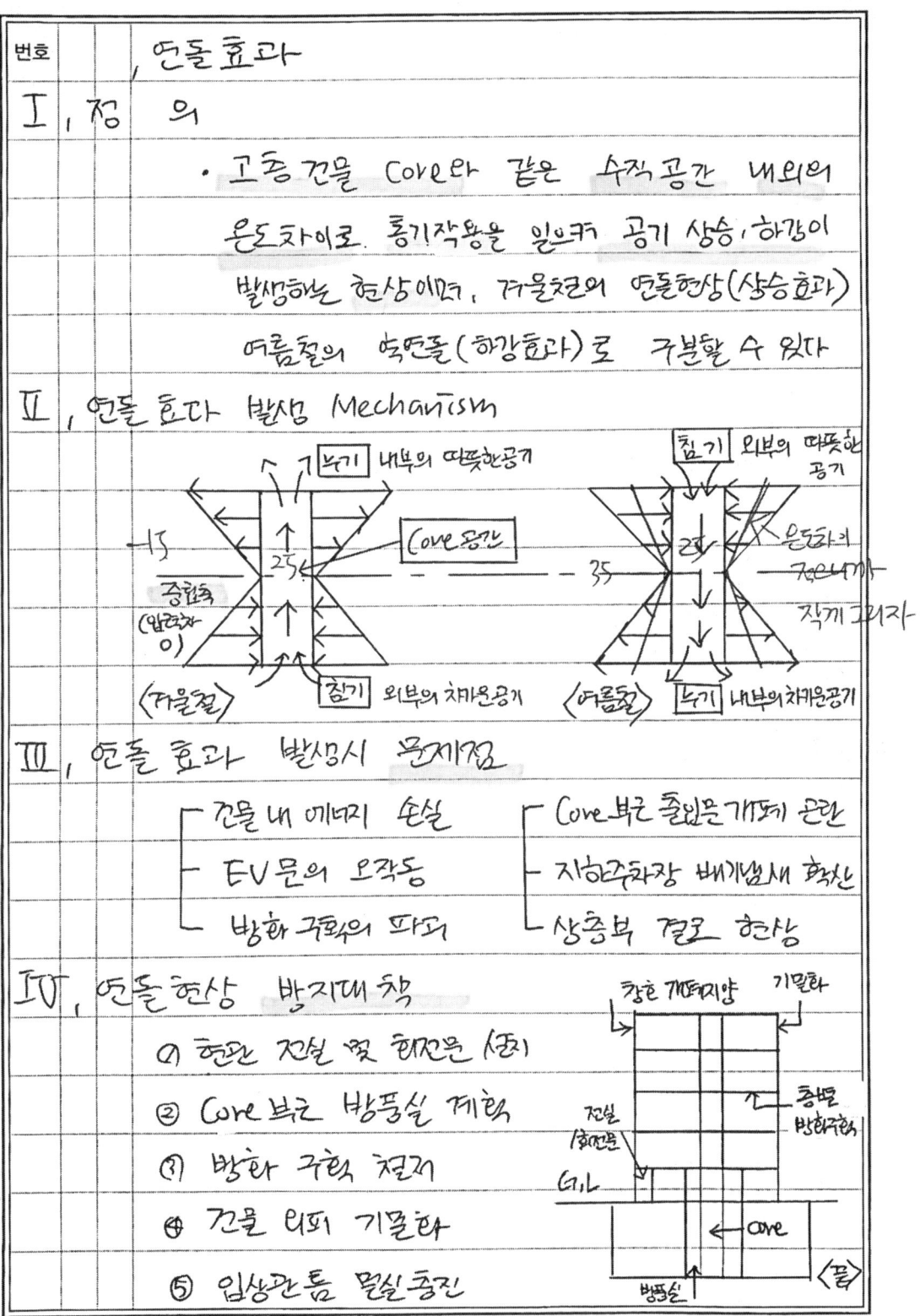

III. 연돌 효과 발생시 문제점

- 건물 내 에너지 손실
- E/V문의 오작동
- 방화 구획의 파괴
- Core 부근 출입문 개폐 곤란
- 지하주차장 배기냄새 확산
- 상층부 결로 현상

IV. 연돌현상 방지대책

① 현관 전실 및 회전문 (도어)
② Core 부근 방풍실 계획
③ 방화 구획 철저
④ 건물 외피 기밀화
⑤ 입상관 틈 밀실 증진

"끝"

문제 211 건축물 백화(Effloresence)의 발생원인과 방지책

〔84(15), 24후(10)〕

1 정의
① 건축물의 백화란 시멘트 벽돌·타일·석재·콘크리트 등의 표면에 생기는 흰 결정체를 말한다.
② 백화현상은 cement 중의 수산화칼슘이 공기 중의 탄산가스와 반응해서 생기는 것으로서, 재료의 선택 및 우천시 공사중지 등의 철저한 시공관리가 요구된다.

2 백화발생의 환경조건
① 그늘진 북측면
② 우기 등 습기가 많을 때
③ 기온이 낮을 때
④ 화학적 변화 $CaO + H_2O$
  $\rightarrow Ca(OH)_2 + CO_2$
  $\rightarrow CaCO_3 + H_2O$

CaO : 산화칼슘(생석회)
$Ca(OH)_2$: 수산화칼슘(소석회)
CO_2 : 이산화탄소(공기중)
$CaCO_3$: 탄산칼슘

〈백화발생 환경〉

3 발생원인
① 설계 미비로 인한 건축물의 부동침하로 우수 등 침입
② 부실시공에 의한 재료와 재료 사이 수밀성 미확보로 우수 등 침입
③ 외부마감재료 내의 반응성 물질에 의해 발생
④ 시공 시 joint 부위의 물 침입으로 인해 발생

4 방지대책

분류	내용
설계미비	설계 시 철저한 지반조사에 의한 부동침하 대책수립
재료결함	• 재료와 재료 사이의 수밀성 확보를 위해 신축성이 좋은 joint재 개발 • 외부마감재료는 반응성 물질이 포함되지 않은 것으로 선정
시공불량	• 줄눈시공시 엇빗줄눈보다는 민줄눈 등의 재료면이 매끈한 것이 유리함 • 구조체 콘크리트의 수밀성을 확보함 • 마감재 표면 또는 구조체 콘크리트 시공 시 발수제 첨가 및 도포 • 처마·창대·차양 및 parapet 등의 설치로 우수 차단

문제 2) 건축물의 백화의 발생원인과 방지책

I. 정의
① 백화는 시멘트 벽돌, 타일, 콘크리트 등의 표면에 생기는 흰색의 결정체를 말한다.
② 시멘트 중의 수산화칼슘 + 대기 중의 탄산가스와 반응.

II. 백화의 환경조건

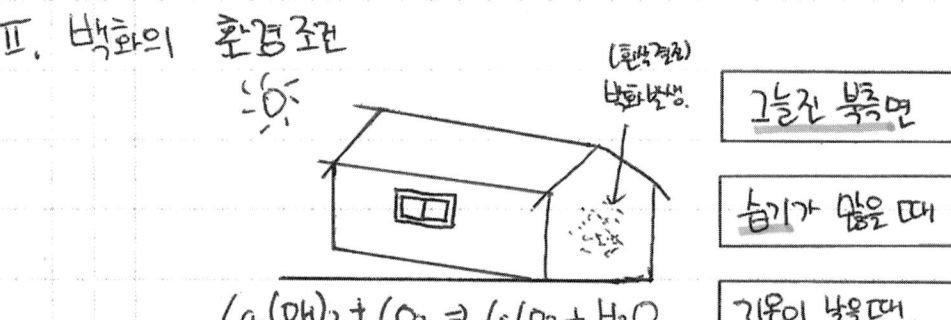

$Ca(OH)_2 + CO_2 \Rightarrow CaCO_3 + H_2O$

- 그늘진 북측면
- 습기가 많을 때
- 기온이 낮을 때

III. 발생원인
① 설계 미비로 인한 부등침하 ⇒ 유 침입
② 부실시공으로 인한 수밀성 미확보
③ 외부 마감재료의 반응성 물질에 의한 발생
④ 모르타르 배합시 불순물 함유.

IV. 방지대책

설계상 대책	재료상 대책	시공상 대책
EJ·CJ 설치	품질 인증 재료	모르타르 배합
사전조사(기후 등)	유기불순물 시험	양생관리 철저
외부지향 고려	강도·함수율 시험	기능공 교육/감독

V. 백화의 종류
[1차백화] : 바탕재·모르타르에 의함. [2차백화] : 시공·환경요인. 등.

문제 212 | 방습층(防濕層, Vapor Barrier)

[00후(10)]

1 정의

① 마루밑 등 접지 부근에서 벽을 타고 상승하는 습기를 방지하기 위하여, 벽돌조·블록조·석조일 경우에 적당한 위치에 수평으로 방습층(vapor barrier, dampproof course)을 설치한다.
② 금속판·아스팔트 루핑 등을 사용할 수 있지만, 조적재에 접합이 나쁘므로 방수 모르타르를 주로 사용하여 시공한다.

2 필요성

① 결로방지
② 방습
③ 단열성능 확보
④ 재료부식 방지
⑤ 쾌적한 실내환경

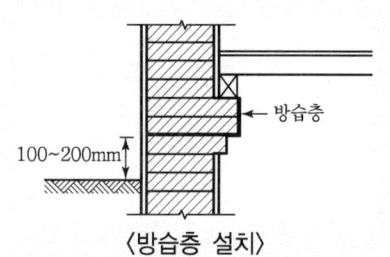

〈방습층 설치〉

3 공법별 특성

분류	시공법
벽체 방습층	벽돌·블록 등의 조적벽체로서, 지면으로부터 100~200mm 위에 수평으로 설치
바닥밑 방습층	바닥면에 방습층을 둘 때 잡석·모래다짐 위에 방습층 설치
아스팔트 펠트·루핑 방습층	펠트·루핑의 너비는 벽체보다 넓게 하고, 이음은 100mm 이상 겹쳐서 교착시킴
비닐 방습층	교착제는 동종의 비닐수지계 또는 아스팔트계 사용
금속판 방습층	이음의 거멀접기·납땜·겹침 수밀도장 등이 사용
방수 모르타르 방습층	방수 모르타르 두께는 15mm 내외 1회 바름
시멘트 액체 방습층	바탕면을 거칠게 하여 접착성 확보
아스팔트 방습층	방수적, 접착성이 뛰어남

4 시공

① 주로 지반과 마루 밑 또는 콘크리트 바닥 밑에 설치
② 방수 모르타르의 바름 두께는 10~30mm 정도
③ 방습층에 적당한 물매를 두어 습기 차단

5 시공 시 유의사항

① 시공 중 파손되지 않도록 잘 보양함
② 방습층 상부는 보행 및 통로로 사용하지 말 것
③ 지면과의 적당한 높이를 유지하여 방습층 상부로 직접 물이 침입하지 않도록 함
④ 루핑·비닐 등의 사용 시 겹침과 손상에 유의할 것

문제 4) 방습층

I. 정의

구조체의 벽을 타고 상승하는 습기를 방지
바닥이나 벽체에 수평으로 설치하는 막.

II. 설치 위치별 시공도

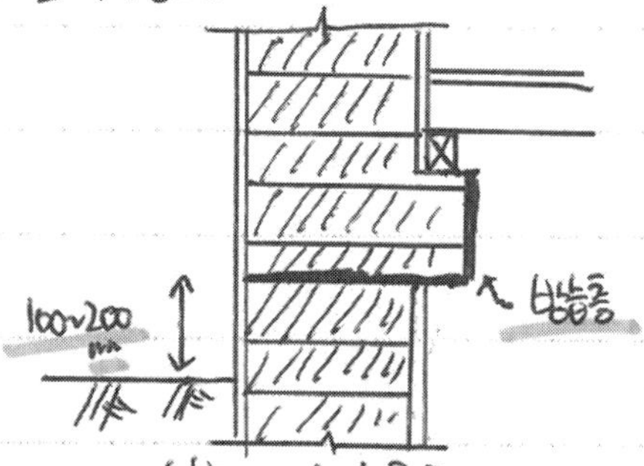

〈벽체 방습층〉 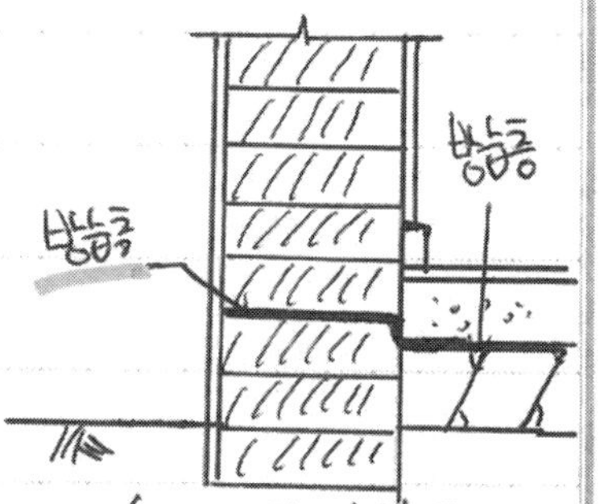　　〈바닥 밑 방습층〉

III. 방습층 공법별 시공법

방습층 분류	시 공 법
벽체	• 지면에서부터 100~200mm 위에 수평
바닥 밑	• 잡석·모래다짐 위 설치
아스팔트·루핑	• 펠트, 루핑의 너비는 벽체보다 넓게, 이음은 100mm 겹쳐서
비닐	• 동종의 비닐수지계, 아스팔트계 사용
방수 모르타르	• 방수 모르타르 바름 1회에 15mm 내외.

IV. 시공시 유의사항

① 방수 모르타르의 바름 두께는 10~30m 정도
② 방습층의 상부는 보행 및 통로로 사용 X.
③ 지면과의 높이 유지로 직접 물의 침투 방지.
④ 루핑·비닐 사용시 결로와 손상에 유의. 끝.

문제 213 Bond Beam의 기능과 그 설치위치

[87(5), ○○전(10)]

1 정의
① 조적벽체에서 벽을 일체화시키고, 집중하중 또는 국부적인 하중을 균등히 분포시키기 위한 철근 콘크리트 보를 bond beam이라 한다.
② 설치 위치에 따라 테두리보·기초보·벽돌 보강보로 구분한다.

2 설치위치

1) **벽체 상단(테두리보)**
   조적조의 벽체 상단에 테두리보를 설치함으로써 횡력저항, 일체성 확보

2) **기초판 위(기초보)**
   기초판 위에 설치하여 조적벽의 일체성 및 부동침하를 방지

3) **벽돌벽 중간(벽돌보강보)**
   벽돌 벽체의 높이가 3.6m마다 설치하여 횡력저항 및 강성 확보

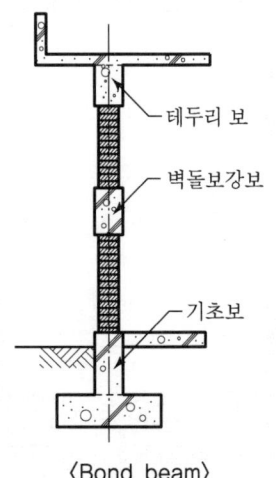

〈Bond beam〉

3 기능

기능	해설
벽체의 일체화	벽돌조 또는 블록조의 벽체와 벽체간의 일체성 확보를 위한 기능
벽체의 강성증대 및 균열방지	• 수평하중에 약한 조적조의 단점을 보완 • 균열을 방지하기 위한 기능
하중분포	상부에서 작용하는 수직하중 중에서 집중하중과 국부하중을 균등히 벽체에 전달하여 분산시키는 기능
수평하중에 저항	• 횡력에 약한 벽체를 철근콘크리트 보로 일체화 • 풍하중·지진하중 등에 대한 저항성을 증대시키는 기능
부동침하 방지	상부의 수직부재(벽체·기둥 등)에 전달되어 오는 수직하중 중에서 집중하중과 국부하중을 균등히 기초판에 전달하는 기능

문제 7) Bond Beam의 기능과 그 설치위치

I. 정의

① 조적 벽체에서 벽을 일체화 시키고 하중을 균등하게 분포시키기 위한 RC 보.
② 위치에 따라 테두리보, 기초보, 벽돌 보강보

II. 개념도 및 기능

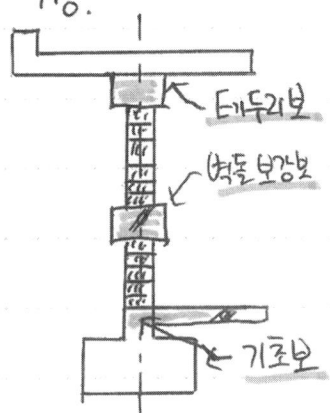

- 테두리보
- 벽돌 보강보
- 기초보

테두리보 (벽체상단)
: 일체성 확보, 횡력저항

벽돌보강보 (중간)
: 횡력저항, 강성 확보

기초보 (기초판위)
: 일체성, 부동침하 방지

III. Bond Beam 기능

일체화	: 벽체 간의 일체성을 확보
균열방지	: 수평하중 → 균열에 대한 방지
하중분포	: 집중하중·국부 하중을 균등히 분산
횡력저항	: 벽체를 RC조로 일체화, 저항성 증대

IV. 시공시 유의사항

① 설계 단계시 본드빔 설치여부 확인 → 적용
② 높이 3.5m 초과시 벽돌 보강보 설치
③ 테두리보 : 철근 직경 D19 이상, 정착길이 40d 이상
④ 기초보 설치전 지반 연점성 확보.

끝.

문제 214 ALC(Autoclaved Lightweight Concrete)

〔92후(8), 16후(10)〕

1 정의
① 강철제 탱크 속에 석회질 또는 규산질 원료와 발포제를 넣고, 고온(약 180℃)·고압(약 10기압)하에서 15~16시간 양생하여 만든 다공질의 경량 기포콘크리트를 총칭하여 ALC라 한다.
② ALC 제품으로는 block·panel 등이 있으며, 경량이고 단열성·내화성이 뛰어나다.

2 제조순서 Flow Chart

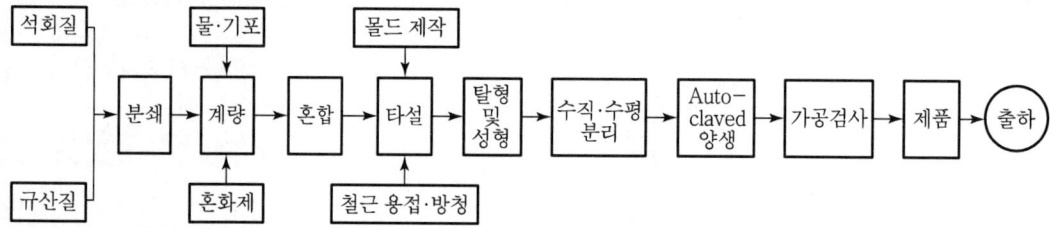

3 특징
① 경량성
② 단열성
③ 내화성
④ 시공성

4 유의사항
① 시공자는 전용 공구를 사용하여 공사를 효율적으로 한다.
② 시공불량 부위가 발생되지 않도록 사전에 타공종과 업무분담을 명확히 한다.
③ 외벽 panel 설치공사에서는 원칙적으로 쌍줄비계 또는 틀비계를 설치한다.
④ 양중·철물용접·설치작업에 필요한 전력 및 용수를 사전에 확보한다.
⑤ Panel은 공장에서 운반차가 시공장소에 직접 하역함을 원칙으로 한다.
⑥ 적재 시 설치장소까지 이동이 용이한 곳을 택해 규격별로 받침목을 대어 적치한다.
⑦ 옥외저장 시는 반드시 시트를 덮어 보호한다.
⑧ 운반 시는 인력운반을 피하고, 도구 또는 장비를 이용한다.
⑨ 저장 시 받침목을 대어 습기나 파손을 방지한다.
⑩ 운반거리는 사전준비계획을 통하여 최소화하도록 한다.

번호 11. ALC (Auto claved Lightweight Concrete) 블록

I. 정의

- 석회질 또는 규산질 원료와 발포제를 넣고 180°C의 고온·고압에서 15~16시간 증기 양생한 경량기포 Con'c 블록으로 단열, 내화성 우수

II. ALC 블록의 개념도

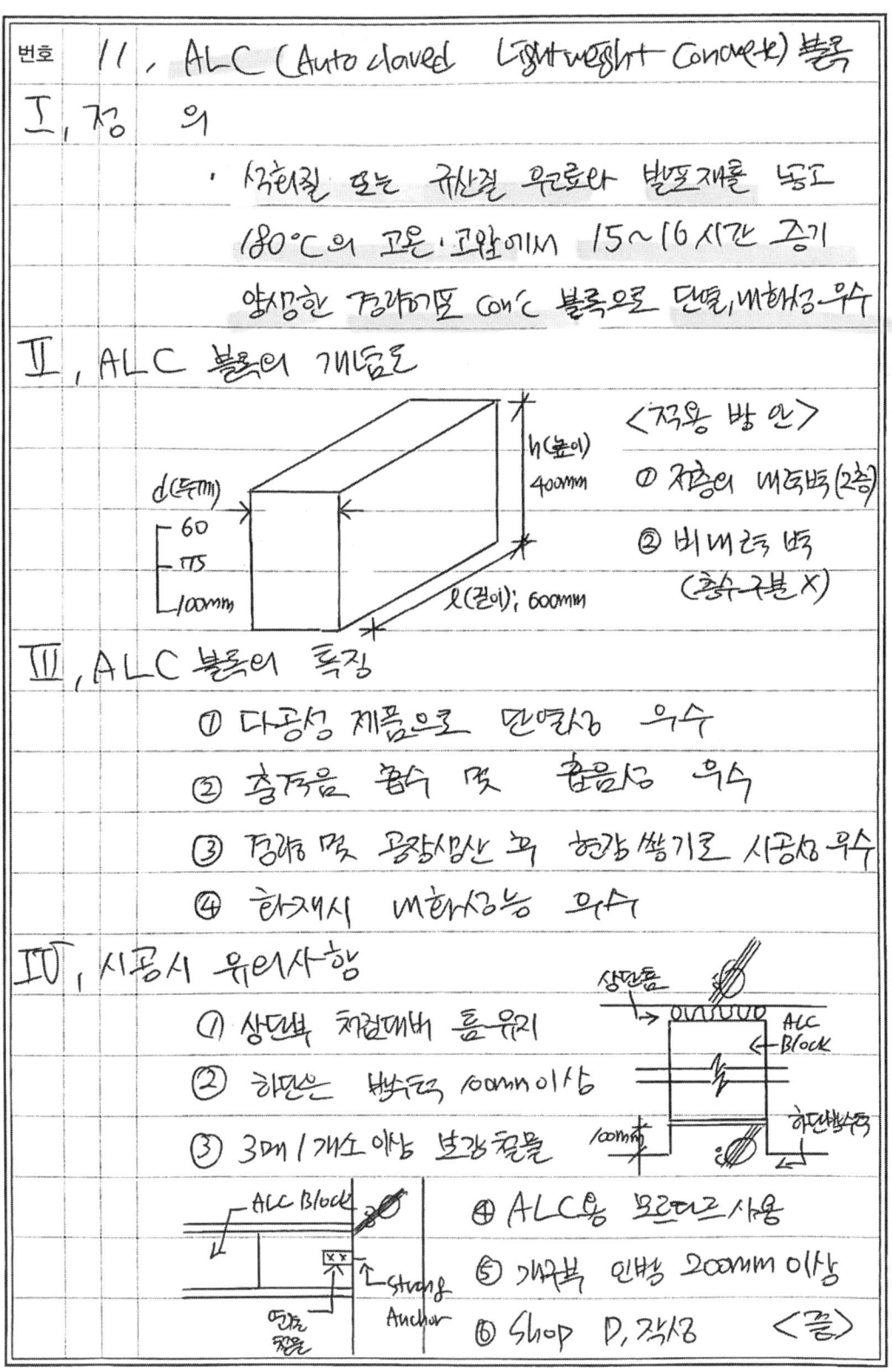

〈적용 방안〉
① 저층의 내력벽 (2층)
② 비내력벽 (층수구분 X)

III. ALC 블록의 특징

① 다공성 제품으로 단열성 우수
② 층간음 흡수 및 흡음성 우수
③ 경량 및 공장생산 및 현장 쌓기로 시공성 우수
④ 화재시 내화성능 우수

IV. 시공시 유의사항

① 상단부 처짐대비 틈 유지
② 하단은 반드시 100mm 이상
③ 3매/개소 이상 보강철물
④ ALC용 모르타르 사용
⑤ 개구부 인방 200mm 이상
⑥ Shop D, 작성

〈끝〉

문제 215 콘크리트(시멘트) 벽돌 압축강도시험

〔16중(10)〕

1 정의
① 콘크리트 벽돌 압축강도시험이란 콘크리트로 제조된 190×90×57의 기본벽돌과 이형벽돌의 압축강도를 측정하는 시험이다.
② 거푸집의 해체 고려 시 시멘트의 종류·천후·기온·보양 등의 여러 조건을 충분히 검토한 후 결정한다.

2 시험순서

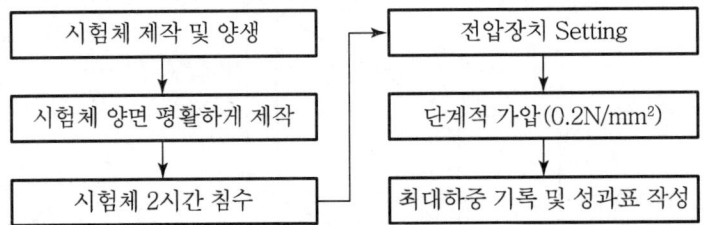

3 시험 시 유의사항
① 가압면은 원칙적으로 연마를 하나, 석고 등으로 연마도 가능
② 시험체는 실내양생 후 7일간 보존한 것을 사용
③ 벽돌 양생 및 보존기간 중 초기 동해 방지
④ 시험체 제조 시 물결합재비는 35% 이하로 배합
⑤ 매초 단위로 일정 하중 가압

4 콘크리트 벽돌의 압축강도 기준

구분	용도	압축강도(N/mm²)	흡수율(%)
1종 벽돌	옥외 또는 내력구조	13 이상	7 이하
2종 벽돌	옥내의 비내력 구조	8 이상	13 이하

문제 6) 콘크리트(시멘트) 벽돌 압축강도 시험

I. 콘크리트 벽돌 압축강도 시험이란
　　콘크리트로 제조된 190×90×57 기본벽돌과
　　이형벽돌의 압축강도를 측정하는 시험

II. 시험 Process

1) 시험체 제작 및 양생
　↓　　190×90×57 기본벽돌
2) 시험체 양면 평활하게 절삭
　↓　시험을 위한 규격
3) 시험체 2시간 침수
　↓　표준 습윤, 함수 상태
4) 전압장치 Setting 및 가압
　↓　검교정 및 단계별 가압
5) 최대하중 기록 및 성과도 작성

III. 시험시 유의사항에 대한 고찰
1) 가압면은 원칙적으로 연마
2) 시험체는 실내양생 후 7일간 보존한 것 사용
3) 벽돌 양생 및 보존기간 中 동해 방지
4) 시험체 W/B 35% 이하로 배합
5) 매초 면적로 일정 하중 가압

IV. 콘크리트 벽돌 시험 합격 기준
1) 1종 (옥외, 내력) 압축강도 13N/mm² 이상, 흡수율 7% 이하
2) 2종 (옥내, 비내력) 〃 8N/mm² 이상, 흡수율 13% 이하

문제 216 Non-Grouting Double Fastener 방식(석공사의 건식공법)

〔19전(10)〕

1 정의
① 석공사에서의 그라우팅 방식은 에폭시수지의 충전성이 문제가 될 수 있으므로 층간변위가 크거나 고층의 경우에는 부적합하다. 따라서 주로 non-grouting 방식을 사용한다.
② 석공사의 패스너 방식은 single fastener 방식과 double fastener 방식으로 구분되는데, fastener의 slot hole에 의한 오차 조정이 가능하고, 비교적 작업이 용이하며 석공사에 가장 많이 사용하고 있다.

2 Non-grouting 더블 패스너 방식의 분류

Non-grouting 방식	
Single fastener	Double fastener

3 필요성
① 고층건물의 층간변위 추종성 흡수구조 기능
② 콘크리트 모체의 거동에 대한 저항력
③ 외기에 접한 온도의 신축성에 흡수구조 기능
④ 석공사의 부재제작 및 설치오차 조정 기능
⑤ 석공사 시 부재 양중의 변형 방지
⑥ 비교적 작업이 용이하고 석공사에서 가장 많이 사용
⑦ 하부 2군데는 석재하중 지지목적, 상부 2군데는 전도방지 목적
⑧ 2차 패스너의 역할은 상부하중만 지지, 하부석재에 힘을 진행해서는 안 됨

4 패스너 선정 시 품질관리방안
① Fastener는 구조계산에 의한 최소 처짐기준 : 1mm 이내
② 상부석재 고정용 조정판 하부변에서 하부 석재면까지 1mm로 유지
③ Fastener의 설계는 돌의 무게, setting space에 따라 결정할 것

문제 1) Non-grouting Double Fastener 방식

I. 정의
① 석공사의 그라우팅 방식은 충전성 등으로 고층에 부적합
② 석공사의 패스너 방식은 층간변위 오차 조정가능, 작업이 용이하여 석공사에 많이 사용.

II. Non-grouting Double Fastener 종류

Single Fastener	Double Fastener	특징
		• 건식공법 • 많이 사용.

III. 필요성

층간변위 추종성		부재 오차 조정가능
	필요성	
온도 신축성 흡수		작업 용이 (시공성)

2개 fastener은 상부하중만 지지·하부 석재 흔들림 X.

IV. 품질관리방안
① Fastener는 구조계산 최소철검기준 : 1㎜ 이내
② 상부 석재 고정용 조정판·하부면에서 석재면까지 : 1㎜ 이내
③ Fastener의 설계는 돌의 무게·Setting space에 따라 결정.

V. 석공사 종류별 특징

습식	Anchor긴결	강재 truss	GPC공법
모르타르 있음.	앵커로 연결한 돌기	강재 truss에 석재판 조립	석재 + Concrete 일체화 PC

끝.

문제 217 | 석재의 Open Joint 줄눈공법

[16중(10), 22전(10)]

1 정의
① 석재의 open joint 줄눈공법은 석재의 외벽 건식공법에서 석재와 석재 사이의 줄눈을 sealant로 처리하지 않고 틈을 통해 물을 이동시키는 압력차를 없애는 등압이론을 적용하여 open시키는 공법이다.
② 최근 sealant에 의한 석재의 오염방지와 기밀차단막 및 등압이론을 적용한 open joint 줄눈공법의 적용이 늘어나고 있다.

2 등압이론

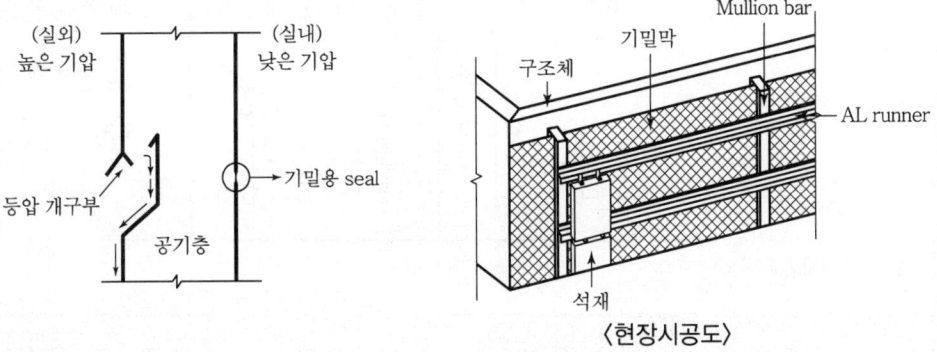

① 벽의 외측면과 내측면 사이에 공간을 두어, 옥외의 기압과 같은 기압을 유지하게 하여 배수하는 방식
② 표면재의 내측에 기압이 생기도록 내벽은 기밀 유지
③ 틈을 통해 물을 이동시키는 압력차를 없애는 등압이론

3 시공순서 Flow Chart

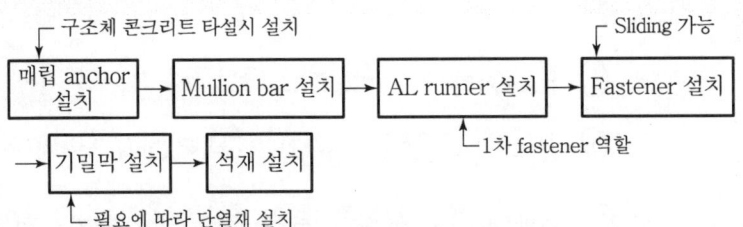

4 시공 시 유의사항
① 매립 anchor의 철근에 고정금지
② Mullion bar와 매립 anchor 용접 시 화재발생에 유의하여 적절한 보호조치를 할 것
③ AL runner의 설치간격은 석재의 크기(높이)와 같아야 하므로 시공에 정밀을 요함
④ AL runner와 석재 사이에 설치되는 fastener의 길이조정에 유의하여 석재의 수직도 유지

문제5) 석공사의 오픈조인트(Open Joint) 공법

I. 정의

- 본래의 내·외부의 밀폐 접착공법에서 석재 Joint를 Sealant 하지 않고 내외부 압력차 줄여 등압이론 적용공법

II. 도해

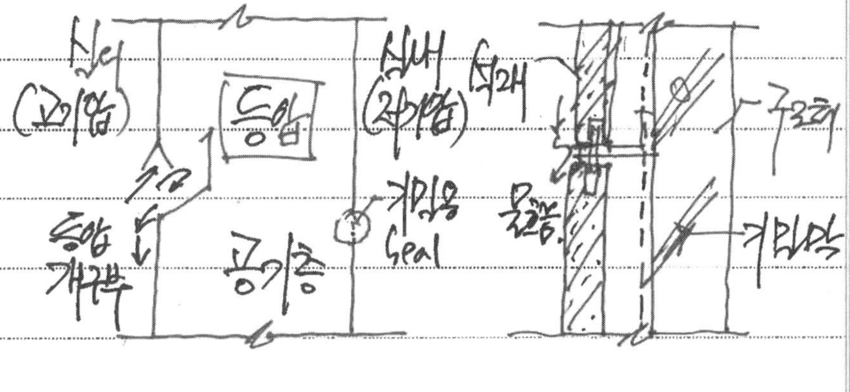

(도해: 실외(고압), 등압, 실내(저압), 석재, 공기층, 기밀용 Seal, 등압개구부, 물끊음, 구조체, 커튼월 단면)

III. 특징

① 외부 표면 코킹 미처리로 인한 미관 효과
② 외부와 내부사이 등압으로 유입 배수
③ 내벽은 기밀용 Seal 설치로 기밀
④ 외벽 빗물침투 방지효과가 크다.
⑤ 내벽(Tall Hall) 부위 적용효과 크다.

IV. 비교표

구분	Open Joint	Closed Joint
마감	Sealant 미처리	Sealant 처리
이론	등압이론	밀폐이론
오염도	외벽오염 없음	외벽오염 발생

끝.

문제 218 | Open Time(붙임시간)

〔02중(10), 04후(10), 07후(10), 22전(10), 24중(10)〕

1 정의
① 접착 mortar나 접착제를 바탕면 또는 타일면에 발라 타일붙임하기에 적당한 상태까지의 시간을 말한다.
② 타일의 종류 및 타일의 뒷발모양에 따라 차이가 있다.

2 접착강도와의 관계
① Open time이 길어지면 타일의 탈락원인이 됨
② 타일의 뒷발모양 선정

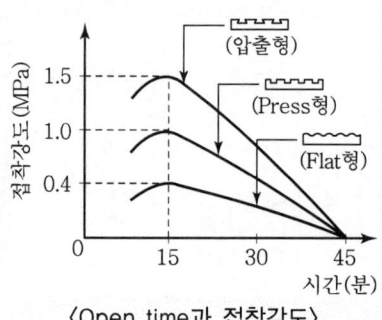

〈Open time과 접착강도〉

3 Open Time
① 타일의 종류 및 타일 뒷발의 형태에 따라 다름
② 보통 open time(붙임시간)은 15분 이내로 할 것
③ Open time이 길어지면 박리의 원인이 되므로 유의할 것
④ 바탕 mortar 함수율·온도·습도·환경에 따라 open time이 달라짐
⑤ 개량압착붙임공법의 open time은 30분 이내임

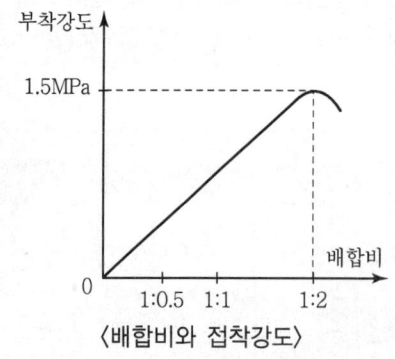

〈배합비와 접착강도〉

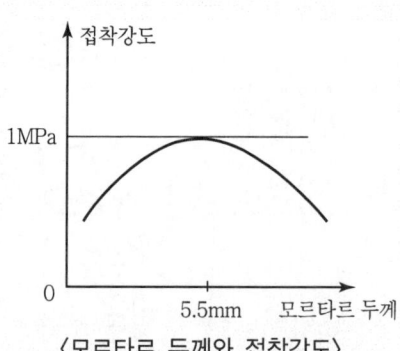

〈모르타르 두께와 접착강도〉

문제 4) Open time (붙임시간)

I. 정의

접착 Mortar나 접착제를 바탕면 또는 타일면에 발라 타일 붙임하기에 적당한 상태까지의 시간.

II. Open time과 접착강도

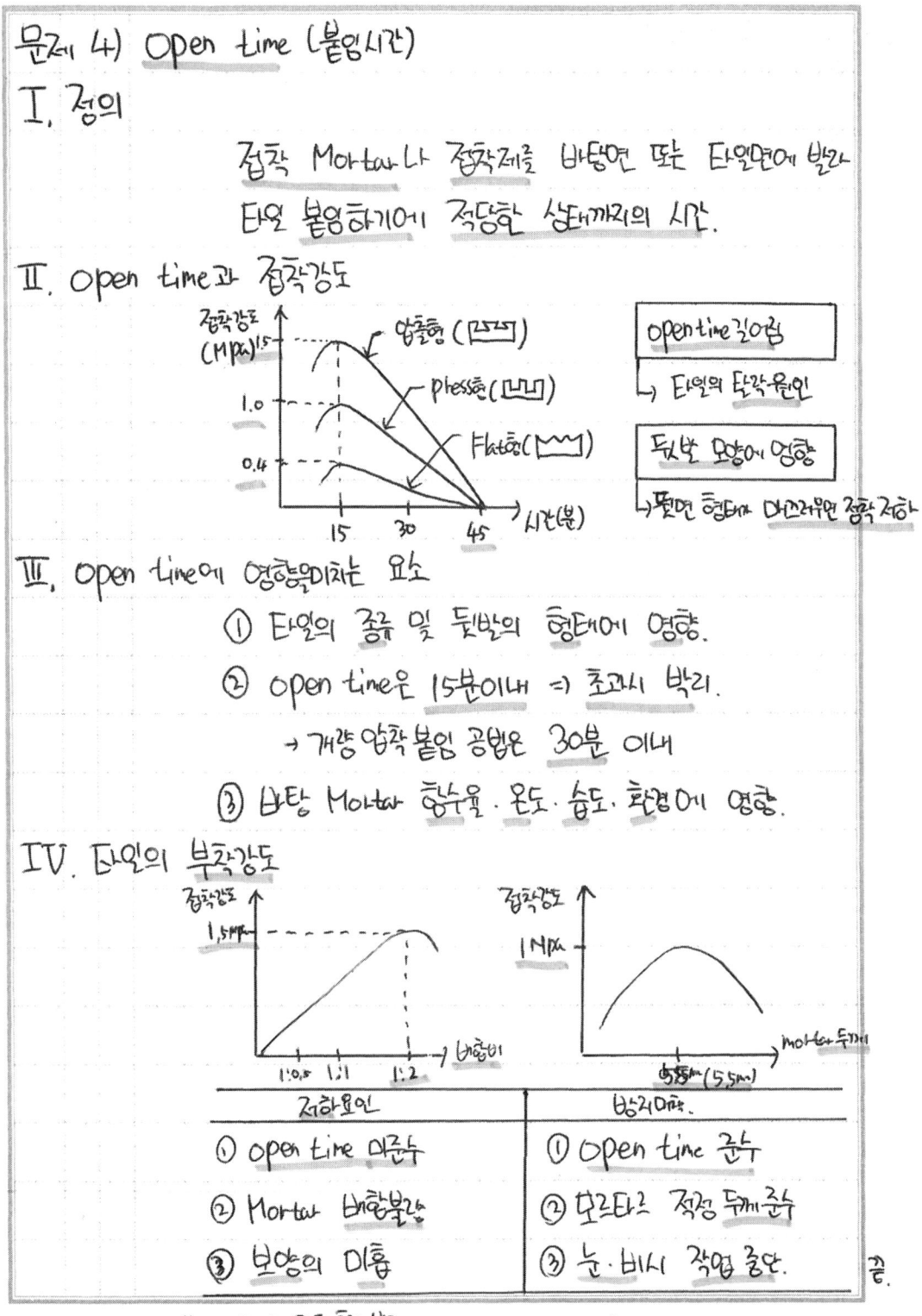

- Open time 길어짐
  → 타일의 탈락 원인
- 뒷발 모양에 영향
  → 뒷면 형태 매끄러우면 접착 저하

III. Open time에 영향을 미치는 요소

① 타일의 종류 및 뒷발의 형태에 영향.
② Open time은 15분 이내 ⇒ 초과시 박리.
  → 개량 압착 붙임 공법은 30분 이내
③ 바탕 Mortar 흡수율·온도·습도·환경에 영향.

IV. 타일의 부착강도

저하 요인	방지 대책
① Open time 미준수	① Open time 준수
② Mortar 배합 불량	② 모르타르 적정 두께 준수
③ 보양의 미흡	③ 눈·비시 작업 중단

끝.

* 붙임 후 3일간 진동·충격 방지.
* 붙임 후 비 예보시 필름 등으로 보양.
* 양생실 → 흡수 → 쌓아내기.

문제 219 타일접착 검사법

〔09중(10), 17전(10), 20후(10), 21후(10)〕

1 정의
① 타일의 시공은 선정공법에 따라 성실히 시공하여야 하며, 시공 후 탈락, 파손 등을 방지하기 위하여 주어진 검사법에 따라 검사한다.
② 타일의 접착 검사법에는 시공 중 검사, 두들김 검사 및 접착력 시험이 있으며, 접착강도가 $0.39N/mm^2$ 이상이어야 합격이다.

2 타일접착 검사법

1) 시공 중 검사
하루 작업이 끝난 후 비계발판의 높이로 보아 눈높이 이상 부분과 무릎 이하 부분의 타일을 임의로 떼어, 뒷면에 붙임 모르타르가 충분히 채워졌는지를 확인하여 탈락을 방지하여야 한다.

2) 두들김 검사
① 붙임 모르타르의 경화 후, 검사봉으로 전면적을 두들겨 본다.
② 들뜸, 균열 등이 발견된 부위는 줄눈부분을 잘라내어 다시 붙인다.

3) 접착력 시험
① 타일의 접착력 시험은 $600m^2$당 한 장씩 시험한다. 시험위치는 담당원의 지시에 따른다.
② 시험할 타일은 먼저 줄눈부분을 콘크리트면까지 절단하여 주위의 타일과 분리시킨다.
③ 시험할 타일을 부착장치(attachment)의 크기로 하되, 그 이상은 180mm×60mm 크기로 콘크리트면까지 절단한다. 다만, 40mm 미만의 타일은 4매를 1개조로 하여 부속장치를 붙여 시험한다.
④ 시험은 타일시공 후 4주 이상일 때 행한다.
⑤ 시험 결과의 판정은 접착강도가 $0.39N/mm^2$ 이상이어야 한다.

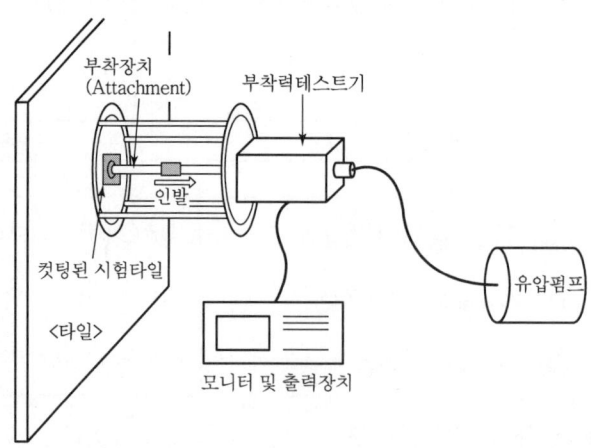

문제11> 타일 부착력 시험

I. 타일 부착력 시험에 대하여
  타일 시공 후 탈락, 파손 등 방지목적의
  접착력 시험으로, 강도 0.39N/mm² 이상 합격

II. 타일 접착강도 시험도해, 필요성

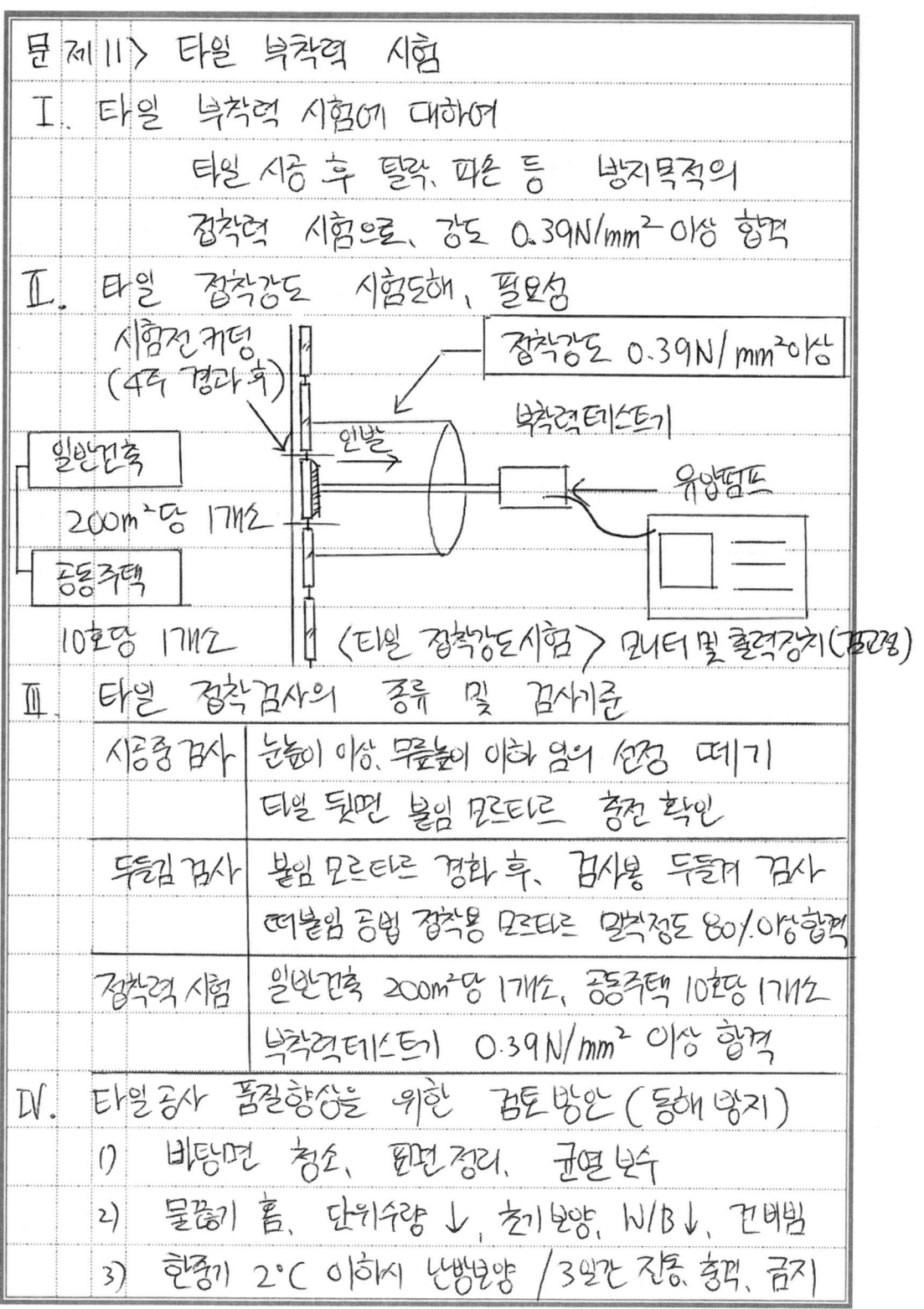

〈타일 접착강도시험〉 모니터 및 출력장치(검경)

- 일반건축 : 200m²당 1개소
- 공동주택 : 10호당 1개소
- 접착강도 0.39N/mm² 이상

III. 타일 접착검사의 종류 및 검사기준

시공중검사	눈높이 이상, 무릎높이 이하 임의 선정 떼기 타일 뒷면 붙임 모르타르 충전 확인
두들김검사	붙임 모르타르 경화 후, 검사봉 두들겨 검사 떠붙임 공법 접착용 모르타르 맞댐정도 80% 이상합격
접착력시험	일반건축 200m²당 1개소, 공동주택 10호당 1개소 부착력테스트기 0.39N/mm² 이상 합격

IV. 타일공사 품질향상을 위한 검토방안 (동해방지)
  1) 바탕면 청소, 표면정리, 균열보수
  2) 물끊기 흠, 단위수량↓, 초기보양, W/B↓, 건비빔
  3) 한중기 2℃ 이하시 난방보양 / 3일간 진동, 충격, 금지

문제 220 타일 분할도(타일 나누기, 줄눈 나누기)

[03전(10), 16전(10)]

1 정의
① 타일은 견본으로 빛깔·치수·형상이 결정되면, 설계도면과 건축물의 각부 치수를 실측하여 확인하고, 타일 분할도(타일나누기)를 계획한다.
② 타일분할도(타일 나누기)는 정확하게 하여 전체가 온장이 쓰일 수 있도록 계획하는 것이 바람직하다.

2 붙임공법의 분류

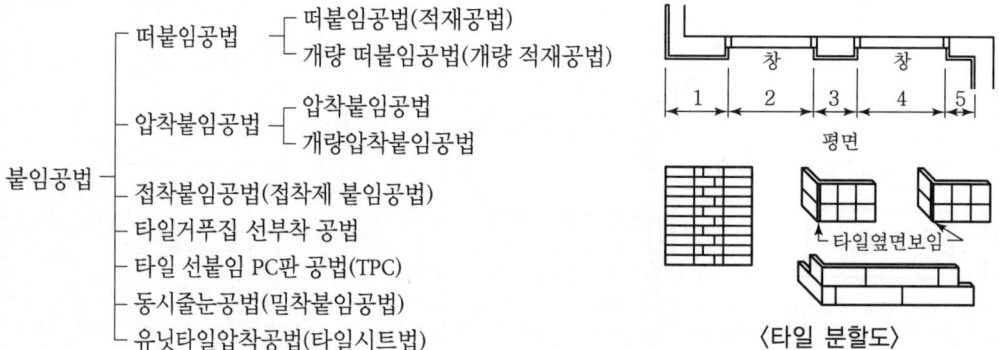

〈타일 분할도〉

3 타일 분할도(타일 나누기)
① 타일치수와 줄눈치수를 합하여 타일 한 장의 기준치수를 정함
② 시공면의 높이가 타일의 정배수로 나뉘도록 할 것
③ 중간의 개구부(開口部) 및 상·하부도 정배수가 되도록 할 것
④ 가로방향 나누기
 • 교차되는 벽의 바름두께를 가감하고, 중간 정배수로 나누어지도록 할 것
 • 부득이 토막 타일을 쓸 경우 너무 작은 조각은 피할 것
⑤ 세로방향 나누기
 • 세로줄눈은 통줄눈 또는 막힌줄눈으로 할 것
 • 모서리 타일을 사용하지 않을 때는 타일을 직교시킬 것

4 시공 시 유의사항
① 타일 분할도는 외관에 영향을 주므로 세밀히 계획할 것
② 벽과 바닥의 접촉부·구석·모서리 또는 면 내의 구획부는 특수 타일을 정할 것
③ 수도전 등의 위치는 타일이 十자로 교차하는 부분에 두어야 구멍뚫기가 유리함
④ 새시(sash)의 치수결정 후 타일나누기를 하여야 시공에 무리가 없음
⑤ 타일 분할 시 약간 부족할 때는 줄눈을 조절하여 맞출 것

문제 27) 타일공사의 줄눈 나누기법

I. 타일 줄눈 나누기에 대하여
타일 치수, 형상에 따라 설치부 실측하여 온장이 최대한 쓰일 수 있도록 나누기를 계획

II. 타일 줄눈 나누기 개념도해

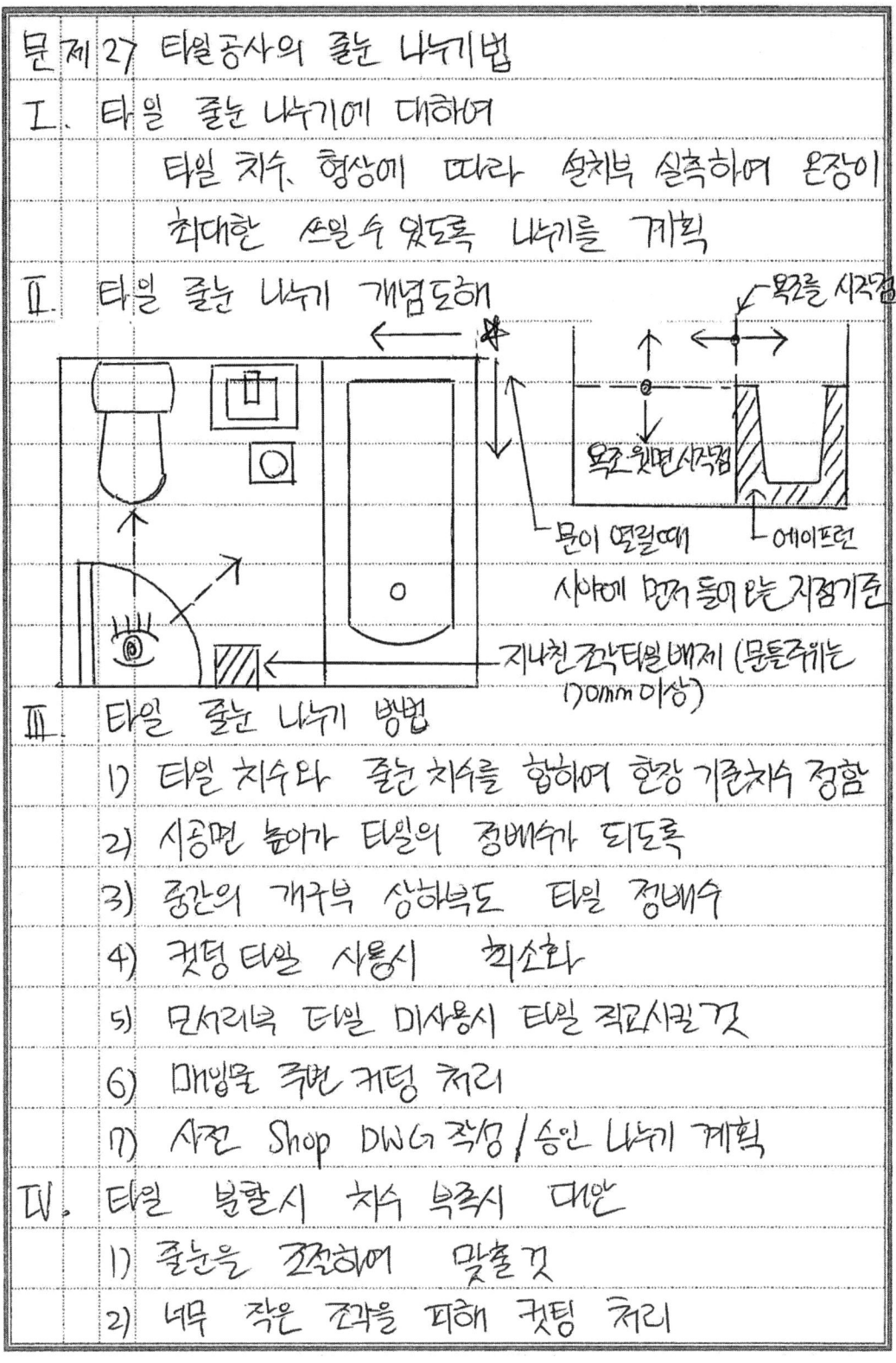

III. 타일 줄눈 나누기 방법
1) 타일 치수와 줄눈 치수를 합하여 현장 기준치수 정함
2) 시공면 높이가 타일의 정배수가 되도록
3) 중간의 개구부 상하부도 타일 정배수
4) 컷팅 타일 사용시 최소화
5) 모서리부 타일 미사용시 타일 직각시킬것
6) 매입물 주변 커팅 처리
7) 사전 Shop DWG 작성/승인 나누기 계획

IV. 타일 분활시 치수 부족시 대안
1) 줄눈을 조정하여 맞출것
2) 너무 작은 조각을 피해 컷팅 처리

문제 221 단열 모르타르

〔95후(15), 00중(10), 09후(10), 17후(10)〕

1 정의
건축물의 바닥·벽·천장 및 지붕 등의 열손실 방지를 목적으로 경량골재와 혼화재를 주재료로 하여 만든 mortar를 말하며, 방음성·내동해성·시공연도가 우수하다.

2 주택공사 아파트의 단열 Mortar 시공사례

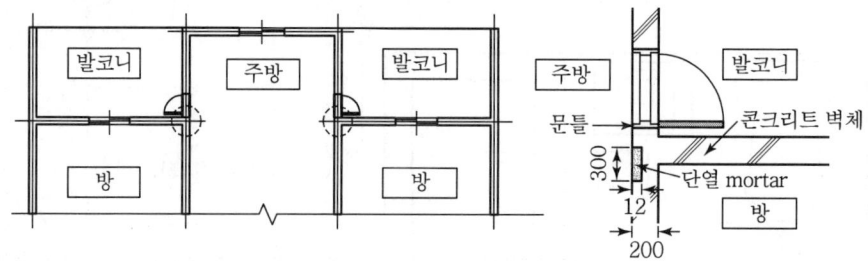

3 특징
① 단열 및 방음성이 좋음
② 비중이 가벼움(경량골재)
③ 내동해성 및 시공연도가 좋음
④ 흡음 및 내화성이 좋음

4 시공순서 Flow Chart

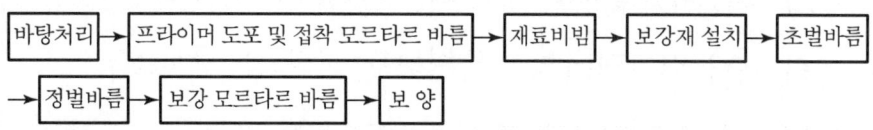

5 시공 시 유의사항
① 바름두께는 1회에 10mm 이하를 표준으로 함
② 재료는 비빔 후 1시간이 경과한 후에는 사용할 수가 없음
③ 초벌바름의 두께는 10mm 이하를 표준으로 함
④ 보양기간은 7일 이상 자연건조하며, 급격한 건조·진동·충격·동결 등을 방지할 것
⑤ 재료의 저장은 바닥과 벽에서 150mm 이상 띄울 것
⑥ 5℃ 이하일 경우는 작업을 중지할 것

문제13) 단열모르타르

1. 개요
   - 건축물 외기 직접면 등의 열손실 방지 목적으로 경량골재와 혼화재을 주재료 만든 모르타르

2. 개념도 및 요구성능

   1) 개념도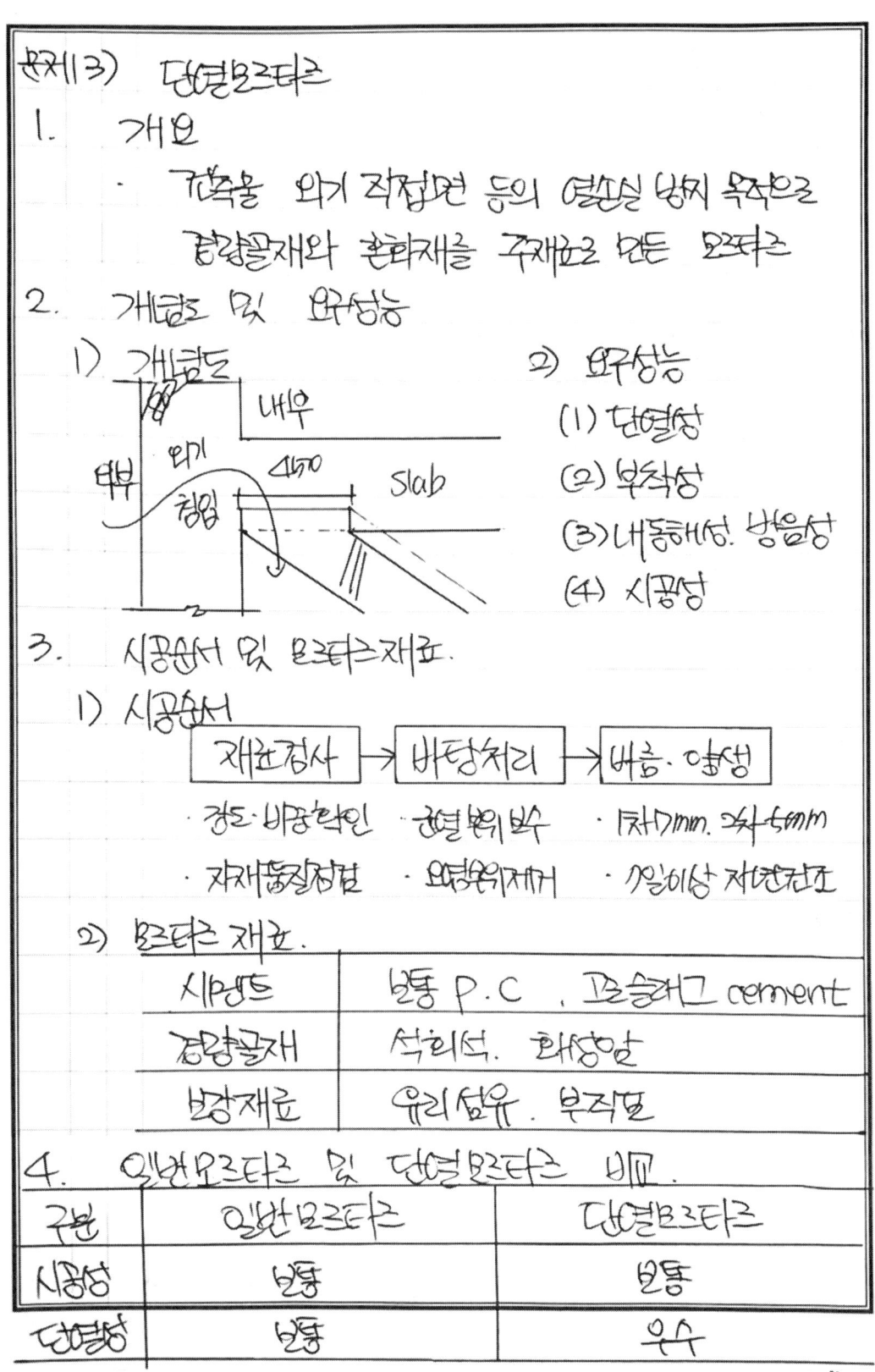

   2) 요구성능
      (1) 단열성
      (2) 부착성
      (3) 내동해성. 방음성
      (4) 시공성

3. 시공순서 및 모르타르재료

   1) 시공순서

   | 재료검사 | → | 바탕처리 | → | 바름·양생 |

   · 강도·비중확인   · 균열부위 보수   · 1회 7mm. 2회 6mm
   · 자재동질접합   · 요철위치제거   · 7일이상 자연건조

   2) 모르타르 재료.

시멘트	보통 P.C . 포틀랜드 cement
경량골재	석회석. 화강암
보강재료	유리섬유. 부직포

4. 일반모르타르 및 단열모르타르 비교.

구분	일반모르타르	단열모르타르
시공성	보통	보통
단열성	보통	우수

"끝"

문제 222 셀프 레벨링(Self Leveling)재 공법

〔95전(10), 03중(10), 09후(10)〕

1 정의
① 바닥 바탕 mortar의 대용으로 사용되는 공법으로서, 석고계 등의 유동 재료를 흘려넣기만 하면 표면이 평탄해지면서 수평면을 만드는 공법이다.
② 종류로는 석고계와 시멘트계가 있으며, 시공 시 숙련공이 필요하지 않으며 시공관리가 용이하다.

2 Self Leveling재의 시공 예시 및 Flow Chart

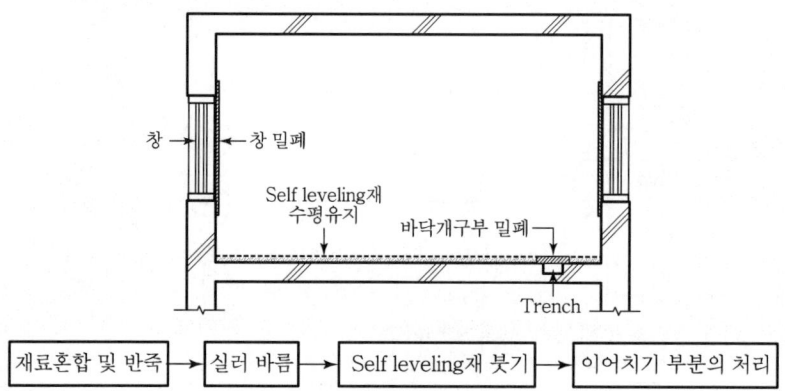

3 종류별 특성
① 석고계 : 석고에 모래, 경화지연제, 유동화제 등을 혼합하여 사용함
② 시멘트계 : Portland cement에 모래, 분산제, 유동화제 등을 혼합하여 사용하며, 필요할 경우는 팽창성 혼화재료를 사용하기도 함

4 특징
① 공기가 단축됨
② 시공관리가 용이하며, 숙련공을 필요로 하지 않음
③ 표면강도가 큼
④ 석고계는 내구성이 약하고, 이상팽창이 발생하기 쉬움
⑤ 시멘트계는 강도발현이 늦고, 수축균열이 큼

5 시공 시 유의사항
① 석고계는 물이 닿지 않는 실내에서만 사용할 것
② 재료는 밀봉하여 보관하고, 직사광선을 피할 것
③ 실러 바름은 제조업자가 정하는 합성수지 에멀션을 이용하여 1회 바름하고 건조시킬 것
④ 실러 바름 후 수밀하지 못한 부분은 2회 이상 도포하고, self leveling재 붓기 2시간 전에 완료할 것
⑤ 시공 중이나 시공 후 기온이 5℃ 이하가 되지 않도록 할 것

문제 4) 셀프 레벨링 (Self Leveling)재 공법

I. 정의

① 바닥 바탕 mortar 대용. 석고계 등 유동 재료를 흘려넣어 평평한 수평면을 만드는 공법
② 숙련공이 필요치 않으며 시공관리가 용이하다.

II. Self Leveling재 시공

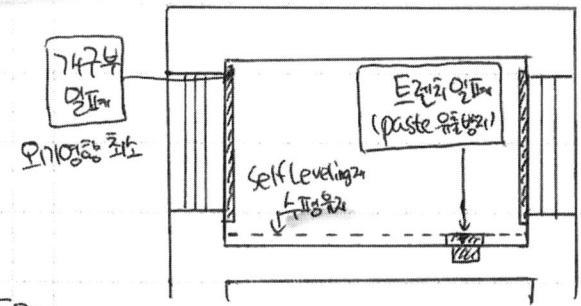

III. 특징

장점	단점
① 공사기간 단축	① 석고계 : 내구성이 약하고 이상팽창 우려.
② 시공관리 용이.	
③ 표면강도가 큼	② 시멘트계 : 수축균열이 큼.

IV. 시공시 유의사항

① 시공 중·후의 온도가 5℃ 이하가 되지 않도록 할 것.
② 구배가 있는 바닥은 시공이 곤란. 평탄도 필요.
③ 실러바름은 Self Leveling재 붓기 2시간 전.
④ 외기영향을 최소화하기 위하여 개구부 밀폐.

V. Self Leveling재 종류

| 석고계 | : 석고 + 모래 + 혼화재료, | 시멘트계 | : PC + 모래 + 혼화재료 |

끝.

문제 223 수지(樹脂) 미장

〔00중(10), 12중(10), 24후(10)〕

1 정의
① 대리석분말 또는 세라믹 분말제에 특수 혼화제(아크릴 폴리머)를 첨가한 ready mixed mortar를 현장에서 물과 혼합하여 전체 표면을 1~3mm 두께로 얇게 미장하는 것이다.
② 실내외 벽체 및 천정에 바르는 공법으로 cement paste를 현장 배합하여 칠하는 기존의 견출(면처리)미장의 균열, 바탕면 부착성 불량 등의 단점을 보완한 공법이다.

2 시공순서 Flow Chart

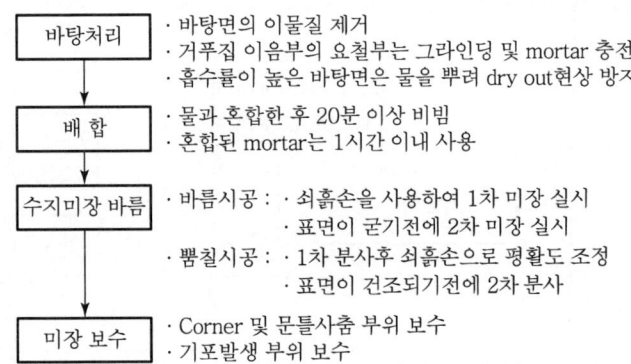

3 특징
① 바탕면 전면을 시공하므로 평활성 확보
② Ready mixed mortar로 균일한 품질 확보
③ 균열 발생률이 낮음
④ 바탕면과의 부착성 양호
⑤ 도배공사 시 초배지 시공이 필요 없음

4 적용부위
① 벽지 및 도장 바탕면
② 계단실 벽체 미장 대체용
③ ALC 내외부 미장

5 시공 시 유의사항
① 온도가 3°C 이하 시 작업 금지
② 자체 기포가 발생되는 부위는 눌러서 시공
③ 자재가 흘러내리지 않도록 밑에서 위로 쇠흙손질할 것

문제 7) 수지미장

I. 정의
① 특수 혼화제 (아크릴 풀리머)를 첨가한 모르타르를 현장에서 물과 혼합하여 1~3mm 두께로 얇게 미장.
② 건축미장의 균열 등의 단점을 보완

II. 수지미장 시공도 및 시공순서

(시공도: 콘크리트 / 수지미장(1~3mm) / 시멘트미장)

바탕처리 : 오염제거, dry out 방지
↓
배 합 : 혼합수 20분이내 사용
↓
수지미장 : 1~3mm 두께 미장

III. 특징
① 균일한 품질 확보   ③ 바탕면과 부착성 양호
② 균열 발생율이 낮음   ④ 품질성 확보

IV. 시공시 유의사항
① 온도 3℃ 이하시 작업금지
② 바탕면 처리시 Dry Out 현상 예방
③ 흘러내리지 않도록 밑에서 위로 바름.
④ 과소·과대한 바름 없도록 관리

V. 수지미장과 건축미장의 비교

구분	수지미장	건축미장
시공성	우수	보통
균열	적음	다소 발생

끝

문제 224 Corner Bead

〔97중전(20), 03중(10)〕

1 정의

Corner bead란 기둥·벽 등의 모서리 부분의 미장바름을 보호하기 위하여 묻어 붙인 것으로서 모서리 쇠라고도 하며 벽체나 기둥의 corner 부위를 보호하고 시공의 정밀도(수직·수평)를 향상시키기 위해 사용한다.

2 Corner bead의 형상

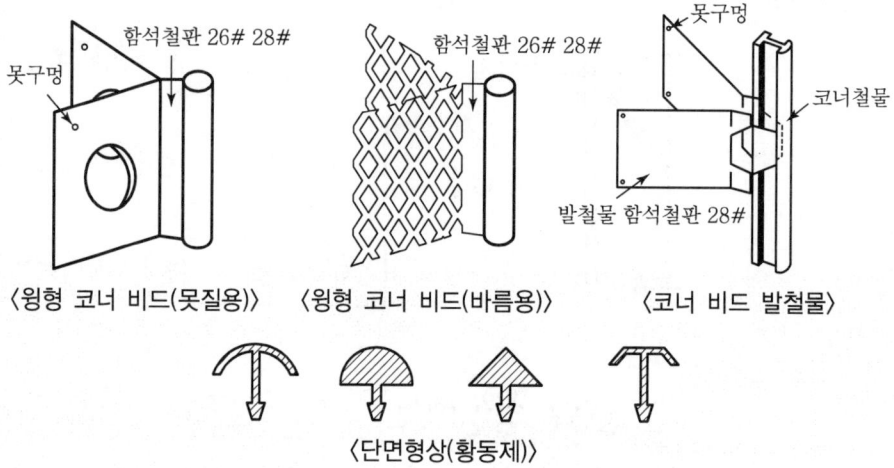

〈윙형 코너 비드(못질용)〉 〈윙형 코너 비드(바름용)〉 〈코너 비드 발철물〉

〈단면형상(황동제)〉

3 설치목적

① 벽체의 파손, 마모에 대한 보호
② 수직·수평의 기준
③ 마감면의 품질 정도의 향상

4 재료의 종류

① 아연도금 철제
② 황동제
③ 스테인리스강제
④ 경질 비닐계

5 시공 시 유의사항

① 철판두께는 Birmingham Wire Gauge(BWG) #26~28을 사용할 것
② 길이는 1.8m, 2.7m, 3.6m 등이 있음
③ 콘크리트, 벽돌 등에 고정시 고정위치마다 시멘트 : 모래=1 : 2의 된비빔 모르타르로 눌러 바를 것
④ Lath면에 고정 시에는 초벌바름이 건조된 후 된비빔 모르타르로 눌러 붙일 것
⑤ 목부분에 붙여 댈 때는 못이나 스테이플로 고정시킴

문제 26. Corner Bead

I. 정 의

① 기둥·벽 등의 미장 바름을 보호하기 위해 설치하는 철물

② 수직 정밀도 향상 및 외부 노출시 미관향상 목적

II. Corner Bead 역할

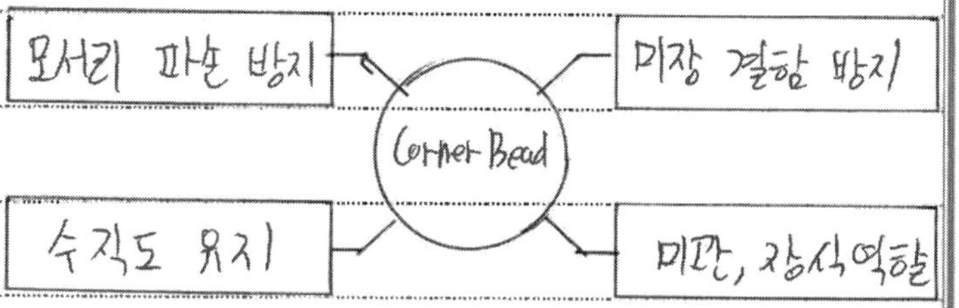

- 모서리 파손 방지
- 미장 결함 방지
- Corner Bead
- 수직도 유지
- 미관, 장식역할

III. Corner Bead 시공시 유의사항

- 수직, 수평의 기준이 되므로 위치, 정밀도 유지
- 1:2 배합비 모르타르로 사춤
- 녹, 균열 방지를 위해 코킹처리
- 설치 높이는 일관 되도록 동일

IV. Bead 종류

구 분	코너 비드	줄눈대 비드
설치위치	기둥·벽의 모서리	이질재 미장면
설치목적	○모서리 보호 ○미장 결함 방지	○균열 방지 ○미려한 마감

〈끝〉

문제 225 | 내화 도료(내화 페인트)

[99후(20), 07중(10)]

1 정의

① 내화 도료란 철골조에 두께 0.85mm 정도 도포하여 화재 시 발포에 의해 단열층이 형성되는 가열 발포형 고기능 내화피복제이다.
② 철골 주요 구조부를 내화 구조로 하여 화재로부터 보호하기 위한 내화피복공사에 적용되며, 일반도료와 혼합하여 사용할 수 없다.

2 시공

1) 시공순서 flow chart

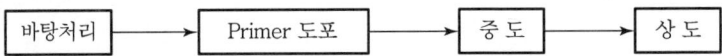

바탕처리 → Primer 도포 → 중도 → 상도

2) 시공과정

바탕처리	• 먼지, 때, 기름, 왁스 등의 이물질 제거 • 방청도료의 기시공 시 기계연마로 제거 • 표면 부식 시 제거
Primer 도포 (초벌바름)	• 철골 바탕재의 방청을 목적으로 함 • 내화성 방청도료를 primer로 사용
중도 (재벌바름 : Base coat)	• 내화 도료의 주재료로서 열을 받으면 발포 팽창하여 단열층을 형성 • 우수한 단열성능으로 철골조를 화재로부터 보호 • 도료량은 1.35kg/m² 정도로 칠하며 air spray로 시공하는 것이 원칙 • 도장 횟수는 2회이며 1회 추가 가능
상도 (정벌바름 : Top seal)	• 중도(base coat)를 보호하는 도막 • 중도와의 부착성과 내수성, 내후성이 우수해야 함 • 색상의 선택은 가능하나 현장조색 금지
건조시간	72시간 이상이 소요되며 보통 4일~6일 정도

3 시공 시 유의사항

① 작업환경
  • 기온이 4℃ 이하 작업 금지
  • 5~40℃에서 작업하며 강우, 강풍 시 작업을 금함
  • 상대습도 85% 이하, 풍속 5m/sec 이하 시 작업
② 중도 도장 후 완전건조 : 수분에 민감하므로 중도 도장 후 강우 노출에 주의
③ 건조 후 도막 두께는 용도에 따라 0.85mm 정도가 되게 함
④ 시공 단계별 건조시간 준수

문제 2) 내화도료 (내화페인트)

I. 정의

① 철골조에 두께 0.85mm 정도 도포하여 화재시 발포에 의해 단열층 형성, 가열 발포형 고기능 내화피복재
② 일반도료와 혼합사용 제한. 내화필요 부위에 피복

II. 작용원리

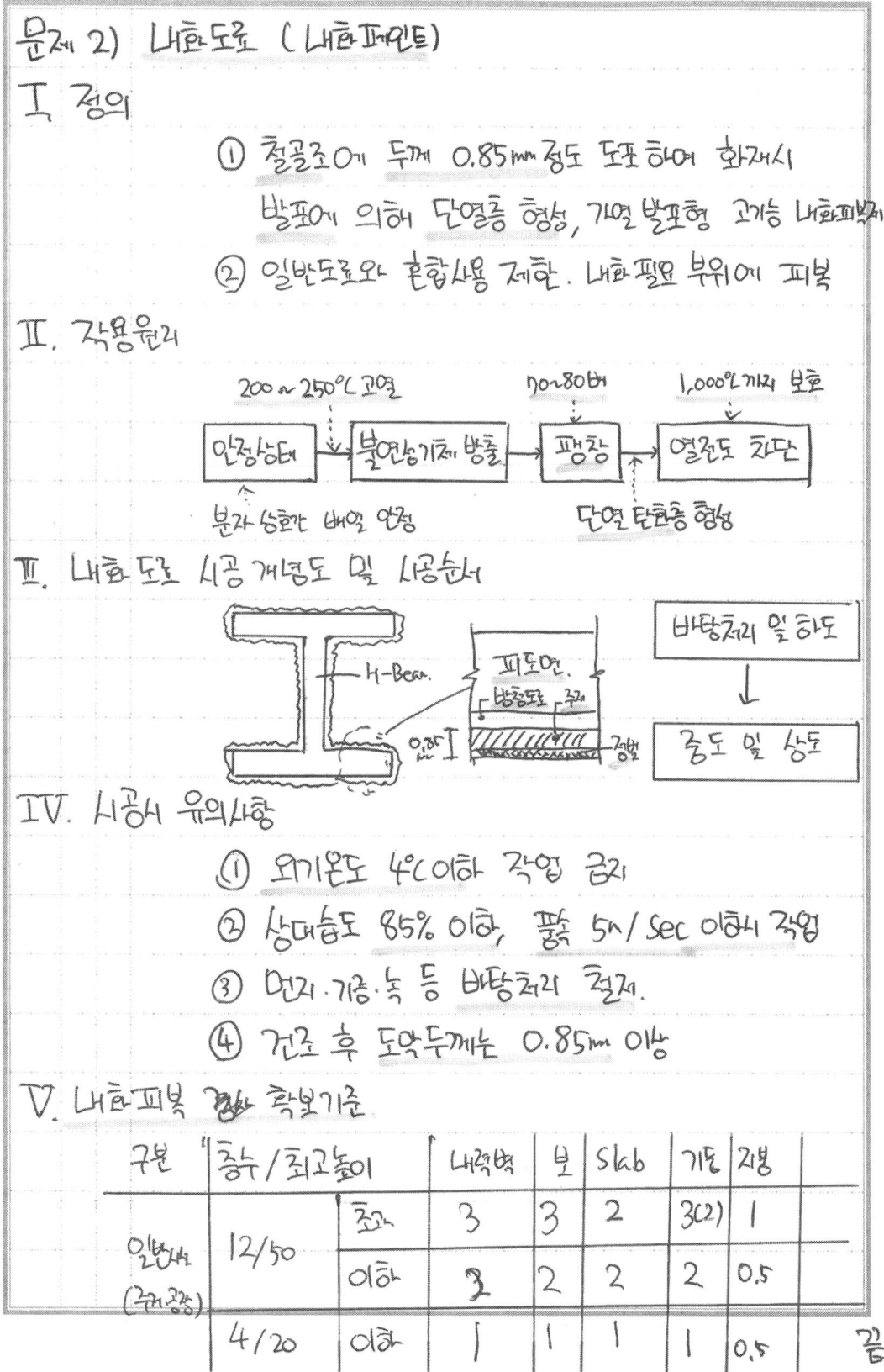

III. 내화도료 시공 개념도 및 시공순서

IV. 시공시 유의사항

① 외기온도 4°C 이하 작업 금지
② 상대습도 85% 이하, 풍속 5m/sec 이하 작업
③ 먼지·기름·녹 등 바탕처리 철저
④ 건조 후 도막두께는 0.85mm 이상

V. 내화피복 성능 확보기준

구분	층수/최고높이		내력벽	보	Slab	기둥	지붕
일반시설 (주거공용)	12/50	초과	3	3	2	3(2)	1
		이하	2	2	2	2	0.5
	4/20	이하	1	1	1	1	0.5

끝

문제 226 폴리머 시멘트 모르타르(Polymer Cement Mortar) 방수

〔10후(10)〕

1 정의
① 건축물의 옥상 및 실내 등의 방수시공에 사용하는 방수공법으로, 수축 및 균열발생이 적고, 시공성이 좋은 방수공법이다.
② 1종과 2종으로 구분되며, 방수시공 후 방수층의 보호층 및 마감층이 필요하다.
③ 폴리머 혼화재는 시멘트 모르타르양의 10% 이상 혼입

2 종류

1) 1종

폴리머 시멘트 모르타르 3층 방수

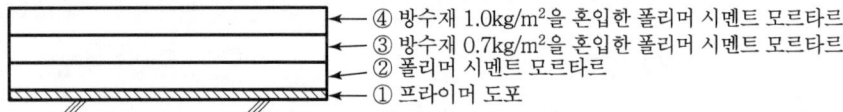

④ 방수재 1.0kg/m²을 혼입한 폴리머 시멘트 모르타르
③ 방수재 0.7kg/m²을 혼입한 폴리머 시멘트 모르타르
② 폴리머 시멘트 모르타르
① 프라이머 도포

2) 2종

폴리머 시멘트 모르타르 2층 방수

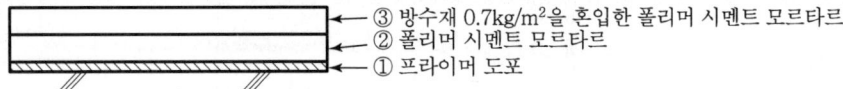

③ 방수재 0.7kg/m²을 혼입한 폴리머 시멘트 모르타르
② 폴리머 시멘트 모르타르
① 프라이머 도포

3 특징
① 무수축, 무균열
② 내구성 우수
③ 시공이 간편하고 작업성이 우수함
④ 바탕에 부착성이 좋음
⑤ 방수에 대한 신뢰도는 낮음

4 용도
① 현장 타설 콘크리트의 방수에 적용
② 콘크리트 구조물의 보수공사

문제 1) 폴리머 시멘트 모르타르 방수

I. 정의

① 옥상 및 실내 등에 사용. 수축 및 균열 발생이 적고 시공성이 좋은 방수공법, 폴리머 혼화제는 mortar 10% 이상 혼입.

② 1종, 2종으로 구분, 방수 후 방수층 보호·마감층 필요.

II. 종류별 시공단면 개념도

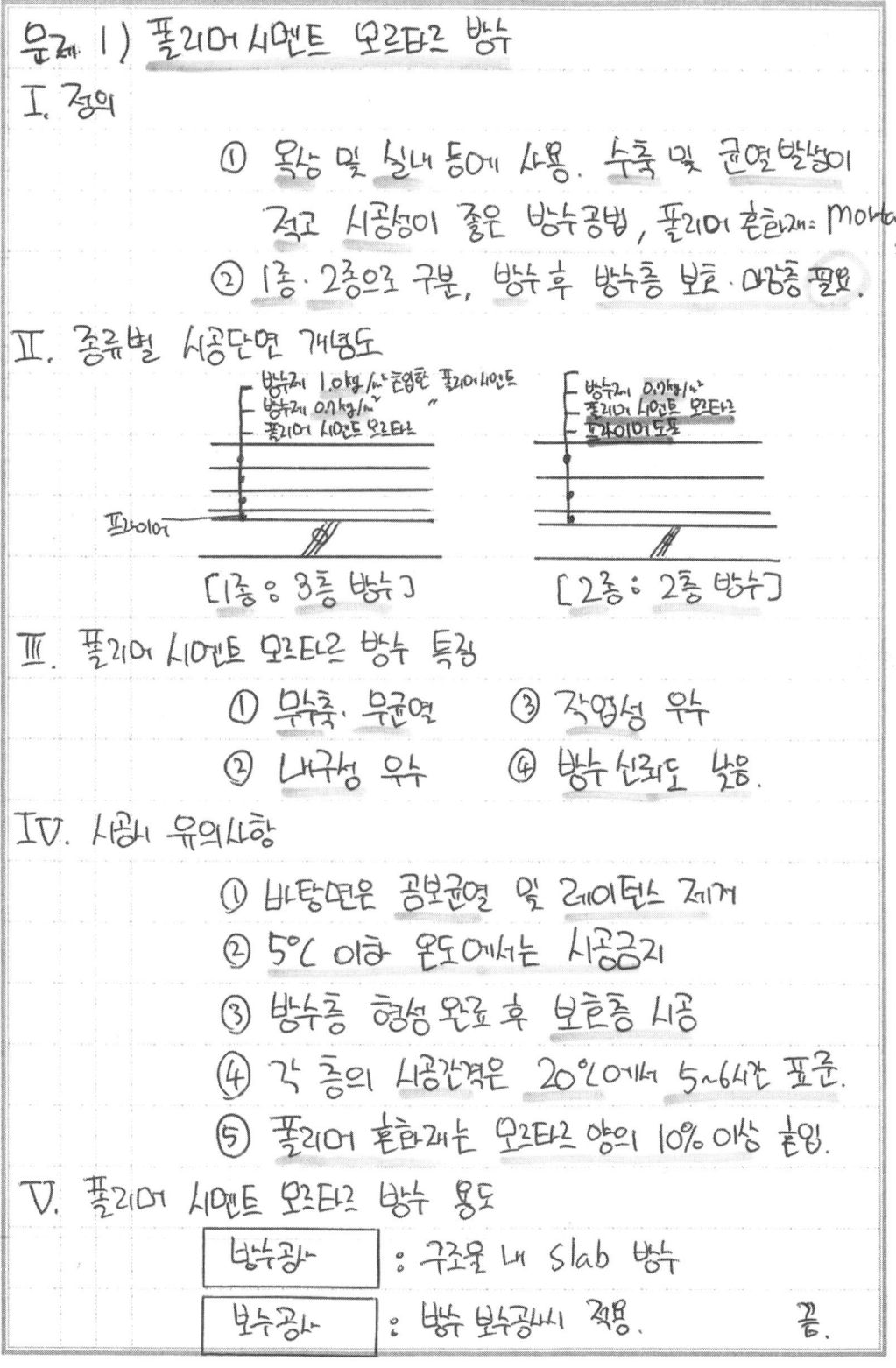

[1종 : 3층 방수]   [2종 : 2층 방수]

III. 폴리머 시멘트 모르타르 방수 특징

① 무수축, 무균열   ③ 작업성 우수
② 내구성 우수   ④ 방수 신뢰도 낮음.

IV. 시공시 유의사항

① 바탕면은 곰보균열 및 레이턴스 제거
② 5℃ 이하 온도에서는 시공금지
③ 방수층 형성 완료 후 보호층 시공
④ 각 층의 시공간격은 20℃에서 5~6시간 표준.
⑤ 폴리머 혼화제는 모르타르 양의 10% 이상 혼입.

V. 폴리머 시멘트 모르타르 방수 용도

| 방수공사 | : 구조물 내 slab 방수 |
| 보수공사 | : 방수 보수공사 적용. |

끝.

문제 227 도막(塗膜) 방수공법

〔98중전(20), 07후(10)〕

1 정의
① 도막방수는 액체로 된 방수도료를 한 번 또는 여러 번 칠하여 2~3mm 두께의 방수막을 형성하는 방수공법이다.
② 시공은 간편하나 균일두께의 시공이 곤란하며, 방수의 신뢰성이 떨어지므로 간단한 방수성능이 필요한 부위에 사용된다.

2 누수 Mechanism

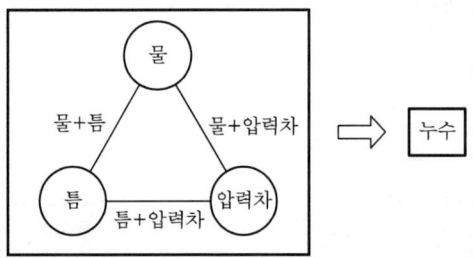

3 특징
① 내후·내약품성 우수
② 시공간단, 보수용이
③ 노출공법 가능, 경량
④ 균일두께 시공곤란
⑤ 바탕균열에 의한 파단우려
⑥ 방수 신뢰성이 적음

4 시공순서 Flow Chart

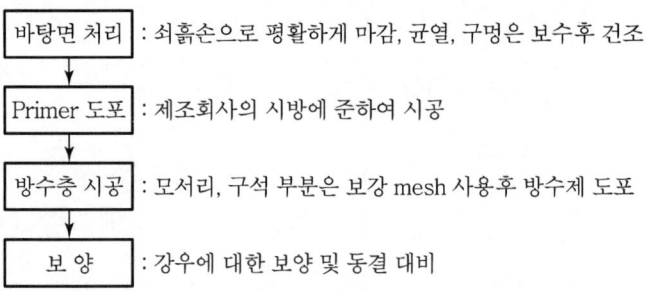

5 시공 시 유의사항
① 규정된 온도범위 내에서 실시, 바탕처리에 주의
② 용제형의 경우 화기 및 환기에 주의, 유제형의 경우 pinhole에 주의
③ 모서리는 둥글게 둔각 처리할 것
④ 이어바름 겹친 폭은 100mm 이상, 이음부에는 완충 테이프 등으로 마무리

문2더 4) 도막 방수공법

I. 정의

① 도막 방수는 액체로 된 방수도료를 여러번 칠하여 2~3mm 두께의 방수막을 형성
② 시공은 간편하나 균일 두께의 시공이 곤란. 품질신뢰성편차.

II. 바닥도막 방수 시공도

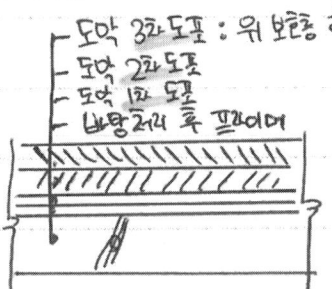
- 도막 3차 도포 : 위 보호층 형성.
- 도막 2차 도포
- 도막 1차 도포
- 바탕처리 후 프라이머

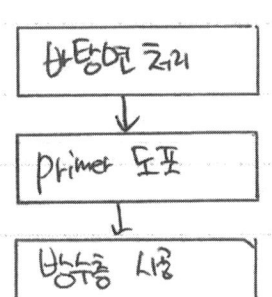
바탕면 처리 → Primer 도포 → 방수층 시공

III. 특징

장 점	단 점
내후·내약품성 우수	바탕 균열 → 파단 우려
시공간단. 경량	균일두께 시공곤란
보수용이	방수신뢰성 적음.

IV. 시공시 유의사항

① 규정된 온도 범위 내에서 시공·바탕처리 유의
② 겹친폭은 100mm 이상. 이음부 완충 테이프.
③ 용제형은 화기. 환기 주의.
④ 유제형은 pin hole 주의.

문제 228 **침입도(針入度, Penetration Index)**

〔09후(10), 15후(10)〕

1 정의

침입도란 플라스틱(plastic)한 역청재의 반죽질기(consistency)를 표시하는 것으로 25℃의 시료를 유기용기 내에 넣고, 100g의 표준침을 놓아 5초 동안 관입하는 깊이를 말하며, 단위는 0.1mm를 1로 한다.

2 PI(Penetration Index, 침입도 지수)의 산정식

$$PI = \frac{30}{1+50A} - 10$$

여기서, $A : \dfrac{\log 800 - \log P_{25}}{\text{연화점} - 25}$

P_{25} : 25℃, 100g, 5초시의 침입도

① PI가 클수록 Gel형의 감수성이 적은 아스팔트이다.
② 침입도가 클수록 PI가 커지므로 우수한 아스팔트이다.
③ 한냉기의 PI는 20~30, 온난기의 PI는 10~20 정도이다.

3 침입도의 범위

① 석유아스팔트의 침입도 : 보통 20~180
② 아스팔트 콘크리트 포장용 : 40~60
③ 아스팔트 macadam 포장용 : 80~150

4 침입도 시험방법(KS M 2252)

항목	내용
정의	• 사용목적에 적합한 아스팔트의 굳기 유무를 판단하기 위한 시험을 말한다.
시험기구	• 침입도 시험기 : 침입도계, 표준침, 시료용기, 시료이동용 접시, 3각형 금속대 • 수조용 온도계 • 스톱 워치(stop watch) : 0.1초의 눈금이 있는 것 • 항온수조 • 가열기
시험방법	• 아스팔트를 가열하여 용기 속에 넣고, 21~29.5℃의 온도로 대기중에서 1~1.5시간 방치한다. • 시료를 이동용 접시와 함께 항온수조에 넣어 1~1.5시간 보관한다. • 침입도계를 수평으로 놓은 후 삼각대 위에 물을 채운 시료용기를 놓는다. • 25℃의 온도에서 100g의 중량을 가진 표준침을 5초 동안 침입시킨다. • 침입량 0.1mm를 침입도 1로 표시하고, 3회 이상 실시하여 평균값을 취한다.

문제 5) 침입도 (Penetration Index)

I. 정의

침입도란 아스팔트의 반죽질기를 표시하는 것
25℃ 시료 용기에 넣고, 100g 표준침을 놓아
5초간 관입하는 깊이, 단위는 0.1mm = 1PI

II. 침입도의 시험방법

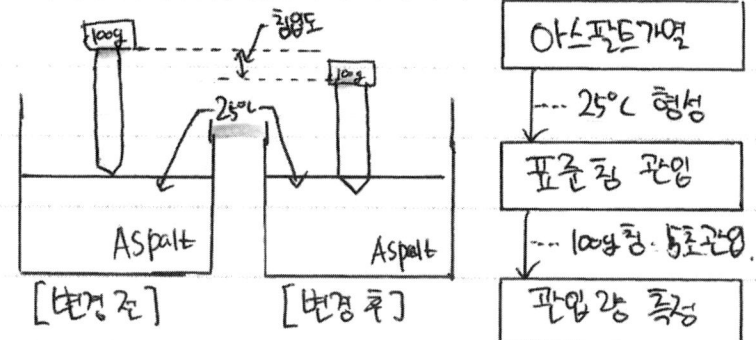

[변경 전]   [변경 후]

- 아스팔트 가열
- ··· 25℃ 형성
- 표준침 관입
- ··· 100g 침·5초간
- 관입 량 측정

III. PI의 산정식

$$PI = \frac{30}{1+50A} - 10$$

- $A = \dfrac{\log 800 - \log P_{25}}{\text{연화점} - 25}$
- P_{25} = 25℃, 100g, 5초 관입깊이

① PI가 클수록 우수한 성능의 아스팔트
② 한냉기 PI = 20~30, 온난기 PI = 10~20
③ 1PI = 0.1mm의 관입량

IV. 아스팔트의 품질시험 항목

침입도	감온비	연화점
아스팔트 경도	온도에 따라 경연함	역상후 온도
클수록 약	大 = 시공성 약	침입도와 반비례

끝.

문제 229 실링(Sealing) 방수

〔82전(10), 95중(10)〕

1 정의
① 실링 방수란 부재간의 접합부 등의 수밀·기밀의 유지를 목적으로 하여 접합부 틈새에 실링재를 충전하여 수밀성을 유지하는 공법이다.
② 실링 재료는 충진 후에 경화하는 부정형의 재료와 putty·gasket 같은 정형 재료가 있다.

2 시공도해

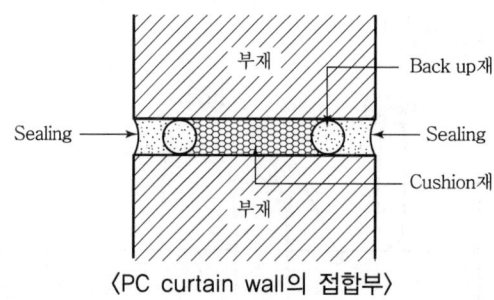

〈PC curtain wall의 접합부〉

3 Sealing재의 분류

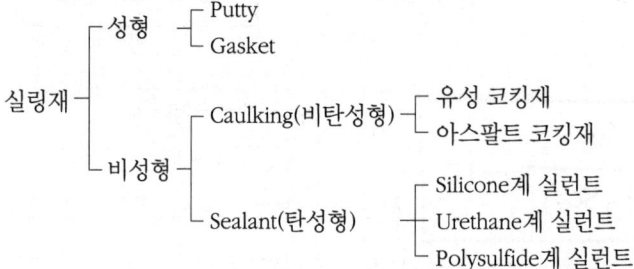

4 시공순서 Flow Chart

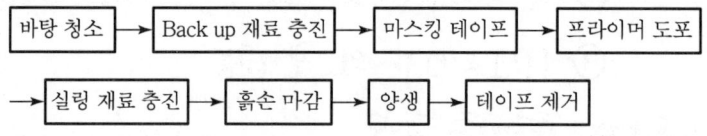

5 시공 시 유의사항
① 표면건조 철저
② Back-up 재료충진으로 3면 전단발생 방지
③ 마스킹 테이프 정밀 부착
④ 프라이머 도포 시 비산되거나 접합부 외에 부착방지
⑤ 실링 재료 충진 후 경화될 때까지 표면 오염되지 않게
⑥ 각종 하자발생 방지

문제 5) 실링방수의 백업재 및 본드브레이커

I. 정의
1) 실링방수의 백업재란 줄눈의 깊이를 얕게 하는 목적으로 사용하는 부속자재, 합성수지계 발포재
2) 본드브레이커란 U자형 줄눈의 3면 접착에 따른 파단 방지 목적으로, Sealing재 줄눈 밑면에 붙이는 Tape

II. 실링재 신축 대응 메커니즘

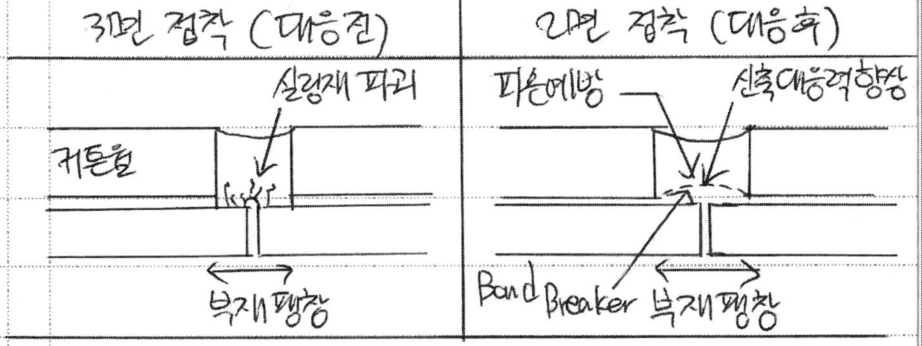

3면 접착 (대응×)	2면 접착 (대응○)
실링재 파괴 / 거동힘 / 부재팽창	파손예방 / 신축대응력향상 / Bond Breaker / 부재팽창

III. 실링재 파손원인 및 대책

구분	도해	원인	대책
실링 파단		3면 접착	본드브레이커 시공
		Sealing재 열화	Seal재 내구성 확보
접착면 박리		Primer 불량·미시공	프라이머 시공 철저
		시공시 습기 과다	습도 85% 이상시 시공금지
모재 파괴		접착면 접은부위 부착불량	수지모르타르 보수
		모재강도 부족	모재강도 확보

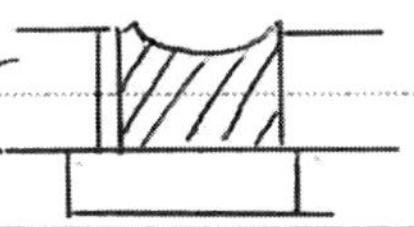

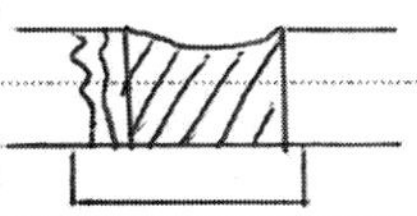

문제 230 Bond Breaker

〔01전(10), 10전(10), 18중(10), 22후(10)〕

1 정의
Bond breaker는 고층 curtain wall 공사의 접합부에서 U자형 줄눈에 충전하는 sealing재를 줄눈 밑면에 접착시키지 않게 하기 위해 붙이는 tape로 3면 접착을 방지하기 위해서 사용된다.

2 원리

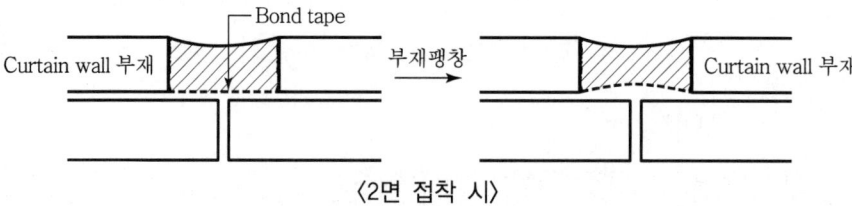

⟨2면 접착 시⟩

하부에 bond breaker를 사용하여 신축대응성능 향상

3 목적
① Sealing재의 파괴 방지
② 외부 미관 저해 방지
③ 접합부 수밀성 유지
④ 누수로부터 본 구조체 보호

4 Sealing공사의 부속자재

1) Back-up재
   ① 줄눈의 깊이가 깊을 때 줄눈을 얕게 하는 목적
   ② 합성수지계의 발포재

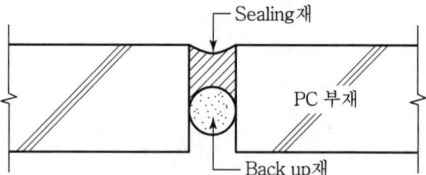

2) Bond tape
   ① 줄눈의 깊이가 얇을 때 사용
   ② 3면 접착에 의한 sealing재의 파괴 방지

5 시공관리
① 줄눈폭에 따른 깊이 검토
② Sealing재의 내구성 확보
③ 줄눈 크기에 따른 bond breaker의 규격 검토 : Joint 폭보다 2~3mm 이상 크게 함
④ Sealing재 두께 일정 유지 : Bond breaker의 일정 깊이 설치

문제(問) Bond breaker

I. 정의
① 고층 커튼월 접합부 내부의 3면 접착을 방지하기 위해 줄눈 밑면에 붙이는 테이프.
② 3면 접합시 온도변화, 층간변위에 의한 파단.

II. 본드브레이커 원리

3면 접착	2면 접착
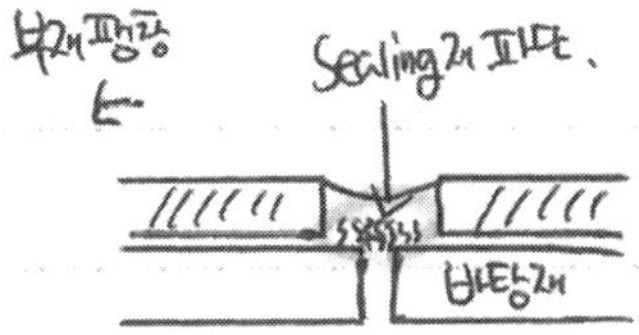 부재팽창 / Sealing재 파단 / 바탕재	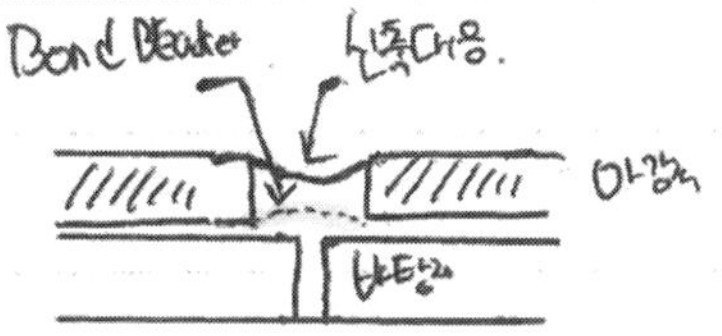 Bond Breaker / 신축대응 / 이격 / 바탕재
3면 접착시 내부 응력 불균형	Bond Breaker : 신축에 대응

III. 본드 브레이커의 목적

- Sealing재 파괴 방지
- 접합부 수밀성 유지
- 원리
- 미관 저해 방지
- 누수로부터 보호

IV. 시공시 유의사항
① 줄눈 폭에 따른 깊이 검토
② 기온 5℃ 이하시 작업 지양.
③ Sealing 재 충전시 기포 발생 억제.
④ 줄눈 내구성 확보.

V. 파단 원인 및 대책

파단형태	원인	대책
접착파괴	습도 85%이상, primer 불량	접착성 Test
응집파괴	3면 접착	온도 고려, 2면 접합

문제 231 복합방수공법

〔05후(10), 10중(10)〕

1 정의
① 복합방수공법은 방수성능의 향상을 위하여 2가지 이상의 방수재료를 사용하여 방수층을 형성하는 공법이다.
② 주로 sheet재료와 도막재를 복합적으로 사용하여 단일 방수재료의 취약점을 상호 보완하는 공법이 신기술로 개발되고 있다.

2 시공실례

```
― Top coat
― 도막방수층
― Sheel 방수층



― 절연층
― 콘크리트 바탕면
```

3 복합방수의 개념도

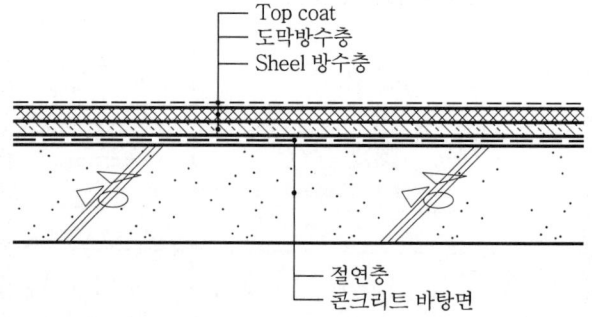

```
┌─────────────┐
│  Sheet 방수  │
└─────────────┘
   ⊕    · Sheet 상호간 접착력에 의해 방수 품질 좌우
        · 바탕면 균열발생시 접합부 겹침 시공으로 인한 방수층 파단현상 발생
┌─────────────┐
│   도막방수   │
└─────────────┘
   ⇓    · 바탕면 상태에 따라 품질 좌우
        · 바탕면 수분 증발에 의한 수증기압으로 들뜸현상 발생
┌──────────────────┐
│ Sheet·도막 복합 방수 │
└──────────────────┘
        · Sheet와 도막의 장점을 취한 복합방수
        · 하부는 sheet, 상부는 도막방수 시공
        · 바탕면의 균열 및 수증기압으로부터 방수층 보호
```

4 특징
① 부착성능 우수
② 콘크리트 바탕과 방수층과의 절연성 우수
③ 바탕면의 수분에 의한 하자(부풀음, 접착성저하) 미발생
④ 구조체의 내구성 향상
⑤ Top coat재의 시공으로 방수층의 내후성 및 내구성 향상

1. 공법
(신공법)
　I. 정의
　II. 시공도/시공순서
　III. 특징
　IV. 비교표

문제 38. 복합 방수 공법

I. 정 의

① 방수성능 향상을 위해 2가지 이상 방수재료를 사용하여 방수층을 형성하는 공법.

② 주로 Sheet 방수와 도막방수를 복합적으로 사용하여 단일방수의 취약점을 보완.

II. 시 공 도

```
         ┌ Top Coat
         ▼
─────────────────────    →  [도막방수]
─────────────────────                +
═══════════════════      →  [SHEET 방수]
                                     ↓
                            [복합방수]
  ↑                ↑
 절연층          Con'c 구체
```

III. 특 징

- Con'c 바탕면 부착성능 우수
- Con'c 바탕과 방수층과의 절연성 우수
- 바탕면의 수분에 의한 하자 미발생
- Top Coat재 시공으로 방수층의 내후성, 내구성 향상

IV. 복합방수, 도막방수 및 Sheet 방수의 비교

구 분	복합방수	도막방수	SHEET 방수
장 점	균열 저항성 우수	복잡한 형상 시공 유리	내후성, 저렴 품질 우수
단 점	고가	균일두께 힘듦	파단현상

〈끝〉

문제 232 콘크리트 지붕층 슬래브 방수의 바탕처리 방법

〔16전(10)〕

1 정의
① 지붕층의 하자를 방지하기 위해서는 작업 전 콘크리트 도장물에 대한 바탕처리가 선결되어야 한다.
② 바탕처리 시에는 구배를 맞추고 이물질을 반드시 제거해야 한다.

2 바탕처리의 목적

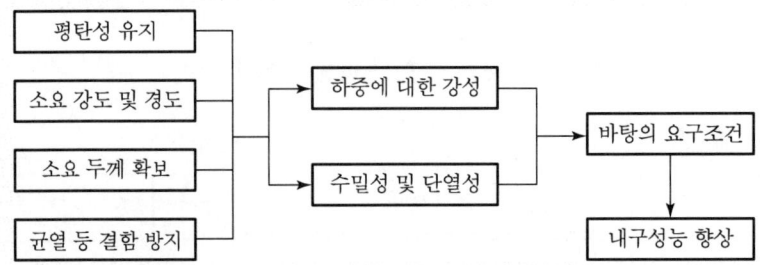

방수공사는 바탕처리가 견고하지 않으면 하자발생과 직결되므로 유의할 것

3 바탕처리 방법
① 균열, 들뜸 등은 보수하고 난 후에 완전 건조시킬 것
② 표면의 건조수축에 의한 들뜸방지
③ 두께는 가능한 얇게 여러 번 바를 것
④ 접착불량이 발생하지 않게 여러 번 청소할 것
⑤ 방수재 시공면의 오염부위를 점검하여 청소
⑥ 물리적인 충격 및 진동은 방지할 것

4 재료별 바탕처리 특성요인도

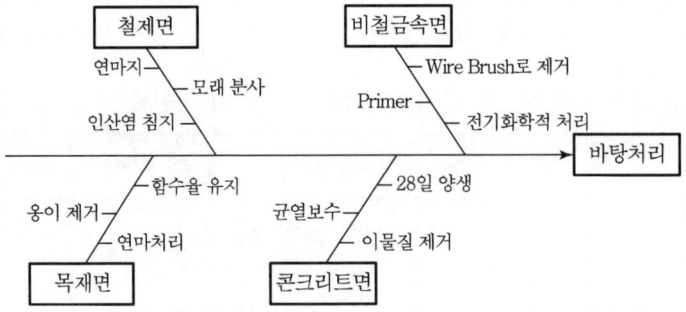

문제10) 콘크리트 지붕층 슬래브 방수의 바탕처리 및 방법

I. 지붕 방수 바탕처리에 관하여
지붕방수 하자방지를 위한 바탕처리 선결필요
구배를 맞추고, 균열보수, 코너잡기 보강필요

II. 지붕층 슬래브 방수 바탕처리 시공도, 필요성

〈옥상방수 바탕처리〉

필요성
- 구체 내구성
- 소요강도
- 부착성
- 수밀성
- 바탕의 평탄도

(도면 내 표기: 물끊기, 방수물들 코너잡기, 균열보수, 표면처리(건조, 평탄성), 레이탄스 제거·청소)

III. 바탕처리 방법 세부사항
1) 균열, 들뜸 등 보수 후 완전 건조
2) 표면 건조수축에 의한 들뜸 방지
3) 두께는 가능한 얇게 여러번 바를 것
4) 접착 불량이 발생하지 않도록 청소 철저
5) 방수재 시공면 오염부위 제거 청소
6) 물리적 충격 진동 방지
7) 코너 부위 물들 코너 잡기

IV. 바탕처리시 균열 처리 방안
1) 표면 균열은 V-cut Dry Pack
2) 구조 균열은 주입, 충전 등 보수 또는 보강 검토

문제 233 방수층 누수시험

〔08중(10)〕

1 정의
① 방수층 누수시험이란 방수한 부분에 대해 물을 채워 누수 여부를 확인하는 방법이다.
② 방수층 시공부분에 물을 채워 48시간 이상 물이 새지 않으면, 합격한 것으로 간주한다.

2 현장시공도

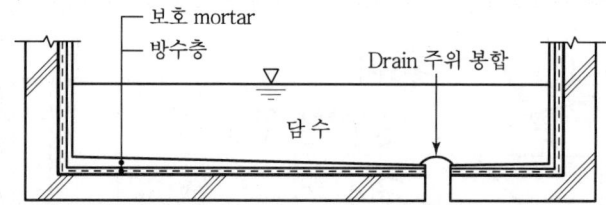

누수시험은 48시간 이상 경과를 지켜본 후 합격여부를 판단한다.

3 방수재료의 평가 항목
① Membrane의 연속성
② 내기계적 손상성
③ 내화학적 열화성

4 시험 시 유의사항
① 배수구멍(drain) 주위는 고급 방수재로 방수처리한다.
② Drain 주위에 누수가 되지 않도록 시험 시 임시 봉합을 철저히 한다.
③ 시험 시 즉시 누수가 발견되는 곳은 시험을 중단하고 보수공사를 한다.
④ 방수층 담수 후 수시로(3~5회/일) 누수 여부를 확인한다.
⑤ 누수시험 시간(48시간 이상)을 준수하며, 누수시험 후 마감공사로 인한 방수층 파손에 유의한다.

문제 7) 방수층 누수시험

I. 정의
① 방수층 시공 후 보호층 타설 전에 담수 시험을 통해 방수층 누수여부 확인 후 보호층 시공을 실시.
② 방수층에 담수 후 48~72시간 경과후 누수여부 확인.

II. 누수시험 도해

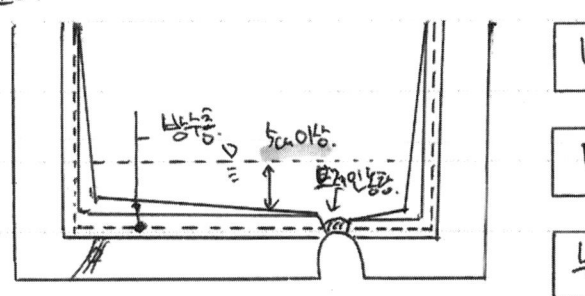

III. 방수 평가 항목

| 멤브레인 연속성 | 방수층 들뜸여부 | 불량시공여부 |

IV. 시험시 유의사항
① Drain 주위의 임시 봉합 조치 철저
② 담수는 5cm 이상, 48시간 이상유지·누시로 확인.
③ 시험시 누수 발생시 시험중단 → 보수공사.
④ 누수시험 이후 마감공사시 방수층 파괴 유의.

V. 누수 불합격시 조치 flow

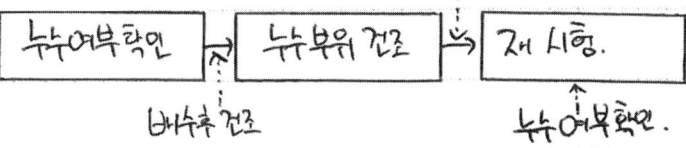

문제 234 지수판(Water Stop)

〔06전(10)〕

1 정의
지수판은 콘크리트의 이음부에서 수밀을 위하여, 콘크리트 속에 묻어서 누수방지나 지수효과를 얻는 판모양의 재료이다.

2 지수판의 시공도 및 종류

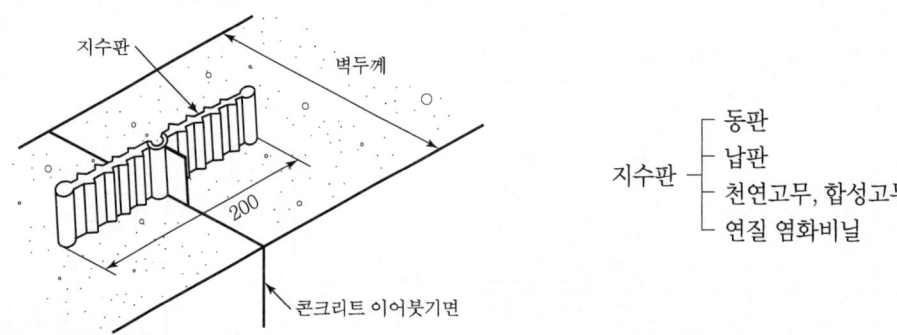

3 요구성능
① 인장강도 및 인열강도가 크고, 유연성이 풍부할 것
② 흡수 및 투수에 대한 저항성이 클 것
③ 내알칼리성·내수성 및 내약품성이 양호할 것
④ 노화되지 않고, 내구성이 좋을 것
⑤ 시공 시에 용접 등의 가공이 용이할 것

4 시공 시 유의사항
① 재료선정 시 콘크리트에 대한 밀착성이 좋은 것을 선정한다.
② 철근이 있는 곳은 피하고, 구조체 중앙부에 설치한다.
③ 미리 콘크리트 타설높이를 설정 후 수평에 맞춰서 설치한다.
④ 콘크리트 타설 시 구부러지지 않게 보조철물로 고정한다.
⑤ 타설 직후, 양생 전에 충격을 주면 지수성능이 저하된다.

시험 항목	단위	규정값
인장강도	MPa	12 이상
신장률	%	250 이상
노화성(중량 변화율)	%	±10 이내
유연성	℃	−30 이하

폴리염화비닐 지수판의 규격(KS M 3805)

문제 28> 지수판 (Water Stop)

I. 정의

　　콘크리트 이음부에서 수밀을 위하여, 콘크리트 속에 묻어서 누수방지나 지수효과를 얻는 판모양 재료

II. 지수판 시공도해

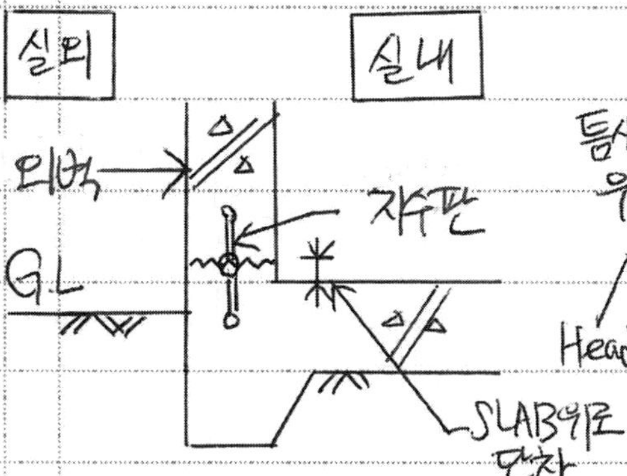

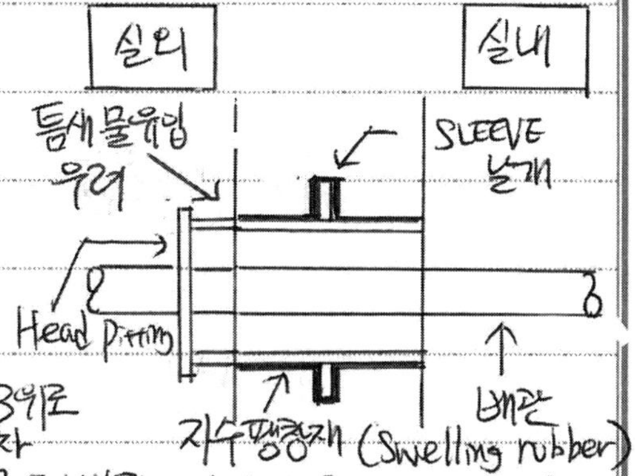

　　< 지수판 시공사례 > → 물유입방지　< 지수팽창재 시공사례 >

III. 지수판의 요구 성능

　1) 인장강도, 인열강도가 크고 유연성 풍부
　2) 흡수 및 투수에 대한 저항성
　3) 내알칼리성, 내수성 및 내약품성
　4) 열화되지 않고 내구성 좋을 것
　5) 시공시 가공이 용이할 것 (지수판 용접이음/연결철물)
　6) 콘크리트 밀착성이 좋을 것

IV. 지수판 시공시 유의사항

　1) 콘크리트 타설시 구부러지지 않게 보조출물로 고정
　2) SLAB 상부 철근과 간섭 없도록 이격
　3) 철근이 있는 곳 피하고 구조체 중앙부 시공 
　4) 타설직후 양생시 노출된 지수판 충격금지

문제 235 목재의 함수율(Percentage of Moisture Content)

〔98중후(20), 06전(10), 07중(10), 14중(10)〕

1 정의
① 함수율이란 전건재 중량에 대한 함수량의 백분율을 말한다.
② 섬유포화점 이상에서는 강도가 일정하나, 섬유포화점 이하가 되면 강도가 급속도로 증가하게 된다.
③ 섬유포화점이란 함수율이 약 30% 정도일 때를 말한다.

2 목재의 함수율

$$함수율(\%) = \frac{목재의 함수량}{전건재 중량} \times 100(\%) = \frac{W_2 - W_1}{W_1} \times 100(\%)$$

여기서, W_1 : 전건재 중량, W_2 : 함수된 상태의 목재 중량

3 목재의 특징

장점	단점
• 전기·음향·열에 대한 훌륭한 절연체 • 가공이 쉬움 • 도장이 가능하며 녹슬거나 부식되지 않음 • 산·알칼리에 대한 저항성이 높음 • 무게에 비해 강도가 뛰어남 • 색채, 무늬에 있어 의장에 유리함	• 가연성 • 함수율에 따른 변형이 큼 • 부패·풍해·충해가 있음

4 함수율이 목재에 미치는 영향(수축과 팽창)
① 목재의 함수율이 섬유포화점 이하가 되면 세포수(細胞水)의 증발로 목재의 수축이 시작됨
② 섬유포화점 이상의 함수율의 변화에서는 수축·팽창이 일어나지 않음
③ 널결방향 : 곧은결방향 : 섬유방향의 수축률의 비 = 20 : 10 : 1~0.5임
④ 일반적으로 밀도가 크고 견고한 수종일수록 수축량 큼

5 함수상태에 따른 목재 구분

구분	포수상태	생재상태	섬유 포화상태	기건상태	전건상태
정의	목재 내부가 수분으로 포화된 상태	세포막 내부가 포화되어 있고 세포막 사이의 공극 일부가 액체 수분으로 존재하는 상태	세포막 내부가 포화되어 있고 그 외에는 수분이 존재하지 않는 상태	통상 대기의 온도·습도와 비슷한 수분을 함유한 상태	인위로 함수율은 0.5%이라고 한 상태
함수율	최대 함수율	입목 또는 벌목 직후의 함수 상태	25~36% (평균 30%)	15±2%	0%

문제 2) 목재의 함수율

I. 정의
① 목재의 함수율이란 전건재 중량에 대한 함수율 백분율
② 섬유포화점을 확인하는 지표로 섬유포화점 (30%) 이상에서는 강도 일정, 포화점 이하시 강도 급격히 증가.

II. 목재의 함수율

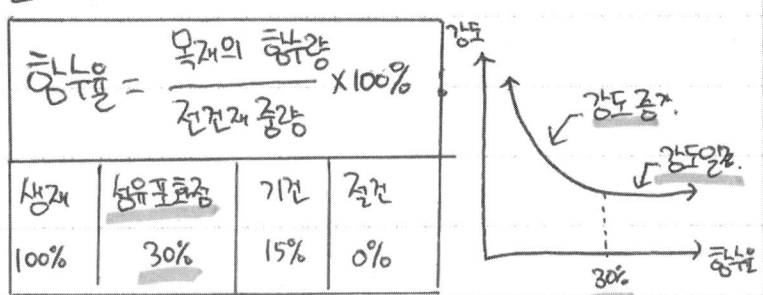

$$함수율 = \frac{목재의\ 함수량}{전건재\ 중량} \times 100\%$$

생재	섬유포화점	기건	절건
100%	30%	15%	0%

III. 함수율이 목재에 미치는 영향
① 함수율이 섬유포화점 이하 → 세포수 증발 → 목재 수축
② 섬유포화점 이상에서는 수축·팽창 X
③ 단단한 목재일수록 수축량이 큼
④ 함수율 감소시 강도는 증가, 인성은 감소

IV. 함수상태에 따른 목재구분
- 포수상태 : 내부가 수분으로 포화된 상태 / 최대 함수율
- 생재상태 : 세포막 내부 포화, 공극 일부가 액체수분으로 존재
- 섬유포화점 : 세포막 내부 포화, 그외 수분 X, 30% 함수율
- 기건상태 : 통상 대기 온습도와 비슷한 수분. 15%
- 절건상태 : 인위로 건조한 함수정도, 함수율 0.5%

끝.

문제 236 섬유포화점(Fiber Saturation Point)

〔94후(5)〕

1 정의
① 벌채 직후에 목재가 건조하게 되면 먼저 유리수가 증발하고, 그 다음에 세포수가 증발하는데, 이 양자의 한계점을 섬유포화점이라 한다.
② 함수율이 약 30% 정도일 때이며, 목재는 이 점을 경계로 하여 수축·팽창 등의 재질변화가 현저하게 달라지고, 강도·신축성 등도 달라진다.

2 섬유포화점
① 섬유포화점 이상에서는 강도·신축률이 일정함
② 섬유포화점 이하에서는 함수율에 따른 강도·신축률의 변화가 급속히 이루어짐

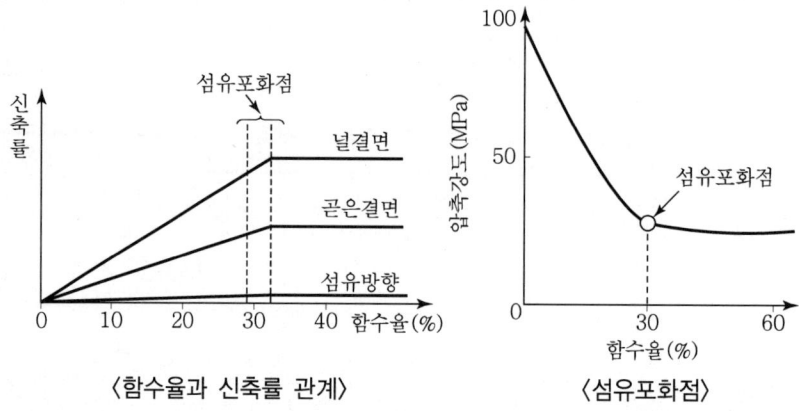

〈함수율과 신축률 관계〉   〈섬유포화점〉

3 목재 함유수분별 구분
① 절건상태 : 0%
② 기건상태 : 15%
③ 섬유포화점 : 30%
④ 생재
  • 변재부 : 80~200%
  • 심재부 : 40~100%

4 섬유포화점이 목재에 미치는 영향
① 목재의 함수율이 섬유포화점 이하가 되면 강도가 급속히 증가함
② 섬유포화점 이상에서는 강도가 거의 일정하며, 절건상태의 1/4 정도의 강도임
③ 섬유포화점을 지나 절건상태가 되면 목재의 최저강도(함수율은 최고)의 35% 정도 증가함

문제 3) 섬유포화점 (fiber saturation point)

I. 정의

① 목재가 건조하게 되면 먼저 유리수가 증발하고 다음에 세포수가 증발, 양자의 한계점을 섬유포화도라 한다.

② 함수율이 약 30% 정도로 목재는 이 시점을 경계로 수축·팽창 등의 재질 변화, 강도·신축성 변화.

II. 섬유포화점 개념도

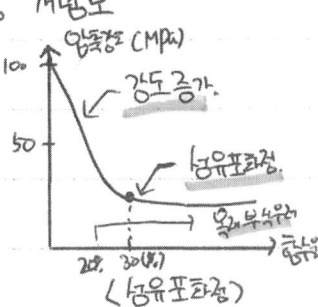
〈섬유포화점〉

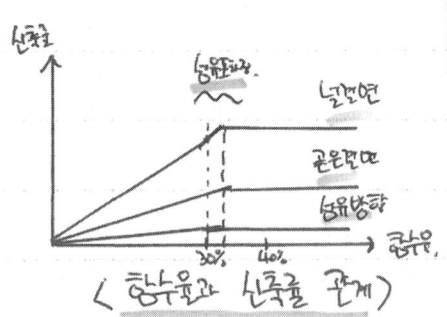
〈함수율과 신축률 관계〉

III. 섬유포화점이 미치는 영향

① 목재 함수율이 섬유포화점 이하시 강도 급격히 증가.

② 섬유포화점 이상에서는 강도 일정

③ 절건 상태시 목재 최저강도의 85% 정도 증가.

④ 목재 세포는 섬유포화점에 이를 때까지 수축 X

⑤ 섬유포화점을 기준으로 물리적·기계적 성질 변화.

IV. 목재의 함수율 변화.

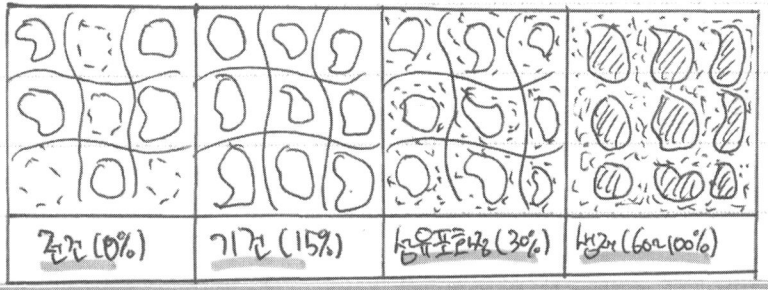

절건 (0%)	기건 (15%)	섬유포화점 (30%)	생재 (60~100%)

끝.

문제 237 목재 방부법(Wood Preservative Method)

〔94후(5), 02전(10), 18중(10)〕

1 정의

① 목재의 부패원인은 적당한 온도(20~40℃)·습도(90% 이상)·공기 및 양분이 적절한 상태에서 부패균에 의해 lignin과 cellulose가 용해되는 것이다.
② 방부처리는 이러한 부패균에 대하여 양분을 부적당하게 처리하는 방법으로서, 방부제를 목재 표면에 도포하는 방법과 목재중에 주입하는 방법이 있다.

2 방부제의 요구성능

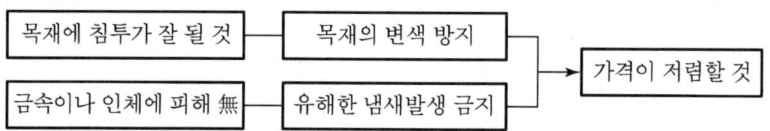

방부제는 목재의 부패를 방지함과 동시에 인체에 피해가 없어야 한다.

3 방부제의 종류

① 유성(油性) : Creosote, coaltar, asphalt, 유성 paint
② 수용성(水溶性) : 황산염용액(1%), 염화아연용액(4%), 염화제2수은용액(1%), 불화소다용액(2%)

4 목재 방부법

방법	내용
도포법 (塗布法)	목재를 충분히 건조시킨 다음 균열이나 이음부 등에 솔 등으로 방부제를 도포하는 방법으로 가장 일반적인 방법이다.
주입법 (注入法)	• 상압주입법(常壓注入法) : 방부제 용액중에 목재를 침지하는 방법 • 가압주입법(加壓注入法) : 압력용기 속에 목재를 넣어 7~12기압의 고압하에서 방부제를 주입하는 방법
침지법 (浸漬法)	방부제 용액 중에 목재를 몇 시간 또는 며칠 동안 침지하는 것으로써, 용액을 가열하면 15mm 정도까지 침투한다.
표면탄화법	• 목재의 표면을 두께 3~10mm 정도 태워서 탄화시키는 방법이다. • 가격이 싸고 간편하지만 효과의 지속성이 부족하다.
생리주입법	• 벌목전 나무뿌리에 약액을 주입하여 수간(樹幹)에 이행시키는 방법이다. • 별로 효과가 없다.

문제 4) 목재 방부법

I. 정의
① 목재는 온도와 습도의 영향을 받아 부패가 진행되고 이는 품질 저하에 영향을 미친다.
② 방부처리는 목재 표면 도포와 주입방법이 있다.

II. 목재 부패의 4요소

온도 : 20~40°C		영분 : 목재
	부패요소	
습도 : 90% 이상		공기 (산소)

III. 목재의 방부법

구분	내용
도포법	· 목재 충분히 건조 → 방부제 도포
주입법	· 상압주입 (침전), 가압주입 (압력주입)
침지법	· 방부제 용액에 충분히 침지하는 것
표면탄화법	· 목재표면을 3~10mm 태워서 탄화
생리주입법	· 벌목전의 나무에 약액을 주입하여 방부

IV. 방부제의 요구성능 (방부시 유의사항)
① 목재에 침투가 잘되는 방부법의 활용
② 유해한 냄새 발생시 환기 등 피해예방
③ 인체나 목재 자체에 피해 방지

V. 방부제의 종류

유성	수용성	유용성	끝.

문제 238 접합유리

〔12중(10)〕

1 정의
① 유리 파손 시 파편이 되어 날아가는 것을 방지하기 위하여 두 개 이상의 유리판 사이에 접합필름을 넣어 만든 유리이다.
② 안전유리의 한 종류로 접합필름의 종류에는 합성수지류, 유리섬유 등이 있다.

2 접합유리 생산공정

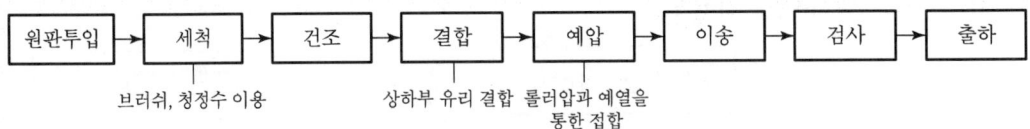

원판투입 → 세척(브러쉬, 청정수 이용) → 건조 → 결합(상하부 유리 결합) → 예압(롤러압과 예열을 통한 접합) → 이송 → 검사 → 출하

3 시공 시 유의사항
① 접합유리의 절단은 반듯한 절단(clean cut)을 위해 반드시 전용 절단기를 사용
② 2장의 유리 절단 편차가 ±1mm 이내가 되도록 절단
③ 절단 후 접합필름이 유리 가장자리에 남아있는 경우 반드시 제거 후 시공
④ 접합유리 가공 시 접합필름이 유리면에서 탈락이나 손상이 없도록 주의하여 시공
⑤ 면 가공이 필요한 경우 반드시 접합유리 면 가공 전용 휠(wheel)을 사용
⑥ 강화 및 곡면 접합유리의 경우, 열처리 접합 후 재열처리 금지

4 안전유리의 분류

항목		내용
접합 유리	정의	2장 이상의 판유리 사이에 합성수지를 넣고 150℃의 고열로 접착시킨 유리
	두께	8종 : 4.4, 4.8, 5.4, 5.8, 6.4, 6.8, 8.8, 9.8mm
	용도	• 비산, 낙하방지 등의 안전성이 요구되는 장소 • 여러 장 접착하여 방탄유리 또는 트리플렉스 글라스(triplex glass)로 이용
강화 유리	정의	평면 및 곡면의 판유리를 약 600℃까지 가열 후 냉각공기로 급냉 강화한 유리
	하중강도	하중강도가 보통 판유리보다 3~5배 높고, 200℃ 이상에서도 견딜 수 있음
	두께	7종 : 4, 5, 6, 8, 10, 12, 15mm
	용도	• 건축물의 유리문, glass screen, 고층 건축의 창유리 • 에스컬레이터 옆판, 계단난간의 옆판, 자동차 또는 선박에 이용
망입 유리	정의	유리판 중간에 금속망을 삽입하고, 압착 성형한 판유리
	특성	유리가 깨져도 금속망의 파편지지 효과로 방화성, 도난방지성이 뛰어남
	용도	• 건축법에 규정된 연소의 염려가 있는 개구부, 지붕, 스카이라이트 • 유리가 파손된 경우에 낙하의 위험이 있는 장소 • 도난의 염려가 있는 장소

번호 2. 접합유리

I. 정 의

- 최소 2장의 유리에 중간막(접합필름, EVA필름)을 넣어 유리를 전면 접착시켜 만든 제품으로, 파손 시 유리파편이 접합필름에 강하게 붙어있어, 파손된 유리에 의한 부상을 방지하는 <u>안전유리</u>를 의미

II. 접합유리의 개념도

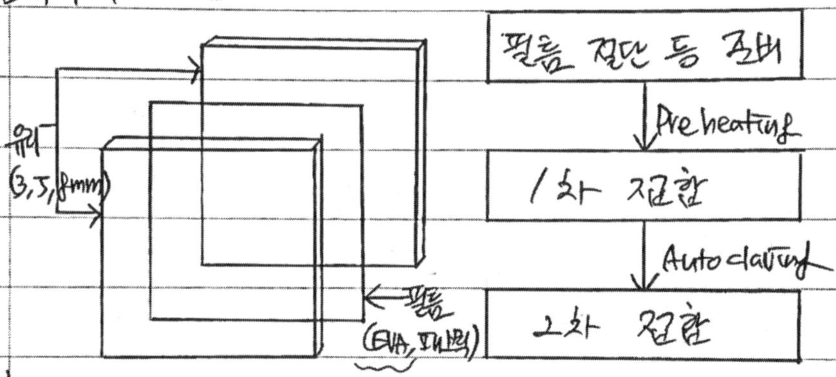

유리 (3, 5, 8mm)
필름 (EVA, 파니력)

```
필름 절단 등 준비
      ↓ Pre heating
   1차 접합
      ↓ Auto claving
   2차 접합
```

III. 접합유리의 특징

① 파손 시 흩어지는 파편 최소화로 안전
② 내관통성이 일반유리 3.5배로 우수
③ 필름의 점탄성으로 차음성능 보유

IV. 적용시 유의사항

① 현장 절단은 곤란하여 신속 처리
② 제작시 이물질 혼입에 유의 필요

V. 활용방안 / 비교 (강화)

① C/W 유리   ② 자동차 앞유리   ③ T/U 유리
④ 전시장   ⑤ 방탄유리   ⑥ 방음벽 〈끝〉

문제 239 로이유리(Low-E 유리, Low-Emissivity Glass)

〔06전(10), 23전(10), 24전(10)〕

1 정의
로이유리란 일반 유리 내부에 적외선 반사율이 높은 특수금속막(일반적으로 은 사용)을 coating시킨 유리로 건축물의 단열성능을 높이는 유리이다.

2 로이유리의 개념

1) 반사율
① 적외선 에너지(열선)를 반사하는 척도
② P_a% 반사율로, 반사율이 높을수록 단열성능 우수

2) 에너지 절약
① 판유리나 복층유리에 비해 에너지 절약성이 우수
② 로이복층유리는 68%로 판유리에 비해 32%, 복층유리에 비해 6% 정도 에너지 절약됨

〈로이유리 반사율 : 90%〉

3 로이유리의 장점
① 에너지 절약
② 우수한 단열성능 효과
③ 소음차단효과 우수
④ 유리면에 발생하는 결로 저감
⑤ 다양한 색상 가능

4 로이유리의 적용

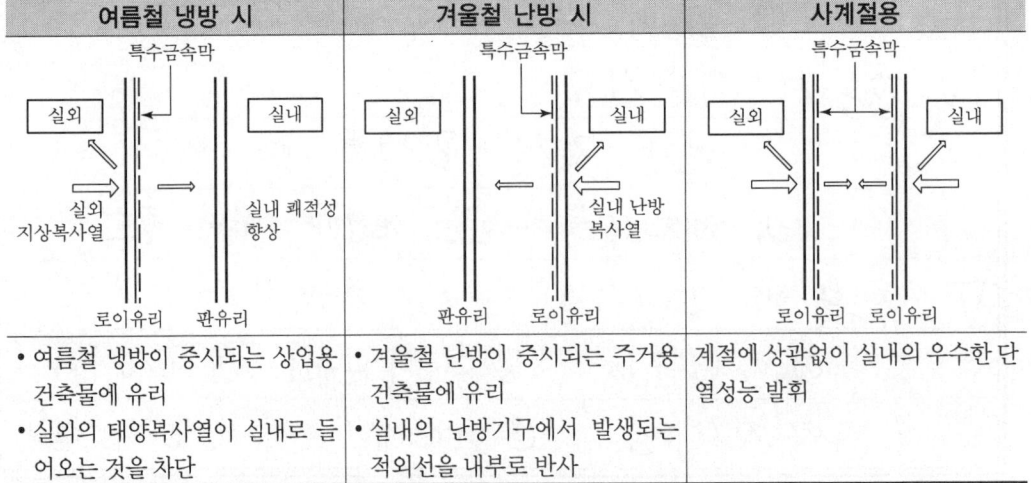

문제8) 저방사 유리 (Low Emissive Glass)

I. 정의
　　저방사유리(Low-E)란, 표면의 특수코팅을 통해 적외선 방사율을 낮춘 유리로 창을 통한 열의 전달을 최소화 할 수 있다.

II. Low-E 유리의 방사율

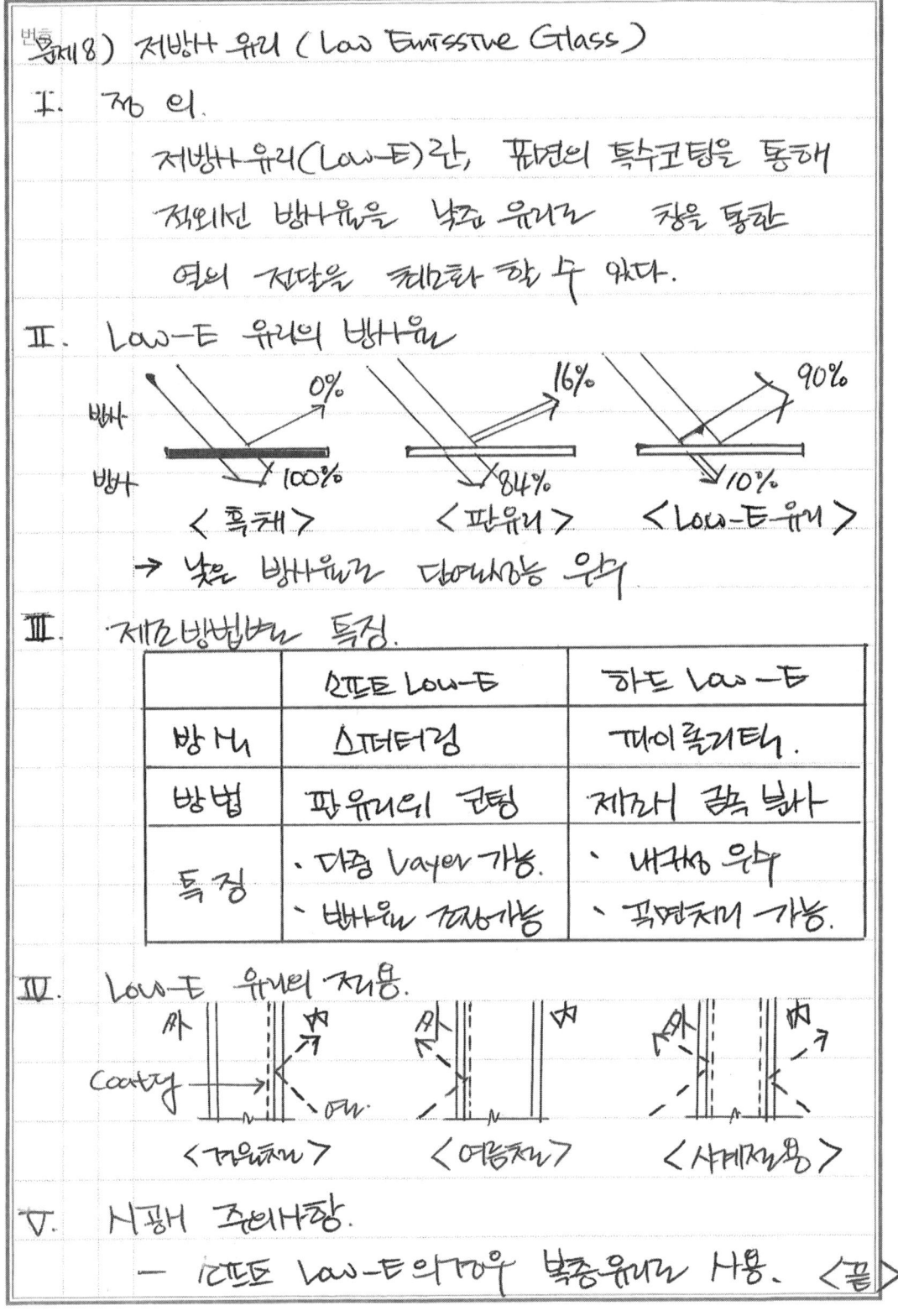

→ 낮은 방사율로 단열성능 우수

III. 제조방법별 특징

	소프트 Low-E	하드 Low-E
방식	스퍼터링	파이롤리틱
방법	판유리의 코팅	제조 중 분사
특징	・다중 Layer 가능 ・방사율 조정가능	・내구성 우수 ・곡면처리 가능

IV. Low-E 유리의 적용

〈겨울철〉　　〈여름철〉　　〈사계절용〉

V. 시공 주의사항
　－ 소프트 Low-E의 경우 복층유리로 사용. 〈끝〉

문제 240 복층유리의 단열간봉

[18전(10), 24중(10)]

1 정의
① 복층유리 제조 시 유리들 상호 간을 이격시켜 일정 공간을 유지하는 역할을 하는 것을 간봉이라 한다.
② 기존의 Al. 간봉의 열전달 저항률을 개선시켜 유리 단부의 결로방지 성능을 향상시켜 단열성능을 향상시킨 것을 단열간봉이라 한다.

2 단열간봉의 개념도

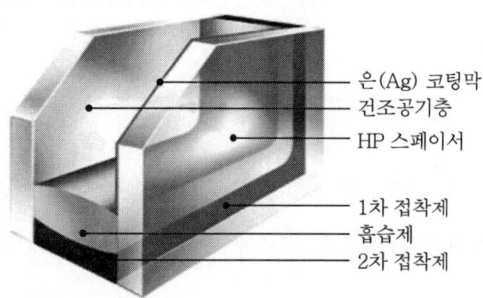
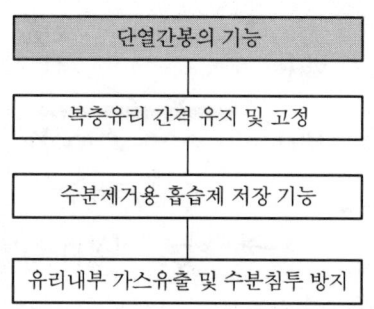

3 단열간봉의 특징

장점	단점
• 냉교작용 방지 → 결로방지 효과 우수	• 고가의 제품 생산비
• 공기층의 두께 200mm 확보 → 단열효과 증대	• 소수 업체의 단열간봉 제조
• 열관류저항 성능 향상	• 대형창호의 경우 단열향상 성능 저감

4 고효율창호 제작 및 활용방안 고찰
① 단열간봉 적용 → 냉교작용 방지 → 열전달저항성 개선
② Double Low-e 유리 적용 → 단열성능 향상
③ 유리판 건조공기층 두께 증대 → 22mm, 24mm 복층유리 설치
④ 삼중유리 및 진공복층유리의 적용 → 고단열, 고기밀 창호 제작

문제4. 유리의 구성요소 중 단열간봉

① 정 의
　　단열간봉은 복층유리에서 간격유지, 흡습제,
　　습기침투 방지 등 냉원 열량유출 AL간봉
　　대비 결로방지 성능 우수하다.

② 단열간봉의 개념도 및 종류

　　（그림: 전조공기 아르곤가스 / 복층유리 / 단열간봉 / 흡습제 / caulking）

　　〈단열간봉 종류〉
　　┌ TPS 단열간봉
　　│　(Thermo Plastic)
　　├ AL단열 간봉
　　└ STS 단열간봉

③ 단열간봉 효과. 온도차이 비율 (TDR)

| TDR(온도차이비율) = $\dfrac{\text{실내온도} - \text{적용대상부위 표면온도}}{\text{실내온도} - \text{외기온도}} \times 100\%$ |

④ 단열간봉 시공 유의사항
　　① 복층유리간 간격 유지 시공할것
　　② 건조공기, 아르곤가스 등 누출방지
　　③ 공기층 두께 확보 철저 (20mm)

⑤ 열량유출, 열전도율, 열저항값

열량유출	열전도율 ÷ 두께(m)	0.14W/m²K 이하
열전도율	열량유출 × 두께(m)	1W/mk = 0.86kcal/m·h·℃
열저항값	두께 ÷ 열전도율	m²k/W　　(끝)

문제 241 유리의 열깨짐현상

〔07중(10), 10후(10), 11후(10), 17후(10), 21중(10)〕

1 정의
① 대형유리에서 유리중앙부에는 강한 태양열로 인하여 고온이 되어 팽창하며, 유리주변부는 저온 상태가 유지되어 수축함으로써 열팽창의 차이가 발생한다.
② 유리는 열전도율이 적어 갑작스런 가열이나 냉각 등 급격한 온도변화에 따라 열깨짐(열파손)현상이 발생한다.
③ 초고층 건물의 외벽에 대형유리의 설치가 늘어나는 추세이므로, 이에 대한 대책을 마련한 후 시공에 임하여야 한다.

2 개념도

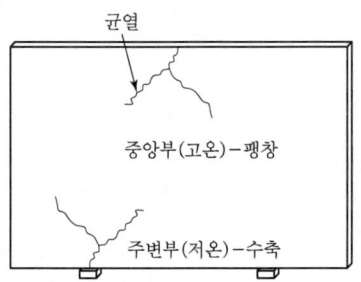

열에 의해 유리에 발생되는 인장 및 압축응력에 대한 유리의 내력이 부족 시 균열발생

3 원인
① 태양의 복사열로 인한 유리의 중앙부와 주변부의 온도차이
② 유리가 두꺼울수록 열축적이 크므로 파손의 우려 증대
③ 유리의 국부적 결함
④ 유리 배면의 공기순환 부족
⑤ 유리 자체의 내력 부족

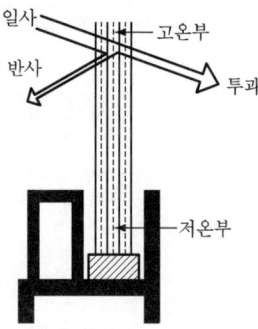

4 방지대책
① 유리의 절단면을 매끄럽게 연마 처리
② 유리와 유리배면 차양막 사이의 간격 유지로 유리의 중앙부와 주변부 온도차를 감소
③ 유리 bar에 공기순환통기구 설치
④ 유리에 film, paint 등 부착 금지
⑤ 유리 자체의 내력 강화
⑥ 유리두께 1/2 이상의 clearance 유지

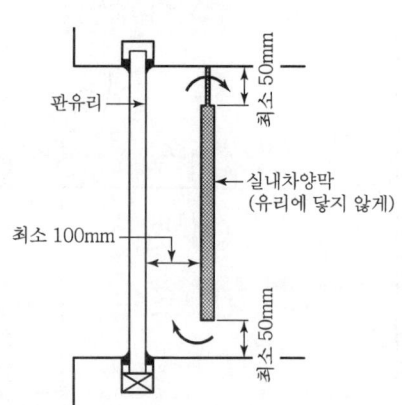

문제 11) 유리의 열깨짐 현상

I. 정의

① 유리는 열전도율이 적어 급격한 온도변화시 열깨짐 발생
② 유리중앙부는 태양열로 고온팽창, 유리 주변부는 저온 상태 수축하여 열팽창 차이 → 열깨짐

II. 열깨짐 Mechanism

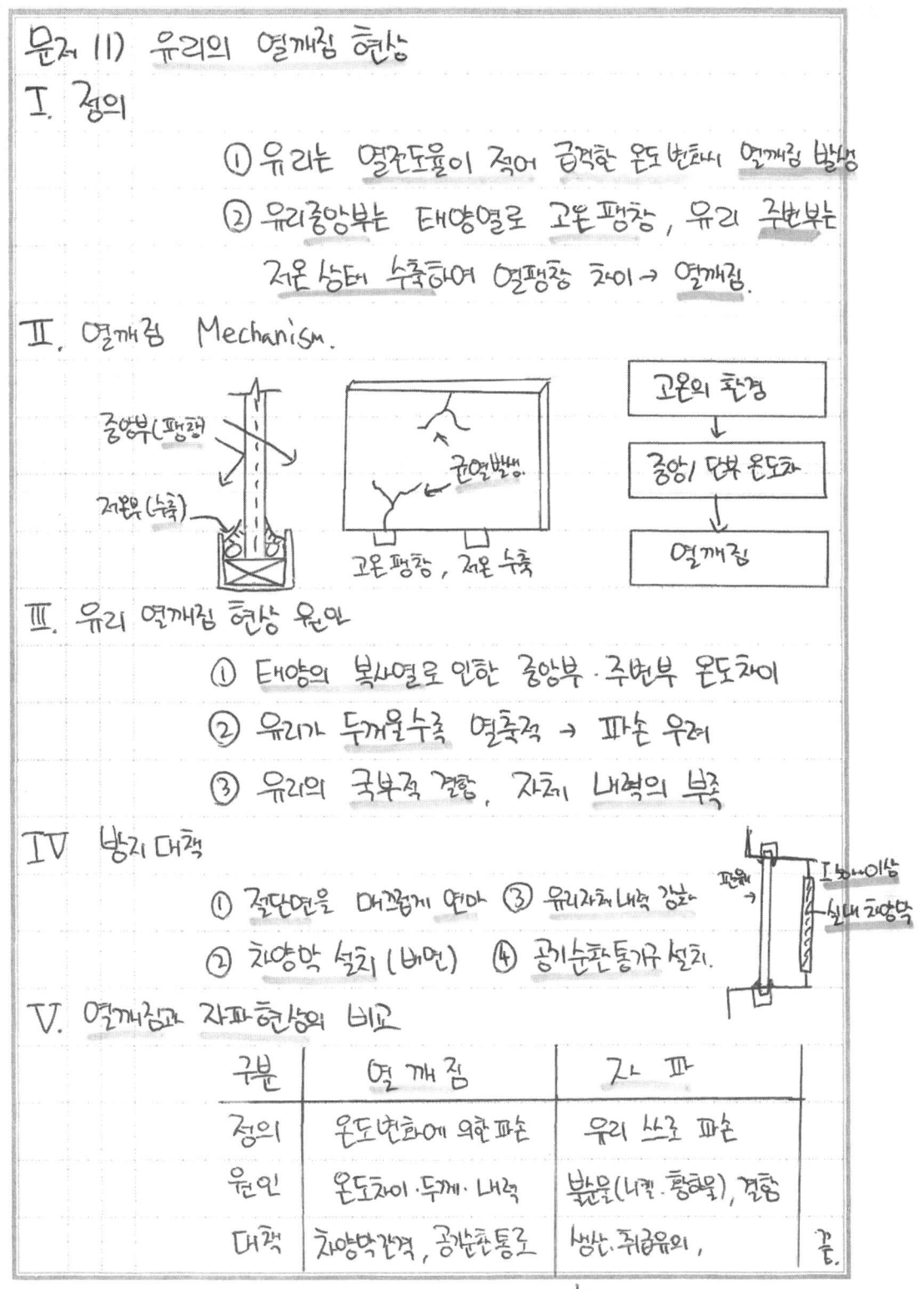

III. 유리 열깨짐 현상 원인

① 태양의 복사열로 인한 중앙부·주변부 온도차이
② 유리가 두꺼울수록 열축적 → 파손 우려
③ 유리의 국부적 결함, 자체 내력의 부족

IV. 방지대책

① 절단면을 매끄럽게 연마 ③ 유리자체 내력 강화
② 차양막 설치 (내면) ④ 공기순환통기구 설치

V. 열깨짐과 자파현상의 비교

구분	열 깨 짐	자 파
정의	온도변화에 의한 파손	유리 스스로 파손
원인	온도차이·두께·내력	불순물(니켈·황화물), 결함
대책	차양막간격, 공기순환통로	생산·취급유의, Heat Soak Test

끝.

문제 242 방화재료(防火材料)

〔03후(10), 09전(10)〕

1 정의
① 방화재료란 화재 발생 시 일정 구획에서 일정 시간동안 화재열에 견디는 건축재료를 말한다.
② 불특정 다수인이 거주하는 건축물의 방화재료는 불연재료, 준불연재료, 난연재료로 등급을 나누어 사용하도록 의무화하고 있다.

2 필요성

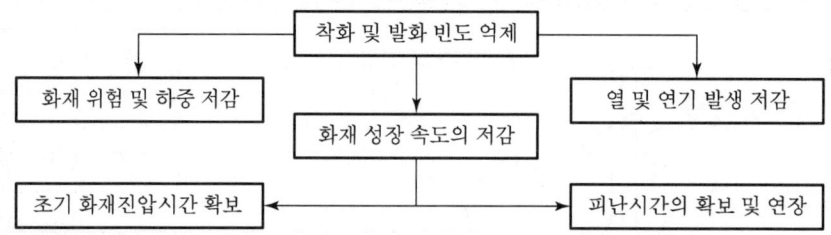

화재의 강도를 저감시켜 건축물의 붕괴 방지

3 방화재료의 구분

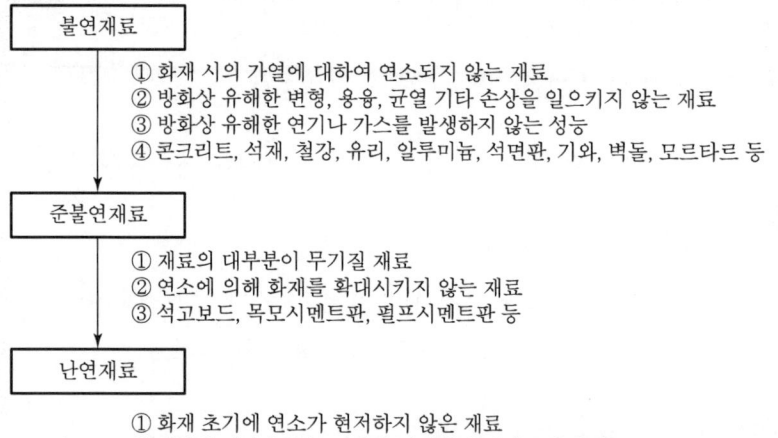

불연재료
① 화재 시의 가열에 대하여 연소되지 않는 재료
② 방화상 유해한 변형, 용융, 균열 기타 손상을 일으키지 않는 재료
③ 방화상 유해한 연기나 가스를 발생하지 않는 성능
④ 콘크리트, 석재, 철강, 유리, 알루미늄, 석면판, 기와, 벽돌, 모르타르 등

준불연재료
① 재료의 대부분이 무기질 재료
② 연소에 의해 화재를 확대시키지 않는 재료
③ 석고보드, 목모시멘트판, 펄프시멘트판 등

난연재료
① 화재 초기에 연소가 현저하지 않은 재료
② 피난상 지장을 주는 다량의 연기나 유해가스의 발생
   방화상 유해한 균열, 변형 등이 거의 생기지 않는 재료
③ 난연합판, 난연플라스틱판 등

번호		방화재료
1	정의	
		· 화재 발생 시 거주자가 대피하기 위해 일정시간 이상 화재물에 견디는 재료를 의미하며, 방화재료는 방화성능에 따라 <u>불연재료</u>, <u>준불연재료</u>, <u>난연재료</u>로 등급을 나누어 사용한다.
2	방화재료의 구분	

불연재료	준불연재료	난연재료
불에 타지 않는 재료	불연재료에 준하는 재료	불에 잘 타지않는 재료
<u>20분간 가열 → 최고온도</u>	<u>가열개시 후, 10분간</u>	<u>가열개시 후, 5분간</u>
20K 초과 상승않는 재료	총 방출열량 8MJ/㎡이하	총 방출열량 8MJ/㎡이하
콘크리트, 감재, 석재,유리	유리솜, 암또	스티로폼, 섬유판

3. 방화구조와 내화구조의 비교

방화구조	① 화재의 확산을 막는 구조
	② 방화재료, 방화구획에 의한 확산방지
내화구조	① 화재에 견딜 수 있는 구조
	② 내화시간 기준에 따른 내화성능 확보

4. 건축물의 내화성능기준 [주거, 산업(일반)]   (단위:시간)

층수/최고높이		기둥,보	슬라브	내력벽	지붕
12층	초과	3	2	2(3)	1
/50m	이하	2	2	2	0.5
4층/20m 이하		1	1	1	0.5 〈끝〉

문제 243 | 공동주택 결로 방지성능 기준

〔14중(10)〕

1 정의
① 공동주택 결로 방지성능기준은 공동주택 세대 내의 결로 저감을 유도하고 쾌적한 주거환경을 확보하는 데 기여하는 것을 목적으로 한다.
② 공동주택 세대 내의 각 부위에서 온도차이비율(TDR) 이하의 결로 방지성능을 갖추어야 한다.

2 온도차이비율(TDR ; Temperature Difference Ratio)
① 실내와 외기의 온도차이에 대한 실내와 적용 대상부위의 실내표면의 온도차이
② 범위는 0~1 사이의 값

$$온도차이비율(TDR) = \frac{실내온도 - 적용 \; 대상부위의 \; 실내표면온도}{실내온도 - 외기온도}$$

3 측정 부위
① **출입문** : 현관문 및 대피공간 방화문
② **벽체접합부** : 외기에 직접 접하는 부위의 벽체와 세대 내의 천장 및 바닥이 동시에 만나는 접합부
③ **창** : 난방설비가 설치되는 공간에 설치되는 외기에 직접 접하는 창

4 주요 부위별 결로 방지 성능기준

대상부위			TDR 값		
			지역 1	지역 2	지역 3
출입문	현관문 대피공간, 방화문	문짝	0.30	0.33	0.38
		문틀	0.22	0.24	0.27
벽체 접합부			0.23	0.25	0.28
외기에 직접 접하는 창	유리 중앙부위		0.16	0.18	0.20
	유리 모서리 부위		0.22	0.24	0.27
	창틀 및 창짝		0.25	0.28	0.32

※ 지역 1 : 경기 강원 일부
　지역 2 : 서울, 수도권, 전북, 충남, 충북 일부
　지역 3 : 부산, 대구, 광주, 울산, 강원 일부

문제 2) 공동주택 결로 방지성능 기준

I. 정의

① 공동주택 내의 결로저감을 유도하고 쾌적한 주거환경을 확보하는데 주 목적.

② 각 부위별 온도차이 비율(TDR) 이하의 결로방지성능 유지

II. 온도차이 비율 (TDR : Temperature Difference Ratio)

$$\text{온도차이 비율 (TDR)} = \frac{\text{실내온도} - \text{적용대상 부위의 실내표면온도}}{\text{실내온도} - \text{실외온도}}$$

① 공동주택 500세대 이상에서 의무적용

② 범위는 0~1 사이의 값.

III. 주요 부위별 결로 방지 성능기준

대상부위	지역 1	지역 2	지역 3
출입문 (문틀)	0.22	0.24	0.27
벽체 접합부	0.23	0.25	0.28
외기면하는 창 (중앙)	0.16	0.18	0.20

[지역1] : 경기·강원 [지역2] : 서울·수도권 [지역3] : 부산·광주 등

IV. 결로 방지 대책

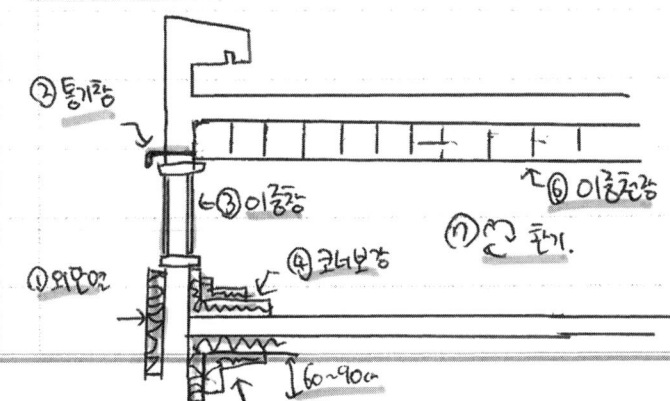

① 외조으? ② 통기층 ③ 이중창 ④ 코너보강 ⑤ 하부보강 ⑥ 이중천장 ⑦ 선 환기

문제 244 | 열교(Heat Bridge) · 냉교(Cold Bridge)

〔02중(10), 19전(10)〕

1 정의
① 열교와 냉교는 건축물을 구성하는 부분 중에서 단면의 열관류저항이 국부적으로 작은 부분에서 발생하는 열교환 현상을 말한다.
② 열교·냉교 현상이 발생하면, 구조체 전체의 단열성이 저하된다.

2 Mechanism

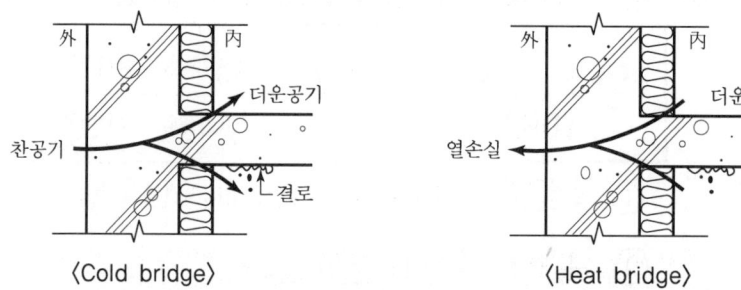

⟨Cold bridge⟩   ⟨Heat bridge⟩

3 원인
① 열관류저항이 국부적으로 작은 부분
② 열의 이동이 많은 곳
③ 내부의 더운 공기가 외부로 빠져 나갈 때

4 방지대책(도해)

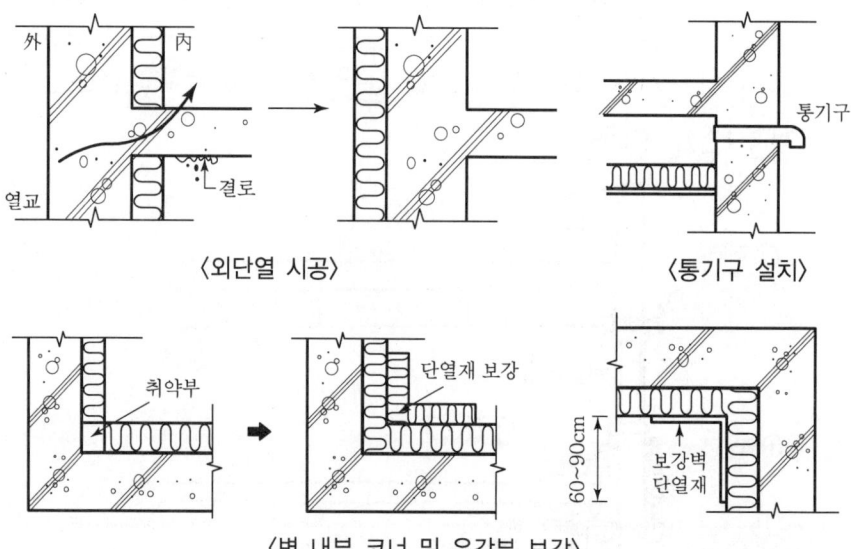

⟨외단열 시공⟩   ⟨통기구 설치⟩

⟨벽 내부 코너 및 우각부 보강⟩

문제 9> 열교, 냉교

I. 열교, 냉교 현상이란
구조체 결함이나 단열재 누락으로 열관류저항 국부적으로 작은 부분에서 발생 열교환 현상. 결로원인

II. 열교, 냉교 현상 메카니즘

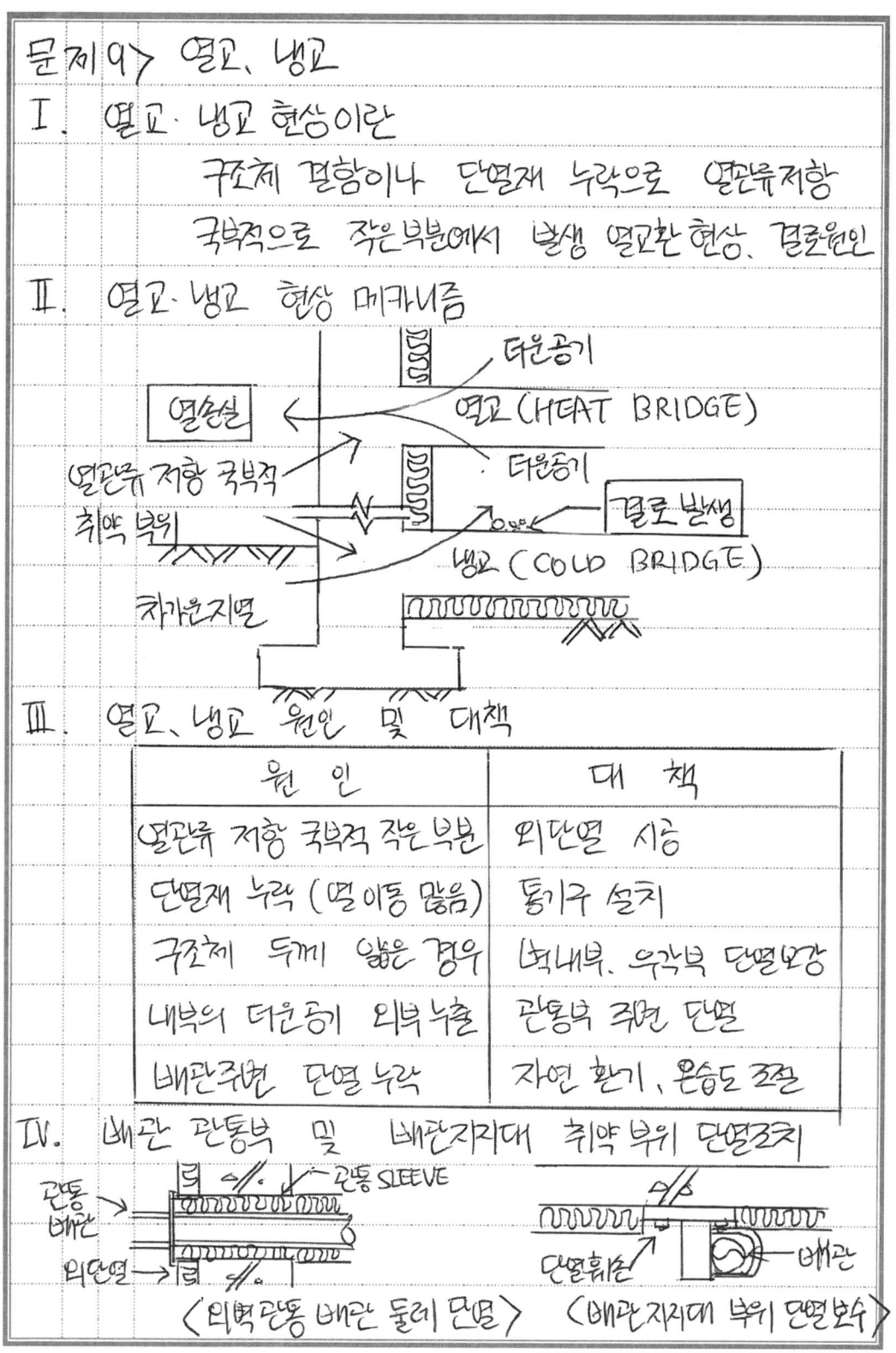

III. 열교, 냉교 원인 및 대책

원 인	대 책
열관류 저항 국부적 작은 부분	외단열 시공
단열재 누락 (열 이동 많음)	통기구 설치
구조체 두께 얇은 경우	벽내부, 우각부 단열보강
내부의 더운공기 외부 누출	관통부 주변 단열
배관주변 단열 누락	자연 환기, 온습도 조절

IV. 배관 관통부 및 배관지지대 취약부위 단열조치

〈외벽 관통 배관 둘레 단열〉   〈배관지지대 부위 단열보수〉

문제 245 열관류율 및 열전도율

〔12전(10), 18후(10)〕

1 정의
① 열관류율이란 특정 두께를 가진 재료의 열전도 특성이며 단위는 W/m^2K로서 패시브 주택(Passive house)의 경우 $0.15W/m^2K$ 이하로 되어 있다.
② 열전도율이란 두께가 1미터인 재료의 열전달 특성이며 단위는 W/mK 혹은 $kcal/mh℃$이며, $1W/mK=0.86kcal/mh℃$이다.

2 열관류율과 열전도율의 계산
① 열관류율 계산식

$$열관류율 = \frac{1}{\frac{1}{\alpha_i}+\Sigma\frac{d}{\lambda}+\frac{1}{\alpha_o}}$$

여기서, α_i, α_o : 표면 열전달률(W/m^2K), d : 재료의 두께(m), λ : 재료의 열전도율(W/mK)

② 열전도율 계산식

$$열전도율 = 열관류율 \times 재료의 두께(m)$$

③ 열전도율과 열관류율은 숫자가 낮을수록 성능이 높음
④ 단열재를 제외한 재료의 경우 대부분 열전도율이 높으므로, 설계단계에서의 열관류율 계산 시에는 일반적으로 단열재만으로 대략적으로 계산
⑤ 열관류율 계산을 위한 재료의 열전도율은 재료의 시험성적서로 확인

3 단열재 열전도율

단열재	열전도율(W/mK)
비드법 보온판 1종	0.046 이하
그라스울	0.040 이하
비드법 보온판 2종	0.034 이하
에어로겔	0.021
진공단열재	0.007

4 열저항
① 물체의 열에 대한 저항을 수치로 표시한 값
② 열저항 계산식

$$\frac{두께(m)}{열전도율} = 열저항(R)$$

③ 열저항 수치가 높을수록 성능이 우수

문제 6) 열관류율 및 열전도율

I. 정의
① 열관류율이란 특정 두께에 대한 열전도 특성 (W/m²k)
② 열전도율이란 두께 1m인 재료의 열전달 특성 (W/mk)

II. 열관류율 및 열전도율의 Mechanism

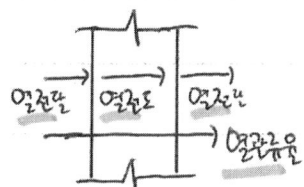

① 숫자가 낮을수록 성능우위
② 열관류율 = 0.15 W/m²k
③ 열전도율 = 0.86 kcal/mh℃

III. 열관류율 및 전도율의 특성

구분	열전도율 (λ)	열관류율 (k)
적용방법	단열재 등급기준	지역별 열관류율 등
확인방법	시험성적서로 확인	설계단계서 계산
산정방법	열전도율(W/mk) = 열관류율(W/mk) × 두께(m)	

IV. 열관류율, 열전도율 계산식

$$열관류율 = \frac{1}{\frac{1}{a_i} + \Sigma\frac{d}{\lambda} + \frac{1}{a_o}}$$

a_i, a_o = 표면 열전달율
d = 재료의 두께(m)
λ = 재료의 열전도율

열전도율 = 열관류율 × 두께

V. 단열재의 열전도율 특성

		전도율	관류율
진공단열재	30(mm)	0.045	0.13
일반단열재	240(mm)	0.036	0.15

VI. 열저항

정의 : 물체의 열에 대한 저항값. $\frac{두께}{열전도율}$ = 열저항(R)

문제 246 층간 소음방지

[01후(10), 22중(10)]

1 정의
바닥충격음은 경량충격음과 중량충격음으로 분류하며 4개 등급으로 차등화하여 주택건설 업체에서 소음 등급을 표시하도록 하였다.

2 바닥충격음
L은 Level의 약자이며, dB을 의미한다.

구분		경량충격음(L)	중량충격음(L)
개요		• 가볍고 딱딱한 소리로 잔향이 없어 불쾌함이 적음 • 식탁을 끌어 미는 소리, 물건을 끌어 옮기거나 떨어지는 소리, 마늘 찧는 소리 등	• 무겁고 부드러운 소리로 잔향이 남아 심한 불쾌감 유발 • 아이들이 뛰어다니는 소리, 중량의 어른이 쿵쿵거리는 소리 등
등급	1급	L ≤ 37	L ≤ 37
	2급	37 < L ≤ 41	37 < L ≤ 41
	3급	41 < L ≤ 45	41 < L ≤ 45
	4급	45 < L ≤ 49	45 < L ≤ 49

3 층간 소음방지 대책

1) **뜬바닥 구조**
   ① 바닥구조체의 중량화와 강성 향상으로 충격에 대한 전파음 저하
   ② 뜬바닥층의 채택
   ③ 표면에 충격완충재 사용

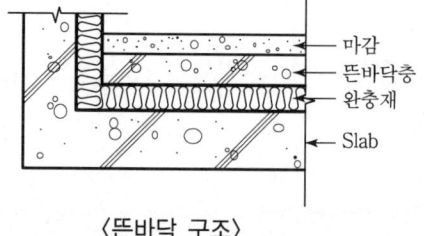

〈뜬바닥 구조〉

2) **벽의 차음**
   ① 간벽 연결부가 음교(sound bridge)를 초래하지 않도록 독립시킴
   ② 공명투과 현상을 방지하도록 간벽의 간격·재료를 고려함
   ③ 벽체 내부에 충전재를 넣어 음의 투과를 줄임

3) **이중천장**
   이중천장 속에 공기층을 둔 후 glass wool, rock wool 등의 흡음재를 바닥 slab와 천장 사이에 충전

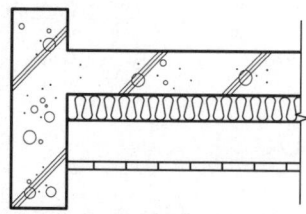

문) 층간 소음 방지

I. 정의
　① 층간소음이란 공동주택에서 발생하는 소음 공해로 바닥 충격음소리, 화장실 물소리, 대화소리를 총칭한다.
　② 층간소음중 바닥충격음은 경량충격음과 중량충격음으로 분류되고 코로나이후 사회문제로 서 크게 대두화되어

II. 바닥충격음 차단구조 분류, 기준, 시험

등급	경량충격음(L)	중량충격음(L)	개정이후(22.8.4)
1급	L ≤ 43	L ≤ 40	L ≤ 37
2급	43 < L ≤ 48	40 < L ≤ 43	37 < L ≤ 41
3급	48 < L ≤ 53	43 < L ≤ 47	41 < L ≤ 45
4급	53 < L ≤ 58	47 < L ≤ 50	45 < L ≤ 49
시험	Tapping M	bang M	(중량)Impact ball

III. 층간소음 방지 대책
　① 뜬바닥 구조 : 바닥 구조체 위에 완충재 설치
　② 벽의 차음 : 벽체 차음재 설치로 음의 투과를 줄임
　③ 이중 천장 : 바닥 slab와 천장사이 중전

IV. 사후 확인 제도 실시
　① 22년 8월 4일 이후 사업계획승인 신청 대상
　② 공동주택 30세대 이상
　③ 단지별 세대 수의 5% (전문기관 부족으로 2%씩)
　④ 거절시 사용검사권자가 보완시공 등 개선권고

문제 247 해체공사 시 고려해야 할 안전대책

〔96전(10)〕

1 정의
해체 시공 전에 대상건물·부지상황·인근 주변환경에 대한 충분한 사전조사를 실시하여, 철저한 안전대책을 수립하여야 한다.

2 사전작업 준비

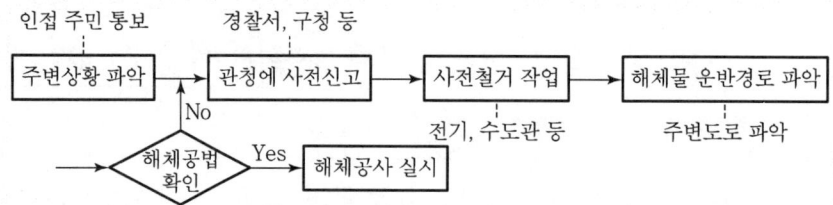

3 공해대책
① 소음·진동·분진 등 공해에 대한 조사 및 조치
② 착공 전 설명회를 통한 인근주민 통보
③ 먼지·비산 방지를 위해 물뿌리기

4 안전대책
① 안전, 위생관리계획서 작성
② 차량의 작업 전 점검 및 차량 유도원 배치
③ 구조재의 부식상태 점검
④ 재료 접합상태 점검
⑤ 재료별 특성을 검토하여 화재방지
⑥ 해체기계의 안전성 검토
⑦ 비산에 대한 방호
⑧ 낙하·탈락·박리가 우려되는 재료의 사전 철거
⑨ 해체가 시작된 골조에 과다한 하중부과 금지
⑩ 유사시를 대비한 임시 대피장소 설치

5 해체 시 유의사항
① 해체계획서에 근거한 안전하고 능률적인 공사수행
② 대상물에 적합한 공법 채택
③ 엄밀한 순서에 의한 체계적인 작업진행

문제3) 해체공사시 고려해야 할 안전대책

I. 해체공사 안전관리에 대하여

종전에는 「건축법」에 따라 건축물 해체시 신고만 하도록 규정, 해체공사 안전관리 강화 필요성 대두되어 해체계획서 작성 및 허가제도 도입 등 포함된 「건축물 관리법」 제정 ('19년 4월)

II. 해체공사 허가대상

허가대상
지상/지하 3개층 초과, 높이 12m 이상, 연면적 500m² 이상

상주감리기준	
연면적 3000m² 이상	2명이상
미만	1명이상

III. 해체공사시 고려해야 할 안전대책

1) 해체 계획서 작성 내실화
   전문가(건축사, 기술사)가 해체계획서 작성, 수준 내실화

2) 상주감리 배치기준 준수

3) 필수확인점 (마감재 해체, 지붕층/중간층/지하층 해체 등 주요공정) 해체시 해체 감리자 반드시 확인

4) 착공신고 도입으로 실제 공사착수여부, 감리계약, 해체 작업자 정보를 허가권자 확인

5) 필수확인점 해체 작업시 영상촬영 의무화

6) 해체 공사장 위반사항 적발시 허가권자 공사중지권한

7) 불법 재하도 근절

문제 248 건축물관리법상 해체계획서

〔22후(10)〕

1 정의
① 해체 계획서라 함은, 「건축물관리법 시행규칙」 제12조에 의거하여 작성하는 계획서이다.
② 포함되어야 할 사항으로는 해체공사 공정, 개요, 「건축법」 제2조제1항제4호에 따른 건축설비의 이동, 철거 및 보호 등에 관한 사항, 해체공사의 작업순서, 해체공법 및 이에 따른 구조안전계획 등이 있다.

2 해체공사의 적용대상 및 범위
1) 신고대상 건축물(「건축물관리법」 제30조)
   ① 「건축법」 제2조제1항제7호에 따른 주요구조부의 해체를 수반하지 아니하고 건축물의 일부를 해체하는 경우
   ② 다음 각 목의 건축물 전체를 해체하는 경우
      - 연면적 500제곱미터 미만의 건축물
      - 건축물의 높이가 12미터 미만인 건축물
      - 지상층과 지하층을 포함하여 3개 층 이하인 건축물
      - 그 밖에 대통령령으로 정하는 건축물을 해체하는 경우
2) 「건축법」 제14조제1항제1호 또는 제3호에 따른 건축물
3) 「국토의 계획 및 이용에 관한 법률」에 따른 관리지역, 농림지역 또는 자연 환경보전지역에 있는 높이 12미터 미만인 건축물. 이 경우 해당 건축물의 일부가 「국토의 계획 및 이용에 관한 법률」에 따른 도시지역에 걸치는 경우에는 그 건축물의 과반이 속하는 지역 적용
4) 그 밖에 시·군·구 조례로 정하는 건축물
5) 허가대상 건축물(「건축물관리법」 제30조)

3 해체계획서 포함사항
① 해체공사의 공정 등 해체공사의 개요
② 해체공사의 영향을 받게 될 「건축법」 제2조제1항제4호에 따른 건축설비의 이동, 철거 및 보호 등에 관한 사항
③ 해체공사의 작업순서, 해체공법 및 이에 따른 구조안전계획
④ 해체공사 현장의 화재 방지대책, 공해 방지 방안, 교통안전 방안, 안전통로 확보 및 낙하 방지대책 등 안전관리대책
⑤ 해체물의 처리계획
⑥ 해체공사 후 부지정리 및 인근 환경의 보수 및 보상 등에 관한 사항

문제1) 건축물관리법 상 해체계획서

1. 정의
   ① 건축물 해체 시에는 주변건축물에 영향을 미칠수 있으므로 적절한 공법 필요
   ② 해체계획서는 해체작업전 관할 지자체에 신고

2. 해체계획서 flow chart

   도면검토 → 현장위험요소검토 → 해체계획서 작성
   → 해체계획서 신고 → 해체작업 → 현장 관리 감독

3. 해체공법 종류

   해체공법
   ├ 일반파쇄공법 — · 타격공법 (Steel Ball)
   │   · Breaker 공법 (소형·대형)
   │   · 발파공법, 폭파공법
   └ 친환경 해체공법 — 절단공법, 압쇄공법
                      유압 Jack공법, 팽창압공법
                      진동공법, 쐐기타입공법

   ① 현장에 적합한 공법 선정
   ② 해체작업전 공법 검토

4. 해체작업시 유의사항
   ① 현장에 적합한 공법 적용하여 현장상황 검토
   ② 해체작업전 현장 주변 위험요소 check
   ③ 해체작업에 따른 안전관리 대책 수립
   ④ 해체작업 공정 주변 일반 시민에 고지
   ⑤ 해체작업의 소음·분진 대책 수립하여 실시. "끝"

문제 249 석면지도/석면조사 대상 및 해체, 제거 작업 시 준수사항

〔21후(10), 23중(10)〕

1 개요
① 석면자재 해체공사란 석면함유설비 또는 건축물의 파쇄, 개·보수 등으로 인하여 석면 분진이 흩날릴 우려가 있고 작은 입자의 석면폐기물이 발생되는 작업을 말한다.
② 석면에 장기간 폭로될 경우 15~30년의 잠복기를 거쳐 폐암 등 근로자에게 치명적인 건강장해를 유발하므로 작업 전 준비를 철저히 하고, 작업 시 안전에 유의해야 한다.

2 석면조사 대상
① 건축물 연면적 합 50m^2 이상이면서 해체면적 합 50m^2 이상인 건축물
② 주택 연면적 합 200m^2 이상이면서 해체면적 합 200m^2 이상인 건축물
③ 단열재, 보온재, 분무재, 내화피복재, 개스킷, 패킹 그 밖의 유사물질이나 자재 면적의 합 15m^2, 부피의 합이 1m^3 이상 철거·해체 예정인 설비
④ 파이프 길이의 합이 80미터 이상이면서, 해체하려는 부분의 보온재로 사용된 길이의 합이 80미터 이상

3 해체, 제거 작업 시 준수사항
① 사전조사 실시
② 해체계획 수립
③ 경고표지의 설치
④ 개인보호구의 지급 및 착용
⑤ 관계자 외 출입금지 및 흡연 등의 금지
⑥ 위생설비의 설치
⑦ 석면 함유 잔재물 등의 처리계획
⑧ 작업장의 개구부 밀폐 및 다른 장소와 격리 조치
⑨ 음압밀폐 시스템 구조(고성능 필터 장착)로 설치
⑩ 실외일 경우 HEPA 필터가 장착된 석면분진 포집장치 설치
⑪ 습식 작업 실시
⑫ 바닥에 불침투성 습윤천(drop cloths) 설치
⑬ 1급 이상 방진마스크의 성능을 가진 호흡보호구 지급 및 착용
⑭ 석면자재 손상 최소화

문. 석면조사대상 및 해체 작업시 주의사항

I. 석면조사 대상

건물	일반	연면적	50m² 이상
	주택	연면적	200m² 이상
설비	보온재	면적	15m² 이상
	기타	부피	1m³ 이상
	배관	길이	80m 이상

II. 석면해체 작업시 주의사항

1) 석면지도 작성 및 해체계획 수립

시료 번호	
위치	자재

〈석면함유 시료〉

2) 작업개구부 밀폐 및 음압유지 ($-0.508mm H_2O$)

3) 작업시 개인 보호구 착용 철저

| 방진마스크 | + | 보호의 | + | 보호 장갑 |

4) 실외 작업시 HEPA 필터 장치 설치

5) 작업자 출입간 공간 분리 철저

외부 ⇄ 탈의실 ⇄ 샤워실 ⇄ 갱의실 ⇄ 작업소

III. 감리원 지정기준

① 석면면적 800m² 이상
② 2000m² 초과 : 고급감리인 1인
③ 2000m² 이하 : 일반감리인 1인

"끝"

문제 250 석면건축물의 위해성 평가

〔18전(10)〕

1 개요

① 석면건축물이란 석면건축자재가 사용된 면적의 합이 $50m^2$ 이상인 건축물을 말하며 석면이 함유된 분무재, 내화피복재를 사용한 건축물이다.
② 석면함유자재의 비산가능성에 따라 해체/제거 및 유지보수를 결정하여야 하며, 석면으로 인해 인체에 미칠 위해를 방지하기 위해 석면건축물 관리기준을 준수하여야 한다.

2 석면건축자재의 위해성 평가

위해성 평가항목	세부항목	평가 점수범위(1~27점)	
물리적 평가	손상상태	0~3	1~9점
	비산성	0~3	
	석면함유량	1~3	
잠재적 손상 가능성 평가	진동	0~2	0~6점
	기류	0~2	
	누수	0~2	
건축물 유지보수 손상 가능성 평가	유지보수 형태	0~3	0~6점
	유지보수 빈도	0~3	
인체노출 가능성 평가	사용 인원수	0~2	0~6점
	구역의 사용빈도	0~2	
	평균 사용시간	0~2	

3 석면건축물의 위해성 판정

위해성 등급	평가 점수 및 위해성 판정 기준
높음	20점 이상 또는 손상이 있고 비산성 평가 점수가 높은 경우
중간	12~19점
낮음	평가점수 11점 이하 또는 손상이 없는 경우

4 석면건축물의 등급별 조치방법

위해성 등급	석면건축물 조치방법 검토
높음	손상부 제거, 해당 구역 폐쇄 또는 해당 자재 밀봉, 비산방지 및 격리조치
중간	손상부 보수, 손상위험 원인 제거, 비산방지 조치
낮음	지속적 유지관리 및 즉시보수, 인위적 손상 방지

① 위해성 등급 "중간" 이상이면 경고문 게시 및 부착
② 석면조사 결과서 완료일 이후 6개월 이내 위해성 평가 실시 및 관리대장 작성
③ 평가 결과에 따라 "중간" 이상이면 이후 6개월마다 위해성 평가 실시

문제11> 석면건축물의 위해성 평가

I. 석면 건축물이란
석면이 함유된 분무재, 내화피복재를 사용, 면적의 합이 50㎡ 이상인 건축물

II. 석면 위해성 평가 대상

주택 석면해체면적 200㎡ 이상
파이프 보온재 길이 80m 이상

일반건축
석면해체 면적 50㎡
단열재, 보온재
면적 15㎡, 부피 1㎥

III. 석면 위해성 평가 및 판정기준

1. 평가 항목

구분	물리적 평가	잠재손상가능성	유지보수	인체노출가능성
세부	손상상태, 비산성함유량	진동, 기류, 누수	형태, 빈도	사용연수/빈도, 평균사용시간

2. 위해성 판정기준

높음	20점 이상 또는 손상 있고 비산성 평가점수 높은 경우
중간	12점~19점
낮음	평가점수 11점 이하 또는 손상이 없는 경우

IV. 위해성 등급별 조치 방안

1) 위해성 등급 "중간" 이상이면 경고문 게시
2) 석면조사 결과서 받은날부터 6개월 이내 위해성평가, 관리대장 작성
3) 평가 결과에 따라 "중간" 이상이면 6개월 마다 위해성평가

문제 251 건설산업의 제로에미션(Zero Emission)

〔05전(10)〕

1 정의

① 제로에미션(zero emission)이란 폐기물 발생을 최소화하고, 궁극적으로는 폐기물이 나오지 않도록 하는 순환형 산업 system으로 무배출(無排出) system이라고도 한다.
② 건설산업에서의 제로에미션은 건설폐기물 배출량을 대폭 줄이고 환경부하절감을 목표로 한다.

2 개념도

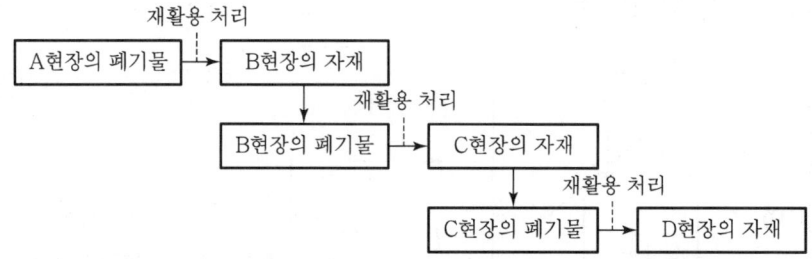

건설산업의 폐기물 총량을 최소화하고 궁극적으로 폐기물이 전무한 사업장 구현

3 제로에미션의 추진방안(3R)

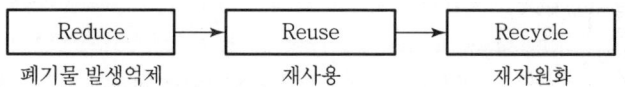

4 제로에미션 구축방안

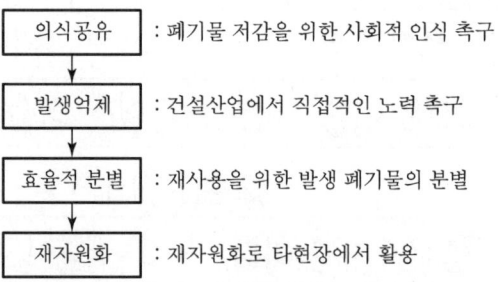

제로에미션 활동을 경험한 작업원들의 전파로 사회 전반적으로 확산

문제 4> 건설산업의 제로 에미션 (Zero emission)

I. 제로 에미션의 정의
폐기물 발생을 최소화, 궁극적으로 폐기물 발생 없는 순환형 산업 System, 환경부하절감 목표

II. 제로 에미션의 개념

폐기물 발생억제 → Reduce
재사용 → Reuse
재자원화(재활용) → Recycle
→ 폐기물 발생 억제
⇒ Sustainability 지속가능성
E.S.G (Environmental)

III. 제로 에미션의 기대효과

1) LCC (Life Cycle Cost) 감소
   LCC = 생산비용(C_1) + 유지관리비용(C_2)
   ⇒ 전생애 비용 절감

   $LCC = C_1 + C_2$

2) 비재무적 경영요소(ESG) 중 환경(Environmental) 개선
   ① 기업의 비재무적 평가요소 개선
   ② 탄소배출, 자원/폐기물 관리, 에너지 효율화 등 친환경 분야 새로운 먹거리 창출

3) 기업의 영속성, 지속가능한 성장 실현

IV. 제로 에미션의 저변 확대 방안

| 정책 지원 | → | 민간기업 활동 | → | 기업의 수익 |

초기비용지원, Incentive   규모의 경제 기대

문제 252 | 새집증후군 해소를 위한 베이크 아웃, 플러시 아웃

〔05전(10), 14후(10), 20중(10)〕

1 정의
① 새집증후군(sick house syndrome)이란 새로 지은 건물 안에서 VOC(휘발성 유기화합물)에 의해 오염된 실내공기로 인해 거주자들이 건강상 문제 및 불쾌감을 일으키는 것이다.
② 베이크 아웃(bake out)이란 이러한 새집증후군의 해소를 위해 입주 전 난방기구로 실내 온도를 상승시켜 VOC물질의 배출을 일시적으로 증가시킨 후 환기를 통해 제거하는 것을 말한다.
③ 베이크 아웃(bake out)을 실시한 경우 실내오염물질이 약 70%까지 제거가 가능하다는 실험결과가 있으므로 새집증후군 해소에 상당한 효과가 있는 것으로 판명되었다.

2 베이크 아웃(Bake Out) 실시방법과 기준

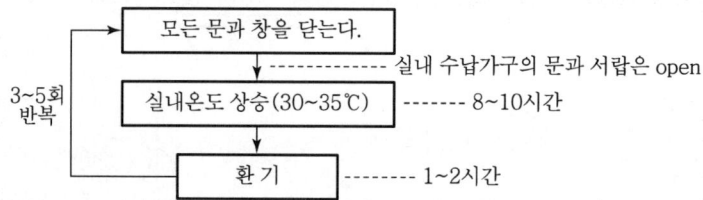

Bake out을 마친 후에도 거주 시 자주 환기를 하여 VOC물질을 배출함

3 플러시 아웃(Flush Out) 실시방법과 기준

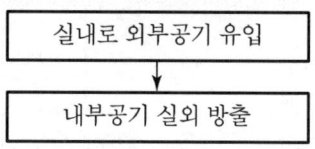

- 실내온도 : 16℃ 이상
- 실내상대습도 : 60% 이하
- 공기량 : 400m³/m²

문제12) 베이크아웃(Bake Out), 플러쉬아웃(Flush Out) 실시방법, 기준

1. 베이크 아웃 (Bake Out)

   1) 실시방법

   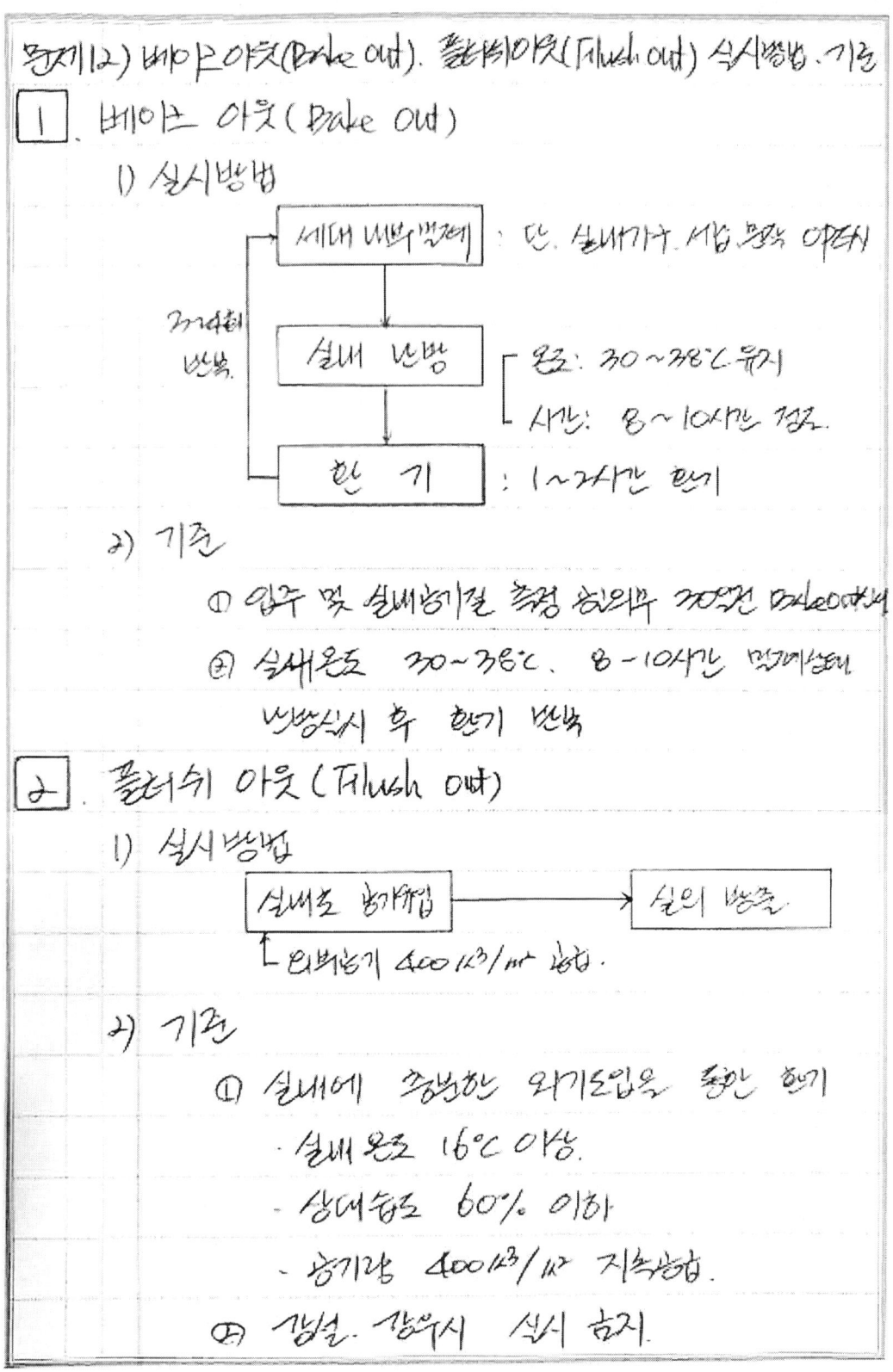

세대 내부밀폐	: 단, 실내가구, 수납공간 OPEN
실내 난방	온도: 30~36℃ 유지 / 시간: 8~10시간 정도
환 기	: 1~2시간 환기

   (거듭히 반복)

   2) 기준

   ① 입주 및 실내공기질 측정 하기전 3회이상 bake out 실시

   ② 실내온도 30~36℃, 8~10시간 밀폐상태 냉방실시 후 환기 반복

2. 플러쉬 아웃 (Flush Out)

   1) 실시방법

   | 실내로 공기주입 | → | 실외 방출 |

   └ 외부공기 400㎥/㎡ 공급.

   2) 기준

   ① 실내에 충분한 외기도입을 통한 환기
   - 실내온도 16℃ 이상.
   - 상대습도 60% 이하
   - 송기량 400㎥/㎡ 지속공급.

   ② 강설, 강우시 실시 금지.

문제 253 | 장애물 없는 생활환경 인증제도(Barrier Free)

〔22후(10)〕

1 정의
① 장애물 없는 생활환경 인증제도란 편의시설·이동편의시설의 설치·관리 여부를 공신력 있는 기관이 평가하여 인증하는 제도이다.
② 장애인 등 사회적 약자의 차별 없는 시설접근·이용 및 이동권 보장에 대한 요구에 의해 제정되어 시행되고 있다.

2 법적 근거
① 장애인·노인·임산부 등의 편의증진보장에 관한 법률
② 장애물 없는 생활환경(barrier free) 인증제도 시행지침

3 인증대상
① 공공건물
② 공중이용시설
③ 공동주택
④ 공원
⑤ 그 밖에 인증제도 위원회가 필요하다고 인정한 경우

4 인증단계
① 예비인증
  • 사업계획 또는 설계도면 등을 참고하여 본인증 전 실시
  • 예비인증 후 반드시 본인증을 받아야 함
② 본인증 : 공사준공 또는 사용 승인 후

5 인증유효기간
① 예비인증 : 본인증서 교부 전
② 본인증 : 5년

6 인증등급

등급	평가점수	비고
최우수등급(★★★)	만점의 90% 이상	해당 항목 중 한 항목이라도 편의 증진법의 최소 설치기준을 만족하게 못할 경우에는 인증등급을 정하지 아니한다.
우수등급(★★)	만점의 80% 이상 90% 미만	
일반등급(★)	만점의 70% 이상 80% 미만	

문제 10) 장애물 없는 생활환경 인증제도 (Barrier Free)

I. 정의
① 사회적 약자의 차별없는 시설접근·이용 및 이동권 보장을 위한 인증제도
② 편의시설·이동편의시설 설치·관리 여부를 평가·인증

II. Barrier Free 개념도

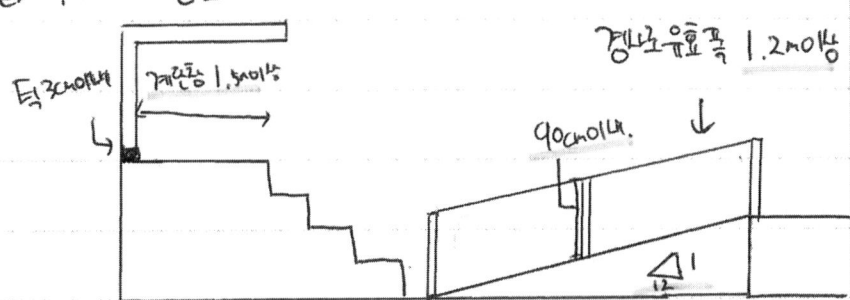

III. 인증대상
① 공공건물   ③ 공동주택   ⑤ 인증위원회가 필요하다고
② 공중이용시설 ④ 공원   인증한 경우

IV. 인증단계
예비인증 : 사업계획·설계도면 등을 참고하여 본 인증전 심사
          본인증서 교부전까지 유효
↓
본인증 : 공사 준공 아 사용승인 후, 5년간 인증

V. 인증등급

등급	평가점수	비고
최우수	만점의 90%	한항목이라도
우수	80%~90%	기준 미달시
일반	70%~80%	인증등급 X

문제 254 건축공사 설계의 안전성 검토 수립대상

[20후(10)]

1 정의
① 설계 안전성 검토란 설계단계에서 설계자가 시공과정의 위험요소(hazard)를 찾아내어 제거, 회피, 감소를 목적으로 하는 안전설계(design for safety)를 말하며, 사용자의 안전까지 고려한 전 생애주기형 모델로 확장되어 시행되고 있다.
② 설계 안전성 수립대상은「건설기술 진흥법 시행령」제98조제1항 안전관리계획 수립대상 중 발주청 발주 공사의 실시설계로 규정하고 있다.

2 목적
① 설계단계부터 안전관리 의무화
② 실시설계에서 리스크요인 도출
③ 위험요소 제어방안 수립
④ 작업자와 사용자의 안전성 검토

3 설계의 안전성 검토 수립대상
① 1종 시설물 및 2종 시설물의 건설공사
②「시설물의 안전 및 유지관리에 관한 특별법」제2조제2호 및 제3호
③ 지하 10m 이상을 굴착하는 건설공사
④ 폭발물 사용으로 주변에 영향이 예상되는 건설공사
⑤ 10층 이상 16층 미만인 건축물의 건설공사
⑥ 10층 이상인 건축물의 리모델링 또는 해체공사
⑦「주택법」제2조제25호다목에 따른 수직증축형 리모델링
⑧「건설기술 진흥법 시행령」제101조의 2제1항의 가설구조물을 사용하는 건설공사

4 설계의 안정성 검토 시 유의사항
① 기능성, 심미성 등의 설계요소가 훼손되지 않는 범위 내에서 위험요소의 발생 가능성을 감소시키는 설계 창출
② 설계에서 가정한 시공법 및 절차에 의해 발생하는 위험요소가 회피, 제거, 감소되도록 설계
③ 시공단계에서 설치되는 가설 시설물의 안전한 설치 및 해체를 고려
④ 동일 작업장소에서 시공절차가 충돌되지 않고 안전하게 작업이 이루어지도록 설계

문제 12) Design for Safty (DFS)

I. 정의

구조물의 안전한 설계의 개념으로 준공후 사용자(이용자)의 안전뿐만 아니라 시공하는 근로자의 안전까지 고려하는 설계

Ⅱ. 대상

안전관리 계획서를 작성해는 시설 (건설기술 진흥법 62조)	① 제1종·2종 시설물
	② 폭발물 20m 이내 건축물
	③ 100m 이내 가축시설
	④ 10~15층 건축물공사
	⑤ 10층 이상의 리모델링 공사
	⑥ 지하 10m 이상의 굴착공사 등

Ⅲ. 특징

① 설계단계부터 안전관리 시행
② 시공에 참여하는 근로자의 안전사고 예방가능

    BIM (Building Information Modeling)
    → 3D (설계·시공) → 문제점 발견
    → 설계 반영

Ⅳ. 개발방향

① 설계자의 시공에 관한 폭넓고 깊은 이해, 지식
② 건설현장의 특성과 안전에 대한 사전지식 함양
③ 발전된 Program 개발

"끝"

문제 255 Tower crane의 Telescoping과 Climbing

〔08후(10), 10후(10), 19중(10), 24중(10)〕

1 정의

Telescoping은 지반에 기초를 둔 상태에서 tower crane을 상승시키는 방법이며, climbing은 초고층 건물 공사 시 건축구조물에 tower crane을 고정시키고 건물과 같이 상승하는 방법이다.

2 Telescoping

1) 의의

지반기초에 고정한 crane을 상승시키는 방법으로, 유압실린더의 작동으로 새로운 1단의 추가 mast 높이만큼 상승시킨 후, 본체 mast에 추가 mast를 끼워넣는 방식

2) 작업순서

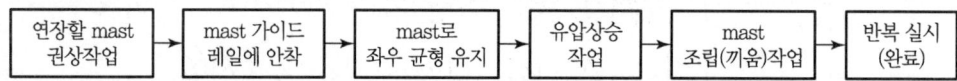

연장할 mast 권상작업 → mast 가이드 레일에 안착 → mast로 좌우 균형 유지 → 유압상승 작업 → mast 조립(끼움)작업 → 반복 실시 (완료)

3) 작업 시 유의사항

① 풍속 10m/sec 이내에서 작업 실시
② 작업 전 tower crane의 균형을 유지
③ 작업 중 선회, trolley 이동 및 권상작업 등 일체의 작동을 금지
④ Mast의 마지막 안착 후 볼트 또는 핀으로 체결 완료할 때까지 선회 및 주행 금지

3 Climbing

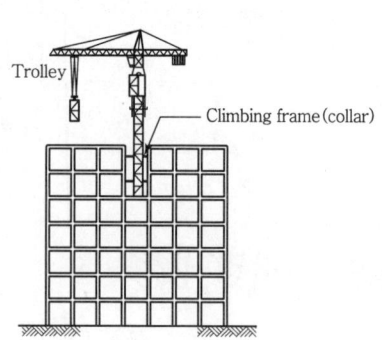

〈Telescoping 시공도〉

1) 의의

① 처음에는 지반에 기초를 두고 설치하며, 건축물의 상승에 따라 건축구조물 자체에 tower crane을 지지하며 상승
② 초고층건물 시공 시나 tower crane을 설치할 장소가 없는 건축물에 채택

2) 시공 시 유의사항

① Climbing frame(collar)으로 tower crane을 지지하며 상승
② 초고층 공사 시 climbing 방식이 비용이 적게 듦
③ 초고층 공사 시 기초에 받는 힘과 mast 숫자를 줄여줌

문제 13> 텔레스코핑 (Telescoping)

I. Telescoping 이란
   지반기초 고정크레인 상승방법, 유압실린더로
   Mast 1단 높이 상승 후 본체 mast에 추가 mast 인입

II. Telescoping 시공도, 순서

   [그림: 타워크레인 구조 - Trolley, 추가 Mast, 본체 Mast, 타워크레인기초]
   [순서도: 유압인상 → Mast 끼워놓기 → 연결핀 → 반복작업]

III. Telescoping 시공시 안전성 확보 방안
   1) 작업 전 시공계획서, 안전관리 방안
   2) 작업팀 안전교육 및 주변 변경 통제
   3) 풍속 10m/sec 이상, 습도, 강우, 강설시 작업금지
   4) 작업 전 T/C 균형, 작업 중 트롤리 선회 금지
   5) Mast 안착 후 볼트, 핀 체결 철저
   6) Telescoping 완료 후 TPC검사 후 사용가능
   7) 신호수, 전기 안전관리 방안

IV. Telescoping & Climbing 방식 비교

Telescoping	Climbing
기초에 Mast 고정	건축구조물에 T/C 지지/상승
Mast 상승 Telescoping	건물의 상승과 함께 Climbing

문제 256 | 부위별(부분별) 적산내역서(합성단가)

〔78후(5), 11후(10)〕

1 정의
① 현행 공사비 구성방법은 시공자 측의 표현방식이므로 설계 시 cost check가 불편하고, 발주자 측에서는 사용하기가 어렵다.
② 초심자도 알기 쉽도록 건축물의 요소와 부분을 기능별로 분류하고, 집합된 것을 cost로 나타낸 것이 부위별 적산내역서이다.

2 부위별 적산 실례(벽)

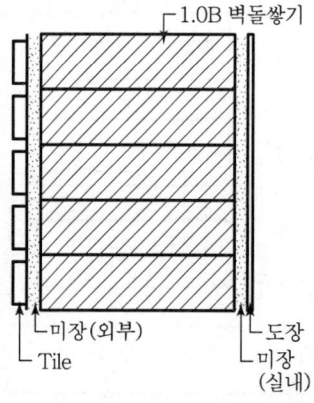

예 조적(1.0B) 공사비 : 100원/m^2
　미장(외부)　　　 : 20원/m^2
　Tile　　　　　　 : 40원/m^2
　미장(실내)　　　 : 20원/m^2
　도장　　　　　　 : 10원/m^2
　────────────────────
　계　　　　　　　　190원/m^2

3 특징
① 수량 및 공사비 산출 용이
② 설계변경 용이
③ Cost planning, cost balancing 유리
④ 공사내역 파악용이

4 부위별 내역 분류

항목	내용
공사간접비	제경비, 가설공사
기초공사	토공, 지정, 기초구체
골조공사	기둥, 보
바닥	최하층 바닥, 표준층 바닥, 최상층 바닥
벽	외주벽, 칸막이벽
설비공사	전기공사, 기계설비공사, 승강기, 기타

문제 4. 합성단가 (부위별 적산)

I. 정의

① 현행 공사비 구성 방식은 설계시 cost check가 불편하고 발주자가 사용하기 난해

② 건축물 요소를 분류하고 집합된 것을 cost로 나타낸 것이 부위별 적산내역

II. 합성단가 사례

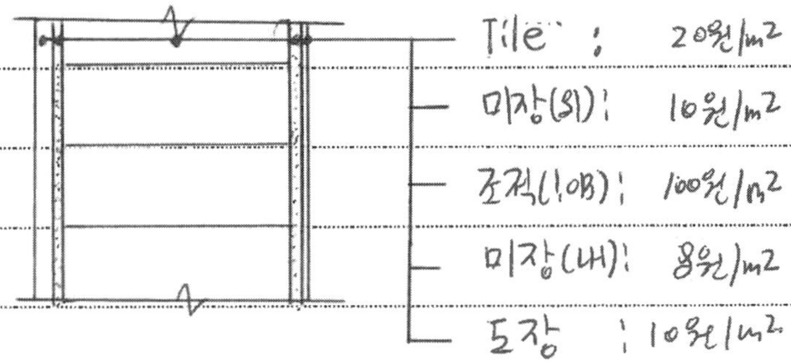

- Tile : 20원/m²
- 미장(외) : 10원/m²
- 조적(1.0B) : 100원/m²
- 미장(내) : 8원/m²
- 도장 : 10원/m²

III. 합성단가 특징

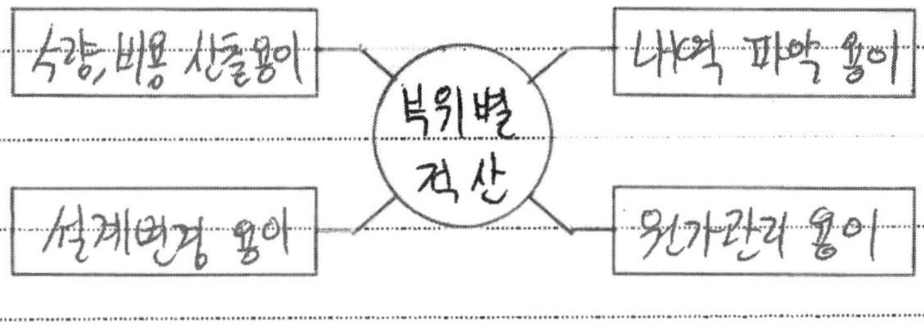

- 수량, 비용 산출용이
- 내역 파악 용이
- 설계변경 용이
- 원가관리 용이

(부위별 적산)

IV. 부위별 내역 분류

구 분	내 역
기초공사	토공, 지정, 기초
골조공사	기둥, 보, Slab, 벽
설비공사	전기, 통신, 승강기등

〈끝〉

문제 257 표준시장단가제도

〔15중(10), 17전(10)〕

1 정의
① 표준시장단가제도란 건설공사를 구성하는 세부 공종별로 계약단가, 입찰단가, 시공단가 등을 토대로 시장 및 시공상황을 반영할 수 있도록 중앙관서의 장이 정하는 예정가격 작성기준이다.
② 표준시장단가제도는 실적공사비의 문제점을 개선하기 위해 도입된 제도이다.

2 적용범위
① 국가, 지방자치단체, 공기업·준정부기관, 기타 공공기관 및 위 기관의 감독과 승인을 요하는 기관에서 시행하는 건설공사의 예정가격 작성을 위한 기초자료로 활용
② 100억 원 미만 공사에 대해서는 실적공사비 적용 배제
③ 100~300억 원 공사에 대해서는 2016.12.31.까지 실적공사비 적용 배제

3 특징
① 현장 사용빈도가 높은 주요 공종 등에 대해 우선 조사
② 공사금액의 현실화
③ 공사비 정보수집 체계의 유연성 제고
④ 실적공사비 운영방식 및 관리기관 개선
⑤ 시장상황 상시 조사 및 공사비 DB 구축을 통한 관리체계 개선
⑥ 사업별 특수성에 따른 보정, 적용체계 구축

4 표준시장단가제도와 품셈제도의 비교

구분	표준시장단가제도	품셈제도
내역서 작성방식	표준분류체계인 '수량산출기준'에 의해 내역서 작성 통일	설계자 및 발주기관에 따라 상이함
단가산출방법	계약단가, 입찰단가, 시공단가 등을 기초로 단가산정	품셈을 기초로 원가계산
직접공사비	재·노·경 단가 포함	재·노·경 단가 분리
간접공사비(제경비)	직접공사비 기준	비목(노무비 등)별 기준
설계변경	지수조정방식	품목조정방식, 지수조정방식

문제12) 표준시장단가

I. 정의
건설공사 세부공정별 계약단가, 입찰단가, 시공단가 토대로 시장/시공상황 반영, 중앙관서 장 정하는 예정가격 작성 기준

II. 적용범위
1) 국가, 자자체 단체, 공공기관 발주공사
2) 100억 미만 공사는 표준시장 단가 적용배제

III. 2023년 표준시장 단가 개정사항

구분	이전	'23년 1월 1일 ('24년)
주요공정	204개	308개 (315개)
개정주기	2년	1년
재료비/경비	생산자 물가지수	건설공사비 지수

IV. 표준시장 단가제도 특징
1) 공공 공사 금액의 현실화 반영
2) 공사비 예가 심의 간소화
3) 거래가격 투명성 확보   4) 시장단가 및 시황 반영

V. 표준시장 단가 및 표준품셈 비교

구분	표준시장단가	표준품셈
단가산출	공종별 시장단가	품셈 자료
시황	반영	미 반영
직/간접공사비	재.노.경 포함	재.노.경 분리
설계변경	지수조정 방식	품목지수 조정

문제 258 녹색건축물 인증대상과 평가항목

〔07전(10)〕

1 정의

녹색건축물이란 친환경적이고 친인간적이며, 비용 절감할 수 있는 개념을 건축의 대전제로 하여 건축물의 기획, 설계, 시공, 유지관리, 철거에 이르기까지 에너지 및 자원을 절약하고 주변환경과의 유기적 연계를 도모하여 자연환경을 보전하는 동시에 인간의 건강과 쾌적성을 추구하는 건축물을 말하는 것으로, 현재는 녹색건축 인증제도로 통합되었다.

2 인증대상

① 모든 건축물
② 의무대상
 • 공공 건축물의 신축·증축
 • 500세대 이상의 공동주택
 • 3,000m² 이상의 공공건축물

3 평가항목(심사분야)

녹색건축 인증제도의 평가항목은 토지이용 및 교통, 에너지 및 환경오염, 재료 및 자원, 물순환관리, 유지관리, 생태환경, 실내환경의 7개 심사분야로 구분

심사분야(7)	심사범주
토지이용 및 교통	생태적 가치, 인접대지 영향, 거주환경의 조성, 교통부하 저감
에너지 및 환경오염	에너지 절약, 지속 가능한 에너지원 사용, 지구온난화 방지
재료 및 자원	자원 절약, 폐기물 최소화, 생활폐기물 분리수거, 지속가능한 자원 활용
물순환관리	수 순환체계 구축, 수자원 절약
유지관리	체계적인 현장관리, 효율적인 건물관리, 효율적인 세대관리, 수리 용이성
생태환경	대지 내 녹지공간 조성, 외부공간 및 건물 외피의 생태적 기능 확보, 생물 서식공간 조성
실내환경	공기환경, 온열환경, 음환경, 빛환경

4 인증등급

① 최우수(그린 1등급)
② 우수(그린 2등급)
③ 우량(그린 3등급)
④ 일반(그린 4등급)

문제 1) 녹색건축물 인증대상 평가항목

I. 정의

　　녹색건축물이란 친환경적이고 친원건축이며 비용 절감할 수 있는 개념으로 건설의 전고정을 통하여 건강과 쾌적성 추구하는 건축물. (+지속가능)

II. 녹색인증제도 인증대상 및 인증등급

인증대상	인증등급
• 모든 건축물	• 최우수 (그린 1등급)
• 공공건축물 신축·증축	• 우수 (그린 2등급)
• 500세대 이상 공동주택	• 우량 (그린 3등급)
• 3,000㎡이상 공공건축물	• 일반 (그린 4등급)

III. 녹색건축물 평가항목 (심사분야)

심사분야	심사내용
토지이용 및 교통	• 인접대지 영향, 교통부하 절감
에너지 및 환경오염	• 에너지 절약, 온난화 방지
재료및 자원	• 자원 절약, 지속가능한 자원
물 순환관리	• 수순환체계, 수자원 관리
유지관리	• 체계적인 현장·건물 관리
생태환경	• 대지 내 녹지공간, 생울타리 조성
실내환경	• 공기환경, 온열환경, 음·빛

IV. 인증종류·신청시기

① 예비시기 : 건축허가 및 신고 또는 사업계획 승인 후

② 본시기 : 사용승인 또는 사용검사 후

끝.

문제 259 | 장수명 주택 인증기준

[15전(10)]

1 정의
① 건설자원의 효율적인 활용과 입주자 주거 만족도 향상을 위해 오래가고, 쉽게 고쳐 쓸 수 있는 주택인 '장수명 주택'에 대한 인증기준이다.
② 장수명 주택의 인증등급은 내구성, 가변성, 수리 용이성의 3가지 요소를 평가하여 최우수, 우수, 양호, 일반 등급의 4개 등급으로 구분한다.

2 적용대상
1,000세대 이상의 공동주택 건설 시

3 인증기관
토지주택공사(LH), 에너지기술연구원, 교육환경연구원, 크레비즈인증원, 한국시설안전공단, 한국감정원, 한국그린빌딩협의회, 한국생산성본부인증원, 환경산업기술원, 환경건축연구원, 한국환경공단

4 장수명 주택 인증기준
각 기준을 4개 등급(1~4급)으로 구분하여 배점 후 산정하여 등급 결정

기준	평가항목
내구성	철근 피복두께, 설계기준강도, 슬럼프, 단위결합재량, 물결합재비, 공기량, 염화물량
가변성	• 내력벽 및 길이비율 • 가변 용이성 구법 • 층고, 건식 2중 바닥, 욕실 이동, 주방 이동 • 건식벽체 비율 • 해당 층의 욕실 및 화장실 배관 • 외벽벽체의 공업화 제품 및 교체 가능한 공법
수리 용이성	• 공용배관과 전용설비공간의 독립성 확보 • 배관, 배선의 수선교체 용이 • 배관, 배선의 구조체 매설 유무, 온돌의 건식화, 평면의 분리 가능성

5 등급산정

1) 평가항목에 따른 등급별 점수

| 구분 | 내구성 | 가변성 | 수리 용이성 | | 등급산정 |
			전용	공용	
1급	35점	35점	15점	15점	• 최우수 : 90점
2급	28점	26점	13점	13점	• 우수 : 80점
3급	20점	18점	11점	11점	• 양호 : 60점
4급	15점	12점	9점	9점	• 일반 : 50점

2) 혜택
우수등급 이상 취득 시 건폐율, 용적률 10% 완화

문제 2) 장수명 주택인증

I. 정의

수명이 길고 사회적 변화 영향이 적은 구조체로 오래가고 쉽게 고쳐 쓸 수 있는 장수명 주택 인증기준

II. 장수명주택 평가항목 및 인증기관

- 평가항목 : 사업승인을 받은 1,000세대 이상 공동주택
- 인증기관 : LH (토지주택공사) 등 11개 기관

III. 평가항목 및 배점

항목	인증기관	점수
내구성	· 피복두께, 콘크리트 품질	35
가변성	· 서포트 구조방식, 건식 벽체 바닥 · 가변 용이성 공법	35
수리용이성 (전용부분)	· 개보수 점검 용이성 · 세대 수평 분리 계획	15
수리용이성 (공용부분)	· 개보수 점검 용이성 · 미래수요 및 에너지원의 변화	15

IV. 등급 산정

① 최우수 : 90점 이상   ③ 양호 : 60점 이상
② 우수 : 80점 이상   ④ 일반 : 50점 이상

V. 혜택

① 우수등급 이상 취득시 건폐율·용적률 10% 완화
② 4개 평가항목 수수료 면제

끝.

문제 260 | 건축물 에너지효율등급 인증제도

[13후(10)]

1 정의
① 건축물 에너지효율등급 인증제도란 설계도면을 바탕으로 1차 에너지 소비량을 평가하고, 현장 실사를 통해 도면과 비교·검증하는 제도이다.
② 건축물의 설계 및 시공단계에서 에너지효율적인 설계를 채택하여 에너지 고효율형 건축물을 보급하는 데에 목적이 있다.

2 인증기준

구분	내용
법률근거	녹색건축물 조성지원법 제17조
주관부처	국토교통부, 산업통상자원부
운영기관	에너지관리공단
인증기관	• 한국에너지기술연구원 • 건설기술연구원 • 한국시설안전공단 • LH 토지주택공사 • 한국교육환경연구원 • 한국환경건축연구원 • 한국건물에너지기술원 • 한국생산성본부인증원 • 한국감정원
인증대상	• 단독주택 • 공동주택 • 업무시설 • 냉난방 면적 500제곱미터 이상 건축물
인증등급	인증등급체제가 10단계 등급체계(1+++, 1++, 1+, 1, 2, 3, 4, 5, 6, 7)

3 인센티브

1) 취득세, 등록세 경감

구분	최우수등급	우수등급
EPI 90점 이상 또는 에너지효율 1등급	15%	10%
EPI 80점 이상 또는 에너지효율 2등급	10%	5%

2) 건축기준 완화(용적률, 조경면적, 건축물 높이제한)

구분	최우수등급	우수등급
EPI 90점 이상 또는 에너지효율 1등급	12%	8%
EPI 80점 이상 또는 에너지효율 2등급	8%	4%

문제 4) 에너지 효율 등급 인증제도

I. 정의
① 설계도면을 바탕으로 1차 에너지 소비량을 평가하고 현장실사를 통해 도면과 비교·검증
② 에너지 고효율형 건축물 보급에 목적

II. 인증기준

구분	내용
법률근거	· 녹색건축물 조성지원법 제17조
인증기관	· LH 공사 등 9개 기관
운영기관	· 에너지 관리기관
인증대상	· 단독주택 · 공동주택 · 업무시설 · 냉·난방 면적 500㎡이상 · 기숙사
심사분야	· 에너지 소요량 (난방·냉방·급탕·조명·환기)
인증등급	· 1+++, 1++, 1+, 1~7등급 (10등급)

III. 인증절차

신청인: 신청서 작성 → 에너지효율등급 평가 → 인증평가서 작성 (인증기관)
운영기관 ··· 인증결과 송부 ← 인증서 취득 ←

IV. 인센티브

구분	취득세		건축기준완화	
	최우수	우수	최우수	우수
EPI 90점이상, 1등급	15%	10%	12%	8%
EPI 80점이상, 2등급	10%	5%	8%	4%

문제 261 Passive House

〔11전(10)〕

1 정의
① 외부의 에너지 도움이 없이 내부에서 발생한 열에너지를 보온병처럼 외부로 방출하지 않는 주택을 말한다.
② 연간 에너지 요구량이 15kW/m² 이하이며, 고단열, 고기밀, 고성능 창호 등으로 설계하고 환기로 버려지는 폐열을 회수함으로써 가능하다.

2 Passive House 요소
① **고단열** : 내외부 공간의 열적 차단성을 의미
② **고기밀** : 외부공기의 유입이나 실내공기의 유출 제거의 의미
③ **고성능창호** : 열적 취약부위인 창호의 열관류율을 개선
④ **외부차양** : 건물 외부에 차양을 설치하여 여름 냉방에너지 절감
⑤ **건물의 배치** : 건물의 배치 방향을 조절하여 일사에너지량 증가

3 활성화 방안

정책 및 제도적 측면	건설기술 측면
• 법령 및 지침의 정비	• Passive House 개발계획
• Passive House 계획의 수립 및 보완	• Passive House의 보급 확대
• 제도의 신설 및 보완	• Passive House 지원센터의 지정
• Passive House 추진체계의 구축	• Passive House 개발의 재원확보
• 건설행정의 환경 투명성강화	• Passive House의 연구 및 개발

4 적용 시 유의사항
① Passive House 적용 시 초기 비용 과다
② 친환경 공법 적용으로 인한 공기 증가
③ 추가 공정으로 인한 공사관리비 증가
④ 품질에 대한 대외신뢰도가 낮음
⑤ 시공업체 따라 기술편차가 큼

5 Passive House와 Active House의 비교

구분	Passive House	Active House
정의	내부의 열에너지를 단열재 등을 이용 외부로 방출하지 않는 방식(보온)	신재생에너지 등을 이용하여 에너지를 생산하는 방식
요소	고단열, 고기밀, 고성능창호, 외부차양, 건물의 향배치	신재생에너지, 고효율 설비기기
적용	설계 및 계획시에 초기에 적용하여야 함	설계후에도 적용이 가능

번 Passive House

I. 정의

친환경적 집짓기 위해 Passive house 고성능 창호, 고기밀, 고단열, 이중외피, 외부차양 적용 집으로 에너지 방출 최소화 시킴.

II. Passive house 5해

[그림: 고단열, 이중외피, 외부차양, 고기밀, 고성능창호를 표시한 단면도와 Zero Energy house / Passive 70% / Active 30% 비교 그래프]

III. Passive house 목적

① 에너지 효율적 관리
② 에너지 손실금지

IV. Passive house 구성요소

고성능창호	Low-E유리	외부차양	햇빛차산
고기밀	마이크로나이버		1.5m이상
고단열	0.15W/㎡·K 이하	이중외피	베란다공간

V. Passive · Active 비교

구분	Passive	Active
Energy	손실 주의	생산
성능	70% 에너지관리	30% 에너지관리
상용성	사용중에	개발중.

문제 262 | 제로에너지빌딩(Zero Energy Building)

[18전(10)]

1 정의
① 건축물에 필요한 에너지 부하를 최소화하고 신에너지 및 재생에너지를 활용하여 에너지 소요량을 최소화하는 녹색건축물을 말한다.
② 단열성능을 극대화하여 건축물 에너지 부하를 최소화하고(패시브), 태양광 등 신재생 에너지를 활용(액티브)하여 건물 기능을 위한 에너지 소요량을 최소화하는 건축물이다.

2 제로에너지빌딩의 개념도

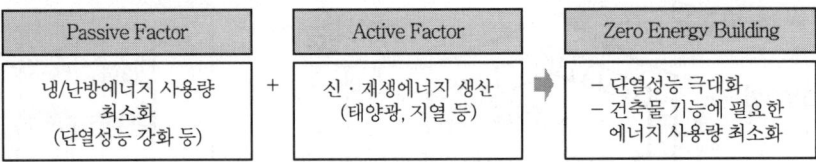

3 제로에너지빌딩의 기술요소

구분	적용 기술	내용
Passive 요소	외부조건에 따른 차양설계	외부 환경변화를 고려한 설계
	고단열 지붕/바닥, 고기밀 창호	건물 외피의 단열성능 극대화
Active 요소	신·재생에너지 활용	태양전지, 지열, 연료전지, 수소에너지
	폐열회수시스템	열교환기의 사용 → 신선공기 공급
	복사 냉/난방 방식 적용	에너지 사용량 저감, 실내 동일온도 유지
	BEMS(Building Energy Management System)	에너지 사용량 실시간 모니터링 에너지 사용 최적화 관리

4 제로에너지빌딩 활성화 방안
① 제로에너지 건축물 인증제 적극적 도입
② 창호 및 외벽의 단열성능 기준 강화
③ 경제적 제로에너지 모델 및 기술개발
④ 공공건축물의 제로에너지 의무화 로드맵 마련
⑤ 제로에너지빌딩 인증 – 탄소포인트제 시스템 연계
⑥ 제로에너지빌딩 도입시 인센티브 적용범위 확대

문제 3) Zero Energy House

I. 정의

건축물에 필요한 에너지 부하를 최소화(패시브하우스)하고 신재생에너지(Active)를 활용하여 에너지 소요량을 최소화 하는 건축물

II. 개념도

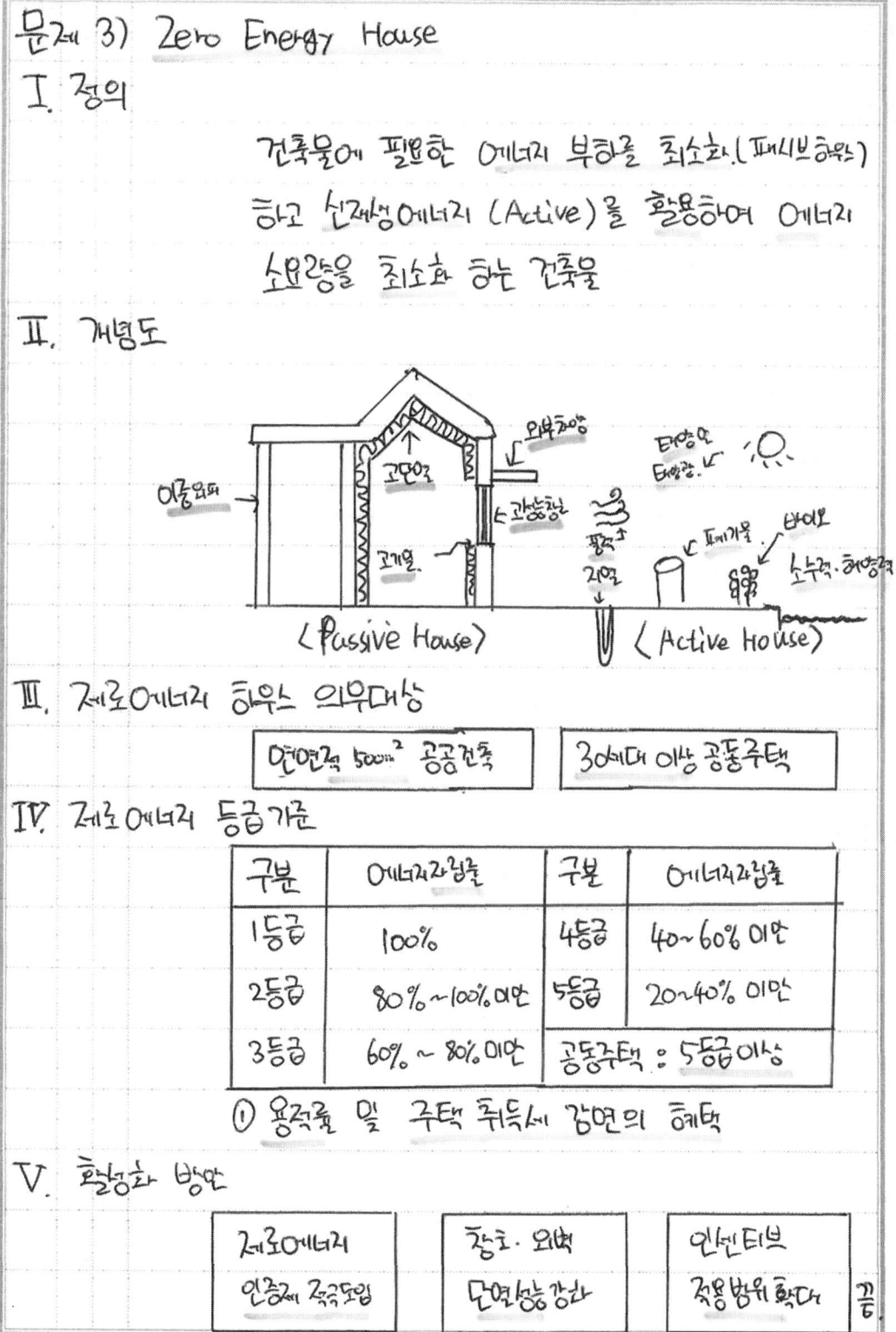

〈Passive House〉　〈Active House〉

III. 제로에너지 하우스 의무대상

| 연면적 500m² 공공건축 | 30세대 이상 공동주택 |

IV. 제로에너지 등급기준

구분	에너지자립률	구분	에너지자립률
1등급	100%	4등급	40~60% 미만
2등급	80%~100% 미만	5등급	20~40% 미만
3등급	60%~80% 미만	공동주택 : 5등급 이상	

① 용적률 및 주택 취득세 감면의 혜택

V. 활성화 방안

| 제로에너지 인증제 적극도입 | 창호·외벽 단열성능 강화 | 인센티브 적용범위 확대 |

끝

문제 263 건설산업의 ESG(Environmental, Social and Governance) 경영

[22후(10)]

1 정의
ESG는 친환경경영(Environmental), 사회적 책임경영(Social), 지배구조의 건전성(Governance) 등 경영의 비재무적 요소를 평가하는 주요 지표다.

2 ESG 경영이 요구하는 이해관계자
① 투자자 : 연기금과 자산운용사들은 ESG 투자전략 적용을 확대함에 따라 ESG 채권과 ESG 펀드 규모가 증가함
② 고객 : 소비자 일반의 상품과 서비스에 대한 ESG 요구는 협력업체 선정 등 공급사슬 관리의 핵심 요소로 부각
③ 신용평가기관 : 신용등급을 결정하는 Moody's, S&P 등 신용평가사들은 신용평가 과정에서 ESG 요소를 적극적으로 포함하고 있음

3 ESG 경영의 특성
① 기술혁신, 제품 및 서비스 혁신 등 경영 활동을 ESG 관련 사안으로 고려하여 경영혁신 추구
② 환경과 관련된 탄소배출 관리, 자원 및 폐기물 관리, 에너지 효율화 등 친환경 분야의 새로운 먹거리 창출
③ 사회와 관련된 데이터 보호, 인권 보장, 성별 및 다양성의 고려 등 기업 브랜드 가치 상승
④ 지배구조와 관련된 투명성, 뇌물이나 부패 방지, 감사기능 등 기업의 투명성 개선

4 향후 건설업에서 ESG 경영을 위한 준비사항

1) 에너지 절감
   ① 폐기물 처리방법 등에 대한 방안 마련
   ② 환경 법/규제 관련 숙지의 준비

2) 종업원 안전을 위한 시스템 구축
   ① 신규인력 유입 노력 협력사에 ESG 경영 지원
   ② 개인정보 보호 시스템 구축의 준비

3) 중대사고 관리
   ① 윤리경영 이행, 이사회의 합리적 운영(다양성, 전문성 등 반영)
   ② 감사기구 전문성 확보의 준비

문제) 건설공사의 ESG 경영

① 정의
　① 친환경, 사회적 책임, 지배구조의 건전성 등 기업 경영에서의 지속가능성 달성을 위한 핵심요소
　② 투자자의 투자의사 결정시 평가기준, 자금조달 척도

② 개념도 (E, S, G)

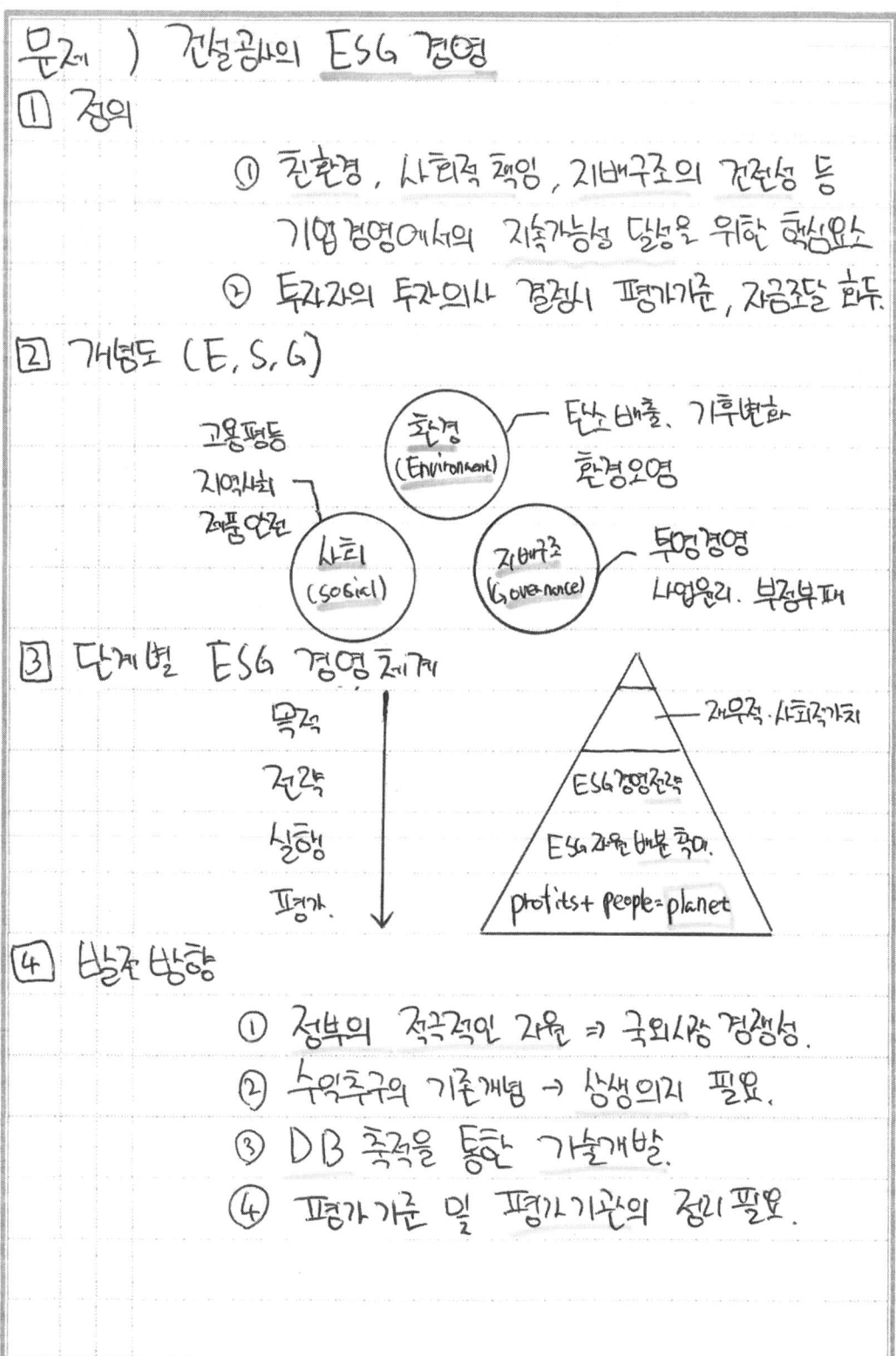

③ 단계별 ESG 경영 체계

목적
전략
실행
평가

- 경우적·사회적 가치
- ESG 경영전략
- ESG 자원 배분 축적
- profits + people = planet

④ 발전 방향
① 정부의 적극적인 지원 ⇒ 국외시장 경쟁성
② 수익추구의 기존개념 → 상생의지 필요
③ DB 축적을 통한 기술개발
④ 평가기준 및 평가기관의 정리 필요

문제 264 BIPV(Building Integrated Photovoltaic)

〔10전(10)〕

1 정의

① BIPV란 태양광 발전(PV ; PhotoVoltaic)의 모듈을 건축물의 외부(옥상, 벽) 마감재로 대체하는 건물일체형 태양광 발전(BIPV ; Building Integrated PhotoVoltaic)을 말한다.
② 태양광 발전을 통합적으로 건물에 적용하여 자체 내 전력수요를 충당할 수 있을 뿐 아니라, 기존 건물의 외피 자재를 대체하여 부가적으로 태양광시스템 설치에 드는 비용을 절감하는 이중효과가 가능하다.

2 태양광 발전 모듈의 구조

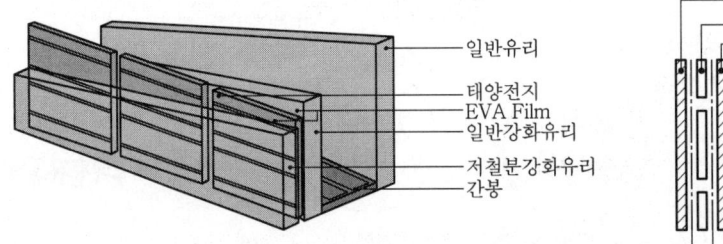

〈EVA Film ; Ethylene Vinyl-Acetate Film〉

3 태양광 발전(PV ; PhotoVoltaic)의 특징

장점	단점
• 에너지원인 태양광의 수명이 반영구적이다. • 화석연료와 같이 환경을 오염시키는 배기가스나 유해물질을 배출하지 않는다. • 소음이 전혀 발생하지 않는 깨끗한 에너지원이다. • 소비하고자 하는 장소에 바로 설치되므로 송전이 필요 없다. • 다양한 규모의 발전 설비를 설치할 수 있다.	• 큰 전력을 얻기 위해서는 큰 설치면적($10m^2$당 3kW 전력 생산)이 필요하다. • 기상조건에 따라 태양전지의 출력이 변한다. • 인접 건물 및 주변환경의 영향을 많이 받는다.

4 초고층 건물에서의 BIPV 활용방안

① 충분한 설치면적 확보 가능
② 건물의 외피인 커튼월에 적용가능
③ 건물 자체의 채광문제 해결
④ 시공의 용이성 확보
⑤ 전기 에너지 소비량의 분담성이 높음

```
       Ⅰ. 정의
       Ⅱ. 시료/시공순서
1. 공법  Ⅲ. 특징
 (신공법) Ⅳ. 비교표
```

문제 46. BIPV (Bldg. Integrated Photovoltaic)

Ⅰ. 정 의

① 태양광 발전 모듈을 외부 마감재로 대체하는 건물 일체형 태양광 발전.

② 자체 내 전력수요 충당이 가능하며, 태양광 시스템 설치비용 절감효과.

Ⅱ. 시 공 도 (PV 모듈)

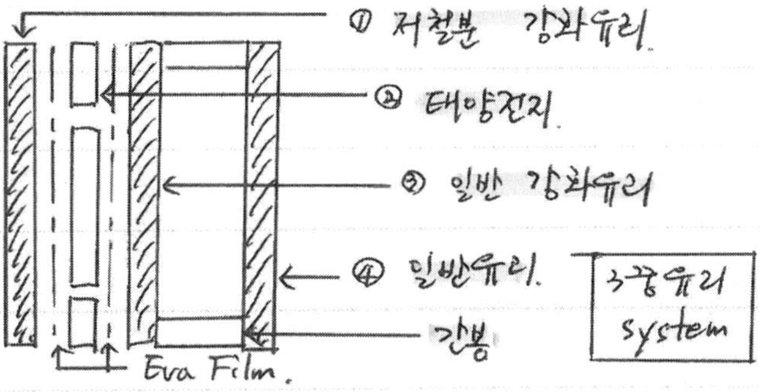

① 저철분 강화유리
② 태양전지
③ 일반 강화유리
④ 일반유리
⑤ 간봉
Eva Film

3중유리 System

Ⅲ. 특 징

장 점	단 점
태양광 수명 반영구	큰 설치면적 필요
소음 미발생	기상조건에 민감
송전 불필요	인접 건물 환경에 민감

Ⅳ. 신재생 에너지의 분류

구분	신 에너지	재생 에너지
종 류	연료전지	태양광, 태양열
	석탄액화 가스화	지열
	수소 에너지	풍력

〈끝〉

문제 265 | 대형챔버법(건강친화형주택 건설기준)

〔17중(10)〕

1 정의
대형챔버법은 가구 등의 폼알데하이드 및 휘발성유기화합물 방출량을 측정하기 위하여 온도 및 습도 등의 관련된 환경조건을 제어할 수 있는 장비를 통해 유해물질의 방출량을 측정하는 시험이다.

2 시험순서

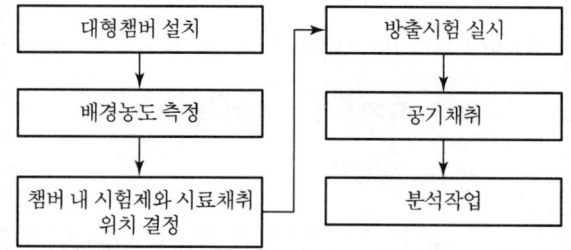

3 시험조건
① **평가대상물질** : 총휘발성유기화합물, 폼알데하이드
② **평가방법** : KS I 2007(대형챔버법)
③ **평가기준** : 7일 후 총휘발성유기화합물 방출량 0.25mg/m³ 이하, 폼알데하이드 0.03mg/m³ 이하
④ **적용제품** : 입주 전 설치되는 부엌 주방가구, 침실 및 드레스룸 붙박이장, 현관 등의 수납가구, 거실 수납가구, 단위세대 내부의 출입문

4 시험 시 유의사항
① 제품당 방출량을 표준룸(40m³)을 확정하여 환산한 농도로 평가
② 가구의 시험시간은 7일(168시간)이 원칙
③ 시험체는 대형챔버의 중앙부에 설치
④ 방출시험 실시 전 빈 대형챔버를 48시간 이상 환기 실시

문제 3. 대형챔버법 (건강친화형주택 건설기준)

I. 정의

- 건축자재 및 실내용 가구 등에서 방출되는 폼알데히드, 휘발성 유기화합물의 기준치 충족을 확인하기 위해 소형챔버법, 대형챔버법 등 시험 실시

II. 대형챔버법의 개념도 및 시험순서

대형챔버 (5m³, 26m³)

外 | 内 — 가구

대형챔버 설치 → 방출시험 실시 (←공기 채취) → 분석 작업

III. 시험 목적

① 건강 친화형 주택 건설
② 입주민 보건 증진
③ 자재 및 가구의 유해물질 방출량 제한

IV. 소형챔버법과 대형챔버법 비교

구분	소형챔버법	대형챔버법
대상 품목	건축자재 (접착제, 페인트)	가구제품 (문틀, 붙박이가구)
크기/비용	소형 / 저가	대형 / 고가

V. VOC물질 규제기준 (단위: $\mu g/m^3$)

- 벤젠: 30
- 톨루엔: 1000
- 자일렌: 700
- 에틸벤젠: 360
- 스티렌: 300
- 폼알데히드: 210 (끝)

라돈: 148 Bq/m^3 (다중이용공동주택)

문제 266 | CM(Construction Management) 제도

〔88(5), 96중(10), 00전(10)〕

1 정의
CM이란 건설업의 전 과정인 사업에 관한 기획·타당성 조사·설계·계약·시공관리·유지관리 등에 관한 업무의 전부 또는 일부를 발주처와의 계약을 통하여 수행할 수 있는 건설사업 관리제도이다.

2 CM 기본형태

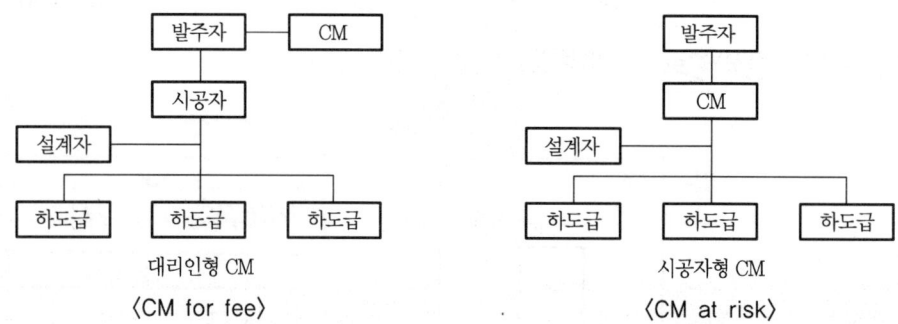

3 CM 계약방식(계약유형)

방식	내용
ACM (Agency CM)	• 설계단계에서부터 설계·시공에 이르러 시공물의 품질·원가·일정 등을 관리 • 발주자에게 고용되어 활동하는 용역 형태
XCM (Extended CM)	• 건설업의 전 과정인 기획단계에서부터 설계·계약·시공·유지관리 등에 걸쳐 사업을 관리하는 방식 • PM(Project Management)과 유사한 방식
OCM (Owner CM)	• 발주자 자체가 CM 업무를 수행하는 방식 • 발주자가 전문적 수준의 자체조직을 보유해야 함
GMPCM (Guaranteed Maximum Price CM)	• CM의 고유업무뿐만 아니라 하도급 업체와 직접 계약을 체결하여 공사에 소요되는 금액도 책임을 지는 방식 • 공사 금액 초과 시 발주자와 함께 CM도 일정비율의 책임을 짐

4 CM의 단계별 업무

단계	업무 내용	
계획 단계	• Project 조직의 구성 및 수행 절차서 작성	• 사업관리 계획서의 작성
설계 단계	• 기본도면 및 실시도면 검토	• 시공성 검토 및 VE기법 적용
발주 단계	• 시공자 선정	• 안전관리계획서 수립
시공 단계	• 시공계획서 작성 및 검토 • 공사진도 평가 및 성과 분석	• 공사 관리 및 claim 예방
완공 후 단계	유지관리 지침서 및 품질보증서 검토	

2. 제도
- Ⅰ. 정의
- Ⅱ. 대상 → 개념
- Ⅲ. 특징
- Ⅳ. 이전과 비교

문제 3. GMPCM (Guaranted Maximum Price CM)

Ⅰ. 정의

① CM의 고유업무뿐만 아니라 <u>하도급 업체와 직접 계약</u>하여 공사비로 책임을 지는 방식.

② 공사금액 초과시 발주자와 함께 CM도 <u>일정비율</u> 책임을 진다.

Ⅱ. GMPCM의 개념

```
   발주자            GMPCM = XCM (CM + 시공자)
     │                      + 금액 책임
     ↓
  CM at Risk ←── 설계자
     │
  ┌──┴──┐
하도급 A  하도급 B    (협력업체화, 직접계약)
```

Ⅲ. GMPCM의 특징

- CM at Risk의 형태로 <u>CM 권한</u>이 강하다.
- 계약시 <u>최대 한도금액 (price cap)</u>를 설정하고, 초과시 <u>발주자</u>와 같이 <u>일정비율로 부담</u>

Ⅳ. CM의 유형별 특징

유 형	특 징
ACM	대리인형 CM (CM for Fee)
XCM	Extended CM, CM + 시공자 겸무
OCM	Owner CM, 발주처가 CM역할
GMPCM	CM이 하도급 체결, 이윤 추구

〈끝〉

문제 267 프리콘(Pre-Construction) 서비스

〔18중(10), 20전(10)〕

1 개요
① 프리콘 서비스란 사업기획단계에서 설계 검토, 기술타당성 검토, 공기 및 예산 산정 등의 분야에 발주자, 설계자, 시공자(협력사 포함)의 Pre-con 용역 계약을 체결하여 3D 설계도 기법을 활용하여 project를 수행하는 방식이다.
② CM at Risk 방식에서 설계단계에서 엔지니어링 기술을 통해 프리콘 서비스를 계약/제공하고, 시공단계에서 GMP를 설정하여 시공계약을 체결한다.

2 프리콘 서비스의 개념도

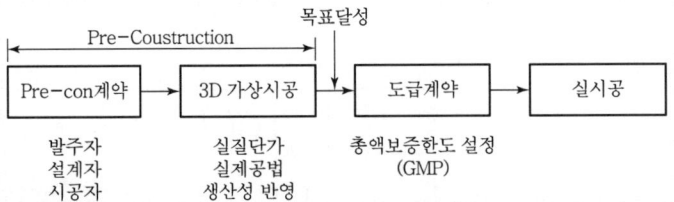

3 프리콘 서비스의 적용 기술검토

Pre-con Service	Pre-con Service 효과 분석
Financing	예산, 공기, 품질 등 최적의 VE 도출 → 사업비 변경 Risk 제거
Process Mapping	설계변경, 설계원가 공개 → Risk 인자 사전 제거, GMP 계약
3D BIM	3D 설계도 기법을 활용한 설계오류 및 시공간섭 체크

4 프리콘 서비스 도입효과
① Project 착공 전 종합/전문건설업체 참여
  → 착공 전 공통가설공사 수행 가능
② 시공계약 연계 시 하도업체 선정 기간 단축
③ 시공 공법의 사전 협의 및 선/후행 공정간섭 방지
④ 정확한 공기소요기간 산정 및 사업기간 단축 효과 우수

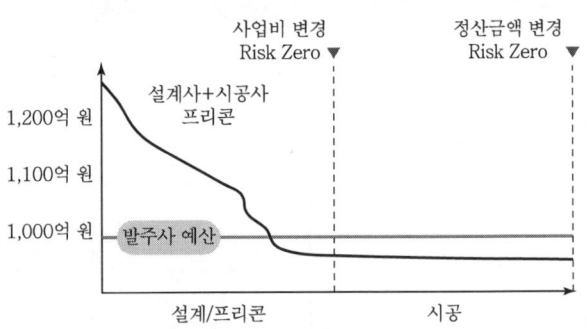

문제) 프리콘 서비스 (pre-construction)

① 정의
   ① 본격적인 시공에 앞서 사업단계에서 3D 가상시공을 통해 Risk 검토.
   ② 설계, 시공 중 공정간섭, 비용등을 종합적 검토.

② precon 서비스의 개념도

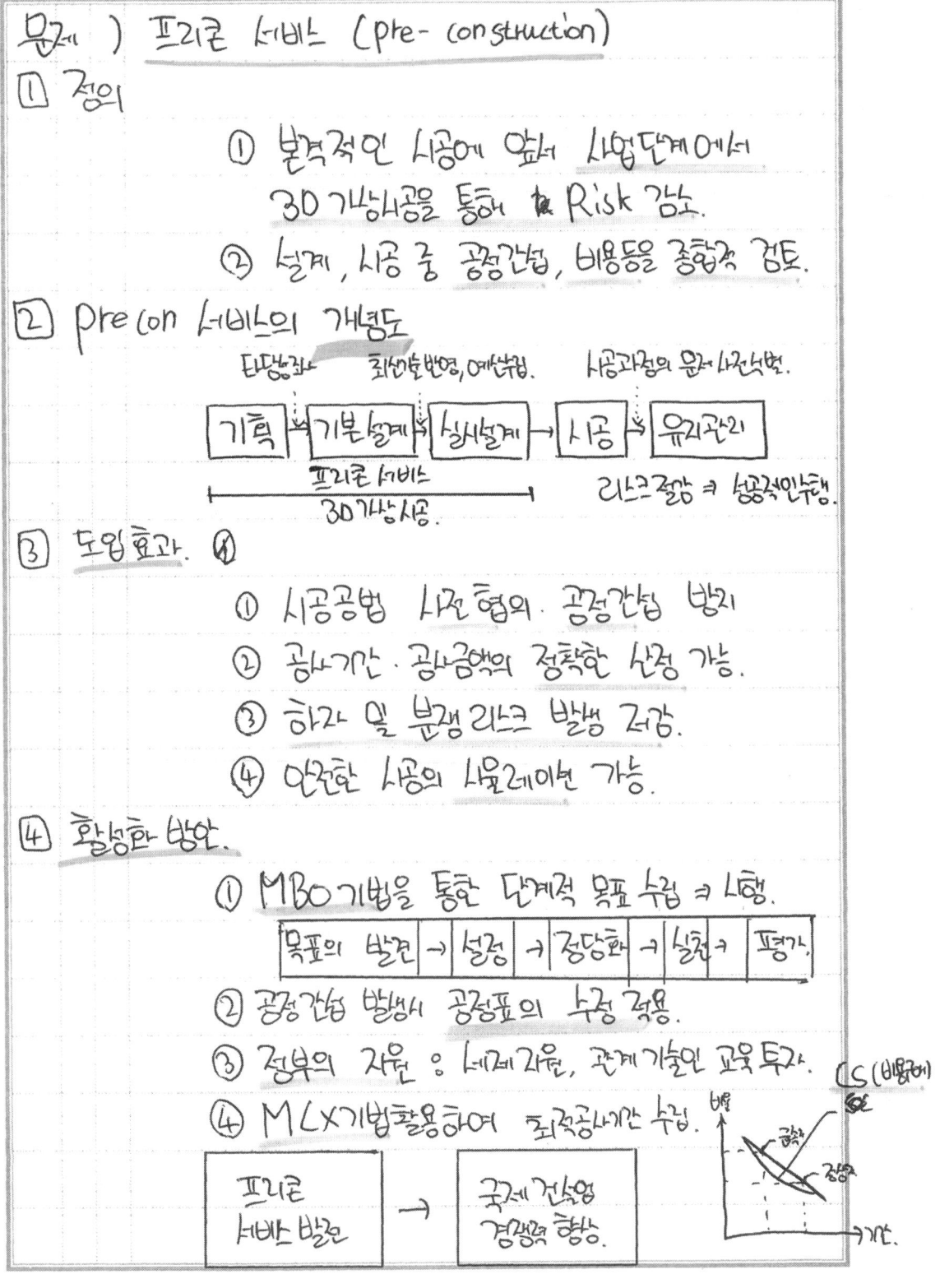

③ 도입효과.
   ① 시공공법 사전 협의. 공정간섭 방지
   ② 공사기간·공사금액의 정확한 산정 가능.
   ③ 하자 및 분쟁 리스크 발생 저감.
   ④ 연관된 시공의 시뮬레이션 가능.

④ 활성화 방안.
   ① MBO기법을 통한 단계적 목표 수립 ⇒ 시행.

   | 목표의 발견 | → | 설정 | → | 정당화 | → | 실천 | → | 평가 |

   ② 공정간섭 발생시 공정표의 수정 적용.
   ③ 정부의 지원 : 세제지원, 관계 기술인 교육 투자.
   ④ MCX기법 활용하여 최적공기간 수립.

문제 268 건설위험관리에서 위험약화전략(Risk Mitigation Strategy)

〔09전(10), 17후(10)〕

1 정의
① 건설공사 project는 항상 위험성이나 불확실성을 내재하고 있으며, project의 목적을 성공적으로 달성하기 위해서는 위험의 약화전략이 필요하다.
② 위험도 약화전략으로는 위험회피, 위험배분 및 위험을 감소하는 방법이 있다.

2 위험도 관리절차

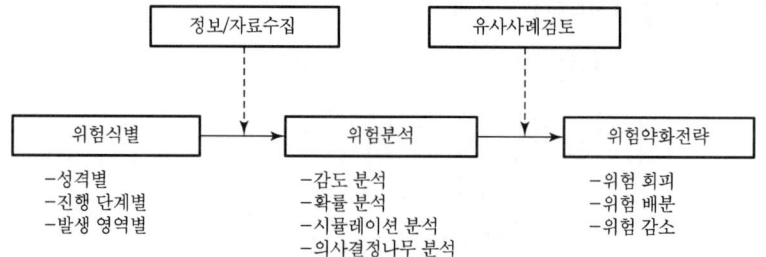

3 위험약화전략(Risk Mitigation Strategy)

1) 위험회피

   위험자체를 무시하거나 인정하지 않는 것

2) 위험배분
   ① 위험도를 발주자, 설계자, 시공자에게 할당하거나 분담한다.
   ② 배분 시 국제표준 약관 및 보험 등을 고려하여 공평한 규율을 구한다.
   ③ 시공자에게 위험도를 부담시키면 견적에 임시비로 추가하거나, 경우에 따라서는 그 위험에 의해 도산되거나 공사중단의 가능성이 있다.

3) 위험감소
   ① 보증
   • 프로젝트가 완성되기 전 시공자의 도산이나 계약상 의무 위반 등으로 발주자의 손해를 막기 위해 필요하다.
   • 보증의 종류 : 입찰보증, 계약이행보증, 하자보증, 보증보험증권 등
   ② 보험 : 위험도를 관리하기 위해 가장 많이 사용되는 중대한 대응전략이다.

4 대응방향

대응방향	방법
통제전략	인정, 회피, 약화
전가전략	위험전가, 위험 배분

문제 13. 위험약화전략 (Risk Mitigation Strategy)

I. 정의

- Project 수행함에 따라 발생되는 각종 위험 요소를 최소화하기 위해 Risk 내용과 영향을 분석하여 대책을 수립하는 것을 의미

II. 위험약화전략의 종류

구 분	특 징
위험 회피	PJT 포기, Risk 무시
위험 전가	공동도급, PF
위험 감소	보증, 보험 가입 (입찰보증, 하자보증 등)
위험 보유	특기적 효과 기대 / 위험 보유한 채 실행 (유사 PJT 참조)

III. 위험도 관리 절차

```
        정보/자료수집        유사사례검토
            ↓                  ↓
    ┌─────────┐  ┌─────────┐  ┌─────────────┐
    │ 위험 식별 │→ │ 위험 분석 │→ │ 위험약화전략 │   조
    └─────────┘  └─────────┘  └─────────────┘   직
    ├ 성격별      ├ 정도/확률 분석   ├ 위험회피      관
    ├ 진행단계별  ├ 시뮬레이션 분석  ├ 위험전가      리
    └ 발생영역별  └ 의사결정나무 분석├ 위험감소
                                   └ 위험보유
```

IV. 사업단계별 리스크 인자

① (기획/타당성 분석) 타당성 분석 결함, 금리 인상

② (계획/설계단계) 설계 하자, 설계기간 부족

③ (계약/시공단계) 낙찰률 저조, 설계변경, 공사비/공기 부족

④ (유지관리단계) 각종 하자, 에너지비용 상승

〈끝〉

문제 269 SCM(Supply Chain Management)

〔05중(10), 17중(10), 23전(10)〕

1 정의
SCM(Supply Chain Management : 공급망 관리)은 제품, 자금, 정보 등이 공급자로부터 제조, 유통 및 판매를 통하여 고객에게 주어지는 진행과정을 관리하는 것이다.

2 개념도

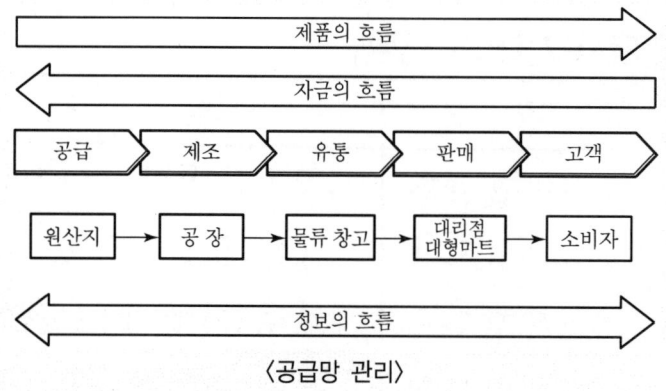

〈공급망 관리〉

3 SCM의 3대 흐름

1) 제품 흐름
① 공급자로부터 고객으로의 제품 이동
② 고객의 제품 반환 요청이나 A/S의 요구 포함

2) 자금 흐름
① 신용조건, 지불 계획 및 위탁 판매
② 권리 소유권 합의 등

3) 정보 흐름
① 주문 제품의 전달
② 배송지의 갱신 등

4 SCM의 도입 효과
① 생산의 효율성 및 고객만족 달성
② 사내 및 사외 협력업체와의 협력체계 강화
③ 신속하고 유동성 있는 생산 가능
④ 불필요한 자원의 낭비요소 제거
⑤ 시장 변화에 대한 대응책 강화

문제) 건설프로젝트의 SCM (Supply chain Management)

1 정의

① SCM은 제품·자금·정보 등이 공급자의 제조 유통·판매를 통하여 고객에게 주어지는 과정
② 생산관리와 더불어 정보관리를 병행.

2 개념도

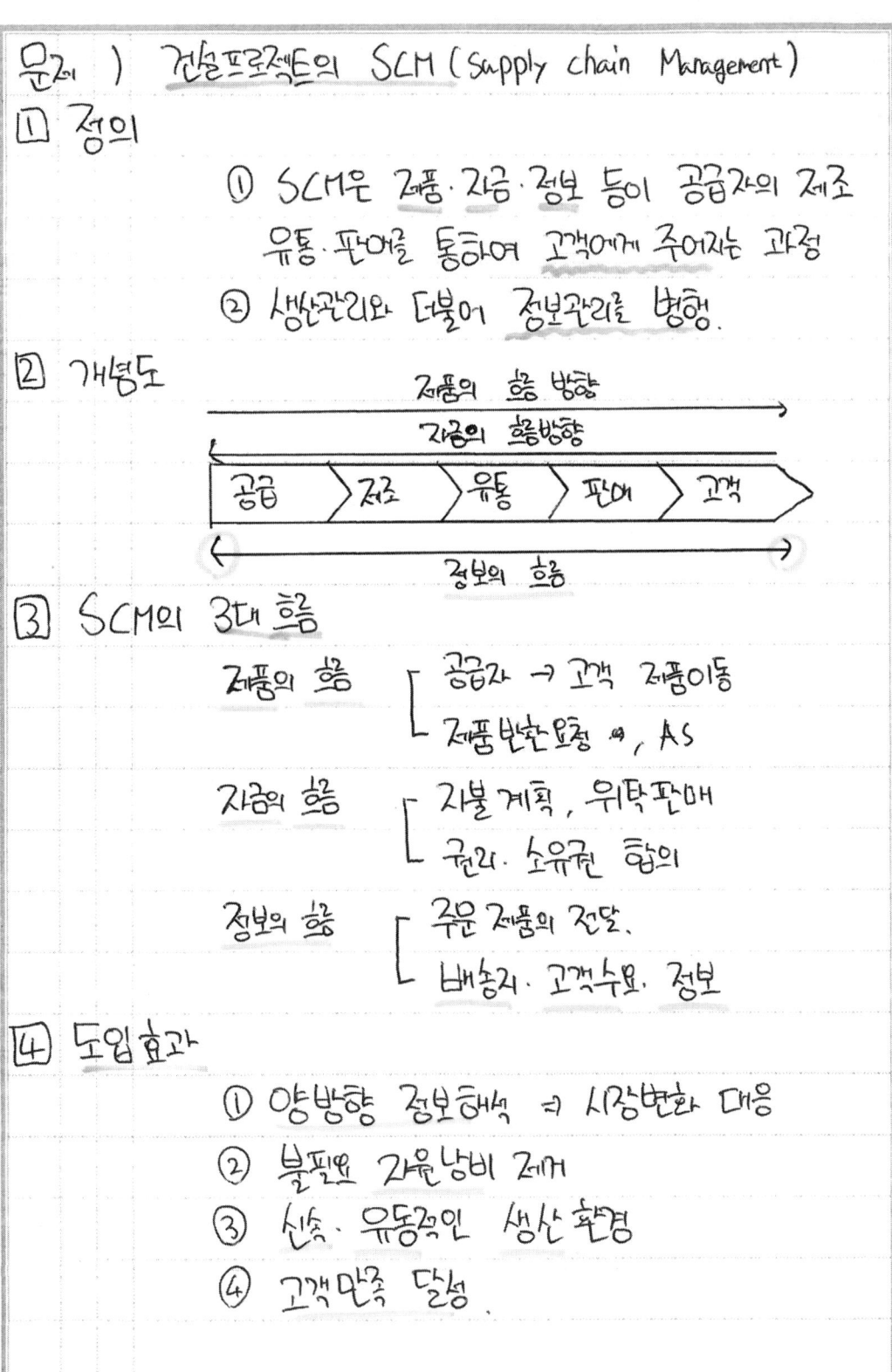

3 SCM의 3대 흐름

제품의 흐름 — 공급자 → 고객 제품이동
— 제품반환요청 ↔ AS

자금의 흐름 — 지불계획, 위탁판매
— 권리·소유권 합의

정보의 흐름 — 주문 제품의 전달.
— 배송지·고객수요. 정보

4 도입 효과

① 양방향 정보해석 → 시장변화 대응
② 불필요 자원낭비 제거
③ 신속·유동적인 생산환경
④ 고객만족 달성

문제 270 건설 클레임(Construction Claim)

〔22전(10)〕

1 정의

건설 클레임이란 시공자나 발주자가 자기의 권리를 주장하거나 손해배상·추가 공사비 등을 청구하는 것으로서, 계약하의 양 당사자 중에 어느 일방이 계약과 관련하여 발생하는 제반 문제에 대한 구체적인 조치를 요구하는 주장을 말한다.

2 Claim과 분쟁의 개념

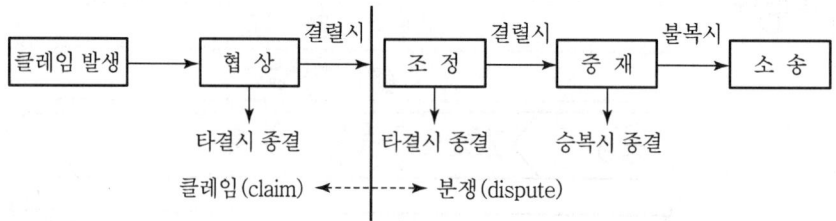

3 Claim의 유형

① 공사 지연 클레임
② 공사 범위 클레임
③ 공기 촉진 클레임
④ 현장 상이 조건 클레임

4 Claim 제기절차

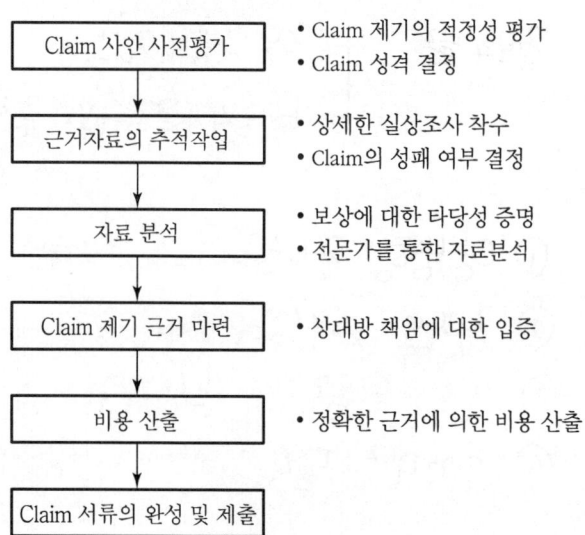

문제) 건설공사의 클레임

I. 정의
① 클레임이란 계약자와 발주자 상호간 변경 및 사항에 의견이 불일치 상태를 말한다.
② 클레임은 공사지연, 합의, 설계도서가 현장 상태 상이 조건으로 발생한다.

II. 클레임 계념도

클레임발생 → 협상 →(결렬시) 조정 →(결렬시) 중재 →(불복시) 소송
         ↓합의시 종결 ↓합의시 종결 ↓합의시 종결

클레임(Claim) ——————————→ 분쟁(dispute)

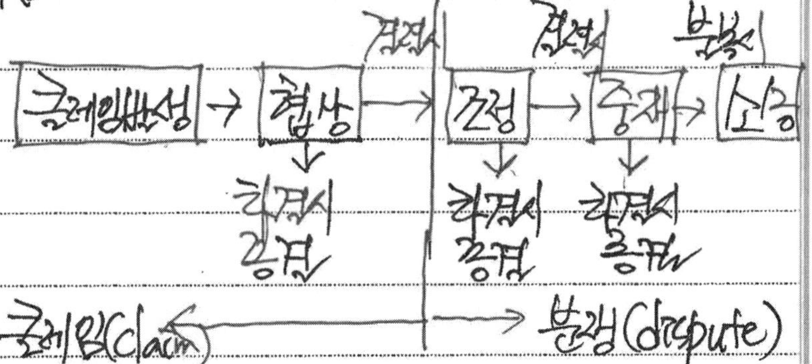

III. 클레임 발생유형
① 공사지연 클레임이 가장 많이 발생.
② 공사 작업범위 계약서 변경서 발생
③ 설계도서와 현장상태 상이조건 클레임.

IV. 클레임 예방대책
① 사전조사 철저 클레임 예방
② 공사기간 공순응기 확보
③ 업무 분담 명확 책임한계 명확

V. 비교표

구분	클레임	분쟁
분쟁유무	당사자 결정	제3자 결정

-끝-

문제 271 품질관리의 7가지 Tool(도구, 기법)

〔97중전(20), 22중(10)〕

1 정의

품질관리란 사용자 우선 원칙에 입각하여 공사의 목적물을 경제적으로 만들기 위해 실시하는 관리수단을 말하며, 현장조건에 맞는 적정한 기법(tool)을 선정하여 시행하여야 한다.

2 품질관리의 필요성

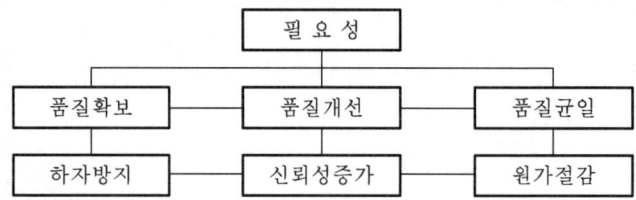

3 품질관리 7가지 기법(Tool)

기법(tool)	내용
관리도 (control chart)	공정의 상태를 나타내는 특정치에 관해서 그려진 graph로서 공정을 관리상태(안전상태)로 유지하기 위하여 사용
히스토그램 (histogram)	계량치의 data가 어떠한 분포를 하고 있는지 알아보기 위하여 작성하는 그림으로 일종의 막대 graph
파레토도 (pareto diagram)	불량 등 발생건수를 분류항목별로 나누어 크기 순서대로 나열해 놓은 그림으로 중점적으로 처리해야 할 대상 선정 시 유효
특성요인도 (causes-and-effects diagram)	결과(특성)에 원인(요인)이 어떻게 관계하고 있는가를 한눈에 알 수 있도록 작성한 그림
산포도 (산점도 : scatter diagram)	대응하는 두 개의 짝으로 된 data를 graph 용지 위에 점으로 나타낸 그림으로 품질 특성과 이에 영향을 미치는 두 종류의 상호관계 파악
체크 시트 (check sheet)	계수치의 data가 분류항목이 어디에 집중되어 있는가를 알아보기 쉽게 나타낸 그림 또는 표
층별 (stratification)	집단을 구성하고 있는 많은 data를 어떤 특징에 따라서 몇 개의 부분 집단으로 나누는 것

문제 5. 품질관리 7가지 도구.

1. 개요.
   품질관리란 Project의 목적물을 완성도 있게 만드는 관리수단으로 7가지 도구가 있다.

2. 품질관리 7가지 도구.
   (1) 관리도.
      - 특정치를 유지하기 위하여 상·하한관리
   (2) 히스토그램.
      - 막대그래프.

   〈히스토그램〉

   (3) 파레토도.
      - 크기순서대로 발생건수 등을 표현
   (4) 특성요인도.

   대요인 대요인
   소요인 ─ 소요인 ─ 특성
   대요인 대요인

      - 특성에 원인의 관계를 표현하는 품질관리.

   (5) 산포도.
      - 점으로 두종류 관계 표현

   〈정상관〉 〈역상관〉

   (6) 체크시트
   (7) 층별 (특성에 따라 부분집단 관리)   〈끝〉

문제 272 VE(Value Engineering)

〔88(5), 94전(8), 96중(10), 11전(10), 23중(10)〕

1 정의
① VE(가치공학, Value Engineering)란 전 작업과정에서 최소의 비용으로 최대한의 기능을 달성하기 위하여 기능분석과 개선에 쏟는 조직적인 노력을 말한다.
② 건축 현장에서 최소의 비용으로 각 공사에서 요구되는 공기·품질·안전 등 필요한 기능을 철저히 분석해서 원가절감 요소를 찾아내는 개선활동이다.

2 가치추구

구분	①	②	③	④
Function	→	↗	↗	↗
Cost	↘	↘	→	↗

필요 이하의 기능은 받아들일 수 없고, 필요 이상의 기능은 불필요하므로 VE기법에서 추구하는 가치 철학은 ①이다.

3 기본원리
기능(function)을 향상 또는 유지하면서 비용(cost)을 최소화하여 가치(value)를 극대화시키는 것

$$V = \frac{F}{C}$$

여기서, V(value) : 가치
F(function) : 기능
C(cost) : 비용

4 VE 적용 시 문제점 및 활성화 방안

문제점	활성화 방안
• VE에 대한 이해부족 • 인식부족 • 안이한 생각 • 성급한 기대 • VE 활동시간 부족	• 교육 실시 • 활동시간 확보 • 전 조직의 참여 • 이익확보 수단으로 이용 • 사업계획 일부로 생각 추진 • 기술개발 보상의 제도화 • 전 직원의 원가관리 의식화 • 최고 경영자의 인식 전환

9. 설계 경제성 평가(VE)의 원칙과 수행시기 · 효과.

I. 정의

① 설계의 경제성 평가는 총공사비 100억 이상의 기본·실시 설계시 검토되어야 한다.

② 설계 VE는 경제성 뿐만 아니라 현장 적용성, 공정관리·시공후 유지관리에 대해서도 검토되어야 한다.

II. 설계 경제성 평가(VE)의 원칙

[그래프: 기획단계 / 설계 / 시공 / 유지관리, 기능변경, 비용감소, IE 기법, 사용기간, LCC 고려, 적정 VE의 시기, 시간]

| 사용자 우선 | + | 현장 적용성 | + | LCC 고려 |

III. 수행시기

1) 최적의 VE는 CD, DD 사이 시점에 실시. (초기단계)
2) 공사 시공시 VECP 와는 별도로 공사비 10% 증감시

IV. 효과

① 공사비의 절감. 공정관리의 원활.
② 공정의 생산성 향상
③ 시공중 발주처의 요구에 의한 설계변경 최소화
④ B/C Ratio, NPV 기법에 의한 투자우선 순위에 대한 적합성 향상

끝.

문제 273 건축의 Life Cycle Cost(생애 주기 비용)

〔95중(10), 01중(10), 23후(10)〕

1 정의

① 건축물의 초기투자 단계를 거쳐 유지관리·철거단계로 이어지는 일련의 과정을 건축물의 life cycle이라 하며, 여기에 필요한 제비용을 합친 것을 LCC(life cycle cost)라 한다.
② LCC(life cycle cost) 기법이란 종합적인 관리차원의 total cost로 경제성을 평가하는 기법이다.

2 LCC 구성

LCC(life cycle cost) = 생산비(C_1) + 유지관리비(C_2)

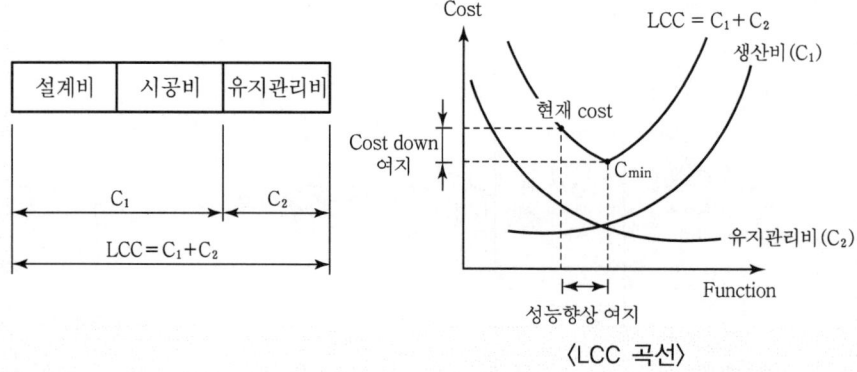

〈LCC 곡선〉

3 LCC 산정절차

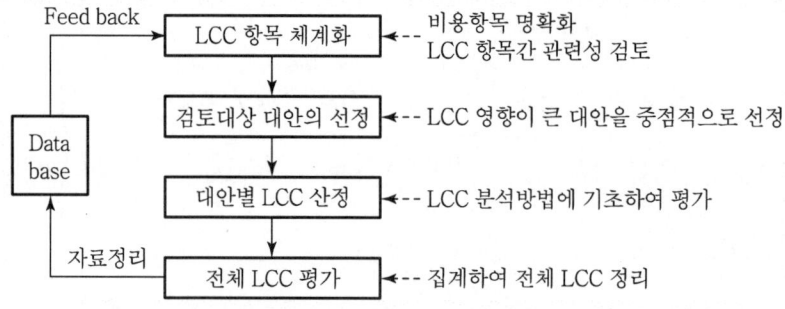

문제 1) Life Cycle Cost (생애주기 비용)

① 정의

① 건축물의 계획부터 설계·시공·유지관리까지 전 과정을 Life Cycle (생애주기)라 한다.
② 이 생애주기에 소요되는 모든 비용을 LCC라 한다.

② LCC의 개념도

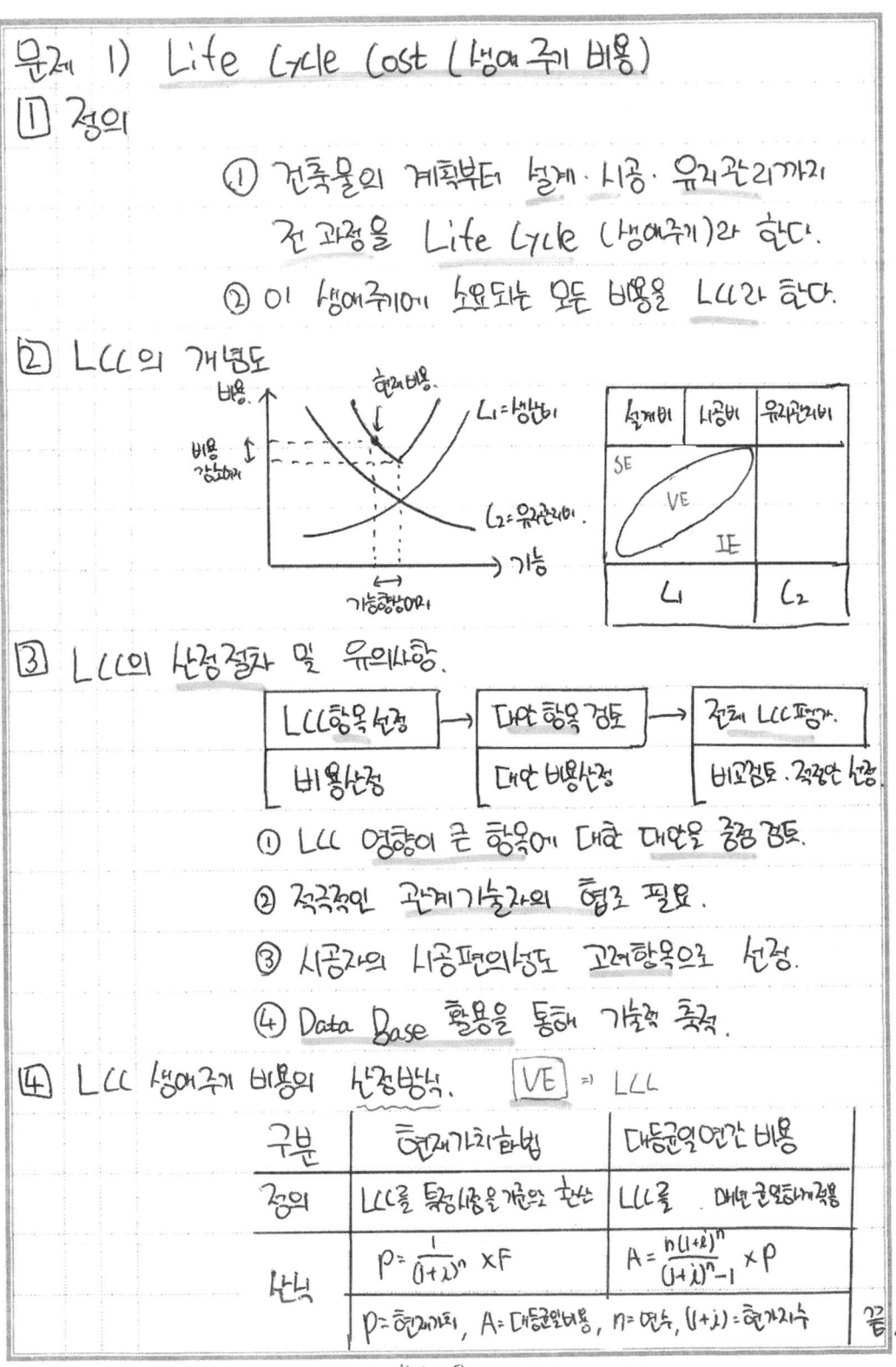

③ LCC의 산정절차 및 유의사항.

LCC항목 선정	→	대안 항목 검토	→	전체 LCC 평가
비용산정		대안 비용산정		비교검토·적정안 선정

① LCC 영향이 큰 항목에 대해 대안을 중점 검토.
② 적극적인 관계기술자의 협조 필요.
③ 시공자의 시공편의성도 고려항목으로 선정.
④ Data Base 활용을 통해 기술적 축적.

④ LCC 생애주기 비용의 산정방식.   VE ⇒ LCC

구분	현재가치환산법	대등균일연간 비용
정의	LCC를 투입시점을 기준으로 환산	LCC를 대등균등하게 적용
산식	$P = \dfrac{1}{(1+\lambda)^n} \times F$	$A = \dfrac{n(1+\lambda)^n}{(1+\lambda)^n - 1} \times P$

P=현재가치, A=대등균일비용, n=연수, (1+λ)=현가지수
F=발생비용.

⑤ VE : $\dfrac{\text{Function}}{\text{Cost}}$ = 기능↑, 비용절감 ⇒ LCC 극대화.

끝.

문제 274 | 안전관리의 MSDS(Material Safety Data Sheet)

[15중(10), 19중(10)]

1 정의
① 물질안전보건자료(MSDS ; Material Safety Data Sheet)란 물질에 관한 여러 가지 정보를 담은 서류를 말한다.
② 물질에 관한 정보에는 그 물질의 이름, 성분, 유해성, 위험성, 저장방법, 취급 시 주의사항, 개인보호구, 응급조치요령 등 여러 가지 정보가 포함된다.

2 MSDS의 법적기준

MSDS의 작성 및 비치	경고표지 부착	교육실시
• 현장에서 화학물질 취급 시 MSDS를 작성 • 취급 근로자가 쉽게 볼 수 있는 장소에 게시	• 제재 단위로 작성 • 용기 또는 포장에 부착	해당 물질의 취급 시 유의사항 및 안전수칙, 비상상황 발생 시 응급처치 요령 교육 실시

3 MSDS에 포함되는 정보

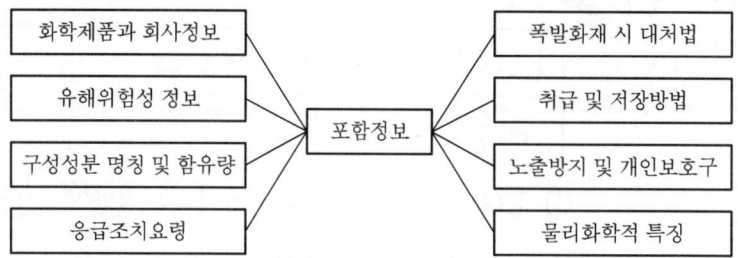

4 적용대상 물질

구분	항목		
물리적 위험	• 폭발성 물질 • 산화성 가스 • 자연발화성 고체 • 인화성 고체 • 고압가스 • 금속부식성 물질	• 인화성 액체 • 산화성 고체 • 유기과산화물 • 물반응성 고체 • 자연발화성 액체	• 인화성 에어로졸 • 자기반응성 물질 • 인화성 가스 • 산화성 액체 • 자기발열성 물질
건강 유해성	• 급성독성물질 • 생식세포변이원성 물질 • 호흡기 과민성 물질 • 흡인 유해성 물질	• 피부과민성 물질 • 특정표적장기 독성물질 • 발암성 물질	• 심한 눈 손상, 자극성 물질 • 피부부식성, 자극성 물질 • 생식독성 물질
환경 유해성	수생환경유해성 물질		

문제) MSDS (물질안전보건자료)

① 정의
　① 현장 내에서 사용되고 있는 위험물질에 대한 정보를 표기하여 근로자가 숙지하고 안전활동.
　② 현장 내 출입구, 자재 야적장 등 눈에 잘 보이는 곳에 표시.

② MSDS의 표지 예시 및 위치.

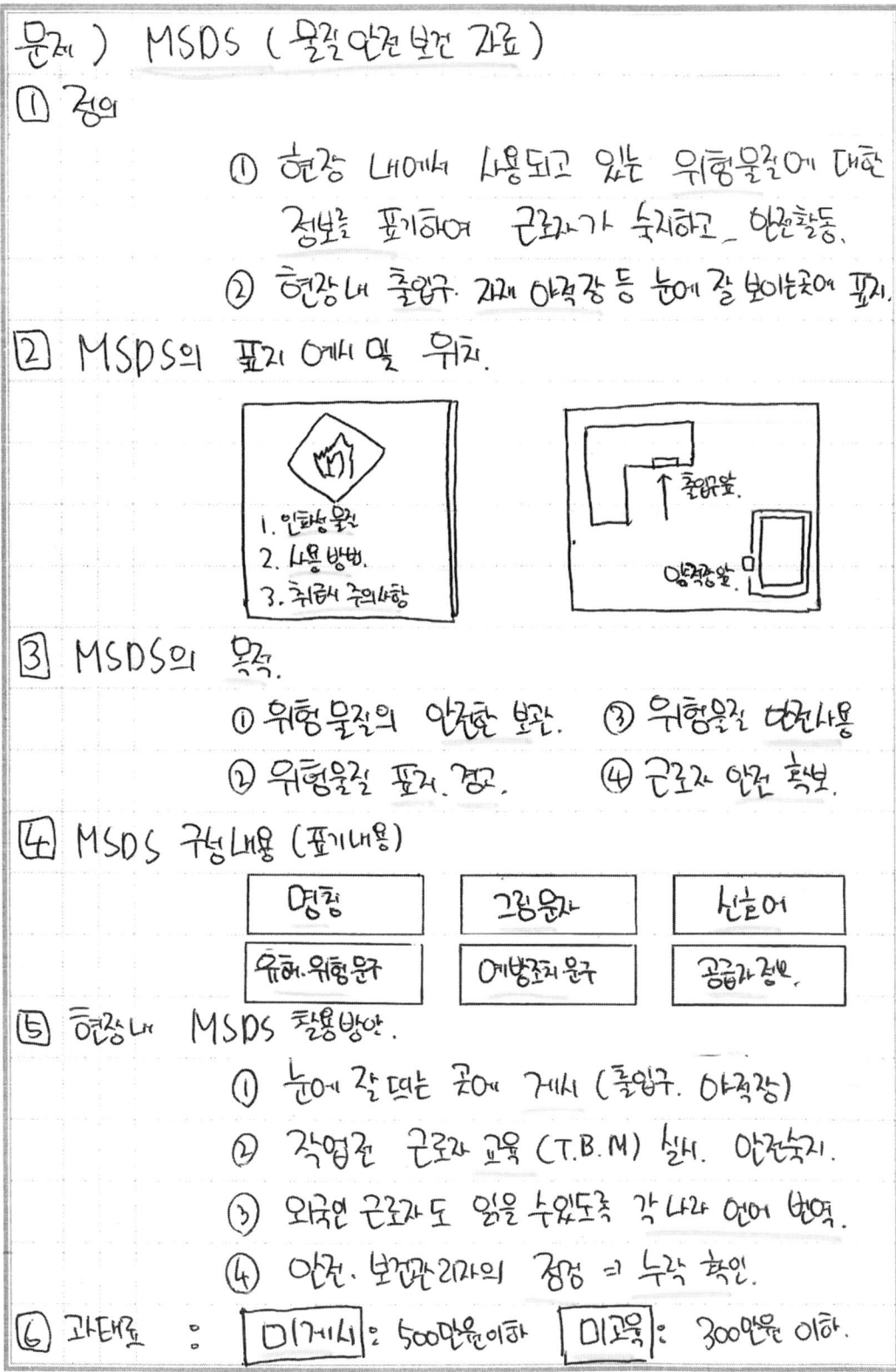

③ MSDS의 목적.
　① 위험물질의 안전 보관.　③ 위험물질 안전사용
　② 위험물질 표지, 경고.　④ 근로자 안전 확보.

④ MSDS 구성내용 (표기내용)

명칭	그림문자	신호어
유해·위험문구	예방조치문구	공급자정보

⑤ 현장 내 MSDS 활용방안.
　① 눈에 잘 띄는 곳에 게시 (출입구, 야적장)
　② 작업 전 근로자 교육 (T.B.M) 실시, 안전숙지.
　③ 외국인 근로자도 읽을 수 있도록 각 나라 언어 번역.
　④ 안전, 보건관리자의 점검 및 누락 확인.

⑥ 과태료 : 미게시 : 500만원 이하　미교육 : 300만원 이하.

문제 275 | 재건축과 재개발

[08후(10)]

1 정의

① 재건축이란 기존의 노후불량 주택을 철거한 후 그 대지 위에 새로운 주택을 건설하는 것으로서, 사업절차가 비교적 간단하고 사업기간이 짧은 것이 보통이다.
② 재개발은 토지의 고도 이용과 도시 기능의 회복을 위해, 건축물 및 그 부지의 정비와 대지의 조성 및 공공시설의 정비에 관한 사업과 이에 부대되는 사업을 말한다.

2 재건축과 재개발의 비교

구분	재건축	재개발
정의	기존 노후 불량주택을 철거한 후 그 대지 위에 새로운 주택을 건립하는 것	토지의 고도 이용과 도시기능의 회복을 위해 건축물 및 그 부지의 정비와 대지의 조성 및 공공시설의 정비에 관한 사업과 이에 부대되는 사업
근거법령	도시 및 주거환경 정비법	도시 및 주거환경 정비법
사업주체	건물소유자로 구성된 기존 주택의 소유자가 설립한 조합이 사업주체가 되며 민간건설회사는 공동 사업자로 참여 가능	토지, 건물 소유자(관 주도의 도시계획사업) 조합
지구지정	불필요	필요
조합 구성원	건물 소유자	건물, 토지 소유자 및 세입자 개인
사업시행 절차	간소	복잡
세입자 문제	당사자간의 임대차 계약에 의하여 처리	시(市) 지침에 의해 영구 임대 주택건립이나 주거대책중 택일
관리 처분	인허가상 불필요 (업무상 필요하나 절차 간단)	인허가 필요 (절차 복잡)
안전진단	필수조건	불필요
주민동의	• 조합 설립 인가 : 공동주택(80% 이상 동의) • 사업 승인 시 : 공동주택(80% 이상, 입법 예고)	• 토지면적 2/3 이상, 토지 및 건축물 소유자 총수의 2/3 이상 동의 • 공사 착수 전까지 건물 소유자 총수의 80% 이상 동의
건립규모	• 전용면적 34.8평 이하 건립 • 국민주택규모 이하를 75% 이상 건립하되 그 중 40% 이상은 전용 면적 18평 이하로 건립	• 전용 면적 34.8평 이하 건립 • 국민주택규모 이하를 80% 이상 건립하고 희망세입자 가구수 이상 임대주택 건립

문제 100 재건축과 재개발

I. 정 의

① 재건축이란 <u>존건 노후주택을 철거하고 새로이</u> 주택을 건설하는 것.

② 재개발이란 건축물 및 주변 인프라 기능 회복을 위해 <u>건축물과 주변 인프라를 재정비</u>

II. 재건축 재개발 특징

구 분	재 건 축	재 개 발
근거 법	도시 및 주거환경 정비법	좌 동
안전진단	필수 조건	불 필 요
지구지정	불 필 요	필 요
시행절차	비교적 간소	비교적 복잡

III. 재개발, 재건축 문제점

- 조합 구성원의 다양한 의견 상충
- 시공사 선정, 공사과정에서 각종 비리 발생
- 원래 목적에서 벗어난 투기, 난개발 우려
- 중소기업 참여 난해

IV. 대 책

- 공공과 공동시행으로 투명성 제고
- 조합, 정비업체 용역비등 공개
- 중요 의사결정은 조합총회 투표로 결정
- 감사위원을 두어 투명한 사업 진행 (끝)

문제 276 | 위험성 평가

[24전(10)]

1 정의
위험성 평가란 사업주가 스스로 유해·위험 요인을 파악하고 해당 유해·위험요인의 위험성 수준을 결정하여, 위험성을 낮추기 위한 적절한 조치를 마련하고 실행하는 과정

2 위험성 평가 절차 및 주요내용

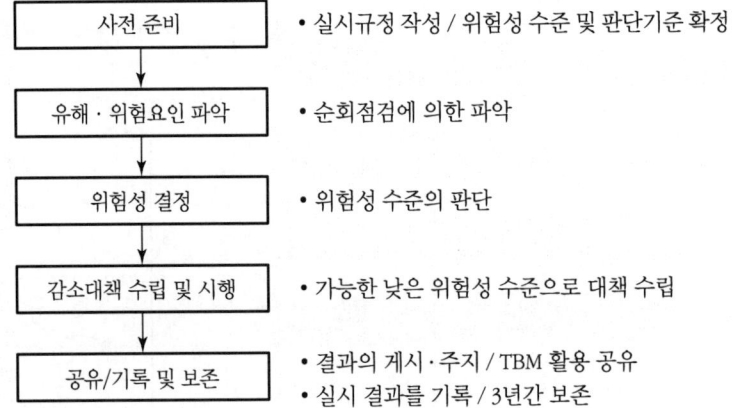

3 위험성 평가 방법
① 위험 가능성과 중대성을 조합한 빈도·강도법
② 체크리스트(check list) 법
③ 위험성 수준 3단계(저·중·고) 판단법
④ 핵심요인 기술(one point sheet) 법

4 위험성 평가 실시 시기별 종류

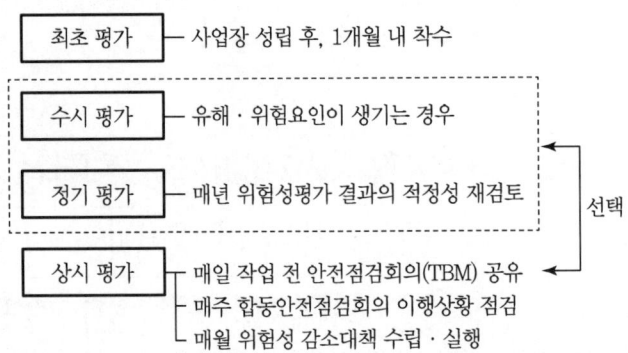

문제 2) 위험성 평가

1 정의

⊕ 산업안전보건법 제36조에 의거하여 사업주·근로자 등이 자율적으로 작업 시 일어날 위험요인을 식별하고 대책을 마련하는 제도.

2 위험성 평가 개념

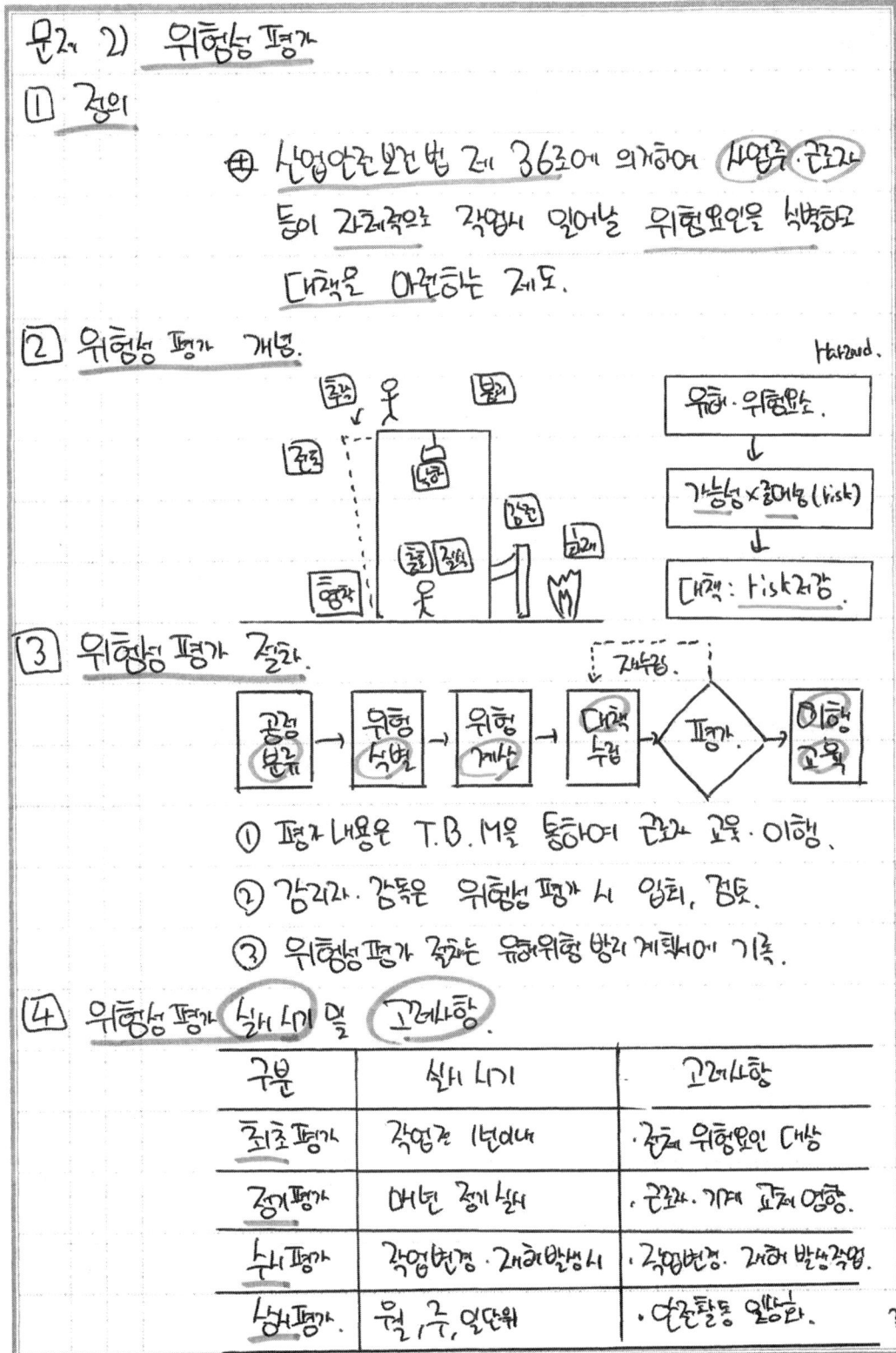

3 위험성 평가 절차

① 평가 내용은 T.B.M을 통하여 근로자 교육·이행.
② 감리자·감독은 위험성 평가 시 입회, 검토.
③ 위험성 평가 결과는 유해위험 방지 계획서에 기록.

4 위험성 평가 실시시기 및 고려사항

구분	실시시기	고려사항
최초평가	작업 전 1년 이내	· 전체 위험요인 대상
정기평가	매년 정기 실시	· 근로자·기계 교체 영향
수시평가	작업변경·재해발생 시	· 작업변경·재해 발생작업
상시평가	월, 주, 일단위	· 연중활동 일상화

문제 277 중대재해처벌법

[21전(10), 23후(10)]

1 정의
인명피해를 발생하게 한 사업주, 경영책임자, 공무원 및 법인의 처벌 등을 규정하여 중대재해를 예방하고 시민과 종사자의 생명과 신체를 보호함을 목적으로 하는 법

2 중대산업재해와 중대시민재해

중대산업재해	중대시민재해
• 사망자 1명 이상 • 6개월 이상 부상자 2명 이상 • 질병자 1년 이내 3명 이상	• 사망자 1명 이상 • 2개월 이상 부상자 10명 이상 • 3개월 이상 질병자가 10명 이상 발생

3 도입효과
① 사업주, 경영책임자, 기관장에게 안전보건관리체계 구축 의무
② 중대재해 저감으로 사망자 및 부상자 감소
③ 사업장 및 공공시설에 대한 안전관리시스템 도입

4 사망자 발생 시 처벌규정

산업안전보건법	중대재해처벌법
• 사업주 : 7년 이하 징역, 1억 원 이하 벌금 • 법인 : 10억 원 이하 벌금	• 사업주, 경영책임자, 기관장 : 1년 이상 징역, 10억 원 이하 벌금 • 법인 : 50억 원 이하 벌금

5 안전보건관리체계
① **경영자 리더십** : 구체적인 경영방침·목표 설정, 공표 및 게시
② **안전보건 인력·예산 배정**
③ **유해·위험요인 파악 및 개선** : 위험성평가, TBM, 아차사고 신고, 안전소통채널 운영 등
④ **안전보건관리체계 점검·평가** : 정기적 점검 및 평가 실시

문제: 중대재해 처벌 법에 관한 방효

I. 정의
국내 주요 산업에서 산업재해의 예방을 위해 중대재해 처벌법 (22.01.26)을 개정하여 시민·종사자 생명 보호.

II. 목적

| 안전·보건 조치의무 위반 | ⇒ 인명피해 ⇐ | 사업주·경영책임자 공무원 의식 부족 |

⇓

| 중대재해의 예방 | + | 시민과 종사자의 생명·신체 보존 |

III. 중대재해 적용범위 및

- 적용범위 : 상시근로자 5명 이상 (5명 미만 제외)
- 시행시기 : 50억원 이상, 상시근로자 50명 이상 (22.01.27)
  50억원 이하, 상시근로자 50명 미만 (24.01.27)

IV. 양벌규정

구분	사업주	법인·기관
사망자 1명 이상	1년이상 징역, 10억원 이하 벌금	50억원 이하 벌금
그외 중대재해	7년 이하 징역, 1억원 이하 벌금	10억원 이하 벌금

* 5년 이내 재발시 ½까지 가중처벌.

IV. 안전보건 확보의 의무
① 안전보건관리 체계 구축 및 이행에 관한 조치
② 안전·보건 관계 법령에 따른 의무이행에 필요한 조치
③ 재해 발생시 재발방지 대책수립 및 이행에 관한 조치

문제 278 건설산업지식정보망(KISCON)의 건설공사대장

〔14전(10), 24후(10)〕

1 정의
건설업체가 현장에 비치하고 있던 건설공사대장의 기재사항을 건설산업종합정보망을 이용하여 발주자에게 전자적으로 통보하도록 하는 제도이다.

2 건설공사대장 기재사항
① 공사명, 소재지
② 공종 및 공사지역
③ 발주처
④ 공사개요 및 도급계약내용
⑤ 대금수령상황
⑥ 현장기술인, 하도급업체, 건설기계 대여업체
⑦ 건설공사용 부품 제작 및 납품업체

3 위반 시 과태료

위반행위	과태료 금액		
	1차	2차	3차 이상
건설공사대장 기재사항을 거짓으로 통보한 경우	100만 원	200만 원	400만 원
시정명이나 지시령에 따르지 않은 경우	100만 원	100만 원	100만 원

4 통보대상 공사 비교

구분	건설공사대장	하도급건설공사대장
시행시기	2003년 1월 1일	2008년 1월 1일
통보하는 주체	원도급업체	하도급업체
통보받는 주체	발주자	발주자
통보대상공사	1억 원 이상 원도급공사를 도급받은 경우	4천만 원 이상의 하도급공사를 하도급받은 경우(단, 원도급공사가 건설공사대장 통보대상인 경우에 한함)
통보방법	건설산업종합정보망을 이용하여 전자적으로 통보	
통보내용	건설공사대장 기재사항 및 변경(추가)사항	하도급 건설공사대장 기재사항 및 변경(추가)사항
통보시기	• 원도급계약일로부터 30일 이내 • 통보한 사항에 변경 또는 추가 사항이 발생한 경우 발생일로부터 30일 이내	• 하도급계약일로부터 30일 이내 • 통보한 사항에 변경 또는 추가 사항이 발생한 경우 발생일로부터 30일 이내
관련법령	건설산업기본법 시행령 제26조 제1항, 제3항	건설산업기본법 시행령 제26조 제2항 및 제3항

문제4. 건설산업지식정보망(KISCON)의 건설공사 대장

I. 정의

① 건설산업기본법에 의거 도급계약 체결 후 30일 이내 발주자에게 건설공사대장을 통보하여야 한다.

② 건설사업관리(감리) 통보 시 산정된다.

II. KISCON의 건설공사대장 내용

구 분	원도급	하도급
통보기한	계약 후 30일 이내 (변경계약 포함)	
공사금액	1억원 이상	4천만원 이상
공사기간	1개월 이상	1개월 이상
작성주체	도급인	하도급인

* 서면, KISCON 중 택 1 통보 가능

III. KISCON 통보 시 유의사항

① 현장대리인 중복배치 금지

② 하도급 통보 시 원하도급율 82% 이상

③ 계약이행, 대금지급보증서 등 첨부

④ 계약 체결 후 30일 이내 통보

IV. KISCON 관련 벌칙

[단위 : 만원]

구 분	1차	2차	3차
거짓·허위 통보	100	200	400
보안 미이행	100	100	100 〈끝〉

문제 279 MC(모듈 정합, Modular Coordination)

1 정의

MC란 재료의 치수·설계 및 시공에 이르는 건축생산 전반에 걸쳐 기준치수를 사용하여, 치수상의 상호 조정을 하는 과정을 말하며, 모듈 정합(整合)이라고도 한다.

2 MC flow chart

치수조정 → 3S system → 재료의 부품화 → 현장 조립화 → 공업화

- 표준화(Standardization)
- 단순화(Simplification)
- 전문화(Specialization)

3 특징

장점	단점
• 자재생산의 경제성 확보 • 현장에서 자재의 낭비 방지 • 비규격 자재의 생산 감소 • 빠르고 정확한 설계의 확보 • 설계표준화에 의한 design 노동력 절감 • 표준상세의 사용으로 상세도면 감소 • 단순화된 system design 이룩 • 시공의 균질성과 수준 보장 • 건식공법 사용으로 연중공사 가능 • 다양한 가격의 표준화된 부재 선택	• 동일 형태가 집단으로 이루어지므로 시각적으로 단조로움 • 획일화에 의해 개성이 상실됨 • 건물의 배치 및 배색에 신경을 써야 함

4 Module 사용방법

① 모든 치수는 10cm 또는 1M의 배수가 되게 한다.
② 건물의 높이(수직방향)는 20cm 또는 2M의 배수가 되게 한다.
③ 건축물의 평면치수는 30cm 또는 3M의 배수가 되게 한다.
④ 모든 module상의 치수는 공칭치수를 말한다. 따라서 제품치수는 공칭치수에서 줄눈두께를 빼야 한다.
⑤ 창호의 치수는 문틀과 벽 사이의 줄눈 중심선간의 치수가 module 치수에 일치해야 한다.
⑥ 고층 rahmen 건물은 층높이 및 기둥중심 거리가 module 치수이어야 하고 장막벽 등은 module 제품 사용이 가능해야 한다.
⑦ 조립식 건물은 조립부재 줄눈 중심간 거리가 module 치수에 일치해야 한다.

문제 8) 모듈러 시공방식 중 인필(Infill) 공법
= Space Unit 공법

I. 인필(Infill) 공법이란

공장 생산 유닛 모듈(Space Unit)을 선설공조 가구된 구체에 끼워넣어 건물을 구축하는 공법

II. 모듈러 공법 종류별 도해

〈인필공법〉 — 철골구조체, 삽입, 모듈러 Space Unit

〈라멘식 적층〉

〈벽식 적층〉 — 벽, 벽유로

III. 인필공법 (Space Unit 공법)의 특징

장점	단점
RC대비 공기 50% 단축	전용 공장 필요, 수송 어려움
저소음, 무진동 공법	생산단가 높음
가변성, 만련발생↓	설치 순서에 맞는 생산계획
공장제작 → 품질균등	양중설비, 접합부 품질관리

(전천후 시공)

IV. 모듈러 시공방식 활성화에 대한 제언

① 높은 공사비, 생산 인프라, 정부주도 기술개발 必

② 발주제도, 관련기술 산업 육성, 정부제도 개선

③ 비지니스 전략, 스마트 팩토리, 설비/전기 공정개선

④ 활성화 해외시공 (싱가폴, 홍콩) 우수사례 벤치마킹

문제 280 | 린 건설(Lean Construction)

[06후(10), 20전(10)]

1 정의

① 린 건설은 '기름기 또는 군살이 없는'이라는 뜻의 린(lean)과 건설(construction)의 합성어로서 낭비를 최소화로 하는 가장 효율적인 생산시스템을 의미한다.
② 린 건설에서는 생산과정에서의 작업(activity)을 시공, 이동, 대기, 검사의 4단계로 구분한다.

작업구분	가치	
시공	부가가치	------→ 최대화
이동	낭비	------→ 최소화
대기		
검사		

2 린 건설의 특징 및 적용목적

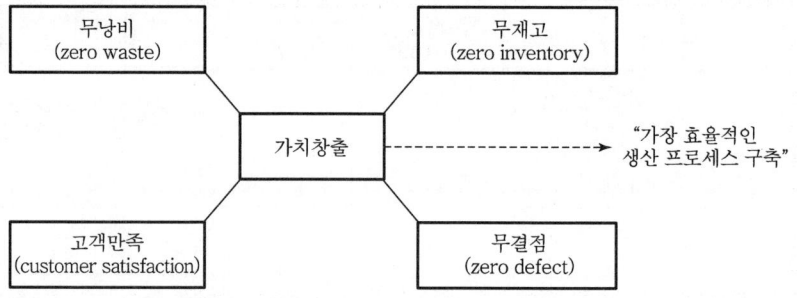

3 기존 생산방식과 린 건설의 비교

구분	기존 생산방식	린 건설
생산방식	밀어내기식 생산	당김 생산
목표	효율성(계량적 생산성)	효용성(질적 생산효율) 제고
장점	• 대량생산으로 할인가격 적용 • 공급체인(supply chain) 활용 가능	• 공사의 유연성 확보 • 필요한 순서로 작업 진행 • 자원의 대기시간 최소화
단점	• 설계변경, 물량변경시 마찰 우려 • 작업자의 생산에 대한 소극적 자세 • 작업의 대기시간 발생	• 소량구매로 할인율 적용 난해 • 정확한 시간 준수
관리	작업(activity) 관리	흐름(flow) 관리(시공, 이동, 대기, 검사과정에서의 자재, 장비, 정보를 대상)

문제) 린 건설

① 정의
　① 군살이 없는, 호리호리한 이라는 Lean과 건설의 합성어. 효율적인 생산시스템
　② 시공, 이동, 대기, 검사의 4단계 절차.

② 린건설의 특징 (지향방향, 목적)
- 무낭비 : 반입재료의 전체 사용, 낭비 최소화.
- 무재고 : 잉여자재 발주 지양, 수량검토 계획 체계화.
- 무결함 : 체계적 품질관리, 결함 최소화.
- 고객만족 : 당김생산 → 투명성 제고.

③ 린건설 4단계 프로세스.

구분	시공	이동	대기	검사
가치	부가가치	낭비		
목표	최대화	최소화		

④ 린건설 기법의 종류

LPS		VSM
Last plan System.	Lean.	가치 흐름 맵핑
JIT		Tact공정, 5S운동
Just In time.		시공 효율화.

⑤ 비교

	기존	Lean 건설.
장점	대량생산 효율가 가능	공사유연성, 자원예 최소화.
단점	설계변경시 어려움.	할인 불가능.

문제 281 BIM(Building Information Modeling)

〔10전(10), 19전(10), 23중(10), 24중(10)〕

1 정의

① BIM(Building Information Modeling)이란 건축정보모델링으로 3차원 가상공간에서 실제로 건축물을 모델링하여 실제공사 시 발생할 수 있는 여러 문제점을 사전에 검토하여 원활한 공사진행이 가능하도록 하며, 부가적인 프로그램과 결합하여 다양한 환경평가가 가능한 시스템이다.

② 실제 시공 후에도 시공 후 발생하는 건축물이나 시설물의 유지관리를 효율적으로 파악 관리할 수 있는 시스템으로, BIM학회가 활동 중이다.

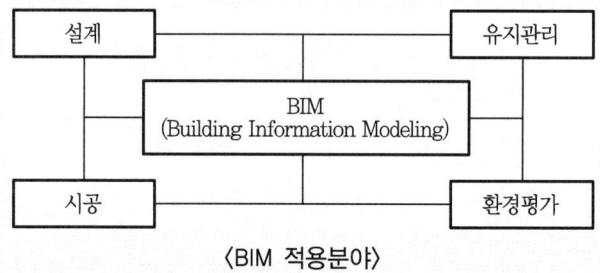

〈BIM 적용분야〉

2 필요성

① 환경부하, 에너지 분석 및 탄소배출량 확인 가능
② 정확한 사업성 보장
③ 설계 변경용이
④ 생산성과 투명성 향상
⑤ 설계와 시공 data base 누적
⑥ 국제 경쟁력 제고

3 활용분야 및 효과

구분	활용분야	효과
설계	공간계획 및 공정흐름	프로젝트의 요구사항 사전파악 가능
	환경 평가 및 에너지 분석	에너지 효율과 환경적합성(탄소배출량 등) 확인 가능
시공	물량 및 비용 예측	신뢰성 있고 정확한 비용 예측
	설계의 정확성 확인	설계오류에 의한 재작업 및 비용 감소
발주처	입체적 공정 시뮬레이션	공정의 시각적 파악 가능
	작업의 컨트롤	작업의 흐름에 따른 관리 가능
	시공 전 가상건설	현장노무자의 감소, 설계품질 향상
	견적분석	건축주의 비용에 대한 신뢰성
	유지관리 시뮬레이션	건축물 성능 및 유지관리성 향상
	VE 및 설계관리	작업주체 간의 커뮤니케이션 강화 및 비용예측 가능

2. BIM 활성화 방안

I. 개요

① BIM이란 건물정보화모델링으로, 2D 평면 상의 도면을 3D 이상의 입체화 표현하여, LOD 300, 400 이상의 공정·적산·유지관리에 사용하는 것을 말한다.

② 활성화 방안으로, IFC의 통일, 구조·설비·전기 전문공정의 BIM에 의한 정산·설계 변경 등이 필요.

II. BIM 활성화 개념

```
원가 절감        ← 2D  3D  4D  5D →   객관적 open system
공기 단축         →→→                   LOD 300 이상
                                        IFC사용  통합
         입체화·공정간섭·발주·적산+유지관리
```

III. BIM 활성화 문제점

① 발주처의 인식 부족 + Cost의 문제
② 전문 설계사의 수동적 협력
③ IFC - 모듈의 불완전한 통일 (사용 program) 숙련미

IV. 활성화 방안

① BIM 설계대가의 현실화.
② 100억이상 공사의 BIM의 적극적인 사용.
③ 국가·기관 체계의 IFC 사용 유도.
④ 정산·설계 변경 서류의 BIM의 접목 "끝"

문제 282 OSC(OFF-Site Construction)

〔22전(10)〕

1 정의
Off-Site Construction(OSC)는 건축시설물이 설치될 부지 이외의 장소에서 부재(element), 부품(part), 선조립 부분(preassembly), 유닛(unit, modular) 등을 생산 후 현장에 운반하여 설치 및 시공하는 건설방식을 의미한다.

2 OFF-Site Construction 개념도

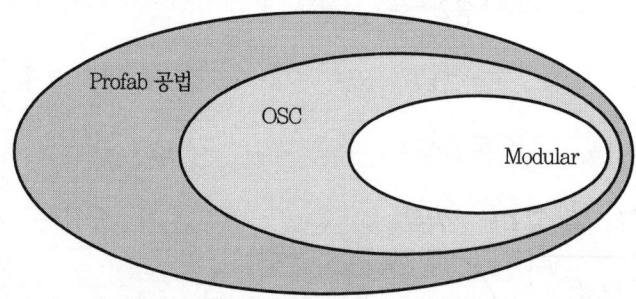

3 OFF-Site Construction 기대효과
① BIM 기반의 설계·엔지니어링 정보와 연계된 자동화 생산
② 기능인력 중심의 현장생산방식에서 첨단기술 중심의 공장생산방식으로 전환
③ OSC 공급사슬을 구축으로 건설생산과정 전반의 생산성 향상
④ 표준화·모듈화·반복생산을 통해 원가절감, 공기단축, 품질향상의 효과 기대

4 OFF-Site Construction 활성화방안
① 기획-설계 및 엔지니어링-생산-시공-유지관리의 건설 프로세스 연계프로그램 개발
② OSC를 뒷받침하기 위한 정책적, 제도적, 기술적 기반 마련 필요
③ 생산단계에서는 물류와 현장시공 상황을 고려한 최적의 생산시기 고려
④ 플랫폼에는 다양한 센싱기술, 빅데이터, 인공지능, 사물인터넷 등의 기술을 활용한 프로젝트 관리기술이 탑재되어 설계부터 유지관리 단계의 업무의 효율성 증대 확보

문제12) OSC (Off-Site Construction)

1. 정의

OSC(Off-Site Construction)이란 공장에서 제작하여 품질검사를 하고 현장에 반입되는 상황을 맞추어, 해양 항만 공사시 현장 타설 시 발생되는 문제점을 보완하기 위한 방법이다.

2. OSC의 개념도

(제작장(PC) - 배합, Mold 제작, 타설 / 제작된 구체 → 야적장 → 콘크리트 낙석 / 자재, 배수시설, 운반·이동)

3. 제작장 선정시 유의사항

① 제작장이 현장과 거리가 가까워야 되지만 해양 구조물 공사 시 태양의 영향이 되도록 적게 받을 것
② 부지확보
③ 기초지반 치수 보사하여 지지력 확보 할 것
④ 배수시설 설치하여 습도 조절 및 지반 안정화

4. OSC의 목적

① 기상영향에 따른 시공지연으로 공기연장 및 추가 공사비(관리비, 유지비 등) 방지
② 타설지연으로 발생하는 Cold Joint 방지
③ Conc 구조의 품질의 확보성, 안전성 확보

문제 283 무선인식기술(RFID)

[05전(10), 10중(10), 14후(10)]

1 정의
① 무선인식기술(RFID ; Radio Frequency IDentification)이란 각종 사물에 소형 칩을 부착하여 사물의 정보와 주변환경 정보를 무선주파수로 전송 및 처리하는 비접촉식 인식 system으로 무선식별 system이라고도 한다.
② 판독과 해독기능이 있는 판독기와 고유정보를 내장한 RFID tag, 운용 software, network 등으로 구성된 전파식별 system은 사물에 부착된 얇은 평면 형태의 tag를 식별하므로 정보를 처리하며, ubiquitous 공간구성의 핵심기반기술이다.
③ 실생활에 가장 많이 적용된 사례로는 APT나 학교 등에서 자동차에 부착된 tag를 주출입구에 설치된 차량통제 system에서 인식하여 자동으로 차단기가 open되는 system이다.

2 적용 실례

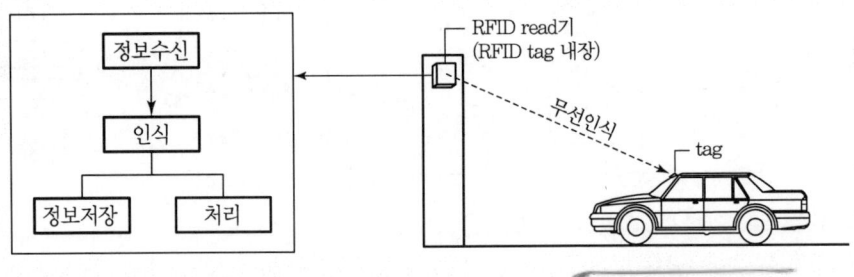

3 분류
① **수동형 RFID** : 별도의 전원을 필요로 하지 않는 방식
② **능동형 RFID** : 별도의 전원을 필요로 하는 방식
③ **Mobile RFID** : 리더기에 이동성을 부여하는 방식

4 건설업에서의 활용

1) **현장 반출물품 관리**
   ① 토사반출 차량의 시간대별 관리 및 토량 자동 산출
   ② 폐기물 차량의 관리로 폐기물량 자동 산출
   ③ 기타 자재의 반출시 반출 자재의 내역 및 수량파악 용이

2) **현장투입 물품관리**
   ① 시간대 확인이 필요한 레미콘의 도착시간 확인 용이
   ② 철근, 시멘트, 목재 등 주자재의 현장 재고파악 용이

3) 출입하는 모든 자재 및 차량의 정보관리

1. RFID 무선인식기술

I. 정의

RFID 기술이란 자재, 안전용품 등 칩을 부착시켜서 비접촉으로 사물이나 사람을 인식하는 기술로 SCM, 자재인식 투입 등에 사용된다.

- 측면
- 자재관리
- 마감재 양중

II. RFID 개념도

- 2차원 자재

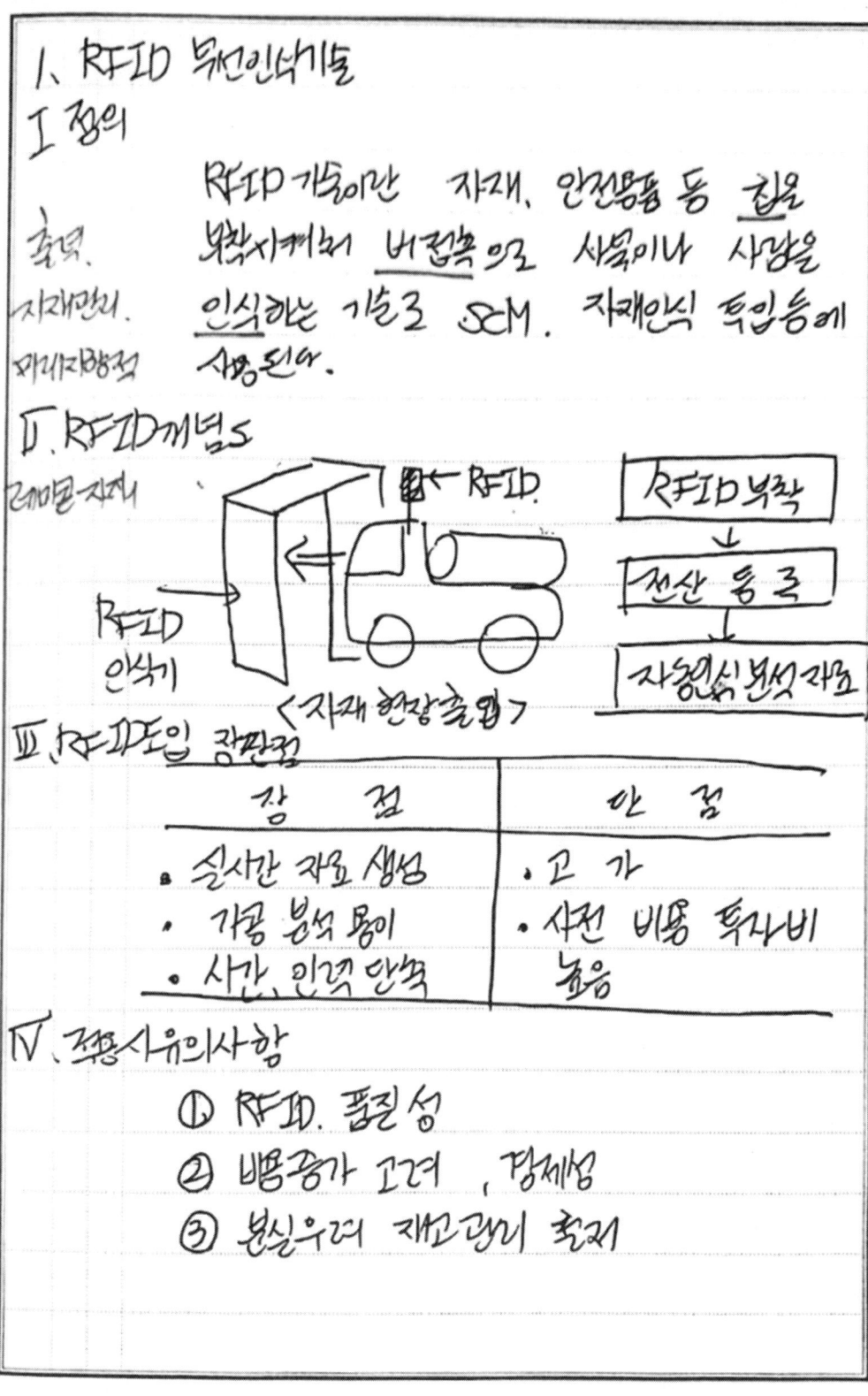

〈자재 현장 출입〉

RFID 부착 → 전산 등록 → 자동인식 분석 자료

III. RFID 도입 장단점

장 점	단 점
• 실시간 자료 생성	• 고 가
• 가공 분석 용이	• 사전 비용 투자비 높음
• 시간, 인력 단축	

IV. 적용시 유의사항

① RFID 품질 성
② 배풍공가 고려, 경제성
③ 분실우려 재고관리 축적

문제 284 PDM(Precedence Diagraming Method) 기법

〔99중(20), 21전(10)〕

1 정의
① PDM 기법은 1964년에 스탠퍼드 대학에서 개발된 네트워크로서, 반복적이고 많은 작업이 동시에 일어날 때 효율적이다.
② PDM 기법(event type)은 CPM 기법(activity type)과 비교하여 dummy의 생략으로 activity의 개수가 감소되어, 빠르고 쉽게 네트워크를 작성할 수 있다.

2 표기방법

1) 기본 작업
① 타원이나 네모에 작업을 표시할 수 있으나 실무에서는 네모(box)형 노드를 많이 사용한다.
② 노드 안에는 작업에 관련된 많은 사항이 표기된다.

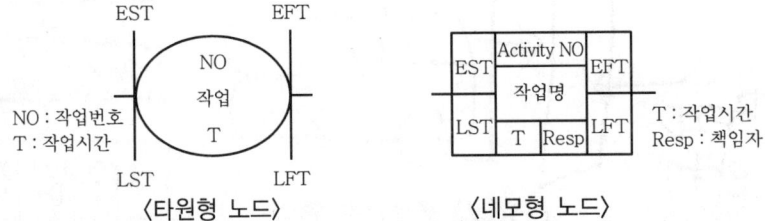

〈타원형 노드〉   〈네모형 노드〉

2) 네트워크
① 각 작업은 타원이나 네모형의 노드로 나타나고, 각 작업의 선·후행관계를 연결하여 전체 공정표를 작성한다.
② CPM 네트워크에서의 더미(dummy)는 없어지고 개시점(start node)과 종료점(finish node)이 발생한다.

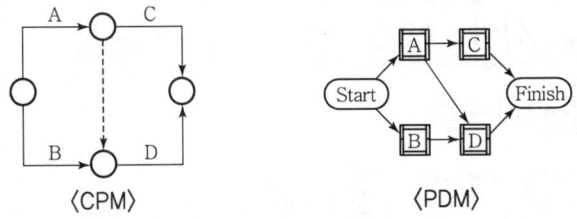

〈CPM〉   〈PDM〉

3 특징
① 노드 안에 작업에 관련된 많은 사항을 표시할 수 있다.
② 더미의 사용이 불필요하다.
③ 네트워크가 간단하므로 컴퓨터의 적용이 CPM보다 더 용이하다.
④ 선후작업의 연결관계를 다양하게 표현할 수 있다.
⑤ 네트워크의 독해·수정이 아주 쉽다.

PDM

I. 정의

PDM 기법은 Network식 공정표로 AON (Activity on Node) 방식으로 Node에 Activity를 표기해 리실표로 선후관계 표기하고 Float관리, 공정관리하기 쉽다.

II. 공정표 예시

	<Network>
설계 → FS → 토공사2 → SS → 토공사1 → SF → 콘크리트 → FF → 기초	FS : Finish to Start SS : Start to Start SF : Start to Finish FF : Finish to Finish

III. 작성 Program

① Primavera 6 (P6) ② MS Project

IV. PDM 작성시 고려사항

① 초기 계획공정표 작성시 Activity, Network 명확성
② 공정관리 전문인력 개발 및 사전교육 충실
③ BIM - 4D 병행고려

| 3D-설계 | 4D-공정 | 5D-자원 | 6D-유지관리 | 7D-기능 |

V. ADM, PDM 비교

구 분	ADM	PDM
표기방법	Activity on Arrow	Activity on Node
연관관계	F·S (only)	SS, SF, FS, FF. 끝

문제 285 LOB[Line Of Balance(LSM : 선형공정계획)] 기법

〔02전(10), 06전(10), 14중(10), 14후(10), 18전(10)〕

1 정의

① 고층 건축물 또는 도로공사와 같이 반복되는 작업들에 의하여 공사가 이루어질 경우에는 작업들에 소요되는 자원의 활용이 공사기간을 결정하는 데 큰 영향을 준다.
② LOB 기법은 반복작업에서 각 작업조의 생산성을 유지시키면서, 그 생산성을 기울기로 하는 직선으로 각 반복작업의 진행을 표시하여 전체 공사를 도식화하는 기법으로 LSM(Linear Scheduling Method, 선형공정계획) 기법이라고도 한다.
③ 각 작업간의 상호관계를 명확히 나타낼 수 있으며, 작업의 진도율로 전체 공사를 표현할 수 있다.

2 용도

반복작업이 많은 다음과 같은 공사를 관리하는 데 주로 사용된다.
① **건축** : 아파트 공사, 초고층 빌딩
② **토목** : 공항 활주로, 도로, 터널, 송수관, 지하철

3 특징

장점	단점
• 네트워크에 비해 작성하기 쉽다. • 바 차트에 비해 많은 정보를 제공한다. • 진도율을 표현할 수 있다. • 각 작업의 세부 일정을 알 수 있다.	• 예정과 실적을 비교할 수 없다. • 주공정선과 각 작업의 여유시간 파악이 쉽지 않다. • 간섭을 받을 때는 효율적이지 못하다.

4 구성 요소

발산	수렴	간섭	버퍼
• 후속작업의 진도율 기울기가 선행작업의 기울기보다 작을 때 • 전체 공기는 진도율 기울기가 작은 작업에 의존한다.	• 후속작업의 진도율 기울기가 선행작업의 기울기보다 클 때 • 선후작업의 간섭현상을 유발	• 작업동선의 혼선과 위험의 증대, 양중작업 증대, 작업능률의 저하 유발 • 수렴이 발생하며 경제성, 안전성, 품질확보에 어려움	• 간섭을 피하기 위한 연관된 선후작업간의 여유시간 • 주공정선에는 최소한의 버퍼를 두어 공기연장 예방

LSM (선형공정계획) = LOB (Line Of Balance)

문제 4〉 공정관리에서의 LSM (Linear Scheduling Method) 기법

I. LSM 기법의 정의
반복작업에서 생산성 유지시키면서, 생산성을 가위로 각 반복작업 진행 표시, 공사 도식화

II. LSM Diagram, 필요성

(그래프: Y축 공정 3~30, X축 공기(일) 50, 100, 150, 200 — 골조공사, 조적공사, 미장공사, 도장공사)

필요성: 반복작업, 공정관리, 건축공사(주택, 고층), 토목공사(도로, 터널)

III. LSM 특징

장점	단점
1) 네트워크에 비해 적용용이	1) 예정과 실적 비교불가
2) 바 차트 대비 많은 정보	2) 주공정선, 여유시간파악 곤란
3) 진도율 표현, 각작업세부일정	3) 건설 분야시 효율적 X

IV. LSM 공정 진행 유형

발산	수렴	간섭	버퍼
후속작업 < 선행생산성	후속작업 생산성↑	작업동선 혼란 등	선후작업간 여유시간

문제 286 | Tact 공정관리

〔08중(10), 10후(10)〕

1 정의
Tact 공정관리는 마감공사의 합리적 운용을 위해 각 작업을 일정하게 반복되도록 공정의 동기화(同期化)에 따라 생산을 평준화하여 작업의 낭비나 대기 시간을 줄이는 생산방식이다.

2 개념도

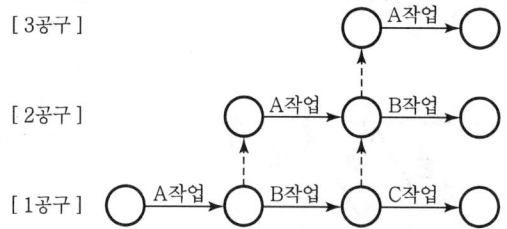

연속적인 작업을 위한 단위시간(tact time)을 정하고 흐름 생산이 되게 하는 방식

3 특징

장점	단점
• 시간낭비의 최소화에 따른 공기 단축	• 반복 작업에 따른 인간미 저하
• 비용감축 및 관리의 편이성 향상	• 정해진 시간 내 작업을 완료해야 하므로 심리적 부담 증가
• 평균화, 동기화 생산 가능	
• 각 공정 간 불필요한 재공정품 및 재고 감소	• 작업인원 변동 시 효율 저하
• 작업라인의 이상발생을 즉시 파악	• 공정마찰 발생 시 전체공기계획 차질
• 공정간 불균형 개선으로 효율 향상	
• 수주에 따른 빠른 작업 대처능력 향상	

문제 47. TACT 공정관리

I. 정의

① 공정이 동기화에 따라 생산을 표준화하여 작업의 낭비나 대기시간을 줄이는 생산방식.

② 선·후행 작업의 흐름을 연속작업으로 만들어 관리하여 공기단축, 재고 최소화, 비용감축 등을 꾀함.

II. TACT 공정관리 개념

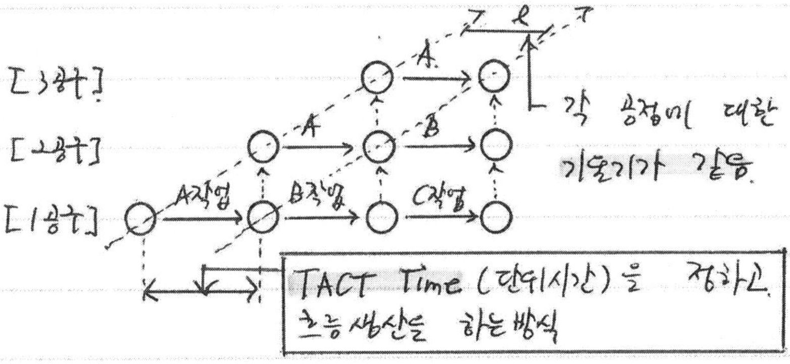

[3층]
[2층]
[1층] → A작업 → B작업 → C작업

TACT Time (단위시간)을 정하고 흐름생산을 하는 방식

각 공정에 대한 기울기가 같음.

III. TACT 적용시 유의사항

- 기능공의 위치 및 작업변경 금지
- 미숙련자는 후공정에 배치
- TACT Time전 작업완료시 대기 및 휴지
- TACT Time내 이상상황 조치불가시 Line stop.

IV. TACT 공정관리와 L.O.B 비교

구 분	TACT	LOB
관리기준	TACT Time	진도율 관리
관리방법	연속작업	반복작업
해결방법	숙련효과	Buffer 부여

<끝>

문제 287 Milestone(중간관리일)

〔01후(10), 06전(10), 11후(10)〕

1 정의
① 마일스톤이란 사업을 계획기간 내에 완성하기 위하여, 사업추진과정에서 관리목적상 반드시 지켜야 하는 특히 중요한 몇몇 작업의 시작과 종료를 의미하는 특정시점(event)을 의미한다.
② 공사관리자는 공사 전체에 영향을 미칠 수 있는 작업을 중심으로 적절한 수의 마일스톤을 지정하여, 이를 근거로 프로젝트를 관리 및 통제할 수 있다.

2 마일스톤의 종류

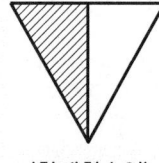 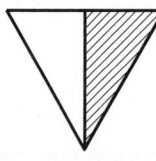 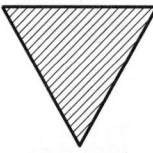

〈한계착수일〉 〈한계완료일〉 〈절대완료일〉

① **한계착수일**(Not earlier than date) : 지정된 날짜보다 일찍 작업에 착수할 수 없는 한계착수일
② **한계완료일**(Not later than date) : 지정된 날짜보다 늦게 완료되어서는 안 되는 한계완료일
③ **절대완료일**(Not later & Not earlier than date) : 정확한 날짜에 완성되어야 하는 절대완료일

3 마일스톤 선정 대상
① 토목, 건축, 전기, 설비 등 직종별 교차점
② 건축공사에서 지하층 완료일, 골조공사 완료일 등
③ 전체 공사에 영향을 미치는 특정 작업의 착수시점
④ 전체 공사에 영향을 미치는 특정 작업의 완료시점

4 마일스톤 설정 시 주의사항
① 마일스톤은 작업분류체계(WBS ; Work Breakdown Structure)에 의하여 결정한다.
② 원활한 작업진행을 위해서는 적절한 수의 마일스톤이 결정되어야 한다.
③ 마일스톤 설정을 위해서는 사업주체와 건설업체의 충분한 협의가 있어야 한다.
④ 마일스톤의 일정은 네트워크에 기준을 두고 지정한다.

문제 5) Milestone (중간관리일)

1 정의
① 마일스톤이란 계획기간 내 사업을 완성하기 위하여 중요한 몇 작업의 시작과 종료를 지키는 것. ←특정시점
② 공사 전체에 영향을 미치는 작업을 중심으로 선정

2 마일스톤의 종류

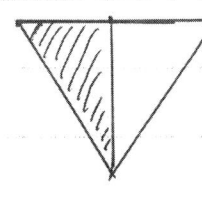 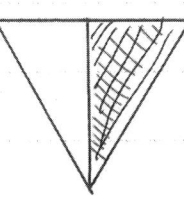 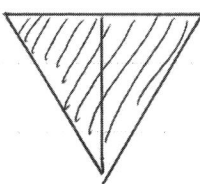
〈한계착수일〉 〈한계완료일〉 〈절대완료일〉

- 한계착수일 : 지정된 날짜보다 빨리 공사 착수 금지.
- 한계완료일 : 지정된 날짜보다 늦게 완료되는 것을 금지
- 절대완료일 : 정확한 날짜에 완료 되어야 하는 날짜.

3 마일드스톤의 주요적용 시점.   각 작업의.
① 지하주차장 골조공사 완료시점.
② 옥탑층 골조공사 완료시점 (승강기 인수인계)
③ 세대내부 방바닥 미장공사 완료.

4 적용시 유의사항
① 작업분류체계 (WBS)에 의하여 결정.
② 적정한 수의 마일드스톤의 설정 → 공정관리
③ 공사기간 연장 등의 설계변경 사유 발생시 변경적용.
④ 건설업체와 사업주체와의 원활한 협의   끝.

문제 288 Cost Slope(비용구배)

〔95중(10), 98전(20), 99중(20), 00중(10), 05후(10), 13전(10)〕

1 정의

① 공기 1일을 단축하는 데 추가되는 비용으로 공기단축 일수와 비례하여 비용(직접비용)은 증가하며, MCX 기법에 이용된다.
② 정상점과 급속점을 연결한 기울기(구배)를 cost slope라 한다.

2 Cost Slope(비용구배) 산정식

$$\text{Cost slope} = \frac{\text{급속비용(crash cost)} - \text{정상비용(normal cost)}}{\text{정상공기(normal time)} - \text{급속공기(crash time)}} = \frac{\Delta \text{Cost}}{\Delta \text{Time}}$$

3 공기와 비용(직접비용)과의 관계

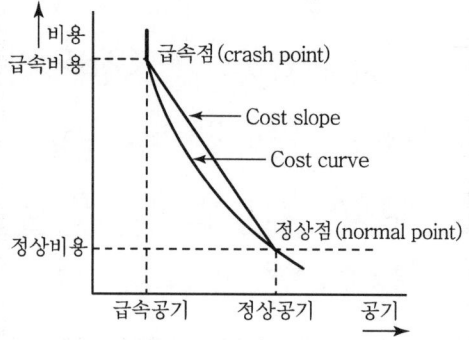

정상공기(표준공기) : normal time
급속공기(특급공기) : crash time
정상비용(표준비용) : normal cost
급속비용(특급비용) : crash cost
정상점(표준점) : normal point
급속점(특급점) : crash point

4 Cost Slope의 영향

① 급속계획에 의해 노무비(직접비) 증가
② 공기단축 일수와 비례하여 비용 증가
③ Cost slope가 클수록 공사비 증가

5 Extra Cost(추가 공사비)

공기 단축 시 발생하는 비용증가액의 합계

$$\text{Extra cost} = \text{각 작업 단축일수} \times \text{cost slope}$$

문제 62. Cost Slope (비용구배)

I. 정의

① MCX 기법에서 공기 1일 단축하는데 추가되는 비용으로 공기단축일수와 비례한다.

② 정상점(Normal point)과 급속점(Crash point)을 연결한 가로기울기을 말한다.

II. Cost slope 공식

$$\text{Cost slope} = \frac{\text{급속비용} - \text{정상비용}}{\text{정상공기} - \text{급속공기}} = \frac{\Delta \text{Cost}}{\Delta \text{Time}}$$

III. 공기와 비용과의 관계

- 급속점(Crash point)
- Cost slope : 1일 단축시 추가비용
- Cost curve
- 정상점(Normal point)
- 축: 비용, 공기 / 급속비용, 정상비용 / 급속공기, 정상공기

IV. Cost slope의 특징

- Cost Slope이 급수록 공사비 증가
- 공기단축 일수와 비례하여 비용 증가
- 급속시공에 의한 노무비(직접비) 증가

V. Extra Cost (추가 공사비) 발생

① 공기 단축시 발생하는 비용증가액의 합계

② Extra Cost = 각 작업 단축일수 × Cost slope (끝)

문제 289 | 진도관리(Follow-up, Up-dating)

〔94후(5), 00전(10), 02중(10)〕

1 정의
① 진도관리(follow up)란 각 공정의 계획공정표와 실시공정표를 비교·분석하여, 전체 공기를 준수할 수 있도록 현재의 시점에서 공사지연 대책을 강구하고 수정조치를 하는 것을 말한다.
② 공사초기 단계에서부터 진도관리를 실행하여, 공사 전 단계에서 무리한 공기단축으로 인한 품질저하·공사비 상승 등의 요소를 방지해야 한다.

2 진도관리형태(공기지연의 경우)

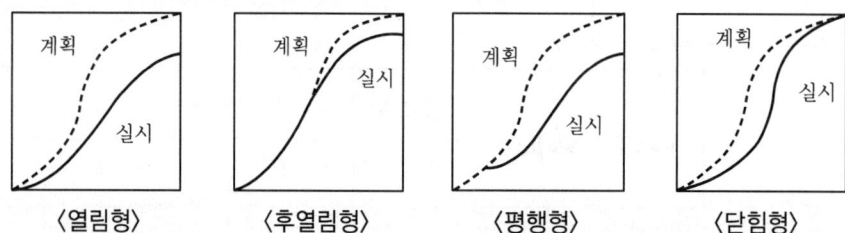

〈열림형〉   〈후열림형〉   〈평행형〉   〈닫힘형〉

3 진도관리 순서 flow chart

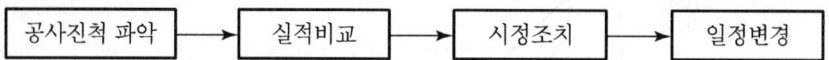

공사진척 파악 → 실적비교 → 시정조치 → 일정변경

4 진도관리 방법
① 모든 작업에 대해 현 시점에서 진척사항 check
② 완료작업 → 굵은 선으로 표시
③ 지연작업 → 원인을 파악하여 공사촉진 및 공기조정
④ 과속작업 → 내용을 파악하여 적합성 여부 판단

5 진도관리 시 유의사항
① 공사진척 사항에 대한 공정회의를 정기 또는 수시로 개최
② 부분 공정마다 부분 상세공정표를 작성하여 check
③ 각종 정보를 유용하게 활용
④ 공정계획과 실적의 차이를 명확히 검토
⑤ 각 작업의 실적치(소요일수, 인원, 자재수량) 기록 및 공정계획·관리에 활용
⑥ 각종 노무, 시공기계, 외주공사 등의 수급시기 검토
⑦ 각 담당자의 창의적인 연구와 노력이 필요

문제 50. 진도관리 (Follow-up, up-dating)

I. 정의
① 계획공정표와 실시공정표를 비교·분석하여, 현재 시점에서 공기지연 대책을 강구하고 수정조치를 하는 것.
② 공사 초기부터 진도관리를 실행하여 무의한 공기단축으로 인한 품질저하·공사비 상승을 방지.

II. 진도관리 순서 Flow Chart

```
공사진척 파악  ──────→  시정조치
     ↓                      ↓
  실적비교  ─────────────  일정변경
```

III. 진도관리 방법

- 모든 작업에 대해
- 현시점에서 상황 Check
- 완료작업 - 중단선
- 지연작업 - 원인파악
- 과속작업 - 내용판단 후 적합성 검토

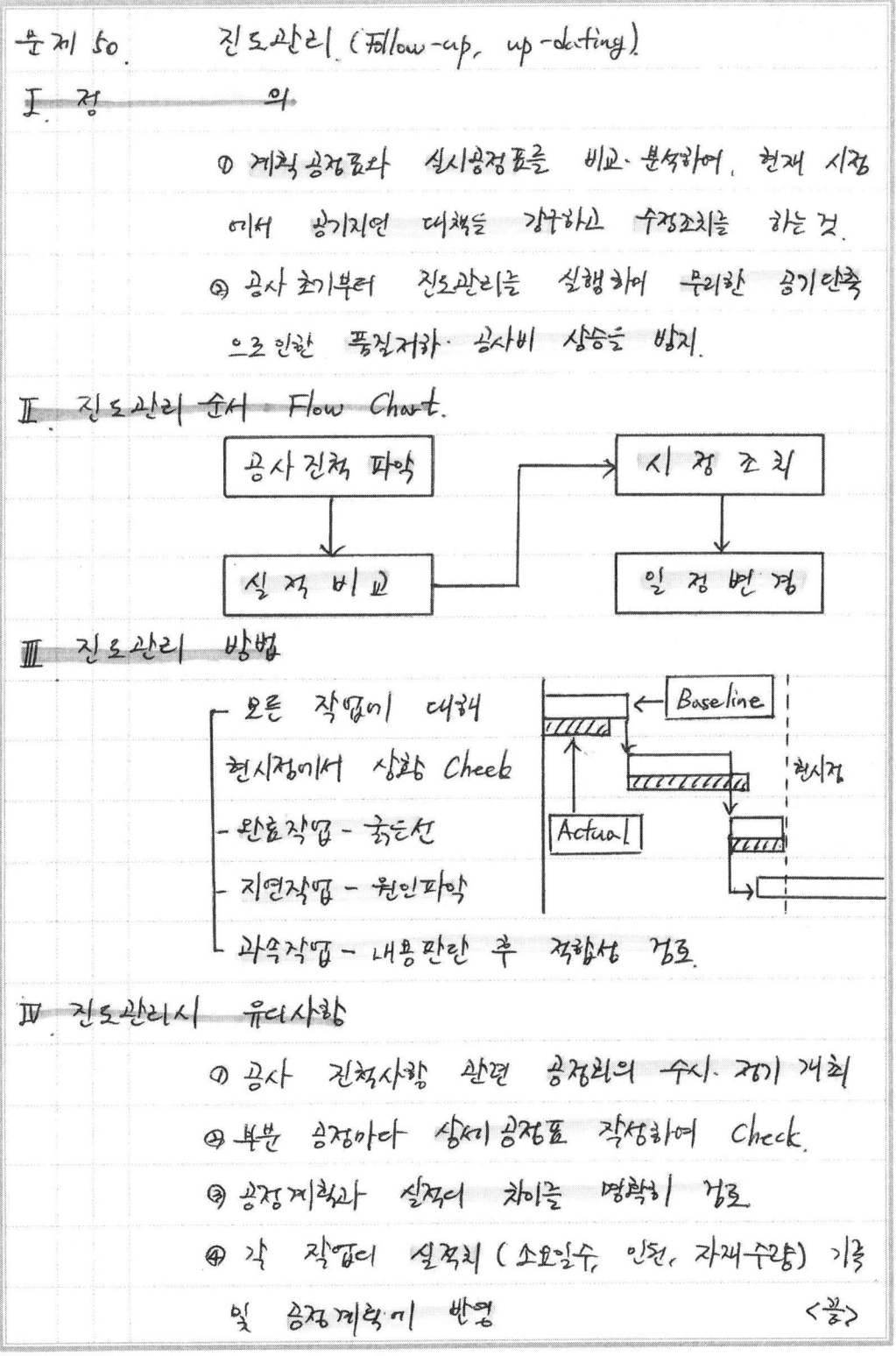

IV. 진도관리시 유의사항
① 공사 진척사항 관련 공정표의 수시·정기 개최
② 부분 공정마다 상세 공정표 작성하여 Check.
③ 공정계획과 실적의 차이를 명확히 검토
④ 각 작업의 실적치 (소요일수, 인원, 자재수량) 기록 및 공정계획에 반영

〈끝〉

문제 290 EVMS(Earned Value Management System)

〔01전(10), 07중(10), 16중(10), 19전(10), 24중(10)〕

1 정의

EVMS는 건설공사의 원가관리, 견적, 공사관리 등을 유기적으로 연결하여 종합적으로 관리하는 System이다.

2 개념도

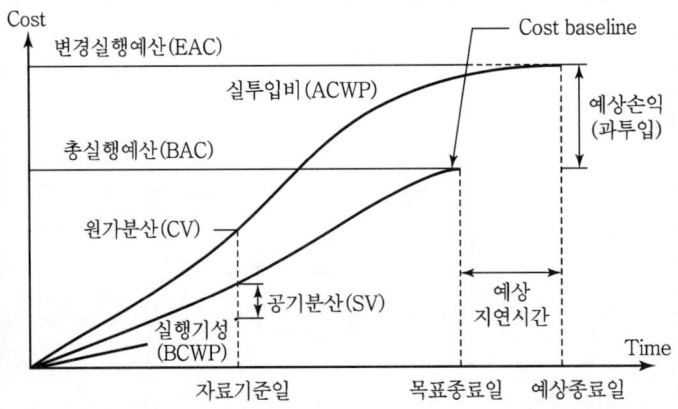

자료기준일을 측정하여 project의 예상종료일을 유추할 수 있다.

3 EVM의 측정요소

1) Cost Baseline(BCWS ; budgeted cost for work scheduled)
   실행금액(계획공사비) : 실행물량×실행단가

2) BCWP(Budgeted cost for work performed)
   실행기성(달성공사비) : 실제물량×실행단가

3) ACWP(Actual cost for work performed)
   실투입비(실제공사비) : 실제물량×실제단가

4 기대효과

① 원가관리, 견적, 공정관리를 유기적으로 연결
② 공사진척현황의 파악 용이
③ 향후 공사비에 대한 예측 가능
④ 종합적 원가관리 체계 구성

용어180. 공정·공사비 통합관리체계 (EVMS)

1 정의

EVMS (Earned Value Management System)
공사관리, 원가관리, 품질관리등을 연결하여 종합적으로
통합관리하는 관리 system을 말한다. 비용과 일정을
미리예측할수있는 예측 System 이기도하다.

2 EVMS의 구성요인

실투입비 = 실물량 × 실단가

실행공사 = 실계획량 × 실행단가

원가방산

공기방산

실행계상 = 실계획량 × 실행단가

공사기간

원가방산과 공기방산으로 구분하여 통합관리한다.

3 EVMS로 얻을수 있는 효과

C M   공기단축   C M   원가관리와
I A   품질확보   I A   품질확보 및
                           공정관리가능

분석과 측정등으로 EVMS 이 병행관리가능

4 EVMS 추진 Flow

기획및계획 → WBS작성 → 계획수립
                              ↓
각공정 분석 → Data산출 → 공정표작성

① 공정관리, 품질관리, 원가관리를 유기적으로 연결
② 공사수행과정을 파악하게 용이하다.   끝.

문제 291 | CPI(Cost Performance Index)와 SPI(Schedule Performance Index)

[08전(10), 10전(10), 24중(10)]

1 CPI 산정식

$$CPI = \frac{BCWP}{ACWP}$$

① BCWP(Budgeted Cost for Work Performed)
  실행기성(달성공사비) = 실제물량 × 실행단가
② ACWP(Actual Cost for Work Performed)
  실투입비(실제공사비) = 실제물량 × 실제단가

2 원가수행지수(Cost Performance Index)의 작성

① 완료된 공사에 대한 투입 원가의 효율성을 나타낸다.
② 실행기성을 바탕으로 공사 완료부분이 산정된 예산의 초과 여부를 나타내는 공사 수행의 척도이다.
③ 누계 실행기성을 누계 실투입비로 나눔으로써 산출한다.
④ 원가수행지수 = $\dfrac{\text{실행기성}}{\text{실투입비}}$
⑤ 원가수행지수값의 해석

지수값	1 미만	1	1 초과
해석	원가 초과	원가 일치	원가 미달

⑥ EVMS의 적용절차를 이용하여 원가수행지수를 작성한다.

3 SPI 산정식

$$SPI(\text{공기수행지수}) = \frac{BCWP(\text{실행기성})}{BCWS(\text{실행금액})}$$

① BCWP(Budgeted Cost for Work Performed)
  실행기성 = 실제물량 × 실행단가
② BCWS(Budgeted Cost for Work Scheduled)
  실행금액 = 실행물량 × 실행단가

4 SPI(Schedule Performance Index)의 특징

① 완료된 공사에 대한 공정관리의 효율성을 나타낸다.
② 실행기성을 기준으로 완료된 공정이 계획보다 선후 여부를 가늠하는 척도이다.
③ 누계 실행 대비 누계 실행기성으로 정의된다.
④ 공기 수행지수값의 해석

지수값	1 미만	1	1 초과
해석	계획 미달	계획과 일치	계획 초과

⑤ EVMS의 적용절차를 이용하여 공기 수행지수를 작성한다.

문제 3> EVM (Earned Value Management)에서 SPI와 CPI

I. 정의
SPI (Schedule Performance Index)
CPI (Cost Performance Index)

1) CPI란 실제 발생한 원가에 대한 실행된 일의 가치의 비를 말하며 원가수행지수라고 한다.
2) SPI란 공기수행지수로 완료된 공사에 대한 공정관리의 효율성을 나타내는 것이다.

II. EVMS 개념도

(그림: Cost-Time 그래프 — 완성실행예산(EAC), 실투입비(ACWP), 총실행예산(BAC), 실행 Cost baseline (BCWS), 실행기성(BCWP), 원가분산(CV), 공기분산(SV), 자료기준일, 목표공료일, 예상공료일 / 우측 흐름도: WBS·일정계획 → 실행예산 → 실행기성·실투입비 → 월간공정현황 예정표)

III. EVMS 분석요소 중 CPI와 SPI 산정식

산정식	CPI (원가수행지수) = BCWP/ACWP	SPI (공기수행지수) = BCWP/BCWS
측정요소	BCWP	실행기성(명장공사비) = 실제물량 × 실행단가
	ACWP	실투입비(실제공사비) = 실제물량 × 실제단가
	BCWS	실행금액(계획공사비) = 실행물량 × 실행단가

IV. CPI와 SPI 분석값의 의의

구분	1보다 작은 경우	1	1보다 큰 경우
CPI/SPI	비용/일정 문제	계획과 동일	비용/일정 양호

건축시공기술사
용어 VOCA 291제

발행일 | 2025. 3. 10. 초판 발행

저 자 | 박찬문, 윤성민, 홍반장
발행인 | 정용수
발행처 | 예문사

주 소 | 경기도 파주시 직지길 460(출판도시) 도서출판 예문사
T E L | 031) 955-0550
F A X | 031) 955-0660
등록번호 | 11-76호

- 이 책의 어느 부분도 저작권자나 발행인의 승인 없이 무단 복제하여 이용할 수 없습니다.
- 파본 및 낙장은 구입하신 서점에서 교환하여 드립니다.
- 예문사 홈페이지 http://www.yeamoonsa.com

정가 : 40,000원

ISBN 978-89-274-5749-7 13540